住房和城乡建设领域专业人员岗位培训考核系列用书

施工员专业基础知识
（土建施工）

（第二版）

江苏省建设教育协会　组织编写

中国建筑工业出版社

图书在版编目(CIP)数据

施工员专业基础知识（土建施工）/江苏省建设教
育协会组织编写. —2版. —北京：中国建筑工业出
版社，2016.9
住房和城乡建设领域专业人员岗位培训考核系列
用书
ISBN 978-7-112-19637-1

Ⅰ.①施… Ⅱ.①江… Ⅲ.①建筑工程-工程施
工-岗位培训-教材②土木工程-工程施工-岗位培训-
教材 Ⅳ.①TU7

中国版本图书馆 CIP 数据核字(2016)第 182852 号

本书作为《住房和城乡建设领域专业人员岗位培训考核系列用书》中的一本，
依据《建筑与市政工程施工现场专业人员职业标准》JGJ/T 250—2011、《建筑与
市政工程施工现场专业人员考核评价大纲》及全国住房和城乡建设领域专业人员
岗位统一考核评价题库编写。全书共 10 章，内容包括：施工图识读与绘制、建筑
材料、建筑力学基本知识、建筑构造与建筑结构的基本知识、建筑工程施工工艺
和方法、施工测量的基本知识、工程预算的基本知识、计算机和相关资料信息管
理软件的应用知识、工程建设法律法规、施工项目管理的基本知识。本书既可作
为土建施工员岗位培训考核的指导用书，又可作为施工现场相关专业人员的实用
工具书，也可供职业院校师生和相关专业人员参考使用。

责任编辑：王砾瑶 刘 江 岳建光 范业庶
责任校对：王宇枢 党 蕾

住房和城乡建设领域专业人员岗位培训考核系列用书
施工员专业基础知识（土建施工）（第二版）
江苏省建设教育协会 组织编写

*

中国建筑工业出版社出版、发行（北京海淀三里河路 9 号）
各地新华书店、建筑书店经销
北京科地亚盟排版公司制版
北京建筑工业印刷厂印刷

*

开本：787×1092 毫米 1/16 印张：27¼ 字数：672 千字
2016 年 9 月第二版 2019 年 12 月第十次印刷
定价：**72.00 元**
ISBN 978 - 7 - 112 - 19637 - 1
(28753)

住房和城乡建设领域专业人员岗位培训考核系列用书

编审委员会

主　任：宋如亚

副主任：章小刚　戴登军　陈　曦　曹达双

　　　　漆贯学　金少军　高　枫

委　员：王宇旻　成　宁　金孝权　张克纯

　　　　胡本国　陈从建　金广谦　郭清平

　　　　刘清泉　王建玉　汪　莹　马　记

　　　　魏偲燕　惠文荣　李如斌　杨建华

　　　　陈年和　金　强　王　飞

3

出版说明

　　为加强住房和城乡建设领域人才队伍建设，住房和城乡建设部组织编制并颁布实施了《建筑与市政工程施工现场专业人员职业标准》JGJ/T 250—2011（以下简称《职业标准》），随后组织编写了《建筑与市政工程施工现场专业人员考核评价大纲》（以下简称《考核评价大纲》），要求各地参照执行。为贯彻落实《职业标准》和《考核评价大纲》，受江苏省住房和城乡建设厅委托，江苏省建设教育协会组织了具有较高理论水平和丰富实践经验的专家和学者，编写了《住房和城乡建设领域专业人员岗位培训考核系列用书》（以下简称《考核系列用书》），并于2014年9月出版。《考核系列用书》以《职业标准》为指导，紧密结合一线专业人员岗位工作实际，出版后多次重印，受到业内专家和广大工程管理人员的好评，同时也收到了广大读者反馈的意见和建议。

　　根据住房和城乡建设部要求，2016年起将逐步启用全国住房和城乡建设领域专业人员岗位统一考核评价题库，为保证《考核系列用书》更加贴近部颁《职业标准》和《考核评价大纲》的要求，受江苏省住房和城乡建设厅委托，江苏省建设教育协会组织业内专家和培训老师，在第一版的基础上对《考核系列用书》进行了全面修订，编写了这套《住房和城乡建设领域专业人员岗位培训考核系列用书（第二版）》（以下简称《考核系列用书（第二版）》）。

　　《考核系列用书（第二版）》全面覆盖了施工员、质量员、资料员、机械员、材料员、劳务员、安全员、标准员等《职业标准》和《考核评价大纲》涉及的岗位（其中，施工员、质量员分为土建施工、装饰装修、设备安装和市政工程四个子专业）。每个岗位结合其职业特点以及培训考核的要求，包括《专业基础知识》、《专业管理实务》和《考试大纲·习题集》三个分册。

　　《考核系列用书（第二版）》汲取了第一版的优点，并综合考虑第一版使用中发现的问题及反馈的意见、建议，使其更适合培训教学和考生备考的需要。《考核系列用书（第二版）》系统性、针对性较强，通俗易懂，图文并茂，深入浅出，配以考试大纲和习题集，力求做到易学、易懂、易记、易操作。既是相关岗位培训考核的指导用书，又是一线专业岗位人员的实用工具书；既可供建设单位、施工单位及相关高职高专、中职中专学校教学培训使用，又可供相关专业人员自学参考使用。

　　《考核系列用书（第二版）》在编写过程中，虽然经多次推敲修改，但由于时间仓促，加之编著水平有限，如有疏漏之处，恳请广大读者批评指正（相关意见和建议请发送至JYXH05@163.com），以便我们认真加以修改，不断完善。

本书编写委员会

主　　编：张克纯

副 主 编：张晓岩

编写人员：郭清平　沈维莉　郝会山　蒋业浩

　　　　　王丹净　李永红　洪　英

第二版前言

根据住房和城乡建设部的要求，2016 年起将逐步启用全国住房和城乡建设领域专业人员岗位统一考核评价题库，为更好贯彻落实《建筑与市政工程施工现场专业人员职业标准》JGJ/T 250—2011，保证培训教材更加贴近部颁《建筑与市政工程施工现场专业人员考核评价大纲》的要求，受江苏省住房和城乡建设厅委托，江苏省建设教育协会组织业内专家和培训老师，在《住房和城乡建设领域专业人员岗位培训考核系列用书》第一版的基础上进行了全面修订，编写了这套《住房和城乡建设领域专业人员岗位培训考核系列用书（第二版）》（以下简称《考核系列用书（第二版）》），本书为其中的一本。

施工员（土建施工）培训考核用书包括《施工员专业基础知识（土建施工）》（第二版）、《施工员专业管理实务（土建施工）》（第二版）、《施工员考试大纲·习题集（土建施工）》（第二版）三本，反映了国家现行规范、规程、标准，并以建筑工程施工技术操作规程和建筑工程安全技术规程为主线，不仅涵盖了现场施工人员应掌握的通用知识、基础知识、岗位知识和专业技能，还涉及新技术、新设备、新工艺、新材料等方面的知识。

本书为《施工员专业基础知识（土建施工）》（第二版）分册，全书共 10 章，内容包括：施工图识读与绘制、建筑材料、建筑力学基本知识、建筑构造与建筑结构的基本知识、建筑工程施工工艺和方法、施工测量的基本知识、工程预算的基本知识、计算机和相关资料信息管理软件的应用知识、工程建设法律法规、施工项目管理的基本知识。

本书既可作为施工员（土建施工）岗位培训考核的指导用书，又可作为施工现场相关专业人员的实用工具书，也可供职业院校师生和相关专业人员参考使用。

第一版前言

为贯彻落实住房城乡建设领域专业人员新颁职业标准，受江苏省住房和城乡建设厅委托，江苏省建设教育协会组织编写了《住房和城乡建设领域专业人员岗位培训考核系列用书》，本书为其中的一本。

施工员（土建施工）培训考核用书包括《施工员专业基础知识（土建施工）》、《施工员专业管理实务（土建施工）》、《施工员考试大纲·习题集（土建施工）》三本，反映了国家现行规范、规程、标准，并以建筑工程施工技术操作规程和建筑工程施工安全技术操作规程为主线，不仅涵盖了现场施工人员应掌握的通用知识、基础知识和岗位知识，还涉及新技术、新设备、新工艺、新材料等方面的知识。

本书为《施工员专业基础知识（土建施工）》分册，全书共分9章，内容包括：制图基本知识；房屋构造；建筑测量；建筑力学；建筑结构；建筑材料；建筑工程造价；法律法规；职业道德。

本书既可作为施工员（土建施工）岗位培训考核的指导用书，又可作为施工现场相关专业人员的实用手册，也可供职业院校师生和相关专业技术人员参考使用。

目　　录

第1章 施工图识读与绘制

1.1 施工图的基本知识

房屋施工图是指利用正投影方法以及有关专业知识，把设计房屋的总体布局、内外形状、平面布置和装饰做法，以及各部分结构、构造、设备等的做法，按照国家建筑制图标准规定绘制的工程图样，是指导施工的主要技术资料。按照内容和作用不同，房屋建筑施工图分为建筑施工图、结构施工图和设备施工图，一套完整的施工图通常还包括图纸目录、设计总说明等。

1.1.1 房屋施工图的组成及作用

1. 建筑施工图的组成及作用

（1）建筑施工图的组成

建筑施工图简称"建施"图，主要反映建筑物的规划位置、平面布局、层数、形状与内外装修，构造及施工要求等。建筑施工图包括首页（图纸目录、设计总说明等）、建筑总平面图、平面图、立面图、剖面图和建筑详图。建筑施工图主要作为定位放线、砌筑墙体、安装门窗、装饰装修等施工的依据。

（2）建筑施工图的形成与作用

1）建筑设计总说明。主要对工程概况、设计依据和标准、主要的施工要求和技术经济指标、建筑用料、建筑做法等进行详细说明，并对门窗、楼地面、内外墙、散水、台阶等工程的细部构造要求与装饰装修做法加以说明。设计总说明包括施工图设计依据、工程规模、建筑面积、相对标高与总平面图绝对标高的对应关系、室内外的用料和施工要求说明、采用新技术和新材料或有特殊要求的做法说明、选用的标准图以及门窗表等，设计总说明的内容也可在各专业图纸上写成文字说明。

2）建筑总平面图。又称总图或总平面图，用以表达原有和新建房屋的位置、标高、道路布置、构筑物、地形、地貌等情况，是新建房屋及构筑物施工定位、土方施工，规划设计水、电、暖等专业工程总平面图及施工总平面图设计布置的依据。它可反映拟新建建筑物的位置、朝向及其与周围环境（如原有建筑、道路、绿化、地形等）间的相互关系，在画有等高线或加上坐标的方格网（对于一些较简单的工程，有时也可不划出等高线和坐标方格网）的地形图上，以图例形式画出新建建筑、原有建筑、预拆除建筑等的外围轮廓线、建筑物周围的道路、绿化区域等的平面。

3）建筑平面。建筑平面图实际是房屋的一个水平剖面图，是假想用一个水平剖切平面经过门、窗洞口将房屋整个剖开，移去剖切面以上部分，再将余下部分投影成图。这样画出的剖面图即为建筑平面图，简称为平面图。但是屋顶平面图的形成过程没有剖切的过程。平面图主要表达房屋建筑的平面形状、房间布置、内外交通联系以及墙、柱、门窗等构配件的位置、尺寸、材料、做法等内容，是房屋建造、设备安装、装修以及编制概预算、备料的重要依据。

4）建筑立面图。在与建筑立面平行的铅直投影面上所做的正投影图称为建筑立面图，简称立面图。立面图包括建筑造型与尺度、装饰材料的选用、色彩的选用等内容。在施工图中，立面图主要反映房屋的外部造型、房屋各部位的高度、门窗位置及形式、外貌和装修要求、阳台及雨篷等部分的材料和做法等，是建筑外装修的主要依据。立面图应根据正投影原理绘出建筑物外轮廓和墙面线脚、构配件、墙面做法及必要的尺寸和标高等。

5）建筑剖面图。假想用一个或一个以上垂直于外墙轴线的铅垂剖切平面剖切建筑，得到的剖面图称为建筑剖面图，简称剖面图。建筑剖面图是用来表达房屋内部垂直方向高度、楼层分层情况、简要结构形式和构造方式、门窗洞口高、层高及建筑总高等的施工图。房屋剖面图可以是单一剖面也可以是阶梯剖面，既可以采用横剖面也可以采用纵剖面或其他剖面，民用房屋多采用横剖面。剖面图的图名应与建筑底层平面图的剖切符号一致，剖切符号可用阿拉伯数字、罗马数字或拉丁字母编号。

6）建筑详图。建筑平、立、剖面图一般以小比例绘制，许多细部难以表达清楚。因此在建筑图中常用较大比例绘制若干局部性的详图，以满足施工要求，这种图样称为建筑详图或大样图。详图的特点是比例大、图示清楚、尺寸标注齐全、文字说明详尽。详图所用比例视图形本身复杂程度而定，一般采用1∶2、1∶5、1∶10、1∶20、1∶50等。详图的数量视需要而定，如外墙身详图只需一个剖面图；楼梯间详图则需要平面图、剖面图、踏步、栏杆（栏板）、节点等详图，详图的剖面区域上应画出材料图例。建筑详图是平、立、剖面图的深入和补充，也是指导施工的依据，没有足够数量的详图，便达不到施工要求。

2. 结构施工图的组成及作用

（1）结构施工图的组成

结构施工图简称"结施"图，一般包括结构设计说明、基础图、结构平面布置图和结构详图等几部分，主要用以表示房屋骨架系统的结构类型、构件布置、构件种类、数量、构件的内部和外部形状、大小，以及构件间的连接构造，是施工放线、开挖基坑（槽）、承重构件施工的主要依据。

（2）结构施工图的形成与作用

1）结构设计说明。它是带有全局性的文字说明，主要针对不容易表达的内容，利用文字或表格加以说明。它包括设计依据，工程概况，自然条件，选用材料的类型、规格、强度等级，构造要求，施工注意事项，选用图集标准等。

2）结构平面布置图。是表示房屋中各承重构件总体平面布置的图样，一般包括基础平面图、楼层结构平面布置图、屋顶结构平面布置图。基础平面图，采用桩基础时还应包括桩位平面图，工业建筑还包括设备基础布置图；楼层结构平面布置图，工业建筑还包括柱网、吊车梁、柱间支撑、连系梁布置等；屋顶结构布置图，工业建筑还应包括屋面板、天沟板、屋架、天窗架及支撑系统布置等。

3）结构详图。是为了清楚地表示某些重要构件的结构做法，而采用较大的比例绘制的图样，一般包括梁、柱、板及基础结构详图，楼梯结构详图，屋架结构详图，其他详图（如天沟、雨篷、过梁、支撑、预埋件、连接件等详图）。

4）基础图。是建筑物正负零标高以下的结构图，一般包括基础平面图和基础详图。基础图是施工放线、开挖基槽（坑）、基础施工、计算基础工程量的依据。

3. 设备施工图的组成及作用

设备施工图简称"设施"图，按工种不同可分成给水排水施工图（简称水施图）、采暖通风与空调施工图（简称暖施图）、电气设备施工图（简称电施图）等。水施图、暖施图和电施图一般都包括设计说明、设备的布置平面图、系统图等内容。设备施工图主要表达房屋给水排水、供电照明、采暖通风、空调、燃气等设备的布置和施工要求等。

4. 房屋施工图的编排顺序

为方便看图、易于查找，对这些图纸要按一定的顺序进行编排。整套房屋施工图的编排顺序是：首页图（包括图纸目录、设计总说明、汇总表等）、建筑施工图、结构施工图、设备施工图；各专业施工图的编排顺序是：基本图在前，详图在后；总体图在前、局部图在后；主要部分在前、次要部分在后；先施工的图在前、后施工的图在后等。

1.1.2 房屋施工图的图示特点

房屋施工图的图示特点主要体现在以下几个方面：

1. 按正投影原理绘制

建筑施工图中的平面图、立面图和剖面图、建筑详图等各图样均应用正投影法绘制。一般在水平面（H面）上作平面图，在正立面（V面）上作正、背立面图，在侧立面（W面）上作侧立面或剖面图，在同一张图纸上绘制时要符合正投影的特征和相互间的投影对应关系。顶棚平面图宜采用镜像投影法绘制。

2. 绘制房屋施工图采用的比例

建筑施工图一般采用缩小的比例绘制，同一图纸上的图形最好采用相同的比例。绘制构件或局部构造详图时，允许采用与基本图不同的比例，但在图样下面、图名的右侧应注明比例大小，以便对照阅读。

3. 房屋施工图图例、符号应严格按照国家标准绘制

由于房屋建筑是由多种建筑材料和繁多的构配件组成，为了作图简便，方便识图，国家制定了《房屋建筑制图统一标准》、《建筑制图标准》等多种标准，在这些标准中规定了一系列图例、符号以表示建筑材料、建筑构配件等。

1.1.3 工程制图的基本规定

1. 图线

（1）线宽

工程图样一般使用 3 种线宽，即粗线、中粗线、细线，三者的比例规定为 $b：0.5b：0.25b$。绘图时，应根据图样的复杂程度及比例大小，选用表 1-1 所示的线宽组合。

线宽比	线宽组			
b	1.4	1.0	0.7	0.5
$0.7b$	1.0	0.7	0.5	0.35
$0.5b$	0.7	0.5	0.35	0.25
$0.25b$	0.35	0.25	0.18	0.13

注：1. 需要缩微的图纸，不宜采用 0.18 及更细的线宽。
　　2. 同一张图纸内，各不同线宽中的细线，可统一采用较细的线宽组的细线。

（2）线型

工程图是由不同种类的线型所构成，这些图线可表达图样的不同内容，以及分清图中的主次，工程图的图线线型、线宽和用途见表 1-2。

图线的类型及应用　　　　　　　　　表 1-2

名称		线型	线宽	一般用途
实线	粗	———————	b	主要可见轮廓线
	中粗	———————	$0.7b$	可见轮廓线
	中	———————	$0.5b$	可见轮廓线、尺寸线、变更云线
	细	———————	$0.25b$	图例填充线、家具线
虚线	粗	- - - - - - -	b	见各有关专业制图标准
	中粗	- - - - - - -	$0.7b$	不可见轮廓线
	中	- - - - - - -	$0.5b$	不可见轮廓线、图例线
	细	- - - - - - -	$0.25b$	图例填充线、家具线
单点长划线	粗	—·—·—·—	b	见各有关专业制图标准
	中	—·—·—·—	$0.5b$	见各有关专业制图标准
	细	—·—·—·—	$0.25b$	中心线、对称线、轴线等
双点长划线	粗	—··—··—	b	见各有关专业制图标准
	中	—··—··—	$0.5b$	见各有关专业制图标准
	细	—··—··—	$0.25b$	假想轮廓线、成型前原始轮廓线
折断线	细	——⁄\———	$0.25b$	断开界线
波浪线	细	～～～～	$0.25b$	断开界线

2. 字体

（1）汉字

图样及说明中的汉字，宜采用长仿宋体。长仿宋体的宽度与高度的关系应符合表 1-3的规定，且字高 h 不应小于 3.5mm。

长仿宋体字高宽关系（mm）　　　　　　表 1-3

字高	20	14	10	7	5	3.5
字宽	14	10	7	5	3.5	2.5

（2）数字和字母

数字和字母的字宽宜为字高的 1/10。大写字母的字宽宜为字高的 2/3，小写字母的字宽宜为字高的 1/2。

3. 比例

比例是指图样中图形与实物相应线性尺寸之比。比例的大小，是指其比值的大小。比例宜注写在图名的右侧，字的基准线应取平；比例的字高宜比图名的字高小一号或二号，如图1-1所示。

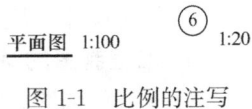

$$平面图 \quad 1:100 \qquad ⑥ \qquad 1:20$$

图1-1　比例的注写

绘图过程中，一般应优先用表1-4中常用比例，特殊情况下也可自选比例。

绘图所用的比例　　　　　　　　　　　　　表1-4

常用比例	1：1、1：2、1：5、1：10、1：20、1：30、1：50、1：100、1：150、1：200、1：500、1：1000、1：2000
可用比例	1：3、1：4、1：6、1：15、1：25、1：40、1：60、1：80、1：250、1：300、1：400、1：600、1：5000、1：10000、1：20000、1：50000、1：100000、1：200000

注意，无论用哪种比例绘制图形时，图中标注的尺寸都应是实物的实际尺寸。

4. 尺寸标注

（1）基本规则

1）工程图上所有尺寸数字是物体的实际大小，与图形的比例及绘图的准确度无关。

2）在建筑制图中，图上的尺寸单位，除标高及总平面图中以米为单位外，其他图上均以"毫米"为单位。

3）图上尺寸数字之后不必注写单位，但在注解及技术要求中要注明尺寸单位。

（2）尺寸组成

图上标注的尺寸由尺寸界线、尺寸线、尺寸起止符和尺寸数字4部分组成，如图1-2所示。

1）尺寸线

尺寸线用细实线绘制，应与被标注长度平行，且不应超出尺寸界线，任何图线都不能作为尺寸线。相互平行的尺寸线应从被标注的轮廓线由近向远排列，并且小尺寸在内，大尺寸在外，所有平行尺寸线的间距一般在5～15mm，同一张图纸上这种间距应当保持一致。

2）尺寸界线

尺寸界线用细实线绘制，由一对垂直于被标注长度的平行线组成，其间距等于被标注线段的长度；当标注困难时，也可不垂直于被标注长度，但尺寸界线应互相平行。尺寸界线一端应靠近所注图形轮廓线，另一端应超出尺寸线2～3mm。图形轮廓线、中心线也可作为尺寸界线，如图1-3所示。

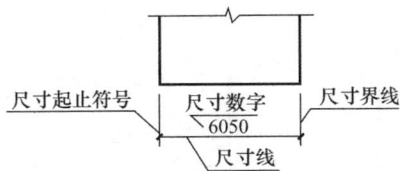

图1-2　尺寸的组成　　　　　　　　图1-3　尺寸界线

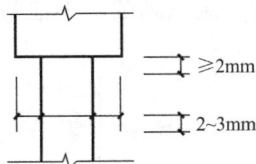

3）尺寸起止符

尺寸起止符号一般用中粗斜短线绘制，其倾斜方向应与尺寸界线成顺时针45°，长度宜为2～3mm。半径、直径、角度与弧长的尺寸起止符号，宜用箭头表示。

4）尺寸数字

图上的尺寸，应以尺寸数字为准，不得从图上直接量取。

5. 工程制图的基本规定

（1）定位轴线、附加轴线及编号

定位轴线是用来确定建筑物主要结构及构件位置的尺寸基准线，是房屋施工时砌筑墙身、浇筑柱梁、安装构件等施工定位的重要依据。定位轴线用细的单点长划线表示，端部画细实线圆，直径 8～10mm。定位轴线圆的圆心应在定位轴线的延长线上或延长线的折线上，圆内注明编号。平面图上定位轴线的编号，宜标注在图样的下方与左侧，如图 1-4 所示。

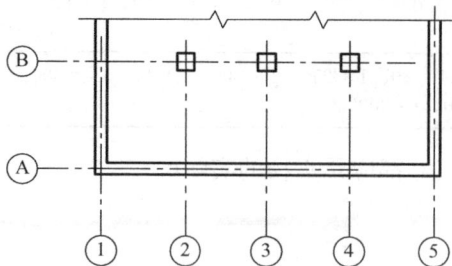

纵向定位轴线编号注写的方向应正向，不应用 90°方向注写。组合较复杂的平面图中定位轴线也可采用分区编号，编号的注写形式应为"分区号-该分区编号"。分区号采用阿拉伯数字或大写拉丁字母表示，如图 1-5 所示。

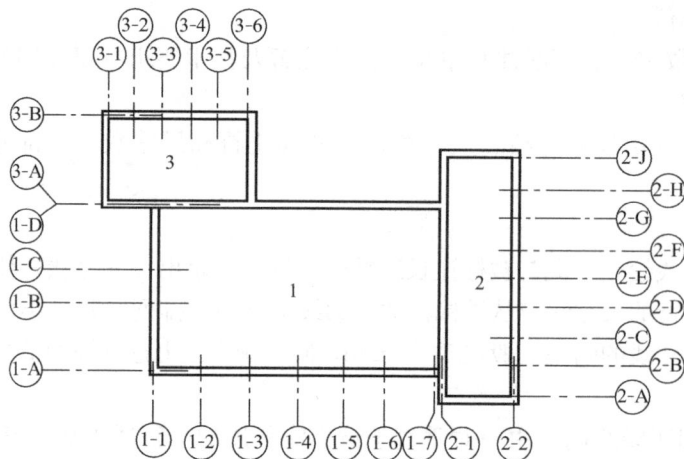

图 1-4　定位轴线的编号顺序图

图 1-5　定位轴线的分区编号

一个详图适用几根轴线时，应同时注明各有关轴线的编号，如图 1-6 所示。通用详图中的定位轴线，应只画圆，不注写轴线编号。

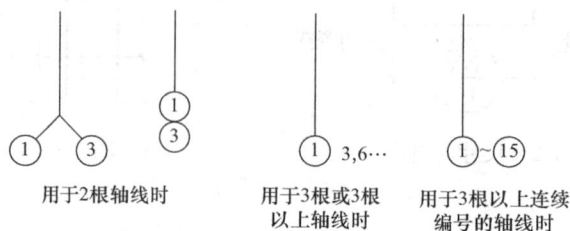

用于2根轴线时　　用于3根或3根以上轴线时　　用于3根以上连续编号的轴线时

图 1-6　详图的轴线编号

6

附加定位轴线的编号采用分数表示，两根轴线间的附加轴线，应以分母表示前一轴线的编号，分子表示附加轴线的编号，编号宜用阿拉伯数字顺序编写；1号轴线或 A 号轴线之前的附加轴线的分母应以 01 或 0A 表示，如图 1-7 所示。

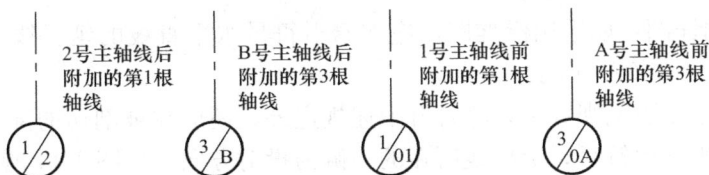

图 1-7　附加轴线的编号

（2）标高注法

标高是标注建筑物高度方向的一种尺寸形式，可分为绝对标高和相对标高，均以"米"为单位。一般以建筑物底层室内主要房间的地面作为相对标高的零点，简称为±0.000 点；绝对标高是以青岛市黄海平均海平面作为零点而测出的高度尺寸。标高符号应以直角等腰三角形表示，如图 1-8 所示。总平面图室外地坪标高符号，宜用涂黑的三角形表示，如图 1-9 所示。标高符号的尖端应指至被注高度的位置，尖端一般应向下，也可向上，如图 1-10 所示。

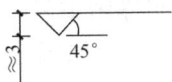

图 1-8　标高符号　　图 1-9　总平面图上的室外标高符号　　图 1-10　标高的指向

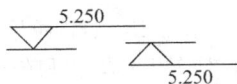

标高数字应以"米"为单位，注写到小数点以后第三位，总平面图中注写到小数点后两位。标高数字应注写在标高符号的左侧或右侧按图形式用细实线绘制，如图 1-11 所示。零点标高应注写成±0.000，正数标高不注"＋"，负数标高应注"－"。在图样的同一位置需表示几个不同标高时，标高数字可按图 1-12 所示的形式注写。

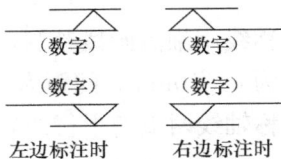

图 1-11　标高数字的位置　　图 1-12　同一位置注写多个标高数字

（3）索引符号和详图符号

索引符号是由直径 10mm 的细实线圆和细实线的水平直线组成，索引符号的引出线以细实线绘制，宜采用水平方向的直线或与水平方向成 30°、45°、60°、90°角的直线，再转成水平方向的直线。文字说明宜写在水平直线的上方或端部，引出线应对准索引符号的圆心，如图 1-13（a）所示。结构图中的索引符号线，用细实线表示，细实线标注引出线、标高符号线、索引符号线、尺寸线。

1）索引出的详图，如与被索引的详图同在一张图纸内，应在索引符号的上半圆中用

7

阿拉伯数字注明该详图的编号，并在下半圆中间画一段水平细实线，如图 1-13（b）所示。

2）索引出的详图，如与被索引的详图不在同一张图纸内，应在索引符号的上半圆中用阿拉伯数字注明该详图的编号，在索引符号的下半圆中用阿拉伯数字注明该详图所在图纸的编号，如图 1-13（c）所示。

3）索引出的详图，如采用标准图，应在索引符号水平直线的延长线上加注该标准图册的编号，如图 1-13（d）所示。

索引符号用于索引剖视详图，除符合上述规定外，还应在被剖切的部位绘制剖切位置线，用引出线引出索引符号，引出线所在的一侧为投射方向，如图 1-14 所示。

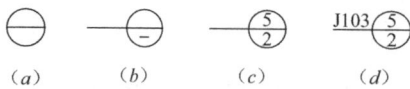

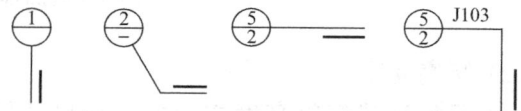

图 1-13 索引符号   图 1-14 用于索引剖面详图的索引符号

详图的位置和编号，应以详图符号表示。详图符号的圆应以直径为 14mm 粗实线绘制。详图与被索引的图样同在一张图纸内时，应在详图符号内用阿拉伯数字注明详图的编号，如图 1-15（a）所示。详图与被索引的图样不在同一张图纸内，应用细实线在详图符号内画一水平直线，在上半圆中注明详图编号，在下半圆中注明被索引的图纸的编号，如图 1-15（b）所示。

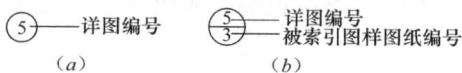

图 1-15 详图符号
（a）详图与被索引的图样同在一张图纸；
（b）详图与被索引的图样不在同一张纸

（4）其他符号

1）指北针

指北针的形状如图 1-16 所示。其圆的直径为 24mm，用细实线绘制；指针尾部的宽度为 3mm，指针头部应注"北"或"N"字。如需用较大直径绘制指北针时，指针尾部宽度宜为直径的 1/8。

2）对称符号

对称符号由对称线和两端的两对平行线组成。对称线用细点画线绘制，对称符号用两条垂直于对称轴线、平行等长的细实线绘制，其长度为 6～10mm，间距为 2～3mm，画在对称轴线两端，且平行线在对称线两侧长度相等，对称轴线两端的平行线到投影图的距离也应相等，如图 1-17 所示。

3）连接符号

连接符号应以折断线表示需连接的部位，两部位相距过远时，折断线两端靠图样一侧应标注大写拉丁字母表示连接编号，两个被连接的图样必须用相同的字母编号，如图 1-18 所示。

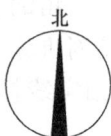

图 1-16 指北针图   图 1-17 对称符号图   图 1-18 连接符号

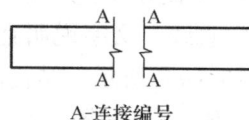

1.2 施工图的图示方法与内容

1.2.1 建筑施工图的图示方法及内容

1. 建筑总平面图

（1）建筑总平面图的图示方法

建筑总平面图是新建房屋所在区域的一定范围内的水平投影图，是将拟建工程四周一定范围内的新建、拟建、原有和将拆除的建筑物、构筑物连同其周围的地形、地物状况，用水平投影方法画出的图样。由于总平面图绘图比例较小，一般为1:500、1:1000、1:2000，图中的原有房屋、道路、绿化、桥梁边坡、围墙及新建房屋等均是用图例表示。总平面图中的坐标、标高、距离均以"米"为单位，坐标以小数点标注三位，不足以"0"补齐；标高、距离以小数点后两位数标注，不足以"0"补齐。详图可以毫米为单位。总平面图中常用图例画法以及线型制图标准见表1-5。

总平面图常用图例   表1-5

名称	图例	说明
新设计的建筑物		1. 比例小于1:2000时，可不画出入口 2. 需要时可在右上角以点数（或数字）表示层数 3. 用粗实线表示
原有的建筑物		1. 应注明拟利用者 2. 用细实线绘制
计划扩建的预留地或建筑物		用中虚线绘制
拆除的建筑物		用细实线绘制
围线及大门		上图表示砖石、混凝土、金属材料围墙 下图表示镀锌铁丝网、篱笆等围墙 如仅表示围墙时不画大门
挡土墙		被挡的土在"突出"的一侧
护坡		边坡较长时，可在一端或两端局部表示
坐标	X105.00 Y425.00 A131.51 B278.25	上图表示测量坐标 下图表示施工坐标

名称	图例	说明	
室内标高	151.00(±0.000) ▽	风向频率玫瑰图（风玫瑰图）	北 西安地区风玫瑰图 粗实线范围表示全年风向频率 细虚线范围表示夏季风向频率
室外标高	▼ 143.00		
原有的道路	——————		
计划扩建的道路	- - - - - - - -		

（2）建筑总平面图的图示内容

1）表明新建区的总体布局，如拨地范围、各建筑物及构筑物的位置、道路、管网的布置等。

2）确定拟建建筑物的平面位置，一般利用拟建建筑与原有建筑、拟建建筑与原有道路之间的位置关系定位；也可根据坐标定位，采用坐标定位又分为采用测量坐标定位和建筑坐标定位两种。修建成片住宅、较大的公共建筑物、工厂或地形较复杂时，用坐标确定房屋及道路转折点的位置。

3）采用测量坐标定位时，在地形图上用细实线画成交叉十字线的坐标网，坐标代号宜用"X、Y"表示，X为南北方向的轴线，Y为东西方向的轴线；建筑坐标应画成网格通线，自设坐标代号宜用"A、B"表示。坐标值为负数时应注"—"号，为正数时"+"号可以省略。

4）表明建筑物首层地面的绝对标高，室外地坪、道路的绝对标高，说明土方填挖情况、地面坡度及雨水排除方向。

5）用指北针表示房屋的朝向，有时用风向玫瑰图表示常年风向频率和风速。指北针只能确定拟建建筑的方向不能确定具体的位置。

6）根据工程的需要，有时还有水、暖、电等管线总平面图，各种管线综合布置图，竖向设计图，道路纵横剖面图以及绿化布置图等。

7）以各地国土管理部门提供给建设单位的地形图为蓝图，在蓝图上用红色笔划定的土地使用范围的线称为建筑红线，任何建筑物在设计和施工中均不能超过此线。

（3）建筑总平面图识图要点

1）了解工程性质、图纸比例尺，阅读文字说明，熟悉图例。

2）了解建设地段的地形，查看拨地范围、建筑物的布置、四周环境、道路布置。

3）当地形复杂时，要了解地形概貌。

4）了解各新建房屋的室内外高差、道路标高、坡度以及地面排水情况。

5）查看房屋与管线走向的关系，管线引入建筑物的具体位置。

6）查找定位依据。

2. 建筑平面图

（1）建筑平面图的图示方法

建筑物平面图应在建筑物的门窗洞口处水平剖切俯视，图内应包括剖切面及投影方向可见的建筑构造以及必要的尺寸、标高等。沿底层门窗洞口切开后得到的平面图，称为底层平面图；沿二层门窗洞口切开后得到的平面图，称为二层平面图；依次可以得到三层、四层及其他楼层的平面图。当某些楼层平面相同时，可以只画出其中一个平面图，称其为标准层平面图。房屋顶层的水平投影图称为屋顶平面图，屋顶平面图应在屋面以上俯视，屋顶平面图上的标高为结构标高。

（2）建筑平面图的图示内容

底层平面图应画出该房屋的平面形状、各房间的分隔和组合、出入口、门厅、楼梯等的布置和相互关系、各门窗的位置以及与本栋房屋有关的室外台阶、散水、花池等的投影。二层平面图除画出房屋二层范围的投影内容之外，还应画出底层平面图无法表达的雨篷、阳台、窗楣等内容，而对于底层平面图上已表达清楚的台阶、花池、散水等内容就不再画出。三层以上的平面图则只需画出本层的投影内容及下一层的窗楣、雨篷等在下一层无法表达的内容。由于平面图的比例较小，实际作图中常用 1：100 的比例绘制，所以门、窗等投影难以详尽表示，便采用制图规范规定的图例来表达，而相应的详尽情况则另用较大比例的详图来表达。

建筑平面图的图示内容主要包括：

1）表示墙、柱、内外门窗的位置及编号，房间的名称或编号，定位轴线编号。

2）注出室内外的有关尺寸及室内楼地面的标高。

3）表示楼梯、电梯的位置及楼梯的上下行方向。

4）表示阳台、踏步、雨篷、斜坡、通气竖道、管线竖井、烟囱、消防梯、雨水管、散水、排水沟、花池等位置及尺寸。

5）画出卫生器具、水池、工作台、橱柜、隔断及重要设备位置。

6）表示地下室、地坑、地沟、各种平台、检查孔、墙上留洞、高窗等位置尺寸与标高。

7）画出剖面图的剖切符号及编号（一般只标注在底层平面图上），在底层平面图上绘制出指北针。

8）标注有关部位的节点详图索引符号。

9）屋面平面图的图示内容一般有：女儿墙、檐沟、屋面坡度、分水线与落水口、变形缝、楼梯间、水箱间、天窗、上人孔、消防梯及其他构筑物、索引符号等。

（3）平面图的有关规定和要求

1）线型与图例

在平面图中，凡是被剖切到的墙、柱断面轮廓线用粗实线画出，门窗的开启示意线用中粗实线表示，其余可见的轮廓线用中实线或细实线表示，表示高窗、洞口、通气孔、槽、地沟及起重机等不可见部分时，应采用虚线绘制；尺寸标注和标高符号均用细实线，定位轴线用细单点长画线绘制。

被剖切到的断面部分应画出材料图例，但在 1：200 和 1：100 小比例的平面图中，剖到的砖墙一般不画材料图例（或在透明图纸的背面涂红表示），在 1：50 的平面图中小砖墙也可不画图例，但对比例大于 1：50 的平面图、剖面图应画出抹灰层、保温隔热层等与楼地面、屋面的面层线，并宜画出材料图例。剖到的钢筋混凝土结构件的断面当小于 1：50 的比例时（或断面较窄，不易画出图例线）可涂黑表示。

2）定位轴线及其编号

平面图上定位轴线的编号宜标注在图样的下方与左侧。水平方向的轴线自左至右用阿拉伯数字依次连续编号，竖直方向的编号则用大写拉丁字母由下而上顺序编写。并除去 I、O、Z 三个字母，以免与阿拉伯数字中 0、1、2 三个数字混淆，编号圆用细实线绘制，直径为 8～10mm。一般承重墙及外墙编为主轴线，非承重墙、隔墙等编为附加轴线（亦称分轴线）。

3）尺寸与标高标注

建筑平面图标注的尺寸有外部尺寸和内部尺寸：

① 外部尺寸。在水平方向和竖直方向各标注三道，最外一道尺寸标注房屋水平方向的总长、总宽，称为总尺寸；中间一道尺寸标注房屋的开间、进深，称为轴线尺寸（一般情况下两横墙之间的距离称为"开间"；两纵墙之间的距离称为"进深"）。最里边一道尺寸以轴线定位的标注房屋外墙的墙段及门窗洞口尺寸，称为细部尺寸。

② 内部尺寸。应标注各房间长、宽方向的净空尺寸，墙厚及轴线的关系、柱子截面、房屋内部门窗洞口、门垛等细部尺寸。

③ 标高标注。平面图中应标注不同楼层地面高度及室内外地坪等标高，在平面图中标注的标高均为相对标高，底层室内地面的标高一般用±0.000 表示。

平面图上所用的门窗都应进行编号。门常用 M 表示，如"M1"、"M2"或"M—1"、"M—2"等；窗常用 C 表示，如"C1"、"C2"或"C—1"、"C—2"等。有时为了表达的方便常用"C1815"、"M0921"表示"宽 1800 高 1500 的窗"、"宽 900 高 2100 的门"。

4）平面图的数量和图名

一般情况下，房屋有几层就应画几个平面图，并在图的下方标注相应的图名，如"底层平面图"、"二层平面图"等，图名下方应加一粗实线，图名右方标注比例。当房屋中间若干层的平面布局、构造情况完全一致时，则可用一个平面图来表达这些相同布局的各层，称之为"标准层平面图"，顶层平面图一般除了楼梯间表示方法及标高数与标准层平面图不同外，其余都与其一致。若中间某些层中有局部改变，也可单独出一局部平面图。另外，对于平屋顶房屋，为表明屋面排水组织及附属设施的设置状况，还要绘制一个较小比例的屋顶平面图。

3. 建筑立面图

（1）建筑立面图的图示方法

建筑立面图是反映建筑物正立面、背立面和侧立面特征的正投影图，分别称为正立面图、背立面图和侧立面图，侧立面图又分为左侧立面图和右侧立面图。立面图也可以按房屋的朝向命名，如东立面图、西立面图、南立面图、北立面图等。此外，立面图还可以用各立面图的两个端轴线编号命名，如①～⑨立面图、Ⓐ～Ⓔ立面图等。

（2）建筑立面图的图示内容

1）表明建筑物的外貌形状、门窗和其他构配件的形状和位置，主要包括室内的地面线、房屋的勒脚、台阶、门窗、阳台、雨篷；室外的楼梯、墙和柱；外墙的预留孔洞、檐口、屋顶、雨水管、墙面修饰构件等。

2）外墙各个主要部位的标高和尺寸。

3）建筑物两端或分段的轴线和编号。

4）标出各个部分的构造、装饰节点详图的索引符号，外墙面的装设材料和做法。

（3）建筑立面图的有关规定和要求

1）线型与比例

为使立面图轮廓清晰、层次分明，通常用粗实线表示立面图的最外轮廓线。外形轮廓线以内的体部轮廓，如凸出墙面的雨篷、阳台、柱子、窗台、屋檐的下檐线以及窗洞、门洞等等用中粗线画出。地平线用标准粗度的 1.2～1.4 倍的加粗线画出，并且两端都要伸出外墙轮廓线之外 15～20mm。其余如立面图中的腰线、粉刷线、窗棂线等细部均采用细实线画出。立面图的比例一般应与平面图相同。

2）尺寸与标高标注

① 尺寸标注。立面图中的尺寸是表示建筑物高度方向的尺寸，一般用三道尺寸线表示。最外面一道为建筑物的总高，是指从室外设计地面到檐口女儿墙的高度；中间一道尺寸线为层高，即下一层楼地面到上一层楼面的高度；最里面一道为门窗洞口的高度及楼地面的相对位置。同时还需标注出一些在其他投影中还没有反映出的尺寸。

② 标高标注。立面图中的标高表示出各主要部位的相对标高，如室内外地面标高、各层楼面标高及檐口标高。

3）定位轴线与编号

为便于与平面图对照，还需绘制立面两端或分段的轴线及编号，确定立面图的观看方向。有定位轴线的建筑物，宜优先采用两端定位轴线编号的方式对立面图进行命名。

4）立面图的数量要求

一个建筑物究竟取几个立面，应视建筑本身复杂程度而定。如果建筑物各个表面的形式或粉刷做法均不相同时，需一一画出各自立面，否则可省去某些立面。对于较简单的对称式建筑物或对称的构配件等，在不影响构造处理和施工的情况下，立面图可绘制一半，并在对称轴线处画对称符号。

4. 建筑剖面图

（1）建筑剖面图的图示方法

剖面图一般表示房屋内部在高度方向的结构形式，主要用来表达房屋沿高度方向的分层情况、门窗洞口高度、层高及建筑总高等。

（2）建筑剖面图的图示内容

1）墙、柱及其定位轴线。与建筑立面图一样，剖面图中一般只需要画出两端的定位轴线及编号，以便于与平面图对照，必要时也可注出中间轴线。

2）室内底层地面、地沟、各层的楼面、顶棚、屋顶、门窗、楼梯、阳台、雨篷、墙洞、防潮层、室外地面、散水、踢脚板等能看到的内容。

3）各个部位完成面的标高。包括室内外地面、各层楼面、楼梯平台、檐口或女儿墙顶面、楼（电）梯间顶面等部位。

4）各部位的高度尺寸。建筑剖面图中高度方向的尺寸包括外部尺寸及内部尺寸。外部尺寸包括门窗洞口的高度、层高、总高度；内部尺寸包括地坑深度、隔断、隔板、平台、室内门窗等的高度。

5）楼、地面的构造。一般采用引出线指向所说明的部位，按照构造的层次顺序，逐层加以说明。

6）详图的索引符号。建筑剖面图中不能详细表示清楚的部位应引出索引符号，另用详图表示。

（3）建筑剖面图的有关规定及要求

1）线型与比例

凡是被剖切到的墙、板、梁等构件的断面轮廓线用粗实线表示，而没有被剖切到的其他构件轮廓线，则常用中实线或细实线表示。需注意与断面图的区别，断面图仅需用粗实线画出剖切面切到的部分，不必画出沿投射方向看到的部分。剖面图常用的比例为1∶50、1∶100和1∶200。一般应尽量与平面图、立面图的比例相一致，但有时也可用较平面图比例稍大的比例。为了清楚地表达建筑各部分的材料及构造层次，当剖面图比例大于1∶50时，应在剖到的构件断面画出其材料图例，当剖面图比例小于1∶50时，则不画具体材料图例。

2）剖切符号

建筑施工图中的剖切符号由互相垂直的两条粗实线构成，长线表示剖切位置，短线表示投影方向，剖切位置线长度6～10mm。剖视剖切符号的编号宜采用阿拉伯数字，按剖切顺序自左至右，自上向下连续编排，并应注写在剖视方向线的端部。

3）尺寸与标高标注

① 尺寸标注。剖面图中的高度尺寸共有3道，靠近外墙轮廓线的为第一道，称分段尺寸；在分段尺寸之外表示层高和休息平台高度的尺寸为第二道尺寸；第三道尺寸即最外边的一道尺寸，用来表明建筑物总高。此外，室内外一些细部构造的竖向尺寸也应标明。为了便于与平面图对照，剖面图中还把外墙或柱的轴线之间跨度尺寸标出。

② 标高。对建筑物中一些重要的表面，在剖面图中还必须以标高的形式表明其高度。如楼地面、休息平台、阳台、窗台以及吊顶、过梁等处的表面均应标明其标高。

4）其他标注

① 注解。对诸如地面、楼面、屋面等处的构造层次较多，又无法具体表明其具体材料及做法时，可用分层注解的方式进行说明。

② 详图索引。对于剖面图中尚未表示清楚的一些局部或节点，必须用较大比例的图样深入进行说明其构造和做法，哪些地方需要进一步说明就应以索引指明，以便阅读与查找。

5）剖面图的剖切位置及数量

剖面的剖切位置均应在底层平面图中给出。剖面图的剖切位置应根据图纸的用途或设计深度，在剖面图上选择能反映全貌、构造特征以及有代表性的部位剖切，如楼梯间、阳台等，并应尽量使剖切平面通过门窗洞口。为了能以较少的剖面达到尽可能充分表现房屋的内部结构，剖面一般应选在门厅、楼梯间等构造较复杂的部位进行剖切；另外也应选择那些能反映不同类型房屋的内部结构的具有代表性的部位进行剖切。

5. 建筑详图

需要绘制详图或局部平面放大图的位置一般包括内外墙身节点、楼梯、电梯、厨房、卫生间、门窗、室内外装饰等。在平、立、剖面图中某些需要绘制详图的地方应注明详图的索引符号。在详图中应注明详图的编号和被索引的详图所在图纸的编号，这种符号称为详图符号。建筑详图是建筑细部的施工图，详图符号应与被索引的图样上的索引符号相对应，建筑详图应加注图名。

（1）外墙身节点详图

外墙身详图即建筑物某一外墙从基础以上一直到屋顶的铅垂剖视图。外墙身节点详图的剖切位置一般设在门窗洞口部位，它实际上是建筑剖面图的局部放大样图。外墙身详图详尽地表示出外墙身从基础以上到屋顶各节点，如防潮层、勒脚、散水、窗台、门窗过梁、地面、檐口、外墙内外墙面装修等的尺寸、材料和构造做法，是施工的重要依据。外墙身详图常用比例为 1∶20，线型与剖面图相同（剖到的粉刷层以细实线表示）。

外墙身详图一般反映的主要内容有：

1）墙的轴线编号、墙厚及与轴线的关系。

2）各层楼面、地面（包括室内外地面）、屋面、勒脚、散水等与墙身的关系，详尽的构造层次及各自的标高。

3）窗下墙、门窗洞、窗台、窗过梁、女儿墙、窗檐、排水沟、天沟、排水口等的位置、构造做法及其尺寸。

现在建筑施工图一般不单独画外墙身详图，而采用能剖切到外墙身的建筑剖面图加上建筑施工说明的形式来表达外墙身详图中反映的内容。

（2）楼梯详图

楼梯详图包括平面图、剖面图、踏步和栏板（栏杆）节点详图。各详图应尽可能画在同一张图纸上，平面图、剖面图比例应一致，一般为 1∶50；踏步、栏板（栏杆）等节点详图比例要大一些，可采用 1∶10、1∶20 等。楼梯详图的线型与相应的平面图和剖面图相同。

1）楼梯平面图

楼梯平面图实际就是平面图的放大图，它假想用一个水平剖切面在该层往上行的第一个梯段的中部切开，然后将剖切平面以上的部分移去，对剩余部分进行投影画出其水平剖面，即是楼梯的平面图。楼梯平面图包括底层、二层、……、顶层平面图。一般每层都应画出平面图，但三层以上的房屋，若中间层各层的楼梯形式、构造完全相同，则只需画出底层、一个中间层（标准层）和顶层三个平面图即可。但应在标准层的平台面、楼面以括号形式加注中间省略的各层相应部位的标高。从楼梯平面详图上可以直接识读的信息包括各梯段起止标高、梯段踏步宽度、楼梯井宽度，但是梯段踏步高度及门窗洞口的高度尺寸不能从平面图上读得。

① 底层平面图

为了不使假想的剖切平面与梯段产生的交线同踏步的踢面投影混淆，将假想的截交线画成与被剖切梯段所邻墙面的夹角为 45°的"折断线"，并从最后一级踏步的踢面画起。楼梯底层平面图中应注明楼梯间的开间、进深及轴线编号，且其轴线编号应与房屋平面图中的编号相一致，以便互相对照。此外，还应标出梯段水平投影长、梯段宽及每一梯段的踏步数以及一些细部尺寸、标高。在标注梯段水平投影长时，应与其踏面宽度尺寸 b、梯段的踏步数 n 结合起来。即："（踏步数 $n-1$）×踏面宽 b＝梯段水平投影长 L"的标注形式。楼梯平面图必须分层绘制，底层平面图一般剖在上行的第一跑上，因此除表示第一跑的平面外，还能表明楼梯间一层休息平台以下的平面形状。在底层平面图中还应给出楼梯剖面的剖切位置线和投影方向，并在踏步中间处用长箭头指出行走线的方向，并注明"上"以示上行。

② 中间层平面图

假想水平剖切平面从上行的第一梯段之间切过，然后将剖切平面以上的楼梯等部分移去，对剩余部分进行投影画出其水平剖面，即是楼梯的中间层平面图。并在上行梯段中部画一45°"折断线"，以区分剖到的上行梯段和看到的下一层梯段的投影。还应在折断线两侧、梯段水平投影中部画两条方向相对的长箭头，并以所画楼层为基准在箭尾注写"上"、"下"字样。中间层平面图除了标注梯井宽度尺寸、楼层和休息平台面的标高外，其余的表达内容和形式、尺寸标注等均与底层平面图相同。

③ 顶层平面图

由于顶层平面图的剖切平面位置在安全栏板以上，可看成是整个顶层两梯段的水平投影。

顶层平面图可表现出顶层两个梯段的形式、踏步数、长宽以及梯井、栏杆、安全栏板（杆）的设置情况。由于剖切平面没有剖到梯段，因此，不需画出"折断线"，只在踏步中间处画出行走线并以"下"字表明下行，并注意楼梯栏板拐过来要封住楼面（即安全栏板或栏杆）。顶层平面图的其他表达内容和形式、尺寸标注等也都与中间层相同。

2）楼梯剖面图

① 画法。楼梯间剖面图的形成原理与方法同建筑剖面图。用一假想的铅垂剖切平面沿梯段的长度方向、通常通过上行第一梯段和门窗洞口，将楼梯间剖开，向未剖到的梯段方向投影，即得到楼梯间的剖面图。

在多层房屋中，若中间各层的楼梯构造完全相同时，可只画出底层、中间层（标准层）和顶层的剖面，中间以折断线断开，但应在中间层的楼面、平台面处以括号形式加注中间各层相应部位的标高。

楼梯间剖面图应表示出被剖切的墙身、窗下墙、窗台、窗过梁；表示出楼梯间地面、平台面、楼面、梯段等的构造及其与墙身的连接以及未剖到梯段、栏板、扶手等。

② 线型。楼梯剖面图中线型的要求与建筑剖面图相同，剖切轮廓线一律采用标准粗实线 b，投影轮廓线一律采用 0.35b 的细实线。凡剖到的钢筋混凝土构件断面，若比例较小时可涂黑表示；未被剖到的梯段，若由于栏板遮挡而不可见时，其踏步可用虚线表示，也可不画，但仍应标注该梯段的踏步数和高度尺寸。

③ 标注。在楼梯间剖面图中应标注楼梯间的轴线及其编号、轴线间距尺寸、楼面、地面、平台面、门窗洞口的标高和竖向尺寸；梯段高度方向的尺寸以踏步数×踢面高＝梯段高度的方式标注。要标注栏板（杆）的高度尺寸，其高度是指从踏面中部到扶手顶面的垂直高度。

3）楼梯节点详图

楼梯节点详图一般包括第一梯段基础做法详图、踏步做法详图、栏杆立面做法及与梯段连接、与扶手连接的详图、扶手断面详图、梯段与平台梁的连接关系详图等等。这些详图为了弥补楼梯间平、剖面图表达上的不足而在其上进一步引出的"详图中的详图"。因此，他们将采用较大的比例如 1∶1、1∶2、1∶5、1∶10、1∶20 等来绘制。

1.2.2 结构施工图的图示方法与内容

结构施工图一般包括结构设计说明、基础图、结构平面布置图、结构详图等图样。

1. 结构设计说明

结构设计总说明，主要包括结构设计的主要依据，设计标高所对应的绝对标高值，建筑结构的安全等级和设计使用年限，建筑场地的地震基本烈度、场地类别、地基土的液化等级、建筑抗震设防类别、抗震设防烈度和混凝土结构的抗震等级，所选用结构材料的品种、规格、型号、性能、强度等级、受力钢筋保护层厚度、钢筋的锚固长度、搭接长度及接长方法，所采用的通用做法的标准图图集，施工应遵循的施工规范和注意事项等。

2. 基础图的图示方法及内容

（1）基础平面图

1）基础平面图的图示方法

基础平面图是假想用一个水平剖切平面在室内地面处剖切建筑，并移去基础周围的土层，向下投影所得到的图样。在基础平面图中，只画出基础墙、柱及基础底面的轮廓线，基础的细部构造（如大放脚和底板）可忽略不画。凡被剖切到的基础墙、柱轮廓线应画成中实线，基础底面的轮廓线应画成细实线。当基础墙上留有管洞时，应用虚线表示其位置，当基础中设有基础梁和地圈梁时，用粗单点长画线表示其中心线的位置。凡基础宽度、墙厚、大放脚、基础底部标高、管沟做法不同时，均以不同的断面图表示。

2）基础平面图的图示内容

① 绘出定位轴线、基础构件（含承台、基础梁等）的位置、尺寸、底标高、构件编号；基础底标高不同时，应绘出放坡示意图；表示施工后浇带的位置及坡度。基础平面图中的定位轴线网格与建筑平面图中的轴线网格完全相同。基础平面图中的外部尺寸只标注定位轴线的间距和总尺寸，内部尺寸应标注各道墙的厚度、柱的断面尺寸和基础底面的宽度等。

② 标明砌体结构墙与墙垛、柱的位置与尺寸、编号；混凝土结构可另绘结构墙、柱平面定位图，并注明截面变化关系尺寸。标明地沟、地坑和已定设备基础的平面位置、尺寸、标高，预留孔与预埋件的位置、尺寸、标高。

③ 采用桩基础时，应绘制桩位平面位置、定位尺寸及桩编号。

④ 表明地沟、地坑和已定设备基础的平面位置、尺寸和标高，预留孔与预埋件的位置、尺寸、标高。

（2）基础详图

1）基础详图的图示方法

条形基础的详图一般为基础的垂直剖面图，独立基础的详图一般应包括平面图和剖面图。不同构造的基础应分别画出其详图，当基础构造相同，而仅部分尺寸不同时，也可用一个详图表示，但需标出不同部分的尺寸。基础详图的轮廓线用中实线表示，断面内应画出材料图例，对于钢筋混凝土基础，则只画出配筋情况，不画出材料图例。基础详图中需标注基础各部分的详细尺寸及室内、室外、基础底面标高等。

2）基础详图的图示内容

基础详图应包括基础剖面图中的轴线及其编号；基础剖面的形状及详细尺寸；室内

地面及基础底面的标高，外墙基础还需注明室外地坪的相对标高；钢筋混凝土基础应标注钢筋直径、间距及钢筋编号，现浇基础尚应标注预留插筋、搭接长度与位置及箍筋加密等；防潮层的位置及做法，垫层材料等。对于桩基础应绘出桩详图、承台详图及桩与承台的连接构造详图，桩详图包括平面、剖面、垫层、配筋，标注总尺寸、分尺寸、标高及定位尺寸。

3. 结构平面布置图

（1）结构平面图的图示方法

结构平面图是假想沿着楼板面将建筑物水平剖开所作的水平剖面图，主要表示各楼层结构构件（如墙、梁、板、柱子、过梁、圈梁等）的位置、数量、型号等平面布置情况，以及现浇楼板、梁的构造与配筋情况及构件之间的结构关系。对于承重构件布置相同的楼层，只画出一个标准层结构平面布置图。

在楼层结构平面图中，外轮廓线用中粗实线表示，被楼板遮挡住的墙、柱、梁等用中虚线表示，其他用细实线表示，图中的结构构件用构件代号表示。

（2）结构平面布置图的图示内容

1）绘出定位轴线及梁、柱、承重墙、抗震构造柱位置及必要的定位尺寸，并注明其编号和楼面结构标高。

2）现浇板应注明板厚、板面标高、配筋，有预留孔、埋件、已定设备基础时应示出规格与位置，洞边加强措施。必要时还应在结构平面图中表示施工后浇带的位置与宽度，电梯间机房尚应表示吊钩平面位置与详图。

3）砌体结构有圈梁时，应注明位置、编号、标高，也可用小比例绘制单线平面示意图。

4）楼梯间可以绘制斜线注明编号与所在详图号。

5）对屋面结构平面布置图，当结构找坡时应标注屋面板的坡度、坡向、坡向起终点处的板面标高；女儿墙及其构造柱的位置、编号与详图。

4. 结构详图

（1）钢筋混凝土构件图

钢筋混凝土构件图主要是配筋图，有时还有模板图和钢筋表。模板图主要表达构件的外部形状、几何尺寸和预埋件代号及位置。若构件形状简单，模板图可以和配筋图画在一起。钢筋表的设置是为了方便统计材料和识图，其内容一般包括构件名称、数量以及钢筋编号、规格、形状、尺寸、根数、重量等。

配筋图主要表达构件内部的钢筋位置、形状、规格和数量。一般用立面图和剖面图表示。绘制钢筋混凝土构件配筋图时，假想混凝土是透明体，使包含在混凝土中的钢筋"可见"。为了突出钢筋，构件外轮廓线用细实线表示，而主筋用粗实线表示，箍筋用中实线表示，钢筋的截面用小黑圆点涂黑表示。钢筋的两种标注方式包括：根数＋钢筋符号＋直径（如 2Φ10）、钢筋符号＋直径＋相邻钢筋中心距（如Φ8@150）。

（2）楼梯结构施工图

楼梯结构施工图包括楼梯结构平面图、楼梯结构剖面图和构件详图。

1）楼梯结构平面图

根据楼梯梁、板、柱的布置变化，楼梯结构平面图包括底层楼梯结构平面图、中间层楼梯结构平面图和顶层楼梯结构平面图。当中间几层的结构布置和构件类型完全相同时，只用一个标准层楼梯结构平面图表示。在各层楼梯结构平面图中，主要反映出楼梯梁、板的平面布置，轴线位置与轴线尺寸，构件代号与编号，细部尺寸及结构标高，同时确定纵剖面图位置。当楼梯结构平面图比例较大时，还可以直接绘制出休息平台板的配筋。

钢筋混凝土楼梯的可见轮廓线用细实线表示，不可见轮廓线用细虚线表示，剖切到的砖墙轮廓线用中实线表示，剖切到的钢筋混凝土柱用涂黑表示，钢筋用粗实线，钢筋截面用小黑点表示。

2）楼梯结构剖面图

楼梯结构剖面图是根据楼梯剖面图中剖切位置绘出的楼梯剖面模板图，主要反映楼梯间的承重构件、板、柱的竖向布置，构造和连接情况，平台板和楼层的标高以及各构件的细部尺寸。

3）楼梯构件详图

楼梯构件详图包括斜梁、平台梁、梯段板、平台板的配筋图，其表示方法与钢筋混凝土构件结构施工图表示方法相同。

（3）现浇板配筋

现浇板配筋一般采用平法表示，详见本章平法施工图识读部分的内容。

5. 混凝土结构平法施工图制图规则

混凝土结构施工图平面整体设计方法（简称平法），是将结构构件的尺寸和配筋，按照平面整体表示方法制图规则，整体直接表达在结构平面布置图上，再与标准构造详图配合，构成一套新型完整的结构设计图纸。

（1）独立基础平法施工图

独立基础的平法施工图，有平面注写与截面注写两种表达方式。

1）独立基础的平面注写方式

独立基础的平面注写方式，分为集中标注和原位标注两部分内容。

① 集中标注

独立基础集中标注，系在基础平面图上集中引注基础编号、截面竖向尺寸、配筋三项必注内容，以及基础底面标高（与基础底面基准标高不同时）和必要的文字注解两项选注内容。独立基础编号按表 1-6 规定。

独立基础编号 表 1-6

类型	基础底板截面形状	代号	序号
普通独立基础	阶形	DJ_J	××
	坡形	DJ_P	××
杯口独立基础	阶形	BJ_J	××
	坡形	BJ_P	××

阶形截面普通独立基础竖向尺寸的标注形式为 $h_1/h_2/h_3$（图 1-19）。例如，独立基础 DJ_J×× 的竖向尺寸注写为 350/350/400 时，表示 $h_1=350$、$h_2=350$、$h_3=400$，基础底板总厚度为 1100。图 1-20 为阶形独立基础底板底部双向配筋示意图，表示基础底板底部配置 HRB400 级钢筋，X 向直径为 Φ16，分布间距为 150mm；Y 向直径为 Φ16，分布间距为 200mm。

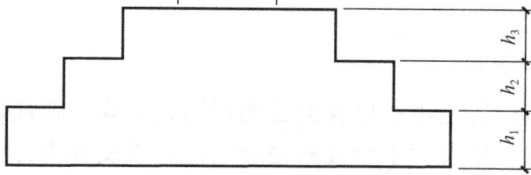

图 1-19 阶形截面普通独立基础竖向尺寸

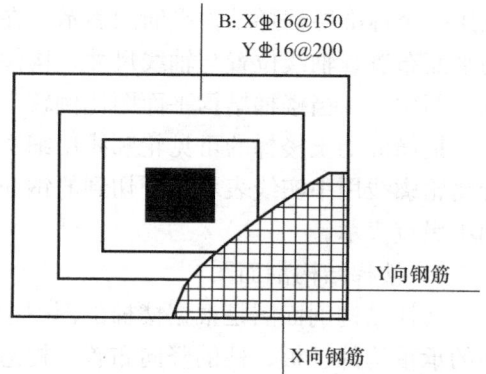

图 1-20 独立基础底板底部双向配筋示意

② 原位标注

钢筋混凝土和素混凝土独立基础的原位标注,系在基础平面布置图上标注独立基础的平面尺寸。图 1-21 为阶形截面普通独立基础原位标注,其中,x、y 为普通独立基础两向边长,x_c、y_c 为柱截面尺寸,x_i、y_i 为阶宽或坡形平面尺寸。图 1-22 为普通独立基础平面注写方式施工图示例。

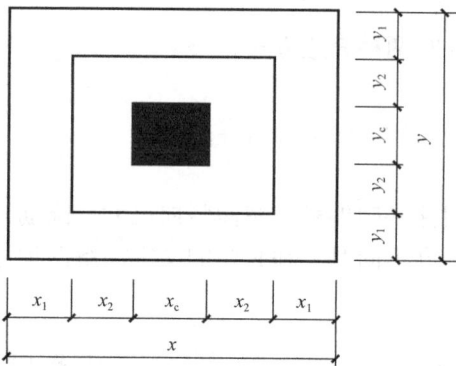

图 1-21 阶形截面普通独立基础原位标注

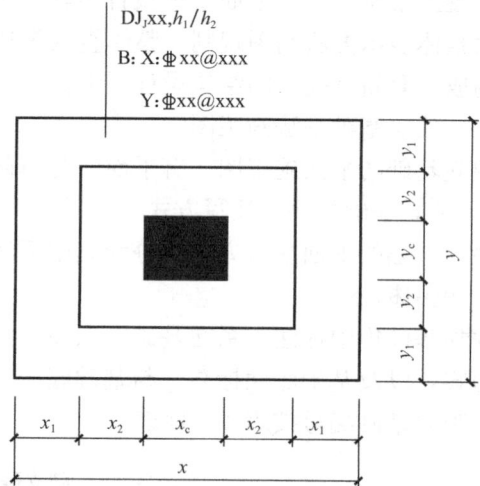

图 1-22 普通独立基础平面注写方式施工图示意

2) 独立基础的截面注写方式

独立基础的截面注写方式,可以分为截面标注和列表标注(结合截面示意图)两种表达方式。采用截面注写方式,应在基础平面布置图上对所有基础进行编号。

(2) 柱平法施工图

柱平法施工图是在柱平面布置图上采用截面注写方式或列表注写方式来表达的施工图。

1) 截面注写方式

截面注写方式是在分标准层绘制的柱(包括框架柱、框支柱、梁上柱、剪力墙上柱)平面布置图的柱截面上,分别在同一编号的柱中选择一个截面,以直接注写截面尺寸和配筋具体数值的方式来表达柱平法施工图,如图 1-23 所示。截面注写方式适用于各种结构类型，采用截面注写方式在柱截面配筋图上直接引注的内容有柱编号、柱高、分段起止高度、截面尺寸、纵向钢筋及箍筋等。

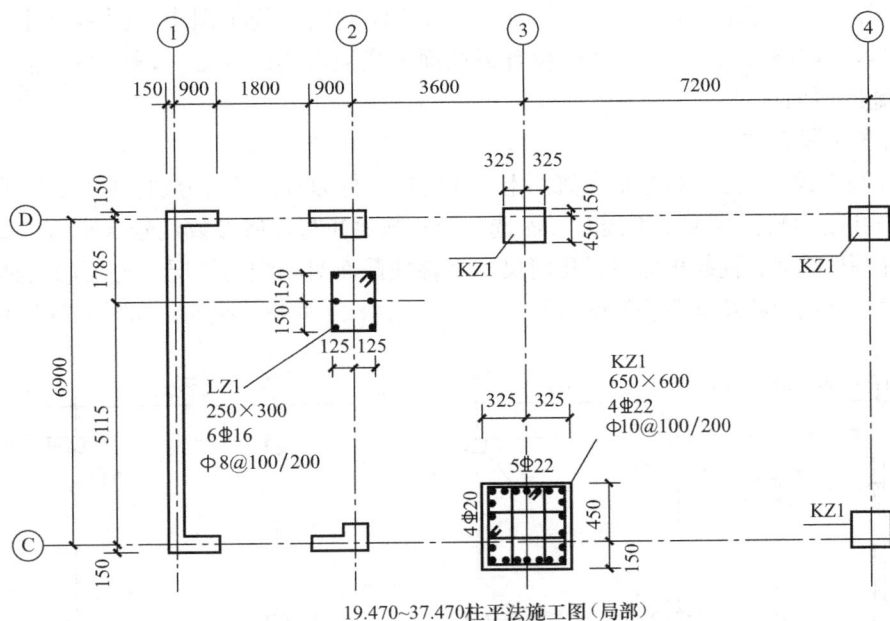

19.470~37.470柱平法施工图（局部）

图 1-23　柱平法施工图截面注写方式示例

① 柱编号。柱编号由代号和序号组成，柱编号的代号应符合表1-7。然后从相同编号的柱中选择一个截面，按另一种比例原位放大绘制柱截面配筋图，并在各配筋图上在其编号后再注写截面尺寸 $b \times h$（对于圆柱改为圆柱的直径 d）、角筋或全部纵筋（当纵筋采用同一种直径且能够图示清楚时）、箍筋的具体数值。在柱截面配筋图上标注截面与轴线关系 b_1、b_2、h_1、h_2 的具体数值。当纵筋采用两种直径时，需再注写截面各边中部纵筋的具体数值（对于采用对称配筋的矩形截面柱，可仅在一侧注写中部纵筋，对称边省略不注）。

柱　编　号　　　　　　　　　　　　　　　　表 1-7

柱类型	代号	序号
框架柱	KZ	××
框支柱	KZZ	××
芯柱	XZ	××
梁上柱	LZ	××
剪力墙上柱	QZ	××

② 注写箍筋。应包括钢筋种类代号、直径与间距。当圆柱采用螺旋箍时，需在箍筋前加"L"；箍筋的肢数及复合方式在柱截面配筋图上表示，当为抗震设计时，用"/"区分箍筋加密区与非加密区长度范围内箍筋的不同间距（前面为加密区间距，后面为非加密区间距）；当箍筋沿柱全高为一种间距时，如柱全高加密的情况，则不使用"/"。

③ 同一编号。截面注写方式中，如柱的分段截面尺寸和配筋均相同，仅分段截面与轴线关系不同时，可将其编为同一柱号，但此时应在未画配筋的柱截面上注写该柱截面与轴线关系的具体尺寸。

④ 不同标准层。当采用截面注写方式时，可以根据具体情况，在一个柱平面布置图

上加小括号"（）"和尖括号"〈〉"来区分和表达不同标准层的注写数值，但与柱标高要一一对应。

⑤ 柱高（分段起止标高）。采用截面注写方式绘制的柱施工图中，图名应注写各段柱的起止标高，自柱根部往上以变截面位置或截面未变但配筋改变处分段注写。框架柱的根部标高为基础顶面标高。

2）列表注写方式

列表注写方式，就是在柱平面布置图上，先对柱进行编号，然后分别在同一编号的柱中选择一个（当柱截面与轴线关系不同时，需选几个）截面注写几何参数代号（b_1、b_2；h_1、h_2）；在柱表中注写柱编号、柱起止标高、几何尺寸（含柱截面对轴线的情况）与配筋的具体数值，并配以各种柱截面形状及其箍筋类型图的方式，来表达柱平面整体配筋。如图 1-24 所示。

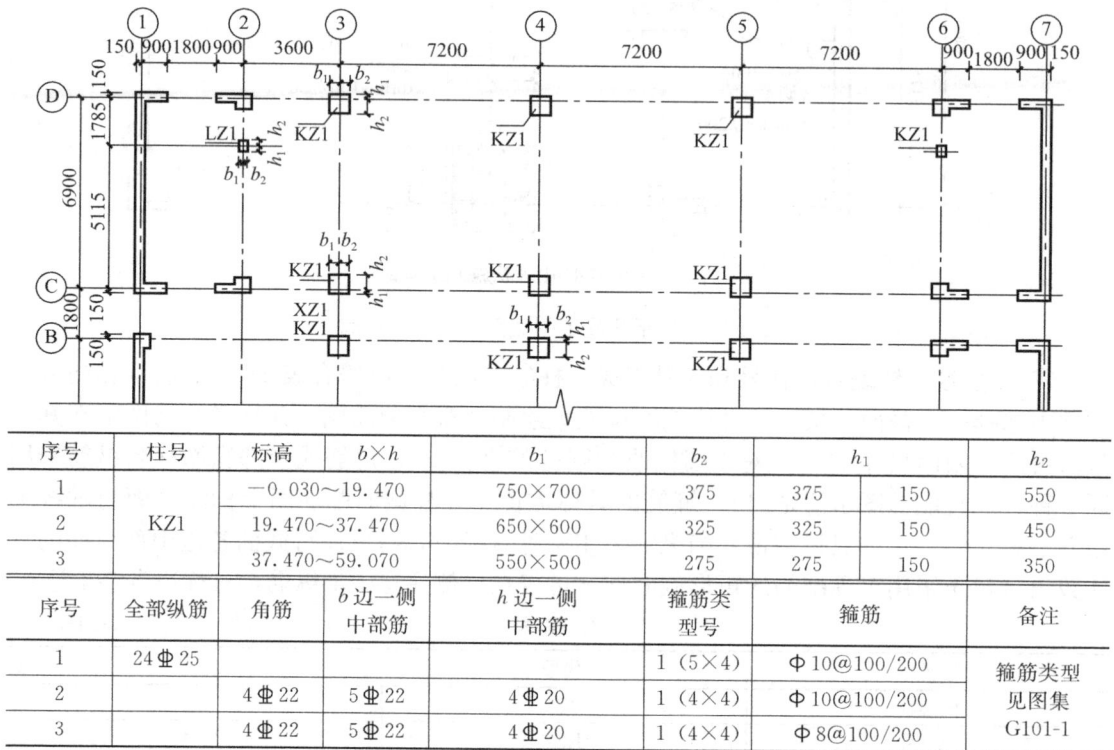

序号	柱号	标高	$b \times h$	b_1	b_2	h_1		h_2
1		$-0.030\sim19.470$	750×700	375	375	150		550
2	KZ1	$19.470\sim37.470$	650×600	325	325	150		450
3		$37.470\sim59.070$	550×500	275	275	150		350

序号	全部纵筋	角筋	b 边一侧中部筋	h 边一侧中部筋	箍筋类型号	箍筋	备注
1	24⏀25				1（5×4）	Φ10@100/200	箍筋类型见图集 G101-1
2		4⏀22	5⏀22	4⏀20	1（4×4）	Φ10@100/200	
3		4⏀22	5⏀22	4⏀20	1（4×4）	Φ8@100/200	

图 1-24 柱平法施工图列表注写方式

柱平法施工图列表注写方式包括柱平面布置图、柱断面及箍筋类型、柱表、结构层楼面标高及结构层高四部分内容。柱平面布置图应表明定位轴线、柱的编号、形状及与轴线的关系。柱表中包括柱编号、各柱段起止标高、断面尺寸及与轴线关系的几何尺寸、全部纵筋、角筋、b 边一侧中部筋、箍筋类型号级箍筋等。具体内容介绍如下：

① 柱编号。包括柱子的类型代号和序号。当柱的总高、分段截面尺寸和配筋均对应相同，仅分段截面与轴线的关系不同时，仍可将其编为同一柱号。

② 分段起止标高。在柱中不同的标高段，它的断面尺寸、配筋规格、数量等会有所不同。

③ 截面尺寸。对于矩形柱注写柱截面尺寸 $b \times h$ 及与轴线关系的几何参数代号 b_1、b_2 和 h_1、h_2 的具体数值，须对应于各段柱分别注写。其中 $b = b_1 + b_2$，$h = h_1 + h_2$。对于圆柱

改为圆柱的直径 d。

④ 纵筋。当柱的纵筋直径相同，各边根数也相同（包括矩形柱、圆柱），将纵筋注写在"全部纵筋"一栏中；除此之外，柱纵筋分为角筋、截面 b 边中部筋和 h 边中部筋三项分别注写（对于采用对称配筋的矩形柱，可仅注一侧中部筋）。

⑤ 箍筋类型。在表中箍筋类型栏内注写箍筋类型和及箍筋肢数。各种箍筋类型图以及箍筋复合的具体方式，根据具体工程由设计人员画在表的上部或图中的适当位置，并在其上标注与表中相应的 b、h 和型号。

⑥ 箍筋直径和间距。在表中箍筋栏内注写箍筋，包括钢筋种类、直径和间距（间距表示方法及纵筋搭接时加密的表达同截面注写方式）。

⑦ 结构层楼面标高及层高。结构层楼面标高（简称结构标高）及层高也用列表表示。列表中的层号和层高一般要与建筑图表达一致，由下向上排列，单位均用"m"表示。

（3）梁平法施工图

梁平法施工图同样有截面注写和平面注写两种方式。当梁为异型截面时，可用截面注写方式，否则宜用平面注写方式。梁平面布置图应分标准层按适当比例绘制，其中包括全部梁和与其相关的柱、墙、板。对于轴线未居中的梁，应标注其定位尺寸（贴柱边的梁除外）。当局部梁的布置过密时，可将过密区用虚线框出，适当放大比例后再表示，或者将纵横梁分开画在两张图上。同样，在梁平法施工图中，应采用表格或其他方式注明各结构层的顶面标高及相应的结构层号。

1）平面注写方式

钢筋混凝土梁平面注写方式是指在梁的平面布置图上，分别在不同编号的梁中各选一根梁，在其上注写截面尺寸和配筋具体数值的方式来表达梁平法施工图，平面注写包括集中标注与原位标注。集中标注的梁编号及截面尺寸、配筋等代表许多跨，表达梁的通用数值；原位标注的要素仅代表本跨，当集中标注的某项数值不适用于梁的某部位时，则将该数值原位标注，施工时原位标注取值优先。集中标注的内容包括梁编号、截面尺寸、箍筋配置、梁上部通长筋或架立钢筋配置、梁侧面纵向构造钢筋或受扭钢筋配置等五个必注项，以及梁顶面标高高差（选注项）；原位标注在图 1-25 平面注写方式示例图中，上图表示平面注写方式，下图表示对应的截面配筋。

平面注写方式的具体表示方法如下：

① 梁编号及多跨通用的梁截面尺寸、箍筋、跨中面筋基本值采用集中标注，可从该梁任意一跨引出注写；梁底筋和支座面筋均采用原位标注。对与集中标注不同的某跨梁截面尺寸、箍筋、跨中面筋、腰筋等，可将其值原位标注。

② 梁编号由梁类型代号、序号、跨数及有无悬挑代号几项组成，应符合表 1-8 的规定。

③ 等截面梁的截面尺寸用 $b \times h$ 表示；竖向加腋梁用 $b \times h$　$GYc_1 \times c_2$ 表示，其中 c_1 为腋长，c_2 为腋高；悬挑梁根部和端部的高度不同时，用斜线"/"分隔根部与端部的高度值。例：300×700 GY500×250 表示竖向加腋梁跨中截面为 300×700，腋长为 500，腋高为 250；悬挑梁中的 $200 \times 500/300$ 表示悬挑梁的宽度为 200，根部高度为 500，端部高度为 300。

KL2(2A) 300×650
Φ8@100/200(2)2Φ25
G4Φ10
(-0.100)

原位标注:
2Φ25+2Φ22

6Φ25 4/2

4

4Φ25

4Φ25

1

6Φ25 2/4

2

3

4Φ25

4Φ25

2Φ16

Φ8@100(2)

2Φ25
2Φ22
4Φ10
Φ8@100
2Φ25
4Φ25
650
300
1-1

4Φ25
2Φ25
4Φ10
Φ8@100
2Φ25
4Φ25
300
2-2

4Φ25
2Φ25
4Φ10
Φ8@100
4Φ25
300
3-3

2Φ25
4Φ10
Φ8@200
4Φ25
300
4-4

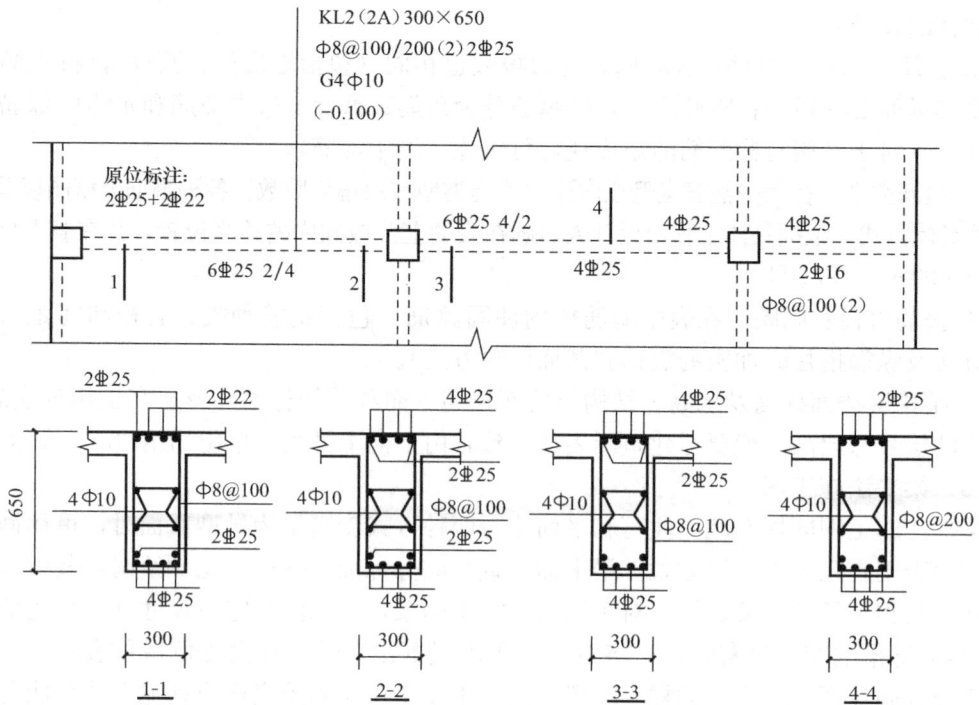

图 1-25 平面注写方式示例

梁 编 号   表 1-8

梁类型	代号	序号	跨数及是否带有悬挑
楼层框架梁	KL	××	(××) 或 (××A) 或 (××B)
屋面框架梁	WKL	××	(××) 或 (××A) 或 (××B)
框支架	KZL	××	(××) 或 (××A) 或 (××B)
非框架梁	L	××	(××) 或 (××A) 或 (××B)
悬挑梁	XL	××	

注：(××A) 为一端有悬挑，(××B) 为两端有悬挑，悬挑不计入跨数。例：KL7 (5A) 表示第 7 号楼层框架梁，5 跨，一端有悬挑。

④ 箍筋的标注。梁箍筋标注内容包括钢筋级别、直径、加密区与非加密区间距及肢数。加密区与非加密区的不同间距及肢数，用斜线"/"将其分开，肢数写在括号内（两肢箍可省略不写），当加密区与非加密区的箍筋肢数相同时，则只需在非加密区的后面将肢数注写一次；当梁箍筋为同一种间距时，则不需用斜线；箍筋肢数用括号括住的数字表示。例如，Φ8@100/200 (4) 表示箍筋采用 HPB300 级钢筋，直径 8mm，加密区间距为 100，非加密区间距为 200，均为四肢箍；Φ8@100(4)/200 (2) 表示加密区为四肢箍，非加密区为双肢箍。当抗震结构中的非框架梁、悬挑梁、井字梁，及非抗震结构中的各类梁采用不同的箍筋间距及肢数时，也用斜线"/"分开表示，注写时先注写梁支座端部的箍筋，注写内容包括箍筋的箍数、钢筋级别、直径、间距及肢数；在斜线后注写梁跨中部分的箍筋，注写内容包括箍筋间距及肢数。如 12 Φ8@150/200(4)，表示箍筋采用 HPB300 钢筋，直径 8mm，梁的两端各有 12 根 Φ8 的四肢箍，间距为 150mm；梁跨中箍筋间距为 200mm，四肢箍。而 12 Φ8@150(4)/200 (2) 表示梁两端的各 12 根为四肢箍，跨中为双肢箍。

⑤ 梁上部或下部纵向钢筋多于一排时，各排筋按从上往下的顺序用斜线"/"分开；同一排纵筋有两种直径时，则用加号"+"将两种直径的纵筋相连，注写时角部纵筋写在前面。例：6Φ25 4/2（或表示为4Φ25/2Φ25）表示上一排纵筋为4Φ25，下一排纵筋为2Φ25；2Φ25+2Φ22表示有四根纵筋，2Φ25放在角部，2Φ22放在中部。

⑥ 梁中间支座两边的上部纵筋不同时，须在支座两边分别标注；支座两边的上部纵筋相同时，可仅在支座的一边标注。梁支座处上部标注的纵筋数量，应包括通长钢筋在内。当梁下部纵向钢筋不全部伸入支座时，将梁支座下部纵筋减少的数量写在括号内。如梁下部注写为6Φ22 2(-2)/4表示梁下部为双排配筋，其中上排2Φ22不伸入支座，下排4Φ22钢筋伸入支座。

⑦ 梁跨中面筋（通长筋、架立筋）的根数，应根据结构受力要求及箍筋肢数等构造要求而定，注写时，架立筋须写入括号内，以示与通长筋的区别。角部的通长钢筋写在"+"号前面，架立筋写在"+"号后面。若梁上仅有架立筋而无通长筋时，则将架立筋全部写入括号内。例如，2Φ22+(2Φ12)用于四肢箍，其中2Φ22为角部的通长筋，2Φ12为架立筋。

⑧ 当梁的上、下部纵筋均为通长筋时，可用";"号将上部与下部的配筋值分隔开来标注。例：3Φ22；3Φ20表示梁采用贯通筋，上部为3Φ22通长筋，下部为3Φ20通长筋。

⑨ 梁侧面纵向构造钢筋或受扭钢筋配置。构造钢筋用大写字母G打头，受扭钢筋用N打头，接着标注梁两侧的总配筋量，且对称配置。G4Φ12，表示梁的两个侧面共配置4Φ12的纵向构造钢筋，每侧各配置2Φ12；N6Φ22，表示梁的两个侧面共配置6Φ22的受扭纵向钢筋，每侧各配置3Φ22。

⑩ 附加箍筋（密箍）或吊筋直接画在平面图中的主梁上，配筋值原位标注，用引出线标注总配筋值（附加箍筋的肢数注写在括号内）。当多数附加箍筋和吊筋相同时，可在梁平法施工图上统一注明，少数与统一注明不同时，再原位引注。

⑪ 梁顶标高高差（是指梁顶结构标高与结构层标高的差值）标注。多数梁的顶面标高相同时，可在图面统一注明，个别特殊的标高可在原位加注。若梁顶结构标高与结构层存在高差时，则将高差值标入括号内，梁顶高于结构层时标为正值，反之为负值，当梁顶与相应的结构层标高一致时，则不标此项。例如（-0.100）表示梁顶低于结构层0.100m，（0.100）表示梁顶高于结构层0.100m。

2）截面注写方式

截面注写方式，系在分标准层绘制的梁平面布置图上，分别在不同编号的梁中各选一根梁用剖面号引出配筋图，并在其上注写截面尺寸和配筋具体数值的方式来表达梁平法施工图。对所有梁进行编号，从相同编号的梁中选择一根梁，先将"单边截面号"画在该梁上，再将截面配筋详图画在本图或其他图上。当某梁的顶面标高与结构层的楼面标高不同时，还应在其梁编号后注写梁顶面标高高差（注写方式与平面注写方式相同）。这种表达方式适用于表达异形截面梁的尺寸与配筋，或平面图上梁距较密的情况。截面注写方式既可单独使用，也可与平面注写方式结合使用。

（4）现浇钢筋混凝土有梁楼盖板

有梁楼盖板平法施工图，系在楼面板和屋面板布置图上，采用平面注写的表达方式。板平面注写主要包括板块集中标注和板支座原位标注。

1) 板块集中标注

板块集中标注的内容主要包括板块编号、板厚、贯通纵筋以及当板面标高不同时的标高高差。

① 板块编号

对于普通楼面板，两向均以一跨为一板块；对于密肋楼盖，两向主梁（框架梁）均以一跨为一板块（非主梁密肋不计）。所有板块应逐一编号，相同编号的板块可择其一做集中标注，其他仅注写置于圆圈内的板编号，以及当板面标高不同时的标高高差。板块编号按表 1-9 的规定。

板块编号　　　　　　　　　　表 1-9

板类型	代号	序号
楼面板	LB	××
屋面板	WB	××
延伸纯悬挑板	YXB	××
悬挑板	XB	××

注：延伸悬挑板的上部受力钢筋应与相邻跨内板的上部纵筋连通配置。

② 板厚

板厚注写为 $h=××$（为垂直于板面的厚度）；当悬挑板的端部改变截面厚度时，用斜线分隔根部和端部的高度值，注写为 $h=××/××$；当设计已在图注中统一注明板厚时，此项可不注。

③ 贯通纵筋

按板块的下部和上部分别注写（当板块上部不设置贯通钢筋时则不注），以 B 代表下部，以 T 代表上部，B&T 代表下部与上部；X 向贯通纵筋以 X 打头，Y 向贯通纵筋以 Y 打头，两向贯通纵筋配置相同时以 X&Y 打头。当为单向板时，分布筋可不必注写，而在图中统一注明。当在某些板内配置有构造钢筋时，则 X 向以 X_c、Y 向以 Y_c 打头注写。当贯通纵筋采用两种规格钢筋"隔一布一"方式时，表达为 $\Phi××/yy@××$，表示直径为××的钢筋和直径为 yy 的钢筋二者之间距离为××。

例如：LB3　$h=120$

　　　　B：$X\Phi12@130$；$Y\Phi10@120$

表示 3 号楼面板，板厚 120mm，板下部配置的贯通纵筋 X 向为 $\Phi12@130$，Y 向为 $\Phi10@120$；板上部未配置贯通纵筋。

④ 板面标高高差

系指相对于结构层楼面标高的高差，将其注写在括号内，有高差时标注，无高差时不标注。

同一编号板块的类型、板厚和贯通纵筋应相同，但板面标高、跨度、平面形状以及板支座上部非贯通纵筋可以不同，如同一编号板块的平面形状可为矩形、多边形及其他形状等。单向或双向连续板的中间支座上部同向贯通纵筋，不应在支座位置连接或分别锚固；当相邻两跨的板上部贯通纵筋配置相同，且跨中部位有足够空间连接时，可在两跨一跨的跨中连接部位连接；当相邻两跨的上部贯通纵筋配置不同时，应将配置较大者越过其标注的跨数终点或起点伸至相邻跨的跨中连接区域连接。在结构楼板中配置双层钢筋时，底层钢筋弯钩应向上或向左，顶层钢筋弯钩应向下或向右。

2) 板支座原位标注

板支座原位标注的内容包括板支座上部非贯通纵筋和悬挑板上部受力钢筋。板支座原位标注的钢筋，应在配置相同跨的第一跨表达（当在梁悬挑部位单独配置时则在原位表达）。在配置相同时跨的第一跨（或梁悬挑部位），垂直于板支座（梁或墙）绘制一段适宜长度的中粗实线（当该筋通长设置在悬挑板或短跨板上部时，实线段应画至对边或贯通短跨），以该线段代表支座上部非贯通纵筋，并在线段上方注写钢筋编号、配筋值、横向连续布置的跨数（注写在括号内，且当为一跨时可不注），以及是否横向布置到梁的悬挑端。板支座上部非贯通纵筋自支座中心线向跨内的延伸长度注写在线段的下方位置，当中间支座上部非贯通纵筋向支座两侧对称伸出时，可仅在支座一侧线段下方标注伸出长度，另一侧可不注，如图 1-26（a）；当向支座两侧非对称伸出时，应分别在支座两侧线段下方写出伸出长度，如图 1-26（b）；贯通全跨或延伸至全悬挑一侧的长度值不注，只注明非贯通筋另一侧的延伸长度值，如图 1-26（c）、(d) 所示。

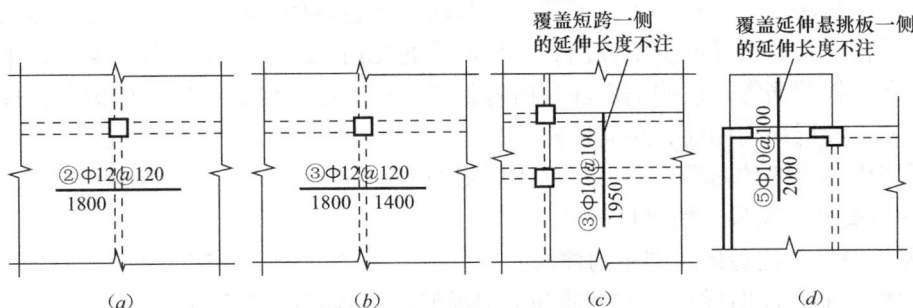

图 1-26　板支座原位标注

在板平面布置图中，不同部位的板支座上部非贯通纵筋及悬挑板上部受力钢筋，可仅在一个部位注写，对其他相同者则仅需在代表钢筋的线段上注写编号及横向连续布置的跨数。如⑥ Φ 12@100（6A）和 1500，表示支座上部⑥号非贯通纵筋为 Φ 12@100，从该跨起沿支撑梁连续布置 6 跨加梁一端的悬挑端，该筋从支座中线向两侧跨内的伸出长度均为1500。在同一个板的平面布置图的另一部位横跨梁支座绘制的对称线段上注有⑥（3）者，表示该筋同⑥号筋，沿梁连续布置 3 跨，且无梁悬挑端布置。

（5）现浇混凝土板式楼梯

现浇混凝土板式楼梯平法施工图有平面注写、剖面注写和列表注写三种表达方式。

1）梯段板的类型

16G101-2 图集中包含 11 种类型的楼梯，梯板类型代号依次为 AT、BT、CT、DT、ET、FT、GT、HT、ATa、ATb、ATc。

2）平面注写方式

平面注写方式是指在楼梯平面布置图上注写截面尺寸和配筋具体数值的方式来表达楼梯施工图，包括集中标注和外围标注。楼梯集中标注的内容与注写方式如下：

① 楼梯类型代号与序号，如 BT ××。

② 梯板厚度，注写为 $h = ××$。当为带平板的梯板且梯段板厚度和平板厚度不同时，可在梯段板厚度后面括号内以字母 P 打头注写平板厚度，如 $h = 130$（P150），130 表示梯段板厚度，150 表示梯板平板段的厚度。

③ 踏步段总高度和踏步级数，之间以"/"分隔。

④ 梯板支座上部纵筋，下部纵筋，之间以"；"分隔。

⑤ 梯板分布筋，以 F 打头注写分布筋具体值，该项也可在图中统一说明。

例如，平面图中梯板类型及配筋的完整标注示例如下（AT 型）：

AT1，$h=120$

1800/12

$\Phi 12@150$；$\Phi 14@150$

F$\Phi 8@250$

表示 1 号 AT 型楼梯，梯板厚 120mm，踏步段高度 1800mm，12 步，梯板支座处上部纵筋为 $\Phi 12@150$，下部纵筋为 $\Phi 14@150$，梯板分布筋为 $\Phi 8@250$。

3）剖面注写方式

剖面注写方式需在楼梯平法施工图中绘制楼梯平面布置图和剖面图，注写方式分平面注写、剖面注写两部分。楼梯平面布置图注写内容，包括楼梯间的平面尺寸、楼层结构标高、层间结构标高、楼梯的上下方向、梯板的平面几何尺寸、梯板类型及编号、平台板配筋、梯梁及梯柱配筋等。楼梯剖面注写内容包括梯板集中标注、梯梁梯柱编号、梯板水平及竖向尺寸、梯层结构标高、层间结构标高等。

梯板集中标注的的内容有四项，具体规定如下：

① 梯板类型及编号，如 BT ××。

② 梯板厚度，注写形式同平面注写。

③ 梯板配筋，注明梯板上部纵筋和下部纵筋，二者间以"；"分隔。

④ 梯板分布筋，注写方式同平面注写方式。

4）列表注写方式

列表注写方式，是用列表方式注写梯板截面尺寸、配筋具体数值的方式来表达楼梯施工图。列表注写方式的具体要求同剖面注写方式，仅将剖面注写方式中的梯板配筋注写项改为列表注写项即可。

楼层平台梁板配筋可绘制在楼梯平面图中，也可在各层梁板配筋图中绘制；层间平台梁板配筋在楼梯平面图中绘制。楼层平台板可与该层的现浇楼板整体设计。

6. 钢结构施工图识读基本知识

钢结构是由各种型钢或板材通过一定的连接方法而组成的。钢结构施工图编制分两个阶段，一是设计图阶段，二是施工详图阶段。设计图由设计单位负责编制，施工详图则由施工单位根据设计单位提供的设计图和技术要求编制。当施工单位技术力量不足无法承担编制工作时，也可委托设计单位进行。

（1）焊缝符号及标注方法

1）焊缝符号

在钢结构施工图中，要用焊缝符号表示焊缝形式、尺寸和辅助要求。焊缝符号主要由基本符号和引出线组成，必要时还可以加上辅助符号等。

基本符号表示焊缝横截面的基本形式；引出线由箭头和横线组成，当箭头指向焊缝的一面时，应将图形符号和尺寸标注在横线的上方；当箭头指向焊缝的另一面时，应将图形符号和尺寸标注在横线的下方。双面焊缝应在横线的上、下都标注符号和尺寸；当两面的焊缝尺寸相同时，只需在横线的上方标注尺寸。

辅助符号表示对焊缝的辅助要求，如在引出线的转折处绘涂黑的三角形旗号表示现场焊缝，在引出线的转折处绘 3/4 圆弧表示相同焊缝；在引出线的转折处绘圆圈表示环绕工作件周围的围焊缝等。

2）焊缝的标注方法

① 当焊缝分布不规则时，在标注焊缝符号的同时，宜在焊缝处加中粗实线（表示可见焊缝）或加细栅线（表示不可见焊缝）。

② 在同一张图上，当焊缝的形式、断面尺寸和辅助要求均相同时，可只选择一处标注焊缝的符号和尺寸，并加注"相同焊缝符号"，相同焊缝符号为 3/4 圆弧，绘在引出线的转折处。同一张图上当有数种相同的焊缝时，可将焊缝分类编号标注。在同一类焊缝中，可选择一处标注焊缝符号和尺寸。分类编号采用大写的拉丁字母。

③ 较长的角焊缝，可直接在角焊缝旁注焊缝尺寸 K。

（2）螺栓连接的图例及标注方法

螺栓、孔、电焊铆钉的图例及标注方法见表 1-10。

螺栓、孔、电焊铆钉的图例及标注方法 表 1-10

名称	图例		说明
永久螺栓			
高强螺栓			
安装螺栓			1. 细"+"线表示定位线； 2. M 表示螺栓型号； 3. ϕ 表示螺栓孔直径； 4. d 表示膨胀螺栓、电焊铆钉直径； 5. 采用引出线标注螺栓时，横线上标注螺栓规格，横线下标注螺栓孔直径
膨胀螺栓			
圆形螺栓孔			
长圆形螺栓孔			
电焊铆钉			

1.3 施工图的绘制与识读

1.3.1 建筑施工图、结构施工图的绘制步骤与方法

1. 施工图绘制的一般步骤与方法

施工图绘制的总体规律是先整体、后局部，即先画全局性的图纸，再画详图；先骨架、

后细部，即一张图纸先画整体骨架，再画细部；先底稿、后加深，即先打底稿，经反复核查无误后，再正式出图；先画图、后标注，即绘图时一般先把图画完，然后再注写数字和文字；先平面、后立面。一般而言，建筑施工图、结构施工图可按下列步骤与方法进行绘制。

（1）确定绘制图样的数量

根据房屋的形状、平面布置和构造的复杂程度，以及施工的具体要求，决定绘制哪些图样。对施工图的内容和数量要作全面的安排，防止重复和遗漏。

（2）选择合适的比例

在保证图样能清楚表达其内容的情况下，根据不同图样的不同要求选择不同的比例。建筑制图、结构制图中选用的各种比例要符合规范的规定。

（3）进行合理的图面布置

图面布置包括图样、图名、尺寸、文字说明及表格等，应做到主次分明、排列适当、表达清晰。在图纸幅面许可的情况下，尽量将同类型的、内容关系密切的图样，集中在一张或顺序连续的几张图纸上，以便对照阅读。若画在同一张图纸时，各图样之间应符合等量关系，如平面图与立面图高应平齐，平面图与剖面图宽应相等。

（4）绘制图样

绘制图样时，应先绘制全局性的图样，再绘制详图。绘制建筑施工图时，一般按平面图→立面图→剖面图→详图的顺序进行；绘制结构施工图时，一般按基础平面图→基础详图→结构平面布置图→结构详图的顺序进行。

2. 主要图样的画法步骤

（1）建筑平面图

1）选择比例和布图，画轴线。

2）画墙、柱、门、窗。

3）画细部构件。

4）画剖切位置线、尺寸线，安排注字位置。

5）标注局部详图索引符号。

6）注写尺寸、文字。

（2）建筑剖面图

1）画室内外地坪线、墙身轴线、轮廓线、屋面线。

2）画被剖切的轮廓线，如地面、门窗洞口、楼面、屋面的轮廓线。

3）画楼地面、屋面做法、散水做法等细部构造。

4）按照国家制图标准画断面的材料符号。

5）注写尺寸、文字。

（3）建筑立面图

1）从平面图中引出立面的长度，从剖面图中量出立面的高度及各部位的相应位置。

2）画室外地平线、外墙轮廓线、屋顶线。

3）定门窗位置、细部位置，如门窗洞口、阳台、雨篷、雨水管等。

4）注写尺寸、文字。

（4）结构平面图

1）选比例和布图，画出两向轴线。

2）定轴、柱、梁、板的大小及位置。用中实线表示剖到或可见的构件轮廓线，用中虚线表示不可见构件的轮廓线，门窗洞一般不画出。

3）画板的钢筋详图。主要画出受力筋的形状和配置情况，并注明其编号、规格、直径、间距和数量等。每种规格的钢筋只画一根，按其立面形状画在钢筋安放的位置上。当配筋相同的板，只需画出其中一块的配筋情况。

4）画出圈梁、过梁等。在其中心位置用粗点画线画出。

5）标注轴线编号。

6）注写尺寸、文字。

1.3.2 建筑施工图、结构施工图的识读步骤与方法

1. 施工图识读方法

（1）总览全局。识读施工图前，先阅读建筑施工图，建立起建筑物的轮廓概念，了解和明确建筑施工图平面、立面、剖面的情况。在此基础上，阅读结构施工图目录，对图样数量和类型做到心中有数。阅读结构设计说明，了解工程概况及所采用的标准图等。粗读结构平面图，了解构件类型、数量和位置。

（2）循序渐进。根据投影关系、构造特点和图纸顺序，从前往后、从上往下、从左往右、从外向内、由大到小、由粗到细，反复阅读。

（3）相互对照。识读施工图时，应当图样与说明对照看，建施图、结施图、设施图对照看，基本图与详图对照看。

（4）重点细读。以不同工种身份，有重点地细读施工图，掌握施工必需的重要信息。

2. 施工图识读步骤

识读施工图的一般顺序如下：

（1）阅读图纸目录

根据目录对照检查全套图纸是否齐全，标准图和重复利用的旧图是否配齐，图纸有无缺损。

（2）阅读设计总说明

了解本工程的名称、建筑规模、建筑面积、工程性质、结构设计要求以及采用的材料和特殊要求等，对本工程有一个完整的概念。

（3）通读图纸

按建施图、结施图、设施图的顺序对图纸进行初步阅读，也可根据技术分工的不同进行分读。读图时，按照先整体后局部，先文字说明后图样，先图形后尺寸的顺序进行。

（4）精读图纸

在对图纸分类的基础上，对图纸及该图的剖面图、详图进行对照、精细阅读，对图样中的每个线面、每个尺寸都务必认真看懂，并掌握它与其他图的对应关系。

第 2 章 建 筑 材 料

2.1 无机胶凝材料

2.1.1 无机胶凝材料的分类及特性

在建筑工程中，把经过一系列的物理、化学作用后，由液体或膏状体变为坚硬的固体，同时能将砂、石、砖、砌块等散粒或块状材料胶结成具有一定机械强度的整体的材料，统称为胶凝材料。

胶凝材料品种繁多，按化学成分可分为有机胶凝材料和无机胶凝材料两大类，其中无机胶凝材料按硬化条件又可分为水硬性胶凝材料和气硬性胶凝材料两类。所谓气硬性胶凝材料，是指只能在空气中硬化并保持或继续提高其强度的胶凝材料，如石灰、石膏、水玻璃等。气硬性胶凝材料一般只适合用于地上或干燥环境，不宜用于潮湿环境，更不可用于水中。水硬性胶凝材料是指不仅能在空气中硬化，而且能更好地在水中硬化并保持或继续提高其强度的胶凝材料，如水泥。水硬性胶凝材料既适用于地上，也适用于地下或水中。

2.1.2 通用水泥的品种、主要技术性质及应用

水泥属于水硬性胶凝材料，是建筑工程中最为重要的建筑材料之一，工程中主要用于配制混凝土、砂浆和灌浆材料。水泥的品种繁多，按其矿物组成，水泥可分为硅酸盐系列、铝酸盐系列、硫酸盐系列、铁铝酸盐系列、氟铝酸盐系列等。按其用途和特性又可分为通用水泥、专用水泥和特性水泥，见表 2-1。水泥品种虽然很多，但硅酸盐系列水泥产量最大、应用范围最广。

水泥的分类与品种 表 2-1

分类	品 种
通用水泥	指目前建筑工程中常用的六大水泥，即：硅酸盐水泥、普通硅酸盐水泥、矿渣硅酸盐水泥、火山灰质硅酸盐水泥、粉煤灰硅酸盐水泥、复合硅酸盐水泥
专用水泥	指有专门用途的水泥，如砌筑水泥、大坝水泥、道路水泥、油井水泥等
特性水泥	指用于有特殊要求的工程，主要品种有快硬硅酸盐水泥、快凝硅酸盐水泥、抗硫酸盐水泥、膨胀水泥、白色硅酸盐水泥等

1. 硅酸盐水泥

（1）硅酸盐水泥的定义

凡由硅酸盐水泥熟料、0%～5%石灰石或粒化高炉矿渣、适量石膏磨细制成的水硬性

胶凝材料，称为硅酸盐水泥（即国外通称的波特兰水泥）。根据是否掺入混合材料将硅酸盐水泥分两种类型，不掺加混合材料的称为Ⅰ型硅酸盐水泥，代号P·Ⅰ；在硅酸盐水泥粉磨时掺加不超过水泥质量5％石灰石或粒化高炉矿渣混合材料的称Ⅱ型硅酸盐水泥，代号P·Ⅱ。水泥熟料中硅酸三钙遇水后，水化反应速度最快，会使水泥产生瞬凝或者急凝。为了延长凝结时间，必须掺入适量石膏。

（2）硅酸盐水泥的技术要求

《通用硅酸盐水泥》对通用硅酸盐水泥的细度、凝结时间、体积安定性、化学指标、强度等作了如下规定：

1）细度

细度是指水泥颗粒的粗细程度。水泥细度的评定可采用筛分析法和比表面积法。标准规定，硅酸盐水泥细度作为选择性指标，以比表面积表示，一般不小于 $300m^2/kg$。水泥细度不符合规定者则为不合格产品。

2）凝结时间

凝结时间分初凝和终凝。初凝为水泥加水拌和开始至水泥标准稠度的净浆开始失去可塑性所需的时间；终凝为水泥加水拌和开始至标准稠度的净浆完全失去可塑性所需的时间。

标准规定，硅酸盐水泥的初凝不小于45min，终凝不大于390min（6.5h）。标准中规定，凝结时间不符合规定者为不合格品。

3）体积安定性

水泥的体积安定性是指水泥浆体在凝结硬化过程中体积变化的均匀性。当水泥浆体硬化过程发生不均匀变化时，会导致膨胀开裂、翘曲等现象，称为体积安定性不良。安定性不良的水泥会使混凝土构件产生膨胀性裂缝，从而降低建筑物质量，引起严重事故。因此，标准规定，水泥的体积安定性不合格，应作为不合格品，不得用于工程中。

引起水泥体积安定性不良的原因主要有水泥中游离氧化钙含量过多、水泥中游离氧化镁含量过多、石膏掺量过多。

硅酸盐水泥的体积安定性经沸煮法（分标准法和代用法）检验必须合格。其具体检验方法是将标准稠度的水泥浆加入雷氏夹中沸煮后测其膨胀值；另一种方法是将标准稠度的水泥浆做成试饼沸煮后检验是否有裂纹、弯曲。

4）化学指标

《通用硅酸盐水泥》中，还对不溶物、烧失量、三氧化硫、氧化镁、氯离子等化学指标提出了要求。水泥中碱含量用 $Na_2O+0.658K_2O$ 计算值来表示。水泥中的碱和骨料中的活性二氧化硅反应，生成膨胀性的碱硅酸盐凝胶，导致混凝土开裂的现象，称为碱-骨料反应。碱-骨料反应条件是在混凝土配制时形成的，即配制的混凝土中只有足够的碱和反应性骨料，在混凝土浇筑后就会逐渐反应，在反应产物的数量吸水膨胀和内应力足以使混凝土开裂的时候，工程便开始出现裂缝。这种裂缝和对工程的损害随着碱骨料反应的发展而发展，严重时会使工程崩溃。若使用活性骨料，用户要求提供低碱水泥时，水泥中碱含量不得大于0.60％，或由供需双方商定。

5）强度及强度等级

强度是水泥力学性质的一项重要指标，是确定水泥强度等级的依据。为提高水泥的早期强度，现行标准将水泥分为普通型和早强型（用 R 表示）。水泥强度是按照规定的配合比（水泥和标准砂的质量比为 1∶3，水灰比为 0.5），制成 40mm×40mm×160mm 的标准胶砂棱柱体试件，在标准温度（20±1℃）的水中养护，分别测定其 3d 和 28d 龄期两组试件（3 个棱柱体为一组）的抗折强度和抗压强度。

6）水化热

水泥与水发生水化反应所放出的热量称为水化热，通常用 J/kg 表示。水化热在混凝土工程中，既有有利的影响，也有不利的影响。在大体积混凝土工程中，应选择低热水泥。但在混凝土冬期施工时，水化热却有利于水泥的凝结、硬化和防止混凝土受冻。根据国家标准《通用硅酸盐水泥》规定，细度、化学指标、凝结时间、安定性、强度中任一项不符合标准规定，均为不合格品。

（3）硅酸盐水泥的性质与应用

1）硅酸盐水泥的性质

① 快凝快硬高强。与硅酸盐系列的其他品种水泥相比，硅酸盐水泥凝结（终凝）快、早期强度（3d）高、强度等级高。

② 抗冻性好。由于硅酸盐水泥未掺或掺很少量的混合材料，故其抗冻性好。

③ 抗腐蚀性差。硅酸盐水泥水化产物中有较多的氢氧化钙和水化铝酸钙，耐软水及耐化学腐蚀能力差。

④ 碱度高，抗碳化能力强。碳化是指水泥石中的氢氧化钙与空气中的二氧化碳反应生成碳酸钙的过程。碳化对水泥石（或混凝土）本身是有利的，但碳化会使水泥石（混凝土）内部碱度降低，从而失去对钢筋的保护作用。

⑤ 水化热大。硅酸盐水泥中含有大量的 C_3A、C_3S，在水泥水化时，放热速度快且放热量大。

⑥ 耐热性差。硅酸盐水泥中的一些重要成分在 250℃ 温度时会发生脱水或分解，使水泥石强度下降，当受热 700℃ 以上时，将遭受破坏。

⑦ 耐磨性好。硅酸盐水泥强度高，耐磨性好。有耐磨性要求的混凝土优先选用硅酸盐水泥和普通水泥。

2）硅酸盐水泥的应用

① 适用于早期强度要求高的工程及冬期施工的工程。

② 适用于重要结构的高强混凝土和预应力混凝土工程。

③ 适用于严寒地区，遭受反复冻融的工程及干湿交替的部位。

④ 不能用于大体积混凝土工程。

⑤ 不能用于高温环境的工程。

⑥ 不能用于海水和有侵蚀性介质存在的工程。

⑦ 不适宜蒸汽或蒸压养护的混凝土工程。

2. 掺混合材料的硅酸盐水泥

凡在硅酸盐水泥熟料和适量石膏的基础上，掺入一定量的混合材料共同磨细制成的水硬性胶凝材料，均属于掺混合材料的硅酸盐水泥。掺混合材料的目的是为了调整水泥强度等级，改善水泥的某些性能，增加水泥的品种，扩大使用范围，降低水泥成本和提高产量，并且充分利用工业废料。

（1）矿渣水泥、火山灰水泥、粉煤灰水泥、复合水泥

1）定义

凡由硅酸盐水泥熟料和粒化高炉矿渣、适量石膏磨细制成的水硬性胶凝材料称为矿渣硅酸盐水泥（简称矿渣水泥）。水泥中粒化高炉矿渣掺加量按质量百分比计为 20％～50％时，代号为 P·S·A；水泥中粒化高炉矿渣掺加量按质量百分比计为 50％～70％时，代号为 P·S·B。允许用不超过水泥质量的 8％的非活性混合材料或不超过水泥质量的 5％的窑灰代替粒化高炉矿渣。

凡由硅酸盐水泥熟料和火山灰质混合材料、适量石膏磨细制成的水硬性胶凝材料称为火山灰质硅酸盐水泥（简称火山灰水泥），代号 P·P。水泥中火山灰质混合材料掺量按质量百分比计为 20％～40％。

凡由硅酸盐水泥熟料和粉煤灰、适量石膏磨细制成的水硬性胶凝材料称为粉煤灰硅酸盐水泥（简称粉煤灰水泥），代号 P·F。水泥中粉煤灰掺量按质量百分比计为 20％～40％。

凡由硅酸盐水泥熟料，两种或两种以上规定的混合材料，适量石膏磨细制成的水硬性胶凝材料称为复合硅酸盐水泥（简称复合水泥）代号 P·C，水泥中混合材料总掺加量按质量百分比计大于 20％，但不超过 50％。允许用不超过水泥质量 8％的窑灰代替部分混合材料，掺矿渣时混合材料掺量不得与矿渣硅酸盐水泥重复。

2）技术要求

根据《通用硅酸盐水泥》规定，这四种水泥的技术要求如下：

① 细度、凝结时间、体积安定性

细度，以筛余量表示，要求 80μm 方孔筛筛余不大于 10％，或 45μm 方孔筛筛余不大于 30％；凝结时间，初凝不小于 45min，终凝不大于 600min（10h）；体积安定性，沸煮法安定性必须合格。

② 氧化镁、三氧化硫含量等化学指标

水泥中不溶物、烧失量、氧化镁、三氧化硫的含量不得超过规定指标。

③ 强度等级

这四种水泥的强度等级按 3d、28d 的抗压强度和抗折强度，划分为 32.5、32.5R、42.5、42.5R、52.5、52.5R 六个强度等级。各龄期强度值见表 2-2。

3）性质与应用

四种水泥的共性如下：

① 凝结硬化慢，早期强度低，后期强度发展较快。

②抗软水、抗腐蚀能力强。

③ 水化热低。

④ 湿热敏感性强，适宜高温养护。

⑤ 抗碳化能力差。

⑥ 抗冻性差、耐磨性差。

四种水泥各自的特性如下：

① 矿渣水泥：耐热性强，保水性差、泌水性大、干缩性大。

② 火山灰水泥：抗渗性好，干缩大、干燥环境中表面易"起毛"。

③ 粉煤灰水泥：干缩性小、抗裂性高，早强低、水化热低。

④ 复合水泥：复合水泥与矿渣水泥、火山灰水泥、粉煤灰相比，掺混合材料种类不是一种而是两种或两种以上，多种混合材料互掺，可弥补一种混合材料性能的不足，明显改善水泥的性能，适用范围更广。

（2）普通硅酸盐水泥

1）定义

凡由硅酸盐水泥熟料、大于5％但小于等于20％的混合材料、适量石膏磨细制成的水硬性胶凝材料，称为普通硅酸盐水泥（简称普通水泥），代号P·O。允许用不超过水泥质量8％的非活性混合材料或不超过水泥质量5％的窑灰代替活性混合材料。

2）技术要求

根据《通用硅酸盐水泥》GB 175，对普通水泥的主要技术要求如下：

① 细度。同硅酸盐水泥，用比表面积表示，不小于300m²/kg。

② 凝结时间。同矿渣水泥等四种水泥，初凝不小于45min，终凝不大于600min（10h）。

③ 强度和强度等级。根据3d和28d龄期的抗折和抗压强度，将普通硅酸盐水泥划分为42.5、42.5R、52.5、52.5R共四个强度等级。

3）普通硅酸盐水泥的主要性能及应用

普通水泥中绝大部分仍为硅酸盐水泥熟料、适量石膏及较少的混合材料（与以上所介绍的四种水泥相比），故其性质介于硅酸盐水泥与以上四种水泥之间，更接近于硅酸盐水泥。具体表现为：早期强度略低、水化热略低、耐腐蚀性略有提高、耐热性稍好，抗冻性、耐磨性、抗碳化性略有降低。在应用范围方面，与硅酸盐水泥基本相同，甚至在一些不能用硅酸盐水泥的地方也可采用普通水泥，使得普通水泥成为建筑行业应用面最广，使用量最大的水泥品种。

以上所介绍的硅酸盐系列六大品种水泥其组成、性质及适用范围见表2-2。

六种常用水泥的组成、性质及适用范围 表 2-2

项目	硅酸盐水泥 P·Ⅰ、P·Ⅱ	普通水泥 P·O	矿渣水泥 P·S	火山灰水泥 P·P	粉煤灰水泥 P·F	复合水泥 P·C
组成	硅酸盐水泥熟料、适量石膏不加或加入很少0～5％的混合材料	硅酸盐水泥熟料、适量石膏加少量6％～15％的混合材料	硅酸盐水泥熟料、适量石膏加20％～70％的粒化高炉矿渣	硅酸盐水泥熟料、适量石膏加20％～50％的火山灰质混合材料	硅酸盐水泥熟料、适量石膏加20％～40％的粉煤灰	硅酸盐水泥熟料、适量石膏加15％～50％的两种或两种以上的混合材料
性质	强度（早期、后期）高 抗碳化性好 水化热大 耐腐蚀性差 耐热性差 耐磨性好 抗冻性好	早期强度稍低、后期强度高 抗碳化性较好 水化热略小 耐腐蚀性稍好 耐热性稍差 耐磨性较好 抗冻性好	共性：1. 早期强度低、后期强度高；2. 水化热小；3. 耐腐蚀性好；4. 抗冻性差；5. 抗碳化性差；6. 对温度和湿度敏感，适合湿热养护			
			泌水性大 抗渗性差 耐热性好 干缩较大	保水性好 抗渗性好 干缩小 耐热性差	泌水性大且快 抗渗性差 干缩小 抗裂性好 耐磨性差	早期强度较前三种水泥稍高 干缩较大

项目		硅酸盐水泥 P·Ⅰ、P·Ⅱ	普通水泥 P·O	矿渣水泥 P·S	火山灰水泥 P·P	粉煤灰水泥 P·F	复合水泥 P·C
应用	优先使用	早期强度要求较高的混凝土 严寒地区有抗冻要求的混凝土 抗碳化要求较高的混凝土 掺大量混合材料的混凝土 有耐磨要求的混凝土		水下混凝土 海港混凝土 大体积混凝土 耐腐蚀性要求较高的混凝土 湿热养护混凝土			
		高强度混凝土	普通气候及干燥环境中的混凝土	有耐热性要求的混凝土	有抗渗性要求的混凝土	受荷载较晚的混凝土	
	可以使用	一般工程	高强度混凝土 水下混凝土 耐热混凝土 湿热养护混凝土	普通气候环境下的混凝土			
				抗冻性要求较高的混凝土 有耐磨性要求的混凝土			早期强度要求较高的混凝土
	不宜或不得使用	大体积混凝土耐腐蚀要求较高的混凝土		早期强调要求较高的混凝土，低温或冬期施工混凝土，抗冻性较高的混凝土，抗碳化要求较高的混凝土			
		耐热混凝土湿热养护混凝土		抗渗性要求高的混凝土	干燥环境中的、有耐磨要求的混凝土	干燥环境中的、有耐磨要求的混凝土 有抗渗要求的混凝土	

3. 水泥的选用、验收、储存及保管

（1）水泥的选用

水泥的选用包括水泥品种的选择和强度等级的选择两方面。水泥品种应根据环境条件及工程特点选择；强度等级应与所配制的混凝土或砂浆的强度等级相适应。

（2）水泥的验收

1）品种验收

水泥袋上应清楚标明：产品名称，代号，净含量，强度等级，生产许可证编号，生产者名称和地址，出厂编号，执行标准号，包装年、月、日。掺火山灰质混合材料的普通水泥还应标上"掺火山灰"字样，包装袋两侧应印有水泥名称和强度等级，硅酸盐水泥和普通硅酸盐水泥的印刷采用红色，矿渣水泥的印刷采用绿色，火山灰、粉煤灰水泥和复合水泥采用黑色。

2）数量验收

水泥可以袋装或散装，袋装水泥每袋净含量 50kg，且不得少于标志质量的 98%；随机抽取20 袋总质量不得少于 1000kg，其他包装形式由双方协商确定，但有关袋装质量要求，必须符合上述原则规定；散装水泥平均堆积密度为 1450kg/m³，袋装压实的水泥为 1600kg/m³。

3）质量验收

水泥出厂前应按品种、强度等级和编号取样试验，袋装水泥和散装水泥应分别进行编号和取样，取样应有代表性，可连续取，亦可从 20 个以上不同部位取等量样品，总量至

少 12kg。交货时水泥的质量验收可抽取实物试样以其检验结果为依据，也可以水泥厂同编号水泥的检验报告为依据。采取何种方法验收由双方商定，并在合同或协议中注明。

（3）水泥的储存与保管

水泥在保管时，应按不同生产厂、不同品种、强度等级和出厂日期分开堆放，严禁混杂；在运输及保管时要注意防潮和防止空气流动，先存先用，不可储存过久。常用水泥储存期为 3 个月，过期水泥在使用时应重新检测，按实际强度使用。

2.1.3　建筑工程常用特性水泥的品种、特性及应用

1. 快硬硅酸盐水泥

快硬硅酸盐水泥简称快硬水泥，是以硅酸钙为主要成分的熟料，加入适量石膏，磨细制成的一种早期强度增长率高的水硬性胶凝材料。快硬水泥熟料中，C_3S 和 C_3A 的含量较高，故有水化快、早期强度高、水化热大等特点。它适用于要求早期强度高的工程、紧急抢修工程、冬期施工的工程及预应力混凝土工程。快硬水泥易受潮变质，在运输和贮存时，必须特别注意防潮，并应与其他品种水泥分开贮、运，不得混杂。贮存期不宜太长，出厂一个月使用时必须重新进行强度检验。

2. 中热硅酸盐水泥、低热硅酸盐水泥及低热矿渣硅酸盐水泥

以适当成分的硅酸盐水泥熟料，加入适量石膏，磨细制成的具有中等水化热的水硬性胶凝材料，称为中热硅酸盐水泥，简称中热水泥，代号为 P·MH。

以适当成分的硅酸盐水泥熟料，加入适量石膏，磨细制成的具有低水化热的水硬性胶凝材料，称为低热硅酸盐水泥，简称低热水泥，代号为 P·L·H。

以适当成分的硅酸盐水泥熟料，加入矿渣、适量石膏，磨细制成的具有低水化热的水性胶凝材料，称为低热矿渣硅酸盐水泥，简称低热矿渣水泥，代号为 P·SLH。

中热水泥、低热水泥和低热矿渣水泥，由于水化热低，故适用于大体积混凝土特别是大坝、水闸等水利工程大体积混凝土。如低热水泥和低热矿渣水泥可用于大坝、大体积建筑物或厚大的基础工程的内部，可以克服因水化热引起的温度应力而导致混凝土的破坏；中热水泥可用于混凝土大坝溢流面、溢洪道、上下游面等部位，可用于大型水闸的闸底板、闸墩等部位，因为溢流面、闸墩等部位的混凝土既要求水化热较低，又要求较高的强度，抗渗性、抗冲磨性、抗溶出性侵蚀等性能。因此，可将这 3 种水泥称为大坝水泥。

3. 铝酸盐水泥

凡以铝矾土和石灰石为原料，经高温煅烧得到的以铝酸钙为主的铝酸盐水泥熟料，经磨细制成的水硬性胶凝材料，称为铝酸盐水泥（原称高铝水泥），代号为 CA。

铝酸盐水泥的水化热大，而且 1d 内即可放出水化热总量的 70%～80%。故适合于冬季施工，但不宜用于大体积混凝土工程。铝酸盐水泥早期强度增长很快，1d 即可达到极限强度的 80% 左右，故宜用于紧急抢修工程与要求早期强度高的特殊工程。但是，铝酸盐水泥的后期强度增长不显著，有时可能会下降，尤其是在温度高于 30℃ 的湿热环境的混凝土工程。高铝水泥由于水化物中没有氢氧化钙，且水化物中的氢氧化铝凝胶填充水泥石的孔隙，水泥石密实，故具有良好的抗硫酸侵蚀性，但抗碱性很差，适用于沿海地区的混凝土工程。铝酸盐水泥在高温时，水化物产生固相反应，以烧结结合逐步代替水化结合，耐高温性好，可用于高炉工程。

2.2 混 凝 土

2.2.1 混凝土的分类及主要技术性质

广义上讲，凡由胶凝材料、粗细骨料（或称集料）和水（或不加水，如以沥青、树脂为胶凝材料的）按适当比例配合、拌合制成的混合物，经一定时间硬化而成的人造石材，统称为混凝土。

混凝土种类繁多，分类方法各异，一般有以下几种分类方法。

按胶凝材料分为：水泥混凝土、沥青混凝土（沥青混合料）、石膏混凝土、水玻璃混凝土、聚合物混凝土等。

按密度分为：重混凝土（密度大于 2800kg/m³）、普通混凝土（密度 2000～2800kg/m³，一般在 2400kg/m³ 左右）、轻混凝土（密度小于 2000kg/m³）。

按用途分为：结构混凝土、防水混凝土、道路混凝土、防辐射混凝土、耐热混凝土、耐酸混凝土、水工混凝土、大体积混凝土、膨胀混凝土等。

按施工方法分为：泵送混凝土、喷射混凝土、碾压混凝土、挤压混凝土、离心混凝土、压力灌浆混凝土、预拌混凝土（商品混凝土）等。

按强度分为：低强混凝土 $f_{cu} < 30MPa$、中强混凝土 $30MPa \leqslant f_{cu} < 60MPa$（C30～C55）、高强混凝土 $60MPa \leqslant f_{cu} < 100MPa$、超高强混凝土 $f_{cu} \geqslant 100MPa$。

混凝土的流动性根据大小分别用维勃稠度和坍落度表示。按维勃稠度大小可分为：超干硬性混凝土、特干硬性混凝土、干硬性混凝土、半干硬性混凝土；按坍落度大小可分为：低塑性混凝土、塑性混凝土、流动性混凝土、大流动性混凝土、流态混凝土。

2.2.2 普通混凝土的组成材料及其主要性质

1. 混凝土组成材料

混凝土是由水泥、砂、石子、水以及必要时掺入的外加剂组成。

（1）水泥

混凝土所用水泥的品种应根据工程所处环境及工程特点选择，其强度等级应与所配制的混凝土强度等级相适应，见表 2-3。优质水泥颗粒都比较细，配制混凝土的拌合时间相对就越长。大体积混凝土施工过程中，当只有硅酸盐水泥供应时，为降低水泥水化热，不可将水泥进一步磨细。

配制混凝土所用水泥强度等级　　　　　　　　　　　表 2-3

预配混凝土强度等级	所选水泥强度等级	预配混凝土强度等级	所选水泥强度等级
C7.5～C25	32.5	C50～C60	52.5
C30	32.5、42.5	C65	52.5、62.5
C35～C45	42.5	C70～C80	62.5

（2）骨料

混凝土用骨料按其粒径大小不同分为细骨料和粗骨料。公称粒径在 0.16～5.00mm 的岩石颗粒称为细骨料；公称粒径大于 5.00mm 的岩石颗粒称为粗骨料。粗骨料包括卵石、碎石、废渣等，细骨料包括中细砂，粉煤灰等。粗细骨料的总体积占混凝土体积的 70%～80%，因此骨料的性能对所配制的混凝土性能有很大影响。为保证混凝土的质量，对骨料技术性能的要求主要有：有害杂质含量少；良好的颗粒形状及表面特征，适宜的颗粒级配和粗细程度；质地坚固耐久等。混凝土细骨料一般选用洁净河砂，以选用中粗砂为宜。配制商品混凝土用砂的要求是尽量采用空隙率和总表面积均较小的砂。拌合混凝土用的砂应该粗一点，这样可以减少砂的颗粒表面积，从而减少水泥的用量。水泥浆中掺加适量的砂子有利于减少其硬化物的体积收缩。粗骨料应根据当地资源和材料供应条件，结合工程技术要求，酌情选用卵石、碎石或碎卵石。粗骨料的最大粒径根据结构尺寸、钢筋净距和施工方法、机具等条件选定。在各方面条件允许的情况下，结构混凝土宜选用级配良好、粒径较大的石子。配合比不变，选用的石子粒径增大时，如果保持混凝土强度不变，混凝土用水量应减小。在钢筋混凝土结构工程中，粗骨料的最大粒径不得超过结构截面最小尺寸的 1/4，也不得大于钢筋间最小净距的 3/4。混凝土中骨料技术性能应符合《普通混凝土用砂、石质量及检验方法标准》JGJ 52 规定的要求。

（3）水

水是混凝土的重要组分之一。对混凝土拌合及养护用水的质量要求是：不影响混凝土的凝结和硬化；无损于混凝土强度发展及耐久性；不加快钢筋锈蚀；不引起预应力钢筋脆断；不污染混凝土表面。

混凝土用水按水源可分为饮用水、地表水、地下水、海水以及经适当处理后的工业废水。符合饮用水标准的水可直接用于拌制及养护混凝土。地表水和地下水常溶有较多的有机质和矿物盐类，必须按标准规定检验合格后方可使用。未经处理的海水严禁用于钢筋混凝土和预应力混凝土（本条为强制性标准）。在无法获得水源的情况下，海水可用于素混凝土，但不宜用于装饰混凝土。工业废水经检验合格后方可用于拌制混凝土。生活污水的水质比较复杂，不能用于拌制混凝土。洗刷混凝土机械的污水沉淀后可用于拌制普通混凝土用水。混凝土用水应符合《混凝土用水标准》JGJ 63 的要求。

（4）外加剂

混凝土外加剂，是指在混凝土拌合过程中掺入的用以改善混凝土性能的物质。除特殊情况外，掺量一般不超过水泥用量的 5%。随着混凝土工程技术的发展，对混凝土性能提出了许多新的要求（大流动性、高强、早强、高耐久性等）。这些性能的实现，需要应用高性能外加剂。因此，外加剂也就逐渐成为混凝土中的第五种成分。

混凝土外加剂种类繁多，根据其主要功能可分为四类：

（1）改善混凝土拌合物流变性能的外加剂。包括各种减水剂、引气剂和泵送剂等。

（2）调节混凝土凝结时间、硬化性能的外加剂。包括缓凝剂、早强剂和速凝剂等。

（3）改善混凝土耐久性的外加剂。包括引气剂、防水剂和阻锈剂、减缩剂等。

（4）改善混凝土其他性能的外加剂。包括加气剂、膨胀剂、防冻剂、着色剂、防水剂和泵送剂等。

2. 混凝土的主要技术性质

混凝土的各组成材料按一定比例配合、搅拌而成的尚未凝固的材料，称为混凝土拌合物，又称新拌混凝土。新拌混凝土应具备的性能主要是满足施工要求，即拌合物必须具有良好的和易性，便于施工，并保证良好的浇灌质量；混凝土拌合物凝结硬化后，应具有足够的强度、较小的变形性能和必要的耐久性。所以，混凝土的主要技术性质有：和易性、强度和耐久性。

（1）和易性

和易性（也称工作性）是指混凝土拌合物在一定的施工条件下（如设备、工艺、环境等）易于各工序（搅拌、运输、浇注、捣实）施工操作，并能保证混凝土均匀、密实、稳定的性能。和易性是一项综合性的技术指标，包括流动性、黏聚性、保水性等三方面性能。

1）和易性的评定

根据我国现行标准《普通混凝土拌合物性能试验方法标准》GB/T 50080规定，用坍落度合维勃稠度来测定混凝土拌合物的流动性，并辅以直观经验来评定黏聚性和保水性，以此综合评定和易性。示意图见图2-1及图2-2。

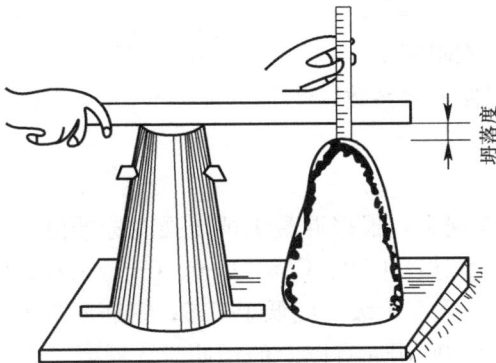

图2-1　混凝土拌合物坍落度试验　　　　　图2-2　维勃稠度仪

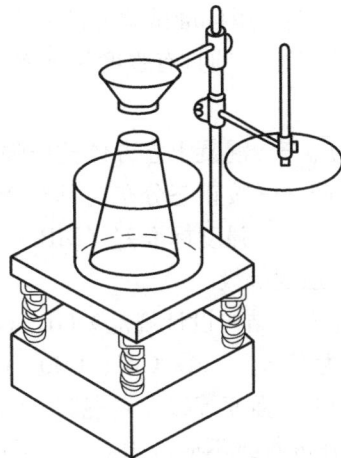

2）和易性的选用

选择新拌水泥混凝土的流动性（坍落度），应根据构件截面尺寸大小、钢筋疏密程度和捣实方法来确定。对无筋厚大结构、钢筋配置稀、易于施工的结构，可以选用较小的坍落度。反之，对断面尺寸较小、形状复杂或配筋特密的结构，则应选用较大的坍落度。在流动性符合施工要求的前提下，保证混凝土拌合物具有良好的黏聚性和保水性。相同配合比配置的碎石混凝土的流动性要比卵石混凝土的小。

3）影响和易性的主要因素

影响和易性的因素有：水泥浆的用量（单位用水量）、水泥浆的稠度（水胶比）、砂率、水泥与砂石材料的性质、外加剂、时间与温度等。

（2）强度

强度是混凝土硬化后的主要力学性能。碎石和卵石等混凝土粗骨料的强度可用岩石立方体强度和压碎指标两种方法表示。压碎指标表示石子抵抗压碎的能力，以间接的推测其相应的强度。混凝土强度有立方体抗压强度、棱柱体抗压强度、抗拉强度、抗弯强度、抗剪强度和与钢筋的粘结强度等。f_{cu}代表混凝土立方体抗压强度，f_c代表混凝土轴心抗压强度（也称棱柱体抗压强度），f_t代表混凝土抗拉强度，它们之间的大小关系为$f_{cu} > f_c > f_t$。其中以抗压强度最大，抗拉强度最小（约为抗压强度的 1/10～1/20），因此结构工程中混凝土主要用于承受压力。

1）立方体抗压强度

混凝土的抗压强度，是指其标准试件在压力作用下直到破坏时单位面积所能承受的最大压力。混凝土结构构件常以抗压强度为主要设计依据。

根据《普通混凝土力学性能试验方法标准》，制作 150mm×150mm×150mm 的标准立方体试件，在标准条件（温度 20±2℃，相对湿度 95％以上）下，养护到 28d 龄期，所测得的抗压强度值为混凝土立方体试件抗压强度，简称立方体抗压强度，以f_{cu}表示。

2）立方体抗压强度标准值

立方体抗压强度标准值（以$f_{cu,k}$表示），系指按标准方法制作和养护的立方体试件，在 28d 龄期，用标准试验方法测得的抗压强度总体分布中的一个值，强度低于该值的百分率不超过 5％（即具有强度保证率为 95％的立方体抗压强度值）。按式（2-1）计算：

$$f_{cu,k} = \overline{f_{cu}} - 1.645\sigma \tag{2-1}$$

式中　$\overline{f_{cu}}$——混凝土立方体抗压强度平均值（MPa）；

　　1.645——按正态分布，具有 95％的强度保证率系数；

　　　　σ——强度标准差（MPa）。

3）强度等级

《混凝土结构设计规范》GB 50010—2010 规定，根据混凝土抗压强度标准值，将混凝土划分为 C15、C20、C25、C30、C35、C40、C45、C50、C55、C60、C65、C70、C75 及 C80 共 14 个强度等级。素混凝土结构的混凝土强度等级不应低于 C15；钢筋混凝土结构的混凝土强度等级不应低于 C20；采用强度等级 400MPa 有以上的钢筋时，混凝土强度等级不应低于 C25。预应力混凝土结构的混凝土强度等级不宜低于 C40，且不应低于 C30。承受重复荷载的钢筋混凝土构件，混凝土强度等级不应低于 C30。

4）影响混凝土强度的因素

影响混凝土强度的主要因素是：水泥强度等级和水胶比。其他因素有：骨料的性能、外加剂、集浆比、养护温度与湿度、龄期等。配制混凝土时，若原材料已确定，影响混凝土强度的因素是水灰比。

（3）耐久性

混凝土的耐久性是指混凝土在使用条件下抵抗周围环境各种因素长期作用的能力。根据《混凝土耐久性检验评定标准》JGJ/T 193，耐久性应包括：抗渗性、抗冻性、抗（硫酸盐）侵蚀性、抗氯离子渗透性、混凝土早期抗裂性、抗碳化性、抗碱—骨料反应等。近年来，混凝土结构的耐久性及耐久性设计受到普遍关注，目的是通过提高混凝土结构的耐久性和可靠性，使混凝土在特定环境下达到预期的使用年限。

混凝土所处的环境和使用条件不同，对其耐久性的要求也不相同。提高混凝土耐久性的主要措施有：

1）根据混凝土工程的特点和所处的环境条件，合理选择水泥品种。

2）选用质量良好、技术条件合格的砂石骨料。

3）控制水胶比及保证足够的水泥用量。这是保证混凝土密实度并提高混凝土耐久性的关键。提高混凝土的抗渗性和抗冻性的关键是提高密实度。

4）掺入减水剂或引气剂，适量混合材料，改善混凝土的孔结构，对提高混凝土的抗渗性和抗冻性有良好作用。提高混凝土的抗渗性和抗冻性的关键是提高密实度。

5）改善施工操作，保证施工质量（如保证搅拌均匀，振捣密实，加强养护等）。

6）采取适当的防护措施，如：在混凝土结构表面加保护层、合成高分子材料浸渍混凝土等。

（4）混凝土配合比设计

普通混凝土的配合比是指混凝土的各组成材料之间的比例关系。混凝土的配合比设计是根据材料的技术性能、工程要求、结构形式和施工条件，来确定混凝土各组成材料之间的数量比例关系。

1）混凝土配合比设计的表示方法

通常有两种表示方式：一种是以每立方米混凝土中各种材料的用量来表示。另一种是以各种材料相互间质量比来表示（以水泥质量为1）。

2）混凝土配合比设计的基本要求

混凝土配合比设计应满足的基本要求包括：满足设计要求的强度；满足施工要求的和易性；满足与环境相适应的耐久性；在保证质量的前提下，应尽量节约水泥，降低成本。

3）混凝土配合比设计的基本参数

在混凝土配合比中，水胶比、单位用水量及砂率值直接影响混凝土的技术性质和经济效益，是混凝土配合比的三个重要参数。普通混凝土配合比设计，实质是确定胶凝材料、水、砂子、石子用量间的三个比例关系。水胶比即水与胶凝材料之间的比例关系，常用 W/B 表示；单位用水量，水泥浆与骨料之间的比例关系，即 $1m^3$ 混凝土的用水量来反映；砂率，砂与石子之间比例关系常用。混凝土配合比的三个重要参数就是指水胶比、单位用水量、砂率。三个参数与混凝土基本要求密切相关。水胶比的大小直接影响混凝土的强度和耐久性，因此确定水胶比的原则必须是同时满足强度和耐久性的要求；用水量的多少，是控制混凝土拌和物流动性大小的重要参数，确定单位用水量的原则是以拌和物达到要求的坍落度为准；砂率反映了砂石的配合关系，砂率的改变不仅影响拌和物的流动性，而且对黏聚性和保水性也有很大的影响，确定砂率的原则是必须选定合理砂率，以获得需要的流动性且节约水泥用量。

混凝土配合比设计中，对塑性混凝土，计算砂率的原则是砂子松散堆积体积填满石子空隙，并略有富余。

2.2.3 其他品种混凝土的特性及应用

1. 轻混凝土

它是用轻的粗、细骨料和水泥配制成的混凝土。由于自重轻，弹性模量低，因而抗震性能好。与普通烧结砖相比，不仅强度高、整体性好，而且保温性能好。由于结构自重小，特别适合高层和大跨度结构。轻混凝土与普通混凝土相比，其最大特点是容重轻、具有良好的保温性能。混凝土的容重越小，热导率越低，保温性能越好。轻骨料混凝土较普通混凝土更适宜用于地震区的钢筋混凝土建筑。

2. 高性能混凝土

高性能混凝土是一种新型高技术混凝土，是在大幅度提高普通混凝土性能的基础上采用现代混凝土技术制作的混凝土。高性能混凝土就是能更好地满足结构功能要求和施工工艺要求的混凝土，能最大限度地延长混凝土结构的使用年限，降低工程造价。高性能混凝土主要适用于高层建筑，大型工业与公共建筑的基础、楼板、墙板，地下和水下工程，海底隧道、堤坝、有害化学物容器等恶劣环境下的结构物。

3. 预拌混凝土

预拌混凝土指在工厂或车间集中搅拌运送到建筑工地的混凝土。多作为商品出售，故也称商品混凝土。预拌混凝土是指由水泥、集料、水以及根据需要掺入的外加剂、矿物掺合料等组分按一定比例，在搅拌站经计量、拌制后出售的并采用运输车，在规定时间内运至使用地点的混凝土拌合物。预拌混凝土应采用Ⅰ、Ⅱ级粉煤灰作为掺合料。混凝土集中搅拌有利于采用先进的工艺技术，实行专业化生产管理。设备利用率高，计量准确，将配合好的干料投入混凝土搅拌机充分拌合后，装入混凝土搅拌输送车，因而产品质量好、材料消耗少、工效高、成本较低，又能改善劳动条件，减少环境污染。

4. 泵送混凝土

泵送混凝土是指混凝土拌和物的坍落度不低于10mm并用泵送施工的混凝土。近年来为提高施工效率和减少施工现场组织的复杂性，对泵送混凝土的需求也迅速增加。泵送混凝土是在混凝土泵的推动下沿管道进行传输和浇筑的，因此它不但要满足强度和耐久性的要求，更要满足的是管道输送对混凝土拌和物提出的可泵性要求。所谓可泵性是指混凝土拌和物应具有顺利通过管道、与管道间的摩擦阻力小、不离析、不泌水、阻塞的性能。

5. 大体积混凝土

大体积混凝土是指混凝土结构实体最小尺寸等于或大于1m或预计会因水泥水化热引起混凝土内外温差过大而导致裂缝的混凝土。在建筑工程中常见的高层建筑的基础，大型整体浇筑的模板，水利、海工工程中的坝体，港口堤坝及市政工程中的大型桥，挡土墙等都属于大体积混凝土。

从配合比设计的角度来说，对大体积混凝土主要应采取以下措施以降低和延缓水化热的集中释放：

（1）采用低水化热的水泥品种；

（2）采用能降低早期水化热的外加剂（如缓凝剂等）；

（3）采用掺和料；

（4）采用一切措施增加骨料和掺和料的用量以降低水泥用量。

水泥应选用水化热低和凝结时间长的水泥，如低热矿渣硅酸盐水泥、中热硅酸盐水泥、掺混合材料的硅酸盐水泥。当采用硅酸盐水泥或普通硅酸盐水泥时，应采取措施以延缓水化热的释放。粗骨料宜采用连续级配。细骨料宜采用中砂。应掺用缓凝剂、减水剂和减少水化热的掺和料。在保证混凝土强度和坍落度的前提下，应提高掺和料和骨料的掺量，以降低水泥用量。

2.2.4　常用混凝土外加剂的品种及应用

1. 缓凝剂

缓凝剂，是一种降低水泥或石膏水化速度和水化热、延长凝结时间的添加剂。

在商品混凝土中掺入缓凝剂的目的是为了延长水泥的水化硬化时间，使新拌混凝土能在较长时间内保持塑性，从而调节新拌混凝土的凝结时间。

缓凝剂是指能延缓混凝土的凝结硬化时间，并对混凝土的后期强度发展无不利影响的外加剂。缓凝剂使混凝土拌合物利于浇筑振捣成型，提高施工质量，同时还可以减水，降低水化热等，对钢筋不锈蚀。

缓凝剂多用高温季节施工混凝土、大体积混凝土施工中防止混凝土开裂，泵送与滑模方法施工以及较长时间停放或者远距离运送的混凝土等。缓凝剂的品种或掺量的选择应根据缓凝效果的要求来选择，主要品种有糖类、木质素磺酸盐类、羟基羧酸盐类及无机盐类等。

2. 减水剂

减水剂是一种在维持混凝土坍落度不变的条件下，能减少拌合用水量的混凝土外加剂。减水剂对水泥颗粒有分散作用，能改善其工作性，减少单位用水量，改善混凝土拌合物的流动性；或减少单位水泥用量，节约水泥。

根据使用目的的不同，减水剂有以下几方面的作用效果：（1）增大流动性，在保持原配合比不变的情况下，可使拌和物的流动性大幅度提高。（2）提高强度。在保持流动性不变，也不减少水泥用量时，可减少拌和水量，提高混凝土的强度。（3）节约水泥。若保持强度及流动性不变，可节省水泥。（4）提高混凝土的抗冻性、抗渗性，使混凝土的耐久性得到提高。

根据减水剂减水及增强能力，分为普通减水剂（又称塑化剂，减水率不小于8%）、高效减水剂（又称超塑化剂，减水率不小于14%）和高性能减水剂（减水率不小于25%），并又分别分为早强型、标准型和缓凝型。按组成材料分为：（1）木质素磺酸盐类；（2）多环芳香族盐类；（3）水溶性树脂磺酸盐类。普通减水剂宜用于日最低气温5℃以上施工的混凝土。高效减水剂宜用于日最低气温0℃以上施工的混凝土，并适用于制备大流动性混凝土、高强混凝土以及蒸养混凝土，适用于强度等级为C15～C60及以上的泵送或常态混凝土工程，特别适用于配制高耐久、高流态、高强以及对外观质量要求高的混凝土工程。对于配制高流动性混凝土、自密实混凝土、清水饰面混凝土极为有利。

3. 引气剂

为改善混凝土坍落度、流动性和可塑性，在混凝土拌合物在拌和过程中引入空气而形成大量微小、封闭而稳定气泡的外加剂。引气剂主要用于抗冻性要求高的结构，如混凝土大坝、路面、桥面、飞机场道路等大面积易受冻的部位，不宜用于蒸汽养护的混凝土和预应力混凝土。引气剂可以增加混凝土的流动性，但是混凝土里面的气泡增多会降低混凝土的密实性，从而降低混凝土的抗渗性和混凝土的强度。所以一般外加剂了引气剂掺量是极小的。抗冻性要求高的混凝土，必须掺引气剂或引气减水剂，其掺量应根据混凝土的含气量要求，通过试验确定。引气剂及引气减水剂，宜以溶液掺加，使用时加入拌合水中，溶液中的水量应从拌合水中扣除。引气剂及引气减水剂配制溶液时，必须充分溶解后方可使用。引气剂可与减水剂、早强剂、缓凝剂、防冻剂复合使用。配制溶液时，如产生絮凝或沉淀等现象，应分别配制溶液并分别加入搅拌机内。

4. 早强剂

早强剂是指能提高混凝土的早期强度，对后期强度无显著影响的外加剂。早强剂能加速水泥水化，早期出现大量的水化产物而提高强度。早强剂能与水泥水化产物发生反应生成不溶性复盐，形成坚强的骨架。早强剂能与水泥水化产物反应生成不溶性的具有明显膨胀的盐类，不仅可形成骨架，而且还会提高早期密实度。混凝土预制构件施工时宜优先考虑的外加剂是早强剂。

5. 速凝剂

速凝剂是指能使混凝土迅速凝结硬化的外加剂。速凝剂与水泥加水拌和迅速发生反应，使石膏的缓凝作用丧失，铝酸三钙迅速水化而产生快凝。速凝剂主要应用于喷射混凝土工程、矿山井巷、铁路隧道、引水涵洞，以及紧急抢修、堵漏混凝土工程等。常用的速凝剂主要有红星 1 型、711 型、782 型等品种。

6. 防冻剂

防冻剂是指在规定温度下能显著降低混凝土的冰点，使混凝土拌合物不冻结或仅部分冻结，以保证水泥的水化作用，并在一定时间内获得预期强度的外加剂。某些防冻剂（如尿素）掺量过多时，混凝土会缓慢向外释放对人产生刺激的气体，如氨气等，使竣工后的建筑室内有害气体含量超标。

2.3 建 筑 砂 浆

2.3.1 砂浆的分类、特性及应用

建筑砂浆是由胶凝材料、细骨料和水，有时也加入适量掺合料和外加剂，混合而成的建筑工程材料。建筑砂浆在土木工程中是一项用量大、用途广的材料。主要用于砌筑、抹灰、修补和装饰工程。水利工程中主要应用水泥砂浆修筑堤坝、护坡、桥涵等。

建筑砂浆根据用途可分为砌筑砂浆、抹面砂浆。抹面砂浆包括普通抹面砂浆、装饰砂浆、特种砂浆。建筑砂浆按所用胶凝材料可分为水泥砂浆、石灰砂浆、混合砂浆等。随着环境保护意识的加强及施工工艺的发展，除了现场搅拌砂浆外，也出现了工厂预拌的预拌砂浆。预拌砂浆储存地点的气温要求宜为 5~35℃。

砂浆与混凝土的差别仅限于是否含粗骨料，因此，有关混凝土和易性、强度和耐久性等的基本规律，原则上也适用于砂浆。但砂浆多为薄层铺筑，且多用来砌筑多孔吸水的砖石材料，这些施工工艺和工作条件的特点，对砂浆又提出与混凝土不尽相同的技术要求。合理选择和使用砂浆，对保证工程质量、降低成本有重要意义。

2.3.2 砌筑砂浆的技术性质、组成材料及其主要技术要求

根据《砌筑砂浆配合比设计规程》JGJ/T 98 中术语，砌筑砂浆是指将砖、石、砌块等块材经砌筑成为砌体，起粘结、衬垫和传力作用的砂浆。现场配制砂浆指：由水泥、细骨料和水，以及根据需要加入的石灰、活性掺合料或外加剂在现场配制成的砂浆，分为水

泥砂浆和水泥混合砂浆。砌筑砂浆在建筑工程中用量很大，起粘结、衬垫及传递应力的作用，并经受环境介质的作用。因此，砌筑砂浆除新拌制后应具有良好的和易性外，硬化后还应具有一定的强度、粘结力和耐久性等。

1. 砌筑砂浆的组成材料

1）水泥

水泥宜使用通用硅酸盐水泥或砌筑水泥，其品种应根据使用部位的耐久性要求来选择，且应符合现行国家标准《通用硅酸盐水泥》GB 175 和《砌筑水泥》GB/T 3183 的规定。水泥强度等级应根据砂浆品种及强度等级的要求进行选择。强度等级 M15 及以下的砌筑砂浆宜选用 32.5 级的通用硅酸盐水泥或砌筑水泥；强度等级 M15 以上的砌筑砂浆宜选用 42.5 级通用硅酸盐水泥。

2）砂

砂宜选用中砂，并应符合《普通混凝土用砂、石质量及检验方法标准》JGJ 52 的规定，且应全部通过 4.75mm 的筛孔。采用中砂拌制砂浆既能满足和易性要求，又节约水泥，因此应优先选用。砂中含泥量不宜过大，含泥量过大，不但会增加砂浆的水泥用量，还会使砂浆的收缩值增大、耐久性降低，影响砌筑质量。使用人工砂时应控制其石粉的含量，石粉含量增大会增加砂浆的收缩。

3）掺加料

常用掺加料有石灰膏、电石膏、粉煤灰、粒化高炉矿渣粉、硅灰、天然沸石粉等无机材料，以改善砂浆的和易性，节约水泥，利用工业废渣，有利于环境保护。

4）外加剂

外加剂是指在拌制砂浆过程中掺入的、用以改善砂浆性能的物质。外加剂应符合国家现行有关标准规定，引气型外加剂还应有完整的型式检验报告。

5）水

水的质量指标应符合《混凝土用水标准》JGJ 63 中混凝土拌合用水的规定，选用不含有害杂质的洁净水。

砌筑砂浆所用原材料不应对人体、生物与环境造成有害的影响，并应符合现行国家标准《建筑材料放射性核素限量》GB 6566 的规定。

2. 砌筑砂浆的基本性能

根据《建筑砂浆基本性能试验方法标准》JGJ/T 70 相关规定，砌筑砂浆的基本性能包括新拌砂浆的和易性、硬化后砂浆的强度和粘结力，以及抗冻性、抗渗性、收缩值等指标。

1）新拌砂浆的和易性

和易性是指新拌制的砂浆拌合物的工作性，即在施工中易于操作而且能保证工程质量的性质，包括流动性、稳定性、保水性和凝结时间等方面。砂浆的流动性是指新拌砂浆在自重或外力作用下是否容易流动的性能，也叫稠度，以沉入度 K 表示。砂浆流动性的大小用砂浆稠度仪测定：以一定质量的标准圆锥体 10s 沉入砂浆中的深度；称为沉入度。沉入度越大，砂浆的流动性越大。砂浆的保水性是指新拌砂浆保持内部水分的能力。砂浆的保水性用分层度或保水率表示。分层度的测定方法是将砂浆装入规定的容器中，测出沉入度；静置 30min 后，再取容器下部 1/3 部分的砂浆，测其沉入度。前后两次沉入度之差即为分层度，以"cm"计。分层度愈大，表明砂浆保水性愈差。在砂浆中掺入石灰膏、粉煤灰等粉状混合材料，可提高砂浆的保水性。消石灰粉不可直接用于砌筑砂浆中。

和易性好的砂浆，在运输和操作时，不会出现分层、泌水等现象，而且容易在粗糙的砖、石、砌块表面铺成均匀、薄薄的一层，保证灰缝既饱满又密实，能够将砖、砌块、石块很好地粘结成整体，而且可操作的时间较长，有利于施工操作。影响砂浆和易性的因素很多，如水泥的品种和用量、砂子的粗细程度及级配状态、掺加料的品种及掺量、外加剂的品种及掺量、用水量、搅拌时间等。

2）砂浆的强度

砂浆的强度等级是以 70.7mm×70.7mm×70.7mm 的立方体标准试件，在标准条件（温度为 20±2℃，相对湿度为 90％以上）下养护至 28d，测得的抗压强度平均值确定的。分为 M5、M7.5、M10、M15、M20、M25、M30 七个强度等级。

影响砂浆抗压强度的因素很多，其中主要的影响因素是水泥的强度等级和用量（或 W/C）。砂的质量、掺合材料的品种及用量、养护条件（温度和湿度）等对砂浆的强度和强度发展也有一定的影响。

3）粘结力

砌筑砂浆必须具有一定的粘结力，才能将砌筑材料粘结成一个整体。粘结力的大小，会影响整个砌体的强度、耐久性、稳定性和抗震性能。影响砂浆粘结力的因素较多，主要的是砂浆的抗压强度，一般来说，砂浆的抗压强度越大，粘结力越大。另外，粘结力也与基面的清洁程度、粗糙程度、含水状态、养护条件等有关。

4）砂浆的变形

砂浆在承受荷载、温度变化、湿度变化时均会发生变形，如果变形量太大，会引起开裂而降低砌体质量。掺太多轻骨料或混合材料（如粉煤灰、轻砂等）的砂浆，其收缩变形较大。砂浆的变形性能可通过收缩试验测定和评定。

5）砂浆的耐久性

砂浆应具有经久耐用的性能。潮湿部位、地下或水下砌体应考虑砂浆的抗渗及抗冻要求。其性能可通过抗冻性试验、抗渗性试验测定和评定。袋装干粉砂浆的保质期可以达到六个月。影响砂浆耐久性的因素有水泥的品种和用量，砂浆内部的孔隙率和孔隙特征。

2.3.3 抹面砂浆的分类及应用

抹面砂浆是涂抹在建筑物或构筑物的表面，既能保护墙体，又具有一定装饰性的建筑材料。根据砂浆的使用功能可将抹面砂浆分为普通抹面砂浆、装饰砂浆、特种砂浆（如防水砂浆、绝热砂浆、防辐射砂浆、吸声砂浆、耐酸砂浆等）。对抹面砂浆要求具有良好的工作性即易于抹成很薄的一层，便于施工，还要有较好的粘结力，保证基层和砂浆层良好粘结，并且不能出现开裂，因此有时加入一些纤维材料（如麻刀、纸筋、有机纤维）；有时加入特殊的骨料如陶砂、膨胀珍珠岩等以强化其功能。

1. 普通抹面砂浆

普通抹面砂浆具有保护墙体，延长墙体的使用寿命，兼有一定的装饰效果的作用，其组成与砌筑砂浆基本相同，但胶凝材料用量比砌筑砂浆多，而且抹面砂浆的和易性要求比砌筑砂浆好，粘结力更高。抹面砂浆配合比可以从砂浆配合比速查手册中查得。

为了保证抹面砂浆的施工质量（表面平整，不容易脱落），一般分两层或三层施工。

底层砂浆是为了增加抹灰层与基层的粘结力。砂浆的保水性要好，以防水分被基层吸收，影响砂浆的硬化。用于砖墙底层的抹灰，多用混合砂浆；有防水防潮要求时应采用水泥砂浆；外墙外立面的抹面砂浆的胶凝材料应以水泥为主；对于板条或板条顶棚多采用石灰砂浆或混合砂浆；对于混凝土墙体、柱、梁、板、顶棚多采用混合砂浆，底层砂浆与基层材料（砌块、烧结砖或石块）的粘结力要强，因此要求基层材料表面具有一定的粗糙程度和清洁程度。

中层主要起找平作用，又称找平层，一般采用混合砂浆或石灰砂浆，找平层的稠度要合适，应能很容易的抹平；砂浆层的厚度以表面抹平为宜。有时可省略。

面层起装饰作用，多用细砂配制成混合砂浆、麻刀石灰砂浆或纸筋石灰砂浆。在容易受碰撞的部位（如窗台、窗口、踢脚板等）应采用水泥砂浆。在加气混凝土砌块墙体表面上作抹灰时，应采用特殊的施工方法，如在墙面上刮胶、喷水润湿或在砂浆层中夹一层钢丝网片以防开裂脱落。

2. 防水砂浆

防水砂浆是具有显著的防水、防潮性能的砂浆，是一种刚性防水材料和堵漏密封材料。一般依靠特定的施工工艺或在普通水泥砂浆中加入防水剂、膨胀剂、聚合物等配制而成。适用于不受振动或埋置深度不大、具有一定刚度的防水工程；不适用于易受振动或发生不均匀沉降的部位。防水砂浆通常是在普通水泥砂浆中掺入外加剂，用人工压抹而成。常采用多层施工，而且涂抹前在湿润的基层表面刮一层树脂水泥浆；同时加强养护防止干裂，以保证防水层的完整，达到良好的防水效果。

3. 装饰砂浆

装饰砂浆是一种具有特殊美观装饰效果的抹面砂浆。底层和中层的做法与普通抹面基本相同，面层通常采用不同的施工工艺，选用特殊的材料，得到符合要求的具有不同的质感、颜色、花纹和图案效果。常用胶凝材料有石膏、彩色水泥、白水泥或普通水泥，骨料有大理石、花岗岩等带颜色的碎石渣或玻璃、陶瓷碎粒等。装饰抹灰按面层做法分为拉毛、弹涂、水刷石、干粘石、斩假石、喷涂等。

2.4 石材、砖和砌块

2.4.1 砌筑用石材的分类及应用

1. 石料的主要技术性质与要求

（1）物理性质与要求

一般，建筑中主要对石料的表观密度、吸水率和耐久性等有要求。

大多数石料的表观密度均较大，且主要与其矿物组成、结构的致密程度等有关。致密石料的表观密度一般为 $2400 \sim 3200 kg/m^3$，常用致密石料的表观密度为 $2400 \sim 2850 kg/m^3$。同种石料，表观密度越大，则孔隙率越低，强度和耐久性等越高。大多数石料的耐久性较高。当石料中含有较多的黏土时，其耐久性较低，比如黏土质砂岩等。

（2）力学性质

1）抗压强度

① 砌筑用石料的抗压强度与强度等级。石料的抗压强度由边长为 70mm 的立方体试件进行测试，并以三个试件破坏强度度等级则由抗压强度来划分，并用符号 MU 和抗压强度值来表示，划分有 MU100、MUMU40、MU30、MU20、MU15、MU10 九个等级。

② 装饰用石料的抗压强度。石料的抗压强度采用边长为 50mm 的立方体试件来测试。

③ 公路工程用石料的抗压强度。石料的抗压强度采用边长为 50±0.5mm 的正立方体或直径和高均为 50±0.5mm 来测试。

2）耐磨耗性

耐磨耗性是指石料抵抗撞击、剪切和摩擦等综合作用的性能。石料耐磨耗性的大小用磨耗率表示。磨耗率是路用石料的一个综合指标，也是评定石料等级的依据之一。

3）其他力学性质

根据石料的用途，对石料的技术要求还有抗折强度（一般为抗压强度的 1/20）、硬度、耐磨性、抗冲击性等。由石英、长石组成的石料，其莫氏硬度和耐磨性大，如花岗岩、白云岩等。石料的硬度常用莫氏硬度来表示，耐磨性常用磨损率来表示。

（3）耐久性

石料的耐久性主要包括抗冻性、抗风化性、耐火性和耐酸性等。

石料的风化是指水、冰、化学等因素造成石料开裂或剥落。孔隙率的大小对风化有很大的影响。吸水率较小时石料的抗冻性和抗风化能力较强。一般认为当石料的吸水率小于 0.5% 时，石料的抗冻性合格。当石料内含有较多的黄铁矿、云母时，风化速度快，此外，由方解石、白云石组成的石料在含酸性气体的环境中也易风化。

防风化的措施主要有：磨光石料的表面，防止表面积水；采用有机硅喷涂表面；对碳酸盐类石料可采用氟硅酸镁溶液处理石料的表面。

2. 常用石料制品

（1）石料的品种

建筑中常用的石料制品有片石、石板、料石和毛石等。

1）片石

片石也是由爆破而得到的，形状不受限制，但薄片者不得使用。一般片石的尺寸应＞15cm，体积＞0.01m³，每块质量一般在 30kg 以上。用于圬工工程主体的片石，其抗压强度＞30MPa。用于其他圬工工程的片石，其抗压强度＞20MPa。片石主要用来砌筑圬工工程、护坡、护岸等。

2）石板

石板是用致密石料凿平或锯解而成的厚度不大的石料。对饰面用的石板或地面板，要求耐磨、耐久、无裂缝或水纹、色彩美观，一般采用花岗岩和大理岩制成。花岗岩板材主要用于建筑的室外饰面；大理石板材可用于室内装饰，当空气中含有 SO_2 时遇水会生成 H_2SO_3 以后变成 H_2SO_4 与大理岩中的 $CaCO_3$ 反应，生成易溶于水的石膏，使表面失去光泽，变得粗糙多孔而降低其使用价值。

3）料石

料石是由人工或机械开采出较规则的六面体块石，再经人工略加凿琢而成。依其表面加工的平整程度可分为毛料石、粗料石、半细料石和细料石四种。制成长方形的称作条石，长、宽、高大致相等的称为方石，楔形的称为拱石。料石一般由致密的砂岩、石灰岩、花岗岩加工而成，用于建筑结构物的基础、勒脚、墙体等部位。

4）毛石

石料被爆破后直接得到的形状不规则的石块称为毛石。根据表面平整度，毛石有乱毛石和平毛石之分。乱毛石形状不规则，平毛石形状虽不规则，但它有大致平行的两个面，建筑中使用的毛石一般高度＞15cm，一个方向的尺寸可达 30～40cm。毛石的抗压强度＞10MPa，软化系数＜0.75。毛石常用来砌筑基础、勒脚、墙身、挡土墙。

（2）石料的选用

在建筑设计和施工中选用石料应根据适用性和经济性的原则。

适用性主要考虑石料的技术性能是否能满足使用要求。可根据石料在建筑物中的用途和部位，选择其主要技术性质能满足要求的石料。如承重用的石料（基础、勒脚、柱、墙等）主要应考虑其强度等级、耐久性、抗冻性等技术性能；围护结构用的石料应考虑是否具有良好的绝热性能；用作地面、台阶等的石料应坚硬耐磨；装饰用的构件（饰面板、栏杆、扶手等），需考虑石料本身的色彩与环境的协调及可加工性等；对处在高温、高湿、严寒等特殊条件下的构件，还要分别考虑所用石料的耐久性、耐水性、抗冻性及耐化学侵蚀性等。

经济性主要考虑天然石料的密度大，不宜长途运输，应综合考虑地方资源，尽可能做到就地取材。

2.4.2 砖的分类、主要技术要求及应用

砖是最传统的砌体材料，已由黏土为主要原料逐步向利用煤矸石和粉煤灰等工业废料发展，同时由实心向多孔、空心发展，由烧结向非烧结发展。根据建筑工程中使用部位的不同，砖分为砌墙砖、楼板砖、拱壳砖、地面砖、下水道砖和烟囱砖等。砌墙砖根据不同的建筑性能分为承重砖、非承重砖、工程砖、保温砖、吸声砖、饰面砖、花板砖等。根据生产工艺的特点，砖又可分为烧结制品与非烧结制品两类。根据使用的原料不同，砖分为黏土砖、页岩砖、煤矸石砖、粉煤灰砖、炉渣砖、灰砂砖等。根据外形，砖又可分为实心砖、微孔砖、多孔砖和空心砖、普通砖和异型砖等。

1. 烧结普通砖

凡以黏土、页岩、煤矸石、粉煤灰等为原料，经成型及焙烧所得的用于砌筑承重或非承重墙体的砖统称为烧结砖。烧结砖按有无穿孔分为烧结普通砖、烧结多孔砖和烧结空心砖。烧结砖按砖的主要成分又分为烧结黏土砖（N）、烧结页岩砖（Y）、烧结煤矸石砖（M）及烧结粉煤灰砖（F）。

以黏土、页岩、煤矸石或粉煤灰为原料制得没有孔洞或孔洞率（砖面上孔洞总面积占砖面积的百分率）小于 15％的烧结砖，称为烧结普通砖。

国家标准《烧结普通砖》GB 5101 规定，烧结普通砖根据抗压强度分为 MU30、MU25、MU20、MU15、MU10 共 5 个强度等级。根据尺寸偏差、外观质量、泛霜和石灰爆裂分为优等品（A）、一等品（B）和合格品（C）。

（1）外形尺寸

普通烧结砖的标准尺寸为 240mm×115mm×53mm。240mm×115mm 的面称为大面，

240mm×53 的面称为条面，115mm×53mm 的面称为顶面。考虑 10mm 砌筑灰缝，则 4 块砖长、8 块砖宽或 16 块砖厚均为 1m。由此可计算墙体用砖数量，如 1m³ 砖砌体需要用砖 512 块，砌筑 1m² 的 24 墙需用砖 8×16＝128 块。

（2）外观质量

外观质量包括两条面高度差、弯曲程度、杂质凸出高度、缺棱掉角程度、裂纹长度、完整面数和颜色等。

（3）强度等级

烧结普通砖的强度等级根据抗压强度划分。抗压强度测定时，取 10 块砖进行试验，根据试验结果，按平均值—标准差（变异系数≤0.21 时）或平均值—最小值方法（变异系数＞0.21 时）评定砖的强度等级。

（4）泛霜

泛霜是指黏土原料中的可溶性盐类（如硫酸钠等）在砖使用过程中，随着砖内水分蒸发而在砖表面产生的盐析现象，一般为白霜。这些结晶的白色粉状物不仅有损于建筑物的外观，而且结晶的体积膨胀也会引起砖表层的酥松，同时破坏砖与砂浆之间的粘结。优等品砖应无泛霜，一等品砖应无中等泛霜，合格品砖应无严重泛霜。

（5）石灰爆裂

当原料土或掺入的内燃料中夹杂有石灰质成分，则在烧砖时其被烧成过火石灰留在砖中。这些过火石灰在砖体内吸收水分消化时产生体积膨胀，导致砖发生胀裂破坏，这种现象称为石灰爆裂。

石灰爆裂对砖砌体影响较大，轻者影响外观，重者导致强度降低直接破坏。标准规定：优等品砖不允许出现最大破坏尺寸大于 2mm 的爆裂区域；一等品砖最大破坏尺寸大于 2mm 且小于等于 10mm 的爆裂区域，每组砖样不得多于 15 处，不允许出现最大破坏尺寸大于 10mm 的爆裂区域；合格品砖最大破坏尺寸大于 2mm，且小于等于 15mm 的爆裂区域，每组砖样不得多于 15 处，其中大于 10mm 的不得多于 7 处，不允许出现最大破坏尺寸大于 15mm 的爆裂区域。

（6）抗风化性能

抗风化性能是指在干湿变化、温度变化、冻融变化等物理因素作用下，材料不破坏并长期保持其原有性质的能力。风化指数是指日气温从正温降低至负温或负温升至正温的每年平均天数与每年从霜冻之日起至消失霜冻之日止这一期间降雨量（以 mm 计）的平均值的乘积。风化指数大于等于 12700 时为严重风化区，风化指数小于 12700 时为非严重风化区。严重风化区中的 1～5 地区的砖，必须进行冻融试验，其余地区的砖的抗风化性能符合相关规定时可不做冻融试验，否则，必须进行冻融试验。冻融试验后，每块砖样不允许出现裂纹、分层、掉皮、缺棱和掉角等冻坏现象，质量损失不得大于 2%。

（7）放射性

放射性物质不能超过规定值，应符合《建筑材料放射性核素限量》GB 6566 的规定。

（8）烧结普通砖的应用

烧结普通砖具有良好的绝热性、透气性、耐久性和热稳定性等特点，在建筑工程中主要用作墙体材料，其中等泛霜的砖不得用于潮湿部位。烧结普通砖可用于砌筑柱、拱、烟囱、窑身、沟道及基础等；可与轻混凝土、加气混凝土等隔热材料复合使用，砌成两面为砖，中间填充轻质材料的复合墙体；在砌体中配置适当钢筋和钢筋网成为配筋砖砌体，可代替钢筋混凝土柱、过梁等。

由于砖砌体的强度不仅取决于砖的强度，而且受砂浆性质的影响很大。故在砌筑前砖应进行浇水湿润，同时应充分考虑砂浆的和易性及铺砌砂浆的饱满度。

2. 烧结多孔砖和烧结空心砖

烧结多孔砖和烧结空心砖均以黏土、页岩、煤矸石为主要原料，经焙烧而成的。孔洞率大于或等于 5%、孔的尺寸小而数量多、常用于承重 6 层以下部位的砖称为多孔砖；孔洞率大于或等于 35%、孔的尺寸大而数量少、常用于非承重部位的砖称为空心砖。

（1）烧结多孔砖与烧结空心砖的特点与应用

烧结多孔砖和烧结空心砖的原料及生产工艺与烧结普通砖基本相同，但对原料的可塑性要求较高。

与烧结普通砖相比，生产多孔砖和空心砖可节省黏土 20%～30%，节约燃料 100%～200%，且砖坯焙烧均匀，烧成率高。采用多孔砖或空心砖砌筑墙体，可减轻自重 1/3 左右，工效提高 40% 左右，同时能有效地改善墙体热工性能和降低建筑物使用能耗。因此推广应用多孔砖和空心砖是加快我国墙体材料改革的重要措施之一。

（2）主要技术性质

1）形状与规格尺寸

烧结多孔砖为直角六面体，有 190mm×190mm×90mm（代号 M）和 240mm×115mm×90mm（代号 P）两种规格。烧结空心砖为直角六面体，其长度不超过 365mm，宽度不超过 240mm，高度不超过 115mm（超过以上尺寸则为空心砌块），孔型采用矩形条孔或其他孔型。

2）强度及质量等级

多孔砖根据抗压强度和抗折荷载分为 MU30、MU25、MU20、MU15、MU10 共 5 个强度等级，根据尺寸偏差、外观质量、孔型及孔洞排列、泛霜、石灰爆裂分为优等品（A）、一等品（B）和合格品（C）。

烧结空心砖和空心砌块根据抗压强度分 MU10、MU7.5、MU5.0、MU3.5 和 MU2.5 共 5 个级别，根据尺寸偏差、外观质量、孔洞排列及结构、泛霜、石灰爆裂、吸水率分为优等品（A）、一等品（B）和合格品（C），按表观密度分 800，900，1000 和 1100 共 4 个密度级别。

3. 免烧砖

不需经过焙烧而制成的砖统称为非烧结砖，也称为免烧砖。近些年来，无论是砖的原材料，还是砖的制造工艺都发生了很大变化。从节能节地、利废再生、生态环保和持续发展的目标来看，非黏土砖和非烧结砖是砖材料的发展方向。

2.4.3 砌块的分类、主要技术要求及应用

砌块是一种新型墙体材料，可以充分利用地方资源和工业废料，并可节省黏土资源和改善环境。其具有生产上工艺简单，原料来源广，适应性强，制作及使用方便灵活，还可改善墙体功能等特点，因此发展较快。

砌块一般为直角六面体,按产品主规格的尺寸可分为大型砌块(高度大于980mm)、中型砌块(高度为380~980mm)和小型砌块(高度大于115mm,小于380mm)。砌块高度一般不大于长度或宽度的6倍,长度不超过高度的3倍。根据需要也可生产各种异形砌块。

砌块的分类方法很多,按用途可分承重砌块和非承重砌块;按有无孔洞可分实心砌块(无孔洞或空心率<25%)和空心砌块(空心率>25%);按材质又可分为硅酸盐砌块、轻骨料混凝土砌块、混凝土砌块等。常见的有混凝土空心砌块、蒸压加气混凝土砌块、粉煤灰砌块等。

1. 混凝土空心砌块

混凝土空心砌块主要有混凝土小型空心砌块、混凝土中型空心砌块。

混凝土小型空心砌块(NHB)是以水泥、砂、砾石或碎石为原料,加水搅拌、振动、加压或冲击成型,再经养护制成的一种墙体材料,其空心率不小于25%。混凝土小型空心砌块的主规格尺寸(长×宽×高)为390mm×190mm×190mm、390mm×240mm×190mm等,其他规格尺寸可由供需双方协商。

按砌块的抗压强度分为MU3.5、MU5.0、MU7.5、MU10.0、MU15.0、MU20.0六个强度等级,按其是否要求相对含水率指标分为M级和P级。按其是否要求抗渗性指标分为S级和Q级。根据其尺寸偏差及外观质量分为优等品(A)、一等品(B)及合格品(C)。自然养护的混凝土小型砌块和混凝土多孔砖产品,若不满28d养护龄期不得进场使用。

混凝土小型空心砌块的优点是质量轻、生产简便、施工速度快、适用性强、造价低等。一般用于多层建筑的内墙与外墙。但由于混凝土砌块的温度变形和干湿变形值都比黏土大,为防止墙体开裂,应根据建筑的具体情况设置伸缩缝,在必要的部位增加构造钢筋。施工时应注意底面朝上砌筑(反砌),砌块之间应对孔错缝搭接,灰缝宽度一般应为10~15mm。砌筑时一般不宜浇水,但在气候特别干燥炎热时,可在砌筑前稍喷水湿润。

中型空心混凝土砌块是以水泥或无熟料水泥为胶结料,配以一定比例骨料制成的中型混凝土空心墙体材料,其空心率不小于25%。中型空心砌块主规格标志尺寸为:长度(mm):500,600,800,1000;宽度(mm):200,240;高度(mm):400,450,800,900。中型空心混凝土砌块的壁、肋厚度不应小于25mm。

中型空心砌块按其抗压强度分为MU3.5、MU5.0、MU7.5、MU10.0、MU15.0五个强度等级。此外,外观尺寸偏差、缺棱掉角、裂缝均不应超过规定范围。中型空心砌块主要用作民用及一般工业建筑的墙体。

2. 蒸压加气混凝土砌块

蒸压加气混凝土砌块(ACB)是以钙质材料和硅质材料为基本原料,以铝粉等为发气材料(发气剂),经配料、搅拌、浇注、发气、预养切割、蒸压(蒸汽)养护等工艺制成的多孔、轻质、块状墙体材料。《蒸压加气混凝土砌块》GB/T 11968规定,砌块的强度级别按其立方体试件的抗压强度级别分为A1.0、A2.0、A2.5、A3.5、A5.0、A7.5、A10共7个级别。砌块的表观密度级别按其表观密度分为B03、B04、B05、B06、B07、B08共6个级别。按尺寸偏差、外观质量、表观密度和抗压强度分为优等品(A)、一等品(B)、合格品(C)3个等级。蒸压加气混凝土砌块出釜不满5d不得进场。

蒸压加气混凝土砌块作为墙体材料,具有质量轻、绝热性能好、吸声、加工方便、施工效率高等优点。采用加气混凝土砌块作墙体材料可使建筑物自重减轻2/5~1/2,从而不仅减少了整个建筑物的材料消耗，降低造价，而且还可提高建筑物的抗震能力；保温隔热，热导率仅为黏土砖热导率的 1/5，普通混凝土的 1/9，因此具有极好的保温性能；可加工成各种规格和形状，以适应各种建筑结构体系；加气混凝土原料中的硅质材料利用工业废料，对治理和保护环境有重要意义。

3. 粉煤灰砌块

粉煤灰砌块（FB）是以粉煤灰、石灰、石膏和骨料（炉渣、矿渣）为原料，加水搅拌、振动成型、蒸汽养护而成的密实砌块。砌块的主规格外形尺寸为 880mm×380mm×240mm，880mm×420mm×240mm 两种；砌块端面应加灌浆槽，坐浆面宜设抗剪槽。砌块的强度等级按其立方体试件的抗压强度分为 MU10 级和 MU13 级。砌块按外观质量、尺寸偏差、干缩性能分为一等品（B）和合格品（C）；并按其产品名称、规格、强度等级、产品等级和标准编号顺序进行标记。

粉煤灰砌块的导热性能比水泥混凝土砌块低。因此，砌体有较好的热工性能，适用于民用与工业建筑的墙体和基础。

2.5　建筑钢材

建筑钢材可分为钢结构用钢和钢筋混凝土结构用钢两类。在建筑工程中，钢结构所用各种型钢，钢筋混凝土结构所用的各种钢筋、钢丝、锚具等钢材的性能主要取决于所用钢种及其加工方式。

钢材中除了主要化学成分铁（Fe）以外，还含有少量的碳（C）、硅（Si）、锰（Mn）、磷（P）、硫（S）、氧（O）、氮（N）、钛（Ti）、钒（V）等元素，这些元素虽然含量少，但对钢材性能有很大影响：

（1）碳。碳是决定钢材性能的最重要元素。当钢中含碳量在 0.8% 以下时，随着含碳量的增加，钢材的屈服点、抗拉强度和硬度提高，而塑性和韧性降低；但当含碳量在 0.8% 以上时，随着含碳量的增加，钢材的强度反而下降。随着含碳量的增加，钢材的焊接性能变差（含碳量大于 0.3% 的钢材，可焊性显著下降），冷脆性和时效敏感性增大，耐大气锈蚀性下降。

（2）硅。硅是作为脱氧剂而存在于钢中，是钢中的有益元素。硅含量较低（小于 10%）时，能提高钢材的强度，而对塑性和韧性无明显影响。

（3）锰。锰是炼钢时用来脱氧去硫而存在于钢中的，是钢中的有益元素。锰具有很强的脱氧去硫能力，能消除或减轻氧、硫所引起的热脆性，大大改善钢材的热加工性能，同时能提高钢材的强度和硬度。锰是我国低合金结构钢中的主要合金元素。

（4）磷。磷是钢中很有害的元素。随着磷含量的增加，钢材的强度、屈强比、硬度均提高而塑性和韧性显著降低。特别是温度越低，对塑性和韧性的影响越大，显著加大钢材的冷脆性。磷也使钢材的可焊性显著降低。但磷可提高钢材的耐磨性和耐蚀性，故在低合金钢中可配合其他元素作为合金元素使用。

（5）硫。硫是钢中很有害的元素。硫的存在会加大钢材的热脆性，降低钢材的各种机械性能，也使钢材的可焊性、冲击韧性、耐疲劳性和抗腐蚀性等均降低。

（6）氧。氧是钢中的有害元素。随着氧含量的增加，钢材的强度有所提高，但塑性特别是韧性显著降低，可焊性变差。氧的存在会造成钢材的热脆性。

（7）氮。氮对钢材性能的影响与碳、磷相似，随着氮含量的增加，可使钢材的强度提高，塑性特别是韧性显著降低，可焊性变差，冷脆性加剧。氮在铝、铌、钒等元素的配合下可以减少其不利影响，改善钢材性能，可作为低合金钢的合金元素使用。

（8）钛。钛是强脱氧剂。钛能显著提高强度，改善韧性、可焊性，但稍降低塑性。钛是常用的微量合金元素。

（9）钒。钒是弱脱氧剂。钒加入钢中可减弱碳和氮的不利影响，有效地提高强度，但有时也会增加焊接淬硬倾向，钒也是常用的微量合金元素。

钢材的技术性质主要包括力学性能（抗拉性能、冲击韧性、耐疲劳和硬度等）和工艺性能（冷弯和焊接）两个方面。

拉伸是建筑钢材的主要受力形式指标。应力与应变的比值为常数，即弹性模量。弹性模量反映钢材抵抗弹性变形的能力，是钢材在受力条件下计算结构变形的重要指标。钢材受力大于屈服点后，会出现较大的塑性变形，已不能满足使用要求，因此屈服强度是设计上钢材强度取值的依据，是工程结构计算中非常重要的一个参数。屈服强度和抗拉强度之比（即屈强比）能反映钢材的利用率和结构安全可靠程度。屈强比越小，其结构的安全可靠程度越高，但屈强比过小，又说明钢材强度的利用率偏低，造成钢材浪费。

建筑钢材应具有很好的塑性。钢材的塑性通常用伸长率和断面收缩率表示。伸长率是衡量钢材塑性的一个重要指标，δ越大说明钢材的塑性越好。而一定的塑性变形能力，可保证应力重新分布，避免应力集中，从而钢材用于结构的安全性越大。

良好的工艺性能，可以保证钢材顺利通过各种加工，而使钢材制品的质量不受影响。冷弯、冷拉、冷拔及焊接性能均是建筑钢材的重要工艺性能。冷弯性能是指钢材在常温下承受弯曲变形的能力。将钢材在常温下进行冷加工（如冷拉、冷拔或冷轧），使之产生塑性变形，从而提高屈服强度，但钢材的塑性、韧性及弹性模量则会降低，这个过程称为冷加工强化处理。建筑工地或预制构件厂常用的方法是冷拉和冷拔。钢材经冷加工后，在常温下存放 15～20d 或加热至 10～20℃，保持 2h 左右，其屈服强度、抗拉强度及硬度进一步提高，而塑性及韧性继续降低，这种现象称为时效。前者称为自然时效，后者称为人工时效。

2.5.1 钢结构用钢

钢结构用钢主要包括碳素结构钢和低合金高强度结构钢两种。

1. 碳素结构钢

碳素结构钢包括一般结构钢和工程用热轧钢板、钢带、型钢等。现行国家标准《碳素结构钢》GB/T 700 具体规定了它的牌号表示方法、代号和符号、技术要求、试验方法、检验规则等。

（1）碳素结构钢的牌号表示方法

碳素结构钢的牌号由代表屈服点的字母、屈服点数值、质量等级符号、脱氧程度符号 4 部分按顺序组成。碳素结构钢可分为 5 个牌号（即 Q195、Q215、Q235、Q255 和 Q275），其含碳量在 0.06%～0.38%。每个牌号又根据其硫、磷等有害杂质的含量分成若干等级。碳素结构钢牌号由下列 4 个要素标示。

① 钢材屈服点代号，以"屈"字汉语拼音首字母"Q"表示。

② 钢材屈服点数值，表示屈服极限，单位为 MPa。

③ 质量等级符号，分 A、B、C、D 四级，表示质量的由低到高。质量高低主要是以对冲击韧性的要求区分的，对冷弯试验的要求也有所区别。

④ 脱氧程度代号，F 沸腾钢；b 半镇静钢；Z 镇静钢；TZ 特殊镇静钢。

例如，Q235-BZ 表示这种碳素结构钢的屈服点 $\sigma_s \geqslant 235\text{MPa}$（当钢材厚度或直径≤16mm 时）；质量等级为 B，即硫、磷均控制在 0.045% 以下；脱氧程度为镇静钢。

（2）碳素结构钢的特性及应用

1）Q195 钢：强度不高，塑性、韧性、加工性能与焊接性能较好，主要用于轧制薄板和盘条等。

2）Q215 钢：用途与 Q195 钢基本相同，由于其强度稍高，大量用作管坯、螺栓等。

3）Q235 钢：既有较高的强度，又有较好的塑性和韧性，焊接性能也好，在建筑工程中应用最广泛，大量用于制作钢结构用钢、钢筋和钢板等。其中 Q235A 级钢，一般仅适用于承受静荷载作用的结构，Q235C 和 Q235D 级钢可用于重要的焊接结构。

4）Q275 钢：强度、硬度较高，耐磨性较好，但塑性、冲击韧性和焊接性能差。不宜用于建筑结构，主要用于制作机械零件和工具等。

2. 低合金高强度结构钢

低合金高强度结构钢是在碳素结构钢的基础上，添加少量的一种或几种合金元素（总含量小于 5%）的一种结构钢。其目的是为了提高钢的屈服强度、抗拉强度、耐磨性、耐蚀性及耐低温性能等。因此，它是综合性较为理想的建筑钢材，尤其在大跨度、承受动荷载和冲击荷载的结构中更适用。另外，与使用碳素钢相比，可节约钢材 20%～30%，而成本并不是很高。

（1）低合金高强度结构钢的牌号表示方法

根据国家标准《低合金高强度结构钢》GB/T 1591 的规定，低合金高强度结构钢的牌号由代表屈服点的字母 Q、屈服强度值（MPa）、质量等级 3 个部分按顺序组成。低合金高强度结构钢按屈服点的数值（MPa）划分为 Q345、Q390、Q420、Q460、Q500、Q550、Q620、Q690 共 8 个牌号；质量等级分为 A、B、C、D、E 共 5 个等级，质量按顺序逐级提高。

例如，Q345A 表示屈服点不低于 345MPa 的 A 级低合金高强度结构钢。

（2）低合金高强度结构钢的特性及应用

低合金高强度结构钢与碳素结构钢相比，既具有较高的强度，同时又有良好的塑性、低温冲击韧性、焊接性能和耐腐蚀性等特点，是一种综合性能良好的建筑钢材。

2.5.2 钢筋混凝土结构用钢

钢筋混凝土结构用的钢筋和钢丝，主要由碳素结构钢或低合金结构钢轧制而成，主要品种有热轧钢筋、冷加工钢筋、钢筋混凝土用余热处理钢筋、预应力混凝土用钢丝和钢绞线。

1. 热轧钢筋

用加热钢坯轧成的条形钢筋称为热轧钢筋，主要用于钢筋混凝土和预应力钢筋混凝土结构的配筋。

热轧钢筋按表面形状可分为光圆钢筋和带肋钢筋；而带肋钢筋又分为月牙肋钢筋和等高肋钢筋。月牙肋钢筋的纵横肋不相交，而等高肋钢筋的纵横肋相交，如图2-3所示。

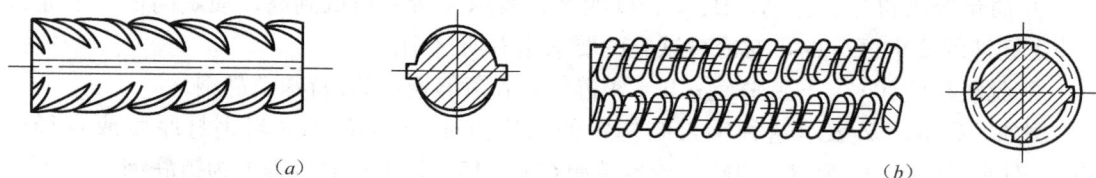

图 2-3　带肋钢筋
(a) 月牙肋钢筋；(b) 等高肋钢筋

热轧钢筋的牌号分为 HPB300、HRB335、HRBF335、HRB400、HRBF400、HRB500、HRBF500，HPB300 钢筋为光圆钢筋。低碳热轧圆盘条按其屈服强度代号为 Q215、Q235，供建筑用钢筋为 Q235。HRB335、HRBF335、HRB400、HRBF400、HRB500、HRBF500 为热轧带肋钢筋。其中 H、R、B、F 分别为热轧（Hot-rolled）、带肋（Ribbed）、钢筋（Bars）、细粒（Fine）4 个词的英文首位字母。

（1）热轧光圆钢筋

热轧光圆钢筋公称直径。钢筋的公称直径范围为 6～22mm，推荐的钢筋公称直径为 6mm、8mm、10mm、12mm、16mm、20mm。

（2）热轧带肋钢筋

热轧带肋钢筋的公称直径范围为 6～50mm，推荐的钢筋公称直径为 6mm、8mm、10mm、12mm、16mm、20mm、25mm、32mm、40mm、50mm。

2. 冷轧带肋钢筋

冷轧带肋钢筋是用热轧盘条经多道冷轧减轻，一道压肋并经消除内应力后形成的一种带有二面或三面月牙形的钢筋。

冷轧带肋钢筋的牌号表示方法：《冷轧带肋钢筋》GB 13788 规定，冷轧带肋钢筋牌号由 CRB 和钢筋的抗拉强度最小值构成，C、R、B 分别为冷轧（Cold rolled）、带肋（Ribbed）、钢筋（Bars）3 个词的英文首字母，冷轧带肋钢筋分为 CRB550、CRB650、CRB800 和 CRB970 4 个牌号。CRB550 为普通钢筋混凝土用钢筋，其他牌号为预应力混凝土用钢筋。

3. 冷轧扭钢筋

冷轧扭钢筋是由普通低碳钢热轧盘圆钢筋经冷轧扭工艺制成的。其表面形状为连续的螺旋形，故它与混凝土的黏结性能很强，同时具有较高的强度和足够的塑性。如用它代替 HPB300 级钢筋，可节约钢材，降低工程成本。

冷轧扭钢筋的应用：冷轧扭钢筋混凝土结构构件以板类及中小型梁类受弯构件为主。冷轧扭钢筋适用于一般房屋和一般构筑物的钢筋混凝土结构设计与施工，尤其适用于现浇楼板。

4. 预应力混凝土用钢丝及钢绞线

大型预应力混凝土构件，由于受力很大，常采用高强度钢丝或钢绞线作为主要受力钢筋。预应力高强度钢丝是用优质碳素结构钢盘条，经酸洗、冷拉或再经回火处理等工艺制成的。钢绞线由 7 根直径为 2.5～5.0mm 的高强度钢丝绞捻后经一定热处理清除内应力而制成，绞捻方向一般为左捻。

预应力混凝土用钢绞线，是以数根优质碳素结构钢丝经绞捻和消除内应力的热处理后制成。预应力混凝土用钢绞线具有强度高、柔性好、无接头、施工方便、质量稳定、安全可靠等优点，使用时按要求的长度切割，主要用作大跨度、大负荷的后张法预应力屋架、桥梁和薄腹梁等结构的预应力钢筋。

2.6 防 水 材 料

2.6.1 防水卷材的品种及特性

防水卷材主要是用于建筑墙体、屋面以及隧道、公路、垃圾填埋场等处，起到抵御外界雨水、地下水渗漏的一种可卷曲成卷状的柔性建材产品，作为工程基础与建筑物之间无渗漏连接，是整个工程防水的第一道屏障，对整个工程起着至关重要的作用。产品主要有沥青防水卷材和高分子防水卷材。

将沥青类或高分子类防水材料浸渍在胎体上，制作成的防水材料产品，以卷材形式提供，称为防水卷材。根据主要组成材料不同，分为沥青防水卷材、高聚物改性沥青防水卷材和合成高分子防水卷材；根据胎体的不同分为无胎体卷材、纸胎卷材、玻璃纤维胎卷材、玻璃布胎卷材和聚乙烯胎卷材。

防水卷材要求有良好的耐水性，对温度变化的稳定性（高温下不流淌、不起泡、不滑动；低温下不脆裂），一定的机械强度、延伸性和抗断裂性，一定的柔韧性和抗老化性等。

1. 沥青防水卷材

沥青防水卷材是在基胎（如原纸、纤维织物）上浸涂沥青后，再在表面撒布粉状或片状的隔离材料而制成的可卷曲片状防水材料。沥青是一种憎水性的有机胶凝材料，在常温下呈黑色或黑褐色的固体、半固体或液体状态。沥青几乎完全不溶于水，具有良好的不透水性。沥青具有较好的抗腐蚀能力，能抵抗一般酸、碱、盐等的腐蚀。沥青还具有良好的电绝缘性。因此，沥青材料及其制品被广泛应用于建筑工程的防水、防潮、防渗、防腐及道路工程。一般用于建筑工程中的沥青有石油沥青和煤沥青两种。

根据防水材料中有无基胎增强材料，沥青防水卷材分为有胎沥青防水卷材和无胎沥青防水卷材。有胎沥青防水卷材是以原纸、纤维毡、纤维布、金属箔、塑料膜等材料中的一种或数种复合为胎基，浸涂沥青或改性沥青后，用隔离材料覆盖其表面所制成的防水卷材。无胎沥青防水卷材是以橡胶或沥青、树脂、配合剂和填料为原料，经热熔混合成型而制成的防水卷材。

沥青纸胎防水卷材作为传统的防水卷材，其抗拉能力低、易腐烂、耐久性差，近年来已将纸胎油毡开发为玻璃纤维胎沥青油毡、玻璃纤维布胎沥青油毡、聚酯毡胎沥青油毡等一系列沥青防水卷材，这些油毡防水卷材的抗拉强度、耐腐蚀性等性能均优于沥青纸胎油毡。

2. 改性沥青防水卷材

改性沥青防水卷材是以合成高分子聚合物改性沥青为涂盖层，以纤维织物或纤维毡为胎基，粉状、片状、粒状或薄膜材料为隔离层而制成的厚度为 2～4mm 的防水卷材。改性沥青防水卷材克服了普通沥青防水卷材的温度稳定性差、延伸率小等缺陷，使沥青防水卷材具有高温不流淌、低温不脆裂、拉伸强度较高、延伸率较大等性能特点，在建筑中得到了广泛应用。常用的改性沥青防水卷材有弹性体改性沥青防水卷材和塑性体改性沥青防水卷材。此外，还有三元乙丙橡胶防水卷材、聚氯乙烯防水卷材、丁基橡胶防水卷材、氯化聚乙烯—橡胶共混防水卷材等，这些高分子防水卷材均具有使用寿命长、低污染、技术性能好等优点。严寒地区建筑屋面防水卷材选型，最宜选用的高聚物改性沥青防水卷材。

3. 合成高分子防水卷材

合成高分子防水卷材是指以合成橡胶、合成树脂或两者共混体为基料，加入适量的化学助剂和填充料，经混炼、压延或挤出等工序加工而成的可卷曲的片状防水材料。目前，合成高分子防水卷材有橡胶系列（三元乙丙橡胶、聚氨酯、丁基橡胶等）防水卷材、塑料系列（聚乙烯、聚氯乙烯等）防水卷材和橡胶塑料共混系列防水卷材三大类。按卷材的厚度有 1mm、1.2mm、1.5mm、2.0mm 等规格，卷材的宽度一般为 1000mm、1200mm 或 1500mm。

合成高分子防水卷材具有许多性能优点，如拉伸强度和抗撕裂强度高、弹性好，断裂伸长率大、耐老化能力强、耐高温和低温柔性好。合成高分子防水卷材的主要品种有三元乙丙橡胶防水卷材、丁基橡胶防水卷材、聚氯乙烯防水卷材、氯化聚乙烯防水卷材、氯化聚乙烯—橡胶共混防水卷材等。其中三元乙丙橡胶防水卷材防水性能优异，耐候性、耐臭氧性和耐化学腐蚀性好，弹性和抗拉强度高，对基层变形开裂的适应性强，使用温度范围宽，寿命长，但价格较高。

2.6.2 防水涂料的品种及特性

防水涂料是以高分子材料、沥青等为主体材料，再加入必要的辅助材料，在常温下呈无定形流态或半流态，经刷、喷等工艺能在结构表面固化并形成坚韧防水膜的材料总称。配制防水涂料采用的主体材料主要有聚氨酯、氯丁胶、SBS 橡胶、再生胶、沥青以及它们的混合物，掺加的辅助材料有固化剂、增韧剂、乳化剂、增黏剂、着色剂、防霉剂等。

防水涂料的种类很多，按照防水涂料的组分可分为单组分防水涂料和双组分防水涂料；按照防水涂料的分散介质可分溶剂型防水涂料和水乳型防水涂料；按照防水涂料成膜物质的主要成分可分为沥青基防水涂料、高聚物改性沥青防水涂料和合成高分子防水涂料。防水涂料与其他防水材料相比，具有许多性能特点。

1. 沥青基防水涂料

沥青基防水涂料是指以沥青为基料配制而成的水乳型或溶剂型防水涂料。溶剂型沥青防水涂料是将石油沥青直接溶解于汽油等有机溶剂而制得的溶液；水乳型沥青防水涂料是石油沥青分散于水中而形成的稳定水分散体。常用的沥青基防水涂料有水性石棉沥青防水涂料、水乳无机矿物厚质沥青涂料、石灰乳化沥青、水性铝粉屋面反光涂料、溶剂型屋面反光隔热涂料等。该类防水涂料主要用于防水等级较低的屋面、地下室和卫生间的防水防潮，也用作胶粘剂、拌制冷用沥青砂浆和混凝土铺筑路面。

2. 高聚物改性沥青防水涂料

高聚物改性沥青防水涂料是以沥青为基料，用合成高分子聚合物改性而制成的水乳型或溶剂型防水涂料，如氯丁橡胶改性沥青防水涂料、水乳型橡胶改性沥青防水涂料、SBS和 APP 改性沥青防水涂料等。该类防水涂料柔韧性、抗裂性、拉伸强度、耐高低温性能、使用寿命等性能均比沥青基防水涂料有较大改善，广泛应用于各级屋面、地下室以及卫生间的防水工程。

3. 合成高分子防水涂料

合成高分子防水涂料是以合成橡胶或合成树脂为成膜物质而制成的防水涂料，如聚氨酯、聚合物乳液、聚氯乙烯和有机硅防水涂料等。该类防水涂料具有高弹性、高耐久性及优良的耐高低温性能，适用于高防水等级的屋面、地下室、水池及卫生间的防水工程。

2.7 建筑节能材料

2.7.1 建筑节能的概念

建筑节能，指在建筑材料生产、房屋建筑和构筑物施工及使用过程中，满足同等需要或达到相同目的的条件下，尽可能降低能耗。

建筑节能，在发达国家最初为减少建筑中能量的散失，现在则普遍称为"提高建筑中的能源利用率"，在保证提高建筑舒适性的条件下，合理使用能源，不断提高能源利用效率。

建筑节能具体指在建筑物的规划、设计、新建（改建、扩建）、改造和使用过程中，执行节能标准，采用节能型的技术、工艺、设备、材料和产品，提高保温隔热性能和采暖供热、空调制冷制热系统效率，加强建筑物用能系统的运行管理，利用可再生能源，在保证室内热环境质量的前提下，减少供热、空调制冷制热、照明、热水供应的能耗。

建筑节能使用范围如下：建造过程中的能耗，包括建筑材料、建筑构配件、建筑设备的生产和运输以及建筑施工和安装中的能耗；使用过程中的能耗，包括房屋建筑和构筑物使用期内采暖、通风、空调、照明、家用电器、电梯和冷热水供应等的能耗。

建筑节能包括范围的能耗一般占一国总能耗的 30% 左右。随着我国建筑节能新标准出台，门窗节能产品倍受市场青睐。目前，我国建筑能耗已占全社会总能耗的 40%，而门窗能耗又占建筑能耗的 45%～50%，据相关专家预测未来门窗节能新技术将成为建筑节能重点。

2.7.2 常用建筑节能材料的品种、特性及应用

1. 建筑绝热材料

绝热材料（保温、隔热材料）是指对热流具有明显阻抗性的材料或材料复合体。绝热制品（保温、隔热制品）是指将绝热材料加工成至少有一个面与被覆盖表面形状一致的各种绝热制品。绝热材料具有表观密度小、多孔、疏松、导热系数小的特点。

绝热材料有很多类型，常用的有以下几种：

（1）岩棉及其制品

岩棉是以精选的玄武岩或辉绿岩为主要材料，经高温熔制成的人造无机纤维。岩棉制品是在岩棉纤维中加入一定量的胶粘剂、防尘油、憎水剂，经过固化、切割、贴面等工序加工而成，主要有岩棉板、岩棉缝毡、岩棉保温带、岩棉管壳等。岩棉制品具有良好的保

温、隔热、吸声、耐热和不燃等性能和良好的化学稳定性，适用于建筑外墙。应用岩棉时有三种绝热方式：内绝热、中间夹芯绝热和外绝热。

（2）矿渣棉及其制品

矿渣棉简称矿棉，是利用工业废料矿渣（高炉矿渣、铜矿渣、铝矿渣等）为主要原料，经熔化，采用高速离心法或喷吹法工艺制成的棉丝状无机纤维。矿渣棉制品是在矿渣棉中加入一定量的胶粘剂、防尘剂、憎水剂等，经固化、切割、烘干等工序加工而成，主要有粒状棉、矿棉板、矿棉缝毡、矿棉保温带、矿棉管壳等。矿渣棉制品具有表观密度小、导热系数小、吸声、耐腐蚀、防蛀以及化学稳定性好等特点，广泛用于有保温、隔热、隔声要求的房屋建筑、管道、储罐、锅炉等有关部位。

（3）玻璃棉及其制品

玻璃棉是以硅砂、石灰石、萤石等矿物为主要原料，经熔化，采用火焰法、离心法或高压载能气体喷吹法将熔融玻璃液制成的无机纤维。玻璃棉制品主要有玻璃棉板、玻璃棉缝毡、玻璃棉保温带、玻璃棉管壳等。

玻璃棉制品具有良好的保温、隔热、吸声、不燃和耐腐蚀等性能，广泛应用于房屋、管道、储罐、锅炉等有关部位的保温、隔热和吸声。

（4）膨胀珍珠岩及其制品

膨胀珍珠岩是珍珠岩（黑曜岩、松脂岩）矿石经破碎、筛分、预热、焙烧瞬时急剧加热膨胀而成的多孔颗粒状物质。膨胀珍珠岩制品主要有水泥膨胀珍珠岩制品、水玻璃膨胀珍珠岩制品、沥青膨胀珍珠岩制品、乳化沥青膨胀珍珠岩制品、憎水膨胀珍珠岩制品、纸浆膨胀珍珠岩制品、磷酸盐膨胀珍珠岩制品、膨胀珍珠岩保温芯板等。膨胀珍珠岩制品具有表观密度小、绝热性能好、使用温度广、化学稳定性强、无毒、无味、不腐、不燃、耐酸、耐碱等特点，可用于各种建筑工程、管道、锅炉等有保温、隔热、隔声要求的部位，可用作墙体内层的松散填充保温隔热材料，可配置珍珠岩砂浆，可用作墙体的保温抹灰和屋面的保温隔热层。

（5）膨胀蛭石及其制品

膨胀蛭石是以蛭石为原料，经晾干、破碎、筛选、焙烧膨胀而成的一种金黄色或白灰色状颗粒状物料。膨胀蛭石制品主要有水泥膨胀蛭石制品、水玻璃膨胀蛭石制品、沥青膨胀蛭石制品。

膨胀蛭石制品具有表观密度小、导热系数小、防火，抗菌、无毒、无味等特点。用于工业与民用建筑工程、管道、锅炉等有保温、隔热、隔声要求的部位；可用作墙体内层、屋面的松散填充保温隔热材料；可配置蛭石砂浆，做墙体保温抹灰和屋面的保温隔热层。

（6）泡沫塑料

泡沫塑料是以各种树脂为基料，加入一定的发泡剂、催化剂、稳定剂等辅助材料，经加热发泡而成的一类质轻、保温、隔热、吸声、防震材料，如聚苯乙烯泡沫塑料、聚乙烯泡沫塑料、聚氯乙烯泡沫塑料、聚氨酯泡沫塑料、脲醛泡沫塑料、酚醛泡沫塑料、环氧树脂泡沫塑料等。

（7）微孔硅酸钙制品

微孔硅酸钙是以二氧化硅、石灰和纤维增强材料为主要材料，经搅拌、凝胶、成型、蒸压养护、烘干等工序制成的一种绝热材料。它具有质轻、导热系数小、强度高、使用温度高、质量稳定以及耐水性好、防火性好、无腐蚀、经久耐用等特点，并且锯、刨、钻、安装方便，适用于内墙、外墙、屋顶的防火覆盖材料，以及热力管道、热工设备、窑炉的保温和隔热。

（8）泡沫石棉

泡沫石棉是以石棉纤维为主要材料，经细纤化、发泡精制而成的一种网状结构的孔毡状热绝缘材料。它具有表观密度小、导热系数小、保温、隔热，吸声、防震、柔软、不腐蚀金属、不刺激皮肤的性能，并可任意裁减弯曲，施工方便。适用于房屋建筑的保温、隔热、吸声、防震等有关部位，以及各种热力管道、热工设备、冷冻设备。

（9）聚苯乙烯泡沫板

其表观密度小，热导率小，吸水率低，隔音性能好，机械强度高，而且尺寸精度高，结构均匀。因此，在外墙保温中其利用率很高，聚苯乙烯泡沫塑料是以聚苯乙烯树脂为主要原料，经发泡剂发泡制成的内部具有无数封闭微孔的材料。其表观密度小，导热系数小，吸水率低，保温、隔热、吸声、防震性能好、耐酸碱，机械强度高，而且尺寸精度高，结构均匀。因此在外墙保温中其占有率很高。

（10）泡沫玻璃

泡沫玻璃是由碎玻璃、发泡剂、改性添加剂和发泡促进剂等，经过细粉碎和均匀混合后，再经过高温熔化，发泡、退火而制成的无机非金属玻璃材料。采用普通玻璃粉制成的泡沫玻璃最高使用温度为 300～400℃，若用无碱玻璃粉生产，最高使用温度可达 800～1000℃，泡沫玻璃耐久性好，易加工，泡沫玻璃可用来砌筑墙体，也可用于冷藏设备的保温，或用作漂浮、过滤材料。

（11）陶瓷纤维

陶瓷纤维是以氧化硅、氧化铝为主要原料，经高温熔融、蒸汽喷吹或离心鼓吹而制成，最高使用温度为 1100～1350℃。陶瓷纤维可制作成毡、毯、纸、绳等制品，用于高温绝热或吸声之用。

（12）碳化软木板

软木也叫栓木。软木板是用一种软木橡树的外皮为原料，经破碎后与皮胶溶液拌和，再加压成型，在温度为 80℃的干燥室中干燥而制成的。软木板最高使用温度为 130℃，抗渗性能、防腐蚀性能较好，由于在低温下长期使用不会引起性能的显著变化，故常用于冷藏隔热。

（13）蜂窝板

蜂窝板是由两块较薄的面板牢固地粘贴在一层较厚的蜂窝状芯材的两面而成的板材，亦称蜂窝夹层结构。蜂窝状芯材通常是用浸渍过合成树脂（酚醛、聚酯等）的牛皮纸，玻璃布和铝片等，经过加工粘合成六角形空腹（蜂窝状）的整块芯材。芯材的厚度在 15～45mm 范围内，空腔的尺寸在 10mm 以上。常用的面板为浸渍过树脂的牛皮纸或不经树脂浸渍的胶合板、纤维板、石膏板等。面板必须采用合适的胶粘剂与芯材牢固地黏合在一起，才能显示出蜂窝板的优异特性，即强度质量比大、导热性低和抗震性好等多种功能。

2. 建筑节能墙体材料

目前运用于节能建筑的新型墙体材料主要有以下几种。

（1）蒸压加气混凝土砌块

蒸压加气混凝土砌块的原材料大部分是工业废料，所以在保护环境、节约能源、改革墙体、提高室内环境舒适度的建筑业持续发展战略中起着重要作用。蒸压加气混凝土砌块既能作保温材料又能作墙体材料。

该类产品材料来源广泛、材质稳定、强度较高、质轻、易加工、施工方便、造价较低，而且保温、隔热、隔声、耐火性能好，是迄今为止能够同时满足墙材革新和节能50％要求的唯一单材料墙体。但是在寒冷地区还存在着隔气防潮、防止内部冷凝受潮、面层冻融损坏等问题。

（2）混凝土小型空心砌块

混凝土小型空心砌块具有节能、节地的特点，并可以利用工业废渣，因地制宜，工艺简便。一般适用于工业及民用建筑的墙体。

（3）陶粒空心砌块

陶粒空心砌块与混凝土小型空心砌块同类，主要是其骨料用膨化的陶粒代替，提高了砌块本身的保温性能，目前在节能建筑中使用较多。

（4）多孔砖

多孔砖具有较高的强度、抗腐蚀、耐久性能，并有表观密度小、保温性能好等特点。一般用于工业与民用建筑6层及6层以下的墙体，但防潮层以下不能使用。

3. 节能门窗和节能玻璃

（1）节能门窗

目前我国市场主要的节能门窗有：PVC门窗、铝木复合门窗、铝塑复合门窗、玻璃钢门窗等。

（2）节能玻璃

就门窗而言，对节能性能影响最大的是玻璃的性能。目前，国内外研究并推广使用的节能玻璃主要有：中空玻璃、真空玻璃和镀膜玻璃等。真空玻璃的节能性能优于中空玻璃，可比中空玻璃节能16％～18％。热反射镀膜玻璃的使用不仅可大量节约能源，有效降低空调的运营费用，还具有装饰效果，可防眩、单面透视和提高舒适度等。

第3章　建筑力学基本知识

3.1　平面力系

3.1.1　力的基本性质

1. 基本概念

（1）力

力是物体之间的相互机械作用。其作用效果可使物体的运动状态发生改变和使物体产生变形。前者称为力的运动效应或外效应，后者称为力的变形效应或内效应，理论力学只研究力的外效应。力对物体作用的效应取决于力的大小、方向、作用点这三个要素，且满足平行四边形法则，故力是定位矢量。

（2）刚体

刚体是指在任何外力作用下，大小和形状保持不变的物体，是静力学中的理想化力学模型。

（3）力系

工程力学研究中把作用于同一物体或物体系上的一群力称为力系。按其作用线所在的位置，力系可以分为平面力系和空间力系，按其作用线的相互关系，力系分为平行力系、汇交力系和一般力系等。

如果物体在某一力系作用下，保持平衡状态，则该力系称为平衡力系。作用在物体上的一个力系，如果可用另一个力系来代替，而不改变力系对物体的作用效果，则这两个力系称为等效力系。如果一个力与一个力系等效，则这个力就为该力系的合力；原力系中的各个力称为其合力的各个分力。

2. 静力学公理

（1）二力平衡公理

作用在同一刚体上的两个力，使刚体处于平衡状态的充要条件是：这两个力大小相等，方向相反，作用线在同一直线上。此公理说明了作用在同一个物体上的两个力的平衡条件。

（2）作用力与反作用力公理

作用力和反作用力总是同时存在，两力的大小相等、方向相反，沿着同一直线，分别作用在两个相互作用的物体上。

该公理揭示了物体之间相互作用力的定量关系，它是分析物体间受力关系时必须遵循的原则，也为研究多个物体组成的物体系统问题提供了基础。这里必须强调指出：作用力和反作用力是分别作用在两个物体上的力，任何作用在同一个物体上的两个力都不是作用力与反作用力。

（3）加减平衡力系公理

在作用着已知力系的刚体上，加上或者减去任意平衡力系，不会改变原来力系对刚体的作用效应。这是因为平衡力系对刚体的运动状态没有影响，所以增加或减少任意平衡力系均不会使刚体的运动效果发生改变。

推论：力的可传性原理作用在刚体上的力，可以沿其作用线移动到刚体上的任意一点，而不改变力对物体的作用效果。

根据力的可传性原理可知，力对刚体的作用效应与力的作用点在作用线上的位置无关。因此，力的三要素可改为：力的大小、方向、作用线。

（4）力平行四边形法则

作用于物体上任一点的两个力可合成为作用于同一点的一个力，即合力。合力的矢由原两力的矢为邻边而作出的力平行四边形的对角矢来表示。

推论：三力汇交定理

当刚体在三个力作用下平衡时，设其中两力的作用线相交于某点，则第三力的作用线必定也通过这个点。

3. 结构上的荷载

（1）荷载的分类

结构上的荷载可分为下列三类：

1）永久荷载，例如结构自重、土压力、预应力等。

2）可变荷载，例如楼面活荷载、屋面活荷载和积灰荷载、吊车荷载、风荷载、雪荷载等。

3）偶然荷载，例如爆炸力、撞击力等。

（2）荷载的分布形式

1）材料的重度

某种材料单位体积的重量（kN/m^3）称为材料的重度，即重力密度，用 γ 表示，如工程中常用水泥砂浆的重度是 $20kN/m^3$。

2）均布面荷载

在均匀分布的荷载作用面上，单位面积上的荷载值称为均布面荷载，其单位为 kN/m^2 或 N/m^2。一般板上的自重荷载为均布面荷载，其值为重度乘以板厚。

3）均布线荷载

沿跨度方向单位长度上均匀分布的荷载，称为均布线荷载，其单位为 kN/m 或 N/m。一般梁上的自重荷载为均布线荷载，其值为重度乘以横截面面积。

4）非均布线荷载

沿跨度方向单位长度上非均匀分布的荷载，称为非均布线荷载，其单位为 kN/m 或 N/m。

5）集中荷载（集中力）

集中地作用于一点的荷载称为集中荷载，其单位为 kN 或 N，通常用 G 或 F 表示。一般柱子的自重荷载为集中力，其值为重度乘以柱子的体积。

4. 约束与约束反力

约束是指由周围物体所构成的、限制非自由体位移的条件。而约束反力是指约束对被约束体的反作用力。

工程中常见的约束类型及其反力的画法如下：

1）光滑接触面：其约束反力沿接触点的公法线，指向被约束物体。

2）光滑圆柱、铰链和颈轴承：其约束反力位于垂直于销钉轴线的平面内，经过轴心，通常用过轴心的两个大小未知的正交分力表示。

3）固定铰支座：其约束反力与光滑圆柱铰链相同。

4）活动铰支座：与光滑接触面类似。其约束反力垂直于光滑支承面。

5）光滑球铰链：其约束反力过球心，通常用空间的三个正交分力表示。

6）止推轴承：其约束反力常用空间的三个正交分力表示。

7）二力体：所受两个约束反力必沿两力作用点连线且等值、反向。

8）柔软不可伸长的绳索：其约束反力为沿柔索方向的一个拉力，该力背离被约束物体。

9）固定端约束：其约束反力在平面情况下，通常用两正交分力和一个力偶表示；在空间情况下，通常用空间的三个正交分力和空间的三个正交分力偶表示。

正确地进行物体的受力分析并画其受力图，是分析、解决力学问题的基础。画受力图时必须注意以下几点：

1）明确研究对象。根据求解需要，可以取单个物体为研究对象，也可以取由几个物体组成的系统为研究对象。不同的研究对象的受力图是不同的。

2）正确确定研究对象受力的数目。由于力是物体间相互的机械作用，因此，对每一个力都应明确它是哪一个施力物体施加给研究对象的，决不能凭空产生。同时，也不可漏掉某个力。一般可先画主动力，再画约束反力。凡是研究对象与外界接触的地方，都一定存在约束反力。

3）正确画出约束反力。一个物体往往同时受到几个约束的作用，这时应分别根据每个约束本身的特性来确定其约束反力的方向，而不能凭主观臆测。

4）当分析两物体间相互作用时，应遵循作用、反作用关系。若作用力的方向一经假定，则反作用力的方向应与之相反。当画整个系统的受力图时，由于内力成对出现，组成平衡力系，因此不必画出，只需画出全部外力。

3.1.2 力矩、力偶的性质

1. 力矩的概念

（1）力对点之矩

力对刚体会产生移动效应，也可以产生转动效应。作用在自由体上的力将对物体产生绕质心的转动效应，作用在有固定点的物体上的力将对物体产生绕支点的转动效应。例如，套在螺母上的扳手或杆钳，当用扳手拧螺母时，螺母将产生转动效应。

力对物体绕某点转动的效果，主要由两个因素决定：

1）力的大小与力臂的乘积。

2）力使物体绕 O 点的转动方向。

力对点之矩简称力矩，它是力使刚体绕固定点转动效果的度量，用符号 $m_O(\bar{F})$ 或 M_O 表示，即

$$M_O = m_O(\bar{F}) = \pm Fd \tag{3-1}$$

点 O 即为力矩中心、简称矩心，矩心 O 到力 F 作用线的距离 d 称为力臂，乘积 Fd 表示力矩的大小。力使刚体绕矩心作逆时针方向转动时为正，反之为负。平面力对点之矩是一个代数量，它的单位为 N·m 或 kN·m。力矩中心不一定取在固定点上，而可以取外体上的任一点。

（2）力矩性质

力矩具有以下基本性质：

1）力 F 对于 O 点之矩不仅取决于 F 的大小，同时还与矩心的位置有关。

2）力 F 对于任一点之矩，不因该力的作用点沿其作用线移动而改变，即力沿作用线移动，力矩不变。

3）力的大小等于零或力的作用及线通过矩心时，力矩等于零。

4）互成平衡的两个力对于同一点之矩的代数和等于零，即两个平衡力对任一点的力矩和为零。

2. 合力矩定理

平面力系的合力对平面上任一点之矩等于各分力对同一点之矩的代数和，即：

$$m_O(\overline{F}) = m_O(\overline{F_1}) + m_O(\overline{F_2}) + \cdots + m_O(\overline{F_n}) = \Sigma m_O(\overline{F_i}) \tag{3-2}$$

在计算力矩时，若力臂不易求出，常将力分解为两个易定力臂的分力（通常是正交分解），然后应用合力矩定理计算力矩。

例 3-1：试求 F 对 B 点之矩。

解：直接计算矩心 B 到力 F 作用线的垂直距离 d 比较麻烦。可将 F 分解为两个力 F_1 和 F_2。

它们的大小分别为：$F_1 = F\cos 30°$ $F_2 = F\sin 30°$ 由合力矩定理，得：

$$m_B(F) = m_B(F_1) + m_B(F_2) = F_2 \times b - F_1 \times a$$
$$= F(b\sin 30° - a\cos 30°)$$
$$= 500(0.2 \times \sin 30° - 0.1 \times \cos 30°) = 6.67 \text{N·m}$$

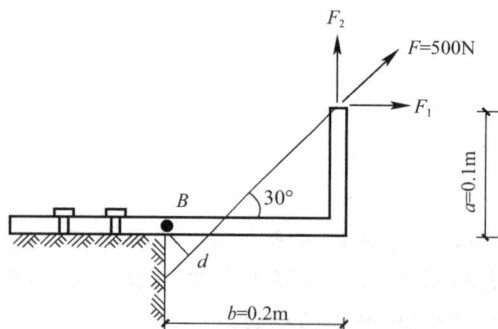

图 3-1 力矩的计算

3. 力偶及其性质

（1）力偶的概念

大小相等，方向相反，作用线平行而不重合的两个力所组成的特殊力系称为力偶。记作 $M_O(F, F')$，组成力偶的两力之间的距离 d 称为力偶臂，力偶对刚体只产生转动效果而不产生移动效果。

（2）力偶矩

力偶对刚体的转动效果，用"力偶矩"来度量，它等于力偶中的一个力与力偶臂的乘积，其正负号与平面力矩相同，即力偶使刚体逆时针转动时取正，反之取负。力偶矩的一般表达式为：

$$M_O(F, F') = \pm F \cdot d = m \tag{3-3}$$

平面力偶的力偶矩是代数量，平面力偶的三要素为力偶矩的大小、力偶的转向、力偶作用面的方位。

（3）力偶的性质

力偶具有以下基本性质：

1）力偶不能看成合力，因此力偶不能与一个力平衡，力偶只能与力偶平衡。

2）力偶对其作用面内任意一点之矩恒等于力偶矩，而与矩心的位置无关。

3）平面内两力偶，若力偶矩相等，则两力偶等效。

根据以上性质，可得出两个推论：

1）刚体的作用与作用平面的方位有关，而与平面的位置无关。

2）只要保持力偶矩不变，可以同时改变力偶中力的大小和力偶臂的长短。

4. 力的平移定理

将一个力分解为一个力和力偶的过程叫作"力向一点平移"。在进行力的平移时需要附加一力偶，附加力偶的力偶矩等于已知力 F 对平移点之矩，这就是力的平移定理。力的平移定理表明了力对绕力作用线外的中心转动的物体有两种作用，一是平移力的作用，二是附加力偶对物体产生的旋转作用。在运用力的平移定理时，必须注意，这个附加力偶的力偶臂等于原力与新作用点之间的垂直距离，附加力偶的转向就是原力系的作用点的转向。

3.1.3 平面力系的平衡方程及应用

1. 平面任意力系

位于同一平面内的力系，当各力的作用线既不汇交于一点，也不互相平行时，称为平面任意力系，它是土建工程实际中最常见的一种力系，工程计算中的许多实际问题都可以简化为平面任意力系问题来进行处理。

（1）平面任意力系的简化

刚体上作用有一平面一般力系 F_1、F_2、…、F_n，如果在平面内任意取一点 O 简化中心，根据力的平移定理，将各力都向 O 点平移，将得到一个汇交于 O 点的平面汇交力系 F_1'、F_2'、…、F_n'，以及平面力偶系 M_1、M_2、…、M_n。

平面汇交力系 F_1'、F_2'、…、F_n'，可以合成为一个作用于 O 点的合矢量 F_R'，它等于力系中各力的矢量和，但单独的 F_R' 不能和原力系等效，称为原力系的主矢。

附加平面力偶系 M_1、M_2、…、M_n 可以合成为一个合力偶矩 M_O，单独的 M_O 也不能与原力系等效，称为原力系对简化中心 O 的主矩。

（2）平面任意力系的合成结果

平面任意力系向一点 O 简化后，可以得到主矢 F_R' 和主矩 M_O，可能出现以下四种情况：

1）$F_R'=0$，$M_O \neq 0$。说明该力系无主矢，最终简化为一个力偶，其力偶矩就等于力系的主矩，此时主矩与简化中心无关。

2）$F_R' \neq 0$，$M_O = 0$。说明原力系的简化为一个力，且该力的作用线恰好通过简化中心，此时 F_R' 就是原力系的合力 F_R。

3）$F_R' \neq 0$，$M_O \neq 0$。这时还可以把 F_R' 和 M_O 合成一个合力 F_R。合力 F_R 的作用线到简化中心 O 的距离为：

$$d = \left| \frac{M_O}{F_R} \right| = \left| \frac{M_O}{F_R'} \right| \tag{3-4}$$

4）$F'_R=0$，$M_O=0$。此时，该力系对刚体总的作用效果为零，即物体处于平衡状态。

（3）平面任意力系的平衡

平面任意力系平衡的充要条件是：力系中所有各力在两个坐标轴上的投影的代数和等于零，力系中所有各力对于任意一点 O 的力矩代数和等于零。由此得平面任意力系的平衡方程：$\Sigma X=0$、$\Sigma Y=0$、$\Sigma M_O(F)=0$。平面任意力系的这三个独立的平衡方程，可求解最多三个未知量。

2. 几种特殊情况的平面力系

（1）平面汇交力系

若平面力系中的各力的作用线汇交于一点，则此力系称为平面汇交力系。根据力系的简化结果知道，汇交力系与一个力（力系的合力）等效。由平面任意力系的平衡条件知，平面汇交力系平衡的充要条件是力系的合力等于零，即 $\Sigma X=0$、$\Sigma Y=0$。应用这两个独立方程，可以求解两个未知数。

（2）平面平行力系

若平面力系中的各力的作用线均相互平行，则此力系为平面平行力系。显然，平面平行力系是平面力系的一种特殊情况。由平面力系的平衡方程推出，由于平面平行力系在某一坐标轴 x 轴（或 y 轴）上的投影均为零，因此，平衡方程为 $\Sigma Y=0$（或 $\Sigma X=0$）、$\Sigma M_O(F)=0$。

当然，平面平行力系的平衡方程也可写成二矩式：$\Sigma M_A(F)=0$、$\Sigma M_B(F)=0$。其中，A、B 两点之间的连线不能与各力的作用线平行。

3. 构件的支座反力计算

求解构件支座反力的基本步骤如下：

1）以整个构件为研究对象进行受力分析，绘制受力图；

2）建立 Oxy 直角坐标系，建立直角坐标系时，一般假定 x 轴以水平向右为正，y 轴以竖直向上为正；绘制受力图时，支座反力均假定为正方向；

3）依据静力平衡条件，根据受力图建立静力平衡方程，求解方程得支座反力。求解出支座反力后，应标明其实际受力方向。

3.2 静定结构的杆件内力

静定结构是指结构的支座反力和各截面的内力可以用平衡条件唯一确定的结构。本章讨论各类静定结构的内力计算。何谓静定结构，①从结构的几何构造分析知，静定结构为没有多余联系的几何不变体系；②从受力分析看，在任意的荷载作用下，静定结构的全部反力和内力都可以由静力平衡条件确定，且解答是唯一的确定值。因此静定结构的约束反力和内力皆与所使用的材料、截面的形状和尺寸无关；③支座移动、温度变化、制造误差、材料收缩等因素只能使静定结构产生刚体的位移，不会引起反力及内力。

实际工程中应用较广泛静定结构有：静定梁、静定平面刚架、静定平面桁架等，如图 3-2 所示，本节主要对常见的静定结构进行内力分析，并完成内力图的绘制。对静定结构受力分析的基本方法是截面法。

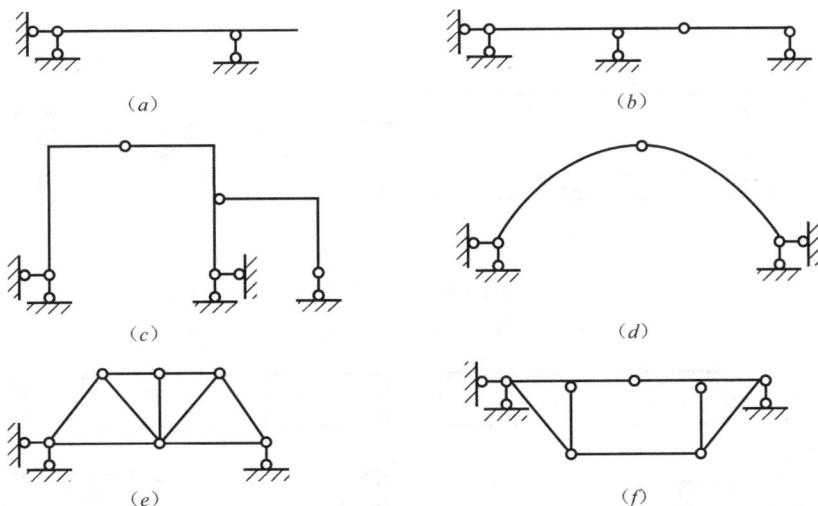

图 3-2　常见静定结构

(a) 单跨静定梁；(b) 多跨静定梁；(c) 静定刚架；(d) 三铰拱；(e) 静定桁架；(f) 静定组合结构

3.2.1　单跨静定梁的内力分析

1. 单跨静定梁的基本形式及约束反力

单跨静定梁的结构形式有水平梁、斜梁及曲梁；简支梁、悬臂梁及伸臂梁是单跨静定梁的基本形式，见图 3-3，梁和地基按两刚片规则组成静定结构，其三个支座反力由平面一般力系的三个平衡方程即可求出。

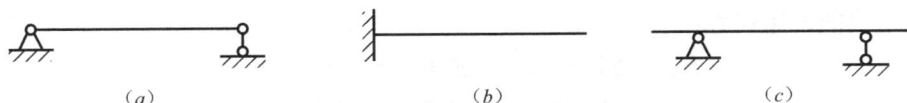

图 3-3　单跨静定梁

(a) 简支梁；(b) 悬臂梁；(c) 外伸梁

2. 内力分量

计算内力的方法为截面法。平面杆系结构［图 3-4 (a)］在任意荷载作用下，其杆件在传力过程中横截面 m-m 上一般会产生某一分布力系，将分布力系向横截面形心简化得到主矢和主矩，而主矢向截面的轴向和切向分解即为横截面的轴力 F_N 和剪力 F_s，主矩即为截面的弯矩 M。轴力 F_N、剪力 F_s 和弯矩 M 即为平面杆系结构构件横截面的三个内力分量，如图 3-4 (b) 所示。

内力的符号规定与材料力学一致，见图 3-5，轴力以拉力为正；剪力以绕分离体顺时针方向转动者为正；弯矩以使梁的下侧纤维受拉为正，反之则为负。

内力计算由截面法的运算得到：

轴力 F_N 等于截面一侧所有外力（包括荷载和反力）沿截面法线方向投影代数和。

剪力 F_s 等于截面一侧所有外力沿截面方向投影的代数和。

截面的弯矩 M 等于该截面一侧所有外力对截面形心力矩的代数和。

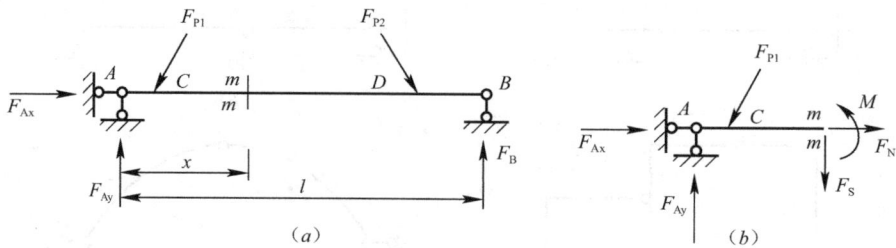

图 3-4 内力计算

(a) 平面杆系结构；(b) 截面力系分布

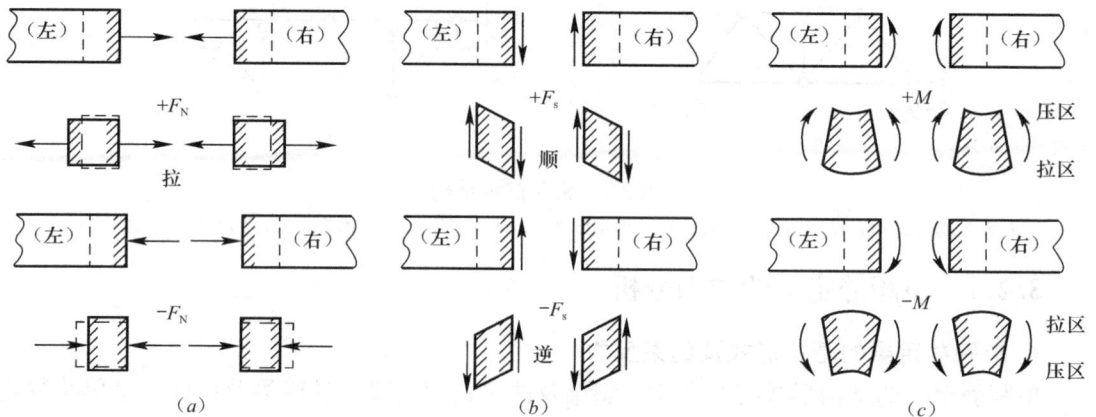

图 3-5 内力符号规定

(a) 轴力；(b) 剪力；(c) 弯矩

上述结论的表达式为：

$$\left.\begin{array}{ll} F_{\mathrm{N}} = \Sigma F_{xi}^{\mathrm{L}} & (\text{或 } F_{\mathrm{N}} = \Sigma F_{xi}^{\mathrm{R}}) \\[2mm] F_{\mathrm{s}} = \Sigma F_{yi}^{\mathrm{L}} & (\text{或 } F_{\mathrm{s}} = \Sigma F_{yi}^{\mathrm{R}}) \\[2mm] M = \Sigma M_{\mathrm{c}}(F_{yi}^{\mathrm{L}}) & (\text{或 } M = \Sigma M_{\mathrm{c}}(F_{yi}^{\mathrm{R}})) \end{array}\right\} \tag{3-5}$$

式中　　F_{xi}^{L}——截面左侧某外力在 x 轴线方向的投影；

　　　　F_{xi}^{R}——截面右侧某外力在 x 轴方向的投影；

　　　　F_{yi}^{L}——截面左侧某外力在 y 轴方向的投影；

　　　　F_{yi}^{R}——截面右侧某外力在 y 轴方向的投影；

　$M_{\mathrm{c}}(F_{yi}^{\mathrm{L}})$——截面左侧某外力对该截面形心 c 之力矩；

　$M_{\mathrm{c}}(F_{yi}^{\mathrm{R}})$——截面右侧某外力对截面形心 c 之力矩。

3. 内力与荷载间微分关系及内力图形状的判断

绘制杆系结构的内力图一定要熟练掌握荷载、剪力和弯矩间的微分关系，即：

$$\left.\begin{array}{l} \dfrac{\mathrm{d}F_{\mathrm{s}}}{\mathrm{d}x} = q(x) \\[4mm] \dfrac{\mathrm{d}M}{\mathrm{d}x} = F_{\mathrm{s}} \\[4mm] \dfrac{\mathrm{d}^2 M}{\mathrm{d}x^2} = \dfrac{\mathrm{d}F_{\mathrm{s}}}{\mathrm{d}x} = q(x) \end{array}\right\} \tag{3-6}$$

根据荷载、剪力和弯矩间的微分关系，以及杆件在集中力和集中力偶作用截面两侧内力的变化规律，将内力图绘制方法总结在表 3-1 中以供学习。

直梁内力图的形状特征

表 3-1

序号	梁上的外力情况	剪力图	弯矩图
1	$q=0$ 无外力作用梁段	F_s 图为水平线 （$F_s=0$；$F_s>0$，标 $+$；$F_s<0$，标 $-$）	M 图为斜直线 （$M<0$；$M=0$；$M>0$；$\dfrac{\mathrm{d}M}{\mathrm{d}x}>0$；$\dfrac{\mathrm{d}M}{\mathrm{d}x}<0$）
2	$q=$常数>0 均布荷载作用指向上方	上斜直线	上凸曲线
3	$q=$常数<0 均布荷载作用指向下方	下斜直线	下凸曲线
4	C F_P 集中力作用	C 截面剪力有突变	C 截面弯矩有转折
5	M_e C 集中力偶作用	C 截面剪力无变化	C 截面左右侧，弯矩突变 （M_e 顺时针，弯矩增加；反之减少）
6	M 极值的求解	$F_s(x)=0$ 的截面	M 有极值

4. 绘制内力图

（1）绘制内力图的一般步骤

1）求反力（一般悬臂梁不求反力）。

2）分段。凡外荷载不连续点（如集中力作用点、集中力偶作用点、分布荷载的起讫点及支座结点等）均应作为分段点，每相邻两分段点为一梁段，每一梁段两端称为控制截面，根据外力情况就可以判断各梁段的内力图形状。

3）定点。根据各梁段的内力图形状，选定所需的控制截面，用截面法求出这些控制截面的内力值，并在内力图上标出内力的竖坐标。

4）连线。根据各段梁的内力图形状，将其控制截面的竖坐标以相应的直线或曲线相连。对控制截面间有荷载作用的情况，其弯矩图可用区段叠加法绘制，见图 3-6。

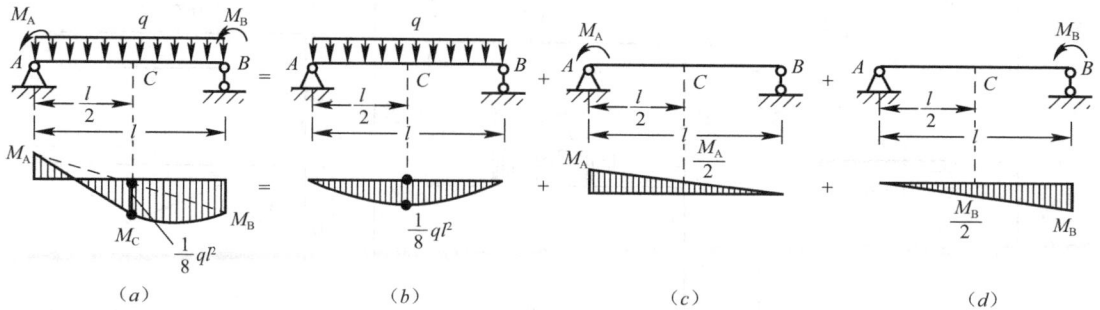

图 3-6　叠加法绘制弯矩图

（2）静定结构内力求解中几点注意的问题：

1）弯矩图画在受拉边、不标明正负，轴力图剪力图画在任一边，标明正负。

2）内力图要标明名称、单位、控制竖标大小。

3）大小长度按比例、直线要直、曲线光滑。

4）截面法求内力所列平衡方程正负与内力正负是完全不同的两套符号系统。

例 3-2：悬臂梁，其尺寸及梁上荷载如图 3-7 所示，求截面 1-1 上的剪力和弯矩。

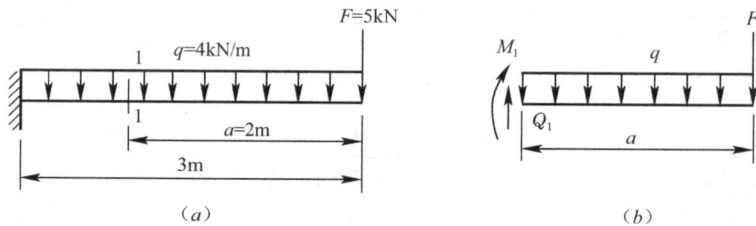

图 3-7　例 3-2 图
（a）悬臂梁；（b）受力图

解：对于悬臂梁不需求支座反力，可取右段梁为研究对象，其受力图如图 3-7（b）所示。

$$\Sigma Y = 0 \quad Q_1 - qa - F = 0$$

$$\Sigma M_1 = 0 \quad -M_1 - qa \cdot \frac{a}{2} - Fa = 0$$

$$Q_1 = qa + F = 4 \times 2 + 5 = 13\text{kN}$$

$$M_1 = -\frac{qa^2}{2} - Fa = -\frac{4 \times 2^2}{2} - 5 \times 2 = -18\text{kN} \cdot \text{m}$$

求得 Q_1 为正值，表示 Q_1 的实际方向与假定的方向相同；M_1 为负值，表示 M_1 的实际方向与假定的方向相反。所以，按梁内力的符号规定，1-1 截面上的剪力为正，弯矩为负。

3.2.2 多跨静定梁的内力分析

1. 静定梁的特点

若干根梁用铰相连，并用若干支座与基础相连而组成的结构，构成多跨静定梁，如图 3-8 所示。

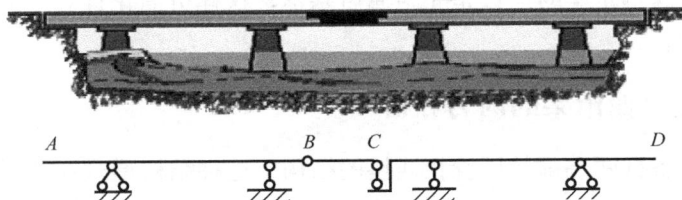

图 3-8 多跨静定梁

（1）几何组成特点

在几何组成上，多跨静定梁可分为基本部分和附属部分。不依赖其他部分的存在而能独立地维持其几何不变性的部分称为基本部分，如图 3-8 中的 *AB*、*CD* 部分。必须依靠基本部分才能维持其几何不变形的部分称为附属部分，如图 3-8 中的 *BC* 部分。

为了表示梁各部分之间的支撑关系，把基本部分画在下层，而把附属部分画在上层，如图 3-9（*b*）所示，称为层叠图。

从传力关系来看，多跨静定梁的特点是作用于基本部分的荷载，只能使基本部分产生支座反力和内力，附属部分不受力；而作用于附属部分的荷载，不仅能使附属部分本身产生支座反力和内力，而且能使与它相关的基本部分也产生支座反力和内力。

（2）受力特点

进行受力分析发现，作用在基本部分上的力不传递给附属部分，而作用在附属部分上的力传递给基本部分，如图 3-10 所示。

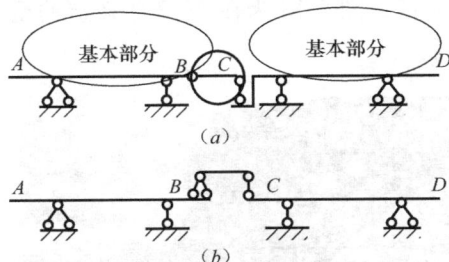

图 3-9 多跨静定梁层叠图

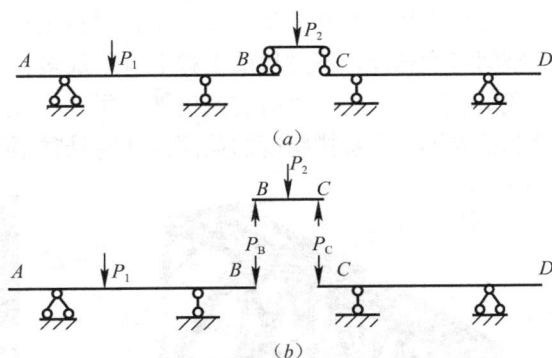

图 3-10 多跨静定梁受力分析图示

2. 多跨静定梁的内力计算及内力图绘制

计算多跨静定梁的内力和绘制其内力图的一般步骤如下：

1）分析各部分的固定次序，弄清楚哪些是基本部分，哪些是附属部分，然后按照与固定次序相反的顺序，将多跨静定梁拆成单跨梁。

2）遵循先附属后基本部分的原则，对各单跨梁逐一进行反力计算，并将计算出的支座反力按其真实方向标在原图上。在计算基本部分时应注意不要遗漏由它的附属部分传来的作用力。

3）根据其整体受力图，利用剪力、弯矩和荷载集度之间的微分关系，再结合区段叠加法，绘制出整个多跨静定梁的内力图。

因此，计算多跨静定梁时应该是先附属后基本，这样可简化计算，取每一部分计算时与单跨静定梁无异。

3.2.3 静定平面桁架的内力分析

桁架结构是指各杆两端都是用铰相连接的结构。这种结构形式在桥梁和房屋建筑中应用也是较广泛的，如南京长江大桥。钢筋混凝土和钢木屋架等常用桁架结构。

梁和刚架构件截面一般为实腹截面，承受的主要内力为弯矩，横截面上主要产生非均匀分布的弯曲正应力 [图 3-11（a）]，在截面的外边缘处正应力最大，而在中性层附近的中部材料承受的正应力很小，材料的性能不能得到发挥。同时这样的实腹梁随着跨度的加大，其自重亦带来较大的内力，结构和经济上都极不合理。随着人们生产实践经验的增加，形成了格构化的桁架结构形式，见图 3-11（b）。

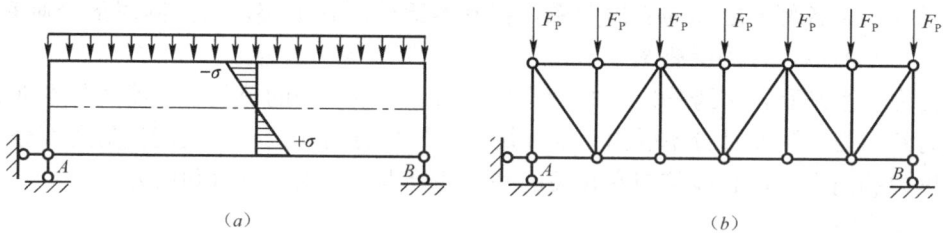

图 3-11　静定桁架

（a）应力图；（b）结构形式

在工程上用于制作桁架的建筑工程材料主要有钢材、木材和钢筋混凝土，可根据建筑功能和空间跨度选择，不过目前工程上应用最多、可建跨度范围最大的是钢桁架。如图 3-12 所示为我国建造最早的一座简支钢桁架桥梁——钱塘江大桥；图 3-13 为在 1898 年建造的至今仍达到世界第二大悬挑跨度的英国福斯湾悬臂钢桁架桥。

图 3-12　钱塘江大桥

图 3-13　英国福斯湾大桥

组成桁架的所有杆均为直杆；各杆均为铰链连接，且铰链内的摩擦略去不计；载荷均加在桁架平面内，且都施加在节点上；桁架中杆件的重量比桁架所受的荷载小得多，故可略去不计。满足上述条件的桁架，其中每根杆都只在端部受力，而端部又是铰链连接，故桁架中的每根杆就是二力杆。

由上述知，对理想平面桁架，构件数与铰节点数分别记为 n 与 m，由其基本假定可推出其受力特征，每个铰节点受到一个平面汇交力系作用，存在两个独立的平衡方程。共有独立的平衡方程 $2m$ 个。由 $n=2m-3$ 式可知，它可以求解 $n+3$ 个未知数。如果支承桁架的约束力的个数为 3，平面桁架的 n 个杆件内力可得到求解。实际上整个桁架或部分桁架组成一平面一般力系。对静定平面桁架，计算内力的方法有结点法、截面法和两种方法的结合——联合法，下面分别讨论。

1. 结点法

结点法是以取铰结点为分离体，由分离体的平衡条件计算所求桁架的内力。适用于求解静定桁架结构所有杆件的内力。结点法求解中需注意的几个问题：

1）首先同其他静定梁、静定刚架或三铰拱结构一样先求出所有支座反力。注意铰结点选取的顺序。从前面桁架的假定可知：桁架各杆的轴线汇交于各个铰结点，且桁架各杆只受轴力，因此作用于任一结点的各力（荷载、反力、杆件轴力）组成一个平面汇交力系，存在两个独立的平衡方程，每个结点两个未知力可解，因此一般从未知力不超过两个的结点开始依次计算。

2）未知杆的轴力。求解前未知杆的轴力所有都假设为拉力，背离结点，由平衡方程求得的结果为正，则杆件实际受力为拉力；若为负，则和假设相反，杆件受到压力。

3）对于用已求得杆的轴力求解未知杆的轴力时，通常有两种方式：

① 按实际轴力方向代入平衡方程，本身不再带正负号。

② 由假定方向列平衡方程时，代入相应数值时考虑轴力本身求解时的正负号。注意内力本身的正负和列投影平衡方程时力的投影的正负属两套符号系统。

4）列平衡方程时恰当的选择投影轴。平衡方程可以是力的投影平衡式（也可以是力矩平衡式），但只有两个独立的，因此列平衡方程时，视实际情况选取合适的投影轴。尽量使每个平衡方程只含一个未知力，避免解联立方程，这时会用到力的分解问题。如图 3-14 所示，可按平行四边形法则分成两个分力，分力和合力大小满足三角函数关系。图 3-14 中的投影三角形满足：

$$F_N/l = F_{Nx}/l_x = F_{Ny}/l_y \tag{3-7}$$

杆件长度为 l：水平、竖直方向投影长度 l_x、l_y；

轴力 F_N：水平、竖直方向投影分量：F_{Nx}、F_{Ny}。

5）结点平衡的特殊形式：桁架中常有一些特殊形状的结点，掌握了这些特殊结点的平衡规律，可给计算带来很大的方便。举例如图 3-15。

① ∠形结点［图 3-15（a）］。这是不共线的两杆结点，当结点无荷载作用时两杆内力均为零。凡内力为零的杆件称为零杆。零杆虽然轴力为零，但不能理解成多余的杆件而去掉，静定结构去掉任何一根杆件就会成为几何可变体

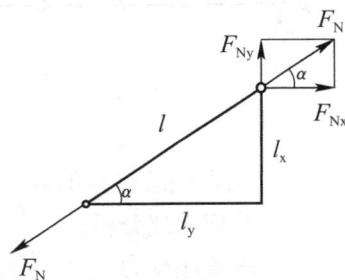

图 3-14 列平衡方程

系而不能承载。

② ⊥形结点。三杆相交的结点。分为图 3-15 (b)、(c) 两种情况：

图 3-15 (b)，三杆汇交的结点上无荷载作用，且其中两杆在一条直线上，则第三杆 $F_{N3}=0$，为零杆，而共线的两杆轴力 $F_{N1}=F_{N2}$（大小相等，同为拉力或同为压）。

图 3-15 (c)，在其中二杆共线的情况下，另一杆有共线的外力 F_P 作用，则有 $F_{N1}=F_{N2}$，$F_{N3}=F_P$。

③ X 形结点。四杆相交的结点，图 3-15 (d)。当结点上无荷载作用，且四杆轴两两共线，则同一直线上两杆轴力大小相等，性质相同，$F_{N1}=F_{N2}$，$F_{N3}=F_{N4}$。

④ K 形结点。图 3-15 (e)、(f) 所示的四杆相交的结点，其中有①和②两根杆件共线，当 $F_{N1}\neq F_{N2}$，则必然有 $F_{N3}=-F_{N4}$；当 $F_{N1}=F_{N2}$，则必然有 $F_{N3}=F_{N4}=0$。

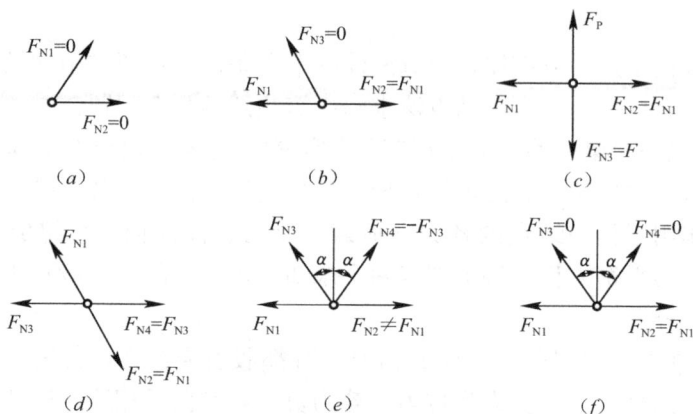

图 3-15　特殊结点的平衡
(a) ∠形；(b) ⊥形一；(c) ⊥形二；
(d) X形；(e) K形一；(f) K形二

因此，一般情况下，求桁架内力前，先判别一下结构有无零杆和内力相同的杆，图 3-16 中虚线所示各杆皆为零杆，于是计算过程大大简化。

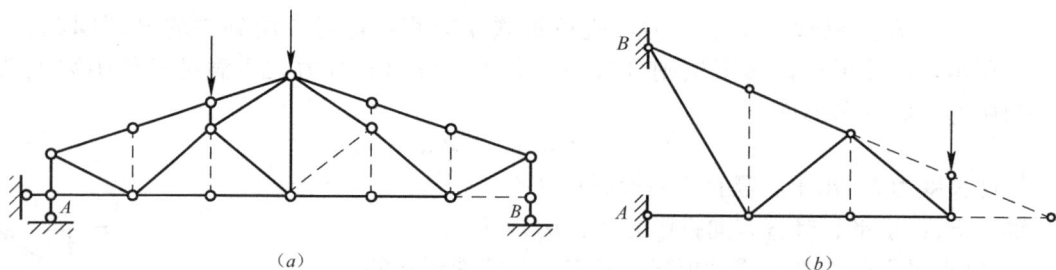

图 3-16　零杆的判别

6) 结点法求解简单桁架计算步骤：

① 几何组成分析。

② 求支座反力。

③ 结点法：注意结点的选取次序，以简化轴力计算。

2. 截面法

所有静定结构内力求解的办法都是截面法。截面法求解桁架的内力主要是用于当我们只是想知道某些杆件的内力，而不是所有杆件内力时，用截面法求解比结点法更为直接简便。

1) 截面法的要点：根据求解问题的需要，用一个适当的截面（平面或截面）截开桁架（包括切断拟求内力的杆件），从桁架中取出受力简单的一部分作为分离体（至少包含两个结点），分离体上作用的荷载、支座反力、已知杆轴力、未知杆轴力组成一个平面一般力系，可以建立三个独立的平衡方程，由三个平衡方程可以求出三个未知杆的轴力。一般情况下，选截面时，截开未知杆的数目不能多于三个，不互相平行，也不交于一点。为避免解联立方程组，应建立合适的平衡方程。

2) 截面法建立的平衡方程的两种形式：投影式平衡方程或力矩式平衡方程。

① 投影法：若三个未知力中有两个力的作用线互相平行，将所有作用力都投影到与此平行线垂直的方向上，并写出投影平衡方程，从而直接求出另一未知内力。

② 力矩法：以三个未知力中的两个内力作用线的交点为矩心，写出力矩平衡方程，直接求出另一个未知内力。

结点法和截面法是计算桁架内力的两种基本方法。两种方法各有所长，应根据具体情况灵活选用。

例 3-3：试求图 3-17 所示桁架中 a、b 及 c 杆的内力。

解：从几何组成看，桁架中的 AGB 为基本部分，EHC 为附属部分。

（1）作截面 I-I，取右部分为隔离体，由 $\Sigma M_C = 0$，得

$$F_{Na} \times d + F \times d = 0$$

$$F_{Na} = -F$$

（2）取结点 G 为隔离体，由 $\Sigma Y = 0$，得

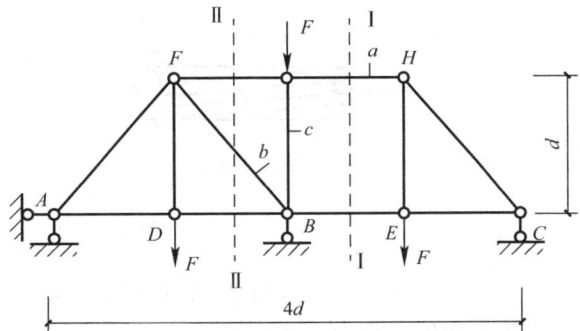

图 3-17　例 3-3 图

$$F_{Nc} = -F$$

由 $\Sigma F_x = 0$，得

$$F_{NFG} = F_{Na} = -F$$

（3）作截面 II-II，取左部分为隔离体，由 $\Sigma M_A = 0$，得

$$F_{Nb} \times 1.414d + F \times d - F \times d = 0,\ F_{Nb} = 0$$

3.3　杆件强度、刚度和稳定性的概念

3.3.1　杆件变形的基本形式

1. 杆件的变形

作用在杆上的外力是多种多样的，因此，杆件的变形也是多种多样的。但总不外乎是由下列四种基本变形之一，或者是几种基本变形形式的组合。

(1) 轴向拉伸和轴向压缩

在一对大小相等、方向相反、作用线与杆轴线重合的外力作用下，杆件的主要变形是长度改变。这种变形称为轴向拉伸 ［图 3-18 (a)］ 或轴向压缩 ［图 3-18 (b)］。

(2) 剪切

在一对相距很近、大小相等、方向相反的横向外力作用下，杆件的主要变形是横截面沿外力作用方向发生错动。这种变形形式称为剪切 ［图 3-18 (c)］。

(3) 扭转

在一对大小相等、方向相反、位于垂直于杆轴线的两平面内的外力偶作用下，杆的任意横截面将绕轴线发生相对转动，而轴线仍维持直线，这种变形形式称为扭转 ［图 3-18 (d)］。

(4) 弯曲

在一对大小相等、方向相反、位于杆的纵向平面内的外力偶作用下，杆件的轴线由直线弯曲成曲线，这种变形形式称为弯曲 ［图 3-18 (e)］。

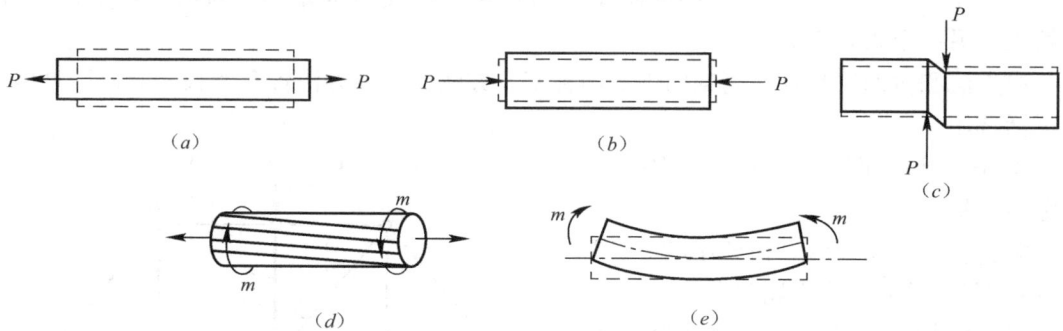

图 3-18　杆件的基本变形

在工程实际中，杆件可能同时承受不同形式的荷载而发生复杂的变形，但却可看作是上述基本变形的组合。由两种或两种以上基本变形组成的复杂变形称为组合变形。

2. 变形固体及其基本假设

(1) 变形固体

工程上所用的构件都是由固体材料制成的，如钢、铸铁、木材、混凝土等，它们在外力作用下会或多或少地产生变形，有些变形可直接观察到，有些变形可以通过仪器测出。在外力作用下，会产生变形的固体称为变形固体。

变形固体在外力作用下会产生两种不同性质的变形：一种是外力消除时，变形随着消失，这种变形称为弹性变形；另一种是外力消除后，不能消失的变形称为塑性变形。一般情况下，物体受力后，既有弹性变形，又有塑性变形。但工程中常用的材料，当外力不超过一定范围时，塑性变形很小，忽略不计，认为只有弹性变形，这种只有弹性变形的变形固体称为完全弹性体。只引起弹性变形的外力范围称为弹性范围。本书主要讨论材料在弹性范围内的变形及受力。

(2) 变形固体的基本假设

变形固体有多种多样，其组成和性质是非常复杂的。对于用变形固体材料做成的构件进行强度、刚度和稳定性计算时，为了使问题得到简化，常略去一些次要的性质，而保留

80

其主要的性质，因此，对变形固体材料作出下列的几个基本假设。

1）均匀连续假设。假设变形固体在其整个体积内毫无空隙地充满了物体，并且各处的材料力学性能完全相同。

2）各向同性假设。假设变形固体沿各个方向的力学性能均相同。工程使用的大多数材料，如钢材、玻璃、铜和浇灌很好的混凝土，可以认为是各向同性的材料。

3）小变形假设。在实际工程中，构件在荷载作用下，其变形与构件的原尺寸相比通常很小，可以忽略不计，所以在研究构件的平衡和运动时，可按变形前的原始尺寸和形状进行计算。

总的来说，在材料力学中是把实际材料看作是连续、均匀、各向同性的弹性变形固体，且限于小变形范围。

3. 材料的力学性能

材料的力学性质是指材料受外力作用后，在强度和变形方面所表现出来的特性，也可称为机械性质。

（1）低碳钢拉伸时的力学性质

通过低碳钢的拉伸试验发现，绘制应力-应变曲线见图 3-19，低碳钢整个拉伸过程大致可分为四个阶段，拉伸过程的各个阶段及特性点应力分析如下：

弹性阶段：在这个阶段内，试样的变形是弹性的，当卸去荷载后，变形完全消失。弹性阶段的应力最高限，称为弹性极限，用 σ_e 表示。在弹性阶段内，应力和应变成线性关系（线弹性阶段）的应力最高限，称为比例极限，用 σ_p 表示。试验结果表明，材料的弹性极限和比例极限数值上非常接近，故工程上对它们往往不加区分。即近似取 $\sigma_e = \sigma_p$。

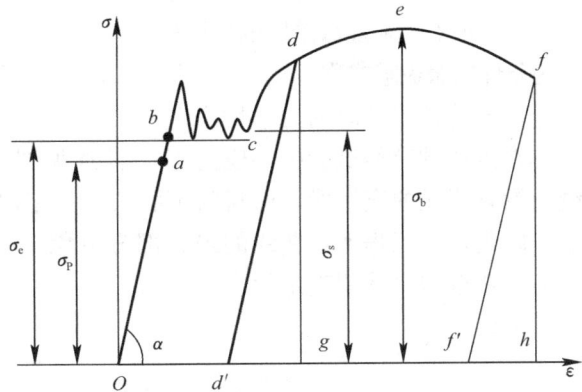

图 3-19　低碳钢拉伸 σ-ε 应变曲线

屈服阶段：此阶段亦称为流动阶段。当增加荷载使应力超过弹性极限后，变形增加较快，而应力不增加或产生波动，在 σ-ε 曲线上或 F-Δl 曲线上呈锯齿形线段，这种现象称为材料的屈服或流动。材料在屈服阶段产生的变形绝大部分为塑性变形。材料在断裂前产生塑性变形的能力称为塑性。当材料屈服时，在抛光的试样表面能观察到两组与试样轴线成 45°的正交细条纹，这些条纹称为滑移线。这种现象的产生，是由于拉伸试样中与杆轴线成 45°的斜面上，存在着数值最大的切应力。由试验得知，屈服阶段内最高点（上屈服点）的应力很不稳定，而最低点 c（下屈服点）所对应的应力较为稳定。故通常取最低点所对应的应力为材料屈服时的应力，称为屈服极限（屈服点）或流动极限，用 σ_s 表示。

强化阶段：试样屈服以后，内部组织结构发生了调整，重新获得了进一步承受外力的能力，因此要使试样继续增大变形，必须增加外力，这种现象称为材料的强化。在强化阶段中，试样主要产生塑性变形，而且随着外力的增加，塑性变形量显著地增加。这一阶段的最大应力称为强度极限，用 σ_b 表示。在材料的强化阶段中，如果卸去荷载，则卸载时拉力和变形之间仍为线性关系，如卸载后重新加载，则开始时拉力和变形之间大致仍按直线变化，但材料的比例极限提高了，而且不再有屈服现象，拉断后的塑性变形减少了，这一现象称为冷作硬化现象。

破坏阶段：应力达到强度极限以后，试样在某一薄弱区域内的伸长急剧增加，试样横截面在这薄弱区域内显著缩小，形成了"颈缩"现象，最后试样在最小截面处被拉断。

材料的比例极限 σ_p（或弹性极限 σ_e）、屈服极限 σ_s 及强度极限 σ_b 都是特性点应力，它们在材料力学中有着重要意义。屈服极限 σ_s 和强度极限 σ_b 是材料的两个重要强度指标。

材料常用的塑性指标有两种即延伸率 δ 和断面收缩率 ψ。

$$\delta = \frac{l_1 - l}{l} \times 100\% \tag{3-8}$$

$$\psi = \frac{A_1 - A}{A} \times 100\% \tag{3-9}$$

工程中一般将 $\delta \geqslant 5\%$ 的材料称为塑性材料，$\delta < 5\%$ 的材料称为脆性材料。低碳钢的延伸率大约在 25% 左右，故为塑性材料。

（2）其他塑性材料拉伸时的力学性质

对于没有明显屈服阶段的塑性材料，通常以产生 0.2% 的塑性应变时的应力作为屈服极限，称为条件屈服极限或称为规定非比例伸长应力，用 $\sigma_{p0.2}$ 表示，也有用 $\sigma_{0.2}$ 表示的，见图 3-20。

（3）铸铁拉伸时的力学性质

在铸铁的拉伸试验中，应力-应变曲线见图 3-21，从图 3-21 中可以看出，应力-应变曲线上没有明显的直线段，即材料不服从胡克定律。但直至试样拉断为止，曲线的曲率都很小。因此，在工程上，曲线的绝大部分可用一割线（如图中虚线）代替，在这段范围内，认为材料近似服从胡克定律。

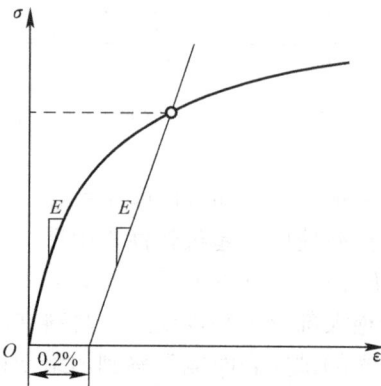

图 3-20　条件屈服极限　　　　　图 3-21　铸铁拉伸 σ-ε 曲线

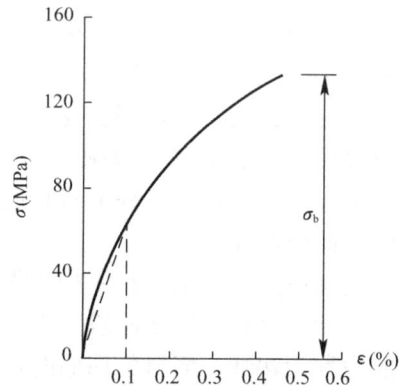

直到拉断时，铸铁的拉伸变形都很小，拉断后的残余变形只有 0.5% ～ 0.6%，故为脆性材料。铸铁的拉伸应力-应变曲线中，没有屈服阶段和"颈缩"现象。铸铁唯一的强度指标是拉断时的应力，即强度极限 σ_b，但强度极限很低，所以不宜用作为受拉构件的材料。

（4）低碳钢压缩时的力学性质

低碳钢压缩时的比例极限 σ_p、屈服极限 σ_s 及弹性模量 E 都与拉伸时基本相同。当应力超过屈服极限之后，压缩试样产生很大的塑性变形，越压越扁，横截面面积不断增大。虽然名义应力不断增加，但实际应力并不增加，故试样不会断裂，无法得到压缩的强度极限。

（5）铸铁压缩时的力学性质

铸铁压缩试验和拉伸试验相似，应力-应变曲线上没有直线段，也没有屈服阶段，材料只近似服从胡克定律。

（6）塑性材料和脆性材料的比较

通过对塑性材料和脆性材料的拉伸、压缩试验，对比发现：

① 塑性材料一般为拉压等强度材料，且其抗拉强度通常比脆性材料的抗拉强度高，故塑性材料一般用来制成受拉杆件；脆性材料的抗压强度比抗拉强度高，故一般用来制成受压构件，而且成本较低。

② 塑性材料能产生较大的塑性变形，而脆性材料的变形较小。要使塑性材料破坏需消耗较大的能量，因此这种材料承受冲击的能力较好；因为材料抵抗冲击能力的大小决定于它能吸收多大的动能。此外，在结构安装时，常常要校正构件的不正确尺寸，塑性材料可以产生较大的变形而不破坏；脆性材料则往往会由此引起断裂。

③ 当构件中存在应力集中时，塑性材料对应力集中的敏感性较小。

必须指出，材料的塑性或脆性，实际上与工作温度、变形速度、受力状态等因素有关。例如低碳钢在常温下表现为塑性，但在低温下表现为脆性；石料通常认为是脆性材料，但在各向受压的情况下，却表现出很好的塑性。

3.3.2 应力、应变的基本概念

1. 应力、应变的概念

（1）应力

杆件受力作用时截面上处处有内力。由于假定了材料是均匀、连续的，所以内力在个截面上是连续分布的，称为分布内力。用截面法所求得的内力是分布内力的合力，它并不能说明截面上任一点处内力的强弱。为了度量截面上任一点处内力的强弱程度，在此引入应力这一重要概念。

截面上一点的内力，称为该点的应力。与截面相垂直的应力称为正应力，用 σ 表示；截面相切的应力称为切应力，也称剪应力，用 τ 表示。在国际单位制中，应力的基本单位是 N/m^2，即 Pa。工程中常用单位为 MPa，GPa，它们的换算为：

$$1MPa = 10^6 Pa = 1N/mm^2$$
$$1GPa = 10^3 MPa = 10^3 N/mm^2$$

（2）应变

在外力的作用下，构件的几何形状和尺寸的改变统称为变形。一般讲，构件内各点的变形是不均匀的，某点上的变形程度，称为应变。

围绕构件内 K 点取一微小的正六面单元体，如图 3-22（a）所示，设其沿 x 轴方向的棱边长为 Δx，变形后的边长为 $\Delta x + \Delta u$，如图 3-22（b）所示，Δu 称为 Δx 的线变形。

当 Δx 趋于无穷小时，比值 $\varepsilon = \Delta u / \Delta x$ 表示一点处微小长度的相对变形量，称为这一点的线应变或正应变，用 ε 表示。

一点处微小单元体的直角的改变量，见图 3-22（c），称为这一点的切应变，用 γ 表示。线应变 ε 和切应变 γ 是度量构件内一点变形程度的两个基本量，它们都是无量纲的量。

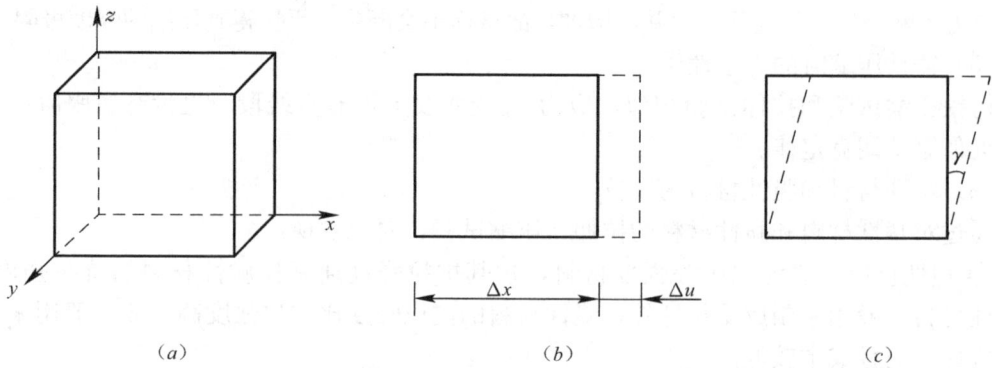

图 3-22 正应变和切应变

2. 轴向拉伸与压缩的应力、应变及虎克定律

（1）拉伸与压缩时横截面上的应力

拉压杆，如图 3-23（a）、（b）所示，横截面上的轴力是横截面上分布内力的合力，为确定拉压杆横截面上各点的应力，需要知道轴力在横截面上的分布。试验表明，拉压杆横截面上的内力是均匀分布的，且方向垂直于横截面。因此，拉压杆横截面上各点只产生正应力 σ，且正应力沿截面均匀分布，如图 3-23（c）、（d）所示。设拉压杆横截面面积为 A，轴力为 F_N，则横截面上各点的正应力 σ 为：

$$\sigma = \frac{F_N}{A} \tag{3-10}$$

正应力的符号规定与轴力相同，即拉应力为正，压应力为负。

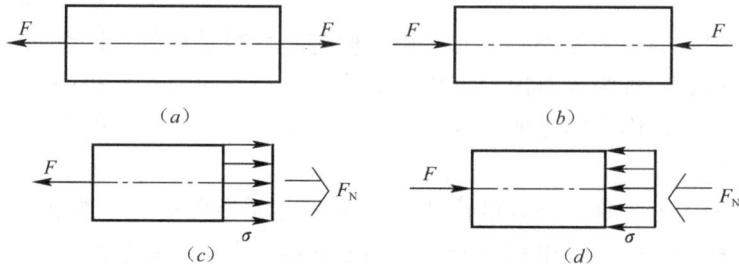

图 3-23 拉伸与压缩时横截面上的应力

例 3-4：如图 3-24 所示圆截面杆，直径 $d=40\text{mm}$，拉力 $F=60\text{kN}$，试求 1—1，2—2 截面上的正应力。

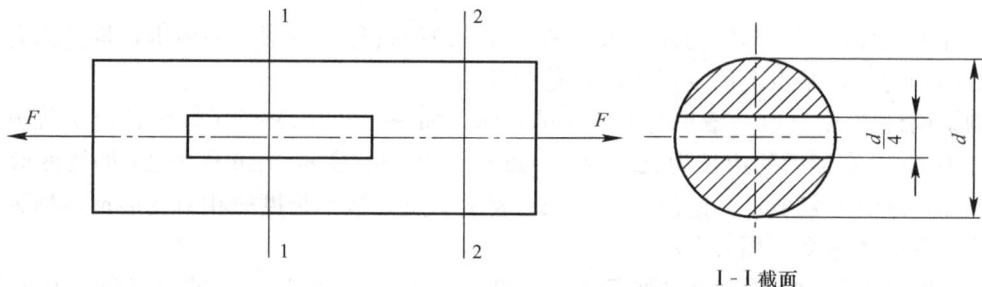

图 3-24 圆截面杆

84

解：（1）计算两截面上的轴力

$$F_{N1} = F_{N2} = 60\text{kN}$$

（2）计算两截面上的应力

1—1 截面的面积为　$A_1 \approx \dfrac{\pi d^2}{4} - d \times \dfrac{d}{4} = \dfrac{\pi (40\text{mm})^2}{4} - \dfrac{(40\text{mm})^2}{4} = 856\text{mm}^2$

2—2 截面的面积为　$A_2 = \dfrac{\pi d^2}{4} = \dfrac{\pi (40\text{mm})^2}{4} = 1256\text{mm}^2$

1—1 截面上的正应力为 $\sigma_1 = \dfrac{F_{N1}}{A_1} = \dfrac{60 \times 10^3 \text{N}}{856\text{mm}^2} = 70.1\text{MPa}$

2—2 截面上的正应力为 $\sigma_2 = \dfrac{F_{N2}}{A_2} = \dfrac{60 \times 10^3 \text{N}}{1256\text{mm}^2} = 47.7\text{MPa}$

（2）拉压杆的变形和应变

杆件在轴向外力作用下，杆的长度和横向尺寸都将发生改变。杆件沿轴线方向的伸长（或缩短）量，称为轴向变形或纵向变形，将杆件横向尺寸的缩短（或伸长）量，称为横向变形。

设圆截面等直杆原长为 l，截面面积为 A，在轴向外力 F 作用下，杆长由 l 变为 l_1，则杆件的轴向变形为 $\Delta l = l_1 - l$。杆件拉伸时，Δl 为正；压缩时，Δl 为负。

Δl 为杆件的绝对变形，其大小与原尺寸有关，为了准确地反映杆件的变形情况，消除原尺寸的影响，需要计算单位长度的变形量即相对变形，称为线应变。对于轴力为常量的等截面直杆，杆的纵向变形沿轴线均匀分布，故其轴向线应变为 $\varepsilon = \Delta l / l$。杆件拉伸时，$\varepsilon$ 为正；杆件压缩时，ε 为负值。

（3）胡克定律

实验研究指出：在一定范围内，杆件的绝对变形 Δl 与所施加的外力 F 及杆件长度 l 成正比，而与杆件的横截面面积 A 成反比。

引入与杆件材料有关的比例系数 E，上式可写为

$$\Delta l = \frac{Fl}{EA} \tag{3-11}$$

这一比例关系，称为胡克定律。其中 F 是轴向力，即 F_N。

比例系数 E 称为材料的拉压弹性模量，它表示材料抵抗拉（压）变形的能力，弹性模量越大，变形越小，E 的数值与材料有关。常用工程材料的 E 值，可查阅相关机械设计手册。

从公式（3-11）还可以看出，分母 EA 越大，杆件变形 Δl 越小，所以 EA 称为杆件的抗拉（压）刚度，它表示杆件抵抗拉伸（或压缩）变形的能力。

将 $\varepsilon = \dfrac{\Delta l}{l}$ 代入 $\Delta l = \dfrac{F_N l}{EA}$，可得胡克定律的另一表达式

$$\sigma = E\varepsilon \tag{3-12}$$

公式表明，在一定范围以内，杆件横截面上的正应力 σ 与纵向线应变 ε 成正比。

例 3-5：求图 3-25 (a) 所示杆的轴向变形 Δl、最大正应力 σ_{max} 及最大线应变 ε_{max}。已知：$A_1 = 2A_2 = 100\text{mm}^2$，$E = 200\text{GPa}$，$l_1 = l_2 = 400\text{mm}$，$F = 10\text{kN}$。

解：（1）作轴力图

根据杆所受外力，可作出杆的轴力图，如图 3-25 (b) 所示。

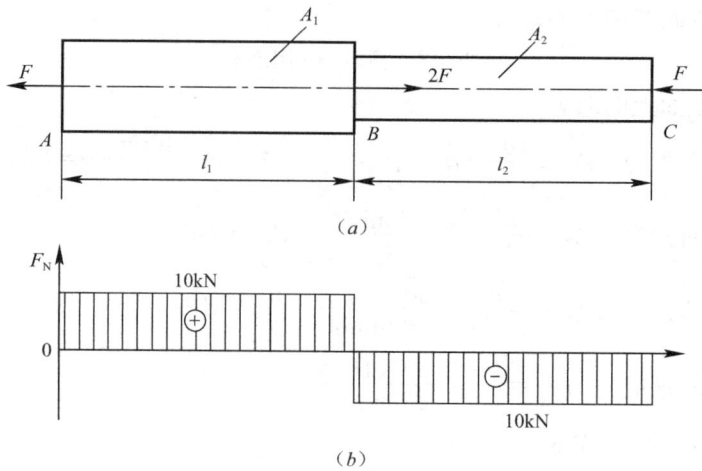

图 3-25　内力图

（2）计算杆的轴向变形 Δl

由轴力图和杆的结构图可知，应先分别计算 AB 段的变形 Δl_1，和 BC 段变形 Δl_2，再求杆的总变形。

AB 段：$\Delta l_1 = \dfrac{F_{N1} l_1}{EA_1} = \dfrac{10 \times 10^3 \, \text{N} \times 400 \text{mm}}{200 \times 10^3 \, \text{MPa} \times 100 \text{mm}^2} = 0.2 \text{mm}$（伸长）

BC 段：$\Delta l_2 = \dfrac{F_{N2} l_2}{EA_2} = \dfrac{-10 \times 10^3 \, \text{N} \times 400 \text{mm}}{200 \times 10^3 \, \text{MPa} \times 50 \text{mm}^2} = -0.4 \text{mm}$（缩短）

杆的总变形：

$$\Delta l = \Delta l_1 + \Delta l_2 = 0.2 \text{mm} - 0.4 \text{mm} = -0.2 \text{mm（缩短）}$$

（3）计算杆的最大正应力 σ_{max}

由轴力图和杆的结构图可知，杆的最大正应力发生在 BC 段，为

$$\sigma_{max} = \frac{F_{N2}}{A_2} = \frac{10 \times 10^3 \, \text{N}}{50 \text{mm}^2} = 200 \text{MPa（压）}$$

（4）计算杆的最大线应变 ε_{max}

由 $\varepsilon = \dfrac{\sigma}{E}$ 可知，最大线应变与最大正应力相对应，故 ε_{max} 也出现在 BC 段上的各点，为

$$\varepsilon_{max} = \frac{\sigma_{max}}{E} = \frac{200 \text{MPa}}{200 \times 10^3 \, \text{MPa}} = 0.001 \text{（压）}$$

3. 弯曲的应力计算

一般情况下，梁的横截面上既有弯矩，又有剪力，这种弯曲称为剪切弯曲。若梁的横截面上只有弯矩而无剪力，称为纯弯曲。如图 3-26 所示为车轴的计算简图，可知 AB 段的弯矩 $M = -Pa$，剪力 $F_Q = 0$，属纯弯曲；而 CA 和 BD 段为剪切弯曲。

（1）纯弯曲时横截面上正应力的分布规律

如图 3-27 所示的矩形截面梁，在发生纯弯曲变形后，一边凹陷，一边凸出，凹边的纵向纤维层缩短，凸边的纵向纤维层伸长。由于梁的变形是连续的，因此其间必有一层既不伸长也不缩短的纤维，这一长度不变的纵向纤维层称为中性层。中性层与横截面的交线称为中性轴，可以证明中性轴通过截面的形心。位于中性层上、下两侧的纤维，一侧伸长

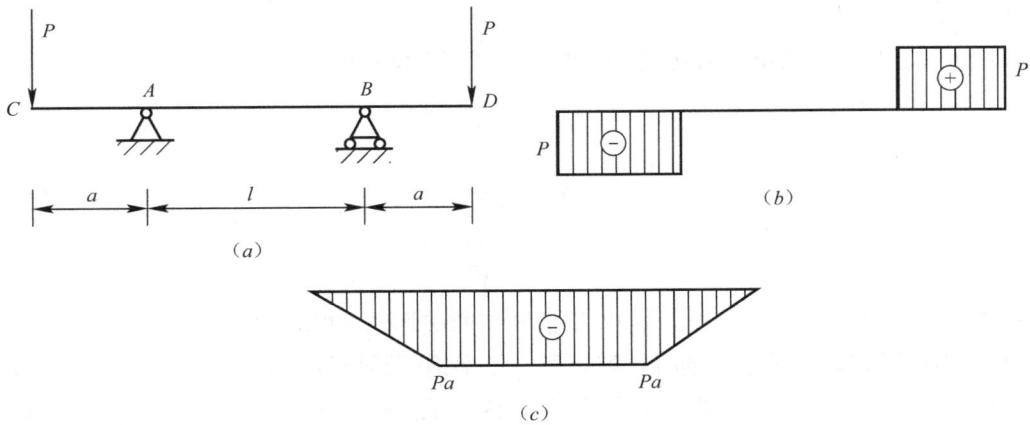

图 3-26　纯弯曲和剪切弯曲

另一侧缩短，引起横截面绕中性轴的微小转动。纤维伸长，横截面上对应各点受拉应力；纤维缩短，横截面上对应各点受压应力。所以中性轴是横截面上拉应力区域与压应力区域的分界线。正应力的分布规律如图 3-28 所示。

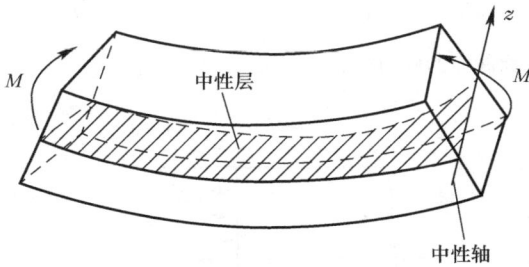

图 3-27　矩形截面梁纯弯曲变形

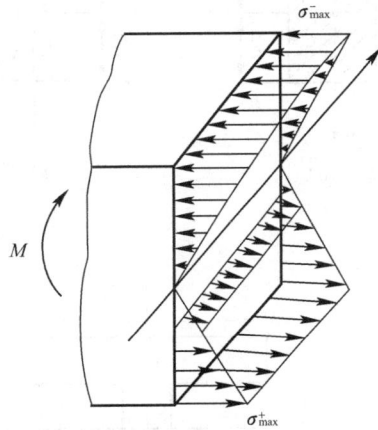

图 3-28　矩形截面正应力分布

（2）纯弯曲时横截面上正应力的计算公式

$$\sigma = \frac{My}{I_z} \tag{3-13}$$

式中　σ——横截面上任一点的弯曲正应力；

　　　M——横截面上的弯矩；

　　　y——欲求应力的点到中性轴的距离；

　　　I_z——横截面对中性轴 z 的惯性矩。

上述正应力的分布规律和计算公式是由纯弯曲梁计算所得，但经过验证，对于剪切弯曲的细长梁（梁的跨度与截面高度比 $\frac{l}{h} \geqslant 5$ 的梁），在材料的弹性范围内，结论和公式依然适用。

（3）横截面上最大的正应力

当 $y=y_{max}$ 时，弯曲正应力达到最大值，由式（3-13）可得

$$\sigma_{max} = \frac{My_{max}}{I_z} \qquad (3\text{-}14)$$

令

$$W = \frac{I_z}{y_{max}} \qquad (3\text{-}15)$$

可得

$$\sigma_{max} = \frac{M}{W} \qquad (3\text{-}16)$$

式中　W——抗弯截面系数，mm^3。W 是抵抗弯曲破坏能力的几何参数。

当截面的形状对称于中性轴时，如矩形、工字钢、圆形等，其上、下边缘距中性轴的距离相等，即 $y_1=y_2=y_{max}$，如图 3-29 所示，因而最大拉应力 σ_{max}^+ 与最大压应力 σ_{max}^- 相等。当中性轴不是对称轴时，如 T 形截面（图 3-30），$y_1 \neq y_2$，所以最大拉应力和最大压应力不相等，要分别计算。

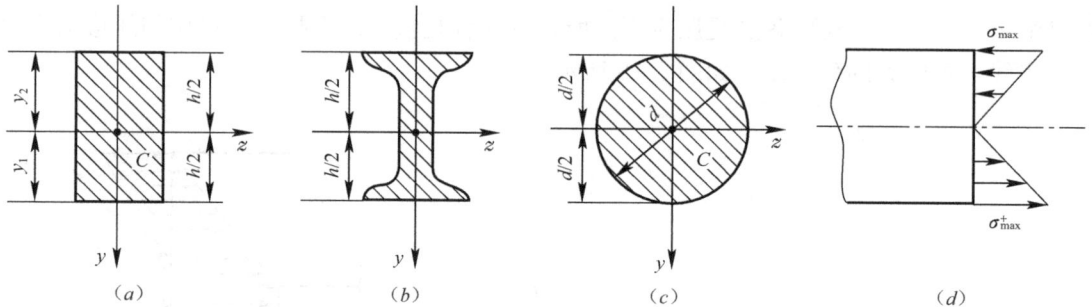

图 3-29　对称截面的应力分布

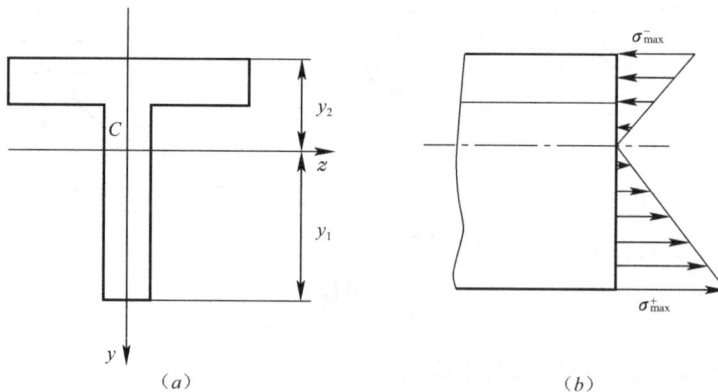

图 3-30　非对称截面的应力分布

（4）简单截面的惯性矩和抗弯截面系数

惯性矩和抗弯截面系数是取决于截面形状、尺寸的物理量。截面的面积分布离中性轴越远，截面的 I 和 W 越大。

常用的 I 和 W 计算公式见表 3-2，其他常用型钢的 I 和 W 可查阅机械设计手册中的型钢表。

截面形状	（矩形截面图）	（圆形截面图）	（圆环截面图）
轴惯性矩 （mm^2）	$I_z = \dfrac{bh^3}{12}$ $I_y = \dfrac{hb^3}{12}$	$I_z = I_y = \dfrac{\pi d^4}{64}$	$I_z = I_y = \dfrac{\pi}{64}(D^4 - d^4)$ $= \dfrac{\pi D^4}{64}(1-\alpha^4)$ $\alpha = \dfrac{d}{D}$
抗弯截面系数 （mm^3）	$W_z = \dfrac{bh^2}{6}$ $W_y = \dfrac{hb^2}{6}$	$W_z = W_y = \dfrac{\pi d^3}{32}$	$W_z = W_y = \dfrac{\pi}{32}(D^3 - d^3)$ $= \dfrac{\pi D^3}{32}(1-\alpha^3)$ $\alpha = \dfrac{d}{D}$

（5）矩形截面梁横截面上的切应力

矩形截面梁梁截面高度为 h，宽度为 b，在纵向对称面内承受横向载荷作用时，截面上的剪力 Q 沿截面的对称轴 y。设截面上各点处的切应力平行于剪力 Q，并沿截面宽度均匀分布，横截面上切应力的计算公式为

$$\tau = \frac{QS_z^*}{I_z b} \tag{3-17}$$

式中 Q——横截面上的剪力；

       S_z^*——横截面上所求切应力点处横线外侧面积［即图 3-31（a）中阴影部分面积］对中性轴 z 的静矩；

       I_z——横截面对中性轴的惯性矩；

       b——横截面上所求切应力点处横线的宽度。

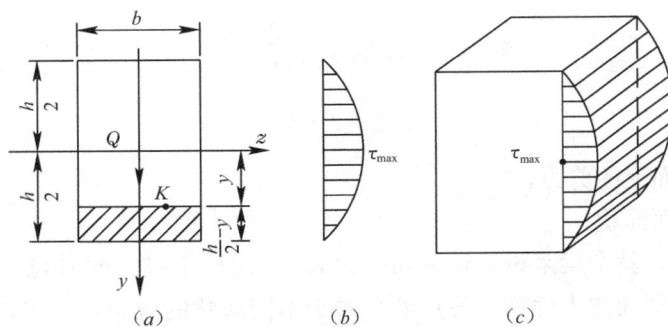

图 3-31   矩形截面梁横截面切应力计算

在使用式（3-17）计算切应力时，Q、S_z^* 均用绝对值代入，求得 τ 的大小，τ 的指向与剪力 Q 的指向相同，通过分析计算可以得到：

$$\tau = \frac{3}{2} \cdot \frac{Q}{bh}\left(1 - \frac{4y^2}{h^2}\right) \tag{3-18}$$

显然，在上、下边缘处 $\tau=0$，在中性轴 $y=0$ 处：

$$\tau_{max} = \frac{3}{2} \cdot \frac{Q}{A} \tag{3-19}$$

式中，$A=bh$，为矩形截面的面积。由式（3-19）可知，矩形截面梁横截面上的最大切应力值等于截面上平均切应力值的 1.5 倍，最大切应力发生在中性轴上各点处，如图 3-31（b）、（c）所示。

（6）其他形状截面梁横截面上的切应力

工字形截面由上下翼缘和中间腹板组成，见图 3-32（a）。横截面上的切应力仍按式（3-17）进行计算，其切应力分布如图 3-32（b）所示。最大切应力仍然发生在中性轴上各点处。腹板上的切应力接近于均匀分布。翼缘上的切应力的数值比腹板上切应力的数值小许多，一般忽略不计。中性轴上最大切应力：

$$\tau_{max} \approx \frac{Q}{A_{腹}} \tag{3-20}$$

式中，$A_{腹}=dh_1$，为腹板的面积，如图 3-32（a）所示。

圆形截面梁和圆环形截面梁分别如图 3-33（a）、（b）所示。可以证明，横截面上的最大切应力均发生在中性轴上各点处，并沿中性轴均匀分布，其值分别为

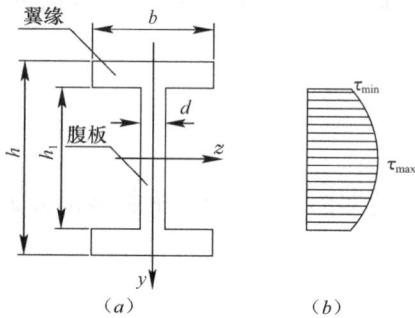

图 3-32　工字形梁截面切应力分布　　　图 3-33　圆形、环形梁截面切应力分布

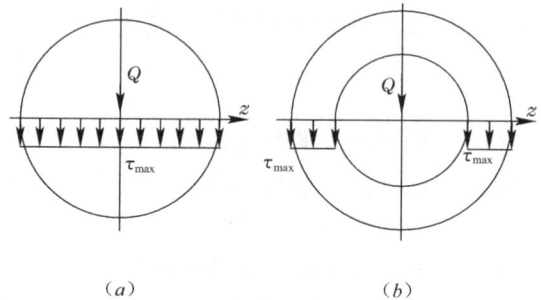

圆形截面 $$\tau_{max} = \frac{4}{3} \cdot \frac{Q}{A} \tag{3-21}$$

圆环截面 $$\tau_{max} = 2 \cdot \frac{Q}{A} \tag{3-22}$$

式中　Q——横截面上的剪力；

A——横截面面积。

根据以上介绍，就全梁来讲，最大切应力 τ_{max} 一定位于最大剪力 Q_{max} 所在的横截面上，而且一般发生在该截面的中性轴上各点处。对于不同形状的截面，τ_{max} 的统一表达式为

$$\tau_{max} = \frac{Q_{max}S_{zmax}^*}{I_z b} \tag{3-23}$$

式中 S_{zmax}^*——中性轴一侧的面积对中性轴的静矩；

　　　b——横截面在中性轴处的宽度。

3.3.3 杆件强度的概念

1. 强度条件的概念

由材料的拉伸和压缩试验得知，当脆性材料的应力达到强度极限时，材料将会破坏（拉断或剪断）；当塑性材料的应力达到屈服极限时，材料将产生较大的塑性变形。工程上的构件，既不允许破坏，也不允许产生较大的塑性变形。因为较大塑性变形的出现，将改变原来的设计状态，往往会影响杆件的正常工作。因此，将脆性材料的强度极限 σ_b 和塑性材料的屈服极限 σ_s（或 $\sigma_{0.2}$）作为材料的极限正应力，用 σ_u 表示。要保证杆件安全而正常地工作，其最大工作应力不能超过材料的极限应力。但是，考虑到一些实际存在的不利因素后，设计时不能使杆件的最大工作应力等于极限应力，而必须小于极限应力。此外，还要给杆件必要的强度储备。因此，工程上将极限正应力除以一个大于1的安全因数，作为材料的容许正应力，即

$$[\sigma] = \frac{\sigma_u}{n} \tag{3-24}$$

对于脆性材料，$\sigma_u = \sigma_b$，对于塑性材料 $\sigma_u = \sigma_b$（或 $\sigma_{0.2}$）。

安全因数 n 的选取，除了需要考虑前述因素外，还要考虑其他很多因素。例如结构和构件的重要性，杆件失效所引起后果的严重性以及经济效益等。因此，要根据实际情况选取安全因数。

在通常情况下，对静荷载问题，塑性材料一般取 $n=1.5\sim2.0$，脆性材料一般取 $n=2.0\sim2.5$。

2. 轴向拉压杆的强度条件及其应用

对于等截面直杆，内力最大的横截面称为危险截面，危险截面上应力最大的点就是危险点。拉压杆件危险点处的最大工作应力为横截面上均匀分布的正应力，当该点的最大工作应力不超过材料的容许正应力时，就能保证杆件正常工作。

对拉压等强度材料，等截面拉压直杆的强度条件为：

$$\sigma_{max} = \frac{F_{Nmax}}{A} \leqslant [\sigma] \tag{3-25}$$

对拉压强度不等的材料，等截面拉压直杆的强度条件为：

$$\sigma_{tmax} = \frac{F_{Ntmax}}{A} \leqslant [\sigma_t]$$

$$\sigma_{cmax} = \frac{F_{NCmax}}{A} \leqslant [\sigma_c] \tag{3-26}$$

式中，F_{Nmax}、F_{Ntmax}、F_{Ncmax} 均取绝对值进行计算。

利用上面的强度条件，可以进行如下三个方面的强度计算：（1）校核强度；（2）设计截面；（3）求容许荷载。

强度条件的上述三种应用，统称为强度计算。

3. 梁的弯曲正应力强度条件及其应用

（1）梁的弯曲正应力强度条件

为了保障梁能安全可靠的工作，同时留有一定的安全储备，必须使梁内的最大应力不

能超过材料的容许正应力 $[\sigma]$，这就是梁的正应力强度条件。分两种情况表达如下：

若材料的抗拉和抗压能力相同，其正应力强度条件为

$$\sigma_{max} \leqslant [\sigma] \tag{3-27}$$

若材料的抗拉和抗压能力不相同，应分别对最大拉应力和最大压应力建立强度条件，即：

$$\left.\begin{array}{l} \sigma_{tmax} \leqslant [\sigma_t] \\ \sigma_{cmax} \leqslant [\sigma_c] \end{array}\right\} \tag{3-28}$$

（2）梁的弯曲正应力强度条件的应用

应用梁的正应力强度条件，可以解决如下三个方面的有关梁强度的计算问题：校核强度、设计截面、确定许可的最大荷载。

4. 梁的弯曲切应力强度条件及其应用

与梁的正应力强度计算一样，为了保证梁的安全工作，梁在荷载作用下产生的最大切应力不能超过材料的容许切应力。即梁的切应力强度条件为：

$$\tau_{max} \leqslant [\tau] \tag{3-29}$$

对于等直梁有：

$$\tau_{max} = \frac{F_{Qmax} S^*_{zmax}}{I_z b} \leqslant [\tau] \tag{3-30}$$

式中，S^*_{zmax} 为梁横截面上中性轴一侧的截面面积对中性轴的静矩，b 为横截面在中性轴处的宽度，F_{Qmax} 为梁中最大剪力。

在进行梁的强度计算时，必须同时满足正应力强度条件及切应力强度条件。

5. 几种简单组合变形杆件的强度计算

求解组合变形问题的基本方法是叠加法。首先应根据静力等效原理，把作用于杆件上的外力分解或简化成几组，使每一组外力只产生一种基本变形，然后分别计算出每一种基本变形下的内力和应力，运用叠加法算出杆件在原外力共同作用下危险截面上危险点的总应力，再根据危险点的应力状态建立强度条件。

下面两类组合变形杆件内的危险点一般处于单向应力状态，因此可用上述单向应力状态下的强度条件进行强度计算。

6. 提高构件强度的途径

提高弯曲强度的方法可从两个方面考虑：

（1）外荷载总值不变的情况下，使 M_{max} 尽量小一些。

（2）截面积不变的情况下，使 W_z 尽量大一些具体而言，可以采用如下措施：

1）合理配置荷载和支座

通过合理配置荷载和支座，以求达到在外荷载总值不变的情况下，使 M_{max} 尽量小一些的目的。

① 合理配置荷载，尽量将集中力分散为几个较小的集中力或均布力。

② 合理配置支座，尽量减少梁的跨度，从而降低最大弯矩值。

2）选择合理的截面形状

通过选择合理的截面形状，以求达到截面积不变的情况下，使 W_z 尽量大一些，可以

取 $\frac{W}{A}$ 作为衡量截面合理性的指标。$\frac{W}{A}$ 越大越有助于抗弯，故而，当 A 相等时，工字形截面优于矩形截面，矩形截面优于圆形截面，圆环形截面优于圆形截面。

3.3.4　杆件刚度和压杆稳定性概念

1. 梁弯曲时的变形和刚度条件

（1）挠度和转角

如图 3-34 所示的简支梁，弯曲变形时，横截面 n—n 位置，其形心从 C 点位移到 C' 点。梁的横截面形心在与原来轴线垂直方向上的位移，称为该截面的挠度，用符号 ω 表示；横截面相对于原来位置转过的角度，称为该截面的转角，用符号 θ 表示。

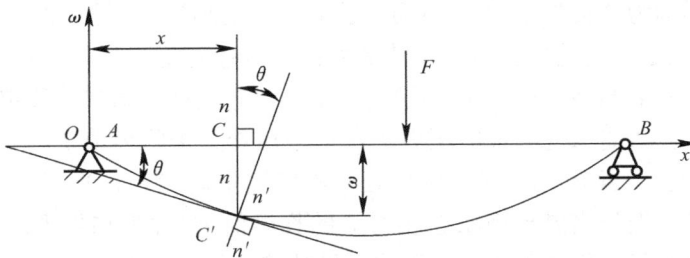

图 3-34　简支梁的弯曲变形

弯曲变形后梁的轴线变成一条连续光滑的平面曲线，称为挠度曲线，简称挠曲线。在图中所示的 $Ox\omega$ 坐标系中，挠曲线的方程称为挠度方程，可以表示为

$$\omega = \omega(x) \tag{3-31}$$

由于轴线是各截面形心的连线，所以，该方程中的 x 为变形前截面位置的横坐标，ω 为变形后该截面的挠度。由于截面的转角 θ 等于挠度曲线在该截面的切线与 x 轴的夹角，在小变形的情况下，任一截面的转角都可以表示为

$$\theta \approx \tan\theta = \frac{\mathrm{d}\omega}{\mathrm{d}x} = \omega'(x) \tag{3-32}$$

所以，挠度和转角的数值可以由挠度方程及其一阶导数确定。采用图 3-34 所示的坐标系时，向上的挠度为正，向下的挠度为负；逆时针的转角为正，顺时针的转角为负。

在一定外力作用下，梁的挠度、转角都和材料的弹性模量 E 与截面惯性矩 I_z 的乘积 EI_z 成反比，EI_z 越大，挠度和转角越小，所以 EI_z 称为梁的抗弯刚度。在机械设计手册中可以查到各种梁在简单载荷作用下的挠度方程，以及某些截面的挠度和转角计算公式。

（2）梁的刚度条件

受几种载荷共同作用的梁，利用挠度方程表，先计算每一种载荷单独作用下的变形，然后将它们进行代数和叠加，这种计算方法称为叠加法。一般在只有小变形和材料服从胡克定律的前提下，才能使用叠加法计算梁的变形。

机械工程中有刚度要求的梁，有关设计标准和规范规定了许用挠度或许用转角的数值，分别用 $[\omega]$ 和 $[\theta]$ 表示。其中许用挠度一般表示为梁的跨度 l 的倍数，如

一般传动轴　　　　　　　$[\omega] = (0.0003 \sim 0.0005)l$

安装齿轮或滑动轴承处 $\qquad [\theta]=0.001\text{rad}$

所以梁的刚度条件为 $\qquad \left.\begin{array}{l}|\omega_{\max}|\leqslant[\omega]\\|\theta_{\max}|\leqslant[\theta]\end{array}\right\}$ (3-33)

2. 压杆稳定的概念

工程中把承受轴向压力的直杆称为压杆。前面各章中我们从强度的观点出发,认为轴向受压杆,只要其横截面上的正应力不超过材料的极限应力,就不会因其强度不足而失去承载能力。但实践告诉我们,对于细长的杆件,在轴向压力的作用下,杆内应力并没有达到材料的极限应力,甚至还远低于材料的比例极限 σ_P 时,就会引起侧向屈曲而破坏。杆的破坏,并非抗压强度不足,而是杆件的突然弯曲,改变了它原来的变形性质,即由压缩变形转化为压弯变形,杆件此时的荷载远小于按抗压强度所确定的荷载。我们将细长压杆所发生的这种情形称为"丧失稳定",简称"失稳",而把这一类性质的问题称为"稳定问题"。所谓压杆的稳定,就是指受压杆件其平衡状态的稳定性。

作用在细长压杆上的轴向压力 P 的量变,将会引起压杆平衡状态稳定性的质变。也就是说,对于一根压杆所能承受的轴向压力 P,总存在着一个临界值 P_{cr},当 $P<P_{cr}$ 时,压杆处于稳定平衡状态;当 $P>P_{cr}$ 时,压杆处于不稳定平衡状态;当 $P=P_{cr}$ 时,压杆处于临界平衡状态。我们把与临界平衡状态相对应的临界值 P_{cr} 称为临界力。工程中要求压杆在外力作用下应始终保持稳定平衡,否则将会导致建筑物的倒塌。

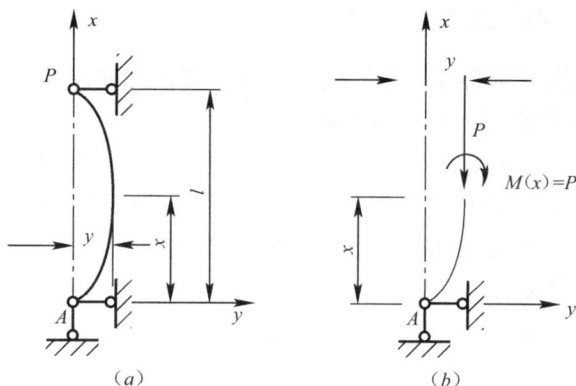

图 3-35 两端铰支的细长压杆

3. 两端铰支细长压杆的临界力

两端铰支的细长压杆受轴向压力 P 的作用,当 $P=P_{cr}$ 时,若在轻微的侧向干扰力解除后压杆处于微弯形状的平衡状态,如图 3-35 (a) 所示。设压杆距离铰 A 为 x 的任意横截面上的位移为 y,则该截面上的弯矩为 $M(x)=P_{cr}y$,如图 3-35 (b) 所示。将弯矩 $M(x)$ 代入压杆的挠曲线近似微分方程: $EI\dfrac{\mathrm{d}^2y}{\mathrm{d}x^2}=M(x)=-P_{cr}y$。

利用压杆两端已知的变形条件(边界条件)即 $x=0$ 时,$y=0$;$x=1$ 时,$y=0$,可推导出临界力公式

$$P_{cr}=\frac{\pi^2 EI}{l^2}$$ (3-34)

上式由欧拉公式首先导出,习惯上称为两端铰支压杆的欧拉公式。

应当注意的是,式(3-34)中的 EI 表示压杆失稳时在弯曲平面内的抗弯刚度。压杆总是在它抗弯能力最小的纵向平面内失稳,所以 I 应取截面的最小形心主惯矩,即取 $I=I_{\min}$。

式(3-31)为两端铰支压杆的临界力公式,但压杆的临界力还与其杆端的约束情况有关。因为杆端的约束情况改变了,边界条件也随之改变,所得的临界力也就具有不同的结果,表 3-3 为几种不同杆端约束情况下细长杆件的临界力公式。

杆端约束情况	两端铰支	一端固定，另一端自由	两端固定	一端固定，另一端铰支
压杆失稳时挠曲线形状				
临界力	$P_{cr}=\dfrac{\pi^2 EI}{l^2}$	$P_{cr}=\dfrac{\pi^2 EI}{(2l)^2}$	$P_{cr}=\dfrac{\pi^2 EI}{(0.5l)^2}$	$P_{cr}=\dfrac{\pi^2 EI}{(0.7l)^2}$
长度系数	$\mu=1$	$\mu=2$	$\mu=0.5$	$\mu=0.7$

从表 3-3 中可看出，各临界力公式中，只是分母中 l^2 前的系数不同，因此可将它们写成下面的统一形式：

$$P_{cr}=\frac{\pi^2 EI}{(\mu l)^2}=\frac{\pi^2 EI}{l_0^2} \tag{3-35}$$

式（3-35）中的 $l_0=\mu l$，称为压杆的计算长度，而 μ 称为长度系数。按不同的杆端约束情况，归纳压杆的长度系数如下：

两端铰支： $\mu=1$

一端固定，另一端自由： $\mu=2$

两端固定： $\mu=0.5$

一端固定，另一端铰支： $\mu=0.7$

对于杆端约束情况不同的各种压杆，只要引入相应的长度系数 μ，就可按式（3-35）来计算临界力。

4. 压杆的临界力计算

（1）临界应力

所谓临界应力，就是在临界力作用下，压杆横截面上的平均正应力。假定压杆的横截面的面积为 A，则由欧拉公式所得到的临界应力为

$$\sigma_{cr}=\frac{P_{cr}}{A}=\frac{\pi^2 EI}{(\mu l)^2 A} \tag{3-36}$$

令 $\dfrac{I}{A}=i^2$，则

$$\sigma_{cr}=\frac{\pi^2 E}{(\mu l)^2}\times i^2=\frac{\pi^2 E}{\left(\dfrac{\mu l}{i}\right)^2}=\frac{\pi^2 E}{\lambda^2} \tag{3-37}$$

式中，i 称为惯性半径，$i=\sqrt{\dfrac{I}{A}}$，$\lambda=\dfrac{\mu l}{i}$ 称为压杆的长细比（或柔度）。λ 综合反映了

压杆杆端的约束情况（μ）、压杆的长度、尺寸及截面形状等因素对临界应力的影响。λ 越大，杆越细长，其临界应力 σ_{cr} 就越小，压杆就越容易失稳。反之，λ 越小，杆越粗短，其临界应力就越大，压杆就越稳定。

（2）欧拉公式的适用范围

欧拉临界力公式是以压杆的挠曲线近似微分方程式为依据而推导得出的，而这个微分方程式只是在材料服从虎克定律的条件下才成立。因此只有在压杆内的应力不超过材料的比例极限时，才能用欧拉公式来计算临界力，即应用欧拉公式的条件可表达为：

$$\sigma_{cr} = \frac{\pi^2 E}{\lambda^2} \leqslant \sigma_p \qquad (3\text{-}38)$$

亦即：

$$\lambda \geqslant \sqrt{\frac{\pi^2 E}{\sigma_p}} = \pi \sqrt{\frac{E}{\sigma_p}} \qquad (3\text{-}39)$$

式（3-39）是欧拉公式试用范围用压杆的细长比（柔度）λ 来表示的形式，即只有当压杆的柔度大于或等于极限值 $\lambda_p = \pi \sqrt{\dfrac{E}{\sigma_p}}$ 时，欧拉公式才是正确的，也就是说，欧拉公式的适用条件是 $\lambda \geqslant \lambda_p$。工程中把 $\lambda \geqslant \lambda_p$ 的压杆称为细长压杆，即只有细长压杆才能应用欧拉公式来计算临界力和临界应力。

5. 提高压杆稳定性的措施

要提高压杆的稳定性，关键在于提高压杆的临界力或临界应力。而压杆的临界力和临界应力，与压杆的长度、横截面形状及大小、支承条件以及压杆所用材料等有关。因此，可以从以下几个方面考虑：

（1）合理选择材料

欧拉公式告诉我们，大柔度杆的临界应力，与材料的弹性模量成正比。所以选择弹性模量较高的材料，就可以提高大柔度杆的临界应力，也就提高了其稳定性。但是，对于钢材而言，各种钢的弹性模量大致相同，所以，选用高强度钢并不能明显提高大柔度杆的稳定性。而中、小柔度杆的临界应力则与材料的强度有关，采用高强度钢材，可以提高这类压杆抵抗失稳的能力。

（2）选择合理的截面形状

增大截面的惯性矩，可以增大截面的惯性半径，降低压杆的柔度，从而可以提高压杆的稳定性。在压杆的横截面面积相同的条件下，应尽可能使材料远离截面形心轴，以取得较大的惯性矩，从这个角度出发，空心截面要比实心截面合理，如图 3-36 所示。

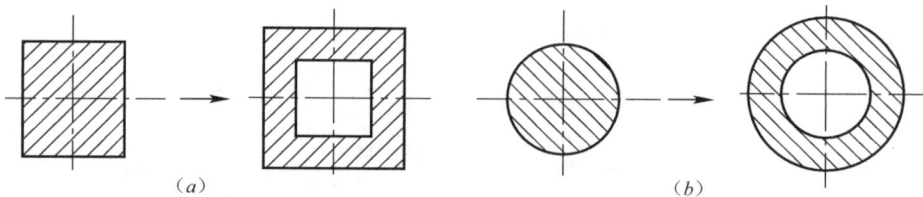

（*a*）   （*b*）

图 3-36 截面形状

在工程实际中，若压杆的截面是用两根槽钢组成的，则应采用如图3-37所示的布置方式，可以取得较大的惯性矩或惯性半径。

另外，由于压杆总是在柔度较大（临界力较小）的纵向平面内首先失稳，所以应注意尽可能使压杆在各个纵向平面内的柔度都相同，以充分发挥压杆的稳定承载力。

（3）改善约束条件、减小压杆长度

根据欧拉公式可知，压杆的临界力与其计算长度的平方成反比，而压杆的计算长度又与其约束条件有关。因此，改善约束条件，可以减小压杆的长度系数和计算长度，从而增大临界力。在相同条件下，从表3-3可知，自由支座最不利，铰支座次之，固定支座最有利。

图 3-37　组合截面

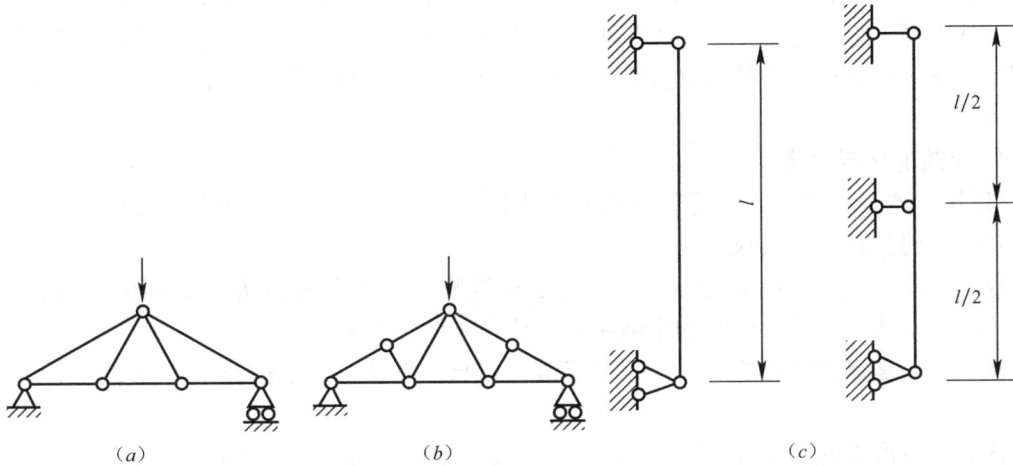

减小压杆长度的另一方法是在压杆的中间增加支承，把一根变为两根甚至几根，如图3-38所示。

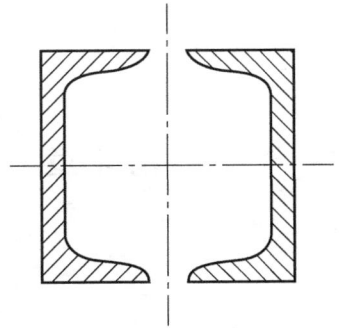

图 3-38　压杆中间增加支承

第4章 建筑构造与建筑结构的基本知识

4.1 建筑构造的基本知识

4.1.1 民用建筑的基本构造组成

"建筑"通常认为是建筑物和构筑物的统称。凡供人们在其内部进行生产、生活或其他活动的房屋或场所称为"建筑物",如学校、医院、办公楼、住宅、厂房等;而人们不能直接在其内部进行生产、生活的工程设施称为"构筑物",如:桥梁、烟筒、水塔、水坝等。从本质上讲,建筑是一种人工创造的空间环境,是人们劳动创造的财富。建筑具有实用性,属于社会产品;建筑又具有艺术性,反映特定的社会思想意识,因此建筑又是一种精神产品。

1. 建筑的构成要素

"适用、安全、经济、美观"是我国的建筑方针,这就构成建筑的三大基本要素——建筑功能、建筑技术和建筑形象。

建筑功能,就是建造房屋的目的,是指建筑物在物质和精神方面必须满足的使用要求。不同类别的建筑物在生产和生活中的具体使用要求不同。

建筑技术是建造房屋的手段,包括建筑材料与制品技术、结构技术、施工技术、设备技术等。

构成建筑形象的因素有建筑的体型、内外部空间的组合、立面构图、细部与重点装饰处理、材料的质感与色彩、光影变化等。

建筑功能、建筑技术、建筑形象,建筑的这三个基本构成要素中,建筑功能处于主导地位;建筑技术是实现建筑目的的必要手段,技术对功能又有约束和促进作用;建筑形象则是建筑功能、技术的外在表现,常常具有主观性。因而,同样的设计要求、相同的建筑材料和结构体系,也可创造完全不同的建筑形象,产生不同的美学效果。而优秀的建筑作品是三者的辩证统一。

2. 建筑分类和分级

(1)按照建筑使用性质分类

建筑物按照建筑使用性质通常分为民用建筑、工业建筑、农业建筑。

1)民用建筑包括居住建筑和公共建筑。居住建筑,供人们居住使用的建筑,如公寓、宿舍、住宅等;公共建筑,供人们进行各种公共活动的建筑,如办公楼、教学楼、门诊楼、影剧院、体育馆、疗养院、养老院、宾馆、酒店、招待所、旅馆等。

2)工业建筑包括工业厂房、锅炉房、配电站等。

3)农业建筑包括温室、粮仓、饲养场等。

（2）按照民用建筑的规模大小分类

民用建筑按照规模大小分为大量性建筑和大型性建筑。大量性建筑指建造数量多、相似性大的建筑，如住宅、中小学校等。大型性建筑指建筑数量少、单体面积大、个性强的建筑，如南京高铁南站、国家体育场（鸟巢）等。

（3）按照民用建筑的层数分类

1）低层建筑，一般指1～3层的建筑。

2）多层建筑，一般指4～6层的建筑。

3）中高层建筑，一般指7～9层的建筑。

4）高层建筑：一般指10层及10层以上或高度大于28m的居住建筑以及建筑高度超过24m的其他非单层公共建筑。建筑高度是一个严密准确的概念，是指自室外设计地面至建筑主体檐口上部的垂直距离，突出屋面的楼梯间和电梯机房一般不计入建筑高度。

5）超高层建筑，建筑高度超过100m的民用建筑。

（4）按承重结构的材料分类

1）砖混结构建筑：指用砖（石）砌墙体，钢筋混凝土作楼板和屋顶的建筑。

2）钢筋混凝土结构建筑：指用钢筋混凝土作柱、梁、板承重的建筑。

3）钢结构建筑：指用钢柱、钢梁承重的建筑。

4）其他结构建筑：如木结构建筑、生土建筑、膜建筑等。

（5）按建筑结构形式分类

按建筑结构形式分类：墙承重、骨架承重、内骨架承重、空间结构承重体系。墙承重体系是由墙体承受建筑的全部荷载。骨架承重体系由梁柱体系承重，而墙体只起围护和分隔作用。内骨架承重体系的内部由梁柱体系承重、而四周由外墙承重。空间结构如网架、悬索和壳体等。

（6）按耐久年限分

《民用建筑设计通则》规定，以主体结构确定的建筑耐久年限分下列四级：

1）一级建筑：耐久年限为100年以上，适用于重要的建筑和高层建筑。

2）二级建筑：耐久年限为50～100年，适用于一般性建筑。

3）三级建筑：耐久年限为25～50年，适用于次要的建筑。

4）四级建筑：耐久年限为15年以下，适用于临时性建筑。

我国现阶段城市建筑的主体为二级建筑。

（7）按耐火等级分

根据《建筑设计防火规范》GB 50016规定，多层建筑物的耐火等级分为四级；

建筑物的耐火等级是按组成建筑物构件的燃烧性能和耐火极限来确定。

构件的耐火极限是指对任一建筑构件按时间—温度标准曲线进行耐火试验，从受到火的作用时起，到失去支持能力或完整性被破坏或失去隔火作用时为止的这段时间，用小时来表示。

构件的燃烧性能可分为三类，即非燃烧体、难燃烧体、燃烧体。

非燃烧体：用非燃烧材料做成的构件。非燃烧材料是指在空气中受到火烧或高温作用时不起火、不微燃、不炭化的材料，如金属材料和无机矿物材料。

难燃烧体：用难燃烧材料做成的构件，或用燃烧材料做成而用非燃烧材料作保护层的构件。难燃烧材料系指在空气中受到火烧或高温作用时难起火、难微燃、难碳化，当火源移走后燃烧或微燃立即停止的材料。如沥青混凝土，经过防火处理的木材等。

燃烧体：用燃烧材料做成的构件。燃烧材料系指在空气中受到火烧或高温作用时立即起火或微燃，且火源移走后仍继续燃烧或微燃的材料，如木材。

建筑构件的燃烧性能和耐火等级见表4-1。

建筑构件的燃烧性能和的耐火等级表 表 4-1

	一级	二级	三级	四级
承重墙和楼梯间的墙	非燃烧体 3.00	非燃烧体 2.50	非燃烧体 2.50	不燃烧体 0.50
支承多层的柱	非燃烧体 3.00	非燃烧体 2.50	非燃烧体 2.50	不燃烧体 0.50
支承单层的柱	非燃烧体 2.50	非燃烧体 2.00	非燃烧体 2.00	燃烧体
梁	非燃烧体 2.00	非燃烧体 1.50	非燃烧体 1.50	难燃烧体 0.50
楼板	非燃烧体 1.50	非燃烧体 1.00	非燃烧体 0.50	难燃烧体 0.25
吊顶（包括吊顶搁栅）	非燃烧体 0.25	非燃烧体 0.25	难燃烧体 0.15	燃烧体
屋顶的承重构件	非燃烧体 1.50	非燃烧体 0.50	燃烧体	燃烧体
疏散楼梯	非燃烧体 1.50	非燃烧体 1.00	非燃烧体 1.00	燃烧体
框架填充墙	非燃烧体 1.00	非燃烧体 0.50	非燃烧体 0.50	难燃烧体 0.25
隔墙	非燃烧体 1.00	非燃烧体 0.50	非燃烧体 0.50	难燃烧体 0.25
防火墙	非燃烧体 4.00	非燃烧体 4.00	非燃烧体 4.00	非燃烧体 4.00

3. 建筑模数

建筑模数是选定的标准尺寸单位，作为建筑物、建筑构配件、建筑制品以及有关设备相互间协调的基础。

（1）基本模数：我国现行的《建筑模数协调标准》GB/T 50002 规定基本模数的数值为 100mm，用 M 表示。即 1M＝100mm。

（2）扩大模数：基本模数的整倍数。扩大模数的基数应符合下列规定：1）水平扩大模数基数为 3M，6M，12M，15M，30M，60M，相应尺寸分别为 300、600、1200、1500、3000、6000mm；2）竖向扩大模数基数为 3M 和 6M，相应尺寸分别为 300mm 和 600mm。

（3）分模数：整数除基本模数的数值。分模数的基数为 1M/10，1M/5，1M/2，相应尺寸分别为 10mm、20mm、50mm。

（4）模数系列：以基本模数、扩大模数、分模数为基础扩展形成不同模数尺寸系列，称为模数系列。

模数数列的幅度和适用范围分别为：

（1）水平基本模数为 1M，其幅度为 1M～20M。主要用于门窗洞口和构配件断面尺寸。

（2）竖向基本模数为 1M，其幅度为 1M～36M。主要用于建筑物的层高、门窗洞口、构配件等尺寸。

（3）水平扩大模数，主要用于建筑物的开间或柱距、进深或跨度、构配件尺寸和门窗洞口尺寸。

（4）竖向扩大模数，主要用于建筑物的高度、层高、门窗洞口尺寸。

（5）分模数数列，主要用于缝隙、构造节点、构配件断面尺寸。

为了保证建筑物配件的安装与有关尺寸的相互协调，我国在建筑模数协调中把尺寸分为三种尺寸，分别是标志尺寸、构造尺寸、实际尺寸。

标志尺寸，是工程图纸上建筑尺度的控制尺寸，它应符合模数数列的规定。主要用以表示跨度、间距和层高等构件界限之间的距离。标志尺寸不考虑构件的接缝大小以及制造、安装过程产生的误差，它是选择建筑、结构方案的依据。

构造尺寸即生产尺寸，是建筑构配件、建筑制品等的量化生产依据，是设计构件或施工详图标注的尺寸。一般情况下，标志尺寸减去构件之间的缝隙即为构造尺寸。但当带有牛腿的柱或花篮梁时，其梁或板的构造尺寸要考虑分隔构件的尺寸。三角形屋架等构件的构造尺寸是大于标志尺寸的。

实际尺寸就是竣工尺寸，是建筑物、建筑制品和构配件完成后的实际尺寸。实际尺寸与标志尺寸的差值应符合公偏差数规定。

4. 民用建筑的基本构造组成

一幢民用建筑，通常是由结构支撑系统、维护分割系统、相关的设备系统以及辅助部分共同组成的。结构支撑系统起到建筑骨架的作用，一般是由基础、梁、柱、承重墙体、楼板、屋盖组成；维护分割系统起到围合和分割空间的作用，一般是由外围护墙、内分割墙、门窗等组成；设备系统是建筑正常使用的保障，包括弱电、给排水、暖通、空调等；附属部分一般包括楼梯、电梯、自动扶梯、阳台、栏杆、雨篷、花池、台阶、坡道、散水等。建筑的构造组成如图 4-1 所示。

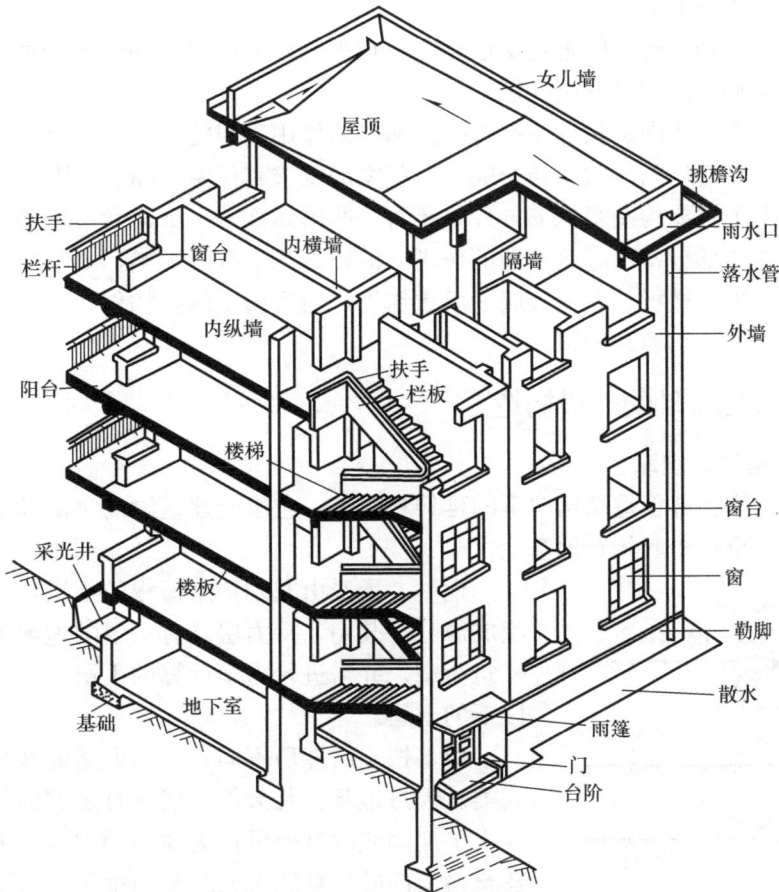

图 4-1　民用建筑的构造组成

基础：基础是建筑物的垂直承重构件，承受上部传来的所有荷载及自重，并把这些荷载传给下面的土层（该土层称为地基）。其构造要求是坚固、稳定、耐久，能经受冰冻、地下水及所含化学物质的侵蚀，保持足够的使用年限。基础的大小、形式取决于荷载大小、土壤性能、材料性质和承重方式。

墙或柱：墙或柱是建筑物的竖向承重构件，它承受着由屋盖和各楼层传来的各种荷载，并把这些荷载可靠地传给基础。其设计要求是必须满足强度和刚度要求。作为墙体，外墙有围护的功能，抵御风霜雪雨及寒暑、太阳辐射热对室内的影响；内墙有分隔房间的作用，所以对墙体还有保温、隔热、隔声等要求。

地坪：地坪是建筑底层房间与下部土层相接触的部分，它承担着底层房间的地面荷载。由于首层房间地坪下面往往是夯实的土壤，所以地坪的强度要求比楼板低，有些地坪要具有防水、保温的能力，当地坪架空设置时，其构造与楼板相同。

楼板：楼板是楼房建筑中的水平承重构件，同时还兼有竖向划分建筑内部空间的功能。楼板承担建筑的楼面荷载，并把这些荷载传递给建筑的竖向承重构件，同时对墙体起到水平支撑的作用。

屋顶：屋顶既是承重构件又是围护构件。作为承重构件，和楼板层相似，承受着直接作用于屋顶的各种荷载，并把承受的各种荷载传给墙或柱。作为围护构件，用以抵御风霜雪雨及寒暑和太阳辐射热。

楼梯：楼梯是楼房建筑的垂直交通设施，在平时作为使用者的竖向交通通道，遇到紧急情况时还要能够供使用者安全疏散。

门窗：门与窗属于围护构件，都有采光通风的作用。门的基本功能还包括保持建筑物内部与外部或各内部空间的联系与分隔。对门窗的要求有保温、隔热、隔声、防风沙等。

除了上述七个主要构造组成部分外，还有一些附属部分，如阳台、雨篷、台阶、烟囱等。组成房屋的各部分各自起着不同的作用，但归纳起来有两大类，既承重结构和维护结构。墙、柱、基础、楼板、屋顶等属于承重结构，门窗属于维护构件。有些部分既是承重结构也是维护构件，如墙和屋顶。

4.1.2 常见基础的一般构造

1. 地基、基础、埋深

基础：建筑物上部承重结构向下的延伸和扩大，它承受建筑物的全部荷载，并把这些荷载连同本身的重量一起传到地基上。

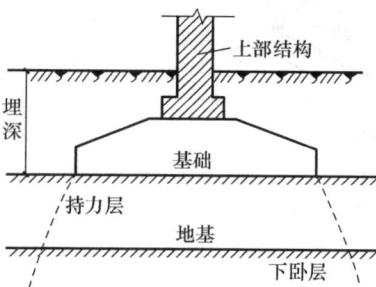

图 4-2　地基与基础的构造

地基：承受由基础传来荷载的土层，不是建筑物的组成部分。其中，持力层具有一定的地耐力，直接承受建筑荷载，并需进行力学计算的土层。下卧层是持力层以下的土层。

地基按土层性质不同，分为天然地基和人工地基两大类。天然地基：凡天然土层具有足够的承载力，不需经人工加固或改良便可作为建筑物地基。人工地基：当建筑物上部的荷载较大或地基的承载力较弱，须预先对土壤进行人工加固或改良后才能作为建筑物地基。

由室外设计地面到基础底面的距离，称为基础的埋置深度，简称基础的埋深。埋深大于等于 5m 为深基础，小于 5m 为浅基础。

2. 影响基础埋深的因素

基础埋深的大小关系到地基是否可靠、造价的高低和施工的难易程度。影响基础埋深的因素很多，主要有以下几点：

（1）建筑物使用要求、上部荷载的大小和性质；

（2）工程地质条件；

（3）水文地质条件；

（4）地基土冻胀深度；

（5）相邻建筑物基础的影响。

新建建筑物基础埋深不宜大于相邻原有建筑基础埋深，但新建建筑基础埋深大于原有建筑物基础埋深时，两基础间的净距一般为相邻基础底面高差的 1～2 倍。

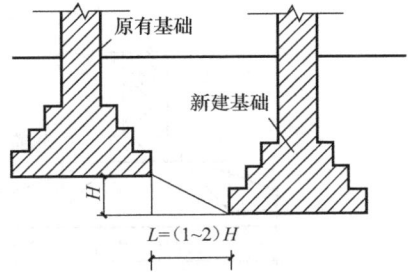

图 4-3　相邻基础埋深的影响

3. 按按材料及受力特点分类

按材料分：砖基础、毛石基础、混凝土基础、毛石混凝土基础、灰土基础和钢筋混凝土基础。按受力特点，可分为刚性基础和柔性基础。

刚性基础是指由砖、毛石、素混凝土、灰土等刚性材料制作的基础。这类基础抗压强度高而抗拉、抗剪强度低。为满足地基容许承载力的要求，需要加大基底面积，基底宽 B 一般大于上部墙宽，当基础 B 很宽时，挑出部分 b 很长，而基础又没有足够的高度 H，又因为刚性材料的抗拉、抗剪强度低，基础就会因受弯曲或剪切而破坏。为了保证基础不被拉力、剪力而破坏，基础底面尺寸的放大应根据材料的刚性角决定。刚性角是指基础放宽的引线与墙体垂直线之间的夹角，用 α 表示，如图 4-4 所示。一般在设计中为使用方便，将刚性角换算成该角度的正切值 b/h，即宽高比。

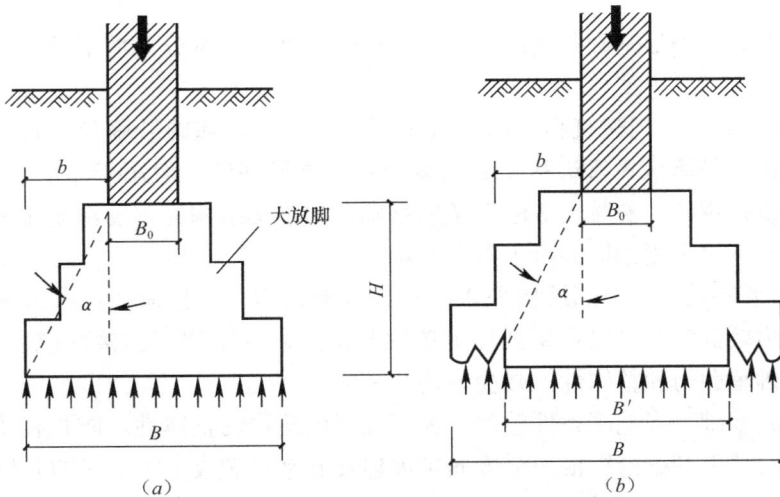

图 4-4　刚性基础的受力、传力特点

当建筑物的荷载较大而地基承载能力较小时，基础底面积必须加宽，如果仍采用刚性材料做基础，势必加大基础的深度，这样，既增加了挖土工作量，又使材料的用量增加，对工期和造价都十分不利。如果在混凝土基础的底部配以钢筋，由钢筋来承受拉应力，使基础底部能够承受较大的弯矩，这时，基础底面宽度的加大不受刚性角的限制，因此称钢筋混凝土基础为非刚性基础或柔性基础，如图4-5所示。

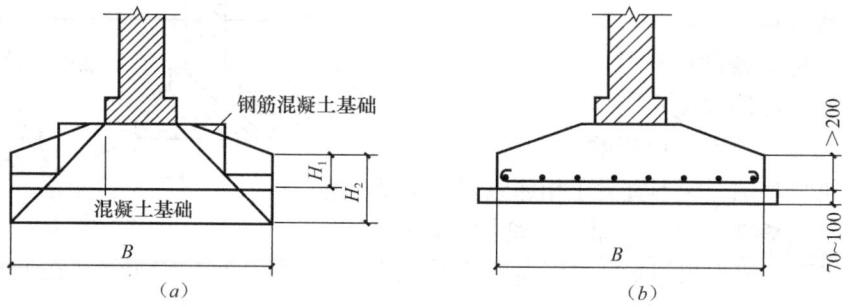

图4-5　钢筋混凝土基础

(a) 钢筋混凝土基础与混凝土基础比较；(b) 基础构造

4. 按构造形式分类

基础构造的形式随建筑物上部结构形式、荷载大小及地基土壤性质的变化而不同。按构造形式分：条形基础、独立基础、井格基础、筏形基础、箱形基础和桩基础等。

(1) 独立基础　当建筑物上部结构采用框架结构或单层排架结构承重时，基础常采用方形或矩形的独立基础，这类基础称为独立基础或单独基础。独立基础是柱下基础的基本形式。独立基础常用的断面形式有阶梯形、锥形和杯形。材料通常采用钢筋混凝土或素混凝土等。当采用预制柱时，将基础做成杯口形，然后将柱子插入并嵌固在杯口内，故称杯口独立基础。

(2) 条形基础　条形基础是连续带形，也称带形基础。可分为墙下条形基础和柱下条形基础。

1) 墙下条形基础。当建筑物上部结构采用墙承重时，基础沿墙身设置，这类基础称为墙下条形基础，是墙承式建筑基础的基本形式。条形基础一般用于多层混合结构建筑，低层或小型建筑常用砖、混凝土等刚性条形基础，如上部结构为钢筋混凝土墙，或地基较差、荷载较大时，可采用钢筋混凝土条形基础。

2) 柱下条形基础。当上部结构采用框架或排架结构，并且荷载较大或荷载分布不均匀、地基承载力较低时，可以将每列柱下单独基础用基础梁相互连接形成柱下条形基础，能有效增加基础承载力和整体性，减少不均匀沉降。

(3) 井格式基础　当地基条件较差，为了提高建筑物的整体性，防止柱子之间产生不均匀沉降，常将柱下基础沿纵横两个方向扩展连接起来，做成十字交叉的井格基础。

(4) 筏形基础　当建筑物上部荷载大，而地基又较弱，这时采用简单的条形基础或井格基础已不能适应地基变形的需要，通常将墙或柱下基础连成一片钢筋混凝土板，使建筑物的荷载承受在一块整板上称为筏形基础。筏形基础的整体性好，常用于地基软弱的多层砌体结构、框架结构、剪力墙结构等，以及上部结构荷载较大且不均匀的情况。

筏形基础有平板式和梁板式两种，平板式筏形基础为柱直接支承在钢筋混凝土底板上；如在钢筋混凝土底板上设基础梁，将柱支承在梁上的为梁板式筏形基础。

（5）箱形基础　对于上部结构荷载大、对地基不均匀沉降要求严格的高层建筑、重型建筑或软土地基上的多层建筑，为增加基础刚度，常将基础做成箱形基础。

箱形基础是由钢筋混凝土底板、顶板和若干纵横隔墙组成的整体结构，基础的中空部分可用作地下室或地下停车库。箱形基础埋深较大，空间刚度大，整体性强，能抵抗地基的不均匀沉降，较适用于高层建筑或在软弱地基上建造的重型建筑物。

（6）桩基础　桩基础是当前城市建筑中普遍采用的一种基础形式，具有施工速度快，土方量小、适应性强等优点。

桩基础由桩和承接上部结构的承台（梁或板）组成，桩基是按设计的点位将桩柱置于土中，桩的上端浇注钢筋混凝土承台梁或承台板，承台上接柱或墙体，以便使建筑荷载均匀地传递给桩基。

4.1.3　地下室的防潮与防水及砌体墙构造

1. 常见砌块墙体的构造

墙体是建筑物的承重和围护构件，是建筑的重要组成部分，墙体对整个建筑的使用、造型、自重和成本方面影响较大。

（1）墙体的作用

在承重墙结构中，墙体承受屋顶、楼板等构件传来的荷载，以及风荷载和地震荷载等，具有承重作用；墙体还抵挡自然界的风、雨、雪的侵蚀，防止太阳辐射、噪声的干扰及室内热量的散失，根据具体使用需要，墙体具有保温、隔热、隔声、防水等围护分隔的作用。

（2）墙体的分类

根据墙体在建筑物中的位置、受力情况、材料选用、构造及施工方法的不同，可将墙体分为不同类型。

1）按墙体所在位置分类

① 按墙体在平面上所处位置不同，可分为：

外墙：位于建筑物四周与室外接触的墙。

内墙：位于建筑物内部的墙。

② 按墙体布置方向可分为：

纵墙：沿建筑物长轴方向布置的墙。

横墙：沿建筑物短轴方向布置的墙。外横墙又称山墙。

③ 按墙体在立面上所处位置不同，可分为：窗与窗、窗与门之间的墙称为窗间墙，窗台下面的墙称为窗下墙，屋顶上部的墙称为女儿墙（图4-6）。

2）按墙体受力情况分类

在混合结构建筑中，按墙体受力方式分为两种：

承重墙：凡直接承受楼板、屋顶、梁等传来荷载的墙称为承重墙；

非承重墙：凡不承受这些外来荷载的墙称为非承重墙。

非承重墙又可分为以下几种：

① 自承重墙：不承受外来荷载，仅承受自身重量并将其传至基础的墙。

② 隔墙：仅起分隔房间的作用，不承受外来荷载，并把自身重量传给墙梁或楼板。

③ 填充墙：在框架结构中，填充在柱子之间的墙。内填充墙是隔墙的一种。

④ 幕墙：悬挂在建筑物外部的轻质墙称为幕墙，如金属幕墙、玻璃幕墙等。

3）墙体还有其他分类方法，如构造方式可分为实体墙、空体墙、组合墙等；按墙体施工方法分为块材墙、版筑墙、板材墙等；按墙体所用材料的不同，墙体有砖和砂浆砌筑的砖墙、利用工业废料制作的各种砌块砌筑的砌块墙、现浇或预制的钢筋混凝土墙、石块和砂浆砌筑的石墙等。

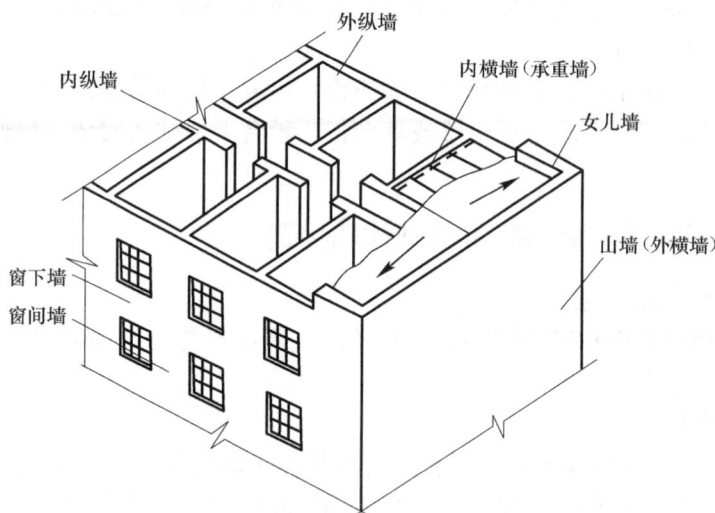

图 4-6　墙体各部分的名称

2. 墙体的承重方案

砌体结构建筑依照墙体与上部水平承重构件（包括楼板、屋面板、梁）的传力关系，会产生不同的承重方案，主要有四种：横墙承重、纵墙承重、纵横墙混合承重、墙与柱混合承重。

（1）横墙承重。横墙承重是将楼板及屋面板等水平承重构件搁置在横墙上，楼面及屋面荷载依次通过楼板、横墙、基础传递给地基。这种建筑一般来说房间的开间尺寸不宜过大，由于横墙间距不大，建筑的整体性比较高，纵墙为非承重墙体，在其上开设门窗洞口比较灵活。这一布置方案适用于墙体位置比较固定的建筑，如宿舍、旅馆、住宅等。

（2）纵墙承重。纵墙承重是将楼板及屋面板等水平承重构件均搁置在纵墙上，横墙只起分隔空间和连接纵墙的作用。这一布置方案适用于使用上要求有较大空间的建筑，如办公楼、商店、教学楼中的教室、阅览室等。

（3）纵横墙混合承重。这种承重方案的承重墙体由纵、横两个方向的墙体组成。纵横墙承重方式平面布置灵活，两个方向的抗侧力都较好。这种方案适用于房间开间、进深变化较多的建筑，如医院、幼儿园等。

（4）墙与柱混合承重。房屋内部采用柱、梁组成的内框架承重，四周采用墙承重，由墙和柱共同承受水平承重构件传来的荷载，称为墙与柱混合承重。这种方案适用于室内需要大空间的建筑，如大型商店、餐厅等。

3. 砖墙的细部构造

墙体的细部构造包括勒脚、散水、明沟、墙身防潮层、门窗过梁、窗台、圈梁、构造柱、通风道和变形缝等。

（1）勒脚

勒脚一般是指位于室外地面与室内地面之间的这段外墙体。勒脚的作用：一是防止外界机械性碰撞对墙体的损坏；二是防止屋檐滴下的雨、雪水及地表水对墙的侵蚀；三是美化建筑外观。所以要求勒脚坚固、防水和美观，勒脚的高度应距室外地坪 600mm 以上。

（2）散水与明沟

散水是沿建筑物外墙四周地面作倾斜坡面，其坡度一般为 3%～5%。其宽度一般为 600～1000mm，当屋面为自由落水时，其宽度应比屋檐挑出宽度大 200mm 左右。散水可用水泥砂浆、混凝土、砖、块石等材料做面层。

由于建筑物的沉降，勒脚与散水施工时间的差异，在勒脚与散水交接处不应简单的连接成整体，而应留有缝隙（变形缝），用粗砂或米石子填缝，沥青胶盖缝，以防渗水。散水整体面层纵向距离每隔 6～12m 做一道伸缩缝，缝内处理同勒脚与散水相交处。

明沟是在散水外沿或直接在外墙根部设置的排水沟。它可将水有组织地导向集水井，然后流入排水系统。明沟一般用素混凝土浇筑，或用砖石铺砌成沟槽，然后用水泥砂浆抹面。为保证排水通畅，沟底应有不小于 1% 的坡度。

（3）墙身防潮层

为了防止土壤中的水分沿基础上升以及位于勒脚处的地面水渗入墙内，在内、外墙的墙脚部位设置防潮层。防潮层分为水平防潮层和垂直防潮层两种形式。

1）水平防潮层

当室内地面垫层为混凝土等密实材料时，防潮层的位置应设在垫层范围内，低于室内地坪 60mm（即－0.060 标高）处设置，而且至少要高于室外地坪 150mm，以防雨水溅湿墙身。当室内地面垫层为透水材料时，水平防潮层的位置应平齐或高于室内地面 60mm 处。

墙身水平防潮层的构造做法通常有以下三种：

① 油毡防潮层：在防潮层部位先抹 20mm 厚的水泥砂浆找平层，然后干铺油毡一层或做一毡二油（先浇热沥青，再铺油毡，最后再浇热沥青）。这种做法防水效果好，但有油毡隔离，削弱了砖墙的整体性，不应在刚度要求高或地震区采用 [图 4-7 (a)]。

② 防水砂浆防潮层：在防潮层位置抹一层 20～25mm 厚 1:2 防水砂浆（防水砂浆是在水泥砂浆中掺入 5% 的防水剂配制成的），这种做法适用于抗震地区、独立砖柱和振动较大的砖砌体中，但砂浆易开裂影响防潮效果 [图 4-7 (b)]。

③细石混凝土防潮层：在防潮层位置浇筑 60mm 厚与墙体等宽的细石混凝土带，内配 3Φ6 或 3Φ8 钢筋。这种做法抗裂性好，并与砌体结合紧密，故适用于整体刚度要求较高的建筑中 [图 4-7 (c)]。

2）垂直防潮层：当相邻两房间之间室内地面有高差或室内地坪低于室外地面时，应在墙身内设置高低两道水平防潮层，并在靠土壤一侧设置垂直防潮层，以避免回填土中的潮气侵入墙身。

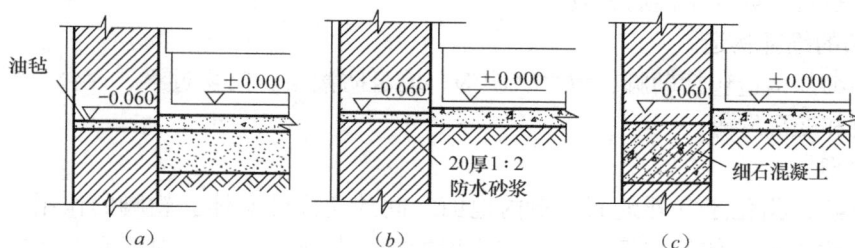

图 4-7　水平防潮层的做法

(a) 油毡防潮层；(b) 防水砂浆防潮层；(c) 细石混凝土防潮层

(4) 门窗过梁

过梁是指设置在门窗洞口上部的横梁。其作用是承受洞口上部墙体和楼板传来的荷载，并把这些荷载传递给洞口两侧的墙体。过梁的形式有砖拱过梁、钢筋砖过梁和钢筋混凝土过梁三种：

1) 砖拱过梁

砖拱过梁分为平拱和弧拱。工程中常用的是平拱砖过梁，由砖侧砌形成，灰缝上宽下窄使侧砖向两边倾斜，相互挤压形成拱的作用，两端下部深入墙内 20~30mm，中部起拱高度为洞口跨度的 1/50。砖砌平拱过梁净跨宜小于等于 1.2m，不应超过 1.8m。由于砖拱过梁的整体性能稍差，承载力也低，目前已较少采用。

2) 钢筋砖过梁

钢筋砖过梁是指配置了钢筋的平砌砖过梁。一般是在钢筋砖过梁底部厚度不小于30mm 的水泥砂浆层内设间距小于 120mm 的 φ6 钢筋，钢筋伸入洞口两侧墙内的长度不应小于 240mm，并设 90°直弯钩，伸入在墙体的竖缝内。钢筋砖过梁的高度经计算确定，一般不应小于 5 皮砖，砌筑用的砂浆强度不低于 M2.5。钢筋砖过梁适用于净跨小于等于1.5m，且不应超过 2m 的上部无集中荷载的洞口。

3) 钢筋混凝土过梁

当门窗洞口跨度超过 2m 或上部有集中荷载时需采用钢筋混凝土过梁。钢筋混凝土过梁有现浇和预制两种，梁高及配筋由计算确定。为了施工方便，梁高应与砖的皮数相适应，以方便墙体连续砌筑，故常见梁高为 60mm、120mm、180mm、240mm，即 60mm 的整倍数。梁宽一般同墙厚，梁两端支承在墙上的长度不少于 240mm，以保证有足够的承压面积。

钢筋混凝土过梁的断面形式有矩形和 L 形。矩形多用于内墙和混水墙，L 形多用于外墙和清水墙。为简化构造，节约材料，可将过梁与圈梁、悬挑雨篷、窗楣板或遮阳板等结合起来设计。

(5) 窗台

窗台是窗洞下部的构造，用来排除窗外侧流下的雨水和内侧的冷凝水，且具有装饰作用。按其构造做法分为外窗台和内窗台。

位于窗外的窗台叫作外窗台。外窗台有悬挑窗台和不悬挑窗台两种。悬挑窗台常采用砖砌或者采用预制钢筋混凝土，其挑出的尺寸不小于60mm，窗台表面的坡度可由斜砌的砖形成，也可用1：2.5水泥砂浆抹出（图4-8），并在悬挑窗台底部边缘处抹灰时做滴水线或滴水槽（宽度和深度均不小于10mm）。如外墙饰面材料为面砖、石材等易冲洗的材料时，可不设悬挑窗台。

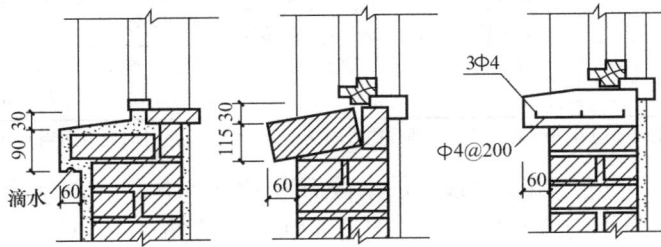

图4-8　外窗台构造

位于室内的窗台叫内窗台。因其不受雨水冲刷，一般为水平放置，通常结合室内装修选择水泥砂浆抹灰、木板或贴面砖等多种饰面形式。北方地区室内采暖，常在窗台下设置暖气槽，此时应采用预制水磨石板或预制钢筋混凝土窗台板形成内窗台。

（6）圈梁

圈梁是沿建筑物外墙四周、内纵墙、部分内横墙设置的连续闭合的梁。它的作用是提高建筑物的整体刚度和稳定性，减少由于地基不均匀沉降而引起的墙身开裂，抵抗地震作用的影响。

1）圈梁的设置要求

圈梁设置的位置与其数量有一定关系，当只设一道圈梁时，应设在屋盖处，当多道设置时应设在相应的楼盖处或门窗洞口上方。圈梁一般设在屋盖或楼盖结构层的下方，对空间较大房间和地震烈度8度以上地区的建筑，外墙圈梁外侧应加高，以防楼板受力作用发生水平移动。

2）圈梁的构造

钢筋混凝土圈梁的高度不小于120mm，宽度与墙厚相同，当墙厚大于240mm时，其宽度可适当减小，但不宜小于墙厚的2/3。

当圈梁被门窗洞口截断时，应在洞口上部增设相同截面的附加圈梁（图4-9），其配筋和混凝土强度等级均不小于圈梁的配筋和混凝土强度等级。

（7）构造柱

构造柱是从构造角度考虑设置的，其作用是从竖向加强层间墙体的连接，与圈梁形成空间骨架，加强建筑物的整体刚度，提高墙体抗变形的能力。

构造柱一般设在外墙四角、内外墙交接处、较大洞口两侧、楼梯及电梯间四角。除此之外，根据房屋的层数和抗震设防烈度不同，构造柱的设置要求如表4-2所示。

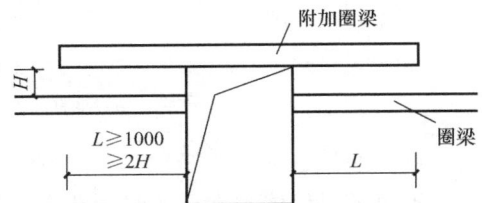

图4-9　附加圈梁构造

房屋层数				设置的部位	
6 度	7 度	8 度	9 度		
≤五	≤四	≤三	—	楼（电）梯间四角，楼梯斜梯段上、下端对应的墙体处；外墙四角和对应转角；错层部位横墙与外纵墙交接处；较大洞口两侧；大房间内、外墙交接处	隔 12m 或单元横墙与外纵墙交接处，楼梯间对应的另一侧内横墙与外纵墙交接处
六	五	四	二		隔开间横墙（轴线）与外墙交接处，山墙与内纵墙交接处
七	六、七	五、六	三、四		内墙（轴线）与外墙交接处，内墙局部较小的墙垛处；内纵墙与横墙（轴线）交接处

注：较大洞口，内墙指不小于 2.1m 的洞口；外墙在内外墙交接处已设置构造柱时允许适当放宽，但洞侧墙体应加强。

构造柱的截面尺寸应与墙厚一致，最小截面为 180mm×240mm（墙厚为 190mm 时为 180mm×190mm），最小配筋量是：纵向钢筋 4Φ12，箍筋 Φ6，间距不大于 250mm，且在柱上下端宜适当加密。构造柱施工时应先放置构造柱钢筋骨架，后砌墙，随着墙体的升高而逐段现浇混凝土构造柱身。构造柱与墙体连接处宜砌成先退后进的大马牙槎，并应沿墙高每 500mm 设 2Φ6 拉结筋，每边伸入墙内不少于 1m（图 4-10）。

构造柱可不单独设基础，但应伸入室外地坪下 500mm，或锚入浅于 500mm 的基础梁内。构造柱与圈梁连接处，构造柱的纵筋应穿过圈梁，保证构造柱纵筋上下贯通。

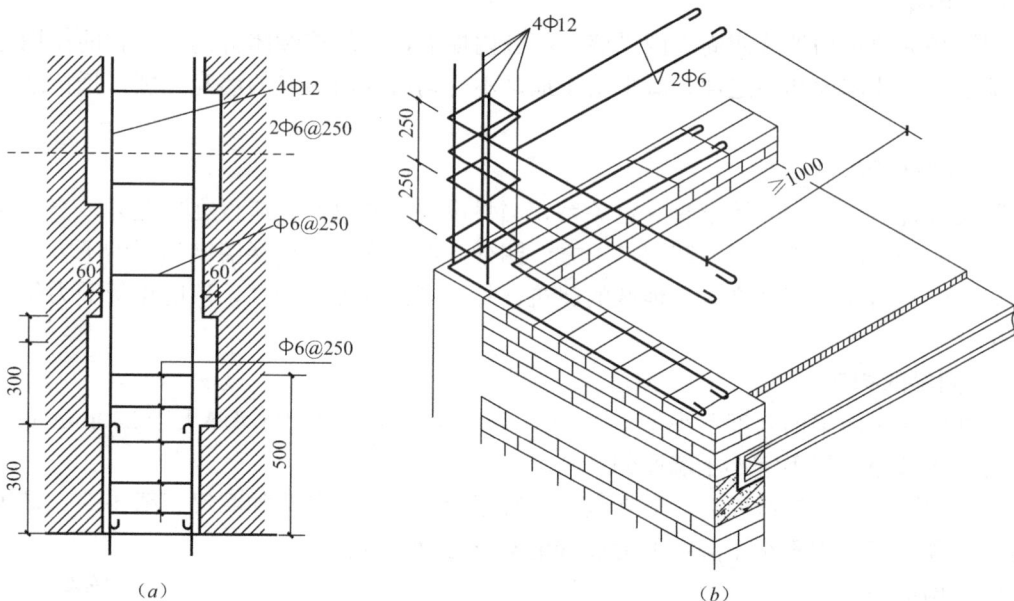

图 4-10　构造柱的构造
（a）平直墙面构造柱；（b）转角处的构造柱

（8）通风道

通风道是墙体中常见的竖向孔道，作用是为了排除卫生间、厨房的污浊空气和不良气味。通风道的组织方式可以分为每层独用、隔层共用和子母式三种，目前多采用子母式通风道。子母式由一大一小两个孔道组成，大孔道（母通风道）直通屋面，小孔道（子通风道）一端与大孔道相通，一端在墙上开口，具有截面简洁、通风效果的特点。

（9）复合墙体

为了适应我国建筑节能的技术政策要求，减少建筑全生命周期内的碳排放量，目前在建筑中广泛采用复合外墙体，这是一条改善外墙体热工性能的可行途径。

复合外墙主要有中填保温材料复合墙体、内保温复合外墙和外保温复合外墙三种。

1）中填保温材料复合墙体：这种墙体是把砌筑墙体分为内外两层，在其中间空隙处填塞岩棉等保温材料，用砌体材料本身或钢筋网片进行拉结。目前中填保温外墙已经基本被淘汰。

2）内保温复合外墙：这种墙体是在结构墙体的内表面设置保温板，进而达到保温的目的。优点是保温材料设置在墙体内侧，保温材料不受外界因素的影响，保温效果可靠。缺点是冷热平衡界面比较靠内，当室外温度较低时容易在结构墙体内表面与保温材料外表面之间形成冷凝水，而且保温材料占室内的面积较多。目前这种保温方式在我国中原地区应用比较广泛。

3）外保温复合外墙：这种墙体是在结构墙体的外表面设置保温板（目前多用聚苯板），以达到复合保温的目的。优点是保温材料设置在墙体的外侧，冷热平衡界面比较靠外，保温的效果好。缺点是保温材料设置在外墙的外表面，如果罩面材料选择不当或施工工艺存在问题，将会使保温的效果大打折扣，甚至会引起墙面及保温板发生龟裂或脱落。随着聚合物砂浆的应用以及各种纤维网格布的大量涌现，使外保温墙面的工艺及安全性得到了显著的提高，外保温外墙是现代建筑采用比较普遍的复合墙形式，尤其适合在寒冷及严寒地区使用。

4. 隔墙

隔墙是指用于分隔建筑物内部空间的非承重构件，其本身重量由楼板或梁来承担。隔墙按构造方式分为块材隔墙、轻骨架隔墙和板材隔墙三大类。

（1）块材隔墙

块材隔墙是指用普通砖、空心砖、加气混凝土砌块等块材砌筑的墙。块材隔墙坚固耐久、隔声性能较好，但自重大，湿作业量大，不易拆装。常用的有普通砖隔墙和砌块隔墙。

1）普通砖隔墙

普通砖隔墙一般采用半砖隔墙。

半砖隔墙用普通黏土砖采用全顺式砌筑而成（砌筑砂浆强度等级不低于 M5）。由于墙体轻而薄，稳定性较差，因此构造上要求隔墙与承重墙或柱之间连接牢固，一般要求隔墙两端的承重墙须留出马牙槎，并沿墙高度每隔 500mm 砌入 2Φ6 的拉结钢筋，深入隔墙不小于 500mm。还应沿隔墙高度每隔 1200mm 设一道 30mm 厚水泥砂浆层，内放 2Φ6 钢筋。为了保证隔墙不承重，在隔墙顶部与楼板相接处，应将砖斜砌一皮，或留约 30mm 的空隙塞木楔打紧，然后用砂浆填缝。隔墙上有门窗时，需预埋防腐木砖、铁件或将带有木楔的混凝土预制块砌入隔墙中，以便固定门框。

2）砌块隔墙

为减轻隔墙自重，可采用轻质砌块。砌块隔墙墙厚一般为 90~120mm。加固构造措施同普通砖隔墙，砌块不够整块时宜用普通黏土砖填补。因砌块孔隙率大、吸水量大，故在砌筑时先在墙下部实砌 3~5 皮实心黏土砖再砌砌块。

（2）轻骨架隔墙

轻骨架隔墙由骨架和面层两部分组成，由于先立墙筋（骨架）后做面层，故又称立筋式隔墙。骨架有木骨架和金属骨架，面板有板条抹灰、钢丝网板条抹灰、胶合板、纤维板、石膏板等。这类隔墙自重轻，一般可直接放置在楼板上，隔声效果较好，因而应用较广。

现以木骨架隔墙和轻钢龙骨隔墙介绍轻骨架隔墙的构造。

1）木骨架隔墙

骨架由上槛、下槛、墙筋、横撑或斜撑组成。面层目前普遍做法是在木骨架上钉各种成品板材，如纤维板、胶合板、石膏板等，并在骨架、木基层板背面刷两遍防火涂料，以提高其防火性能。

2）轻钢龙骨隔墙

用轻钢龙骨作骨架，纸面石膏板、纤维水泥加压板、纤维石膏板、粉石英硅酸钙板等作面层。轻钢龙骨它一般由沿顶龙骨、沿地龙骨、竖向龙骨、横撑龙骨、加强龙骨等组成。组装骨架的薄壁型钢是工厂生产的定型产品，并配有组装需要的各种连接构件。竖龙骨的间距≤600mm，横龙骨的间距≤1500mm。当墙体高度在4m以上时，还应适当加密。

（3）板材隔墙

板材隔墙是指单块轻质板材的高度相当于房间净高，不依赖骨架，直接装配而成。目前多采用条板，如轻混凝土条板、石膏条板、水泥条板、石膏珍珠岩板以及各种复合板。条板厚度一般为60～100mm，宽度为600～1000mm，长度略小于房间净高。安装时，条板下部先用木楔顶紧，然后用细石混凝土堵严，板缝用胶粘剂进行粘结，并用胶泥刮缝，平整后再做表面装修。由于板材隔墙是用轻质材料制成的大型板材，施工中直接拼装而不依赖骨架，因此它具有自重轻，安装方便，施工速度快，工业化程度高的特点。

5. 幕墙

幕墙是由金属构件与各种板材组成的悬挂在建筑主体结构上的轻质装饰性外围护墙，是现代公共建筑经常采用的一种墙体形式。幕墙的面板可以分为玻璃、金属板和石材，可以根据建筑立面的不同进行选择，既可以单一使用，也可以混合使用，其中以玻璃幕墙最为常见。

（1）玻璃幕墙的分类

玻璃幕墙根据其承重方式不同可以分为框支撑玻璃幕墙、全玻璃幕墙和点支撑玻璃幕墙。框支撑玻璃幕墙造价低，是使用最为广泛的玻璃幕墙。全玻璃幕墙通透、轻盈，常用于大型公共建筑。点支撑玻璃幕墙不仅通透，而且展现了精美的结构，发展十分迅速。

1）框支撑玻璃幕墙：这种幕墙是用铝合金、不锈钢或其他框材制作成骨架，并与主题建筑连接，然后把幕墙安装在骨架上。按其构造方式可以分为明框玻璃幕墙、隐框玻璃幕墙和半隐框玻璃幕墙。

2）全玻璃式幕墙：这是由玻璃板和玻璃肋制作的玻璃幕墙。全玻璃式幕墙的面板以及与建筑物主体结构部分的连接构件全都由玻璃构成。因为玻璃属于脆性材料，用玻璃肋来支撑的全玻璃式幕墙的整体高度受到一定程度的限制。

3）点支撑幕墙：点式幕墙采用在面板四角或周边穿孔的方法，用金属爪来固定幕墙面板。这种幕墙多用于需要大片通透效果的玻璃幕墙上。

（2）玻璃幕墙所用的材料

构成玻璃幕墙的材料主要有玻璃、支撑体系、连接构件和粘结密封材料。

1）玻璃：幕墙所用的玻璃必须为安全玻璃（如钢化玻璃、夹丝玻璃等），以保证使用的安全。当幕墙有热工方面的要求时，应采用中空玻璃。为了减少玻璃幕墙的冷热损失，有利于节能，目前推荐采用低辐射玻璃、变色玻璃等。

2）支撑材料：幕墙的支撑材料有金属框架和柔性钢索。金属框架多为铝合金、不锈钢以及型钢。铝合金型材表面应做氧化处理，并要保证型材的壁厚在 3mm 以上。不锈钢型材和型钢型材要做好防锈措施。

3）连接件：常用的连接件多以角钢、槽钢及钢板加工而成，也有部分是特制的。

4）粘结密封材料：幕墙的粘结密封材料多采用硅酮结构胶和硅酮耐候胶。硅酮结构胶一般用来处理玻璃与金属构件之间以及玻璃之间的连接，硅酮耐候胶主要用来嵌缝。

6. 地下室的防潮与防水构造

建筑物首层下面的地下使用空间称为地下室。地下室一般由墙身、底板、顶板、门窗、楼梯等部分组成。地下室可以用作设备间、储藏房间、车库、商场以及战备人防工程等。高层建筑常利用深基础，建造一层或多层地下室，既可节约建设用地，增加使用面积又节省填土费用。

（1）地下室的分类

1）按埋入地下深度分类

地下室按埋入地下深度的不同可分为：全地下室和半地下室。全地下室是指地下室地面低于室外地坪的高度超过该房间净高的 1/2；半地下室是指地下室地面低于室外地坪的高度为该房间净高的 1/3～1/2。

2）按使用功能分类

按地下室使用功能不同可分为：普通地下室和人防地下室。普通地下室一般用作高层建筑的地下停车库、设备用房；根据用途及结构需要可做成一层或二、三层、多层地下室。人防地下室是结合人防要求设置的地下空间，用以应付战时情况下人员的隐蔽和疏散，并有具备保障人身安全的各项技术措施。

（2）地下室的防潮

地下室外墙和底板都埋于地下，地下水通过地下室围护结构渗入室内，不仅影响使用，如果水中含有酸、碱等腐蚀性物质时还会影响结构的耐久性。因此，防潮、防水是地下室构造处理的关键问题。

当地下水的常年水位和最高水位均在地下室地坪标高以下时，地下水不可能浸入地下室内部，地下室外墙底板和外墙可只做防潮层，地下室防潮只适用于防无压水。

地下室外墙外面设垂直防潮层。其做法是：在墙体外表面先抹一层 20mm 厚的 1：2.5 水泥砂浆找平，再涂一道冷底子油和两道热沥青；然后在外侧回填低渗透性土壤，并逐层夯实，土层宽度为 500mm 左右，以防地面雨水或其他地表水的影响。

地下室的所有墙体都应设两道水平防潮层，一道设在地下室地坪附近，另一道设在室外地坪以上 150～200mm 处（图 4-11），使整个地下室防潮层连成整体，以防地潮沿地下墙身或勒脚处进入室内。

（3）地下室的防水

当设计最高水位高于地下室地坪时，地下室的外墙和底板都浸泡在水中，应考虑进行防水处理。常采用的防水措施有构件自防水和材料防水两类。

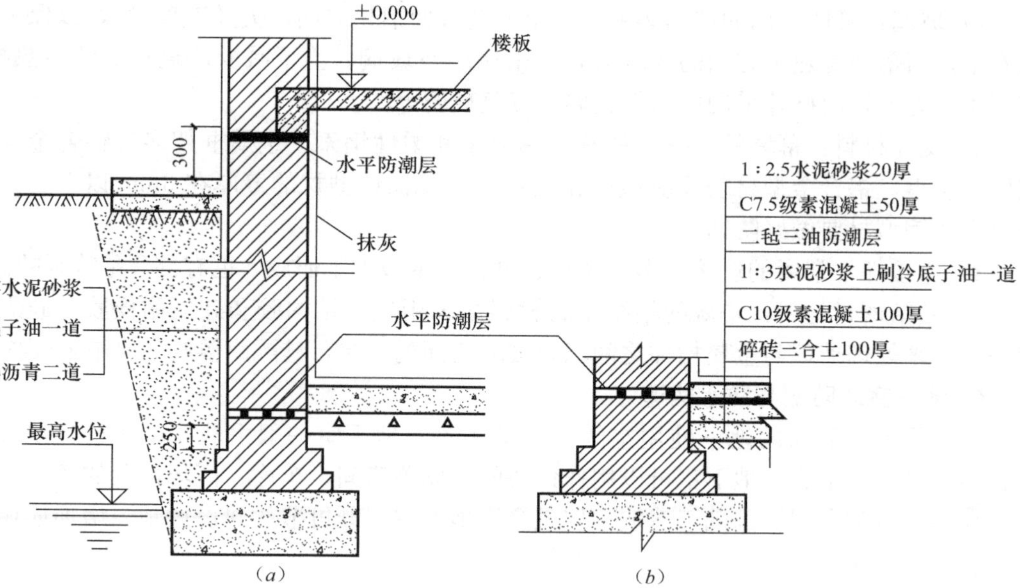

图 4-11　地下室的防潮处理
（*a*）墙身防潮；（*b*）地坪防潮

1）构件自防水　所谓自防水是指当地下室地坪和墙体均为钢筋混凝土结构时，可采用抗渗性能好的防水混凝土材料，使承重、围护、防水功能三合一。

2）材料防水　材料防水是指在外墙和地坪表面敷设防水材料，如卷材、涂料或防水水泥砂浆等，阻止地下水渗入。其中，卷材防水是常用的一种防水材料。地下室采用卷材防水层时，防水卷材的层数应按地下水的最大水头选用。卷材防水按防水层铺贴位置的不同，分外防水和内防水两种。

① 外防水　外防水是将防水层贴在地下室外墙的外表面（即迎水面），这种方法防水效果好，但维修困难。外防水构造要点是：先在混凝土垫层上将油毡满铺整个地下室，然后浇筑细石混凝土或水泥砂浆保护层，以便浇筑钢筋混凝土底板。底层防水油毡须留出足够的长度，以便与墙面垂直防水油毡搭接。墙体防水层是先在外墙外侧抹 20mm 厚 1：2.5 水泥砂浆找平层，涂刷冷底子油一道，选定油毡层数，按一层油毡一层沥青胶顺序粘贴防水层。防水卷材须高出最高地下水位 500～1000mm 为宜。油毡防水层以上的地下室侧墙应抹水泥砂浆涂两道热沥青，直至室外散水处。垂直防水层外侧砌半砖厚的保护墙一道，以保护防水层并使防水层均匀受压，在保护墙与防水层之间缝隙中灌以水泥砂浆。

② 内防水　内防水是将防水层贴在地下室外墙的内表面，这样施工方便，容易维修，但不利于防水，常用于修缮工程。内防水的具体做法是：地下室地坪的防水构造是先浇厚约 100mm 的混凝土垫层；再以选定的油毡层数在地坪垫层上做防水层，并在防水层上抹 20～30mm 厚的水泥砂浆保护层，以便于上面浇筑钢筋混凝土。地坪防水层必须留出足够的长度包向垂直墙面并转接。同时要做好转折处油毡的保护工作，以免因转折交接处的油毡断裂而影响地下室的防水。

114

4.1.4 楼板及楼地面的一般构造

楼地层包括楼板层和地坪层，楼板层是分隔建筑空间的水平承重构件。楼板层和地坪层均供人们在上面活动使用，因此具有相同的面层类型。但是，由于它们所处位置不同，受力情况也不尽相同。

楼板由面层、结构层、顶棚层三个基本层次组成。

（1）面层　面层是人们日常活动，家具设备等直接接触的部位，楼板面层还保护结构层免受腐蚀和磨损。同时还对室内起美化装饰作用，增强了使用者的舒适感。因此，楼板面层应满足坚固耐磨、不易起尘、舒适美观的要求。

（2）结构层　楼板的结构层，是承重构件，通常由梁板组成。主要功能在于承受楼板层上的全部荷载并将这些荷载传给墙或柱；同时还对墙身起水平支撑作用，以加强建筑物的整体刚度。结构层应坚固耐久，满足楼板层的强度和刚度要求。

（3）顶棚层　为了使室内的观感良好，楼板下需要做顶棚。顶棚既可以保护楼板、安装灯具、遮挡各种水平管线，又可以改善室内光照条件，装饰美化室内空间。

（4）附加层　在实际工程中，以上三个基本层次往往不能满足使用上或构造上的要求，这就需要添加一些其他层次。附加层又称功能层，根据楼板层的具体要求而设置，主要作用是隔声、隔热、保温、防水、防潮、防腐蚀、防静电等。

根据建筑的平面布局与使用要求，可以选用不同的楼板。根据承重结构所用材料不同，可分为木楼板、钢筋混凝土楼板和压型钢板组合楼板等多种类型。因为钢筋混凝土楼板造价低廉、容易成型、耐久、防火等性能，因此是目前最常用的楼板类型。

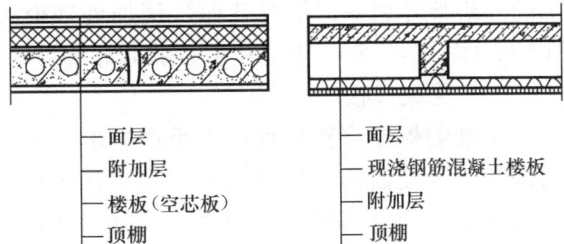

图 4-12　楼层的组成

根据施工方法不同，钢筋混凝土楼板可分为现浇式、装配式和装配整体式三种。

1. 现浇钢筋混凝土楼板

现浇钢筋混凝土楼板是在施工现场采取支设模板、绑扎钢筋、浇筑混凝土等工序，经过一定龄期的养护达到混凝土设计强度，最后拆除模板而成型的楼板。它的优点是整体性好、刚度大，特别适用于抗震设防要求较高的建筑中，对有管道穿过的房间、平面形状不规整的房间或防水要求较高的房间，都适合采用现浇钢筋混凝土楼板。但是现浇钢筋混凝土楼板有施工工期较长，现场湿作业多，需要消耗大量模板等缺点。近年来由于工具式模板的采用，现场机械化程度的提高，使得现浇钢筋混凝土楼板在高层建筑中得到较普遍应用。

现浇钢筋混凝土楼板可以分为板式楼板、梁板式楼板、井式楼板和无梁楼板。

（1）板式楼板

楼板内不设梁，将板直接搁置在承重墙上，楼面荷载可直接通过楼板传给墙体，这种厚度一致的楼板称为板式楼板。

楼板根据受力特点和支承情况，分为单向板和双向板。当板的长边与短边之比不大于

2时，按双向板计算；当板的长边与短边之比大于2，但小于3时，宜按双向板计算；当长边与短边之比不小于3时，按单向板计算。

板式楼板板底平整、美观、施工方便，适用于墙体承重的小跨度房间，如厨房、卫生间、走廊等。

（2）梁板式楼板

当房间的平面尺寸较大时，为了使楼板结构的受力和传力更为合理，可以在板下设梁来作为板的支座，从而减小板跨。这种由板和梁组成的楼板称为梁板式楼板，也叫肋梁楼板。根据板的受力状况不同，有单向板肋梁楼板、双向板肋梁楼板。单向板肋梁楼板由板、次梁和主梁组成，双向板肋梁楼板常无主次梁之分，由板和梁组成。一般主梁的经济跨度为5~8m，梁的高度为跨度的1/14~1/8；次梁的跨度一般为4~6m，梁的高度为跨度的1/18~1/12；板的跨度一般为1.8~3.0m，板的厚度一般为60~80mm。

梁板式楼板的结构布置，应依据房间尺寸大小，柱和承重墙的位置等因素进行，梁格的布置应整齐、合理、经济。

（3）井式楼板

当梁板式楼板两个方向的梁不分主次，高度相等，同位相交，呈井字形时，则称为井式楼板，它是梁板式的一种特殊布置形式。井式楼板的梁通常采用正交正放的布置方式，梁格分布规律，具有较好的装饰性。由于井式楼板可以用于较大的无柱空间，而且楼板底部的井格整齐划一，很有韵律，稍加处理就可形成艺术效果很好的顶棚，所以常用在门厅、大厅、会议室、小型礼堂、歌舞厅等处。

（4）无梁楼板

无梁楼板是将楼板直接支承在柱上，不设主梁和次梁。无梁楼板分为有柱帽和无柱帽两种。当楼面荷载比较小时，可采用无柱帽楼板；当楼面荷载较大时，为提高楼板的承载能力、刚度和抗冲切能力，必须在柱顶加设柱帽。无梁楼板的柱网应尽量按方形网格布置，跨度在6~8m左右较为经济，板的最小厚度通常为150mm，且不小于板跨的1/35~1/32。

无梁楼板具有净空高度大，顶棚平整，采光通风及卫生条件均较好，施工简便等优点。适用于活荷载较大的商店、书库、仓库等建筑。

2. 装配式钢筋混凝土楼板

装配式钢筋混凝土楼板系指在构件预制加工厂或施工现场外预先制作，然后运到工地现场进行安装的钢筋混凝土楼板。这种楼板具有节省模板、施工速度快、有利于建筑工业化生产的优点。但楼板的整体性差，房屋的刚度也不如现浇式的房屋刚度好。

常用的预制钢筋混凝土楼板，根据其截面形式可分为实心平板、槽形板、空心板三种类型。

（1）实心平板

实心平板板面上下平整，制作工艺简单，但自重较大，隔声效果差，常用于面积较小的房间或者走廊等处。

（2）槽形板

当板的跨度较大时，为了减轻板的自重，根据板的受力情况，可将板做成由肋和板构成的槽形板。槽形板减轻了板的自重，具有节省材料、便于在板上开洞等优点，但隔声效果差。槽形板的搁置方式有两种：一种是正置，即肋向下搁置；一种是倒置，即肋向上搁置。

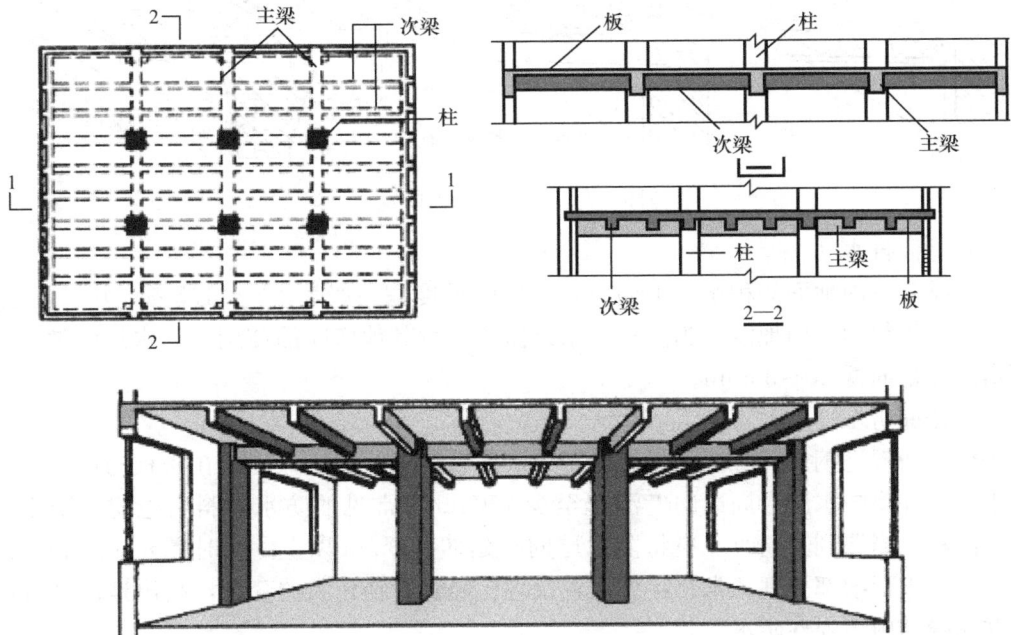

图 4-13　梁板式楼板

（3）空心板

空心板是将楼板中部沿纵向抽空形成空心，也是一种梁板合一的构件。空心板的孔洞有圆形、椭圆形、矩形、方形等几种，由于圆孔板在制作时抽芯脱模方便，因此应用最为广泛。空心板的优点是节省材料、隔声隔热性能较好，缺点是板面不能任意打洞。

（4）板的搁置要求

预制板直接搁置在墙上或梁上时，均应有足够的搁置长度。支承于梁上时其搁置长度应不小于 80mm；支承于墙上时其搁置长度应不小于 100mm。一般要求板的规格、类型愈少愈好。因为板的规格过多，不仅给板的制作增加麻烦，而且施工也较复杂。

在空心板安装前，应在板端的圆孔内填塞 C15 混凝土短圆柱（即堵头）以避免安装过程中板端被压坏。铺板前，先在墙或梁上用 10～20mm 厚 M5 水泥砂浆找平（即坐浆），然后再铺板，使板与墙或梁有较好的联结，同时也使墙体受力均匀。

当缝隙小于 60mm 时，可调节板缝；当缝隙在小于 120mm 时，可平行于墙挑砖，注意挑砖的上下表面与板面平齐；当缝隙在小于 200mm 时，设现浇钢筋混凝土板带，且将板带设在墙边或有穿管的部位；当缝隙大于 200mm 时，调整板的规格。

为了加强预制楼板的整体刚度，抵抗地震的水平荷载，在两块预制板之间、板与纵墙、板与山墙等处均应增加钢筋锚固，然后在缝内填上细石混凝土。或者在板上铺设钢筋网，然后在上面浇筑一层厚 30～40mm 的细石混凝土作为整浇层（图 4-14）。

3. 楼地面的防水构造

民用建筑存在一些用水频繁的房间，如厕所、淋浴室、实验室等，为了避免渗漏水的现象，需要做好楼地面的排水和防水。

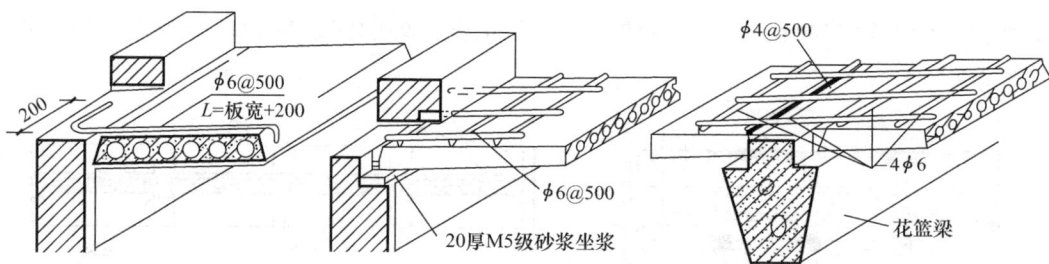

图 4-14 锚固钢筋的配置

（1）地面排水

为了排除室内地面的积水，地面应有一定的坡度，一般为 1‰~1.5‰，并设置地漏，使地面水有组织地排向地漏。为防止积水外溢，影响其他房间的使用，有水房间地面应比相邻房间或地面低 20~30mm。

（2）楼面防水

楼板应为现浇钢筋混凝土楼板，对于防水要求较高的房间，还应在楼板与面层之间设置防水层，并将防水层沿周边向上泛起至少 150mm。常见的防水材料有卷材、防水砂浆和防水涂料。当遇到开门时，应将防水层向外延伸 250mm 以上。同时需要对穿越楼地面的竖向管道进行细部处理。常在穿管位置预埋比竖管管径稍大的套管，高出地面 30mm 左右，并在缝隙内填弹性防水材料。

4. 室内地坪的构造

地坪层是建筑物底层与土壤相接的构件，和楼板层一样，它承受着地面上的荷载，并将这些荷载均匀地传给地基。

地坪层的基本组成部分有面层、垫层和基层，对于有特殊要求的地坪，常在面层和垫层之间增设一些附加层（图 4-15）。

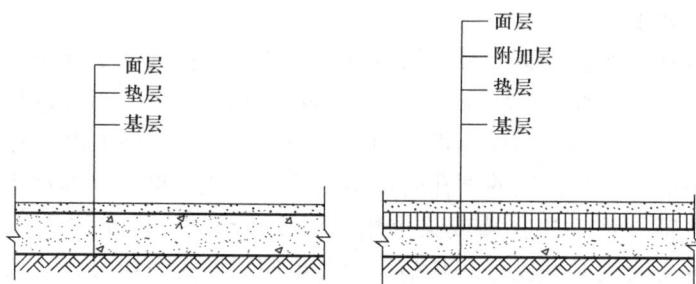

图 4-15 地坪层的组成

（1）面层 地坪的面层又称地面，和楼面一样，直接承受人、家具、设备等各种物理和化学作用，起着保护结构层和美化室内的作用，和楼面作法相同。

（2）垫层 垫层作用是承受地面上的荷载并将荷载传递给基层。按照垫层材料不同，可以分为刚性垫层和非刚性垫层两大类。刚性垫层一般为 50~100mm 混凝土有足够的整体刚度，受力后不产生塑性变形。非刚性垫层材料为灰土、砂和碎石、炉渣等松散材料，受力后产生塑性变形。当地面面层为整体性面层时，常采用刚性面层，如水泥地面、水磨石地面等；当地面面层整浇性较差时，如块料地面，常采用非刚性垫层。

（3）基层　基层即垫层下的土，又称地基，一般为原土层或填土分层夯实。

4.1.5　楼梯、坡道与台阶的一般构造

建筑空间的竖向组合交通联系，依靠楼梯、电梯、自动扶梯、台阶、坡道以及爬梯等竖向交通设施。其中楼梯是连接各楼层的重要通道，是楼房建筑不可缺少的交通设施，应满足人们正常时交通，紧急时疏散的要求；垂直升降电梯用于七层及以上的多层建筑和高层建筑，在一些标准较高的低层建筑中也有使用；自动扶梯用于人流量大且使用要求高的公共建筑，如商场、候车室等；台阶用于室内外高差之间和室内局部高差之间的联系；坡道则用于建筑中无障碍交通要求的高差之间，也用于多层车库中通行汽车和医疗建筑中通行担架等。

1. 楼梯的组成

楼梯一般由梯段、楼梯平台和栏杆扶手三部分组成，如图 4-16 所示。

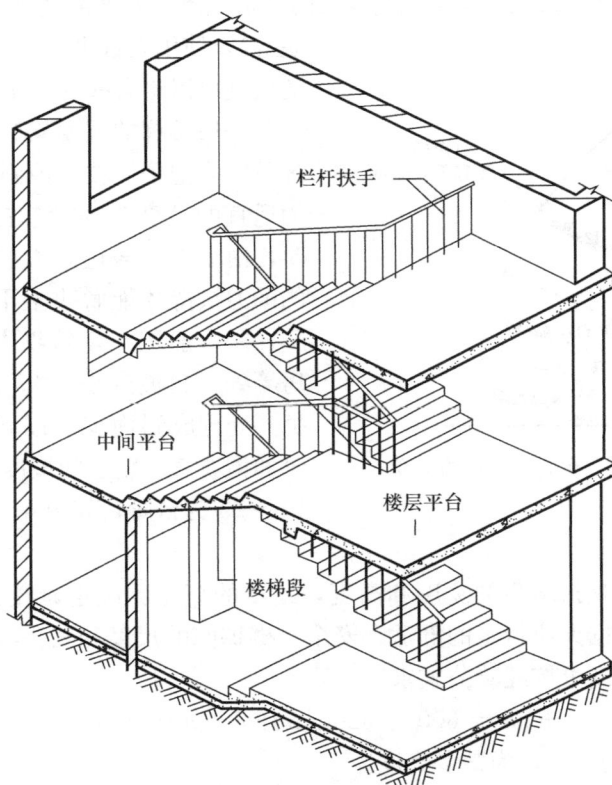

图 4-16　楼梯的组成

（1）梯段

梯段是联系两个不同标高平台的倾斜构件，是楼梯的主要使用和承重部分，它由若干个踏步组成。为减少缓解人们上下楼梯时的疲劳，同时为适应人们行走的习惯，一个梯段的踏步数最多不超过 18 级，最少不少于 3 级。

（2）楼梯平台

楼梯平台是指连接两个梯段之间的水平构件，根据平台所处的位置和标高不同，有中间平台和楼层平台之分。两楼层之间的平台称为中间平台，用来供人们行走时调节体力和

改变行进方向。而与楼层地面标高齐平的平台称为楼层平台，除了起着与中间平台相似的作用外，还用来分配从楼梯到达各楼层的人数。

（3）栏杆和扶手

栏杆和扶手是楼梯的安全设施，一般设置在梯段和平台的临空边缘。当梯段宽度不大时，可只在梯段临空面设置。当梯段宽度较大时，非临空面也应加设靠墙扶手。当梯段宽度很大时，则需要在梯段中间加设中间扶手。

2. 楼梯的尺度

（1）梯段的坡度

楼梯的坡度是指梯段的坡度，即梯段的倾斜角度。梯段坡度的大小直接影响到楼梯的正常使用，梯段坡度过大会造成行走吃力，坡度过小，踏步就平缓，行走比较舒适。但楼梯段的坡度与其占地面积关系密切，坡度越小，占地面积越大。因此，在确定楼梯坡度时，应综合考虑使用和经济因素。人流量集中或交通大的建筑，楼梯的坡度适于小些（如医院、影剧院等），使用人数少或交通量小的建筑，楼梯的坡度可以略大些（如住宅、别墅等）。

一般楼梯的坡度范围在 $23°\sim45°$，正常情况下应当把楼梯坡度控制在 $38°$ 以内，一般认为适宜的坡度为 $30°$ 左右。楼梯坡度大于 $45°$ 时，由于坡度较陡，人们往往需要借助扶手的助力扶持才能解决上下的问题，此时称为爬梯。一般用在建筑物中通往屋顶、电梯机房等处。当坡度小于 $23°$ 时，由于坡度较缓，把其处理成斜面就可以解决通行的问题，此时称为坡道，坡道的坡度小于 $10°$，当坡度在 $10°\sim23°$ 为台阶，如图 4-17 所示。

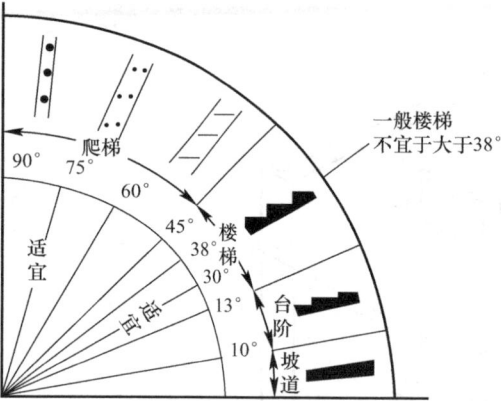

图 4-17　楼梯、爬梯、台阶、坡道的坡度

（2）踏步尺寸

楼梯踏步的尺寸是指踏步的宽度和高度，踏步的高宽比决定着楼梯段的坡度，因此，踏步的高宽比应该根据人流行走的舒适、安全、楼梯间的尺度和面积等因素决定。

踏步的宽度和高度可按经验公式求得

$$b + 2h = 600 \sim 620mm \quad 或 \quad b + h = 450mm$$

式中，b 为踏步宽度，h 为踏步高度。

楼梯踏步的高和宽尺寸一般根据经验数据和规范要求确定，见表 4-3。

楼梯踏步最小宽度和最大高度（m）　　　　　　　　　　表 4-3

楼梯类别	最小宽度	最大高度
住宅公用楼梯	0.26	0.175
幼儿园、小学学校等楼梯	0.26	0.15
电影院、剧场、体育馆、商场、医院、旅馆和大、中学学校等楼梯	0.28	0.16
其他建筑楼梯	0.26	0.17
专用疏散楼梯	0.25	0.18
服务楼梯、住宅套内楼梯	0.22	0.20

楼梯踏步的宽度受到楼梯间进深的限制时，可将踏步挑出 20～30mm，使踏步实际宽度大于其水平投影宽度，如图 4-18 所示。

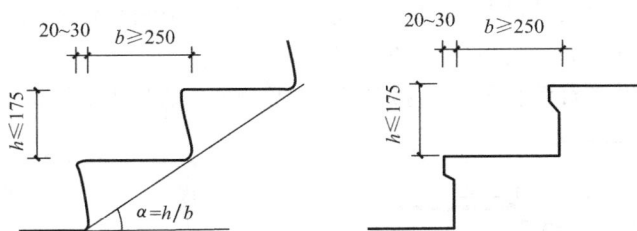

图 4-18　踏步出挑形式

（3）梯段的宽度

梯段的宽度根据建筑物的使用特征，按通过的人流股数及搬运家具的需要等确定，墙面至扶手中心线或同侧梯段扶手中心线之间的水平距离即楼梯段宽度。作为主要通行的楼梯，按照每股人流宽为 550mm＋（0～150）mm，并不应少于两股人流考虑。同时，梯段的宽度应满足建筑设计规范对梯段宽度的限定，如住宅不小于 1100mm，商场不小于 1400mm 等。

（4）平台宽度

平台宽度不应小于楼梯段的宽度，并不应小于 1200mm，以满足梯段中搬运大型物品的需要。对有特殊要求的建筑，楼梯平台的宽度应满足具体规定。

（5）栏杆扶手的高度

楼梯栏杆扶手的高度自踏步前缘线到扶手表面的垂直高度。室内楼梯的高度不应小于 900mm。当靠梯井一侧水平扶手超过 500mm 长度时，其高度不应小于 1050mm，住宅不应小于 1050mm。室外楼梯栏杆高度不应小于 1050mm，高层建筑室外楼梯栏杆高度不应小于 1100mm，儿童使用的楼梯栏杆高度一般在 500～600mm 处设置。

（6）梯井的宽度

两楼梯段之间的空隙称为楼梯井，宽度以 60～200mm 为宜，若大于 200mm，则应考虑安全措施。

（7）楼梯的净空高度

楼梯的净空高度是指踏步前缘至其正上方梯段下表面的垂直距离或平台面至其上部平台梁底面的距离。梯段净高应不小于 2200mm，平台梁下净空高不应小于 2000mm，并且梯段起止踏步边缘与顶部突出物内边缘水平距离不小于 300mm，如图 4-19 所示。

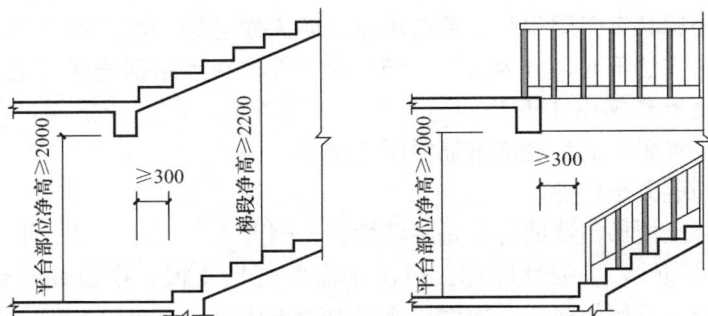

图 4-19　梯段及平台部位净高要求（mm）

在设计时为保证平台下净空高度满足通行的要求，可采用以下办法来解决。

1）利用室内外地面高差降低楼梯间底层地面的标高，见图4-20（a）。

2）增加底层第一梯段的踏步数量，以此增大入口处中间平台的高度，见图4-20（b）。

3）将上述两种方法综合使用，见图4-20（c）。

4）将底层楼梯做成直跑梯段，直接从室外上二层，见图4-20（d）。

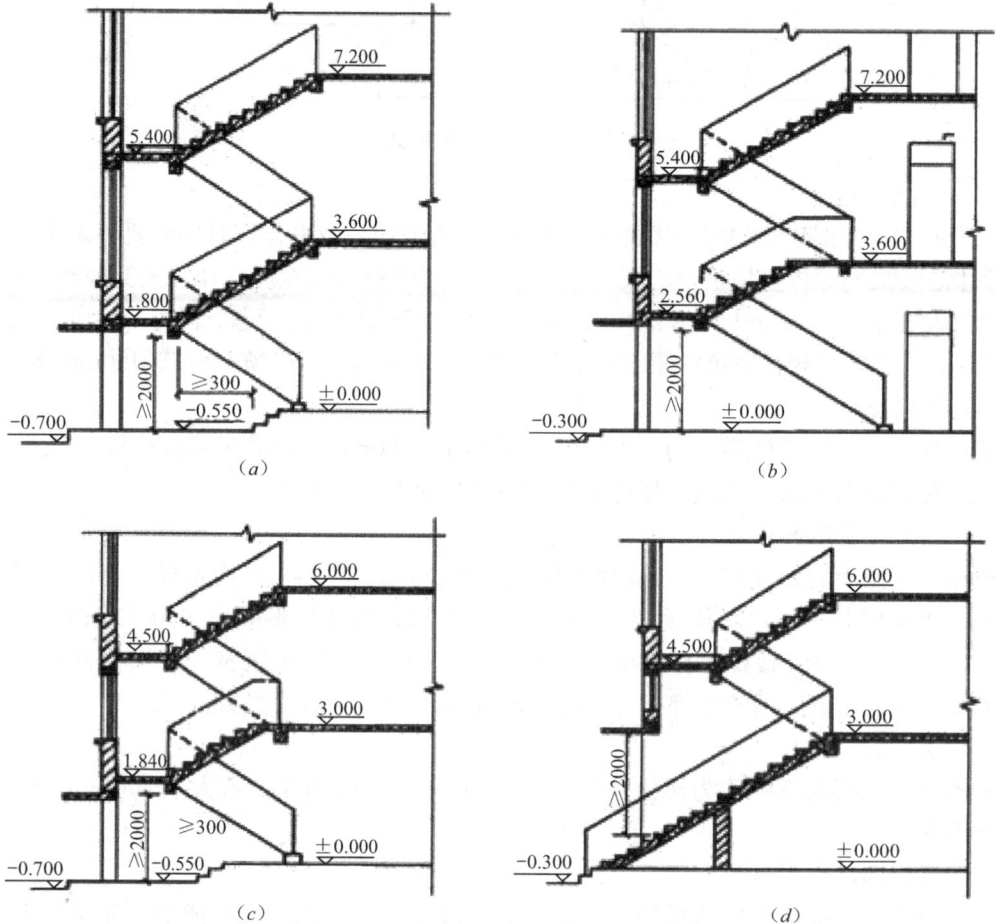

图4-20　楼梯出入口净空尺寸的调整

3. 钢筋混凝土楼梯的构造

钢筋混凝土楼梯具有坚固耐久、节约木材、防火性能好、可塑性强等优点，因此得到广泛应用。按施工方法不同，分为现浇钢筋混凝土楼梯和预制钢筋混凝土楼梯两大类。预制装配式钢筋混凝土楼梯由于安装构造复杂、整体性差、不利于抗震，在实际中较少使用，目前建筑中较多采用的是现浇钢筋混凝土楼梯。

（1）现浇钢筋混凝土楼梯

现浇钢筋混凝土楼梯构造的特点是整体性好，刚度大、尺寸灵活、形式多样，充分发挥钢筋混凝土的可塑性，抗震性能好。但由于需要现场支模，模板耗费量大，施工周期长，并且抽孔困难，不便做成空心构件，所以混凝土用量和自重较大。

现浇钢筋混凝土楼梯按传力与结构形式的不同，分为板式楼梯和梁式楼梯两种。

1) 板式楼梯

板式楼梯是指由楼梯段承受梯段上全部荷载的楼梯，如图 4-21 所示。其荷载传力路线是：荷载→梯段板→平台梁→墙体（柱）。板式楼梯的受力简单，施工方便，底面平整，易于支模和施工。由于梯段板的厚度与梯段跨度成正比，跨度较大的梯段会使梯段厚度加大而不经济，板式楼梯适用于荷载较小或层高较小的建筑，如住宅、宿舍等。有时为了保证平台下过道的净空高度，取消楼梯的平台梁，这种楼梯称之为折式楼梯。此时板的跨度为楼梯段水平投影长度与平台深度尺寸之和。

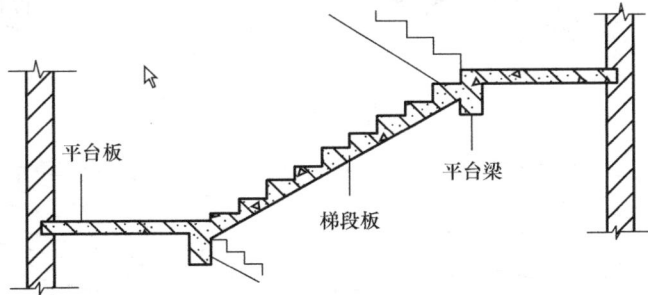

图 4-21　板式楼梯

2) 梁式楼梯

梁式楼梯是由斜梁承受梯段上全部荷载的楼梯，如图 4-22（a）所示。其荷载传力路线是：荷载→踏步板→斜梁→平台梁→墙体（柱）。梁式楼梯适用于荷载较大、层高较大的建筑，如商场、教学楼等公共建筑。

梁式楼梯也可在梯段的一侧布置斜梁，踏步一端搁置在斜梁上，另一端直接搁置在承重墙上，如图 4-22（b）所示；但楼梯间侧墙为非承重墙或楼梯两侧临空时，斜梁设在梯段的两侧，如图 4-22（c）所示；有时梁式楼梯的斜梁设置在梯段的中部，形成踏步板两侧悬挑的状态，如图 4-22（d）所示。

根据斜梁与踏步的关系，又分为明步和暗步两种形式。明步是踏步外露，这种楼梯在梯段下部形成梁的暗角，容易积灰，梯段侧面经常被清洗地面的脏水污染，影响美观。暗步是踏步被斜梁包在里面，这种楼梯弥补了明步楼梯的不足，梯段下面平整，但由于斜梁宽度满足结构要求，宽度较大，从而使梯段净宽变小。

（2）预制装配式钢筋混凝土楼梯

预制装配式钢筋混凝土楼梯是先在预制厂或施工现场预制楼梯构件，然后在现场进行装配。与现浇钢筋混凝土楼梯相比，其施工速度快，有利于节约模板，提高施工速度，减少现场湿作业，有利于建筑工业化，但刚度和稳定性差，在抗震设防地区少用。

装配式钢筋混凝土楼梯按照组成楼梯的构件尺寸和装配程度，可以分为小型构件装配式、大中型构件装配式。

1) 小型构件装配式楼梯

小型构件装配式楼梯具有构件尺寸小，重量轻，构件生产、运输、安装方便的优点。但也存在着施工难度大、施工进度慢、往往需要现场湿作业。小型构件装配式楼梯主要有梁承式、墙承式和悬挑踏步三种。

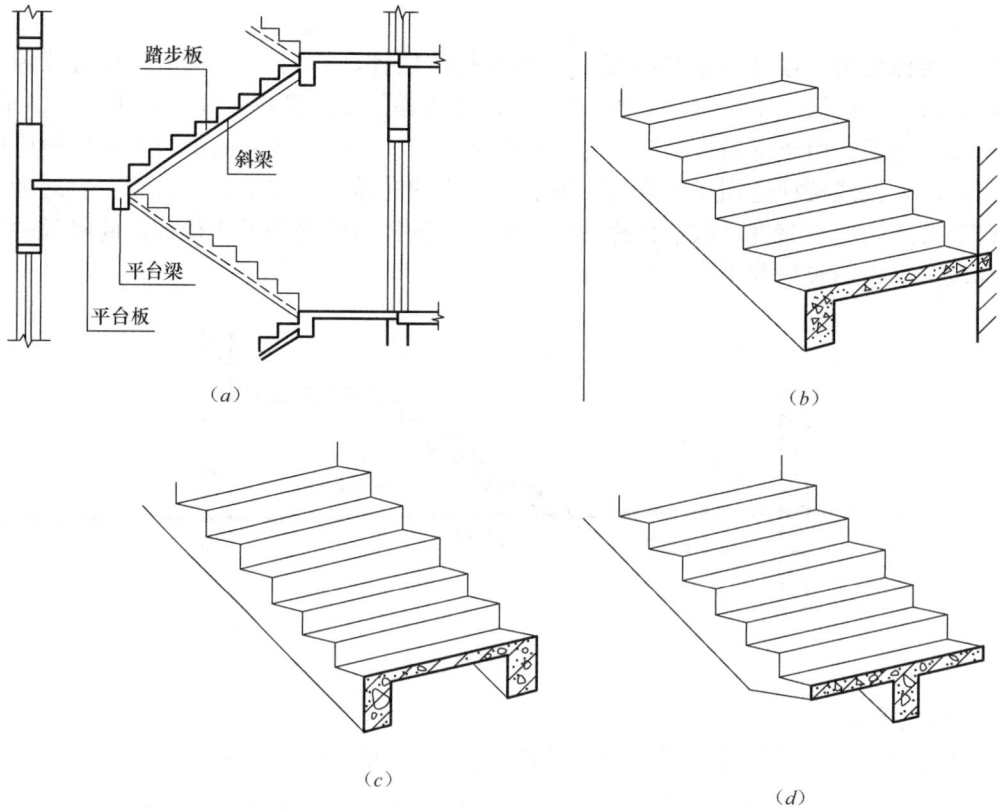

图 4-22 梁式楼梯

(a) 楼梯断面图；(b) 梯段一侧设斜梁；(c) 梯段两侧设斜梁；(d) 梯段中间设斜梁

① 梁承式

梁承式预制踏步楼梯，是将预制的踏步支撑在预制梁上，形成梯段，斜梁支撑在平台梁上。

② 墙承式

墙承式预制踏步楼梯，是将预制的踏步板在施工过程中按顺序直接搁置在墙上，形成梯段。

③ 悬挑式

悬挑式预制踏步楼梯，是将预制的踏步一端固定在墙上，一端悬挑，形成悬臂构件，全部重量通过踏步传递到墙体，踏步的悬挑长度一般不超过 1500mm。

2）大中型构件装配式楼梯

大、中型构件装配式楼梯一般是将平台梁和楼梯段作为基本构件，与小型构件装配式楼梯相比，可以减少构件种类和数量，简化施工过程、提高工作效率，适用于成片建设的大量性建筑中使用。

① 平台板

平台板通常为槽型板，有带梁和不带梁两种。一般将平台板和平台梁组合在一起预制成一个构件。

② 梯段

梯段有板式和梁式两种。板式梯段踏步为明步，有空心和实心两种。实心梯段加工简单，但自重较大；空心梯段自重较小，多为横向留孔。

梁式梯段是把踏步板与边梁组合一个构件，多为槽板式。为了节约材料，减少其自重，对踏步截面进行改造，主要采取板内留孔，把踏步板踏面和梯面相交处的凹角处理成小斜面，做成折板式踏步。

4. 楼梯的细部构造

（1）踏步的防滑处理

踏步由踏面和踢面构成。按使用要求，踏面应当平整耐磨、便于行走、容易清洁。踏面的材料一般与门厅或走道的地面材料相同，并有较强的装饰效果，常用的有水磨石、花岗岩、大理石、缸砖等。

楼梯踏面需做防滑处理，防止行人跌倒，尤其是人流量大的建筑。常用的防滑措施是在踏步口作防滑条，如铜条、铸铁、金属条、塑料条、橡胶条、马赛克等。

（2）栏杆、栏板

栏杆和栏板是楼梯中保护行人上下安全的围护措施。栏杆多采用金属材料制作，如方钢、圆钢、钢管或扁钢等，并焊接或铆接成各种图案，也有采用铸铁花饰，既起防护作用，又有装饰作用。栏板采用钢筋混凝土、木板、有机玻璃、钢化玻璃等材料制作。

（3）扶手

扶手是楼梯与人体接触频繁的部位，应当用优质硬木、金属型材、工程塑料等材料制作。木扶手和塑料扶手具有手感舒适，断面形式多样的优点，使用广泛。金属管材扶手由于其可弯性，常用于螺旋形、弧形楼梯扶手，但其断面形式单一。钢管扶手表面涂层易脱落，铝管、铜管和不锈钢钢管扶手则造价高，使用受限。

5. 台阶与坡道

（1）台阶

台阶主要用于室内出入口，是联系标高不同地面的交通构件。其位置明显，人流量较大，设计时既要满足使用要求，又要考虑它的安全性和舒适性。比较常见的台阶平面形式有：单面设踏步、两面设踏步、三面设踏步、单面设踏步附带花池（花台）等多种形式。

台阶的坡度较小，室内外台阶踏步宽度为 300～400mm，高度为 100～150mm，室内台阶踏步数不应小于 2 级，当高差不足以设置台阶时，应用坡道连接。人流密集的场所台阶高度超过 1000mm 时，宜设置护栏措施。台阶顶部平台深度一般不应小于 1000mm，并应向外做出排水坡度，以利于雨水的排除。

台阶在建筑主体工程完成后再进行施工，台阶的面材应考虑防水、防滑、抗冻、抗风化等，可用水泥砂浆、水磨石、地砖、天然石材等。

（2）坡道

坡道是连接不同标高的楼面、地面，供人行或车行的斜坡式交通道。坡道按照其用途不同分为行车坡道和轮椅坡道两类。行车坡道是为了解决车辆进出或接近建筑而设置的，分为普通行车坡道和回车坡道两种。普通行车坡道布置在有车辆进出的建筑入口处，如：车库、库房等。回车坡道通常与台阶踏步组合在一起，可以减少使用者下车之后的行走距离，一般布置在某些大型公共建筑的入口处，如：重要办公楼、旅馆、医院等。

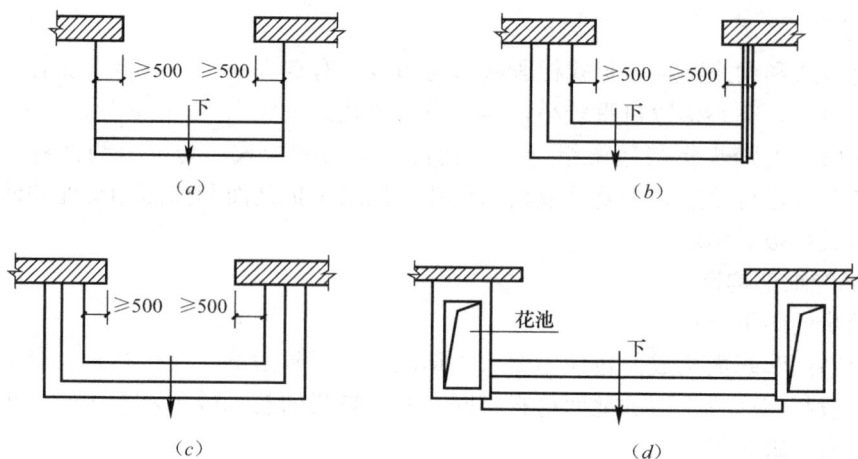

图 4-23　台阶的形式
(a) 单面踏步；(b) 两面踏步；(c) 三面踏步；(d) 单面踏步带花池

坡道的坡度用高度和长度之比来表示，一般在 1∶12～1∶8 之间。室内坡道的坡度不宜大于 1∶8，室外坡道坡度不宜大于 1∶10。残疾人用的无障碍坡道坡度应较平缓，一般不大于 1∶12，坡道两侧应设扶手。

（3）电梯与自动扶梯

电梯是当前多层及高层建筑中常备的垂直交通设施，可以极大地减轻人们上下楼梯的体力消耗。自动扶梯往往设置在人流集中的大型公共建筑中，具有通行量大、使用便捷的优点。

1）电梯

电梯的分类方式较多。按照电梯的用途分类可分为乘客电梯、住宅电梯、病床电梯、客货电梯、载货电梯、杂物电梯；按照电梯的拖动方式可以分为交流拖动电梯、直流拖动电梯、液压电梯。按照电梯的消防要求可以分为普通乘客电梯和消防电梯。

电梯由井道、机房和轿厢三部分组成。其中轿厢及拖动装置等设备是由电梯厂生产的，并有专业公司负责安装。其规格、尺寸、载重量等指标是土建工程确定电梯机房和井道布局、尺寸和构造的依据。

电梯井道是电梯轿厢运行的通道，不同性质的电梯，其井道根据需要有各种井道尺寸，井道壁多为钢筋混凝土井壁或框架填充墙井壁。

电梯机房通常设在电梯井道的顶部，个别时候也有把电梯机房设在井道底部的。机房和井道的平面相对位置允许机房任意向一个或两个相邻方向伸出，并满足机房和有关设备安装的要求。

2）自动扶梯

自动扶梯由电机驱动、踏步与扶手同步运行，可以正向运行，也可以反向运行，停机时可当作临时楼梯使用。自动扶梯的角度有 27.3°、30°、35°，其中 30° 是优先选用的角度。宽度一般有 600mm、800mm、900mm、1200mm 几种，理论载客量可达 400～10000（人·次）/h。

根据自动扶梯在建筑中的位置及建筑平面布局，自动扶梯的布置方式有并联排列式、平行排列式、串联排列式、交叉排列式等几种方式。

4.1.6 屋顶的保温隔热及防水构造

1. 屋顶的组成

屋顶是房屋最上层的水平围护结构，是房屋的重要组成部分，具有维护、承重的作用，其构造设计的核心是防水。屋顶由屋面、承重结构、保温（隔热）层和顶棚等部分组成。

2. 屋顶的形式

屋顶通常按其外形或屋面防水材料分类。

（1）根据屋顶的外形和坡度划分，屋顶可分为平屋顶、坡屋顶、曲面屋顶（图 4-24）。

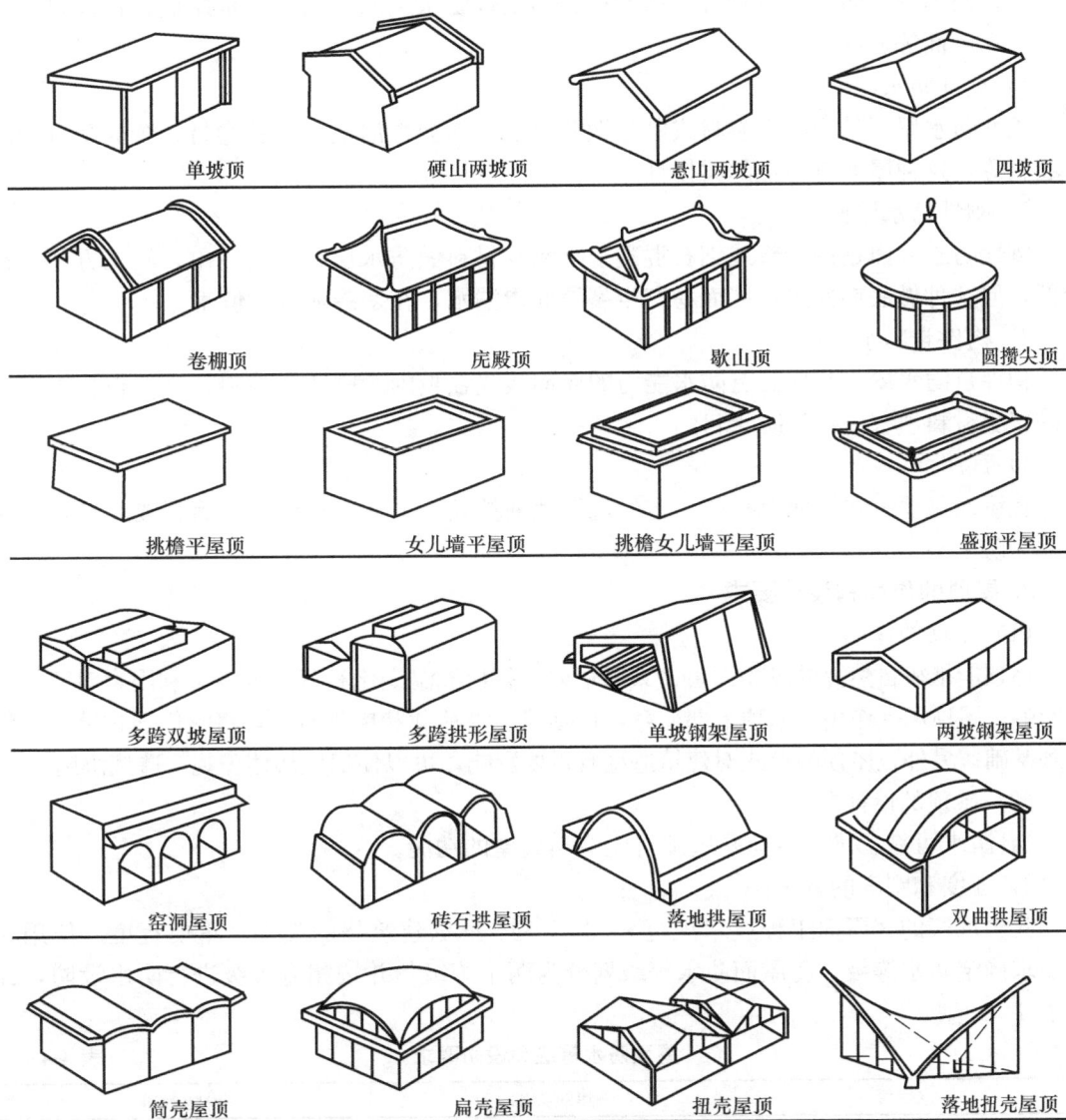

单坡顶	硬山两坡顶	悬山两坡顶	四坡顶
卷棚顶	庑殿顶	歇山顶	圆攒尖顶
挑檐平屋顶	女儿墙平屋顶	挑檐女儿墙平屋顶	盛顶平屋顶
多跨双坡屋顶	多跨拱形屋顶	单坡钢架屋顶	两坡钢架屋顶
窑洞屋顶	砖石拱屋顶	落地拱屋顶	双曲拱屋顶
筒壳屋顶	扁壳屋顶	扭壳屋顶	落地扭壳屋顶

图 4-24 屋顶的外形

1）平屋顶

平屋顶的屋面应采用防水性能好的材料，但为了排水也要设置坡度，平屋顶的屋面坡度小于5%，常用的坡度范围为2%～3%，通常分为单坡、双坡、四坡。

2）坡屋顶

坡屋顶是指屋面坡度较陡的屋顶，其坡度一般在10%以上。有单坡、双坡、四坡和歇山等多种形式。坡屋顶在我国有着悠久的历史，广泛应用于民居建筑，造型十分丰富，如卷棚顶、庑殿顶、歇山顶等。

3）曲面屋顶

曲面屋顶往往在大空间建筑中应用，传统的曲屋顶有拱、穹顶等。随着现代建筑技术的发展，结构理论的进步，施工手段的更新和新材料的应用，曲屋顶的形式也愈加丰富多彩。

（2）根据屋面防水材料划分，屋面可分为柔性防水屋面、刚性防水屋面、构件自防水屋面、瓦屋面等。

1）柔性防水屋面

柔性防水屋面是用防水卷材或制品做防水层，如沥青油毡、橡胶卷材、合成高分子防水卷材等，这种屋面有一定的柔韧性。

2）刚性防水屋面

刚性防水屋面是用砂浆或细石混凝土等刚性材料做防水层，构造简单，施工方便，造价低，但这种做法韧性差，屋面易产生裂缝而渗漏水，在寒冷地区应慎用。

3）构件自防水屋面

构件自防水屋面是用具有防水能力的屋面板或在板内涂刷防水涂料，并在板缝内用防水的嵌缝材料填塞以达到防水目的。

4）瓦屋面

瓦屋面是通过在屋面上按照一定的规律性铺挂黏土平瓦、小青瓦、筒瓦或波形瓦等块材作为防水层。

3. 屋顶的作用和设计要求

（1）屋顶的作用

屋顶能抵御自然界的风霜雨雪、太阳辐射、昼夜气温变化和各种外界不利因素对建筑物的影响；屋顶承受作用于屋顶上部荷载，包括风、雪荷载和屋顶自重，将它们通过墙、柱传递到基础；另外，屋顶的形式对建筑造型有重要影响，可以使房屋形体美观、造型协调。

（2）屋顶的设计要求

1）防水可靠、排水迅速是屋顶首先应当具备的功能。

2）强度和刚度的要求。

我国现行的《屋面工程技术规范》GB 50345根据建筑物的类别、重要程度、使用功能要求确定防水等级，将屋面防水等级划分为两个等级，并按相应等级进行防水设防，详见表4-4。

屋面防水等级和设防要求　　　　　　　　　　　　　　　　表4-4

防水等级	建筑类别	设防要求
Ⅰ级	重要建筑和高层建筑	两道防水设防
Ⅱ级	一般建筑	一道防水设防

3）保温隔热的要求。

4）美观的要求。

4. 屋顶的坡度

（1）影响坡度的因素

为了预防屋顶渗漏水，常将屋面做成一定坡度，以排雨水。屋顶的坡度首先取决于建筑物所在地区的降水量大小。利用屋顶的坡度，以最短而直接的途径排除屋面的雨水，减少渗漏的可能。

（2）坡度的表示方法

如图 4-25 所示，屋顶坡度的常用表示方法有斜率法、百分比法和角度法三种。斜率法是以屋顶高度与坡面的水平投影长度之比表示，可用于平屋顶或坡屋顶，如 1∶2，1∶4，1∶50 等。百分比法是以屋顶高度与坡面的水平投影长度的百分比表示，多用于平屋顶，如 $i=1\%$，$i=2\%\sim3\%$。角度法是以倾斜屋面与水平面的夹角表示，多用于有较大坡度的坡屋面，如 15°，30°，45°等，目前在工程中较少采用。

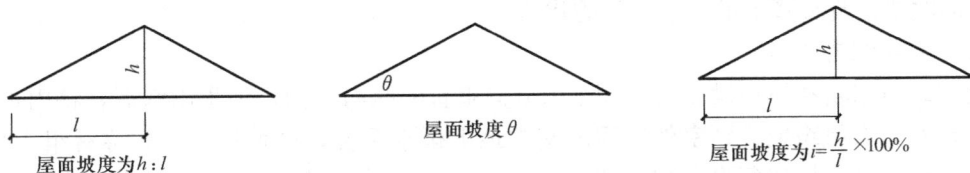

屋面坡度为 $h∶l$ 屋面坡度 θ 屋面坡度为 $i=\frac{h}{l}\times100\%$

图 4-25   屋顶排水坡度的表示方法

（3）坡度形成的方法

屋顶的坡度形成有材料找坡和结构找坡两种方法。

1）材料找坡

如图 4-26（a）所示，材料找坡又称垫置找坡，是指屋顶坡度由垫坡材料形成，坡度宜为 2% 左右，找坡层的厚度最薄处一般应不小于 20mm 厚，通常选用炉渣等，找坡保温屋面也可根据情况直接采用保温材料找坡。材料找坡可使室内获得平整的顶棚，室内空间规整，符合人们习惯的审美观点，目前在民用建筑中采用的比较普遍。

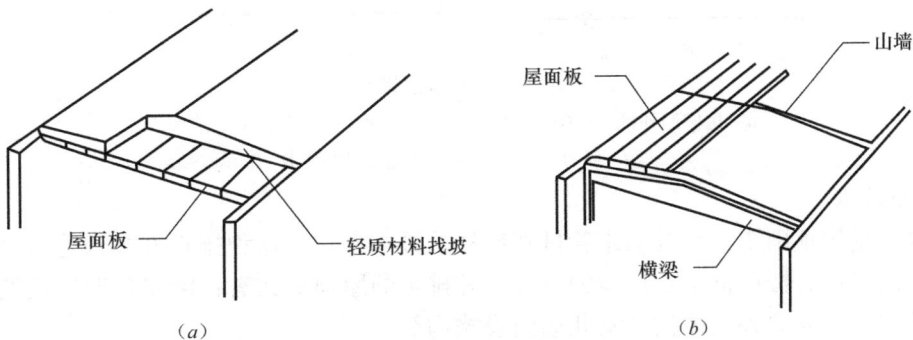

屋面板   轻质材料找坡   山墙   屋面板   横梁

（a）   （b）

图 4-26   屋顶坡度的形成

（a）材料找坡；（b）结构找坡

2）结构找坡

如图 4-26（b）所示，结构找坡又称搁置找坡，是利用屋顶结构层顶部的自然形状实现屋面的排水坡度，一般采用上表面呈倾斜的屋面梁或屋架上安装屋面板，也可采用在顶面倾斜的山墙上搁置屋面板，使结构表面形成坡面，这种做法不需另加找坡材料，构造简单，不增加荷载，其缺点是室内的天棚是倾斜的，空间不够规整，有时需加设吊顶，某些坡屋顶，曲面屋顶常用结构找坡。

5. 屋面的排水方式

平屋顶坡度较小，排水较困难，为把雨水尽快排除出去，减少积留时间，须组织好屋面的排水系统，而屋面的排水系统又与排水方式及檐口做法有关，需统一考虑。屋面排水方式有无组织排水和有组织排水两大类。

（1）无组织排水

无组织排水是当平屋顶采用无组织排水时，需把屋顶在外墙四周挑出，形成挑檐，屋面雨水经挑檐自由下落至室外地坪，这种排水方式称为无组织排水。无组织排水不需在屋顶上设置排水装置，构造简单，造价低，但沿檐口下落的雨水会溅湿墙脚，有风时雨水还会污染墙面。所以，无组织排水一般适用于周边比较开阔、低矮（一般建筑高度不超过10m）的次要建筑及降雨量较小地区的建筑。

（2）有组织排水

有组织排水是在屋顶设置与屋面排水方向垂直的纵向天沟，汇集雨水后，将雨水由雨水口、雨水管有组织地排到室外地面或室内地下排水系统，这种排水方式称有组织排水。有组织排水的屋顶构造复杂，造价高，但避免了雨水自由下落对墙面和地面的冲刷和污染，如图4-27所示。按照雨水管的位置，有组织排水可分为外排水和内排水。

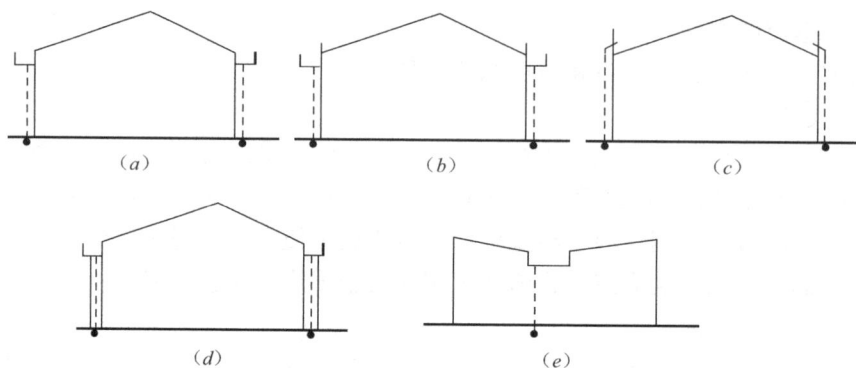

图 4-27 有组织排水

(a) 挑檐沟外排水；(b) 女儿墙檐沟外排水；(c) 女儿墙外排水；
(d) 暗管外排水；(e) 中间天沟内排水

1）外排水

外排水是屋顶雨水由室外雨水管排到室外的排水方式。这种排水方式构造简单，造价较低，应用最广。按照檐沟在屋顶的位置，外排水的屋顶形式有：沿屋顶四周设檐沟、沿纵墙设檐沟、女儿墙外设檐沟、女儿墙内设檐沟等。

2）内排水

内排水是屋顶雨水由设在室内的雨水管排到地下排水系统的排水方式。这种排水方式构造复杂，造价及维修费用高，而且雨水管占室内空间，一般适用于大跨度建筑、高层建筑、严寒地区及对建筑立面有特殊要求的建筑。

6. 屋面的排水设计

屋面排水设计的主要任务是：首先将屋面划分为若干个排水区，然后通过适宜的排水坡度和排水沟，分别将雨水引向各自的落水管再排至地面。屋面排水的设计原则是排水通畅、简捷，雨水口负荷均匀。具体步骤是：（1）确定屋面坡度的形成方法和坡度大小；（2）选择排水方式，划分排水区域；（3）确定天沟的断面形式及尺寸；（4）确定落水管所用材料和大小及间距，绘制屋顶排水平面图。单坡排水的屋面宽度不宜超过 12m，矩形天沟净宽不宜小于 200mm，天沟纵坡最高处离天沟上口的距离不小于 120mm。落水管的内径不宜小于 75mm，落水管间距一般在 18～24m 之间，每根落水管可排除约 200m^2 的屋面雨水（图 4-28）。

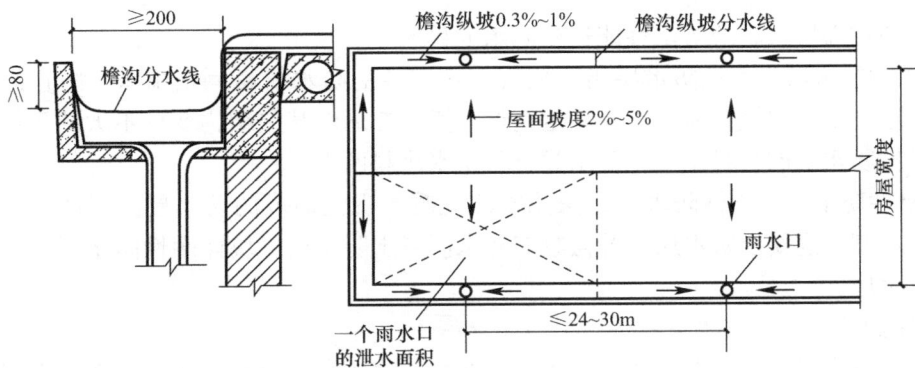

图 4-28 屋面排水组织设计

7. 平屋顶的防水构造

（1）平屋顶的组成

平屋顶设计中主要解决防水、排水、保温、隔热和结构承载等问题，一般做法是结构层在下，防水层在上，其他层次位置视具体情况而定。

1）结构层

平屋顶的承重结构层，一般采用钢筋混凝土梁板。要求具有足够的承载力，刚度，减少板的挠度和形变，可以在现场浇筑，也可以采用预制装配结构。因屋面防水和防渗漏要求接缝少，故采用现浇式屋面板为佳。

2）找坡层

平屋面的排水坡度分结构找坡和材料找坡，结构找坡要求屋面结构按屋面坡度设置，材料找坡常利用屋面保温铺设厚度的变化完成，如 1：6 水泥焦渣或 1：8 水泥膨胀珍珠岩。

3）隔汽层

为了防止室内的水蒸气渗透，进入保温层内，降低保温效果，采暖地区湿度大于75％～80％，屋面应设置隔汽层。

4）保温（隔热）层

保温层或隔热层应设在屋顶的承重结构层与面层之间，一般采用松散材料、板（块）状材料或现场整浇三种，如膨胀珍珠岩、加气混凝土块、硬质聚氨酯泡沫塑料等，纤维材料容易产生压缩变形，采用较少。选用时应综合考虑材料来源、性能、经济等因素。

5）找平层

找平层是为了使平屋面的基层平整，以保证防水层平整，使排水顺畅，无积水。找平层的材料有水泥砂浆、细石混凝土或沥青砂浆。找平层宜设分仓缝，并嵌填密封材料。分仓缝其纵横缝的最大间距：水泥砂浆或细石混凝土找平层，不宜大于 6m；沥青砂浆找平层，不宜大于 4m。

6）结合层

基层处理剂是在找平层与防水层之间涂刷的一层粘结材料，以保证防水层与基层更好地结合，故又称结合层。增加基层与防水层之间的粘结力并堵塞基层的毛孔，以减少室内潮气渗透，避免防水层出现鼓泡。

7）防水层

屋顶通过面层材料的防水性能达到防水的目的。

① 柔性防水层　柔性防水层指采用有一定韧性的防水材料隔绝雨水，防止雨水渗漏到屋面下层。由于柔性材料允许有一定变形，所以在屋面基层结构变形不大的条件下可以使用。柔性防水层的材料主要有防水卷材和防水涂料两类。

② 刚性防水层　刚性防水层是采用密实混凝土现浇而成的防水层。刚性防水层的材料有：普通细石混凝土防水层、补偿收缩防水混凝土防水层、块体刚性防水层和配筋钢纤维刚性防水层。

8）保护层

当柔性防水层置于最上层时，防止阳光的照射使防水材料日久老化，或上人屋面应在防水层上加保护层。

（2）平屋顶柔性防水屋面

柔性防水屋面：用具有良好的延伸性、能较好地适应结构变形和温度变化的材料做防水层的屋面称为柔性防水屋面，柔性防水屋面防水性能可靠、适于不同气候地区使用，但构造比较复杂、施工精度要求较高、耐久性稍差。常用的卷材类型主要有沥青防水卷材、高聚物改性沥青防水卷材和合成高分子防水卷材。由于沥青防水卷材的延展性能、耐久性能和施工环境较差，目前已经趋于被淘汰，大量采用高聚物改性沥青防水卷材和合成高分子防水卷材作为屋面的防水材料。

柔性防水屋面一般分为结构层、找平层、防水层和保护层这四个构造层次。

1）结构层

结构层多为刚度好、变形小的各类钢筋混凝土屋面板。

2）找平层

平屋顶一般在屋面结构层或保温层上做 15～30mm 厚 1∶3 的水泥砂浆或细石混凝土找平层。由于用来找平的砂浆或轻质混凝土均属于刚性材料，在结构或温度引起的变形应力作用下，找平层会发生开裂现象。为了防止因找平层的开裂而波及卷材防水屋面，宜在找平层中留设分隔缝。分隔缝的宽度一般为 20mm，纵横间距不大于 6m，并在其上加铺 200～300mm 的干铺或单面粘结的油毡。

3）防水层

防水层是整个屋盖体系中最为重要的一个构造层次，主要采用沥青类卷材、高聚物改性沥青防水卷材和合成高分子防水卷材三类。

当采用沥青防水卷材时，防水层是由油毡和沥青胶交替粘结而成的整体防水覆盖层。一般防水等级的建筑平面屋顶铺两层油毡，加上下三层沥青胶，俗称二毡三油，在重要部位或严寒地区，通常做三毡四油。

当采用高聚物改性沥青防水卷材时，可以根据卷材的不同分别采用冷贴法、热熔法和自贴法进行施工。冷粘法铺贴卷材是在基层涂刷基层处理剂后，将胶粘剂涂刷在基层上，然后再把卷材铺贴上去；自粘法铺贴卷材是在基层涂刷基层处理剂的同时，撕去卷材的隔离纸，立即铺贴卷材，并在搭接部位用热风加热，以保证接缝部位的粘结性能；热熔法铺贴卷材是在卷材宽幅内用火焰加热器喷火均匀加热，直到卷材表面有光亮黑色即可粘合，并压粘牢，厚度小于3mm的高聚物改性沥青卷材禁止使用。当卷材贴好后还应在接缝口处用10mm宽的密封材料封严。

当采用合成高分子防水卷材时，一般采用氯丁胶和丁基酚醛树脂为主要成分的胶粘剂，也可以选用以氯丁橡胶乳液制成的胶粘剂。

4）保护层

设置保护层的目的是保护防水层，使卷材不致因光照和气候等作用迅速老化，防止沥青类卷材的沥青过热流淌或受到暴雨的冲刷。保护层分为不上人屋面保护层和上人屋面保护层。

不上人时，改性沥青防水卷材防水屋面一般在防水层上撒粒径3~6mm的绿豆砂作为保护层；合成高分子卷材防水屋面通常是采用铝银粉涂料作为卷材的保护层。

上人屋面的保护层，当采用沥青防水卷材时，可以在防水层上浇筑30~40mm厚的细石混凝土面层作为保护层，保护层应每隔2m左右和在坡面转折处及泛水的交界处设分仓缝，以防止温度变形造成面层损坏，并用油膏嵌缝。当采用合成高分子防水卷材时，一般在防水层上用细砂或塑料薄膜作为隔离层，然后再铺设预制混凝土块材或其他硬质保护层。

（3）卷材防水屋面的节点构造

卷材防水屋面在檐口、屋面与突出构件之间，变形缝，上人孔等处特别容易产生渗漏，所以应加强这些部位的防水处理。

1）泛水

泛水是指屋面防水层与突出构件之间的防水构造。一般在屋面防水层与女儿墙，上人屋面的楼梯间，突出屋面的电梯机房，水箱间，高低屋面交接处等都需做泛水。泛水高度不应小于250mm，转角处应将找平层做成半径不小于20mm的圆弧或45°斜面，使防水卷材紧贴其上，贴在墙上的卷材上口易脱离墙面或张口，导致漏水，因此上口要做收口和挡水处理，收口一般采用钉木条、压铁皮、嵌砂浆、嵌配套油膏和盖镀锌铁皮等处理方法。对砖女儿墙，防水卷材收头可直接铺压在女儿墙压顶下，压顶应做防水处理，也可在墙上留凹槽，卷材收头压入凹槽内固定密封，凹槽上部的墙体亦应做防水处理，对混凝土墙，防水卷材的收头可采用金属压条钉压，并用密封材料封固（图4-29）。进出屋面的门下踏步亦应做泛水收头处理，一般将屋面防水层沿墙向上翻起至门槛踏步下，并覆以踏步盖板，踏步盖板伸出墙外约60mm。

2）檐口

檐口是屋面防水层的收头处，此外的构造处理方法与檐口的形式有关，檐口的形式由屋面的排水方式和建筑物的立面造型要求来确定，一般有无组织排水檐口、挑檐沟檐口、女儿墙檐口和斜板挑檐檐口等。

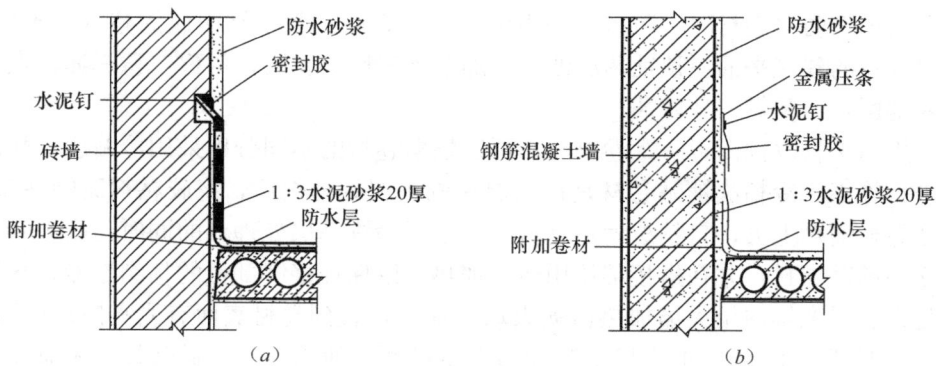

图 4-29　泛水的做法
(a) 墙体为砖墙；(b) 墙体为钢筋混凝土墙

① 无组织排水檐口是当檐口出挑较大时，常采用预制钢筋混凝土挑檐板，与屋面板焊接，或伸入屋面一定长度，以平衡出挑部分的重量。亦可由屋面板直接出挑，但出挑长度不宜过大，檐口处做滴水线。预制挑檐板与屋面板的接缝要做好嵌缝处理，以防渗漏。目前常用做法是现浇圈梁挑檐。

② 有组织排水檐口是将聚集在檐沟中的雨水分别由雨水口经水斗、雨水管（又称水落管）等装置导至室外明沟内。在有组织的排水中，通常可有两种情况：檐沟排水和女儿墙排水。檐沟可采用钢筋混凝土制作，挑出墙外，挑出长度大时可用挑梁支承檐沟。檐沟内的水经雨水口流入雨水管。在女儿墙的檐口，檐沟也可设于外墙内侧，并在女儿墙上每隔一段距离设雨水口，檐沟内的水经雨水口流入雨水管中。亦有不设檐沟，雨水顺屋面坡度直通至雨水口排出女儿墙外，或借弯头直接通至雨水管中。

有组织排水宜优先采用外排水，高层建筑、多跨及集水面较大的屋面应采用内排水。北方为防止排水管被冻结也常做内排水处理。外排水系根据屋面大小做成四坡、双坡或单坡排水。内排水也将屋面做成坡度，使雨水经埋置于建筑物内部的雨水管排到室外。

3) 雨水口

雨水口是屋面雨水排至落水管的连接构件，通常为定型产品，多用铸铁、钢板制作。雨水口分直管式和弯管式两大类。直管式用于内排水中间天沟，外排水挑檐等，弯管式适用女儿墙外排水天沟。

(4) 平屋顶刚性防水屋面

刚性防水屋面是用刚性防水材料，如防水砂浆、细石混凝土、配筋的细石混凝土等做防水层的屋面，屋面坡度宜为 2%～3%，并应采用结构找坡。这种屋面构造简单，施工方便，造价低廉，容易维护，但对湿度变化和结构变形较敏感，容易产生裂缝而渗漏。故刚性防水屋面不宜用于湿度变化大，有振动荷载和基础有较大不均匀沉降的建筑。一般用于南方地区的建筑。

1) 刚性防水屋面的基本构造

刚性防水屋面是由结构层、找平层、隔离层和防水层组成。

① 结构层

刚性防水屋面的结构层必须具有足够的强度和刚度，故通常采用现浇或预制的钢筋混凝土屋面板。刚性防水屋面一般为结构找坡。屋面板选型时应考虑施工荷载，且排列方向一致，以平行屋脊为宜。为了适应刚性防水屋面的变形，屋面板的支承处应做成滑动支座，其做法一般为在墙或梁顶上用水泥砂浆找平，再干铺两层中间夹有滑石粉的油毡，然后搁置预制屋面板，并且在屋面板端缝处和屋面板与女儿墙的交接处都要用弹性物嵌填，如屋面为现浇板，也可在支承处做滑动支座。屋面板下如有非承重墙，应在板底脱开20mm，并在缝内填塞松软材料。

② 找平层

为了保证防水层厚薄均匀，通常应在预制钢筋混凝土屋面板上先做一层找平层，找平层的做法一般为20mm厚1：3水泥砂浆，若屋面板为现浇时可不设此层。

③ 隔离层

结构层在荷载作用下产生挠曲变形，在温度变化时产生胀缩变形，结构层较防水层厚，其刚度相应比防水层大，当结构产生变形时必然会将防水层拉裂，所以在结构层和防水层之间设置隔离层，以使防水层和结构层之间有相对的变形，防止防水层开裂。隔离层常采用纸筋灰、低强度等级砂浆、干铺一层油毡或沥青玛蹄脂等做法。若防水层中加膨胀剂，其抗裂性能有所改善，也可不做隔离层。

④ 防水层

防水层是指用防水砂浆抹面防水层。普通细石混凝土防水层、补偿收缩混凝土防水层、块体刚性防水层等铺设的屋面。

2）刚性防水屋面的节点构造

刚性防水屋面的节点构造包括分格缝、泛水构造、檐口和雨水口构造。

① 分仓缝

分仓缝是为了避免刚性防水层因结构变形、温度变化和混凝土干缩等产生裂缝，所设置的"变形缝"。分仓缝的间距应控制在刚性防水层受温度影响产生变形的许可范围内，一般不宜大于6m，并应位于结构变形的敏感部位，如预制板的支承端，不同屋面板的交接处，屋面与女儿墙的交接处等，并与板缝上下对齐。分仓缝的宽度为20mm左右，有平缝和凸缝两种构造形式。

② 泛水构造

刚性防水屋面泛水构造与柔性防水屋面原理基本相同，一般做法是将细石混凝土防水层直接引伸到墙面上，细石混凝土内的钢筋网片也同时上弯。泛水应有足够的高度，转角外做成圆弧或45°斜面，与屋面防水层应一次浇成，不留施工缝，上端应有挡雨措施，一般做法是将砖墙挑出1/4砖，抹水泥砂浆滴水线。刚性屋面泛水与墙之间必须设分格缝，以免两者变形不一致，使泛水开裂漏水，缝内用弹性材料充填，缝口应用油膏嵌缝或铁皮盖缝。

③ 檐口

刚性防水屋面的檐口形式分为无组织排水檐口和有组织排水檐口。无组织排水檐口通常直接由刚性防水层挑出形成，挑出尺寸一般不大于450mm，也可设置挑檐板，刚性防水层伸到挑檐板之外；有组织排水檐口有挑檐沟檐口、女儿墙檐口和斜板挑檐檐口等做法。挑檐沟檐口的檐沟底部应用找坡材料垫置形成纵向排水坡度，铺好隔离层后再做防水层，防水层一般采用1：2的防水砂浆；女儿墙檐口和斜板挑檐檐口与刚性防水层之间按泛水处理，其形式与卷材防水屋面的相同。

④ 雨水口

刚性防水屋面雨水口的规格和类型与柔性防水屋面所用雨水口相同。安装直管式雨水口为防止雨水从套管与沟底接缝处渗漏，应在雨水口四周加铺柔性卷材，卷材应铺入套管的内壁。檐口内浇筑的混凝土防水层应盖在附加的卷材上，防水层与雨水口相接处用油膏嵌封。安装弯式雨水口前，下面应铺一层柔性卷材，然后再浇筑屋面防水层，防水层与弯头交接处用油膏嵌封。

（5）屋顶的保温与隔热

1）平屋顶的保温材料

在实际工程中，应根据工程实际来选择保温材料的类型，通过热工计算确定保温层的厚度。屋面保温材料应具有吸水率低、表观密度和导热系数较小、并有一定强度的性能。保温材料按物理特性可分为三大类：

一是散料类保温材料，如膨胀珍珠岩、膨胀蛭石、炉渣、矿渣等。如果在散料类保温层上做卷材防水层，必须先在散状材料上抹一层水泥砂浆找平层，然后再铺卷材防水层。

二是整浇类保温材料，一般是以散料类保温材料为骨料，掺入一定量的胶结材料，现场浇筑而形成的整体保温层，如水泥炉渣、水泥膨胀珍珠岩及沥青蛭石、沥青膨胀珍珠岩等。同散料类保温材料相同，也应先做水泥砂浆找平层，再做卷材防水层。以上两种类型的保温材料都可兼作找坡材料。

三是板块类保温材料，一般现场浇筑的整体类保温材料都可由工厂预先制作成板块类保温材料，如聚苯板、加气混凝土板、泡沫塑料板、膨胀珍珠岩混凝土、膨胀蛭石混凝土等块材或板材。板材的尺寸与厚度有关，一般不宜过大。上面也应先做找平层，再铺卷材防水层。屋面排水可用结构找坡，也可在保温层下面用轻混凝土作找坡层。刚性防水屋面的保温材料的选择原则同上，只要将找平层以上各层改为刚性防水层即可。

2）平屋顶的保温层的设置

平屋顶的保温构造主要有保温层位于结构层与防水层之间，保温层位于防水层之上和保温层与结构层结合三种形式。

① 正铺保温层　保温层位于结构层与防水层之间这种做法符合热工学原理，保温层位于低温一侧，也符合保温层搁置在结构层上的力学要求，同时上面的防水层避免了雨水向保温层渗透，有利于维持保温层的保温效果，同时，构造简单、施工方便。所以，在工程中应用最为广泛。

在正铺法保温卷材屋面中，常常由于室内水蒸气会上升而进入保温层，致使保温材料受潮，降低保温效果，所以通常要在保温层之下先做一道隔汽层。隔汽层的做法一般是在结构层上做找平层，然后根据不同需要可涂一层沥青，也可铺一毡两油或二毡三油。

由于在保温层与找平层的施工中会残留一些水分，而找平层其上的隔汽层及保温层其上的防水层会使得保温层与找平层处于封闭状态，在太阳的辐射下，水分子受热、体积膨胀却无法排出去，会造成防水层鼓包破裂；另外，隔汽层也会导致室内湿汽排不出去，使结构层产生凝结现象。为避免这些情况的发生，通常采用的排汽措施有以下两种：一是在隔汽层下设透气层；二是在保温层设透气层。

② 倒铺保温层。保温层位于防水层之上的做法与传统保温层的铺设顺序相反，所以

又称为倒铺保温层。倒铺保温层时，保温材料须选择不吸水、耐气候性强的材料，如聚氨酯或聚苯乙烯泡沫塑料保温板等有机保温材料。有机保温材料质量轻，直接铺在屋顶最上部时，容易受雨水冲刷，被风吹起，所以，有机保温材料上部应用混凝土、卵石、砖等较重的覆盖层压住。倒铺保温层屋顶的防水层不受外界影响，保证了防水层的耐久性，但保温材料受限制。

③ 保温层与结构层结合的做法有三种：一种是保温层设在槽形板的下面，这种做法，室内的水汽会进入保温层中降低保温效果；一种是保温层放在槽形板朝上的槽口内；另一种是将保温层与结构层融为一体，如配筋的加气混凝土屋面板，这种构件既能承重，又有保温效果，简化了屋顶构造层次，施工方便，但屋面板的强度低，耐久性差。

3）平屋顶的隔热

平屋顶的隔热构造可采用屋顶通风隔热、屋顶实体材料隔热、屋顶反射阳光隔热等方式。

通风隔热就是在屋顶设置架空通风间层，并在房屋四周留出通风面，利用架空层中空气的流动带走辐射热量，进而降低屋顶内表面的温度。通风间层的设置通常有两种方式：一种是在屋面上做架空通风隔热间层，另一种是利用吊顶棚内的空间做通风间层。

实体材料隔热是利用表观密度大的材料的蓄热性、热稳定性和传导过程中的时间延迟的特性达到隔热目的。常用的做法有屋顶蓄水隔热、屋顶种植隔热等，这种屋顶适合于夜间使用频率低的建筑（如幼儿园、中小学、菜市场等）。

反射阳光隔热是通过在屋顶用浅色混凝土、砾石作屋面或涂刷白色涂料方式，将大部分太阳辐射反射出去，进而降低屋面温度。

8. 坡屋顶构造

（1）坡屋顶的形式

1）单坡屋顶　房屋宽度很小或临街时采用，从造型美观、构造功能齐全等方面考虑，目前已很少采用这种屋顶形式。

2）双坡屋顶　房屋宽度较大时采用，可分为悬山屋顶，硬山屋顶。硬山是指两端山墙高出屋面的屋顶形式；悬山是指屋顶两端挑出山墙外的屋顶形式。双坡屋顶的结构易于布置，构造容易处理，所以是采用较多的一类。

3）四坡屋顶　也叫四坡落水屋顶。四坡屋顶在其两端三面相交处的结构与构造的处理都比较复杂，古代宫殿庙宇常用的殿顶和歇山顶都属于四坡屋顶。

（2）坡屋顶的支承结构

不同材料和结构可以设计出各种形式的屋顶，同一种形式的屋顶也可采用不同的结构方式。为了满足功能、经济、美观的要求，必须合理地选择支承结构。在坡屋顶中常采用的支承结构有屋架承重和横墙承重、梁架承重等类型。在低层住宅、宿舍等建筑中，由于房间开间较小，常用山墙承重结构。在食堂、学校、俱乐部等建筑中，开间较大的房间可根据具体情况用横墙和屋架承重。

（3）坡屋顶的防水构造

坡屋顶的防水做法较多，常见的坡屋顶屋面做法有以下几种：

1）彩色压型钢板屋面

彩色压型钢板俗称彩钢板，是近年在一般工业与民用建筑中普遍采用的一种屋面板材。它既可以作为单一的屋面覆盖构件，也可以同时兼有保温功能。彩钢板具有自重轻、构造简单、色彩丰富、防水及保温性能好的优点。

2）沥青瓦屋面

沥青瓦是以玻璃纤维为胎基、经渗涂石油沥青后，一面覆盖彩色矿物颗粒，另一面撒以隔离材料制成的柔性瓦状屋面防水片材。沥青瓦屋面由于具有重量轻、颜色多样、施工方便、可以在木基层或混凝土基层上适用等优点，在城市建筑和景区建筑中被广泛应用。

3）小青瓦（筒瓦）屋面

小青瓦（筒瓦）屋面多在中国传统风格的建筑中使用。瓦一般是由土坯烧制而成，断面呈弧形，尺寸规格较多。铺设时一般采用木望板、苇箔等做基层，上铺灰泥，然后在灰泥上把瓦分行正、反铺盖。

4）平瓦屋面

平瓦一般由黏土烧制而成，是我国北方传统民居采用较多的一种屋面形式。在制作瓦片时，为了使瓦片之间能够相互搭接，防止下滑，瓦背面制有挂钩，以便把瓦挂在瓦条上。平瓦屋面有两种铺设方法，冷摊瓦屋面和木望板平瓦屋面。

5）波形瓦屋面

波形瓦可以用石棉水泥、塑料、玻璃钢或镀锌薄钢板等材料制成。它具有厚度薄、质量轻、施工简便等优点，但容易脆裂，保温、隔热性能差些，多用于对室内温度要求不高及临时性建筑。

（4）坡屋顶屋面的保温构造

坡屋顶保温材料的选择与平屋顶基本一致，构造要求也相同，主要是保温层放置的位置与平屋顶有所区别。根据保温材料的种类和位置可以分为上弦保温、下弦保温和构件自保温三种形式。

（5）坡屋顶屋面的隔热构造

为了使坡屋顶具有隔热效果，常把坡屋顶做成双层屋面，并在檐口处或顶棚中设置进风口，在屋脊处设置排风口，利用屋顶内外的热压差迎背风的压力差，组织空气对流，形成屋顶的自然通风，带走室内热辐射，改善室内气候环境。

（6）坡屋顶屋面的细部构造

1）山墙构造

两坡屋顶尽端山墙常做成悬山或硬山两种形式。悬山是两坡屋顶尽端屋面出挑在山墙处，一般常用檩条出挑，有挂瓦板屋面则用挂瓦板出挑的形式。硬山是山墙与屋面砌平或高出屋面的形式。一般山墙砌至屋面高度时，顺屋面铺瓦的斜坡方向砌筑。

2）檐口构造

建筑物屋顶在檐墙的顶部称檐口，它对墙身起保护作用，也是建筑物中主要装饰部分。坡屋顶的檐口常做成包檐（北方称为封护檐），与挑檐两种不同形式。前者将檐口与墙齐平或用女儿墙将檐口封住；后者是将檐口挑出在墙外，做成露檐头或封檐头等形式。

4.1.7 变形缝的构造

建筑受自然环境的影响较大，由于温度变化、不均匀沉降以及地震作用，而可能引起建筑产生较大的变形。这种变形会在建筑内部产生附加应力，当附加应力大于建筑构件某一部位的抵抗能力时，就会在该部位产生裂缝或破坏。所以在设计时先将建筑物用垂直的缝分成几个独立的单元，使各部分能够独立变形，这种缝就叫变形缝。变形缝按其功能不同可分为伸缩缝（温度缝）、沉降缝和防震缝。

1. 伸缩缝

（1）伸缩缝的作用

伸缩缝又叫温度缝，是为防止建筑构件因温度变化而产生热胀冷缩，使房屋出现裂缝，甚至破坏，沿建筑物长度方向每隔一定距离设置的垂直缝隙称为伸缩缝。

建筑物因受温度变化的影响而产生热胀冷缩，在结构内部产生温度应力，当建筑物长度超过一定限度、建筑平面变化较多或结构类型变化较大时，建筑物会因热胀冷缩导致变形较大从而产生开裂。为预防这种情况发生，常常沿建筑物长度方向每隔一定距离或在结构类型变化处预留缝隙，将建筑物断开。要求把建筑物的墙体、楼板层、屋顶等地面以上部分全部断开，基础部分因受温度变化影响较小，故不需断开。

（2）伸缩缝的设置

伸缩缝的设置要遵循以下几点原则：

1）伸缩缝一般应尽量设置在建筑的中段，使伸缩缝两侧建筑的变形相对均衡。当因建筑需要设置几道伸缩缝时，应当使各温度区的长度尽量均衡。

2）伸缩缝两侧的独立温度区，在结构和构造上要完全独立，所以屋顶、楼板、墙体和梁柱要成为独立的结构和构造单元。

3）伸缩缝应尽量设置在建筑横墙对位的部位，并采取双横墙双轴线的布置方案，这样可以较好地解决伸缩缝处地构造，并把伸缩缝对建筑内部空间影响消减到最小。

伸缩缝的位置和间距与建筑物的材料、结构形式、使用情况、施工条件及当地温度变化情况有关。结构设计规范对砌体建筑和钢筋混凝土结构建筑的伸缩缝最大间距所作的规定见表4-5、表4-6。

砌体结构房屋伸缩缝的最大间距（m）　　　　　　　　表4-5

屋盖或楼盖类别		间距
整体式或装配整体式钢筋混凝土结构	有保温层或隔热层的屋盖、楼盖	50
	无保温层或隔热层的屋盖	40
装配式有檩体系钢筋混凝土结构	有保温层或隔热层的屋盖、楼盖	60
	无保温层或隔热层的屋盖	50
装配式有檩体系钢筋混凝土结构	有保温层或隔热层的屋盖、楼盖	75
	无保温层或隔热层的屋盖	60
瓦材屋盖、木屋盖、轻钢屋盖		100

注：1. 对烧结普通砖、烧结黏土砖、配筋砌块砌体房屋，取表中值；对石砌体、蒸压灰砂普通砖、蒸压粉煤灰普通砖、混凝土砌块、混凝土普通砖和混凝土多孔砖房屋，取表中数值乘以0.8的系数；当墙体有可靠保温措施时，其间距可以取表中数值。
2. 在钢筋混凝土屋面上挂瓦的屋盖应按钢筋混凝土屋盖采用。
3. 层高大于5m的烧结普通砖、烧结黏土砖、配筋砌块砌体单层房屋，其伸缩缝可按表中数值乘以1.3。
4. 温差较大且变换频繁的地区和严寒地区不采暖房屋及构筑物墙体的伸缩缝的最大间距，应按表中数值适当减小。
5. 墙体的伸缩缝应与结构的其他变形缝相重合，缝宽应满足各种变形缝的要求；在进行立面处理时，必须保证缝隙的变形作用。

筋混凝土结构房屋伸缩缝的最大间距（m）　　　　　　　　　　　　　　表 4-6

结构类型		室内或土中	露天
排架结构	装配式	100	70
框架结构	装配式	75	50
	现浇式	55	35
剪力墙结构	装配式	65	40
	现浇式	45	30
挡土墙、地下室墙等结构	装配式	40	30
	现浇式	30	20

注：1. 装配整体式结构的伸缩缝间距，可以根据结构的具体情况取表中装配式结构与现浇结构的数值。
　　2. 框架—剪力墙结构或框架—核心筒结构房屋的伸缩缝间距，可根据结构的具体情况取表中框架结构与剪力墙结构之间的数值。
　　3. 当屋面无保温或隔热措施时，框架结构、剪力墙结构的伸缩缝间距宜按表中露天栏的数值取用。
　　4. 现浇挑檐、雨罩等外露结构的局部伸缩缝间距不宜大于 12m。

（3）伸缩缝的细部构造

伸缩缝的宽度一般为 20～30mm，其细部构造主要是处理好墙体、楼地层和屋顶三个部位。

1）墙体伸缩缝构造

墙体伸缩缝一般做成平缝、错口缝和企口缝等截面形式。平缝的密闭效果稍差，适合在四季温差不大的地区采用。错口缝和企口缝的密闭效果好，适合在四季温差较大的地区采用，如图 4-30 所示。

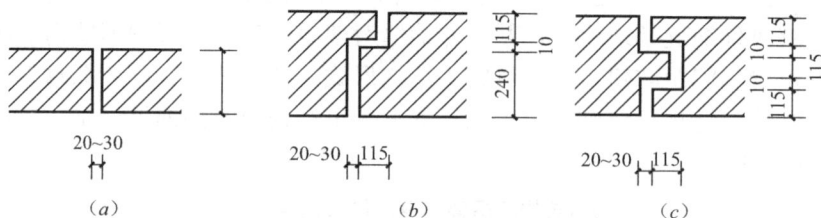

图 4-30　砖墙伸缩缝的截面形式（mm）
（a）平缝；（b）错口缝；（c）企口缝

为了提高伸缩缝的密闭和美观程度，同时保证缝宽的自由变化，通常在缝口处填塞保温及防水性能好的弹性材料，如沥青丝、橡胶条、聚苯板和油膏等。外墙外表面的缝口一般要用薄金属板或油膏进行盖缝处理，外墙内表面及内墙的缝口一般要用装饰效果好的木条或金属条盖缝，如图 4-31 所示。

2）楼地面伸缩缝构造

楼地面的伸缩缝构造主要是解决地面防水和顶棚的装饰问题，缝内也要用弹性材料做嵌固处理。地面的缝口一般应当用金属、橡胶或塑料压条盖缝，顶棚的缝口一般用木条、金属条或塑料压条盖缝。

3）屋面伸缩缝构造

屋面伸缩缝的位置一般在同一标高屋顶处或墙与屋顶高低错落处，主要是解决防水和保温的问题，其构造与屋面防水构造类似。

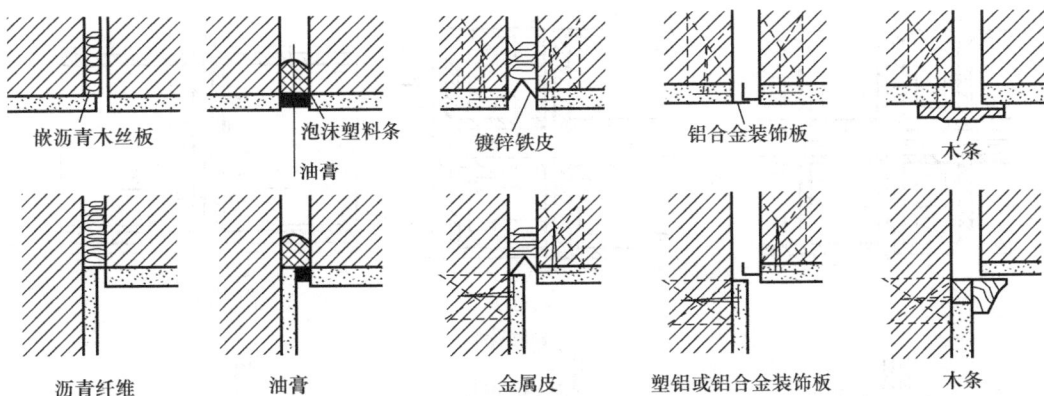

图 4-31　墙体伸缩缝构造

2. 沉降缝

（1）沉降缝的作用

沉降缝是为了防止建筑物因地基不均匀沉降引起破坏而设置的缝隙。沉降缝把建筑物分成若干个整体刚度较好，自成沉降体系的结构单元，以适应不均匀的沉降。除了屋顶、楼板、墙体和梁柱在结构与构造上要完全独立外，基础也要完全独立，这是沉降缝与伸缩缝在构造上的最根本区别之一。

（2）沉降缝的设置原则

1）同一建筑物相邻部分高差较大；

2）建筑物相邻部位荷载差异较大；

3）平面形状复杂、连接部位比较薄弱；

4）建筑物相邻基础形式、宽度及埋深相差较大；

5）建筑物建造在不同的地基上，并难保证均匀沉降。

（3）沉降缝的细部构造

沉降缝嵌缝材料的选择及施工方式与伸缩缝的构造基本相同，盖缝材料和基本构造也与伸缩缝相同。但由于沉降缝主要是为了解决建筑的竖向变形问题，因此在盖缝材料的固定方面与伸缩缝有较大的不同，要为沉降缝两侧建筑的沉降留有足够的自由度。

目前常用的构造方法有以下三种：

1）双墙偏心基础：这种处理方式是把沉降缝两侧双墙下的基础大放脚断开并留垂直缝隙，以解决建筑的沉降问题。双墙式处理方案施工简单，造价低，但易出现两墙之间间距较大或基础偏心受压的情况，因此常用于基础荷载较小的房屋 ［图 4-32（a）］。

2）挑梁基础：这种处理方式是把沉降缝一层的基础按正常的设计方法设计和施工，而另一侧的墙体由基础墙梁支撑，基础墙梁由设置在基础顶部的挑梁支撑。这种做法的综合优点较多，在工程上经常被采用 ［图 4-32（b）］。

3）双墙交叉排列基础：交叉式处理方案是将沉降缝两侧的基础均做成墙下独立基础，交叉设置，在各自的基础上设置基础梁以支承墙体。这种做法受力明确，效果较好，但施工难度大，造价也较高，目前应用得较少 ［图 4-32（c）］。

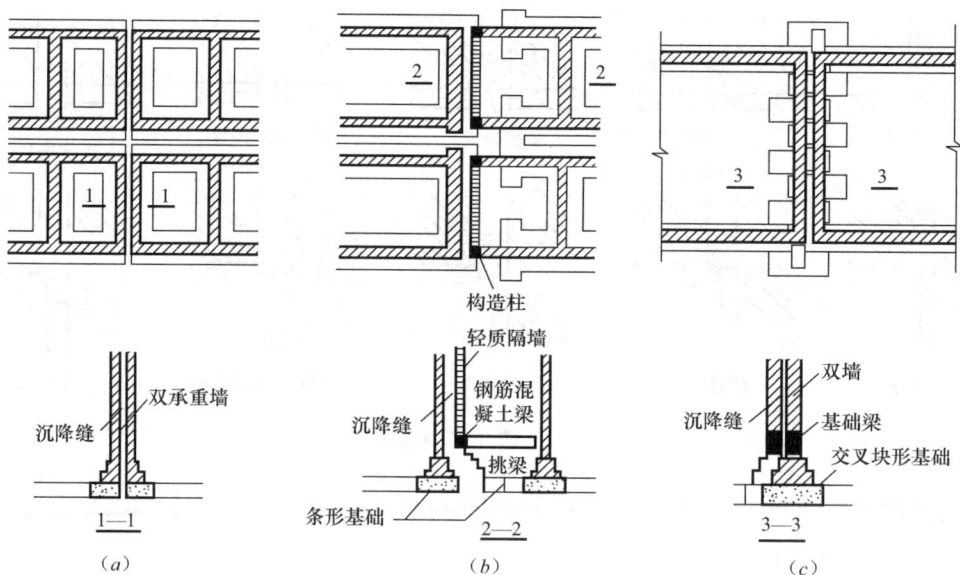

图 4-32　基础沉降缝处理示意

(a) 双墙式沉降缝；(b) 挑梁式基础沉降缝；(c) 交叉式基础沉降缝

（4）沉降缝的宽度

沉降缝的宽度与地基的性质、建筑预期沉降量的大小以及建筑高低分界处的共同高度有关。

沉降缝的缝宽设置　　　　　　　　　　　　　　　　　　　　表 4-7

地基情况	建筑物高度	沉降缝宽度（mm）
一般地基	$H<5$m	30
	$H=5\sim10$m	50
	$H=10\sim15$m	70
软弱地基	$2\sim3$ 层	$50\sim80$
	$4\sim5$ 层	$80\sim120$
	5 层以上	>120
湿陷性黄土地基		$\geqslant30\sim70$

3. 防震缝

（1）防震缝的作用

防震缝是针对地震时容易产生应力集中而引起建筑物结构断裂，发生破坏的部位而设置的缝。对于设防烈度在 7～9 度的地震区，当房屋体型比较复杂时，如 L 形、T 形、工字形等，必须将房屋分成几个体型比较规则的结构单元，防止建筑物各部分在地震时相互撞击引起破坏。

（2）防震缝的设置原则

设防烈度在 7～9 度的地震区，有下列情况之一时，需要考虑设置防震缝。

1）同一幢或毗邻建筑物立面高差在 6m 以上时；

2）建筑物内部有错层且楼板高差较大；

3）建筑相邻部分的结构刚度、质量相差较大时。

（3）防震缝的构造要求

在地震发生时，建筑顶部受地震的影响较大，而建筑的底部收到地震的影响较小，因此防震缝的基础可不断开。在实际工程中，往往把防震缝与沉降缝、伸缩缝统一布置，以使结构和构造问题一并解决。防震缝的宽度与地震烈度，场地类别、建筑的功能等因素有关。

防震缝因缝宽较宽，在构造处理时，应考虑盖缝板的牢固性及适应变形的能力。

（4）防震缝的宽度

在多层砖混结构建筑中，防震缝宽 50～70mm。

在多层和高层钢筋混凝土结构中，其最小宽度应符合下列要求：

1）当高度不超过 15m 时，可采用 70mm；

2）当高度超过 15m 时，按不同设防烈度增加缝宽，7 度、8 度、9 度设防，高度每增加 4m、3m、2m，缝宽增加 20mm。

框架-剪力墙结构，取上述值的 50％，且均不宜小于 70mm。当防震缝两侧结构类型不同时，宜按较大一侧确定缝宽。

4.1.8　民用建筑的一般装饰构造

建筑装饰是在建筑主体工程完成后进行的一项以美观、改善建筑室内外某些性能、完善空间构成以及改善室内物理功能为目的的工作，也可以称为装潢或装修。

1. 装饰的分类

装饰的分类方法较多：按照部位可以分墙面装修、地面装修、顶棚装修；按照施工方法一般可以分为抹灰类装修、贴面类装修、涂刷类装修、板材及幕墙类装修、裱糊类装修等；按照造价和观感效果以及材料的档次，还可以分为普通装修和高级装修。

2. 地面的装修

地面一般是由面层、结构层或垫层、基层组成，地面装修一般是以面层所用材料命名，由于材料品种繁多，地面种类也很多。根据地面的施工方法不同，可分为现浇整体地面、块材地面、卷材地面和涂料地面等。

（1）现浇整体地面

是指以砂浆、混凝土或其他材料的拌合物在现场浇筑而成的地面。常用的有以水泥为胶凝材料的水泥地面、水磨石地面、混凝土地面；有以沥青为胶凝材料的沥青地面；以树脂（如聚醋酸乙烯乳液、丙烯酸树脂乳液、环氧树脂等）为胶凝材料的现浇塑料地面。其中水泥类现浇整体地面以其坚固、耐磨、防火防水、易清洁等优点应用最广泛，如水泥砂浆地面，水磨石地面。

1）水泥砂浆地面

水泥砂浆地面在混凝土垫层或结构层上抹 1：2 或 1：2.5 的水泥砂浆作为面层，厚度一般为 15～20mm。水泥砂浆面层必须做在刚性垫层上，通常是在夯实的素土上做 60～80mm 厚的混凝土。水泥砂浆地面构造简单，坚固耐磨、防水防潮，造价低廉，但导热系数大，冬天感觉阴冷，是一种应用最为广泛的一种低档和基础性地面。如图 4-33 所示。

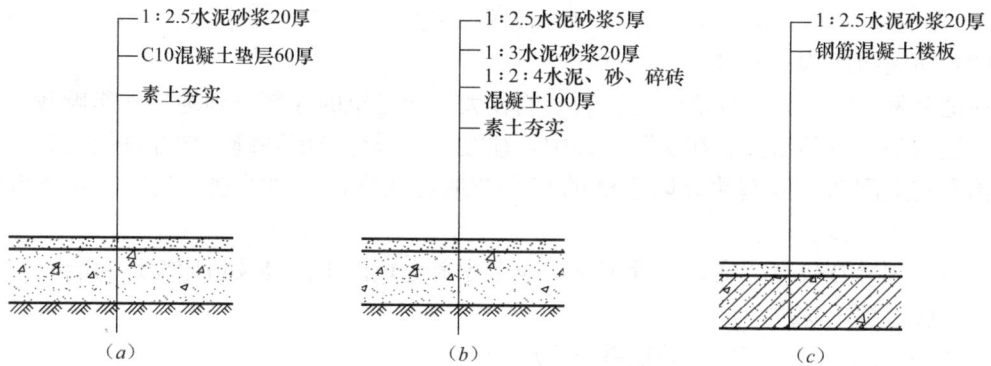

图 4-33 水泥砂浆地面

(a) 底层地面单层做法；(b) 底层地面双层做法；(c) 楼层地面

近几年，彩色水泥地面在建筑工程中应用增多。它是用水泥、108 胶、木质素磺酸钙、矿物颜料按一定比例拌合成厚质涂料，在地面垫层上刮三至四遍，砂纸打平后用氯乙烯—偏氯乙烯二烷乳液罩面，最后打一层地板蜡。这种地面具有涂层干燥快、施工简便、光洁美观、经久耐用等优点。由于这种地面无毒、不燃、安全经济，常用于公共建筑及一般实验室。

为改善水泥地面的使用质量，增加其美观性，可面层上涂刷地面涂料，如聚氨基甲酸酯地板漆、过氯乙烯涂料、苯乙烯焦油涂料、聚乙烯醇缩丁醛涂料等。

2) 水磨石地面

水磨石地面通常分两层制作，底层为 1:3 水泥砂浆 18mm 厚找平，面层为（1:1.5）～（1:2）水泥石碴 12mm 厚，石碴粒径为 8～10mm。为防止地面开裂，施工中先将找平层做好，在找平层上按设计为 1m×1m 方格的图案嵌固玻璃塑料分格条（或铜条、铝条），用1:1 水泥砂浆固定，将拌合好的水泥石屑铺入压实，经浇水养护达到适当强度后，用磨石机加水研磨二、三次，修补掉石、气眼等缺陷，最后用草酸水溶液擦洗、打蜡抛光。

普通水磨石地面采用普通水泥掺白石子，玻璃条分格；美术水磨石可用白水泥加各种颜料和各色石子，用铜条分格，可形成各种优美的图案，但造价比普通水磨石高。

水磨石地面质地美观，表面光洁，不起尘，易清洁，具有很好的耐久性、耐油耐碱、防火防水，通常用于公共建筑门厅、走道、主要房间地面。

（2）块材类地面

块材类地面是利用各种块材铺贴而成的地面、按照面层材料不同有陶瓷类板材地面、石板地面、木地板等。

1) 陶瓷类地面

陶瓷类地面是目前广泛应用的地面做法，常用的材料有缸砖、陶瓷锦砖、瓷土无釉砖等。这类地面具有表面致密光洁、耐磨、耐腐蚀、吸水率低、不变色等特点，但造价偏高，一般适用于公共建筑、用水建筑以及有腐蚀性介质的房间，如一般的厅堂、办公室等。

陶瓷类地面的铺贴方式一般是在结构层或垫层找平的基础上，用 1:3 水泥砂浆作粘结层，按照顺序铺贴面层材料，最后用干水泥粉嵌缝。

144

2）石板地面

石板包括天然石板和人造石板。常用的天然石板指大理石和花岗石板，它们质地坚硬、色泽丰富艳丽，属高档地面装饰材料但造价昂贵。人造石板有预制水磨石板、人造大理石板等。石板地面一般多用于高级宾馆、会堂、公共建筑的大厅等处。

石板地面做法是在基层上刷素水泥浆一道，30mm厚1:3干硬性水泥砂浆找平，面上撒2mm厚素水泥（洒适量清水），粘贴石板，素水泥浆擦缝。

3）木地面

木地面是一种档次较高的地面做法，主要特点是有弹性、保温性好、不起尘、易清洁，但耗费木料较多、造价高，常用于高级住宅、宾馆、体育馆、健身房、剧院舞台等建筑中。

木地面按构造方式分为空铺、实铺两种，空铺木地面耗费木料多、占用空间大，目前已基本不用。实铺木地面铺设方法较多，多采用铺钉式和实铺式做法。

实铺式木地板多用于对弹性有特殊要求的地面，分为单层和双层做法。单层做法是将木地板直接钉在事先已经固定好的木搁栅上，木搁栅多为50mm×70mm方木，中距为400mm，中间填50mm×50mm横撑，中距为800mm。对于高标准的房间地面，采用双层铺钉，在面层与搁栅间加铺一层20mm厚斜向毛木板。房屋底层为防止地板受潮腐烂，可在基层上刷冷底子油一道，涂热沥青玛𫗦脂两道。另外，在踢脚板处设通风口，使地板下的空气疏通，以保持干燥。

（3）卷材地面

卷材地面是用成卷的面层材料铺贴而成，常用的卷材包括聚氯乙烯塑料地毡、橡胶地毡以及地毯。

聚氯乙烯塑料地毡（又称地板胶），目前市面上出售的地毡宽度多为700~2000mm左右，长10~20m厚度1~6mm，通常用胶粘剂贴在砂浆找平层上。

橡胶地毡是以橡胶粉为基料，掺入填充料、防老化剂、硫化剂等制成的卷材，橡胶毡耐磨、防滑、吸声、绝缘，可直接干铺在地面上，也可用聚氨酯等胶粘剂粘贴。

地毯类型较多，按照地毯面层材料不同有化纤地毯、羊毛地毯、棉织地毯等。地毯柔软舒适、吸声、保温、美观，且施工简单，是理想的地面装修材料，但价格较高。

（4）涂料地面

涂料类地面是利用涂料涂刷或涂刮而成的，它是水泥砂浆地面的一种表面处理方式，主要是为了改善水泥砂浆地面在使用和装饰方面的缺陷。

3. 墙面的装修

墙面装修是建筑装修中的重要内容，它对提高建筑的艺术效果、美化环境起着很重要的作用，还具有保护墙体的功能和改善墙体热工性能的作用。

（1）墙面装修的构造要求

1）具有良好的色彩、观感和质感、便于清扫和维护；

2）应使用功能对室内光线、音质的要求；

3）室外装饰应选择强度高、耐候性好的装饰材料；

4）施工方便、节能环保、造价合理。

（2）墙面抹灰的分类

1）墙面抹灰按照部位分类，可分为室外装修和室内装修；

2）按照材料及施工方法分类，可分为抹灰类、贴面类、涂料类、裱糊类和铺钉类。

（3）墙面常见的装饰构造

墙面装饰一般是依据面层所用的材料来命名，根据面层的施工方法不同、墙面装饰可分为五种类型：抹灰类墙面、贴面类墙面、涂料类墙面、裱糊类墙面和铺钉类墙面。

1）抹灰类墙面

抹灰是我国传统的饰面做法，是将砂浆涂抹到房屋结构表面上的一种装修方法，其材料来源广泛、工艺简便、造价低廉，因此在建筑墙体装饰中应用广泛。

为了保证抹灰质量，做到表面平整，粘结牢固，色彩均匀，不开裂，施工时应分层操作。抹灰一般分为三层，即底层、中层、面层，抹灰的总厚度一般为 15～20mm。

底层主要起与基层的粘结及初步找平的作用。普通砖墙常采用水泥砂浆或混合砂浆打底，混凝土墙则应采用混合砂浆和水泥砂浆，在抹灰前应把墙体淋湿。

中层抹灰主要起找平作用，其所用材料与底层基本相同，也可以根据装修要求选用其他材料。

面层抹灰主要起装修作用，要求表面平整、色彩均匀、无裂缝，可以做成光滑、粗糙等不同质感的表面。

抹灰按照质量要求和主要工序划分为三种标准，见表 4-8。

抹灰的三种标准 表 4-8

标准 层次	底灰	中灰	面灰
普通抹灰	1层		1层
中级抹灰	1层	1层	1层
高级抹灰	1层	数层	1层

即高级抹灰、中级抹灰和普通抹灰。高级抹灰用于公共建筑、纪念性建筑，如剧院、宾馆、展览馆等；中级抹灰适用于住宅、办公楼、学校、旅馆以及高标准建筑物中的附属房间；普通抹灰适用于简易宿舍、仓库等。

2）贴面类墙面

贴面类装修是目前采用最多的一种墙面装饰做法，包括粘贴、绑扎、悬挂等多种工艺。它具有耐久性长、装饰效果好、容易养护与清洗等优点。常用的贴面材料有花岗石板和大理石板等天然石板，面砖、瓷砖、陶瓷锦砖和玻璃制品等人造板材。在选择材料时，要特别注意以下两个问题：一是材料的放射性指标等要符合有关环保标准的要求；二是用于室外的材料应充分考虑耐候性的问题。

① 面砖和陶瓷锦砖：面砖多数是以陶土和瓷土为原料，压制成型后煅烧而成的，是目前在室内外墙面装修普遍采用的饰面材料。面砖一般分挂釉面和不挂釉两种，表面的色彩与质感也多种多样。无釉面砖主要用于建筑外墙面装修，釉面砖主要用于建筑内墙面的装修。陶瓷锦砖又名马赛克，是用优质陶土烧制而成的小块瓷砖，并在出厂时拼接粘贴在一张背纸上。陶瓷锦砖既可以用于内墙面，也可以用于外墙面，它质地坚硬、色泽柔和，具有造价较低，观感好的优点。

面砖等类贴面材料一般用水泥砂浆作为粘结材料。铺贴前应先将墙面清洗干净，然后将面砖放入水中浸泡一段时间，粘贴前去除表面的水分。先抹 15mm 厚 1：3 水泥砂浆打底找平，再抹 5mm 厚 1：1 水泥细砂砂浆作为粘贴层。为了延长砂浆的初凝时间，可以在砂浆中掺入一定比例的 108 胶。面砖的排列方式和接缝大小对立面效果有一定影响，通常有横铺、竖铺、错开排列等；还可以根据装饰效果的需要，采用留缝或不留缝的铺贴方式。

陶瓷锦砖铺贴时将纸面朝外整块粘贴在 1：1 水泥细砂砂浆上，注意对缝找平，待砂浆凝结后，淋水浸湿，然后去除背纸，用白水泥粉嵌缝即可。

② 石板墙面装修：天然石板墙面具有强度高、结构密实、不易污染、装修效果好等优点。但由于加工复杂、造价高，一般多用于高级墙面装修中。人造石板一般由白水泥、彩色石子、颜料等配合而成，具有天然石材的花纹和质感、重量轻、表面光洁、色彩多样、造价较低等优点，常见的有水磨石板、仿大理石板等。

石板墙面根据施工工艺的不同分为湿挂法和干挂法两种。

湿挂法一般需要先在主体墙面固定有 Φ8～Φ10 钢筋制作的钢筋网，再用双股铜线或镀锌钢丝穿过事先在石板上钻好的孔眼，将石板绑扎在钢筋网上。上下两块石板用不锈钢卡销固定。石板与墙面之间一般留 30mm 缝隙，上部用定位活动木楔做临时固定，校正无误后，在板与墙之间分层浇筑 1：2.5 水泥砂浆，每次灌入高度不应超过 200mm。待砂浆初凝后，取掉定位活动木楔，继续上层石板的安装。

干挂法需要事先在墙的主体上安装金属支架，并把板材四角部位开出暗槽或粘结连接金属件，然后利用特制的连接铁件把板材固定在金属支架上，并用密封胶嵌缝。

3）涂刷类墙面

涂刷类墙面是指利用各种涂料敷设于基层表面而形成完整牢固的膜层，达到装饰墙面作用的一种装修做法。具有造价低、装饰性好、工期短、工效高、自重轻，以及操作简单、维修方便、更新快等特点，因而在建筑上得到了广泛的应用和发展。

涂料类饰面的种类很多，根据成膜物质可分为有机涂料、无机涂料、有机无机复合涂料。按照建筑涂料的分散介质可分为溶剂型涂料、水溶型涂料、水乳型涂料。按照建筑涂料的功能分类，可分为装饰涂料、防火涂料、防水涂料、防腐涂料、防霉涂料、防结露涂料等。

涂料类墙面一般分为刷涂、滚涂和喷涂三种施工方法。采用溶剂型和水溶型涂料时，后一遍涂料必须在前一遍涂料干燥后进行，否则易发生皱皮、开裂等质量问题。每遍涂料均应施涂均匀，各层结合牢固。

用于外墙的涂料，考虑到其长期直接暴露于自然界中，经受日晒雨淋的侵蚀，因此要求外墙涂料涂层除应具有良好的耐水性、耐碱性外，还应具有良好的耐洗刷性、耐冻融循环性、耐久性和耐污性。当外墙施涂涂料面积过大，可以设置外墙的分隔缝或把墙的阴角处及落水管处设为分界线，可以减少涂料色差的影响。在同一墙面应用同一批号的涂料，每遍涂料不宜施涂过厚，涂料要均匀，颜色要一致。

4）裱糊类墙面

裱糊类墙面多用于内墙面的装修，它是将各种墙纸、墙布、织锦等卷材类材料裱糊在墙面上的装修方法。它具有装饰性强、造价较经济、施工简单、自身变形能力强和材料更替方便的优点。

裱糊类墙面的基层要坚实牢固、表面平整光洁、色泽一致。在裱糊前要对基层进行处理，首先要清扫墙面、满刮腻子、用砂纸打磨光滑。对有防潮要求的墙体，应对基层作防潮处理，在基层涂刷均匀的防潮底漆。墙面应采用整幅裱糊，并统一预排对花拼缝。裱糊的顺序为先上后下，先高后低，应使饰面材料的长边对准基层上弹出垂直线，用刮板或胶辊赶平压实。阴阳转角应垂直，棱角分明。阴角处墙纸搭接顺光，阳面处不得有接缝，并应包角压实。

5）铺钉类墙面

铺钉类装修是将各种天然或人造薄板镶钉在墙面上的饰面作法，其构造由骨架和面板两部分组成。施工时先在墙面立骨架，然后在骨架上铺钉装饰面板。

骨架分木骨架和金属骨架两种，采用木骨架时为满足防火安全需要应在木骨架表面涂刷防火涂料。骨架间及横档的距离一般根据面板的尺度而定。为防止因墙面受潮损坏骨架和面板，常在立筋前在前面墙面抹一层 10mm 厚的混合砂浆，并涂刷热沥青两道，或粘贴油毡一层。

室内墙面装修用面板，一般采用硬木条板、胶合板、纤维板、石膏板及各种吸声板等。硬木条板装修是将各种截面形式的条板密排竖直镶钉在横撑上。胶合板、纤维板等人造薄板可用圆钉或木螺钉直接固定在木骨架上，板间留有 5~8mm 缝隙，以保证面板有微量伸缩的可能，也可以用木压条或铜、铝等金属压条盖缝。石膏板与金属骨架的连接一般用自攻螺栓或电钻钻孔后用镀锌螺栓。

4. 顶棚的一般装饰构造

顶棚是楼板层下面的装修层，古建筑称天花板，是建筑物室内主要饰面之一。对顶棚的要求是表面光洁，美观，能反射光线，改善室内照度以提高室内装饰效果；对某些有特殊要求的房间，还要求顶棚具有隔声吸声或反射声音、保温、隔热、管道敷设等方面的功能，以满足使用要求。

（1）顶棚的分类

① 按照顶棚与主体结构的关系，可以分为直接式顶棚和悬吊式顶棚。设计时应根据建筑物的使用功能、装修标准和经济条件来选择适宜的顶棚形式。

② 按照施工工艺的不同，可以分为抹灰类顶棚、贴面类顶棚、裱糊类顶棚和装配式顶棚。

③ 按照面层材料的不同，可以分为石膏板顶棚、金属板顶棚、木质顶棚等。

④ 按照承载能力，可以分为上人顶棚和不上人顶棚。

顶棚有时也可以按照外观以及楼板结构层的显露方式进行分类。

（2）顶棚的构造要求

① 具有良好的装饰效果，满足室内空间的需要。

② 具有足够的防火能力，满足有关的技术要求。

③ 能够解决室内音质、照明的要求，有时还要满足隔热、通风等要求。

（3）常见顶棚的装饰构造

① 直接式顶棚

直接式顶棚是指直接在钢筋混凝土屋面板或楼板下表面直接做饰面层形成顶棚的方法。当板底平整时，可直接喷、刷大白浆或 106 涂料；当楼板结构层为钢筋混凝土预制板时，可用1∶3水泥砂浆填缝刮平，再喷刷涂料。这类顶棚构造简单，施工方便，造价较低，常用于装饰要求不高的一般建筑，如办公室、住宅、教学楼等。

此外，有的是将屋盖结构暴露在外，不另作顶棚，称为"结构顶棚"。例如网架结构，构成网架的杆件本身很有规律，有结构自身的艺术表现力。又如拱结构屋盖，可以形成富有韵律的拱面顶棚。结构顶棚广泛用于体育建筑及展览大厅等公共建筑。

② 悬吊式顶棚

悬吊式顶棚又称"吊顶"，它通过悬挂构件与主体结构相连，悬挂在屋顶或楼板下面。这类顶棚在使用功能和美观上都有一定作用。在使用功能上，吊顶可以提高楼板的隔声能力，或利用吊顶安装管道设施；在观感方面，吊顶的色彩、材质及图案，都可提高室内的装饰效果。

吊顶一般由龙骨与面层两部分组成。吊顶龙骨分为主龙骨与次龙骨，主龙骨为吊顶的承重结构，次龙骨则是吊顶的基层。主龙骨通过吊筋或吊件固定在屋顶（或楼板）结构上，其间距视吊顶的重量或上人与否而定，通常为900～1000mm。次龙骨固定在主龙骨上，其间距视面层材料规格而定，一般为300～500mm。龙骨可用木材、轻钢、铝合金等材料制作，其断面大小根据材料、荷载和面层构造做法等因素而定。

轻钢龙骨选用镀锌挤压型材制作，断面多为U形、C形。吊筋是连接轻钢龙骨和结构层的传力构件，多采用型钢、钢筋或轻钢型材。吊筋的上端一般用膨胀螺栓与预埋钢筋与结构层连接，下端通过螺杆与轻钢龙骨格栅连接。吊筋的强度应满足吊顶全部荷载的需要，并能在一定范围上下调整高度。

吊顶面层分为抹灰面层和板材面层两大类。抹灰面层为湿作业施工，费工费时，目前板材面层应用较广，既可加快施工速度，又容易保证施工质量。板材吊顶有植物板材、矿物板材和金属板材等。

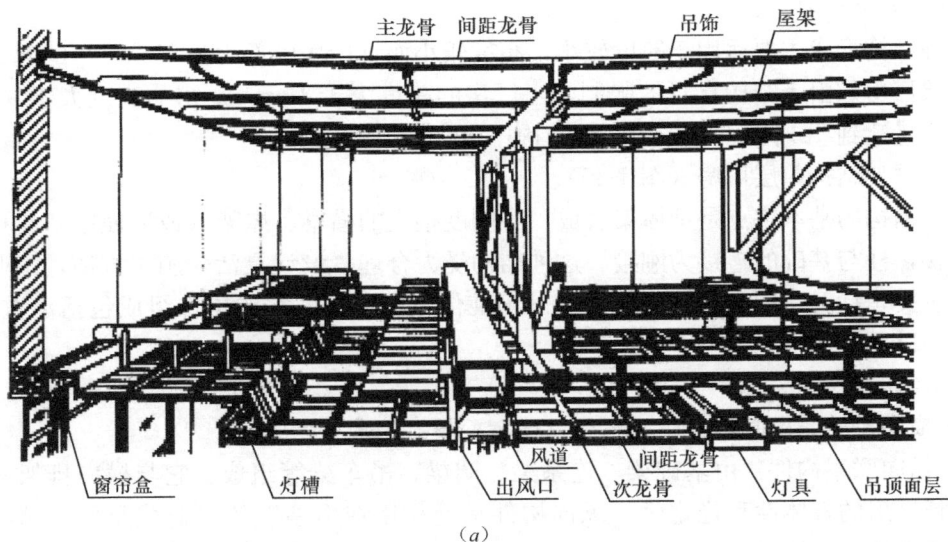

（a）

图 4-34　吊顶示意图（一）

（a）吊顶悬挂于屋面下构造示意

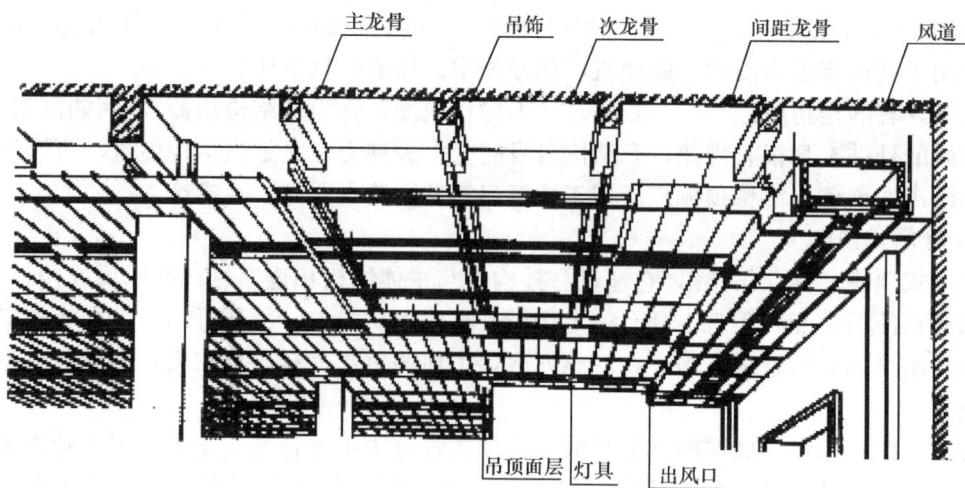

主龙骨　吊饰　次龙骨　间距龙骨　风道

吊顶面层　灯具　出风口

(b)

图 4-34　吊顶示意图（二）

(b) 吊顶悬挂于楼板底构造示意

4.1.9　单层工业厂房的一般构造

1. 单层工业厂房的结构类型

工业厂房按照层数可分为单层工业厂房、多层工业厂房和混合层次厂房。单层工业厂房主要用于重型机械制造工业、冶金工业、纺织工业；多层厂房广泛用于食品工业、电子工业、化学工业、轻型机械制造工业、精密仪器工业等。

单层工业厂房在结构和构造上与民用建筑区别较大，目前主要有砖混结构、排架结构和钢结构三种形式。

（1）砖混结构单层厂房

这种结构形式主要适用于跨度较小，高度较小而且厂房内部无吊车或吊车的起重量较小的单层厂房。由于结构自身的限制，当厂房的跨度大于 15m，厂房的高度大于 9m，吊车起重重量达到 5t 时就不宜采用砖混结构厂房。

（2）排架结构单层厂房（图 4-35）

排架结构的基本特点是把屋架看成一个刚度很大的横梁、屋架（或屋面梁）与柱的连接为铰接，柱与基础的连接为刚接。这种结构受力合理，设计灵活，施工方便，工业化程度高。主要是针对跨度大、高度较高、吊车吨位大的厂房。它的构件组成包括承重结构、维护结构以及其他附属构件。

承重结构包括：

1）横向排架：由基础、柱、屋架（或屋面梁）组成。

2）纵向联系构件：由基础梁、连系梁、圈梁、吊车梁等组成。它与横向排架构成骨架，保证厂房的整体性和稳定性。纵向构件承受作用在山墙上的风荷载及吊车纵向制动力，并将它传递给柱子。

3）为了保证厂房的刚度，还设置了屋架支撑、柱间支撑等支撑系统。

围护结构包括：外墙、屋顶、地面、门窗、天窗等。

其他：如散水、地沟、隔断、作业梯、检修梯等。

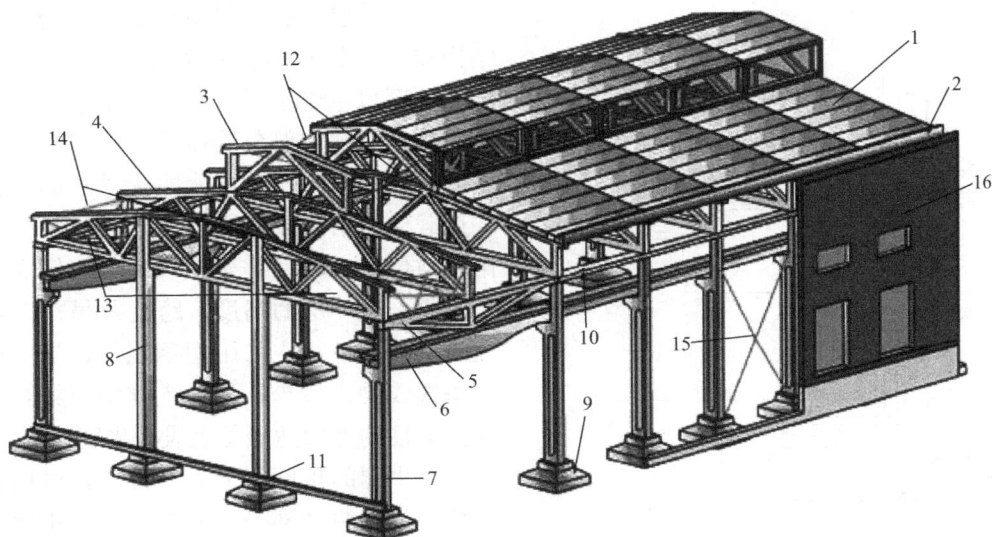

图 4-35　排架结构单层厂房示意图

1—屋面板；2—天沟板；3—天窗架；4—屋架；5—托架；6—吊车梁；7—排架柱；8—抗风柱；9—基础；10—连系梁；

11—基础梁；12—天窗架垂直支撑；13—屋架下弦横向水平支撑；14—屋架端部垂直支撑；15—柱间支撑；16—墙体

（3）刚架结构厂房

刚架结构单层厂房是把柱子和屋架（或屋面梁）合并为一个构件，柱与屋架（或屋面梁）的连接为刚接，柱与基础一般做成铰接，这种结构适用于内部无吊车或吊车起重量较小的单层厂房。

2. 排架结构单层厂房的基本构造

（1）基础

单层工业厂房的基础通常为柱下独立基础，由基础承担作用在柱上的全部荷载，并将这些荷载传给地基。当柱为现浇钢筋混凝土柱时，基础和柱子整浇在一起，如图 4-36 所示；如果厂房采用预制钢筋混凝土柱子时（这种情况比较多见），一般采用预制独立杯形基础。预制独立基础除了要满足结构的要求外，还要满足构造方面的要求，如图 4-37 所示。

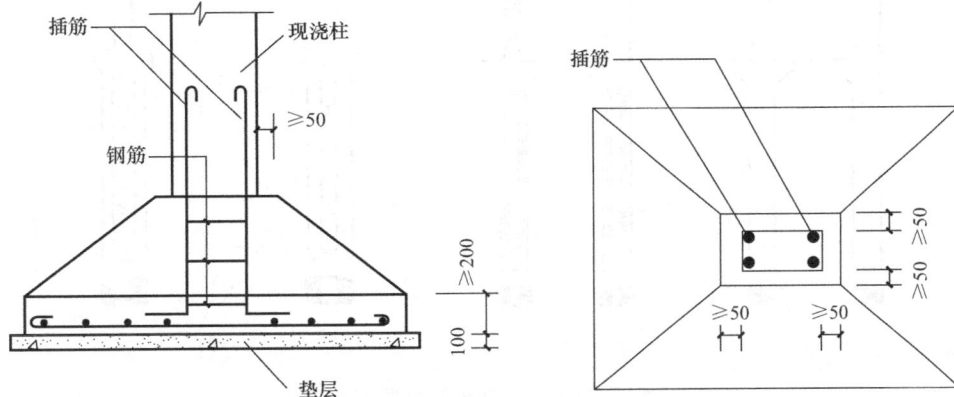

图 4-36　现浇柱下独立基础

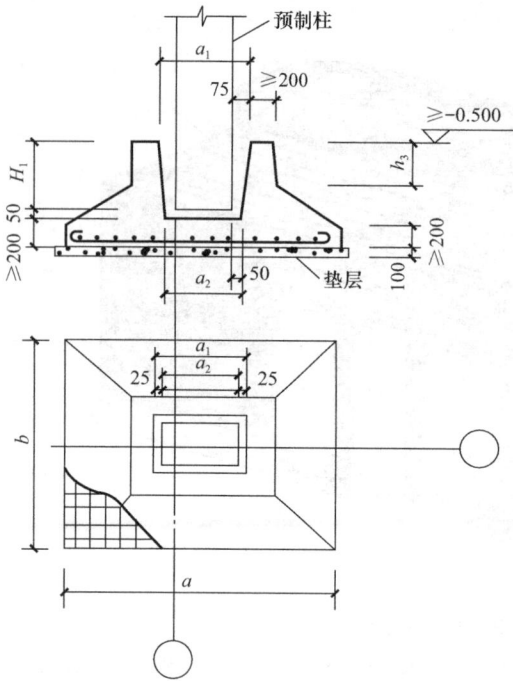

图 4-37　预制独立杯口基础

（2）排架柱

我国单层工业厂房主要采用钢筋混凝土结构体系，其基本柱距为 6m。排架柱是单层工业厂房主要承重构件，它承担着屋面荷载、吊车荷载和部分墙体荷载，同时还承担着风荷载和吊车产生的水平荷载，同时把这些荷载传递给基础。当厂房的高度、跨度及吊车吨位较小时，排架柱一般采用钢筋混凝土制作；当厂房的高度、跨度及吊车吨位较大时，排架柱往往采用型钢制作；当厂房设置桥式或梁式吊车，为了支撑吊车梁，需要在排架柱的上段适当位置设置牛腿。

以牛腿的顶面为分界，排架柱可以分为上柱和下柱两个部分。上柱主要承担屋盖系统的荷载，通常是轴心受压构件；下柱除了承担上柱传来的荷载外，还要承担吊车荷载，通常是偏心受压构件。

单层工业厂房钢筋混凝土排架柱，可分为单肢柱和双肢柱两大类。单肢柱截面形式有矩形、工字形及空心管柱。双肢柱截面形式是由两肢矩形柱或两肢空心管柱，用腹杆（平腹杆或斜腹杆）连接而成。

（3）抗风柱（图 4-38）

为保证山墙的自身稳定，能够承受比较大的风荷载，通常采用设置抗风柱的方法。为了使水平连系构件的规格相对单一，抗风柱的间距宜与排架柱的间距相同。为了改善抗风柱的受力状态，柱的顶端应与屋盖系统连接。因为抗风柱承受的主要是水平荷载，与排架柱的沉降量差异较大，因此抗风柱与屋盖系统宜为弹性连接，形成既能够传递水平力，又能够实现竖向位移的弹性支座。

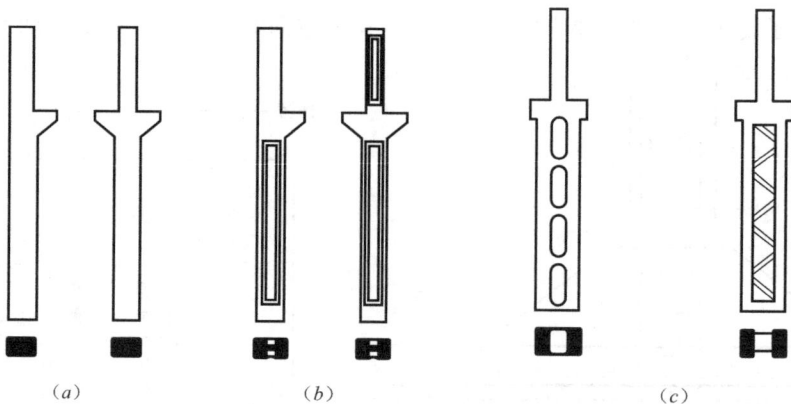

图 4-38　柱子的类型

（a）矩形单肢柱；（b）工字形单肢柱；（c）双肢柱

（4）屋盖系统

单层厂房屋盖系统的构成比一般的民用建筑复杂得多，而且承担的任务也不完全一样，主要包括屋架（屋面梁）、屋面板、屋盖支撑体系等。

1）屋架和屋面梁

屋架（屋面梁）与排架柱一起构成了排架结构，除了承担全部的屋面荷载之外，有时还要承担单轨悬挂车的荷载。屋面梁一般采用钢筋混凝土制作，在跨度较大时，往往采用预应力钢筋混凝土屋面大梁。由于自重较大，屋面梁一般在跨度小于 18m 的厂房使用。屋架的适用跨度大，在单层厂房中应用广泛。屋架的形式也很多，如三角形屋架、梯形屋架、拱形屋架、折线形屋架等。屋架可以采用钢筋混凝土或型钢制作，也可以加工成钢筋混凝土—型钢组合屋架。

屋盖系统的结构形式分为无檩体系和有檩体系。有檩体系是把屋面板搁置在檩条上，檩条搁置在屋架（屋面梁）上，组成屋盖系统的构件较多，屋面板的规格较小，多属于轻质屋面 ［图 4-39（a）］；无檩体系是把屋面板直接搁置在屋架（屋面梁）上。组成屋盖系统的构件较少，但屋面板的规格较大，属于重型屋面 ［图 4-39（b）］。通常情况下，厂房屋盖系统优先采用无檩体系，这样构造比较简单，施工速度也快，当厂房有泄爆的要求时才采用有檩体系。

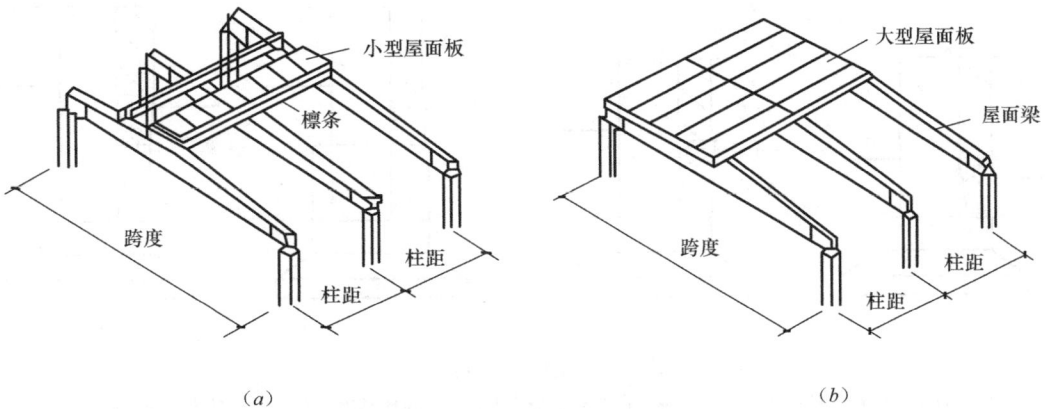

（a）   （b）

图 4-39　屋面系统的结构形式
（a）有檩体系；（b）无檩体系

2）屋面板

屋面板是单层厂房屋面的覆盖构件，由于厂房屋面的面较大，屋面板的选择就显得更为重要，单层厂房可选用的屋面板种类较多，其中以预应力钢筋混凝土大型屋面板、彩色压型钢板、水泥波形瓦最为常见。

预应力钢筋混凝土大型屋面板是单层厂房最为常用的覆盖材料，具有技术成熟、结构性能好、跨度大、适应面广的优点。大型屋面板的断面为槽形，并在两端的中部设置加劲肋，外形尺寸多为 1500mm×6000mm。

近年来，彩色压型钢板在建筑上应用的日益广泛，尤其是工业建筑领域更是常见。彩色压型钢板分为无保温层和附带保温层（称为复合夹芯板）两种。复合夹芯板自重轻、观感效果好、安装方便，实现了屋面覆盖材料与屋面保温（隔热）层及构造层的统一，而且具有很好的装饰效果。

水泥波形瓦多用于热加工或有泄爆要求的车间,具有自重轻、安装构造简单的优点,但不方便设置保温层,耐久性能也不够好。

3)屋盖支撑系统

屋盖支撑系统是排架结构单层厂房的重要构件之一,它虽然不是主要承重构件,但承担着把屋盖系统各主要承重构件联系在一起的任务,是保证厂房纵向整体刚度的关键构件。

支撑分为屋盖支撑和柱间支撑,屋盖支撑包括横向水平支撑、纵向水平支撑、垂直支撑和纵向水平系杆等几部分。

(5)基础梁

骨架承重结构单层厂房有排架柱或钢架承担地面以上全部荷载,墙体只起围护作用。为了减少墙体的施工量,同时保证围护墙体能与厂房主体骨架一起沉降,通常采用在墙体底部设置基础梁的构造方法,用基础梁承担墙体的荷载。基础梁的长度与柱距相同,基础梁由基础负责支撑,并搁置在杯形基础的杯口上。为了避免被重载车辆压坏,在车间入口的柱距内不设置基础梁。通常,基础梁顶面的标高一般为$-0.060\sim-0.050$m,以便于在其上设置防潮层。当基础的埋深较大时,基础的标高较低,就要采取相应的构造措施来解决基础梁的支撑问题,如设置垫块、采用高杯基础、采用支撑牛腿等(图4-40)。

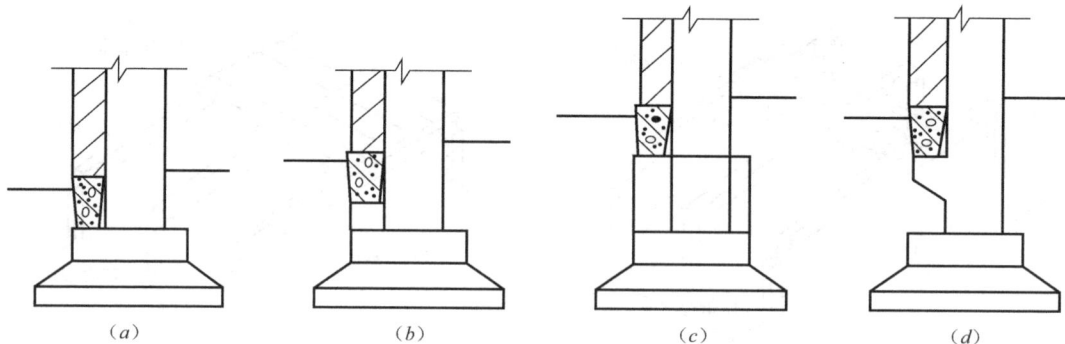

图 4-40 基础梁的搁置方案

(a)直接搁置在基础杯口上;(b)搁置在混凝土垫块上;(c)高杯基础方案;(d)柱下部设牛腿方案

(6)连系梁和圈梁

1)连系梁:是设置在厂房排架柱之间的水平联系构件,主要作用是保证厂房纵向刚度。连系梁沿厂房纵向水平设置,采用预制钢筋混凝土制作。连系梁往往要沿厂房竖向设置多道,通常设在排架柱的顶端、侧窗上部及牛腿处。连系梁分为设在墙内和不在墙内两种,设在墙内的连系梁还担负着承担上部墙体的任务,又称为"墙梁"。连系梁与柱子在构造上要有可靠连接,以保证能够传递纵向荷载,连接方式主要有焊接和螺栓连接两种。

2)圈梁:圈梁也是单层厂房的常见构件,能够起到保证厂房整体刚度的作用,但通常并不承担上部的墙体荷载,因此圈梁与柱子的连接与连系梁不同。圈梁可以现浇,也可以预制(但要在两端事先留出拉结钢筋),然后在与柱子交接处同预留钢筋绑扎,然后整体现浇。

(7)吊车梁

为了满足生产运输的需要,厂房内部常常设有吊车。其中桥式吊车和部分梁式吊车需要依托吊车梁来支撑和行走。吊车梁搁置在排架柱的牛腿上，承担吊车起重、运行和制动时产生的各种荷载。由于吊车梁承受的是移动荷载，因此吊车梁除了要满足承载力、刚度等要求之外，还要满足疲劳强度的要求。

吊车梁除了承担吊车荷载之外，还担负着传递厂房纵向荷载（山墙风荷载和吊车启动、制动荷载），保证厂房纵向刚度任务，是厂房中重要的纵向结构构件。

（8）墙体

墙体在骨架承重的厂房中只起围护作用，再加上厂房在热工方面的要求不高，因此厂房的墙体不论在构造、表面装饰和细部处理，还是在承重方面都显得比民用建筑简单，目前厂房墙体所用的材料主要有砌体和板材墙体两种类型。

1）砌筑墙体：单层厂房可以用砖或其他砌块作为砌墙材料，砌筑用砂浆和组砌原则与民用建筑相同，室内部分一般不做抹灰处理，而是直接刮平缝刷白即可。由于单层厂房外墙没有室内横墙和楼板的拉结与支撑，为了保证墙体的稳定性，就要把柱子作为保证墙体稳定的依托，应当用拉结钢筋与柱子连接紧密，具体的构造要求如图 4-41 所示。

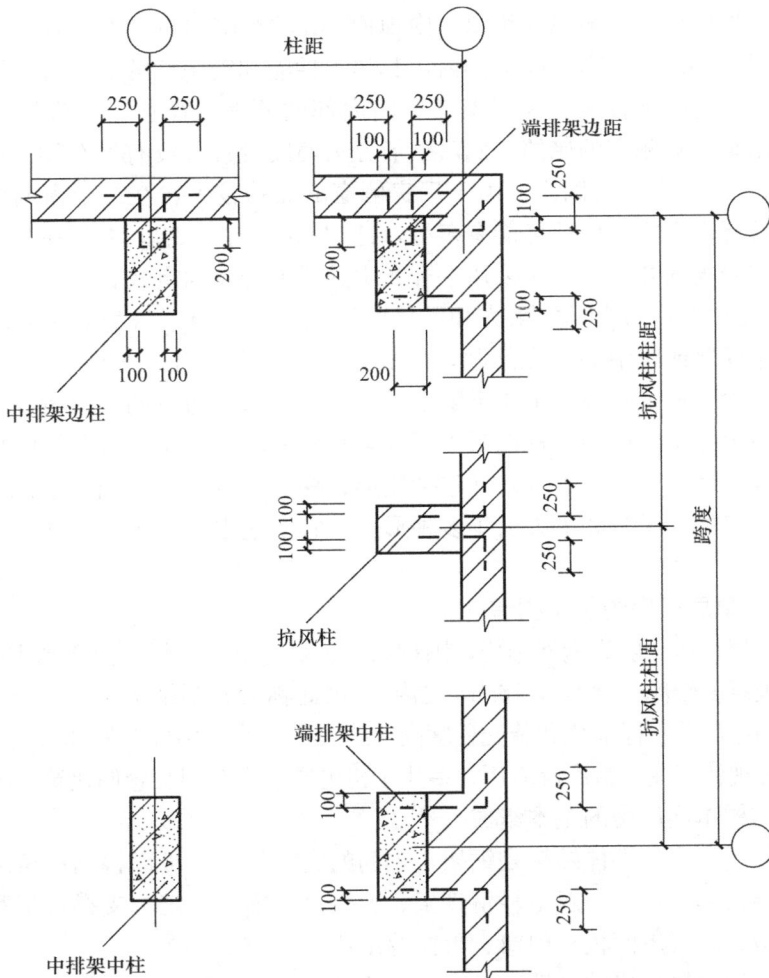

图 4-41　砌体墙与柱子的连接构造

2) 板材墙体：为了适应单层厂房装配程度高、施工进度快的要求，目前在许多大型单层厂房中广泛采用板材墙体墙板、墙板包括保温墙板、不保温墙板、通透墙板等多种类型，具有自重轻、抗震性能好、施工速度快、现场湿作业量小的优点。墙板的布置主要有横向布置、竖向布置和混合布置三种形式，它们各有所长，应根据工程具体情况合理选用。墙板的连接构造是必须要解决好构造问题，目前有柔性连接和刚性连接两种形式。

（9）大门

单层厂房的大门与民用建筑有较大不同。大门的位置、数量、尺度和开启方式均要根据生产的工艺流程、通过车辆的种类和尺度进行选择，物流的因素是第一位的，人的交通处于相对次要的位置，厂房大门的种类有很多，如平开、推拉、上翻、折叠等开启方式，应用的材料也多种多样，要根据厂房的生产特性、气候条件的选择。因为厂房大门的尺度往往比较大，门的固定和构造也有特殊的要求。

（10）侧窗和天窗

1）侧窗：主要作用是采光和通风，有爆炸危险车间的侧窗往往还兼有泄爆的功能。由于大多数厂房对室内热工的要求要低于民用建筑，因此侧窗的选材和构造一般要比民用建筑简单，严寒地区厂房一般只在距离室内地面3m的范围内设置双层窗，上部则为单层窗。但对于恒温恒湿以及洁净车间的侧窗，其热工性能和密闭性的要求就非常高。

由于单层厂房的跨度较大，为了保证车间内部的照度，往往需要设置尺寸较大的侧窗，为了躲开吊车梁对侧窗的遮挡，侧窗一般分为两段设置（设有吊车梁的高度范围内一般不设置侧窗），即侧窗和高侧窗。由于厂房侧窗的面积较大，在一个窗洞内往往设置数樘窗，这些窗的开启方式和层数可能有多种，把它们组合在一起，并用拼樘相互连接，称为组合窗。厂房侧窗的开启方式多采用平开、中悬或上悬及固定式。

2）天窗：是单层厂房常见的采光和通风的设施之一。当厂房为多跨或跨度较大的时候，为了解决中间跨或跨中的采光问题，一般要设置天窗。当厂房有较高的通风要求时，往往也要通过设置天窗来解决，由于天窗是靠着热压通风，通风的效果较好。由于天窗的存在，给厂房屋盖系统的结构和构造带来了许多特殊的问题，需要认真处理好。

天窗的种类很多，主要有上升式（包括矩形、梯形、M 形）天窗、下沉（包括横向下沉、纵向下沉、点式）天窗和平天窗等多种形式，它们适用的情况不一样，使用的效果不同，构造各异。

3. 轻钢结构单层厂房的基本构造

轻钢结构单层厂房一般为钢架结构，围护结构一般为金属薄板，由于承重结构及围护结构所采用的钢板厚度较薄（通常在 16mm 之内），因此称为轻钢结构。轻钢结构具有建筑自重轻、结构和构造简单、标准化和装配程度高、施工进度快、构件互换和可重复利用程度高等优点，目前在现代工业中被广泛应用，多用于机电类生产车间和仓储建筑（图 4-42）。

（1）轻钢结构单层厂房的基本组成

轻钢结构单层厂房的主体结构是钢架，钢筋的类型很多，可以根据厂房的空间要求进行选择。轻钢结构单层厂房一般由轻钢骨架、连接骨架檩条系统、支撑墙板和屋面的檩条系统、金属墙板、金属屋面板、门窗、天窗等组成。

（2）轻钢结构单层厂房的外墙

轻钢结构单层厂房的外墙多采用彩色压型钢板，这种板材是将厚度为 0.4～1.0mm 的

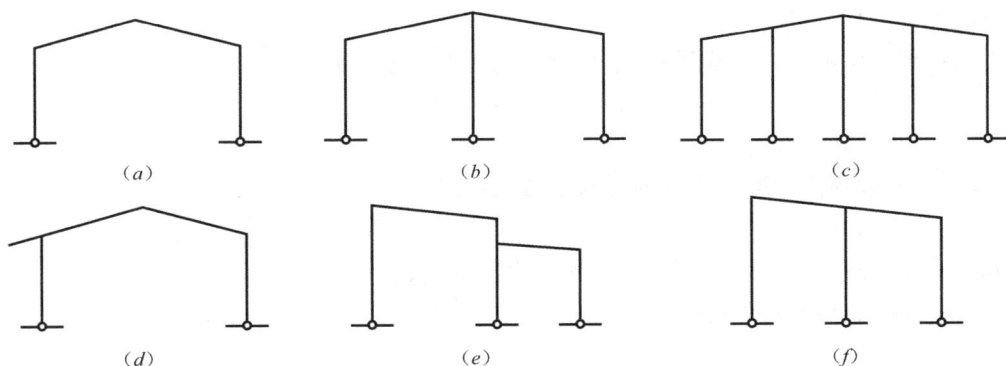

图 4-42　轻钢结构门式钢架

(*a*) 单跨刚架；(*b*) 双跨刚架；(*c*) 多跨刚架；(*d*) 带挑檐刚架；(*e*) 带毗屋刚架；(*f*) 单坡刚架

薄钢板辊压成波形断面，这样可以增加板材的刚度，并便于切割和加工。需要在钢板表面进行防锈和涂饰处理，使其具有不同的色彩，并能提高使用寿命。一般情况下，彩色压型钢板的使用寿命约为 10~30 年。

复合夹芯板一般采用聚苯乙烯泡沫板、矿棉板、聚氨酯泡沫塑料板、岩棉板等作为芯材，具有热工性能好、自重轻、耐腐蚀、观感好、施工速度快和耐久性好的优点，特别适合在严寒及寒冷地区使用。

复合夹芯板通过自攻螺钉或铆钉与檩条连接，可以垂直布置。板之间的水平缝一般为错口；垂直缝的缝型与板的布置方式有关：当板为横向布置时，一般为平缝；当板为垂直布置时，多为企口缝或错口缝。板材在转角处和门窗洞口处的构造相对复杂，一般需要利用专门的盖缝构造进行处理，并用专用密封胶封口。

（3）轻钢结构单层厂房的屋面

彩色压型钢板已经取代石棉水泥瓦和镀锌波形瓦，成为有檩体系轻钢结构单层厂房普遍采用的屋面覆盖构件。彩色压型钢板屋面的自重一般仅为 $0.1~0.18kN/m^2$，具有自重轻、美观耐久、标准化和装配化程度高的优点。彩色压型钢板宜选用长尺寸板材，以减少板的搭接。单层板之间一般采用搭接、扣合式及咬合式连接。板与下部的檩条用自攻螺钉或铆钉连接。

4.2　建筑结构的基本知识

4.2.1　无筋扩展基础、扩展基础、桩基础的结构知识

1. 无筋扩展基础

无筋扩展基础是指由砖、毛石、混凝土或毛石混凝土、灰土和三合土等材料组成的墙下条形基础或柱下独立基础。

为了保证基础的安全，必须限制基础内的拉应力和剪应力不超过材料强度的设计值，基础设计时，通过基础构造来限制这一目标，即基础的外伸宽度与基础高度的比值应小于规范规定的台阶宽高比的允许值，如表 4-9 所示。由于此类基础几乎不可能发生挠曲变

形，所以称为刚性基础。

无筋扩展基础的高度，应满足式（4-1）的要求（图4-43）：

$$H_0 \geqslant (b - b_0)/2\tan\alpha \qquad (4\text{-}1)$$

式中　b——基础底面宽度（m）；

　　　　b_0——基础顶面的墙体宽度或柱脚宽度（m）；

　　　　H_0——基础高度（m）；

　　　　$\tan\alpha$——基础台阶宽高比 $b_2 : H_0$，其允许值可按表4-9选用；

　　　　b_2——基础台阶宽度（m）。

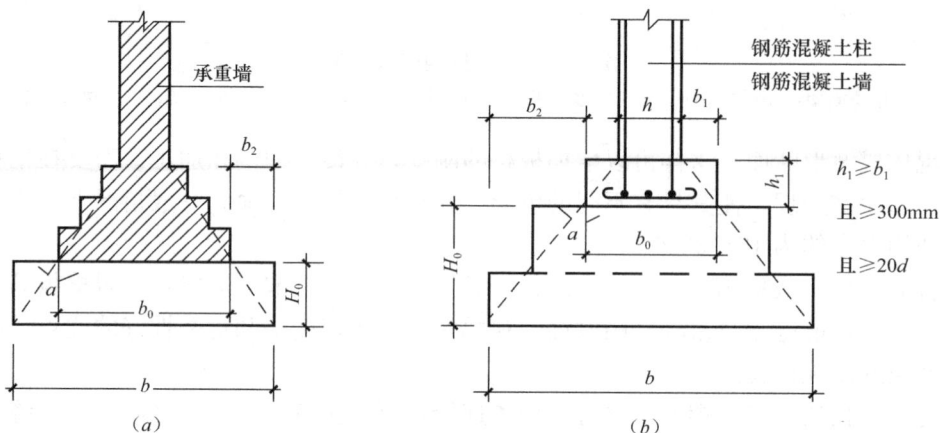

图 4-43　无筋扩展基础构造示意图

d—柱中纵向钢筋直径

无筋扩展基础台阶宽高比的允许值　　　　　表 4-9

基础材料	质量要求	台阶宽高比的允许值		
		$p_k \leqslant 100$	$100 < p_k \leqslant 200$	$200 < p_k \leqslant 300$
混凝土基础	C15 混凝土	1：1.00	1：1.00	1：1.25
毛石混凝土基础	C15 混凝土	1：1.00	1：1.25	1：1.50
砖基础	砖不低于 MU10、砂浆不低于 M5	1：1.50	1：1.50	1：1.50
毛石基础	砂浆不低于 M5	1：1.25	1：1.50	—
灰土基础	体积比为 3：7 或 2：8 的灰土，其最小干密度： 粉土 1550kg/m³ 粉质黏土 1500kg/m³ 黏土 1450kg/m³	1：1.25	1：1.50	—
三合土基础	体积比 1：2：4～1：3：6（石灰：砂：骨料），每层约虚铺 220mm，夯至 150mm	1：1.50	1：2.00	—

采用无筋扩展基础的钢筋混凝土柱，其柱脚高度 h_1 不得小于 b_1，并不应小于 300mm 且不小于 $20d$。当柱纵向钢筋在柱脚内的竖向锚固长度不满足锚固要求时，可沿水平方向弯折，弯折后的水平锚固长度不应小于 $10d$ 也不应大于 $20d$，d 为柱中的纵向受力钢筋的最大直径。

2. 扩展基础

扩展基础是指柱下钢筋混凝土基础和墙下钢筋混凝土基础，如图 4-26 所示。这种基础抗弯和抗剪性能好，特别适用于"宽基浅埋"或有地下水时。

由于扩展基础有良好的抗弯能力，通常被看作柔性基础。这种基础能发挥钢筋的抗弯性能及混凝土抗压性能，适用范围广。

扩展基础的构造，应符合下列规定：

（1）锥形基础的边缘高度不宜小于 200mm，且两个方向的坡度不宜大于 1：3；阶梯形基础的每阶高度，宜为 300～500mm。

（2）垫层的厚度不宜小于 70mm，垫层混凝土强度等级不宜低于 C15。

（3）扩展基础受力钢筋最小配筋率不应小于 0.15%，底板受力钢筋的最小直径不应小于 10mm，间距不应大于 200mm，也不应小于 100mm。墙下钢筋混凝土条形基础纵向分布钢筋的直径不应小于 8mm；间距不应大于 300mm；每延米分布钢筋的面积不应小于受力钢筋面积的 15%。当有垫层时钢筋保护层的厚度不应小于 40mm，无垫层时不应小于 70mm。

（4）基础混凝土强度等级不应低于 C20。

（5）当柱下钢筋混凝土独立基础的边长和墙下钢筋混凝土条形基础的宽度大于或等于 2.5m 时，底板受力钢筋的长度可取边长或宽度的 0.9 倍，并宜交错布置（图 4-44）。

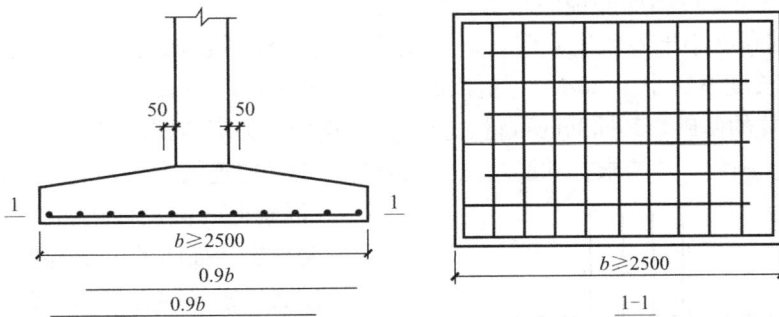

图 4-44 柱下独立基础底板受力钢筋布置

（6）钢筋混凝土条形基础底板在 T 形及十字形交接处，底板横向受力钢筋仅沿一个主要受力方向通长布置，另一方向的横向受力钢筋可布置到主要受力方向底板宽度 1/4 处（图 4-28）。在拐角处底板横向受力钢筋应沿两个方向布置（图 4-45）。

（7）钢筋混凝土柱和剪力墙纵向受力钢筋在基础内的锚固长度应符合下列规定：

1）钢筋混凝土柱和剪力墙纵向受力钢筋在基础内的锚固长度（l_a）应根据现行国家标准《混凝土结构设计规范》GB 50010 有关规定确定；

2）抗震设防烈度为 6 度、7 度、8 度和 9 度地区的建筑工程，纵向受力钢筋的抗震锚固长度（l_{aE}）应按式（4-2）计算：

①一、二级抗震等级纵向受力钢筋的抗震锚固长度（l_{aE}）应按式（4-2a）计算：

$$l_{aE} = 1.15 l_a \tag{4-2a}$$

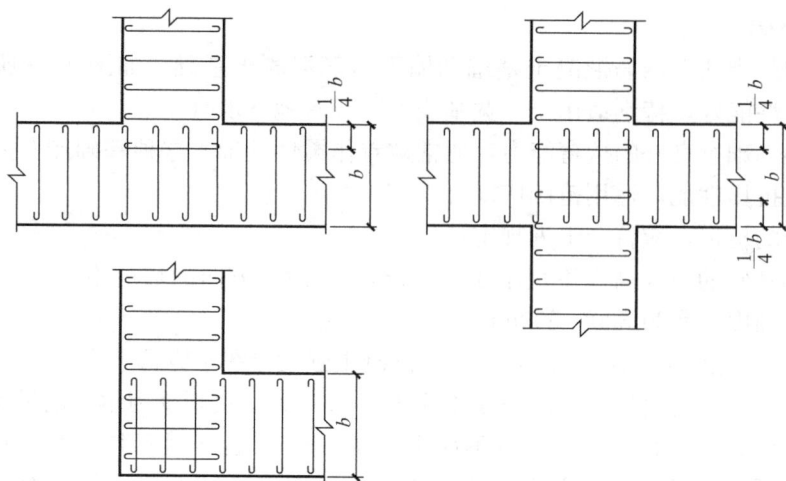

图 4-45　墙下条形基础纵横交叉处底板受力钢筋布置

② 三级抗震等级纵向受力钢筋的抗震锚固长度（l_{aE}）应按式（4-2b）计算：

$$l_{aE} = 1.05 l_a \tag{4-2b}$$

③ 四级抗震等级纵向受力钢筋的抗震锚固长度（l_{aE}）应按式（4-2c）计算：

$$l_{aE} = l_a \tag{4-2c}$$

式中　l_a——纵向受拉钢筋的锚固长度（m）。

3）当基础高度小于 l_a（l_{aE}）时，纵向受力钢筋的锚固总长度除符合上述要求外，其最小直锚段的长度不应小于 $20d$，弯折段的长度不应小于 150mm。

（8）现浇柱的基础，其插筋的数量、直径以及钢筋种类应与柱内纵向受力钢筋相同。插筋的锚固长度应满足上述要求，插筋与柱的纵向受力钢筋的连接方法，应符合现行国家标准

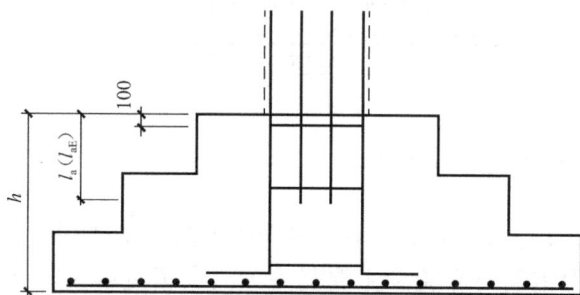

图 4-46　现浇柱在基础中插筋构造示意

《混凝土结构设计规范》GB 50010 的有关规定。插筋的下端宜做成直钩放在基础底板钢筋网上。当符合下列条件之一时，可仅将四角的插筋伸至底板钢筋网上，其余插筋锚固在基础顶面下 l_a 或 l_{aE} 处（图 4-46）。

1）柱为轴心受压或小偏心受压，基础高度大于或等于 1200mm；

2）柱为大偏心受压，基础高度大于或等于 1400mm。

3. 桩基础

桩基础是由桩和承台两部分组成，桩在平面上可以排成一排或几排，所有桩的顶部由承台连成一个整体并传递荷载。桩基础的作用是将承台以上上部结构传来的荷载通过承台，由桩传到较深的地基持力层中，承台将各桩连成一个整体共同承受荷载，并将荷载较均匀地传给各个基桩。

桩基础具有较高的承载力和稳定性，有良好的抗震性能，是减少建筑物不均匀沉降的

良好措施。

（1）桩的分类

1）按照施工方式分类，可分为预制桩和灌注桩。

预制桩是将预先制作成型，通过各种机械设备把它沉入地基至设计标高的桩。

灌注桩是在建筑工地现场成孔，并在现场向孔内灌入混凝土的桩。

2）按承载性能分类，可分为摩擦型桩和端承型桩。

摩擦型桩是桩顶竖向荷载主要由桩侧阻力承受，桩端阻力很小可以忽略不计的桩。

端承摩擦桩是桩顶竖向荷载由桩侧阻力和桩端阻力共同承受，但大部分荷载由桩侧阻力承受的桩。

端承型桩是桩顶竖向荷载主要由桩端阻力承受，桩侧阻力很小可以忽略不计的桩。

摩擦端承桩是桩顶竖向荷载由桩侧阻力和桩端阻力共同承受，但大部分荷载由桩端阻力承受的桩。

3）按照桩的使用功能分类，可分为竖向抗压桩、水平受荷桩、竖向抗拔桩和复合受荷桩。

竖向抗压桩是指主要承受上部结构传来垂直荷载的桩。

水平受荷桩是指主要承受水平荷载的桩。

竖向抗拔桩是指主要承受上拔荷载的桩。

复合受荷桩是指主要承受竖向、水平荷载均较大的桩。

4）按成孔方法分类，可分为挤土桩、部分挤土桩和非挤土桩。

挤土桩是指成桩过程中，桩孔中的土未取出，全部挤压到桩的四周，使桩周土的工程性质发生变化的桩。如打入或压入的预制混凝土桩、沉管灌注桩、爆扩灌注桩等。

部分挤土桩是指成桩过程中，对桩周土的挤压作用轻微，桩周土的工程性质变化不大的桩。如预钻孔打入式非预制桩、开口钢管桩、型钢桩等。

非挤土桩是指成桩过程中，将桩孔的土取出，对桩周土无挤压作用的桩。如钻孔灌注桩、人工挖孔灌注桩等。

5）按桩身材料分类，混凝土桩、钢桩和组合材料桩。

6）按承台位置的高低分类，可分低承台桩和高承台桩。

7）按桩直径大小分类，可分为小直径桩（桩直径≤250mm）、中等直径桩（桩直径250～800mm）和大直径桩（桩直径≥800mm）。

（2）桩和桩基的构造，应符合下列要求：

1）摩擦型桩的中心距不宜小于桩身直径的3倍；扩底灌注桩的中心距不宜小于扩底直径的1.5倍，但扩底直径大于2m时，桩端净距不宜小于1m。在确定桩距时尚应考虑施工工艺中挤土等效应对邻近桩的影响。

2）扩底灌注桩的扩底直径，不应大于桩身直径的3倍。

3）桩底进入持力层的深度，宜为桩身直径的1～3倍。在确定桩底进入持力层深度时，尚应考虑特殊土、岩溶以及震陷液化等影响。嵌岩灌注桩周边嵌入完整和较完整的未风化、微风化、中风化硬质岩体的最小深度，不宜小于0.5m。

4）布置桩位时宜使桩基承载力合力点与竖向永久荷载合力作用点重合。

5）设计使用年限不少于50年时，非腐蚀环境中预制桩的混凝土强度等级不应低于C30，预应力桩不应低于C40，灌注桩的混凝土强度等级不应低于C25；二b类环境及三类及四类、五类微腐蚀环境中不应低于 C30；在腐蚀环境中的桩，桩身混凝土的强度等级应符合现行国家标准《混凝土结构设计规范》GB 50010 的有关规定。设计使用年限不少于 100 年的桩，桩身混凝土的强度等级宜适当提高。水下灌注混凝土的桩身混凝土强度等级不宜高于 C40。

6）桩身混凝土的材料、最小水泥用量、水灰比、抗渗等级等应符合现行国家标准《混凝土结构设计规范》GB 50010、《工业建筑防腐蚀设计规范》GB 50046 及《混凝土结构耐久性设计规范》GB/T 50476 的有关规定。

7）桩的主筋应经计算确定。预制桩的最小配筋率不宜小于 0.8%（锤击沉桩）、0.6%（静压沉桩）；灌注桩最小配筋率不宜小于 0.2%～0.65%（小直径桩取大值）。桩顶以下 3～5 倍桩身直径范围内，箍筋宜适当加强加密。

8）桩顶嵌入承台内的长度不应小于 50mm。主筋伸入承台内的锚固长度不应小于钢筋直径（HPB300）的 30 倍和钢筋直径（HRB335 和 HRB400）的 35 倍。对于大直径灌注桩，当采用一柱一桩时，可设置承台或将桩和桩直接连接。

9）灌注桩主筋混凝土保护层厚度不应小于 50mm；预制桩不应小于 45mm，预应力管桩不应小于 35mm；腐蚀环境中的灌注桩不应小于 55mm。

（3）承台构造

桩基承台的构造，除满足受冲切、受剪切、受弯承载力和上部结构的要求外，尚应符合下列要求。

1）承台的宽度不应小于 500mm。边桩中心至承台边缘的距离不宜小于桩的直径或边长，且桩的外边缘至承台边缘的距离不小于 150mm。对于条形承台梁，桩的外边缘至承台梁的距离不小于 75mm。

2）承台的最小厚度不应小于 300mm。

3）承台的配筋，对于矩形承台，其钢筋应按双向均匀通长布置，钢筋直径不宜小于 10mm，间距不宜大于 200mm；对于三桩承台，钢筋应按三向板带均匀布置，且最里面的三根钢筋围成的三角形应在柱截面范围内。

4）承台混凝土强度等级不应低于 C20；纵向钢筋的混凝土保护层厚度不应小于 70mm，当有混凝土垫层时，不应小于 40mm，且不应小于桩头嵌入承台内的长度。

（4）承台之间的连接应符合下列要求：

1）单桩承台，应在两个互相垂直的方向上设置连系梁。

2）两桩承台，应在其短向设置连系梁。

3）有抗震要求的柱下独立承台，宜在两个主轴方向设置连系梁。

4）连系梁顶面宜与承台位于同一标高。连系梁的宽度不应小于 250mm，梁的高度可取承台中心距的 1/15～1/10，且不小于 400mm。

5）连系梁的主筋应按计算要求确定。连系梁内上下纵向钢筋直径不应小于 12mm 且不应少于 2 根，并应按受拉要求锚入承台。

4.2.2 钢筋混凝土受弯、受压和受扭构件的知识

1. 混凝土结构的一般概念

混凝土结构是以混凝土为主制成的结构，包括素混凝土结构、钢筋混凝土结构和预应

力混凝土结构等。

（1）素混凝土结构，是指无筋或不配置受力钢筋的混凝土制成的结构。它主要用于受压构件。素混凝土受弯构件仅允许用于卧置地基上的情况。素混凝土结构不能用于一般建筑物中。

（2）钢筋混凝土结构，是利用混凝土材料与钢筋材料共同组成的混凝土结构。混凝土的抗压强度高耐久性好，钢筋的抗拉强度高，两者共同工作，大大地提高了结构的性能，故在建筑结构中应用的十分广泛。与素混凝土梁不同的是，在梁下部受拉区配置钢筋，受拉区的拉力则由抗拉强度极高的钢筋来承担，上部受压区仍由抗压强度较高的混凝土来承担，这样承载能力大大地提高了。

钢筋混凝土结构，具有以下的优点：

1）强度较高，钢筋和混凝土两种材料的强度都能充分利用。

2）耐久性好，混凝土材料的耐久性好，钢筋被包裹在混凝土中，正常情况下，它可保持长期不被锈蚀。

3）可模性好。可根据工程需要，浇筑成各种形状的结构或结构构件。

4）耐火性好。混凝土材料耐火性能是比较好的，而钢筋在很凝土保护层的保护下，在发生火灾后的一定时间内，不致很快达到软化温度而导致结构破坏。

5）易于就地取材。

6）抗震性能好。钢筋混凝土结构因为整体性好，具有一定的延性，故其抗震性能也较好。

钢筋混凝土结构除具有上述优点外，也还存在着一些缺点，如自重大，抗裂能力差，现浇时耗费模板多，工期长等。

（3）预应力混凝土结构，是配置受力的预应力筋，通过张拉或其他方法建立预加应力的混凝土结构。此结构具有跨度大，受力性能好，耐久性高，轻巧美观等优点，而且较为经济节能。因此，预应力混凝土结构是高层、大跨度及大空间、重载、特重结构中不可缺少的结构形式之一。

2. 受弯构件

钢筋混凝土结构构件按基本受力形式可分为：受弯、受扭和纵向受力构件三种。

垂直于结构构件轴线作用的荷载，将使构件产生弯矩、剪力及弯曲变形。主要承受弯矩和剪力的构件称为受弯构件。受弯构件是工业与民用建筑中广泛采用的承重构件。梁和板，如房屋建筑中的楼（屋）面梁、楼（屋）面板、雨棚板、挑檐板、挑梁等是工程实际中典型的受弯构件。

这些受弯构件，在荷载作用下截面将受到弯矩和剪力的作用。实验和理论分析表明，它们的破坏有两种可能：一种是由弯矩作用而引起的破坏，破坏截面与梁的纵轴垂直，称为正截面破坏，另一种是由弯矩和剪力共同作用而引起的破坏，破坏截面是倾斜的，称为沿斜截面破坏。因此，在设计钢筋混凝土受弯构件时，要进行正截面和斜截面承载力计算。

此外，还须采取一些构造措施才能保证构件的各个部位都具有足够的抗力，才能使构件具有必要的适用性和耐久性。所谓构造措施，是指那些在结构计算中未能详细考虑或很难定量计算而忽略了其影响的因素，而在保证构件安全、施工简便及经济合理等前提下所采取的技术补救措施。

3. 梁的一般构造要求

（1）梁的分类

梁按照结构工程属性可分为：框架梁、非框架梁、砌体墙梁、砌体过梁、剪力墙连梁、剪力墙暗梁、剪力墙边框梁等。

梁按照其在房屋的不同部位，可分为屋面梁、楼面梁、基础梁等。

依据梁与梁之间的搁置与支承关系，可把梁分为主梁和次梁。

（2）梁的截面尺寸

梁的截面尺寸要满足承载力、刚度和抗裂三方面的要求。从刚度要求出发，根据工程设计经验，一般荷载作用下的梁可参照表4-10初定梁高。

不需作挠度计算梁的截面最小高度　　　　　　　　表 4-10

项次	构件种类		简支	两端连续	悬臂
1	整体肋形梁	主梁	$l_0/12$	$l_0/15$	$l_0/6$
		次梁	$l_0/15$	$l_0/20$	$l_0/8$
2	独立梁		$l_0/12$	$l_0/15$	$l_0/6$
备注	1. l_0 为梁的计算跨度； 2. 梁的计算跨度 $l_0 \geqslant 9\text{m}$ 时，表中数值应乘以 1.2 的系数				

注：梁截面宽度 b 与截面高度 h 的比值一般为 $1/3 \sim 1/2$（对于 T 形截面梁，b 为肋宽，b/h 可取偏小值）。

为施工方便，并有利于模板的定型化，梁的截面尺寸应按统一规格采用；一般取为：梁高 $h=150$、180、200、240、250mm，大于 250mm 且不大于 800mm 时则按 50mm 递增，800mm 以上则以 100mm 递增；梁宽 $b=120$、150、180、200、240、250mm，大于 250mm 时则按 50mm 递增。

（3）梁的钢筋

梁中钢筋通常配置纵向受力钢筋、箍筋、弯起钢筋、架立筋等，构成钢筋骨架，有时还配置纵向构造钢筋及相应的拉筋。梁纵向受力钢筋宜采用 HRB400、HRB500、HRBF400、HRBF500 钢筋，箍筋宜采用 HRB400、HRBF400、HRB335、HRB300、HRB500、HRBF500 钢筋。

纵向受力钢筋一般设置在梁的受拉一侧，用以承受弯矩在梁内产生的拉力。当梁受到的弯矩较大且梁截面有限时，可在梁的受压区布置受压钢筋，与混凝土共同承担压力，即为双筋梁。纵向受力钢筋的面积通过计算确定并应符合相关构造要求。梁上部纵向钢筋水平方向的净距（钢筋外边缘之间的最小距离）不应小于 30mm 和 $1.5d$（d 为钢筋的最大直径）；下部纵向钢筋水平方向的净距不应小于 25mm 和 d。梁的下部纵向钢筋多于两层时，两层以上钢筋水平方向的中距应比下面两层的中距增大一倍。各层钢筋之间的净间距不应小于 25mm 和 d。

钢筋混凝土梁纵向受力钢筋的常用直径为 $12 \sim 25\text{mm}$。直径太粗则不易加工，并且与混凝土的粘结力亦差；直径太细则根数增加，在截面内不好布置，甚至降低受弯承载力。同一构件中当配置两种不同直径的钢筋时，其直径相差不宜小于 2mm，以免施工混淆。纵向受力钢筋，通常沿梁宽均匀布置，并尽可能排成一排，以增大梁截面的内力臂，提高梁的抗弯能力。只有当钢筋的根数较多，排成一排不能满足钢筋净距和混凝土保护层厚度时，才考虑将钢筋排成二排，但此时梁的抗弯能力较钢筋排成一排时低（当钢筋的数量相同时）。

箍筋的作用是承受梁的剪力、固定纵向受力钢筋、并和其他钢筋一起形成钢筋骨架。弯起钢筋在跨中承受正弯矩产生的拉力，在靠近支座的弯起段则用来承受弯矩和剪力共同产生的主拉应力。在混凝土梁中，宜采用箍筋作为承受剪力的钢筋。当采用弯起钢筋时，其弯起角度一般为45°，梁高 $h>800$mm 时可采用60°，梁底层钢筋中的角部钢筋不应弯起，顶层钢筋中的角部钢筋不应弯下。

梁支座处的箍筋一般从梁边（或墙边、柱边）50mm 处开始设置。当梁与钢筋混凝土梁或柱整体连接时，支座内可不设置箍筋（图 4-47）。

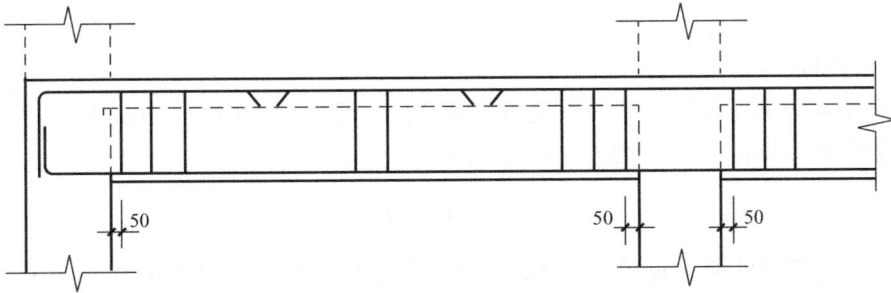

图 4-47　箍筋的布置

架立钢筋设置在梁受压区的角部，与纵向受力钢筋平行。其作用是固定箍筋的正确位置，与纵向受力钢筋构成骨架，并承受温度变化、混凝土收缩而产生的拉应力，以防止产生裂缝。当梁中受压区设有受压钢筋时，则不再设架立筋。

当梁的腹板高度 $h_w \geqslant 450$mm 时，在梁的两个侧面沿高度配置纵向构造钢筋，每侧纵向构造钢筋（不包括梁上、下部受力钢筋及架立钢筋）的截面面积不应小于腹板截面面积 bh_w 的 0.1%，且其间距不宜大于 200mm。此处腹板高度：对矩形截面，取有效高度；对 T 形截面，取有效高度减去翼缘高度；对 I 形截面，取腹板净高。

拉筋直径一般与箍筋相同，间距常取为非加密区箍筋间距的两倍。

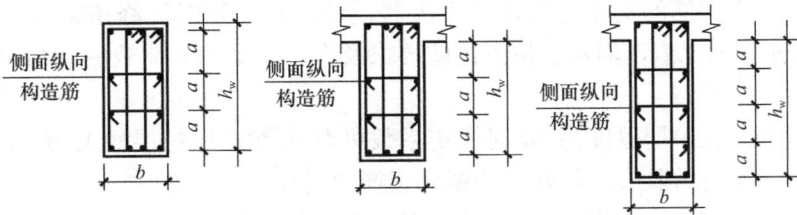

图 4-48　梁侧面构造钢筋和拉筋

（4）混凝土保护层

混凝土保护层指钢筋的外边缘到混凝土表面的距离。其作用是为了防止钢筋锈蚀和保证钢筋与混凝土的粘结。

纵向受力钢筋的保护层最小厚度与钢筋直径、环境类别、构件种类和混凝土强度等级因素有关，可按表 4-11 确定，且不小于受力钢筋的直径。

混凝土保护层的最小厚度（mm）   表 4-11

环境类别	板、墙、壳	梁、柱、杆
一	15	20
二 a	20	25
二 b	25	35
三 a	30	40
三 b	40	50

注：1. 混凝土强度等级不大于 C25 时，表中保护层厚度数值应增加 5mm；
    2. 钢筋混凝土基础宜设置混凝土垫层，基础中钢筋的混凝土保护层厚度应从垫层顶面算起，且不应小于 40mm；
    3. 设计使用年限为 100 年的混凝土结构，最外层钢筋的保护层厚度不应小于表 4-11 中数值的 1.4 倍。

（5）钢筋的锚固与搭接

1）钢筋锚固

当计算中充分利用钢筋的抗拉强度时，普通受拉钢筋的锚固长度按下列公式计算：

普通钢筋基本锚固长度应按式（4-3）计算：

$$l_{ab} = \alpha \frac{f_y}{f_t} d \tag{4-3}$$

式中，d 为钢筋的公称直径；α 为钢筋的外形系数，对光圆钢筋取 0.16，对带肋钢筋取 0.14。

受拉钢筋的锚固长度按式（4-4）计算，且不应小于 200mm：

$$l_a = \xi_a l_{ab} \tag{4-4}$$

式中，ξ_a 为锚固长度修正系数，对普通钢筋按《混凝土结构设计规范》GB 50010—2010 第 8.3.2 条的规定采用，当多于一项时，可按连乘计算，但不应小于 0.6；对预应力筋，可取 1.0。

纵向受拉普通钢筋的锚固长度修正系数 ξ_a 应按下列规定取用：

① 当带肋钢筋的公称直径大于 25mm 时取 1.10；

② 环氧树脂涂层带肋钢筋取 1.25；

③ 施工过程中易受扰动的钢筋取 1.10；

④ 当纵向受力钢筋的实际配筋面积大于其设计计算面积时，修正系数取设计计算面积与实际配筋面积的比值，但对有抗震设防要求及直接承受动力荷载的结构构件，不应考虑此项修正；

⑤ 锚固钢筋的保护层厚度为 3d 时修正系数可取 0.80，保护层厚度为 5d 时修正系数可取 0.70，中间按内插取值，此处 d 为锚固钢筋的直径。

当计算中充分利用纵向钢筋的抗压强度时，其锚固长度不应小于 0.7l_a。

2）钢筋搭接

钢筋的连接可采用绑扎搭接、机械连接或焊接。混凝土结构中受力钢筋的连接接头宜设置在受力较小处，在同一根钢筋上宜少设接头，在结构的重要构件和关键传力部位，纵向受力钢筋不宜设置连接接头。

同构件中相邻纵向受力钢筋的绑扎搭接接头宜相互错开。钢筋绑扎搭接接头连接区段的长度为 1.3 倍搭接长度，凡搭接接头中点位于该连接区段长度内的搭接接头均属于同一连接区段。同一连接区段内纵向受力钢筋搭接接头面积百分率为该区段内有搭接接头的纵向受力钢筋截面面积与全部纵向受力钢筋截面面积的比值。

位于同一连接区段内的受拉钢筋搭接接头面积百分率：对梁类、板类及墙类构件，不宜大于 25%；对柱内构件，不宜大于 50%。

纵向受拉钢筋绑扎搭接接头的搭接长度应根据位于同一连接区段内的钢筋搭接接头面积百分率按式（4-5）计算，且任何情况下均不应小于 300mm。

$$l_{\mathrm{L}} = \xi_{\mathrm{L}} l_{\mathrm{a}} \tag{4-5}$$

式中 ζ——纵向受拉钢筋搭接长度修正系数，按表 4-12 采用。

纵向受拉钢筋搭接长度修正系数 ζ_{L} 表 4-12

纵向钢筋搭接接头面积百分率（%）	≤25	50	100
ζ_{L}	1.2	1.4	1.6

纵向受拉钢筋采用绑扎搭接时，钢筋直径不宜大于 25mm，受压钢筋直径不宜大于 28mm。纵向受力钢筋的机械连接宜相互错开。钢筋机械连接区段的长度为 35d，d 为连接钢筋较小直径。凡接头中点位于该连接区段长度内的机械连接接头均属于同一连接区段。位于同一连接区段内的纵向受拉钢筋接头面积百分率不宜大于 50%；但对板、墙、柱及预制构件拼接处，可根据情况放宽。纵向受压钢筋的接头百分率可不受限制。

纵向受力钢筋的焊接接头应相互错开。钢筋焊接接头连接区段的长度为 35d 且不小于 500mm，d 为连接钢筋的较小直径。

4. 板的一般构造要求

（1）板的截面形式与尺寸

现浇板的截面一般为实心矩形；预制板的截面一般为空心矩形。

板的厚度要满足承载力、刚度和抗裂（或裂缝宽度）以及构造的要求。从刚度条件出发，板的厚度可按表 4-13 确定。

不需作挠度计算板的截面最小高度 表 4-13

项次	构件种类		简支	两端连续	悬臂
1	平板	单向板	$l_0/35$	$l_0/40$	$l_0/12$
		双向板	$l_0/45$	$l_0/50$	
2	肋形板（包括空心板）		$l_0/20$	$l_0/25$	$l_0/10$
备注	1. l_0 为板的计算跨度（双向板时为短向计算跨度）； 2. 如计算跨度 $l_0 \geq 9$m 时，表中数值应乘以 1.2 的系数				

工程中现浇板的常用厚度有 80mm、90mm、100mm、110mm、120mm，板厚以 10mm 的模数递增，板厚在 250mm 以上时以 50mm 的模数递增。

（2）板中钢筋

板的抗剪能力较大，故板中钢筋通常配置纵向受力钢筋、分布钢筋、构造钢筋。如图 4-49 所示。

受力筋的作用是承受板中弯矩引起的正应

图 4-49 板中钢筋布置示意图

力，直径一般为 6～12mm，直径一般不多于 2 种（选用不同直径钢筋时，直径差应大于 2mm）。板厚 $h \leqslant 150$mm 时，板中钢筋间距不宜大于 200mm，板厚 $h > 150$mm 时，板中受力筋间距不宜大于 1.5h，且不宜大于 250mm。

当按单向板设计时，除沿受力方向布置受力钢筋外，尚应在垂直受力方向布置分布钢筋。双向板中两个方向均为受力筋时，受力筋兼作分布筋。分布筋的作用：一是固定受力筋的位置，形成钢筋网；二是将板上荷载有效地传递给受力筋；三是防止温度变化或混凝土收缩等原因沿跨度方向的裂缝。故分布筋应放置在受力筋的内侧，以使受力钢筋有效高度尽可能大。单位长度上分布钢筋的截面面积不宜小于单位宽度上受力钢筋截面面积的 15%，且不宜小于该方向板截面面积的 0.15%；分布钢筋宜采用 HPB300 级、HRB335 级钢筋，其间距不宜大于 250mm，直径不宜小于 6mm；对集中荷载较大的情况，分布钢筋的截面面积应适当增加，其间距不宜大于 200mm。当有实践经验或可靠措施时，预制单向板的分布钢筋可不受此限制。

对与支承结构整体浇筑或嵌固在承重砌体墙内的现浇混凝土板，应沿支承周边配置上部构造钢筋，其直径不宜小于 8mm，间距不宜大于 200mm，其截面面积与钢筋自梁边或墙边伸入板内的长度应符合相关规定。

5. 受弯构件正截面破坏形态

（1）正截面破坏形态

由于配筋率的不同，钢筋混凝土受弯构件将产生不同的破坏情况，以梁为例，根据其正截面的破坏特征可分为适筋梁、超筋梁、少筋梁。

1）适筋梁

纵向受力钢筋的配筋率合适的梁称为适筋梁。其破坏特征是：受拉钢筋首先到达屈服强度 f_y，继而进入塑性阶段，产生很大的塑性变形，梁的挠度、裂缝也都随之增大，最后因受压区的混凝土达到其极限压应变被压碎而破坏。由于在此过程中梁的裂缝急剧开展和挠度急剧增大，将给人以梁即将破坏的明显预兆，故称此种破坏为"延性破坏"。由于适筋梁的材料强度能充分发挥，符合安全可靠、经济合理的要求，故梁在实际工程中都应设计成适筋梁。

2）超筋梁

纵向受力钢筋的配筋率 ρ 过大的梁称为超筋梁。这种梁是在没有明显预兆的情况下由于受压区混凝土突然压碎而破坏，故称为"脆性破坏"。超筋梁虽配置了很多的受拉钢筋，但由于其应力小于钢筋的屈服强度，不能充分发挥钢筋的作用，因此很不经济，且梁在破坏前没有明显的征兆，破坏带有突然性，故工程实际中不允许设计成超筋梁，并以最大配筋率 ρ_{max} 加以限制。

3）少筋梁

纵向受力钢筋的配筋率 ρ 过少的梁称为少筋梁。由于配筋过少，所以受拉区混凝土一旦开裂，钢筋立即到达屈服强度，经过流幅而进入强化阶段，梁将产生很宽的裂缝、很大的挠度，甚至钢筋被拉断。这种梁破坏前没有明显的预兆，也属于"脆性破坏"。工程中不得采用少筋梁，并以最小配筋率 ρ_{min} 加以限制。

（2）梁的界限相对受压区高度 ξ_b

受弯构件等效矩形应力图形中混凝土受压区高度 x 与截面有效高度 h_0 之比，称为相

对受压区高度 ξ。界限相对受压区高度 ξ_b，是指在适筋梁的界限破坏时，等效受压区高度与截面有效高度之比。界限破坏的特征是受拉钢筋达到屈服强度的同时，受压区混凝土边缘达到极限压应变。

钢筋混凝土构件的 ξ_b 值如表 4-14 所示。

钢筋混凝土构件的 ξ_b 值　　　　　　　　　　　表 4-14

钢筋级别	屈服强度 f_y (N/mm²)	ξ_b						
		≤C50	C55	C60	C65	C70	C75	C80
HPB235	210	0.614	0.606	0.599	0.591	0.583	0.576	0.550
HRB335	300	0.550	0.543	0.536	0.529	0.523	0.516	0.509
HRB400 RRB400	360	0.518	0.511	0.505	0.498	0.492	0.485	0.479

（3）单筋矩形梁正截面承载力计算

1）基本公式

仅在截面受拉区配置受力钢筋的受弯构件称为单筋受弯构件。

根据正截面承载力计算的四条基本假定，并用受压区混凝土简化的等效矩形应力图代替实际应力图形，可得单筋矩形梁正截面承载力计算简图，如图 4-50 所示。由图根据截面静力平衡条件，可建立单筋矩形截面受弯承载力即极限弯矩 M_u 的计算公式，考虑构件的安全储备，弯矩和材料强度均采用设计值。

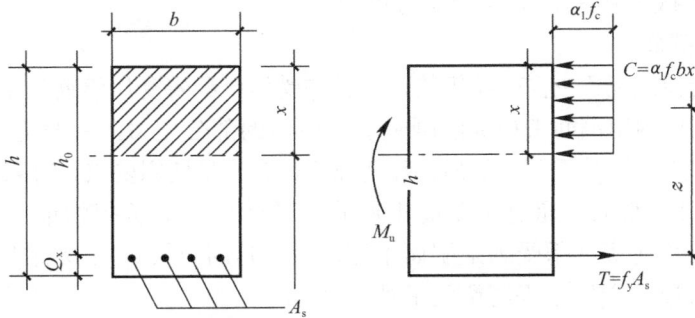

图 4-50　单筋矩形梁正截面承载力计算简图

由静力平衡条件可得：

$$\Sigma N = 0 \quad \alpha_1 f_c bx = f_y A_s \qquad (4\text{-}6)$$

$$\Sigma M = 0 \quad M \leqslant M_u = \alpha_1 f_c bx \left(h_0 - \frac{x}{2} \right) = f_y A_s \left(h_0 - \frac{x}{2} \right) \qquad (4\text{-}7)$$

式中　M——弯矩设计值；

　　　M_u——极限弯矩设计值；

　　　A_s——受拉钢筋的截面面积；

　　　b——截面宽度；

　　　h_0——截面的有效高度，即受拉钢筋的中心至混凝土受压区边缘的距离，$h_0 = h - a_s$；

　　　h——截面高度；

　　　a_s——受拉钢筋的中心至混凝土受拉区边缘的距离。

2）适用条件

上述基本公式只适用于正常配筋量的适筋受弯构件，因此，应用基本公式计算时，必须满足下列适用条件。

① 为了防止截面出现超筋破坏，应满足

$$\xi = \frac{x}{h_0} \leqslant \xi_b \qquad\qquad (4\text{-}8a)$$

或

$$x \leqslant \xi_b h_0 \qquad\qquad (4\text{-}8b)$$

或

$$\rho = \frac{A_s}{bh_0} \leqslant \rho_{max} = \xi_b \frac{\alpha_1 f_c}{f_y} \qquad\qquad (4\text{-}8c)$$

式（4-8a）～式（4-8c）的意义相同，只要满足其中任一个公式的要求，就必能满足其余公式的要求。

② 为了防止截面出现少筋破坏，应满足

$$\rho = \frac{A_s}{bh_0} \geqslant \rho_{min} \qquad\qquad (4\text{-}9a)$$

$$A_s \geqslant \rho_{min} bh \qquad\qquad (4\text{-}9b)$$

最小配筋率 ρ_{min} 与混凝土强度等级和钢筋抗拉强度设计值有关，考虑到收缩、温度应力的重要影响，以及过去的设计经验，《混凝土结构设计规范》GB 50010 规定：钢筋混凝土梁一侧受拉钢筋的配筋百分率取 $45\frac{f_t}{f_y}\%$ 与 0.2% 中的较大者，即 $\rho_{min} = 0.45 f_t / f_y$，当计算的 $\rho_{min} < 0.2\%$ 时，取 $\rho_{min} = 0.2\%$。

（4）双筋矩形截面和 T 形截面的受力概念

1）双筋矩形截面

不仅在截面受拉区配置纵向受拉钢筋，而且在受压区配置受压钢筋的梁称为双筋梁。实践表明，在受弯构件内用钢筋来帮助混凝土承受截面的部分压力，一般情况下是不经济的，因此，通常不宜采用双筋梁，但在下列特殊情况下，为满足使用要求，可采用双筋梁。

① 当弯矩设计值很大，超过了单筋矩形截面适筋梁所能负担的最大弯矩，而梁的截面尺寸及混凝土强度等级又都受到限制而不能增大，这时可设计成双筋梁，在受压区配置受压钢筋以协同混凝土受压，提高梁的承载能力。

② 当构件在不同的荷载组合下产生变号弯矩时（如在风荷载或地震荷载作用下的梁），为了承受正负弯矩分别作用时截面出现的拉力，需在梁的顶部和底部均配置钢筋时，可设计成双筋梁。

③ 受压钢筋的存在可以提高截面的延性，并可减少长期荷载作用下的变形，因此抗震结构中要求框架梁须配置一定比例的受压钢筋，为此也可采用双筋梁。

④ 当因某种原因，截面受压区已存在面积较大的钢筋时，则宜考虑其受压作用。

2）T 形截面

矩形截面受弯构件虽具有构造简单、施工方便等优点，但正截面承载力计算不考虑混凝土抗拉作用，因此，为节省混凝土、减轻构件自重，在不影响其承载力的情况下，可将拉区混凝土挖去一部分，并将受拉钢筋集中放置，即形成 T 形截面。

工程实际中，T 形截面受弯构件是很多的，如现浇肋形楼盖中的主、次梁（跨中截面）、吊车梁、空心板等。此外，倒 T 形、工形截面位于受拉区的翼缘不参与受力，也按

T形截面计算。空心板截面可折算成工形截面，所以也应按 T 形截面计算。

试验和理论分析表明，T 形截面梁受力后，翼缘受压时的压应力沿翼缘宽度方向的分布是不均匀的，离梁肋越远压应力越小。因此受压翼缘的计算宽度应有一定的限制，为简化计算，在此宽度范围内的应力可假设是均匀的。

T 形截面按受压区高度的不同可分为两类：第一类 T 形截面，受压区高度在翼缘内，$x \leqslant h_f'$；第二类 T 形截面，受压区高度进入腹板内，$x > h_f'$。

6. 受弯构件斜截面承载力计算

（1）斜截面破坏形态

箍筋与弯起钢筋统称为腹筋。配置腹筋的梁为有腹筋梁；没配置腹筋的梁为无腹筋梁。

斜裂缝与最终斜截面的破坏形态与剪跨比 λ 有关。对于集中荷载作用下的简支梁，剪跨比 λ 计算公式为：

$$\lambda = \frac{M}{Vh_0} = \frac{a}{h_0} \tag{4-10}$$

式中　a——集中荷载作用点到支座边缘的距离；

　　　h_0——截面的有效高度。

无腹筋梁斜截面破坏的主要影响因素除了剪跨比 λ 还有混凝土的抗拉强度 f_t、纵向受力钢筋的配筋率 ρ、截面形状、尺寸效应。有腹筋梁的破坏形态还与配箍率 ρ_{sv} 有关，配筋率 ρ_{sv} 计算公式为：

$$\rho_{sv} = \frac{A_{sv}}{bs} = \frac{nA_{sv1}}{bs} \tag{4-11}$$

式中　b——梁宽度；

　　　s——沿构件长度方向的箍筋间距；

　　　A_{sv}——配置在同一截面内箍筋各肢的截面面积总和；

　　　A_{sv1}——单肢箍筋的截面面积；

　　　n——在同一截面内箍筋的肢数。

试验表明，梁沿斜截面破坏的主要形态有以下三种：

1）斜压破坏。这种破坏多发生在集中荷载距支座较近，且剪力大而弯矩小的区段，即剪跨比比较小（$\lambda < 1$）时，或者剪跨比适中，但腹筋配置量过多，以及腹板宽度较窄的 T 形或 I 形梁。由于剪应力起主要作用，破坏过程中，先是在梁腹部出现多条密集而大体平行的斜裂缝（称为腹剪裂缝）。随着荷载增加，梁腹部被这些斜裂缝分割成若干个斜向短柱，当混凝土中的压应力超过其抗压强度时，发生类似受压短柱的破坏，此时箍筋应力一般达不到屈服强度。

2）剪压破坏。这种破坏常发生在剪跨比适中（$1 < \lambda < 3$），且腹筋配置量适当时，是最典型的斜截面破坏。这种破坏过程是，首先在剪弯区出现弯曲垂直裂缝，然后斜向延伸，形成较宽的主裂缝——临界斜裂缝，随着荷载的增大，斜裂缝向荷载作用点缓慢发展，剪压区高度不断减小，斜裂缝的宽度逐渐加宽，与斜裂缝相交的箍筋应力也随之增大，破坏时，受压区混凝土在正应力和剪应力的共同作用下被压碎，且受压区以混凝土有明显的压坏现象，此时箍筋的应力到达屈服强度。

3）斜拉破坏。这种破坏发生剪跨比较大（$\lambda > 3$），且箍筋配置量过少的情况，其破坏特点是，破坏过程急速且突然，斜裂缝一旦出现在梁腹部，很快就向上下延伸，形成临界斜裂缝，将梁劈裂为两部分而破坏，且往往伴随产生沿纵筋的撕裂裂缝。破坏荷载与开裂荷载很接近。

（2）斜截面承载力计算

《混凝土结构设计规范》中是以剪压破坏形态作为斜截面受剪承载力计算依据的。

对不配置箍筋和弯起钢筋的一般板类受弯构件，其斜截面的受剪承载力可用式（4-12）计算：

$$V \leqslant V_c = 0.7\beta_h f_t bh_0 \tag{4-12a}$$

$$\beta_h = \sqrt[4]{\frac{800}{h_0}} \tag{4-12b}$$

式中，β_h 为截面高度影响系数，当 $h_0 < 800$mm 时，取 $h_0 = 800$mm；当 $h_0 > 2000$mm 时，取 $h_0 = 2000$mm。

矩形、T 形和工形截面受弯构件的截面受剪承载力应符合下列规定：

$$V \leqslant \alpha_{cv} f_t bh_0 + f_{yv} \frac{A_{sv}}{s} h_0 + 0.8 f_{yv} A_{sb} \sin\alpha_s \tag{4-13}$$

式中　α_{cv}——斜截面混凝土受剪承载力系数，对于一般受弯构件取 0.7；

　　　A_{sv}——配置在同一截面内箍筋各肢的全部截面面积，即 nA_{sv1}，此处，n 为在同一个截面内箍筋的肢数，A_{sv1} 为单肢箍筋的截面面积；

　　　s——沿构件长度方向的箍筋间距；

　　　f_{yv}——箍筋的抗拉强度设计值。

容易看出，对于梁当满足 $V \leqslant V_c$ 条件，即：

$$V \leqslant 0.7\beta_h f_t bh_0 \tag{4-14a}$$

$$V \leqslant \frac{1.75}{\lambda + 1.0} f_t bh_0 \tag{4-14b}$$

说明梁中混凝土的受剪承载力就可抵抗斜截面的破坏，可不进行斜截面承载力计算，箍筋仅需按构造要求配置。

（3）公式的适用范围（上限和下限）

1）截面的限制条件。为了防止斜压破坏和限制使用阶段的斜裂缝宽度，构件的截面尺寸不应过小，配置的腹筋也不应过多。由于薄腹梁的斜裂缝宽度一般开展要大些，为防止其斜裂缝开展过宽，截面限制条件分一般梁与薄腹梁两种情况给出：

当 $\frac{h_w}{b} \leqslant 4$，属于一般梁，应满足：

$$V \leqslant 0.25\beta_c f_c bh_0 \tag{4-15a}$$

当 $\frac{h_w}{b} \geqslant 6$，属于薄腹梁，应满足：

$$V \leqslant 0.20\beta_c f_c bh_0 \tag{4-15b}$$

当 $4 < \frac{h_w}{b} < 6$，按线性内插法求得。

式中　h_w——截面的腹板高度。对矩形截面，取有效高度 h_0；对 T 形截面，取有效高度减去翼缘高度；对工字形截面，取腹板净高；

β_c——混凝土强度影响因素。当混凝土强度等级不超过 C50 时，取 $\beta_c=1.0$；当混凝土强度等级为 C80 时，取 $\beta_c=0.8$；其间按线性内插法计算。

2）最小配箍率。为了避免斜拉破坏的发生，要求梁的箍筋用量满足下列条件：

$$\rho_{sv} = \frac{nA_{sv1}}{bs} \geqslant \rho_{sv,min} = 0.24\frac{f_t}{f_{yv}} \tag{4-16}$$

（4）箍筋的构造要求

箍筋是受拉钢筋，它的主要作用是使被斜裂缝分割的混凝土梁体能够传递剪力并抑制斜裂缝的开展。因此，在设计中箍筋必须有合理的形式、直径和间距，同时应有足够的锚固。

1）箍筋的形式和肢数　箍筋的形式有开口式和封闭式，按肢数可分为单肢、双肢及四肢等（图 4-51）。梁中常采用双肢箍；当梁宽很小时也可采用单肢箍；梁宽大于 400mm 且在一层内纵向受压钢筋多于 3 根时，或当梁的宽度不大于 400mm 但一层内的纵向受压钢筋多于 4 根时，应设置复合箍筋。

按计算不需要箍筋的梁，当梁截面高度 $h>300$mm 时，应沿梁全长设置构造箍筋；当截面高度 $h=150\sim300$mm 时，可仅在构件端部各四分之一跨度范围内设置构造箍筋；但当构件中部二分之一跨度范围内有集中荷载作用时，则应沿梁全长设置箍筋；当截面高度 $h<150$mm 时，可不设箍筋。

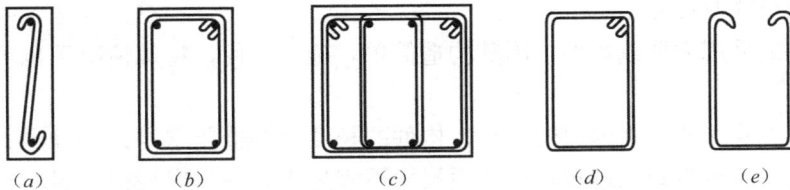

图 4-51　箍筋的肢数和形式
(a) 单肢箍；(b) 双肢箍；(c) 四肢箍；(d) 封闭箍；(e) 开口箍

2）箍筋直径　为了使钢筋骨架具有一定的刚度，箍筋直径不宜过小。对截面高度 $h>800$mm 的梁，其箍筋直径不宜小于 8mm；对截面高度 $h\leqslant800$mm 的梁，其箍筋直径不宜小于 6mm。梁中配有计算需要的纵向受压钢筋时，箍筋直径不应小于纵向受压钢筋最大直径的 0.25 倍。

3）箍筋间距　为了控制使用荷载下的斜裂缝宽度，并保证箍筋穿越每条斜裂缝，梁中箍筋的最大间距宜符合表 4-15 的规定。

梁中箍筋最大间距（mm）　　　　　　　　　　　　　　表 4-15

梁高 h（mm）	$V>0.7f_tbh_0$	$V\leqslant0.7f_tbh_0$
$150<h\leqslant300$	150	200
$300<h\leqslant500$	200	300
$500<h\leqslant800$	250	350
$h>800$	300	400

当梁中配有按计算需要的纵向受压钢筋时，箍筋应做成封闭式且弯钩直线段长度不应小于 $5d$（d 为箍筋直径），箍筋的间距不应大于 $15d$（d 为纵向钢筋的最小直径），同时不应大于 400mm；当一层内的纵向受压钢筋多于 5 根且直径大于 18mm 时，箍筋间距不应大于 $10d$。

7. 受压构件

（1）受压构件概念

承受以轴向压力为主的构件属于受压构件。在建筑结构中，钢筋混凝土受压构件的应用十分广泛。钢筋混凝土受压构件按纵向压力作用线与截面形心是否重合，可分为轴心受压构件和偏心受压构件。

轴向受压柱根据长细比 l_0/b 的大小，可分为长柱和短柱。对方形和矩形柱，当 $l_0/b \leqslant 8$ 时属于短柱，否则为长柱。

偏心受压构件的破坏分为大偏心受压破坏和小偏心受压破坏。当轴向压力偏心距 e_0 较大，且受拉钢筋配置不太多时，构件容易发生大偏心受压破坏，这种破坏有明显的预兆，属于延性破坏；当轴向压力偏心距 e_0 较小，或偏心距 e_0 虽然较大但配置受拉钢筋过多时，容易发生小偏心受压破坏，这种破坏无明显预兆，属于脆性破坏。

（2）材料强度等级

混凝土强度等级对受压构件的承载能力影响较大。为了减小构件的截面尺寸，节省钢材，宜采用较高强度等级的混凝土。一般柱中采用 C25 及以上等级的混凝土，对于高层建筑的底层柱，必要时可采用高强度等级的混凝土。受压钢筋不宜采用高强度钢筋，一般采用 HRB335 级、HRB400 级；箍筋一般采用 HPB300 级、HRB335 级钢筋。

（3）截面形式及尺寸

柱截面一般采用方形或矩形，因其构造简单，施工方便，特殊情况下也可采用圆形或多边形等。

柱截面的尺寸主要根据内力的大小、构件的长度及构造要求等条件确定。为了避免构件长细比过大，承载力降低过多，柱截面尺寸不宜过小，一般现浇钢筋混凝土柱截面尺寸不宜小于 250mm×250mm。此外，为了施工支模方便，柱截面尺寸宜使用整数，800mm 及以下的截面宜以 50mm 为模数，800mm 以上的截面宜以 100mm 为模数。

（4）纵向钢筋

纵向钢筋的直径不宜小于 12mm，通常在 12～32mm 范围内选用。钢筋应沿截面的四周均匀对称地放置，根数不得少于 4 根，圆柱中的纵向钢筋根数不宜少于 8 根，不应少于 6 根。为了减少钢筋在施工时可能产生的纵向弯曲，宜采用较粗的钢筋。柱内纵筋的混凝土保护层厚度必须符合规范要求且不应小于纵筋直径，纵筋净距不应小于 50mm，且不宜大于 300mm。

（5）箍筋

箍筋不但可以防止纵向钢筋压屈，而且在施工时起固定纵向钢筋位置的作用，还对混凝土受压后的侧向膨胀起约束作用，因此柱中箍筋应做成封闭式。

箍筋直径，当采用热轧钢筋时，其直径不应小于 $d/4$（d 为纵筋的最大直径），且不应小于 6mm。当柱中全部纵向受力钢筋的配筋率超过 3％时，箍筋直径不应小于 8mm，且应焊成封闭环式，其间距不应大于 10d（d 为纵向受力钢筋的最小直径），且不应大于 200mm。箍筋末端应做成 130°弯钩，且弯钩末端平直段长度不应小于箍筋直径的 10 倍。

当柱的截面短边不大于 400mm 且每边的纵筋不多于 4 根时，可采用单个箍筋；当柱的截面短边大于 400mm 且每边的纵筋多于 3 根时，或当柱截面的短边不大于 400mm 但各边纵筋多于 4 根时，应设置复合箍筋。

不允许采用有内折角的箍筋，避免产生外拉力，使折角处混凝土破坏。

8. 受拉构件

受拉构件根据轴向作用力的位置可分为轴心受拉构件和偏心受拉构件。

轴心受拉构件的正截面受拉承载力计算公式为

$$N \leqslant f_y A_s \tag{4-17}$$

式中　N——轴心拉力设计值；

　　　f_y——钢筋的抗拉强度设计值；

　　　A_s——受拉钢筋的全部截面面积。

9. 受扭构件

凡是在构件中有扭矩作用的构件，都称为受扭构件。扭转是构件受力的基本形式之一，也是钢筋混凝土结构中常见的构件形式，如雨篷、现浇框架边梁、吊车梁等都属于受扭构件。

梁内受扭钢筋 A_{st1} 应沿着截面周边均匀对称布置，间距不应大于 200mm 和截面尺寸，根数≥4 根。纵向受扭钢筋在支座内的锚固长度应按受拉钢筋考虑。

由于箍筋在截面四周均受拉，所以应做成封闭式，末端应做成 135°弯钩，弯钩端部平直部分的长度≥10d（d 为箍筋直径）。

4.2.3　现浇钢筋混凝土楼盖基本知识

钢筋混凝土楼盖，按其施工工艺的不同，又分为现浇整体式、装配式、装配整体式三种形式。

（1）现浇整体式楼盖

现浇整体式楼盖是目前应用得最为广泛的钢筋混凝土楼盖形式。现浇式混凝土楼盖具有整体性好、防水性好，对不规则房屋平面适应性强等优点。现浇整体式楼盖的缺点主要是劳动量大、模板用量多、工期长等缺点。随着施工技术不断的革新，以上缺点也逐渐被克服。

现浇整体式楼盖按照梁板的结构布置情况，分为肋梁楼盖、井字楼盖、无梁楼盖等三种形式，较常见的为肋梁楼盖。肋梁楼盖是由板与主、次梁组成。楼板，主梁和次梁将板分割成若干个区格，设每个区格的长边 l_2，短边 l_1，则当 l_2/l_1 比较大时，称为单向板，相应的楼盖称之为单向板肋形楼盖。单向板楼盖的特点是，板上的荷载主要是沿短边方向将荷载传给次梁，次梁再将荷载传给主梁或柱。沿长边方向直接传给主梁的荷载很小，为了简化计算，可以忽略该方向上的传递。所以，板的受力筋沿短边方向布置，沿长方向上的受力通过构造配筋满足。

当 l_2/l_1 比较小时，称为双向板，相应的楼盖称为双向板肋形楼盖。双向板楼盖，板上的荷载分别沿短边和长边方向传给次梁和主梁，沿长边方向传给主梁的荷载不可以忽略。所以，板的在两个方向上均应布置受力钢筋。

实际工程中，将 $l_2/l_1 \geqslant 3$ 的板按单向板计算；将 $l_2/l_1 \leqslant 2$ 的板按双向板计算；而当 $2 < l_2/l_1 < 3$ 时宜按双向板计算，若按单向板计算时应沿长边方向布置足够数量的构造钢筋。应当注意的是，单边嵌固的悬臂板和两边支承的板均属于单向板，因为不论其长短边尺寸的关系如何都只在一个方向受弯。对于三边支承板或相邻两边支承的板，则将沿两个方向受弯，均属于双向板。

（2）装配式楼盖

装配式楼盖采用预制板，在现浇梁或预制梁上，吊装结合而成。装配式楼盖具有便于机械化施工、施工工期短、模板消耗量少等优点，但存在整体性差、刚度小、防水性能差等缺点。

（3）装配整体式钢筋混凝土楼盖

装配整体式楼盖是在预制构件的搭接部位预留现浇构造，将预制构件在现场吊装就位后对搭接部位进行现场浇筑。

装配整体式混凝结构的楼盖宜采用叠合楼盖。高层装配混凝土结构中，楼盖应符合下列规定：结构转换层和作为上部嵌固部位的楼层宜采用现浇楼盖；屋面层和平面受力复杂的楼层宜采用现浇楼盖，当采用叠合楼盖时，楼板的后浇混凝土叠合层厚度不应小于100mm，且后浇层内应采用双向通长配筋，钢筋直径不宜小于 8mm，间距不宜大于200mm。双向叠合板板侧的整体式接缝宜设置在叠合板的次要受力方向且宜避开最大弯矩截面。接缝可采用后浇带式，且应符合下列规定：

1）后浇带宽度不宜小于 200mm。

2）后浇带两侧板底纵向受力钢筋可在后浇带中焊接、搭接、弯折锚固、机械连接。

3）当后浇带两侧板底纵向受力钢筋在后浇带中搭接连接时，应符合下列规定：

① 预制板板底外伸钢筋为直线形时，钢筋搭接长度应符合现行国家标准《混凝土结构设计规范》GB 50010 的有关规定；

② 预制板板底外伸钢筋端部为 90°或 135°弯钩时，钢筋搭接长度应符合现行国家标准《混凝土结构设计规范》GB 50010 的有关锚固长度的规定，90°和 135°弯钩钢筋弯后直段长度分别为 12d 和 5d（d 为钢筋直径）。

③ 当有可靠依据时，后浇带内的钢筋也可以采用其他连接方式。

4.2.4　钢结构连接及轴心受力、受弯构件的知识

1. 钢结构概述

钢结构是由型钢和钢板通过焊接、螺栓连接或铆接而制成的工程结构。

钢结构是以钢材制作为主的结构，是主要的建筑结构类型之一。钢材的特点是强度高、自重轻、整体刚性好、变形能力强，适宜建造大跨度和超高、超重型的建筑物；材料匀质性和各向同性好，属理想弹性体，最符合一般工程力学的基本假定；材料塑性、韧性好，可有较大变形，能很好地承受动力荷载；建筑工期短；其工业化程度高，可进行机械化程度高的专业化生产；加工精度高、效率高、密闭性好，故可用于建造气罐、油罐和变压器等。其缺点是耐火性和耐腐性较差。

钢结构主要用于重型厂房结构、大跨度结构、受动力荷载作用的厂房结构、多层、高层和超高层建筑、板壳结构、高耸电视塔和桅杆结构等。

建筑行业中常见的钢材型号有 Q235、Q345 和 Q390。选用钢材时应注意：承重结构的钢材宜采用 Q235、Q345、Q390 和 Q420；承重结构采用的钢材应具有抗拉强度、伸长率、屈服强度和硫、磷含量的合格保证，对焊接结构尚应有碳含量的合格保证；对于需要验算疲劳的焊接结构的钢材，应具有常温冲击韧性的合格保证；对于需要验算疲劳的非焊接结构的钢材亦应具有常温冲击韧性的合格保证。

2. 建筑钢材的力学性能及其技术指标

（1）钢材的强度和塑性

1）有明显屈服点的钢材。建筑钢材的强度和塑性，一般都是通过常温静载条件下单向均匀拉伸试验测定的。试件被拉断后标距长度的伸长量与原标距长度比值的百分数称为钢材的伸长率，用 δ 表示。

$$\delta = \frac{l_1 - l_0}{l_0} \tag{4-18}$$

式中　δ——伸长率；

l_0——试件原标距长度；

l_1——试件被拉断后标距间的长度。

伸长率是衡量钢材塑性性质的主要指标。伸长率 δ 越大，表示钢材被拉断前产生永久塑性变形的能力越强，钢材的塑性就越好。

综上所述，通过一次静力均匀拉伸试验，可以测定钢材的三项基本力学性能指标，其中强度方面，即屈服强度 f_y 和抗拉强度 f_u；塑性方面即伸长率 δ。

2）无明显屈服点的钢材。高强钢材（如热处理钢材）没有明显的屈服点和屈服台阶，应力—应变曲线形成一条连续曲线。对于没有明显屈服点的钢材，以残余变形为 $\varepsilon = 0.2\%$ 时的应力作为名义屈服强度，用 $f_{0.2}$ 表示，其值约等于极限抗拉强度的 85%。

（2）钢材的冷弯性能

钢材的冷弯性能是衡量钢材在常温即冷加工弯曲时产生塑性变形的能力，是钢材对产生弯曲裂纹的抵抗能力的一项指标。钢材的冷弯性能可在材料试验机上通过冷弯试验显示出来。

冷弯性能也是钢材机械性能的一项指标，但它是比单向拉伸试验更为严格的一种试验方法。它不仅能表达钢材的冷加工性能，而且也能暴露钢材内部的缺陷（如非金属夹杂和分层等），因此是一项衡量钢材综合性能的指标。

（3）钢材的韧性

韧性是衡量钢材在冲击荷载作用下抵抗脆性破坏的力学性能指标，其衡量指标常用冲击韧度。实际的钢结构常常会承受冲击或振动荷载，如厂房中的吊车梁、桥梁结构等。为保证结构承受动力荷载安全，就要求钢材的韧性好、冲击韧度值高。冲击韧度由冲击试验求得。

冲击韧性除和钢材的质量密切有关外，还与钢材的轧制方向有关。由于顺着轧制方向（纵向）的内部组织较好，故在这个方向切取的试件冲击韧性值较高，横向则较低。现钢材标准规定按纵向采用。

影响钢材性能的因素很多，主要有钢材的化学成分，钢材的冶炼、浇铸、轧制等生产工艺过程，钢材的硬化，以及复杂应力和应力集中、残余应力等。

3. 建筑钢材的规格

钢结构所用的钢材有不同的种类，每个种类中有不同的编号，即钢种和钢号。建筑工程中所用的建筑钢材基本上都是碳素结构钢和低合金高强度结构钢。

首先要认识钢结构用钢的牌号，所有牌号是采用国家标准《碳素结构钢》GB/T 700—2006 和《低合金高强度结构钢》GB/T 1591 的表示方法。它由代表屈服点的字母、屈服点的数值、质量等级符号、脱氧方法符号等四个部分按顺序组成。所采用的符号分别用下列字母表示：

Q——钢材屈服点（"屈"字汉语拼音首位字母）；

A、B、C、D——分别为质量等级，其中A级最差，D级最优；

F——沸腾钢（"沸"字汉语拼音首位字母）；

b——半镇静钢（"半"字汉语拼音首位字母）；

Z——镇静钢（"镇"字汉语拼音首位字母）；

TZ——特殊镇静钢（"特镇"两字汉语拼音首位字母）。

另外，A、B级钢分沸腾钢、半镇静钢或镇静钢，而C级钢全为镇静钢，D级钢则全为特殊镇静钢。按上面牌号表示钢种和钢号，低碳素结构钢的Q235-AF表示屈服点为235N/mm²、质量等级为A级的沸腾钢；Q235-B表示屈服点为235N/mm²、质量等级为B级的镇静钢（"Z"与"TZ"符号可以省略）。

低合金高强度结构钢的等级符号，除与碳素结构钢A、B、C、D四个等级相同外增加一个等级E，主要是要求-40℃的冲击韧性。低合金高强度结构钢的Q345-C表示屈服点为345N/mm²、质量等级为C级的镇静钢；Q420-E表示屈服点为420N/mm²、质量等级为E级的特殊镇静钢（低合金高强度结构钢全为镇静钢或特殊镇静钢，故F、b、Z与TZ符号均省略）。

建筑钢结构所用的钢材主要有热轧成型的钢板和型钢、冷弯成型的薄壁型钢和压型钢板，其中型钢可直接用作构件，减少制作工作量，因此在设计中应优先选用。

（1）热轧钢板

钢板分厚板、薄板和扁钢。厚板的厚度为4.5～60mm，宽0.6～3m，长4～12m；薄板厚度为0.35～4mm，宽0.5～1.5m，长0.5～4m；扁钢厚度为4～60mm，宽度为12～200mm，长3～6m。厚板广泛用来组成焊接构件和连接钢板，薄板是冷弯薄壁型钢的原料。其代号用"宽×厚×长（单位为mm）"及其前面附加钢板横截面"—"的方法表示，如—800×12×2100。

（2）热轧型钢

热轧型钢有角钢、工字钢、槽钢、H形钢、T形钢等。

工字钢分为普通工字钢和轻型工字钢两种。轻型工字钢的翼缘和腹板的厚度较小。普通工字钢以符号"I"后加截面高度（单位：cm）表示，如I16。20号以上的工字钢，同一截面高度有3种腹板厚度，以a、b、c区分（其中a类腹板最薄），如I30b。轻型工字钢以符号"QI"后加截面高度（单位为cm）表示，如QI25。我国生产的普通工字钢规格有10～63号，轻型工字钢规格有10～70号。工程中不宜使用轻型工字钢。

角钢分为等边角钢和不等边角钢两种。等边角钢其互相垂直的两肢长度相等，用符号"∟"和边宽×肢厚的毫米数表示，如∟100×10表示肢宽100mm、肢厚10mm的等边角钢。不等边角钢其互相垂直的两肢长度不相等，用符号"∟"和长肢宽×短肢宽×厚度的毫米数表示，如∟100×80×8表示长肢宽100mm、短肢宽80mm、肢厚8mm的不等边角钢。

槽钢也分为普通槽钢和轻型槽钢两种，其代号分别用"["和"Q["加截面高度

（单位为 cm）及号数表示，并以 a、b、c 区分同一截面高度中的不同腹板厚度，其意义与工字钢相同。如［20 与 Q［20 分别代表截面高度为 200mm 的普通槽钢和轻型槽钢。我国目前生产的普通槽钢规格有［5～［40c，轻型槽钢规格有 Q［5～Q［40。

H 型钢分为宽翼缘 H 型钢、中翼缘 H 型钢和窄翼缘 H 型钢三类，此外还有 H 型钢柱，其代号分别为 HW、HM、HN、HP。H 型钢的规格以代号后加"高度×宽度×腹板厚度×翼缘厚度（单位为 mm）"表示，如 HW340×250×9×14。我国正在积极推广采用 H 型钢。H 型钢的腹板与翼缘厚度相同，常用作柱子构件。

钢管分无缝钢管和电焊钢管两种，型号用"ϕ"和外径×壁厚的毫米数表示，如 ϕ219×14 为外径 219mm、壁厚 14mm 的钢管。

4. 钢结构的连接

（1）连接方法种类

钢结构是由各种型钢或板材通过一定的连接方法而组成的。因此，连接方法及其质量优劣直接影响钢结构的工作性能。钢结构的连接必须符合安全可靠，传力明确、构造简单、制造方便和节约钢材的原则。钢结构所用的连接方法有焊接连接、螺栓连接和铆钉连接三种（图 4-52）。螺栓连接分普通螺栓连接和高强度螺栓连接两种。不同连接方式的特点见表 4-16 所列。

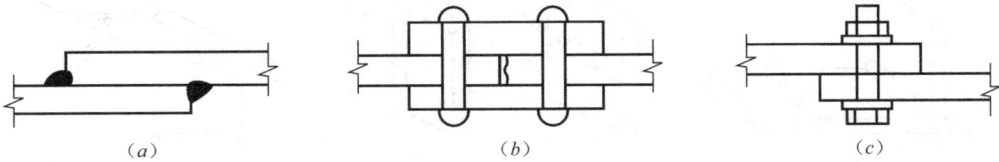

图 4-52　钢筋的连接方式

（a）焊接连接；（b）铆钉连接；（c）螺栓连接

三种连接方式的特点　　　　　　　　　　　　　　　表 4-16

连接方法	优点	缺点
焊接	对几何形体适应性强、构造简单，不削弱截面，省材省工，易于自动化，工效高	焊接残余应力大且不易控制，焊接变形大对材质要求高，焊接程序严格，质量检验工作量大
铆接	传力可靠，韧性和塑性好，质量易于检查，抗动力荷载好	费钢、费工、逐渐被高强度螺栓取代
普通螺栓连接	装卸便利，设备简单	螺栓精度低时不宜受剪，螺栓精度高时加工和安装难度大
高强度螺栓连接	加工方便，对结构削弱少，可拆换，能承受动力荷载，耐疲劳，塑性、韧性好	摩擦面处理，安装工艺略微负责，造价略高

（2）焊接连接

1）焊接方法

钢结构的焊接方法有电弧焊、电阻焊和气焊。其中常用的是电弧焊，电弧焊有手工电弧焊、埋弧焊（埋弧自动或半自动焊）以及气体保护焊等。

2）焊缝连接形式（图 4-53）

焊接连接的形式，可按不同的分类方法进行分类。

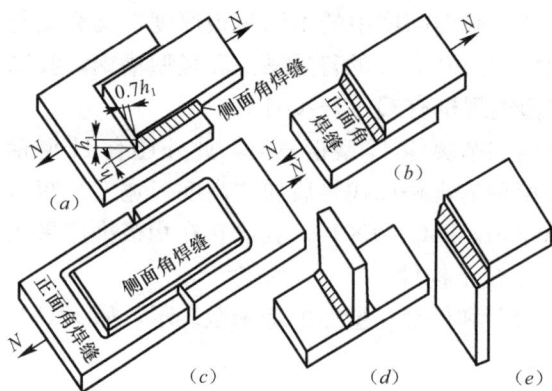

图 4-53 焊缝的连接形式
(a)、(b) 搭接; (c) 对接;
(d) T 形连接; (e) 角部连接

① 按被连接件之间的相对位置分类

焊缝连接形式按被连接钢材的相互位置可分为对接、搭接、T 形连接和角部连接四种。

② 按焊缝的构造不同分类

依据焊缝构造不同（即焊缝本身的截面形式不同），可分为对接焊缝和角焊缝两种形式。按作用力与焊缝方向之间的关系，对接焊缝可分为对接正焊缝和对接斜焊缝；角焊缝可分为端缝、侧缝和斜缝。

③ 按施焊时焊件之间的空间相对位置分类（图 4-54）

依据相对位置不同可将焊缝分为平焊、竖焊、横焊和仰焊四种。平焊也称为俯焊，施焊条件最好，质量易保证；仰焊的施工条件最差，质量不易保证，在设计和制造时应尽量避免。

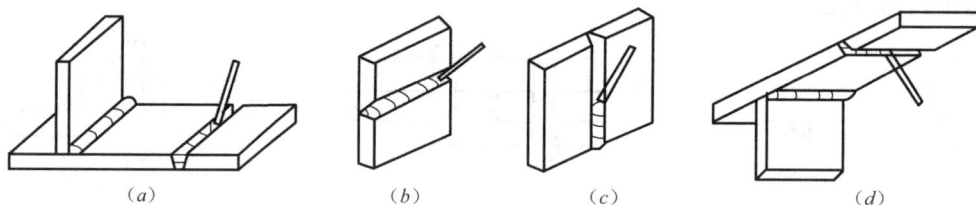

图 4-54 焊缝施焊位置
(a) 平焊; (b) 横焊; (c) 立焊; (d) 仰焊

3）焊缝质量级别及检验

焊缝缺陷指焊接过程中产生于焊缝金属附近热影响区钢材表面或内部的缺陷。常见的缺陷有裂纹、焊瘤、烧穿、弧坑、气孔、夹渣、咬边、未熔合、未焊透，以及焊缝尺寸不符合要求、焊缝成形不良等。

《钢结构工程施工质量验收规范》GB 50205 规定焊缝按其检验方法和质量要求分为一级、二级和三级。三级焊缝只要求对全部焊缝作外观检查且符合三级质量标准。一级、二级焊缝则除外观检查外，还应采用超声波探伤进行内部缺陷的检验。超声波探伤不能对缺陷作出判断时，应采用射线探伤。一级焊缝超声波和射线探伤的比例均为 100%，二级焊缝超声波探伤和射线探伤的比例均为 20% 且均不小于 200mm。当焊缝长度小于 200mm 时，应对整条焊缝探伤。探伤应符合《焊缝无损检测 超声检测 技术、检测等级和评定》GB/T 11345 或《金属熔化焊焊接接头射线照相》GB/T 3323 的规定。

钢结构中一般采用三级焊缝，便可满足通常的强度要求；对有较大拉应力的对接焊缝以及直接承受动力荷载构件的较重要的对接焊缝，宜采用二级焊缝；对直接承受动力荷载和疲劳性能有较高要求处可采用一级焊缝。

焊缝质量等级须在施工图中标注，但三级焊缝不需标注。

4）对接焊缝

① 对接焊缝的形式：对接焊缝的形式较多，图 4-55 是常见对接焊缝的举例。

对接焊缝坡口形式的应用与板厚（t）的关系应符合：

$t \leqslant 10$mm 时，用工字形；$t = 10 \sim 20$mm 时，用单边 V 形，V 字形；$t > 20$mm 时，用 X 形、K 形、U 字形。

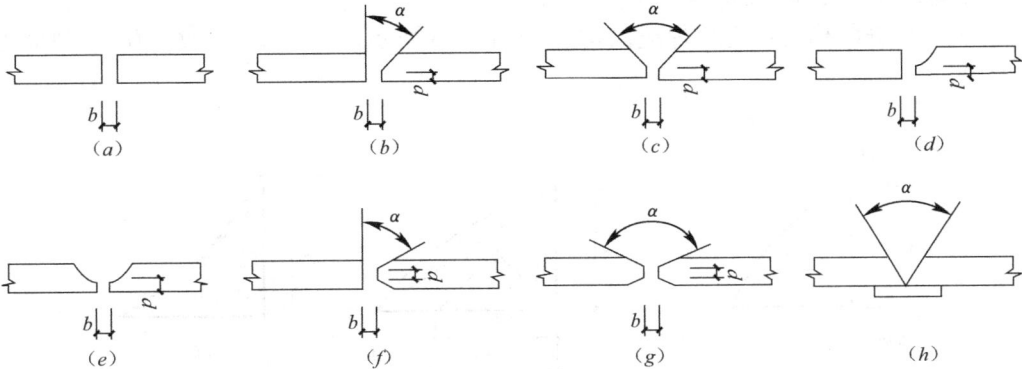

图 4-55　对接焊缝的坡口形式

(a) I 形；(b) 单边 V 形；(c) 双边 V 形；(d) 单边 U 形；(e) 双边 U 形；(f) K 形；(g) X 形；(h) Y 形

② 对接焊缝构造

为防止熔化金属流淌，必要时可在坡口下加垫板，变厚度板或变宽度板对接，在板的一面或两面切成坡度不大于 1∶4 的斜面，避免应力集中。

表 4-17 所列的是不同厚度焊缝的强度设计值。

焊缝的设计强度（N/mm²）　　　　　　　　　　　　　　　　表 4-17

焊接方法和焊条型号	构件钢材		对接焊缝				角焊缝
	钢号	厚度或直径（mm）	抗压 f_c^w	焊缝质量为下列等级时，抗拉 f_t^w		抗剪 f_v^w	抗拉、抗压和抗剪 f_f^w
				一、二级焊缝	三级焊缝		
自动焊、半自动焊和 E43XX 型焊条手工焊	Q235	≤16	215	215	185	125	160
		>16～40	205	205	175	120	160
		>40～60	200	200	170	115	160
		>60～100	190	190	160	110	160
自动焊、半自动焊和 E50XX 型焊条手工焊	Q345 Q345q	≤16	310	310	265	180	200
		>16～35	295	295	250	170	200
		>35～50	265	265	225	155	200
		>50～100	250	250	210	145	200
自动焊、半自动焊和 E55XX 型焊条手工焊	Q390 Q390q	≤16	350	350	300	205	220
		>16～35	335	335	285	190	220
		>35～50	315	315	270	180	220
		>50～100	295	295	250	170	220

注：自动焊和半自动焊所采用的焊丝和焊剂，应保证其熔敷金属抗拉强度不低于相应手工焊焊条的数值。

5）直角焊缝连接形式

① 直角焊缝的形式：建筑工程中，一般采用的角焊缝的形式为直角焊缝，直角焊缝按照作用力与焊缝的关系，可以分为：

端焊缝：外力与焊缝轴线垂直。

侧焊缝：外力与焊缝轴线平行。

斜焊缝：外力与焊缝轴线斜交。

② 直角焊缝的构造：直角焊缝的构造如图 4-56 所示。$h_e=0.7h_f$；h_e 为 45°斜面上的最小高度。

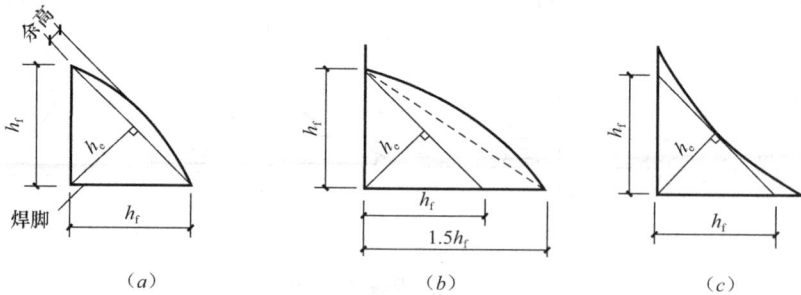

图 4-56　直角焊缝的构造

（a）等焊角直角焊缝；（b）不等焊角直角焊缝；（c）凹面直角焊缝

直角焊缝的构造要求应符合表 4-18 的要求。

直角焊缝的构造要求

表 4-18

部位	项目	构造要求	备注
焊脚尺寸 h_f	上限	$h_f \leqslant 1.2t_1$；对板边：$t \leqslant 6$，$h_f=t$ $t>6$，$h_f=t-(1\sim2)$	t_1 为较薄焊件厚度
	下限	$h_f \geqslant 1.5\sqrt{t_2}$；当 $t \leqslant 4$ 时，$h_f=t$	t_2 为较厚焊件厚度，对自动焊可减 1～2mm；对单面 T 形焊应加 1mm
焊缝长度 l_w	上限	$40h_f$（受动力荷载）；$60h_f$（其他情况）	内力沿侧缝全长均匀分布者不限
	下限	$80h_f$ 或 40mm，取两者最大值	
端部仅有两侧面角焊缝连接	长度 l_w	$l_w \geqslant l_0$	
	距离 l_0	$l_0 \leqslant 16t$（$t \geqslant 12$mm）；$l_0 \leqslant 200$（$t \leqslant 12$mm）	t 为较薄焊件厚度
端部	转角	转角处加焊一段长度 $2h_f$（两面侧缝时）或用三面围焊	转角处焊缝必须连续施焊
搭接构造	搭接最小长度	$5t_f$ 或 25mm，取两者最大值	t_f 为较薄焊接厚度

（3）螺栓连接

螺栓连接分为普通螺栓连接和高强螺栓连接两种。

1）普通螺栓连接

① 螺栓的规格。普通螺栓分为 A、B 级螺栓（又称为精制螺栓）和 C 级螺栓（又称粗

制螺栓）。钢结构采用的普通螺栓形式为大六角头型，其代号用字母 M 和公称直径的毫米数表示。为制造方便，一般情况下，同一结构中宜尽可能采用一种栓径和孔径的螺栓，需要时也可采用 2 至 3 种螺栓直径。螺栓直径 d 根据整个结构及其主要连接的尺寸和受力情况选定，受力螺栓一般采用 M16 以上，建筑工程中常用 M16、M20、M24 等。

② 螺栓的排列。螺栓的排列有并列和错列两种基本形式。并列较简单，所用连接板尺寸较小，但栓孔对截面削弱较多；错列较紧凑，可减少截面削弱，但排列较繁杂，连接板尺寸较大。

③ 螺栓连接的构造要求。螺栓连接除了满足上述螺栓排列的允许距离外，根据不同情况尚应满足一些构造要求。

螺栓的最大、最小容许距离 表 4-19

名称	位置和方向			最大容许距离 （取两者的较小值）	最小容许值
中心间距	外排（垂直内力方向或顺内力方向）			$8d_0$ 或 $12t$	$3d_0$
	中间排	垂直内力方向		$16d_0$ 或 $24t$	
		顺内力方向	构件受压力	$12d_0$ 或 $18t$	
			构件受拉力	$16d_0$ 或 $24t$	
名称	沿着对角线方向			—	
中心至构件边缘距离	垂直内力方向	顺内力方向		$4d_0$ 或 $8t$	$2d_0$
		剪切边或手工气割边			$1.5d_0$
		轧制边、自动气割或锯割边	高强度螺栓		$1.5d_0$
			其他螺栓		$1.2d_0$

2）高强度螺栓连接

高强度螺栓传递剪力的机理与普通螺栓不同，它是依靠高强度螺栓的紧固，在被连接件间产生摩擦阻力以传递剪力而将构件、部件或板件连成整体。其优点是施工简单、受力好、耐疲劳且撤换以及在动力荷载作用下不致松动，是一种很有发展前途的连接方式。从受力特征的不同，高强螺栓连接分为摩擦型和承压型两种。

摩擦型连接：外力仅依靠部件接触面间的摩擦力来传递。孔径比螺栓公称直径大 1.5～2.0mm。其特点是连接紧密，变形小，传力可靠，疲劳性能好，主要用于直接承受动力荷载的结构、构件的连接。

承压型连接：起初由摩擦力传力，后期同普通螺栓一样，依靠杆和螺孔之间的抗剪和承压来传力。孔径比螺栓公称直径大 1.0～1.5mm，其连接承载力一般比摩擦型连接高，可节约钢材。但在摩擦力被克服后变形较大，故仅适用于承受静力荷载或间接承受动力荷载的结构、构件的连接。

5. 构件的受力

钢筋构件主要包括钢柱和钢梁，其中钢柱的受力形式主要有轴心拉伸或压缩和偏心拉压，钢梁的受力形式主要有拉弯和压弯组合受力。

（1）轴心受力构件（主要是钢柱）

轴心受力构件主要是应用于承重结构、平台、支柱、支撑等。钢结构轴心受力构件可以分为实腹式和格构式两大类。

其设计准则为净面积平均应力不超过 f_y，应满足设计公式：

$$\sigma = \frac{N}{A_n} \leqslant f \qquad (4\text{-}19)$$

式中　$f = f_y/\gamma_R$——钢材的抗拉强度设计值；

A_n——净截面面积。

（2）弯剪受力构件（主要是钢梁）

梁的类型按照制作方式分为型钢梁和组合梁，按截面沿长度有无变化分为等截面梁和变截面梁。

梁的极限承载能力考虑弯、剪、扭及综合效益。

弹性阶段梁的极限设计弯矩：

$$M_e = W_n f_y \qquad (4\text{-}20)$$

式中　W_n——净截面抵抗矩；

f_y——钢材的抗压强度设计值。

考虑塑性阶段梁的极限设计承载力：

梁的正应力：

单向弯曲时：

$$\sigma = \frac{M_x}{\gamma_x W_{nx}} \leqslant f \qquad (4\text{-}21a)$$

双向弯曲时：

$$\sigma = \frac{M_x}{\gamma_x W_{nx}} + \frac{M_y}{\gamma_y W_{ny}} \leqslant f \qquad (4\text{-}21b)$$

梁的剪应力：

$$\tau = \frac{VS}{It_w} \leqslant f_v \qquad (4\text{-}21c)$$

式中　S——计算剪应力处以上毛截面对中和轴的面积矩；

f_v——钢材的抗剪强度设计值。

截面塑性发展系数 γ_x 和 γ_y 取值为 $1.0 \sim 1.2$。如工字形截面 $\gamma_x = 1.05$，$\gamma_y = 1.2$；箱形截面 $\gamma_x = \gamma_y = 1.05$。

对于 γ_x 和 γ_y 疲劳计算取 1.0；$13\sqrt{235/f_y} \leqslant b_1/t \leqslant 15\sqrt{235/f_y}$ 取 1.0。

梁的局部压应力：

$$\sigma_c = \frac{\Psi F}{t_w l_z} \leqslant f \qquad (4\text{-}22)$$

式中　Ψ——集中荷载增大系数，对重级工作制吊车梁取 $\psi = 1.35$，其他取 $\psi = 1.0$；

l_z——压应力分布长度。

（3）拉弯、压弯构件的应用和强度计算（主要包括钢柱和屋架上、下弦杆）

1）拉弯、压弯构件的应用

拉弯构件主要应用于钢屋架受节点力下弦杆，压弯构件主要应用于厂房框架柱、多高层建筑框架柱、屋架上弦。

2）拉弯、压弯构件的强度计算

单向压弯（拉弯）构件强度极限状态：

$$\frac{N}{A_n} + \frac{M}{\gamma_x W_{nx}} \leqslant f \qquad (4\text{-}23)$$

式中　A_n——净截面面积；

W_{nx}——净截面对 x 轴的抵抗矩；

f——钢材抗压（拉）承载力设计值。

双向压弯（拉弯）构件强度极限状态：

$$\frac{N}{A_\mathrm{n}}+\frac{M_\mathrm{x}}{\gamma_\mathrm{x}W_\mathrm{nx}}+\frac{M_\mathrm{y}}{\gamma_\mathrm{y}W_\mathrm{ny}}\leqslant f \tag{4-24}$$

式中 W_ny——净截面对 y 轴的抵抗矩；

γ_x、γ_y——截面塑性发展系数。

4.2.5 砌体结构的基本知识

1. 砌体结构概述

砌体结构是指以砖、石或各种砌块为块材，用砂浆砌筑而成的结构，是砖石砌体、砌块砌体和石砌体结构的统称。砌体结构一般用于工业与民用建筑的内外墙、柱，基础及过梁等。砌体结构之所以被广泛应用，是由于它有如下的优点：

（1）材料来源广泛。砌体的原材料黏土、砂、石为天然材料，分布极广，取材方便；且砌体块材的制作工艺简单，易于生产。

（2）性能优良。砌体隔声、隔热、耐火性能好，故砌体在用作承重结构的同时还可起到围护、保温、隔断等作用。

（3）施工简单。砌筑砌体结构不需支模、养护，在严寒地区冬季可采用冻结法施工；且施工工具简单，工艺易于掌握。

（4）费用低廉。可大量节约木材、钢材及水泥，造价较低。

砌体结构也有一些明显的缺点：砌体的抗压强度比块材低，抗拉、弯、剪强度更低，因而抗震性能差；因强度较低，砌体结构墙、柱截面尺寸较大，材料用量较多，因而结构自重大；因采用手工方式砌筑，生产效率较低，运输、搬运材料时的损耗也大；占用农田。采用黏土制砖，要占用大量农田，不但严重影响农业生产，也将破坏生态平衡。

2. 砌体结构材料

砌体可按照所用材料、砌法以及在结构中所起作用等方面的不同进行分类。按照所用材料不同砌体可分为砖砌体、砌块砌体及石砌体；按砌体中有无配筋可分为无筋砌体与配筋砌体；按实心与否可分为实心砌体与空斗砌体；按在结构中所起的作用不同可分为承重砌体与自承重砌体等。

（1）砖

砌体结构常用的砖有烧结普通砖、烧结多孔砖、蒸压灰砂普通砖、蒸压粉煤灰普通砖、混凝土普通砖、混凝土多孔砖。

砖的强度等级是根据受压试件（把锯开的两个"半砖"上下叠置，中间用强度较高的砂浆铺缝，上下用强度较高的砂浆抹平）测得的抗压强度（以 N/mm^2 或 MPa 计）来划分的。烧结普通砖、烧结多孔砖的强度等级划分为 MU30、MU25、MU20、MU15 和 MU10 五级，其中 MU 表示砌体中的块体（Masonry Unit），其后数字表示块体的抗压强度平均值，单位为 MPa。蒸压灰砂普通砖、蒸压粉煤灰普通砖强度等级划分为 MU25、MU20、MU15。混凝土普通砖、混凝土多孔砖强度等级划分为 MU30、MU25、MU20、MU15 和 MU10。

（2）砌块

砌块一般指混凝土空心砌块、加气混凝土砌块及硅酸盐实心砌块。此外还有用黏土、煤矸石等为原料，经焙烧而制成的烧结空心砌块。砌块按尺寸大小可分为小型、中型和大型三种。混凝土空心砌块的强度等级是根据标准试验方法，按毛截面面积计算的极限抗压强度值来划分的。混凝土砌块、轻集料混凝土砌块的强度等级为 MU20、MU15、MU10、MU7.5 和 MU5 五个等级。

（3）石材

石材主要来源于重质岩石和轻质岩石。天然石材分为料石和毛石两种。料石按其加工后外形的规则程度又分为细料石、半细料石、粗料石和毛料石。石材的强度等级分为MU100、MU80、MU60、MU50、MU40、MU30 和 MU20 共七级。

（4）砌筑砂浆

将砖、石、砌块等块材粘结成砌体的砂浆称为砌筑砂浆，它由胶结料、细集料和水配制而成，为改善其性能，常在其中添加掺入料和外加剂。砂浆的作用是将砌体中的单个块体连成整体，并抹平块体表面，从而促使其表面均匀受力，同时填满块体间的缝隙，减少砌体的透气性，提高砌体的保温性能和抗冻性能。

1）砂浆的分类。按照配料成分不同，砂浆有水泥砂浆、混合砂浆、非水泥砂浆和混凝土砌块砌筑砂浆。

2）砂浆的强度等级。砂浆的强度等级是根据其试块的抗压强度确定，试验时应采用同类块体为砂浆试块底模，由边长为 70.7mm 的立方体标准试块，在温度为 15～25℃ 环境下硬化、龄期 28d（石膏砂浆为 7d）的抗压强度来确定。砌筑砂浆的强度等级分为M15、M10、M7.5、M5 和 M2.5。其中 M 表示砂浆（Mortar），其后数字表示砂浆的强度大小（单位为 MPa）。混凝土普通砖、混凝土多孔砖、单排孔混凝土砌块、煤矸石混凝土砌块砌体砌筑砂浆的强度等级用 Mb 标记（b 表示 block），以区别于其他砌筑砂浆，其强度等级分为 Mb20、Mb15、Mb10、Mb7.5 和 Mb5。

3）砂浆的性能要求。为满足工程质量和施工要求，砂浆除应具有足够的强度外，还应有较好的和易性和保水性。

3. 砌体力学性能

（1）影响砌体抗压强度的因素

通过对各种砌体在轴心受压时的受力分析及试验结果表明，影响砌体抗压强度的主要因素有以下几个。

1）块体和砂浆强度。块体与砂浆的强度等级是确定砌体强度最主要的因素。

2）砂浆的性能。除了强度以外，砂浆的保水性、流动性和变形能力均对砌体的抗压强度有影响。

3）块体的尺寸、形状与灰缝的厚度。块体的尺寸、几何形状及表面的平整程度对砌体的抗压强度的影响也较为明显。应控制灰缝的厚度，使其处于既容易铺砌均匀密实，厚度又尽可能的薄。实践证明，对于砖和小型砌块砌体，灰缝厚度应控制在 8～12mm，对于料石砌体，一般不宜大于 20mm。

4）砌筑质量。砌筑质量的影响因素是多方面的，砌体砌筑时水平灰缝的饱满度，水平灰缝厚度，块体材料的含水率以及组砌方法等关系着砌体质量的优劣。工程中常采用的一顺一丁、梅花丁和三顺一丁法砌筑的砖砌体，整体性好，砌体抗压强度可得到保证。

砌体的抗压强度除以上一些影响因素外，还与砌体的龄期和抗压试验方法等因素有关。因砂浆强度随龄期增长而提高，故砌体的强度亦随龄期增长而提高，但在龄期超过28d后，强度增长缓慢。砌体抗压时试件的尺寸、形状和加载方式的不同，其所得的抗压强度也不同。

（2）砌体的受拉、受弯和受剪性能

1）砌体的受拉性能

砌体的抗拉强度主要取决于块材与砂浆连接面的粘结强度，由于块材和砂浆的粘结强度主要取决于砂浆强度等级，所以砌体的轴心抗拉强度可由砂浆的强度等级来确定。

2）砌体的受弯性能

砌体结构弯曲受拉时，按其弯曲拉应力使砌体截面破坏的特征，同样存在三种破坏形态。即可分为沿齿缝截面受弯破坏、沿块体与竖向灰缝截面受弯破坏以及沿通缝截面受弯破坏三种形态。沿齿缝和通缝截面的受弯破坏与砂浆的强度有关。

3）砌体的受剪性能

砌体在剪力作用下的破坏，均为沿灰缝的破坏，故单纯受剪时砌体的抗剪强度主要取决于水平灰缝中砂浆及砂浆与块体的粘结强度。

（3）砌体的强度设计值

砌体的强度设计值是在承载能力极限状态设计时采用的强度值，可按下式计算。

$$f = \frac{f_k}{\gamma_f} \tag{4-25}$$

式中　f——砌体的强度设计值；

　　　γ_f——砌体结构的材料分项性能系数，一般情况下，宜按施工控制等级为 B 级考虑，取 $\gamma_f = 1.6$；当为 C 级时，取 $\gamma_f = 1.8$。

施工质量控制等级为 B 级、龄期为 28d、以毛截面计算的各类砌体的抗压强度设计值、轴心抗拉强度设计值、弯曲抗拉强度设计值及抗剪强度设计值详见《砌体结构设计规范》GB 50003。当施工质量控制等级为 C 级时，表中数值应乘以 1.6/1.8＝0.89 的系数；当施工质量控制等级为 A 级时，可将表中数值乘以 1.05 的系数。

在进行砌体结构设计时，遇到下列情况的各种砌体，其砌体强度设计值应乘以相应的调整系数 γ_a：

1）对无筋砌体构件的截面面积 A 小于 $0.3m^2$ 时，γ_a 为其截面面积加 0.7，即 $\gamma_a = A + 0.7$；对配筋砌体构件，当其中砌体截面面积 A 小于 $0.2m^2$ 时，γ_a 为其截面面积加 0.8，即 $\gamma_a = A + 0.8$；截面面积 A 以平方米计。

2）当砌体用强度等级小于 M5.0 的水泥砂浆砌筑时，$\gamma_a = 0.9$。

3）当验算施工中房屋的构件时，取 $\gamma_a = 1.1$。

对于施工阶段尚未硬化的新砌砌体，可按砂浆强度为零确定其砌体强度。对于冬期施工采用掺盐砂浆法砌筑的砌体，砂浆强度等级按常温施工的强度等级提高一级时，砌体强度和稳定性可不验算。配筋砌体不得用掺盐砂浆施工。

4. 受压构件计算

《砌体结构设计规范》GB 50003 规定，把轴向力偏心距和构件的高厚比对受压构件承载力的影响采用同一系数 φ 来考虑。承载力计算公式为

$$N \leqslant \varphi f A \tag{4-26}$$

式中 N——轴向力设计值；

   f——砌体抗压强度设计值，按规范采用；

   A——截面面积，对各类砌体均按毛截面计算；对带壁柱墙，其翼缘宽度可按规范
规定采用。

影响系数 φ 可查规范表格或根据规范公式计算，构件高厚比 β 按式（4-27）确定：

对矩形截面 $$\beta = \gamma_\beta \times \frac{H_0}{h} \tag{4-27a}$$

对 T 形截面 $$\beta = \gamma_\beta \times \frac{H_0}{h_T} \tag{4-27b}$$

式中 γ_β——不同砌体材料构件的高厚比修正系数，按规范表格采用；

   H_0——受压构件的计算高度。

   h——矩形截面轴向力偏心方向的边长，当轴心受压时为截面较小边长；

   h_T——T 形截面的折算厚度，可近似按 $3.5i$ 计算，i 为截面回转半径。

5. 局部受压计算

当作用在局部受压砌体上的竖向压力设计值 N_l 与局部受压面 A_l 的形心重合时，局部
受压砌体为均匀受压。局部均匀受压砌体的承载力应按下式计算：

$$N_l \leqslant \gamma f A_l \tag{4-28}$$

式中 N_l——局部受压面积上的轴向力设计值；

   f——砌体局部抗压强度设计值，局部受压面积小于 $0.3m^2$ 时，可不考虑强度调整
系数 γ_a 的影响；

   A_l——局部受压面积。

   γ——砌体局部抗压强度提高系数，按式（4-29）计算：

$$\gamma = 1 + 0.35 \sqrt{\frac{A_0}{A_l} - 1} \tag{4-29}$$

式中 A_0——影响砌体局部抗压强度的计算面积，按图 4-57 规定采用。

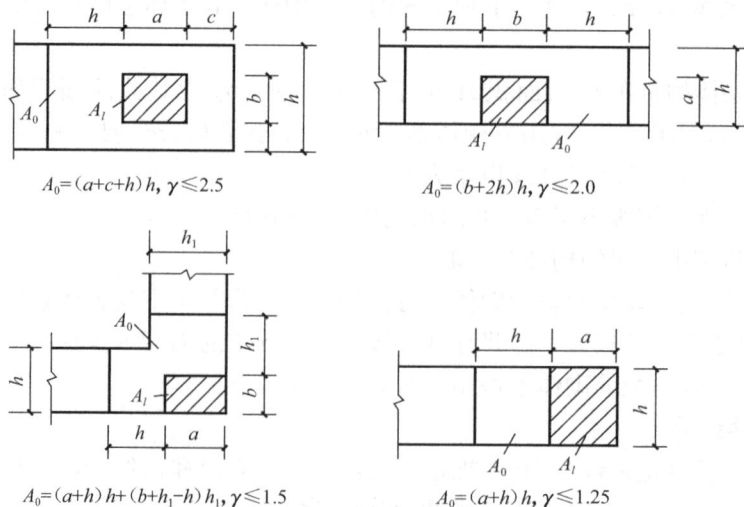

$A_0 = (a+c+h)h, \gamma \leqslant 2.5$

$A_0 = (b+2h)h, \gamma \leqslant 2.0$

$A_0 = (a+h)h + (b+h_1-h)h_1, \gamma \leqslant 1.5$

$A_0 = (a+h)h, \gamma \leqslant 1.25$

图 4-57　影响局部抗压强度的计算面积

图中 a、b——矩形局部受压面积 A_l 的边长；

　　h、h_1——墙厚或柱的较小边长，墙厚；

　　　　c——矩形局部受压面积的外边缘至构件边缘的较小边距离，当大于 h 时，应取 h。

6. 房屋的空间工作和静力计算方案

（1）房间的空间工作

由于各种构件之间是相互联系的，不仅直接承受荷载的构件起着抵抗荷载的作用，而且与其相连接的其他构件也不同程度的参与工作，因此整个结构体系处于空间工作状态。

无山墙和横墙的单层房屋，其屋盖支承在外纵墙上。这种房屋的计算简图为一单跨平面排架。水平荷载传递路线为：风荷载→纵墙→纵墙基础→地基。

两端加设了山墙的单层房屋，由于山墙的约束，水平荷载传递路线为：风荷载→纵墙→纵墙基础→地基。

通过试验分析发现，房屋空间工作性能的主要影响因素为楼盖（屋盖）的水平刚度和横墙间距的大小。

（2）房屋的静力计算方案

混合结构房屋是一空间受力体系，各承载构件不同程度地参与工作，共同承受作用在房屋上的各种荷载作用。在进行房屋的静力分析时，首先应根据房屋空间性能不同，分别确定其静力计算方案，再进行静力分析。根据屋（楼）盖类型不同以及横墙间距的大小不同，在混合结构房屋内力计算中，根据房屋的空间工作性能，分为三种静力计算方案，即：刚性方案、弹性方案、刚弹性方案，如表 4-20 所示。

房屋的静力计算方案　　　　　　　　表 4-20

	屋盖或楼盖类别	刚性方案	刚弹性方案	弹性方案
1	整体式、装配整体和装配式无檩体系钢筋混凝土屋盖或钢筋混凝土楼盖	$s<32$	$32 \leqslant s \leqslant 72$	$s>72$
2	装配式有檩体系钢筋混凝土屋盖、轻钢屋盖和有密铺望板的木屋盖或木楼盖	$s<20$	$20 \leqslant s \leqslant 48$	$s>48$
3	瓦材屋面的木屋面和轻钢屋面	$s<16$	$16 \leqslant s \leqslant 36$	$s>36$

注：1. 表中 s 为房屋横墙间距，其长度单位为"m"；
　　2. 对无山墙或伸缩缝处无横墙的房屋，应按弹性方案考虑。

刚性和刚弹性方案房屋的横墙，应符合下列规定：

（1）横墙中开有洞口时，洞口的水平截面面积不应超过横墙截面面积的 50%；

（2）横墙的厚度不宜小于 180mm；

（3）单层房屋的横墙长度不宜小于其高度，多层房屋的横墙长度不宜小于 $H/2$（H 为横墙总高度）。

弹性方案房屋的静力计算，可按屋架或大梁与墙（柱）为铰接的、不考虑空间作用的平面排架或框架计算。刚弹性方案的房屋的静力计算，可按屋架、大梁与墙（柱）铰接并考虑空间作用的平面排架或框架计算。刚性方案的房屋的静力计算，应按下列规定进行：单层房屋：在荷载作用下，墙、柱可视为上端不动铰支承于屋盖，下端嵌固于基础的竖向构件；多层房屋：在竖向荷载作用下，墙、柱在每层高度范围内，可近似地视作两端铰支的竖向构件；在水平荷载作用下，墙、柱可视作竖向连续梁。

7. 墙、柱高厚比的验算

（1）允许高厚比

砌体结构房屋中，作为受压构件的墙、柱除了满足承载力要求之外，还必须满足高厚比的要求。墙、柱的高厚比验算是保证砌体房屋施工阶段和使用阶段稳定性与刚度的一项重要构造措施。所谓高厚比 β 是指墙、柱计算高度 H_0 与墙厚 h（或与矩形柱的计算高度相对应的柱边长）的比值，即 $\beta = H_0/h$。砌体规范中墙、柱允许高厚比 $[\beta]$ 的确定，是根据我国长期的工程实践经验经过大量调查研究得到的，同时也进行了理论校核。砌体墙柱的允许高厚比详见相关规范。

（2）墙、柱高厚比验算

墙柱高厚比应按式（4-30）验算：

$$\beta = \frac{H_0}{h} \leqslant \mu_1 \mu_2 [\beta] \tag{4-30}$$

式中　$[\beta]$——墙、柱的允许高厚比，按表 4-21 采用；

h——墙厚或矩形柱与 H_0 相对应的边长；

H_0——墙、柱的计算高度，应根据房屋类别和构件支承条件等按规范表格采用；

μ_1——自承重墙允许高厚比的修正系数，按下列规定采用：$h=240\text{mm}$，$\mu_1=1.2$；

μ_2——有门窗洞口墙允许高厚比的修正系数，按式（4-31）计算：

$$\mu_2 = 1 - 0.4 \frac{b_s}{s} \tag{4-31}$$

式中　s——相邻横墙或壁柱之间的距离；

b_s——在宽度 s 范围内的门窗洞口总宽度。

当按式（4-31）计算得到的 μ_2 的值小于 0.7 时，应采用 0.7，当洞口高度等于或小于墙高的 1/5 时，可取 $\mu_2=1$。当洞中高度大于或等于墙高的 4/5 时，可按独立墙壁段验算高厚比。

墙、柱的允许高厚比 [β]　　　　　　　　　　　　　　表 4-21

砌体类型	砂浆强度等级	墙	柱
无筋砌体	M2.5	22	15
	M5.0 或 Mb5.0 或 Ms5.0	24	16
	≥M7.5 或 Mb7.5 或 Ms7.5	26	17
配筋砌块砌体	—	30	21

注：1. 毛石墙、柱的允许高厚比应按表中数值降低 20%；
　　2. 带有混凝土或砂浆面层的组合砖砌体构件的允许高厚比，可按表中数值提高 20%，但不得大于 28；
　　3. 验算施工阶段砂浆尚未硬化的新砌砌体构件高厚比时，允许高厚比对墙取 14，对柱取 11。

8. 过梁、挑梁

（1）过梁

过梁是砌体结构门窗洞口上常用的构件，用以承受门窗洞口以上砌体自重以及其上梁板传来的荷载。过梁的荷载按下列规定采用：

1）对砖和小型砌块砌体，当梁、板下的墙体高度 $h_w < l_n$ 时，应计入梁、板传来的荷

载。当梁、板下的墙体高度 $h_w \geqslant l_n$ 时，可不考虑梁、板荷载。

2）对砖砌体，当过梁上的墙体高度 $h_w < l_n/3$ 时，应按墙体的均布自重采用所示，其中 l_n 为过梁的净跨。当墙体高度 $h_w \geqslant l_n/3$ 时，应按高度为 $l_n/3$ 墙体的均布自重采用。

3）对砌块砌体，当过梁上的墙体高度 $h_w < l_n/2$ 时，应按墙体的均布自重采用。当墙体高度 $h_w \geqslant l_n/2$ 时，应按高度为 $l_n/2$ 墙体的均布自重采用。

（2）挑梁

砌体墙中混凝土挑梁的抗倾覆，应按式（4-32）进行验算：

$$M_{ov} \leqslant M_r \tag{4-32}$$

式中 M_{ov}——挑梁的荷载设计值对计算倾覆点产生的倾覆力矩；

M_r——挑梁的抗倾覆力矩设计值。

挑梁计算倾覆点至墙外边缘的距离可按下列规定采用：

1）当 l_1 不小于 $2.2h_b$ 时（l_1 为挑梁埋入砌体墙中的长度，h_b 为挑梁的截面高度），梁计算倾覆点至墙外边缘的距离可按式（4-33）计算，且其结果不应大于 $0.13l_1$。

$$X_0 = 0.3h_b \tag{4-33}$$

式中 X_0——计算倾覆点至墙外边缘的距离（mm）；

2）当 l_1 小于 $2.2h_b$ 时，梁计算倾覆点至墙外边缘的距离可按式（4-34）计算：

$$X_0 = 0.13l_1 \tag{4-34}$$

3）当挑梁下有混凝土构造柱或梁垫时，计算倾覆点至墙外边缘的距离可取 $0.5X_0$。

挑梁设计除应满足现行国家标准《混凝土结构设计规范》GB 50010 的有关规定外，尚应满足下列要求。

1）纵向受力钢筋至少应有 1/2 的钢筋面积伸入梁尾端，且不少于 $2\phi12$。其余钢筋伸入支座的长度不小于 $2l_1/3$；

2）挑梁埋入砌体长度 l_1 与挑出长度 l 之比宜大于 1.2；当挑梁上无砌体时，l_1 与 l 之比宜大于 2。

9. 配筋砖砌体

（1）网状配筋砖砌体

网状配筋砖砌体受压构件，应符合下列规定：

1）偏心距超过截面核心范围（对于矩形截面即 $e/h > 0.17$），或构件的高厚比 $\beta > 16$ 时，不宜采用网状配筋砖砌体构件；

2）对矩形截面构件，当轴向力偏心方向的截面边长大于另一方向的边长时，除按偏心受压计算外，还应对较小边长方向按轴心受压进行验算；

3）当网状配筋砖砌体构件下端与无筋砌体交接时，尚应验算交接处无筋砌体的局部受压承载力。

网状配筋砖砌体构件除了满足承载力要求外，还应满足以下构造要求：

1）网状配筋砖砌体中的体积配筋率，不应小于 0.1%，并不应大于 1%；

2）采用钢筋网时，钢筋的直径宜采用 3～4mm；

3）钢筋网钢筋的间距，不应大于 120mm，并不应小于 30mm；

4）钢筋网的间距，不应大于五皮砖，并不应大于 400mm；

5）网状配筋砖砌体所用的砂浆强度等级不应低于 M7.5，钢筋网应设置在其他的水平灰缝中，灰缝厚度应保证钢筋上下至少各有 2mm 厚的砂浆层。

（2）组合砖砌体

组合砖砌体是由砌体和面层混凝土（或面层砂浆）两种材料组成，故应保证它们之间有良好的整体性和工作性能。

1）面层混凝土强度等级宜采用 C20。面层水泥砂浆强度等级不宜低于 M10。砌筑砂浆的强度等级不宜低于 M7.5；

2）砂浆面层的厚度，可采用 30～45mm。当面层厚度大于 45mm 时，其面层宜采用混凝土；

3）竖向受力钢筋宜采用 HPB300 级钢筋，对于混凝土面层，亦可采用 HRB335 级钢筋。受压钢筋一侧的配筋率，对砂浆面层，不宜小于 0.1%，对混凝土面层，不宜小于 0.2%。受拉钢筋的配筋率，不宜小于 0.1%。竖向受力钢筋的直径，不应小于 8mm，钢筋的净距离，不应小于 30mm；

4）箍筋的直径，不宜小于 4mm 及 0.2 倍的受压钢筋直径，并不宜大于 20 倍受压钢筋的直径及 500mm，并不应小于 120mm；

5）当组合砖砌体构件一侧的竖向受力钢筋多于 4 根时，应设置附加箍筋或拉结钢筋；

6）对于截面长短边相差较大的构件如墙体等，应采用穿通墙体的拉结钢筋作为箍筋，同时设置水平分部钢筋。水平分布筋的竖向间距及拉结钢筋的水平间距，均不应大于 500mm。

7）组合砖砌体构件的顶部和底部，以及牛腿部位，必须设置钢筋混凝土垫块。竖向受力钢筋伸入垫块的长度，必须满足锚固要求。

10. 砌体结构构件抗震设计

（1）房屋的层数和高度不应超过表 4-22 的规定

多层砌体房屋的层数和总高度限制（m）　　　　　　　　表 4-22

房屋类别		最小墙厚度(mm)	设防烈度和设计基本地震加速度										
			6		7				8				9	
			0.05g		0.1g		0.15g		0.2g		0.3g		0.4g	
			高度	层数	高度	层数	高度	层数	高度	层数	高度	层数	高度	层数
多层砌体房屋	普通砖	240	21	7	21	7	21	7	18	6	15	5	12	4
	多孔砖	240	21	7	21	7	18	6	18	6	15	5	9	3
	多孔砖	190	21	7	18	6	15	5	15	5	12	4	—	—
	混凝土砌块	190	21	7	21	7	18	6	18	6	15	5	9	3
底部框架—抗震墙砌体房屋	普通砖、多孔砖	240	22	7	22	7	19	6	16	5	—	—	—	—
	多孔砖	190	22	7	19	6	16	5	13	4	—	—	—	—
	混凝土砌块	190	22	7	22	7	19	6	16	5	—	—	—	—

注：1. 房屋的总高度指室外地面到主要屋面板板顶或檐口的高度，半地下室从地下室室内地面算起，全地下室或嵌固条件好的半地下室应允许从室外地面算起；对带阁楼的坡屋面应算到山尖墙的 1/2 高度处；

　　2. 室内外高差大于 0.6m 时，房屋总高度应允许比表中的数据适当增加，但增加量应小于 1m。

各层横墙较少的多层砌体房屋，总高度应比表 4-22 中的规定降低 3m，层数相应减少一层；各层横墙很少的多层砌体房屋，还应再减少一层。（横墙较少是指同一楼层内开间大于 4.2m 的房间占该层总面积的 40% 以上；其中，开间不大于 4.2m 的房间占该层总面积不到 20% 且开间大于 4.8m 的房间占该层面积的 50% 以上为横墙很少。）

（2）多层砌体结构房屋的层高，应符合下列规定：

1）多层砌体结构房屋的层高，不应超过 3.6m；

2）底部框架—抗震墙砌体房屋的底部，层高不应超过 4.5m；当底层采用约束砌体抗震墙时，底层的层高不应超过 4.2m。

4.2.6 建筑抗震的基本知识

1. 基本概念

（1）地震的概念

地震是一种具有突发性的自然现象。地震按其发生的原因，有构造地震、火山地震和塌陷地震。构造地震是由于地壳构造运动使岩层发生断裂、错动而引起的地面振动，其破坏作用大，影响范围广，是房屋建筑抗震研究的主要对象。

地震发生时，地壳深处发生岩层断裂或错动产生震动的部位，称为震源。震源正上方的地面位置称为震中。在震中附近，振动最剧烈、破坏最严重的地区叫震中区。地面某处至震中的距离称为震中距。震中到震源的距离或震源到地面的垂直距离，称为震源深度。一般把震源深度小于 60km 的地震称为浅源地震；60～300km 的称为中源地震；大于 300km 的称为深源地震。其中浅源地震造成的危害最为严重，而我国发生的大部分地震都属于浅源地震。

（2）震级

地震的震级是衡量一次地震释放能量大小的等级，用符号 M 表示。目前国际上比较通用的是里氏震级，其定义是 1935 年里希特（C. F. Richter）首先提出：震级是利用标准地震仪（指自振周期为 0.8s，阻尼系数为 0.8，放大倍数为 2800 的地震仪）所记录到的距震中 100km 处的坚硬地面上最大水平地动位移（即振幅 A，以微米计，$1\mu m = 1 \times 10^{-3}$ mm）以常用对数值表示的。所以，震级可用下式表达：

$$M = \lg A \tag{4-35}$$

式中 M——地震震级，一般称为里氏震级。

震级表示一次地震释放能量的多少，也是表示地震规模的指标，所以一次地震只有一个震级。震级差一级，能量就要差 32 倍之多。

一般来说，$M<2$ 的地震人感觉不到，只有仪器才能记录下来，称为微震；$2<M<5$ 的地震人能感觉到，称为有感地震；$M>5$ 的地震能够引起不同程度破坏，称为破坏地震；$7<M<8$ 的地震称为强烈地震或大震；$M>8$ 的地震称为特大地震。

（3）地震烈度

地震烈度指地震时某一地点地面震动的强烈程度，用符号 I 表示。一次地震，表示地震大小的震级只有一个，但距离震中不同的地点，却有不同的地震烈度。一般来说离震中越远的地震烈度越小，震中区的地震烈度最大，并称为"震中烈度"。

2. 抗震设防

（1）建筑重要性分类

在进行建筑抗震设计时，应根据建筑的重要性不同，采取不同的建筑抗震设防标准。建筑工程应分为以下四个抗震设防类别：

1）特殊设防类：指使用上有特殊设施，涉及国家公共安全的重大建筑工程和地震时可能发生严重次生灾害等特别重大灾害后果，需要进行特殊设防的建筑（如放射性物质的污染、剧毒气体的扩散、爆炸等）。简称甲类。

2）重点设防类：指地震时使用功能不能中断或需尽快恢复的生命线相关建筑，以及地震时可能导致大量人员伤亡等重大灾害后果，需要提高设防标准的建筑（如通信、医疗、供水、供电等）。简称乙类。

3）标准设防类：指大量的除1、2、4款以外按标准要求进行设防的建筑（如公共建筑、住宅、旅馆、厂房等）。简称丙类。

4）适度设防类：指使用上人员稀少且震损不致产生次生灾害，允许在一定条件下适度降低要求的建筑（如一般库房、人员较少的辅助性建筑等）。简称丁类。

（2）建筑抗震设防标准

建筑物的抗震设防标准是衡量抗震设防要求的尺度，它是各类工程按照规定的可靠性要求和技术经济水平所统一确定的抗震技术要求。它的依据是抗震设防烈度，各抗震设防类别建筑的抗震设防标准，应符合下列要求：

1）甲类建筑，应按高于本地区抗震设防烈度提高一度的要求加强其抗震措施；但抗震设防烈度为9度时应按比9度更高的要求采取抗震措施。同时，应按批准的地震安全性评价的结果且高于本地区抗震设防烈度的要求确定其地震作用。

2）乙类建筑，应按高于本地区抗震设防烈度一度的要求加强其抗震措施；但抗震设防烈度为9度时应按比9度更高的要求采取抗震措施；地基基础的抗震措施，应符合有关规定。同时，应按本地区抗震设防烈度确定其地震作用。

3）丙类建筑，应按本地区抗震设防烈度确定其抗震措施和地震作用，达到在遭遇高于当地抗震设防烈度的预估罕遇地震影响时不致倒塌或发生危及生命安全的严重破坏的抗震设防目标。

4）丁类建筑，允许比本地区抗震设防烈度的要求适当降低其抗震措施，但抗震设防烈度为6度时不应降低。一般情况下，仍应按本地区抗震设防烈度确定其地震作用。

建筑场地为Ⅰ类时，对甲、乙类建筑应允许仍按本地区抗震设防烈度的要求采取对抗震构造措施；对丙类的建筑应允许按本地区抗震设防烈度降低一度的要求采取抗震构造措施，但抗震设防烈度为6度时仍按本地区抗震设防烈度的要求采取抗震构造措施。

（3）抗震设防目标

我国《建筑抗震设计规范》GB 50011提出了"三水准"的抗震设防目标。

第一水准：当遭受到多发的低于本地区设防烈度的地震（简称"小震"）影响时，建筑物一般应不受损坏或不需修理仍能继续使用。

第二水准：当遭受到本地区设防烈度的地震影响时，建筑物可能有一定损坏，经一般修理或小需修理仍能继续使用。

第三水准：当遭遇受到高于本地区设防烈度的罕遇地震（简称"大震"）影响时，建筑物不致倒塌或发生危及生命的严重破坏。

在进行抗震设计时，原则上应满足"三水准"抗震设防目标的要求，在具体做法上，为了简化计算，《建筑抗震设计规范》GB 50011采取了二阶段设计法，即

第一阶段设计：按小震作用效应和其他荷载效应的基本组合验算构件的承载力，以及在小震作用下验算结构的弹性变形，以满足第一水准抗震设防目标的要求。

第二阶段设计：在大震作用下验算结构的弹塑性变形，以满足第三水准抗震设防目标的要求。

对于第二水准抗震设防目标的要求，只要结构按第一阶段设计，并采取相应的抗震措施，即可得到满足。

概括起来，"三水准、二阶段"的抗震设防目标的通俗说法是："小震不坏、中震可修、大震不倒。"

（4）小震和大震

小震是发生机会较多的地震，因此，可将小震定义为烈度概率密度曲线上的峰值所对应的烈度，即众值烈度或称多遇烈度时的地震，50年内的超越概率为63.2%，这就是第一水准烈度；地震基本烈度，即第二水准烈度，50年内的超越概率为10%；大震是罕遇地震，即第三水准烈度，它对应的烈度在50年内的超越概率为2%～3%。

（5）场地和场地类别

场地即工程群体所在地，具有相似的反应谱特征。其范围相当于厂房、居民小区和自然村或不小于1.0km² 的平面面积。

建筑场地类别的划分，应以土层等效剪切波速和场地覆盖层厚度为准。根据这两个指标，场地类别可分为四类，见表4-23。

建筑场地类别划分 表 4-23

等效剪切波速 （m/s）	场地类别			
	Ⅰ类	Ⅱ类	Ⅲ类	Ⅳ类
$V_{se}>500$	0m			
$500 \geqslant V_{se} > 250$	<5m	>5m		
$250 \geqslant V_{se} > 140$	<3m	3～50m	>50m	
$V_{se} \leqslant 140$	<3m	3～15m	>15～80m	>80m

（6）抗震等级的确定

抗震措施是在按多遇地震作用进行构件截面承载力设计的基础上保证抗震结构所在地可能出现的最强地震地面运动下具有足够的整体延性和塑性耗能能力，保持对重力荷载的承载能力，维持结构不发生严重损毁或倒塌的基本措施。其中主要包括两类措施：一类是宏观限制或控制条件和对重要构件在考虑多遇地震作用的组合内力设计值时进行调整增大；另一类是保证各类构件基本延性和塑性耗能能力的各类抗震构造措施。由于对不同抗震条件下各类结构构件的抗震措施要求不同，故用"抗震等级"对其进行分级。抗震等级按抗震措施从强到弱分为一、二、三、四级。根据我国抗震设计经验，应按设防类别、建筑物所在地的设防烈度、结构类型、房屋高度以及场地类别的不同分别选取不同的抗震等级。

（7）抗震设计的基本要求

1）抗震概念设计：概念设计是指根据地震灾害和工程经验等所形成的基本设计原则和设计思想，进行建筑和结构总体布置并确定细部构造的过程。由于地震是随机的，具有不确定性和复杂性，单靠"数值设计"很难有效地控制结构的抗震性能。结构的抗震性能取决于良好"概念设计"。

2）抗震设计的基本要求

① 选择建筑场地时，应根据工程需要和地震活动情况、工程地质和地震地质的有关资料，对抗震有利、一般、不利和危险地段做出综合评价。对不利地段，应提出避开要求；当无法避开时应采取有效的措施。对危险地段、严禁建筑甲、乙类的建筑，不应建造丙类的建筑。

② 建筑设计应重视其平面、立面和竖向剖面的规则性对抗震性能及经济合理性的影响，宜择优选用规则的形体，其抗侧力构件的平面布置宜规则对称、侧向刚度沿着竖向宜均匀变化、竖向抗侧力构件的截面尺寸和材料强度宜自下而上逐渐减小、避免侧向刚度和承载力突变。

③ 结构体系应符合下列各项要求：

a. 应具有明确的计算简图和合理的地震作用传递途径。

b. 应避免因部分结构或构件的破坏而导致整个结构丧失抗震能力或对重力荷载的承载能力。

c. 应具备必要的承载力、良好的变形能力和消耗地震能量的能力。

d. 对可能出现的薄弱部位，应采取措施提高其抗震能力。

e. 宜有多道抗震防线。

第5章 建筑工程施工工艺和方法

5.1 地基与基础工程

5.1.1 岩土的工程分类

建筑施工过程中一般按照土的开挖难易程度，将土分为松软土、普通土、坚土、砂砾坚土、软石、次坚石、坚石、特坚石八类。各类土的工程特点见表5-1。

土的工程分类　　　　　　　　　　　　　　　表 5-1

土的分类	土的名称	开挖方法及工具	可松性	
			K_s	K'_s
第一类 （松软土）	砂，粉土，冲积砂土层，种植土，泥炭（淤泥）	用锹、锄头挖掘	1.08～1.17	1.01～1.04
第二类 （普通土）	粉质黏土，潮湿的黄土，夹有碎石、卵石的砂，种植土，填筑土及亚砂土	用锹、锄头挖掘，少许用镐翻松	1.14～1.28	1.02～1.05
第三类 （坚土）	软及中等密实黏土，重粉质黏土，粗砾石，干黄土及含碎石、卵石的黄土、亚黏土	主要用镐，少许用锹、锄头，部分用撬棍	1.24～1.30	1.04～1.07
第四类 （砾砂坚土）	重黏土及含碎石、卵石的黏土，粗卵石，密实的黄土，天然级配砂石，软泥灰岩及蛋白岩	先用镐、撬棍，然后用锹挖掘，部分用楔子及大锤	1.26～1.37	1.06～1.09
第五类 （软石）	硬石炭纪黏土，中等密实的页岩、泥灰岩、白垩土，胶结不紧的砾岩，软的石灰岩	用镐或撬棍、大锤，部分用爆破方法	1.30～1.45	1.10～1.20
第六类 （次坚石）	泥岩，砂岩，砾岩，坚实的页岩、泥灰岩，密实的石灰岩，风化花岗岩、片麻岩	用爆破方法，部分用风镐	1.30～1.45	1.10～1.20
第七类 （坚石）	大理石、辉绿岩；玢岩；粗中粒花岗岩；坚实的白云岩、砂岩、砾岩、片麻岩、石灰岩等	用爆破方法	1.45～1.50	1.15～1.20
第八类 （特坚石）	安山岩，玄武岩，花岗片麻岩，坚实的细粒花岗岩、闪长岩	用爆破方法	1.45～1.50	1.20～130

5.1.2 常用地基处理方法

地基加固处理的原理是：将土质由松变实，将土的含水量由高变低，即可达到地基加固的目的。常用的人工地基处理方法有换填法、重锤夯实法、机械碾压法、挤密桩法、深层搅拌法、化学加固法等。

1. 换填法

当建筑物的地基土比较软弱、不能满足上部荷载对地基强度和变形的要求时，常采用换填来处理。

换土垫层法，即施工时先将基础下一定范围内的软土挖去，再用人工填筑的垫层作为持力层，按其回填的材料不同可分为砂垫层、碎石垫层、素土垫层、灰土垫层等。

换填法适用于淤泥、淤泥质土、膨胀土、冻胀土、素填土、杂填土及暗沟、暗塘、古井、古墓或拆除旧基础后的坑穴等的地基处理。

换土垫层的处理深度应根据建筑物的要求，由基坑开挖的可能性等因素综合决定，一般多用于上部荷载不大、基础埋深较浅的多层民用建筑的地基处理工程中，开挖深度不超过3m。

（1）砂和砂石地基垫层

砂和砂石地基（垫层）是采用级配良好、质地坚硬的中粗砂和碎石、卵石等，经分层夯实，作为基础的持力层，提高基础下地基强度，降低地基的压应力，减少沉降量，加速软土层的排水固结作用。

砂石垫层应用范围广泛，施工工艺简单，用机械和人工都可以使地基密实，工期短，造价低；适用于3.0m以内的软弱、透水性强的黏性土地基，不适用加固湿陷性黄土和不透水的黏性土地基。

1）材料要求

砂石垫层材料，宜采用级配良好、质地坚硬的中砂、粗砂、石屑和碎石、卵石等，含泥量不应超过5%，且不含植物残体、垃圾等杂质。若用作排水固结地基的，含泥量不应超过3%；在缺少中、粗砂的地区，若用细砂或石屑，因其不容易压实，而强度也不高，因此在用作换填材料时，应掺入粒径不超过50mm，不少于总重30%的碎石或卵石并拌和均匀，若回填在碾压、夯、振地基上时，其最大粒径不超过80mm。

2）施工技术要点

① 铺设垫层前应验槽，将基底表面浮土、淤泥、杂物等清理干净，两侧应设一定坡度，防止振捣时塌方。基坑（槽）内如发现有孔洞、沟和墓穴等，应将其填实后再做垫层。

② 垫层底面标高不同时，土面应挖成阶梯或斜坡，并按先深后浅的顺序施工，搭接处应夯压密实。分层铺实时，接头应做成斜坡或阶梯搭接，每层错开0.5~1.0m，并注意充分捣实。

③ 人工级配的砂石材料，施工前应充分拌匀，再铺夯压实。

④ 砂石垫层压实机械首先应选用振动碾和振动压实机，其压实效果、分层填铺厚度、压实次数、最优含水量等应根据具体的施工方法及施工机械现场确定。如无试验资料，砂石垫层的每层填铺厚度及压实遍数可参考表5-2。分层厚度可用样桩控制。施工时，下层的密实度应经检验合格后，方可进行上层施工。一般情况下，垫层的厚度可取200~300mm。

⑤ 砂石垫层的材料可根据施工方法的不同控制最优含水量。最优含水量由工地试验确定，也可参考表5-2选择。对于矿渣应充分洒水，湿透后进行夯实。

⑥ 当地下水位高出基础底面时，应采取排、降水措施，要注意边坡稳定，以防止塌土混入砂石垫层中影响质量。

⑦ 当采用水撼法施工或插振法施工时，应在基槽两侧设置样桩，控制铺砂厚度，每层为250mm。铺砂后，灌水与砂面齐平，以振动棒插入振捣，依次振实，以不再冒气泡为准，直至完成。垫层接头应重复振捣，插入式振动棒振完所留孔洞应用砂填实。在振动首层垫层时，不得将振动棒插入原土层或基槽边部，以避免使软土混入砂垫层而降低砂垫层的强度。

⑧ 垫层铺设完毕，应及时回填，并及时施工基础。

⑨ 冬期施工时，砂石材料中不得夹有冰块，并应采取措施防止砂石内水分冻结。

砂和砂石垫层每层铺筑厚度及最优含水量   表 5-2

振捣方式	每层铺筑厚度（mm）	施工时最优含水量（%）	施工说明	备 注
平振法	200～250	15～20	用平板式振捣器往复振捣	不宜用于细纱或含泥量较大的砂所铺筑的砂垫层
插振法	振捣器插入深度	饱和	① 插入式振捣器 ② 插入间距可根据机械振幅大小决定 ③ 不应插入下卧黏性土层 ④ 插入式振捣器插入完毕后所留的孔洞，应用砂填实	
水撼法	250	饱和	① 注水高度应超过每次铺筑面 ② 钢叉摇撼捣实，插入点间距为100mm，钢叉分四齿，齿的间距800mm，长300mm，木柄长90mm，重40N	湿陷性黄土、膨胀土地区不得使用
夯实法	150～200	8～12	① 用木夯或机械夯 ② 木夯重400N，落距400～500mm ③ 一夯压半夯，全面夯实	
碾压法	250～350	8～12	60～100kN压路机往复碾压	① 适用于大面积砂垫层 ② 不宜用于地下水位以下的砂垫层

3）质量检验

砂石垫层的施工质量检验，应随施工分层进行。检验方法主要有环刀法和贯入法。

① 环刀取样法

用容积不小于 $200cm^3$ 的环刀压入垫层的每层 2/3 深处取样，测定其干密度，以不小于通过试验所确定的该砂料在中密状态时的干密度数值为合格。如是砂石地基，可在地基中设置纯砂检验点，在相同的试验条件下，用环刀测其干密度。

② 贯入测定法

检验前先将垫层表面的砂刮去 30mm 左右，再用贯入仪、钢筋或钢叉等以贯入度大小来定性地检验砂垫层的质量，以不大于通过相关试验所确定的贯入度为合格。钢筋贯入法所用的钢筋的直径 $\phi20$，长 1.25m，垂直距离砂垫层表面 700mm 时自由下落，测其贯入深度。

（2）灰土垫层

灰土垫层是将基础底面以下一定范围内的软弱土挖去，用按一定体积配合比的灰土在最优含水量情况下分层回填夯实（或压实）。

灰土垫层的材料为石灰和土，石灰和土的体积比一般为 3：7 或 2：8。灰土垫层的强度是随用灰量的增大而提高，当用灰量超过一定值时，其强度增加很小。

灰土地基施工工艺简单，费用较低，是一种应用广泛、经济、实用的地基加固方法。适用于加固处理 1～3m 厚的软弱土层。

1）材料要求

① 土：土料可采用就地基坑（槽）挖出来的黏性土或塑性指数大于 4 的粉土，但应

过筛,其颗粒直径不大于15mm,土内有机含量不得超过5%。不宜使用块状的黏土和粉土、淤泥、耕植土、冻土。

② 石灰:应使用达到国家三等石灰标准的生石灰,使用前生石灰消解3～4d并过筛,其粒径不应大于5mm。

2)施工技术要点

① 铺设垫层前应验槽,基坑(槽)内如发现有孔洞、沟和墓穴等,应将其填实后再做垫层。

② 灰土在施工前应充分拌匀,控制含水量,一般最优含水量为16%左右,如水分过多或不足时,应晾干或洒水湿润。在现场可按经验直接判断,方法是:手握灰土成团,两指轻捏即碎,这时即可判定灰土达到最优含水量。

③ 灰土垫层应选用平碾和羊足碾、轻型夯实机及压路机,分层填铺夯实。每层虚铺厚度可见表5-3。

灰土最大虚铺厚度 表5-3

夯实机具种类	重量(t)	虚铺厚度(mm)	备 注
石夯、木夯	0.04～0.08	200～250	人力送夯,落距400～500mm,一夯压半夯,夯实后约80～100mm
轻型夯实机械	0.12～0.4	200～250	蛙式打夯机、柴油打夯机,夯实后约100～150mm厚
压路机	6～10	200～300	双轮

④ 分段施工时,不得在墙角、柱基及承重窗间墙下接缝,上下两层的接缝距离不得小于500mm,接缝处应夯压密实。

⑤ 灰土应当日铺填夯压,入槽(坑)的灰土不得隔日夯打,如刚铺筑完毕或尚未夯实的灰土遭雨淋浸泡时,应将积水及松软灰土挖去并填补夯实,受浸泡的灰土,应晾干后再夯打密实。

⑥ 垫层施工完后,应及时修建基础并回填基坑,或作临时遮盖,防止日晒雨淋,夯实后的灰土30d内不得受水浸泡。

⑦ 冬期施工,必须在基层不冻的状态下进行,土料应覆盖保温,不得使用夹有冻土及冰块的土料,施工完的垫层应加盖塑料面或草袋保温。

3)施工质量检验

质量检验宜用环刀取样,测定其干密度。如用贯入仪检查灰土质量,应先在现场进行试验,以确定贯入度的具体要求。

如无设计要求,可按表5-4取值。

灰土质量要求 表5-4

土料种类	灰土最小密度(t/m³)
粉土	1.55
粉质黏土	1.50
黏土	1.45

2. 强夯法

强夯法具有施工速度快、造价低、设备简单,能处理的土壤类别多等特点。

施工时用起重机将重锤（一般为 8～40t）起吊至高处（一般为 6～30m），使其自由落下，产生的巨大冲击能量和振动能量给地基以冲击和振动，从而在一定的范围内提高地基土的强度，降低其压缩性，达到地基受力性能改善的目的。强夯法是我国目前最为常用和最经济的深层地基处理方法之一。

强夯法适用于碎石土、砂性土、黏性土、湿陷性黄土和回填土。

（1）施工机具

强夯施工的主要机具和设备有：起重设备、夯锤、脱钩装置等。

（2）施工要点

① 施工前应进行试夯，试夯面积不小于 10m×10m，对试夯前后的变化情况进行对比，以确定正式夯击施工时的技术参数。

② 场地应做好排水工作，地下水位高时应采取降低水位措施，冬期施工要采取防冻措施。

③ 夯点的布置应根据基础底面形状确定，施工时按由内向外，隔行跳打原则进行。夯实范围应大于基础边缘 3m。

（3）注意事项

① 施工前应进行场地调查，查明施工范围内有无地下设施和各种地下管道等。

② 强夯前应平整场地，地下水位较高时，可在场地内铺垫一层 0.5～2m 厚度的粗颗粒砂砾石、碎石、矿渣等（不宜用砂），用以支承机械设备。

③ 当强夯施工时产生的振动对临近的建筑物和设备会产生影响时，应挖防振沟，并设置相应的监测点。

④ 注意现场安全，非强夯施工人员，不得进入夯点 30m 内，现场操作人员，当夯锤起吊后，应迅速撤离 10m 以外，以免飞石伤人。

（4）质量检查

现场测试方法有标准贯入、静力触探、动力触探等，选用两种或两种以上的测试数据综合确定。

检验的数量：每单位工程不少于 3 处，1000m² 以上工程，每 100m² 至少应有一点，3000m² 以上，每 300m² 至少应有一点，每一个独立基础下不少于 1 点，基槽每 20m 应有 1 点。对于复杂场地或重要的建筑物应增加检测点数。

3. 地基处理质量要求

地基处理应符合现行国家标准《建筑地基处理技术规范》JGJ 79 和《建筑地基基础工程施工质量验收规范》GB 50202 的相关要求。

5.1.3 基坑（槽）开挖、支护及回填方法

1. 施工准备工作

基坑土方开挖前的主要准备工作有：场地清理（清理房屋、古墓、通信电缆、水道、树木等）；排出地面水（尽量利用自然地形来排水，设置排水沟）；修筑临时设施（道路、水、电、机棚）。

2. 基坑（槽）开挖

场地平整工程完成后其后续工作就是基坑（槽）的开挖。基坑（槽）开挖有人工开挖

和机械开挖，对于大型基坑应优先考虑选用机械化施工，以加快施工进度。

在开挖基坑（槽）之前，首先应根据有关规范、规程和具体现场的地质水文情况确定开挖尺寸、制定边坡稳定措施，进而计算土方工程量，然后现场定位放线、实施开挖，最后验槽。

基坑开挖时，土方开挖的顺序、方法必须与设计工况一致，并遵循"开槽支撑，先撑后挖，分层开挖，严禁超挖"的原则。

（1）确定开挖尺寸

确定基坑（槽）的开挖尺寸就是计算确定基坑（槽）在自然地坪上的长、宽尺寸和开挖深度尺寸。对于场地比较宽阔，土壁可以采用放坡形式的基坑（槽），其自然地坪上的长、宽，是依据槽底尺寸、土壁边坡值（高/宽）和开挖深度（即土壁边坡值中的"高"）反算确定的，即：自然地坪上的长、宽尺寸＝槽底尺寸＋开挖深度/土壁边坡值。其中，槽底尺寸等于基础垫层外边缘尺寸加上两侧各 200～300mm（为支设模板预留的空间）；土壁边坡值可根据《建筑地基基础工程施工质量验收规范》GB 50202，见表 5-5。

临时性挖方边坡值 　　　　　　　　　　　　表 5-5

土的类别		边坡值（高：宽）
砂土（不包括细砂、粉砂）		1：1.25～1：1.5
一般黏性土	硬	1：0.75～1：1
	硬、塑	1：1～1：1.25
	软	1：1.50 或更缓
碎石类土	充填坚硬、硬塑黏性土	1：0.5～1：1
	充填砂土	1：1～1：1.5

注：1. 设计有要求时，应符合设计标准。
　　2. 如采用降水或其他加固措施，可不受本表限制，但应计算复核。
　　3. 开挖深度，对软土不应超过 4m，对硬土不应超过 8m。

开挖深度应根据设计基础埋深、确定的室内地坪标高及地基持力层位置，进行综合分析确定。对于采用板桩、钢筋混凝土桩、重力式深层搅拌水泥土桩等形式进行护壁的基坑（槽），其开挖长、宽范围应以护壁结构所围的范围为准，开挖深度的确定与上相同。开挖深度超过 3m（含 3m）或虽未超过 3m 但地质条件和周围环境复杂的基坑（槽）支护、降水工程需做专项施工方案。

（2）土方边坡

土方边坡的坡度是以土方挖方深度 H 与底宽 B 之比表示。即

$$土方边坡坡度 = \frac{H}{B} = \frac{1}{B/H} = 1：m$$

式中，$m＝B/H$ 称为边坡系数。

土方边坡的大小主要与土质、开挖深度、开挖方法、边坡留置时间的长短、边坡附近的各种荷载状况及排水情况有关。

开挖基坑（槽）时，必须保证土方边坡的稳定，才能保证土方工程施工的安全。影响土方边坡的主要因素是由于外部因素的作用下造成土方边坡的土体内摩擦阻力和粘结力失去平衡，土体的抗剪强度降低。造成边坡塌方的常见原因有：

① 土质差且边坡过陡；

② 雨水、地下水渗入基坑，使边坡土体的重量增大，抗剪能力低；

③ 基坑边缘附近大量堆土或停放机具材料，使土体产生剪应力超过土体强度等。

为了保证土方边坡的稳定，防止塌方，确保土方施工的安全，土方开挖达到一定深度时，应按规定进行放坡或进行土壁支撑。

（3）基坑（槽）开挖施工注意事项

开挖基坑（槽）按规定的尺寸合理确定开挖顺序和分层开挖深度，连续地进行施工，尽快地完成。因土方开挖施工要求标高、断面准确，土体应有足够的强度和稳定性，所以在开挖过程中要随时注意检查。

1）土方工程施工的质量要求

符合《建筑地基基础工程施工质量验收规范》GB 50202 及《土方与爆破工程施工及验收规范》GB 50201 的要求。

土方开挖应从上至下分层分段依次进行，随时注意控制边坡坡度，并在表面上做成一定的流水坡度。当开挖的过程中，发现土质弱于设计要求，土（岩）层外倾于（顺坡）挖方的软弱夹层，应通知设计单位调整坡度或采取加固措施，防止土（岩）体滑坡。

如用机械挖土，为防止基底土被扰动，结构被破坏，不应直接挖到坑（槽）底，应根据机械种类，在基底标高以上留出 200～300mm，待基础施工前用人工铲平修整。

挖土不得挖至基坑（槽）的设计标高以下，如个别处超挖，应用与基土相同的土料填补，并夯实到要求的密实度，如用原土填补不能达到要求的密实度时，应用碎石类土填补，并仔细夯实。

2）土方工程施工的安全要求

① 基坑开挖时，两人操作间距应大于 2.5m，多台机械开挖，挖土机间距应大于 10m。挖土应由上而下，逐层进行，严禁采用挖空底脚的施工方法。

② 基坑开挖应严格按要求放坡。操作时应随时注意土壁变动情况，如发现有裂纹或部分坍塌现象，应及时进行支撑或放坡，并注意支撑的稳固和土壁的变化。

③ 基坑施工深度超过 2m 的必须有符合防护要求的临边防护措施。基坑（槽）挖土深度超过 3m 以上，使用吊装设备吊土时，起吊后，坑内操作人员应立即离开吊点的垂直下方，起吊设备距坑边一般不得少于 1.5m，坑内人员应戴安全帽。

④ 用手推车运土，应先铺好道路。卸土回填，不得放手让车自动翻转。用翻斗汽车运土，运输道路的坡度、转弯半径应符合有关安全规定。

⑤ 深基坑上下应先挖好阶梯或设置靠梯，或开斜坡道，采取防滑措施，禁止踩踏支撑上下。坑四周应设安全栏杆或悬挂危险标志。

⑥ 基坑（槽）设置的支撑应经常检查是否有松动变形等不安全迹象，特别是雨后更应加强检查。

⑦ 坑（槽）沟边 1m 以内不得堆土、堆料和停放机具，1m 以外堆土，其高度不宜超过 1.5m。坑（槽）、沟与附近建筑物的距离不得小于 1.5m，危险时必须加固。

⑧ 支护结构与挖土应紧密配合，遵循先撑后挖、分层分段、对称、限时的原则。土方开挖宜选用合适施工机械、开挖程序及开挖路线。

⑨ 为了防止基底土（特别是软土）受到浸水或其他原因的扰动，基坑（槽）挖好后，

应尽快做垫层或浇筑基础，防止开挖完的基坑暴露时间过长。

⑩当挖土至坑槽底50cm左右时，应及时抄平。在基坑开挖和回填过程中应保持井点降水工作的正常进行。

3）在软地区开挖基坑（槽）时，尚应符合下列规定：

①施工前必须做好地面排水或降低地下水位工作，地下水位应降低至基坑底以下0.5～1.0m后，方可开挖。降水工作应持续到回填完毕；

②施工机械行驶道路应填筑适当厚度的碎石或砾石，必要时应铺设工具式路基箱（板）或梢排等；

③相邻基坑（槽）开挖时，应遵循先深后浅或同时进行的施工顺序，并应及时做好基础；

④在密集群桩上开挖基坑时，应在打桩完成后间隔一段时间，再对称挖土。在密集群桩附近开挖基坑（槽）时，应采取措施防止桩基位移；

⑤挖出的土不得堆放在坡顶上或建筑物（构筑物）附近。

（4）验槽

基槽开挖完毕后应及时进行钎探。钎探就是运用锤击的方法将特制钢钎沉入基底持力层中，然后拔出钢钎并对钎孔进行灌水检查。

钎探的目的是：根据锤击沉钎的难易程度和灌水的渗透快慢，判断基底持力层是否均匀，是否有孔洞、墓穴、孤石等不利情况。

钎探所用工具有：直径为30mm、长为3.2m的钢钎（为了减小沉钎时钎杆与土的摩擦力，其下端通常做成直径稍大的尖端），5～10kg重铁锤，高凳子。

钎孔深度应按设计要求确定，当设计无要求时可取2.5m。钎孔的平面布置：当基槽宽≤800mm时，钎孔可沿基槽中线布置一列，间距为800mm；当800mm＜槽宽≤1200mm时，钎孔可沿距各基槽壁200mm处错开布置二列，间距为800mm；当槽宽≥1200mm或全开挖基坑时，钎孔不少于三列，最外一列钎孔应距坑（槽）壁200mm，中间钎孔则星状布置，间距为800～1000mm。

钎探前应按比例画出基坑（槽）平面图，并标明孔位，编注编号，而后据此在现场用半砖头和白石灰粉，将图上孔位放到基坑（槽）底。钎探时应选用三名体力相当人员，一人负责扶钎、数数、记录，两人轮流锤击，锤击落距应始终控制在75mm左右。要求记录人员如实记录每一孔位编号及每500mm的锤击数。全部钎探完后要及时灌水检查，观察液面下降并记录下异常情况。每一钎孔灌水检查后必须及时用细砂回填密实。

钎探完毕后，由建设单位负责组织建设、地质勘探、设计、监理、施工等单位的相关人员，一同在基坑（槽）现场查看切土断面，评价土质是否与地质勘查相符、是否满足设计要求，并辅以钎探和灌水记录确定能否进行基础工程施工。

3. 基坑支护

开挖基坑或基槽时，采用放坡开挖，往往是比较经济的。但当在建筑稠密地区或场地狭窄地段施工时，没有足够的场地来按规定进行放坡开挖；有防止地下水渗入基坑要求；深基坑（槽）放坡开挖所增加的土方量过大等情况时，就需要用土壁支护结构来支撑土壁，以保证土方施工的安全顺利地进行，并减少对邻近建筑物和地下设施的不利影响。

支护结构可根据基坑周边环境、开挖深度、工程地质与水文地质、施工作业设备和施工季节等条件，选用横撑式支撑、钢（木）板桩支撑、钢筋混凝土排桩支撑、水泥土搅拌桩支撑、土层锚杆支撑、土钉支护、排桩、地下连续墙等。

支护结构选型应考虑结构的空间效应和受力特点，采用有利支护结构材料受力性状的形式。软土场地可采用深层搅拌、注浆、间隔或全部加固等方法对局部或整个基坑底土进行加固，或采用降水措施提高基坑内侧被动抗力。

（1）横撑式支撑

横撑式支撑由挡土板、木楞和横撑组成。用于基坑开挖宽度不大、深度也较小的土壁支撑。根据挡土板所放位置的不同分为水平和垂直两类型式。

基坑开挖后按回填土的顺序拆除支撑，由下而上拆除，与支撑顺序相反。

（2）土钉支护施工

基坑开挖的坡面上，采用机械钻孔，孔内放入钢筋注浆，在坡面上安装钢筋网，喷射厚度为80～200mm的C20混凝土，使土体、钢筋与喷射混凝土面板结合为一体，强化土体的稳定性。这种深基坑的支护结构称为土钉支护，又称喷锚支护、土钉墙。

土钉支护具有以下特点：材料用量和工程量小，施工速度快；施工设备和操作方法简单；施工操作场地小，对环境干扰小，适合在城市地区施工；土体支护位移小，对相邻建筑物影响小；经济效益好。

土钉支护适用于地下水位以上或经过降水措施后的砂土、粉土、黏土中。

土钉支护的施工工艺：定位→钻机就位→成孔→插钢筋→注浆→喷射混凝土。

土钉支护依设计规定的分层开挖深度按顺序施工，上层土钉喷射混凝土前不得进行下一层的施工。成孔钻机可采用螺旋钻机、冲击钻机、地质钻机并按规定钻孔施工。插入孔中的二级以上的螺纹钢筋必须除锈，保持平直。注浆可用重力、低压或高压方法。喷射混凝土顺序应自下而上，喷射分二次进行分层喷射。第一次喷射后铺设钢筋网，并使钢筋网与土钉连接牢固。喷射第二次混凝土，要求表面湿润、平整，无滑移流淌现象。待混凝土终凝后2h，浇水养护7d。

（3）锚杆支护施工

深基坑干作业成孔锚杆支护施工工艺流程：

确定孔位→钻机就位→调整角度→钻孔并清孔→安装锚索→一次灌浆→二次高压灌浆→安装钢腰梁及锚头→张拉→锚头锁定→下一层锚杆施工。

深基坑湿作业成孔锚杆支护施工工艺流程：

钻机就位→校正孔位，调整角度→打开水源→钻孔→反复提内钻杆冲洗→接内套管钻杆及外套管→继续钻进至设计孔深→清孔→停水，拔内钻杆→插放钢绞线束及注浆管→压注水泥浆→用力拔管机拔外套管并二次灌浆→养护→安装钢腰梁及锚头→预应力张拉→锁定下一层锚杆施工。

沿锚杆轴线方向每隔1.5～2.0m宜设置一个定位支架。锚杆锚固体宜采用水泥浆或水泥砂浆，其强度等级不宜低于M10。

锚杆构造要求：

1）锚杆的水平间距不宜小于1.5m；多层锚杆，其竖向间距不宜小于2.0m；当锚杆的间距小于1.5m时，应根据群锚效应对锚杆抗拔承载力进行折减或相邻锚杆应取不同的倾角；

2) 锚杆锚固段的上覆土层厚度不宜小于 4.0m；

3) 锚杆倾角宜取 15°～25°，且不应大于 45°，不应小于 10°；锚杆的锚固段宜设置在土的粘结强度高的土层内；

4) 当锚杆穿过的地层上方存在天然地基的建筑物或地下构筑物时，宜避开易塌孔、变形的地层。

（4）地下连续墙支护施工

地下连续墙施工工艺过程：修筑导墙→挖槽→吊放接头管（箱）、吊放钢筋笼→浇筑混凝土。导墙的作用为保护槽口，为槽定位（标高、水平位置、垂直），支撑（机械、钢筋笼等），存放泥浆（可保持泥浆面高度）。

地下连续墙单元槽段宜采用间隔一个或多个槽段的跳幅施工顺序。每个单元槽段，挖槽分段不宜超过 3 个。成槽时，护壁泥浆液面应高于导墙底面 500mm。

地下连续墙槽段接头宜采用圆形锁口管管接头、波纹管接头、楔形接头、工字形钢接头或混凝土预制接头等柔性接头。特殊情况下也可采用刚性接头。

现浇地下连续墙应采用导管法浇筑混凝土。导管拼接时，其接缝应密闭。混凝土浇筑时，导管内应预先设置隔水栓。

（5）排桩施工

当排桩桩位邻近的既有建筑物、地下管线、地下构筑物对地基变形敏感时，应根据其位置、类型、材料特性、使用状况等相应采取下列控制地基变形的防护措施：

1) 宜采取间隔成桩的施工顺序；对混凝土灌注桩，应在 24h 且混凝土终凝后，再进行相邻桩的成孔施工；

2) 对松散或稍密的砂土、稍密的粉土、软土等易坍塌或流动的软弱土层，对钻孔灌注桩宜采取改善泥浆性能等措施，对人工挖孔桩宜采取减小每节挖孔和护壁的长度、加固孔壁等措施；

3) 支护桩成孔过程出现流砂、涌泥、塌孔、缩径等异常情况时，应暂停成孔并及时采取有针对性的措施进行处理，防止继续塌孔；

4) 当成孔过程中遇到不明障碍物时，应查明其性质，且在不会危害既有建筑物、地下管线、地下构筑物的情况下方可继续施工。

（6）逆作法

逆作法施工工艺：先沿建筑物地下室轴线（地下连续墙也是地下室结构承重墙）或周围（地下连续墙等只用作支护结构）施工地下连续墙或其他支护结构，同时在建筑物内部的有关位置（柱子或隔壁相交处等，根据需要计算确定）浇筑或打下中间支撑柱，作为施工期间在底板封底之前承受上部结构自重和施工荷载的支撑。然后施工地面一层的梁板楼面结构，作为地下连续墙刚度很大的支撑，随后逐层向下开挖土方和浇筑各层地下结构，直至底板封底。与此同时，由于地面一层的楼面结构已完成，为上部结构施工创造了条件，因此可以同时向上逐层进行地上结构的施工，如此，地面上、下同时进行施工，直至工程结束。

中间支撑柱的作用，是在逆作法施工期间，在地下室底板未浇筑之前与地下连续墙一起承受地下和地上各层的结构自重和施工荷载；在地下室底板规定的最高层浇筑后，与底板连接成整体，作为地下室结构的一部分，将上部结构及承受的荷载传递给地基。

4. 基坑施工排水与降低地下水位

在开挖基坑、地槽、管沟或其他土方时，土的含水层常被切断，地下水将会不断地渗入坑内。雨期施工时，地面水也会流入坑内。为了保证施工的正常运行，防止边坡塌方和地基承载能力的下降，必须做好基坑降水工作。降水方法分明排水法和人工降低地下水位法两类。

（1）明排水法

在基坑或沟槽开挖时，采用截、疏、抽的方法来进行排水。开挖时，沿坑底周围或中央开挖排水沟，再在沟底设集水井，使基坑内的水经排水沟流向集水井，然后用水泵抽走。

基坑四周的排水沟及集水井应设置在基础范围以外（≥0.5m）、地下水流的上游。明沟排水的纵坡宜控制在1‰～2‰；集水井应根据地下水量、基坑平面形状及水泵能力，每隔20～40m设置一个。集水井的直径或宽度，一般为0.7～0.8m。其深度随着挖土的加深而加深，要始终低于挖土面0.8～1.0m。井壁可用竹、木等简易加固。

当基坑挖至设计标高后，井底应低于坑底1～2m，并铺设0.3m碎石滤水层，以免在抽水时将泥砂抽出，并防止井底的土被搅动。抽水机具常采用潜水泵或离心泵，视涌水量大小24h随时抽排，直至槽边回填土开始。

明排水法由于设备简单和排水方便，采用较为普通，但当开挖深度大、地下水位较高而土质又不好时，用明排水法降水，挖至地下水水位以下时，有时坑底面的土颗粒会形成流动状态，随地下水能入基坑。这种现象称为流砂现象。发生流砂时，土完全丧失承载能力。使施工条件恶化，难以达到开挖设计深度。严重时会造成边坡塌方及附近建筑物下沉、倾斜、倒塌等。总之，流砂现象对土方施工和附近建筑物有很大危害。

（2）人工降低地下水位

人工降低地下水位，就是在基坑开挖前，预先在拟挖基坑的四周埋设一定数量的滤水管（井），利用抽水设备从中不间断抽水，使地下水位降落在坑底以下，然后开挖基坑、基础施工、槽边回填，最后撤除人工降水装置。这样，可使动水压力方向向下，防止流砂发生，所挖的土始终保持干燥状态，改善施工条件，并增加土中有效应力，提高土的强度或密实度。因此，人工降低地下水位不仅是一种施工措施，也是一种地基加固方法。采用人工降低地下水位，可适当改陡边坡以减少挖土数量，但在降水过程中，基坑附近的地基土壤会有一定的沉降，施工时应加以注意。

人工降低地下水位的方法有：轻型井点、喷射井点、电渗井点、管井井点及深井泵等。各种方法的选用，视土的渗透系数、降低水位的深度、工程特点、设备及经济技术比较等具体条件参照表5-6选用。

各类井点的适用范围 表5-6

项次	井点类别	土层渗透系数（cm/s）	降低水位深度（m）
1	单层轻型井点	10^{-2}～10^{-5}	3～6
2	多层轻型井点	10^{-2}～10^{-5}	6～12（由井点层数而定）
3	喷射井点	10^{-3}～10^{-6}	8～20
4	电渗井点	$<10^{-6}$	宜配合其他形式降水使用
5	深井井管	$\geqslant 10^{-5}$	>10

1）轻型井点降低地下水位

轻型井点设备由管路系统和抽水设备组成。管路系统包括：滤管、井点管、弯联管及总管等。抽水设备是由真空泵、离心泵和水气分离器（又叫集水箱）等组成。

2）轻型井点的布置

井点系统的布置，应根据基坑大小与深度、土质、地下水位高低与流向、降水深度要求等确定。

① 平面布置：当基坑或沟槽宽度小于 6m，且水位降低值不大于 5m 时，可用单排线状井点，布置在地下水流的上游一侧，两端延伸长一般不小于沟槽宽度（图 5-1）。如沟槽宽度大于 6m，或土质不良，宜用双排井点（图 5-2）。面积较大的基坑宜用环状井点（图 5-3）。有时也可布置为 U 形，以利挖土机械和运输车辆出入基坑，环状井点四角部分应适当加密，井点管距离基坑一般为 0.7~1.0m，以防漏气。井点管间距一般为 0.8~1.5m，或由计算和经验确定。

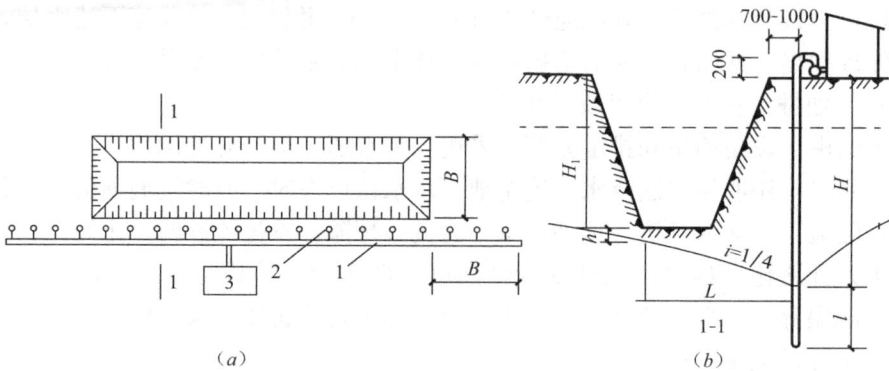

图 5-1　单排线状井点的布置

（a）平面布置；（b）高程布置

1—总管；2—井点管；3—抽水设备

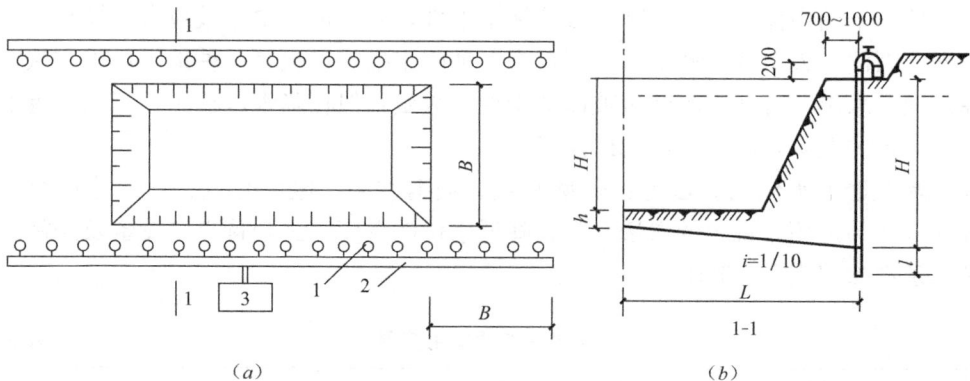

图 5-2　双排线状井点的布置

（a）平面布置；（b）高程布置

1—总管；2—井点管；3—抽水设备

井点管间距不能过小，否则彼此干扰大，出水量会显著减少，一般可取滤管周长的 5~10 倍；在基坑周围四角和靠近地下水流方向一边的井点管应适当加密；当采用多级井

208

点排水时，下一级井点管间距应较上一级的小；实际采用的井距，还应与集水总管上短接头的间距相适应（可按 0.8、1.2、1.6、2.0m 四种间距选用）。

采用多套抽水设备时，井点系统应分段，各段长度应大致相等。分段地点宜选择在基坑转弯处，以减少总管弯头数量，提高水泵抽吸能力。水泵宜设置在各段总管中部，使泵两边水流平衡。分段处应设阀门或将总管断开，以免管内水流紊乱，影响抽水效果。

② 高程布置：轻型井点的降水深度在考虑设备水头损失后，不超过 6m。井点管的埋设深度 H（不包括滤管长）按式（5-1）计算。

$$H \geqslant H_1 + h + IL \tag{5-1}$$

式中　H_1——井管埋设面至基坑底的距离（m）；

　　　h——基坑中心处基坑底面（单排井点时，取远离井点一侧坑底边缘）至降低后地下水位的距离，一般为 0.5～1.0m；

　　　I——地下水水力坡度，环状井点取 1/10，双排线状井点取 1/7，单排线状井点取 1/4；

　　　L——井点管至基坑中心的水平距离（m）（在单排井点中，为井点管至基坑另一侧的水平距离）。

此外，确定井点埋深时，还要考虑到井点管一般要露出地面 0.2m 左右。如果计算出的 H 值大于井点管长度，则应降低井点管的埋置面（但以不低于地下水位线为准）以适应降水深度的要求。在任何情况下，滤管必须埋在透水层内。为了充分利用抽吸能力，总管的布置标高宜接近地下水位线（可事先挖槽），水泵轴心标高宜与总管平行或略低于总管。总管应具有 0.25%～0.5% 坡度（坡向泵房）。各段总管与滤管最好分别设在同一水平面，不宜高低悬殊。当一级井点系统达不到降水深度要求，可视其具体情况采用其他方法降水。如上层土的土质较好时，先用集水井排水法挖去一层土再布置井点系统；也可采用二级井点，即先挖去第一级井点所疏干的土，然后再在其底部装设第二级井点。

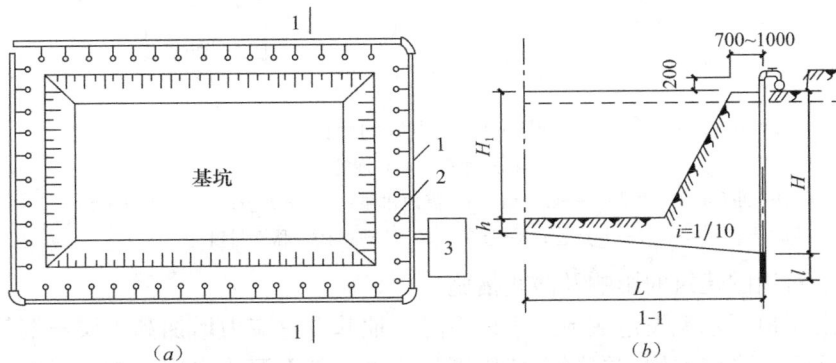

图 5-3　双排线状井点的布置

（a）平面布置；（b）高程布置

1—总管；2—井点管；3—抽水设备

3）井点管的安装使用

轻型井点的安装程序是：先排放总管，再埋设井点管，用弯联管将井点管与总管接通，最后安装抽水设备。而井点管的埋设是关键工作之一。

井点管理设一般用水冲法，分为冲孔和埋管两个过程（图5-4）。冲孔时，先用起重设备将冲管吊起并插在井点的位置上，然后开动高压水泵，将土冲松，冲管时边冲边沉。冲孔直径一般为300mm，以保证井点管四周有一定厚度的砂滤层；冲孔深度宜比滤管底深0.5m左右，以防冲管拔出时，部分土颗粒沉于底部而触及滤管底部。井孔冲成后，立即拔出冲管，插入井点管，并在井点管与孔壁之间迅速填灌砂滤层，以防孔壁塌土。砂滤层的填灌质量是保证轻型井点顺利抽水的关键。一般宜选用干净粗砂，填灌均匀，并填至滤管顶上1～1.5m，以保证水流畅通。井点填砂后，在地面以下0.5～1.0m内须用黏土封口，以防漏气。

井点管埋设完毕，应接通总管与抽水设备进行试抽水，检查有无漏水、漏气，出水是否正常，有无淤塞等现象，如有异常情况，应检修好后方可使用。

井点降水工作结束后所留的井孔，必须用砂砾或黏土填实。

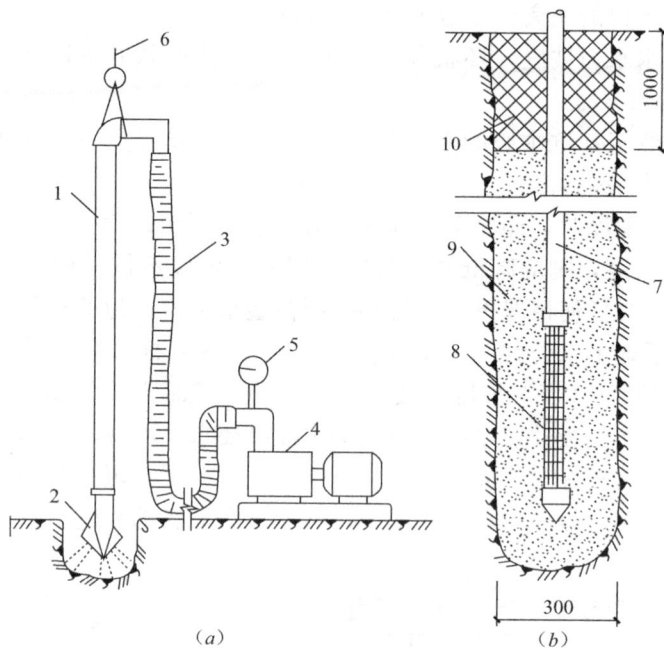

图5-4 井点管的埋设

（a）冲孔；（b）埋管

1—冲管；2—冲嘴；3—胶皮管；4—高压水泵；5—压力表；6—起重机吊钩；

7—井点管；8—滤管；9—填砂；10—黏土封口

（3）降水对周围建筑的影响及防止措施

降水时由于地下水流失造成地下水位下降、地基自重应力增加和土层压缩等原因，会产生较大的地面沉降或不均匀沉降，使周围建筑物基础下沉或房屋开裂。因此，在建筑物附近进行井点降水时，为防止降水影响或损害区域内的建筑物，就必须阻止建筑物下的地下水流失。为达到此目的，除可在降水区和原有建筑物之间的土层中设置一道固体抗渗帷幕外，还可用回灌井点补充地下水的办法保持地下水位，使降水井点和原有建筑物下的地下水位保持不变或降低较少，从而阻止建筑物下地下水的流失。这样，也就不会因降水而使地面沉降，或减少沉降值。

回灌井点是防止井点降水损害周围建筑物的一种经济、简便、有效的办法，它能将井点降水对周围建筑物的影响减少到最小程度。为确保基坑施工的安全和回灌的效果，回灌井点与降水井点之间应保持一定的距离，一般不宜小于6m。

5. 土方回填与压实

（1）土方回填工程应符合下列规定：

土方回填前，应根据设计要求和不同质量等级标准来确定施工工艺和方法；

土方回填时，应先低处后高处，逐层填筑。

（2）回填基底的处理，应符合设计要求。设计无要求时，应符合下列规定：

1）基底上的树墩及主根应拔除，排干水田、水库、鱼塘等的积水，对软土进行处理；

2）设计标高500mm以内的草皮、垃圾及软土应清除；

3）坡度大于1∶5时，应将基底挖成台阶，台阶面内倾，台阶高宽比为1∶2，台阶高度不大于1m；

4）当坡面有渗水时，应设置盲沟将渗水引出填筑体外。

（3）土料的选用

为了保证填方工程的强度和稳定性要求，必须正确地选择土料和填筑方法。

填料应符合设计要求，不同填料不应混填。设计无要求时，应符合下列规定：

1）不同土类应分别经过击实试验测定填料的最大干密度和最佳含水量，填料含水量与最佳含水量的偏差控制在±2%范围内；

2）草皮土和有机质含量大于8%的土，不应用于有压实要求的回填区域；

3）淤泥和淤泥质土不宜作为填料，在软土或沼泽地区，经过处理且符合压实要求后，可用于回填次要部位或无压实要求的区域；

4）碎石类土或爆破石渣，可用于表层以下回填，可采用碾压法或强夯法施工。采用分层碾压时，厚度应根据压实机具通过试验确定，一般不宜超过500，其最大粒径不得超过每层厚度的3/4；采用强夯法施工时，填筑厚度和最大粒径应根据强夯夯击能量大小和施工条件通过试验确定，为了保证填料的均匀性，粒径一般不宜大于1m，大块填料不应集中，且不宜填在分段接头处或回填与山坡连接处；

5）两种透水性不同的填料分层填筑时，上层宜填透水性较小的填料；

6）填料为黏性土时，回填前应检验其含水率是否在控制范围内，当含水率偏高，可采用翻松晾晒或均匀掺入干土或生石灰等措施；当含水量偏低，可采用预先洒水湿润。

（4）填筑要求

1）碾压机械压实回填时，一般先静压后振动或先轻后重，并控制行驶速度，平碾和振动碾不宜超过2km/h，羊角碾不宜超过3km/h；

2）每次碾压，机具应从两侧向中央进行，主轮应重叠150mm以上；

3）对有排水沟、电缆沟、涵洞、挡土墙等结构的区域进行回填时，可用小机具或人工分层夯实。填料宜使用砂土、砂砾石、碎石等，不宜用黏土回填。在挡土墙泄水孔附近应按设计做好滤水层和排水盲沟；

4）施工中应防止出现翻浆或弹簧土现象，特别是雨期施工时，应集中力量分段回填碾压，还应加强临时排水设施，回填面应保持一定的流水坡度，避免积水。对于局部翻浆或弹簧土可以采取换填或翻松晾晒等方法处理。在地下水位较高的区域施工时，应设置盲沟疏干地下水。

（5）填土压实方法

填土压实的方法一般有碾压、夯实、振动压实等几种。

（6）影响填土压实的因素

填土压实的影响因素为压实功、土的含水量及每层铺土厚度。

恰当的铺土厚度能使土方压实而机械的耗能最少。对于重要填方工程，达到规定密实度所需要的压实遍数、铺土厚度等应根据土质和压实机械在施工现场的压实试验来决定。若无试验依据可参考表5-7的规定。

填土施工时的分层厚度及压实遍数   表 5-7

压实机具	分层铺土厚度（mm）	每层压实遍数
平碾	250～300	6～8
振动压实机	250～350	3～4
柴油打夯机	200～250	3～4
人工打夯	<200	3～4

5.1.4 混凝土基础施工工艺

（1）混凝土基础施工工艺流程：放线—基坑开挖—运土—降水—基坑围护—临边防护—地基处理—基底处理—垫层混凝土施工—放线—轴线验收—钢筋绑扎—验收—支设模板—验收—浇筑混凝土—养护。

（2）混凝土基础的主要形式有：条形基础、独立基础、筏形基础、箱形基础、桩基础等。

（3）基础混凝土施工要求

基础混凝土宜分层连续浇筑完成。

阶梯形基础的每一台阶高度内应分层浇捣，每浇筑完一台阶应稍停 0.5～1.0h，待其初步获得沉实后，再浇筑上层，以防止下台阶混凝土溢出，在上台阶根部出现烂脖子，台阶表面应基本抹平。

条形基础应根据基础深度宜分段分层连续浇筑混凝土，一般不留施工缝。各段层间应相互衔接，每段间浇筑长度控制在 2～3m 距离，做到逐段逐层呈阶梯形向前推进。

筏形基础由钢筋混凝土底板、梁组成（梁板式）或由整板式底板（平板式）两种类型，适用于有地下室或地基承载力较低而上部荷载较大的基础，其外形和构造像倒置的钢筋混凝土楼盖，其优点是整体刚度较大。筏板结构施工要根据筏板结构情况和施工条件确定施工方案，一般有两种情况，第一种是先铺设垫层，在垫层上绑扎底板、梁的钢筋和柱子的插筋，浇筑底板混凝土，待达到 25% 设计强度后，再在底板上支梁模板，继续浇筑完梁部分的混凝土。也可采用底板和梁模板一次支好，梁侧模板采用支架支承并固定牢固，混凝土一次连续浇筑完成。混凝土浇筑时一般不留施工缝，必须留设时，应按施工缝的要求处理，同时应有止水技术措施。基础浇筑完毕，表面应覆盖和洒水养护。

箱形基础的底板、内外墙和顶板宜连续浇筑完毕。为防止出现温度收缩裂缝，一般应设置贯通后浇带，带宽不宜小于 800mm，在后浇带处钢筋应贯通，顶板浇筑后，相隔 2～

4周，用比设计强度提高一级的微膨胀或无收缩细石混凝土将后浇带填灌密实，并加强养护。

基础上有插筋时，要加以固定，保证插筋位置的正确，防止浇捣混凝土发生移位。混凝土浇筑完毕，外露表面应覆盖浇水养护。

（4）混凝土的养护时间规定

1）采用硅酸盐水泥、普通硅酸盐水泥或矿渣硅酸盐水泥配制的混凝土，不应少于7d；采用其他品种水泥时，养护时间应根据水泥性能确定；

2）采用缓凝型外加剂、大掺量矿物掺合料配制的混凝土，不应少于14d；

3）抗渗混凝土、强度等级C60及以上的混凝土，不应少于14d；

4）后浇带混凝土的养护时间不应少于14d。

（5）大体积混凝土

基础大体积混凝土结构浇筑宜采用斜面分层浇筑方法，也可采用全面分层、分段分层浇筑方法，层与层之间混凝土浇筑的间歇时间应能保证整个混凝土浇筑过程的连续；

基础大体积混凝土裸露表面应采用覆盖养护方式，混凝土的保湿养护持续时间不少于14d。

5.1.5 砖基础施工工艺

砌体结构工程所用的材料应有产品的合格证书、产品性能型式检测报告，质量应符合国家现行有关标准的要求。块体、水泥、钢筋、外加剂尚应有材料主要性能的进场复验报告，并应符合设计要求。严禁使用国家明令淘汰的材料。

当在使用中对水泥质量有怀疑或水泥出厂超过三个月（快硬硅酸盐水泥超过一个月）时，应复查试验，并按其复验结果使用。不同品种的水泥，不得混合使用。

砂浆用砂宜采用过筛中砂、人工砂、山砂及特细砂，应经试配能满足砌筑砂浆技术条件要求。

1. 砌筑前准备

选砖：用于清水墙、柱表面的砖，应边角整齐，色泽均匀。

砖浇水：砖应提前1～2d浇水湿润，烧结普通砖含水率宜为10%～15%。

校核放线尺寸：砌筑基础前，应用钢尺校核放线尺寸。

选择砌筑方法：宜采用"三一"砌筑法，当采用铺浆法砌筑时，铺浆长度不得超过750mm，施工期间气温超过30℃时，铺浆长度不得超过500mm。

设置皮数杆：在砖砌体转角处、交接处应设置皮数杆，皮数杆上标明砖皮数、灰缝厚度以及竖向构造的变化部位。皮数杆间距不应大于15m。在相对两皮数杆上砖上边线处拉准线。

清理：清除砌筑部位处所残存的砂浆、杂物等。

2. 砖基础施工工艺

拌制砂浆→确定组砌方法→排砖撂底→砌筑→抹防潮层。

3. 砖基础施工技术要求

砖基础的下部为大放脚、上部为基础墙。

大放脚有等高式和间隔式。等高式大放脚是每砌两皮砖，两边各收进1/4砖长（60mm）；间隔式大放脚是每砌两皮砖及一皮砖，轮流两边各收进1/4砖长（60mm），最下面应为两皮砖（图5-5）。

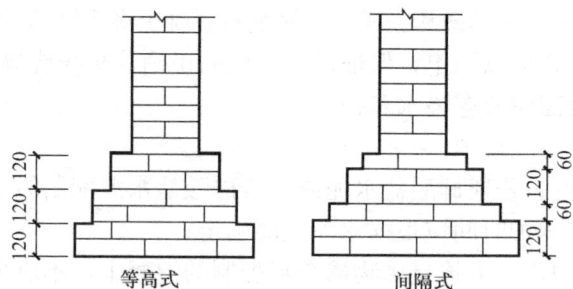

图 5-5　砖基础大放脚形式

砖基础大放脚一般采用一顺一丁砌筑形式，即一皮顺砖与一皮丁砖相间，上下皮垂直灰缝相互错开 60mm。

砖基础的转角处、交接处，为错缝需要应加砌配砖（3/4 砖、半砖或 1/4 砖）。

图 5-6 所示是底宽为两砖半等高式砖基础大放脚转角处分皮砌法。

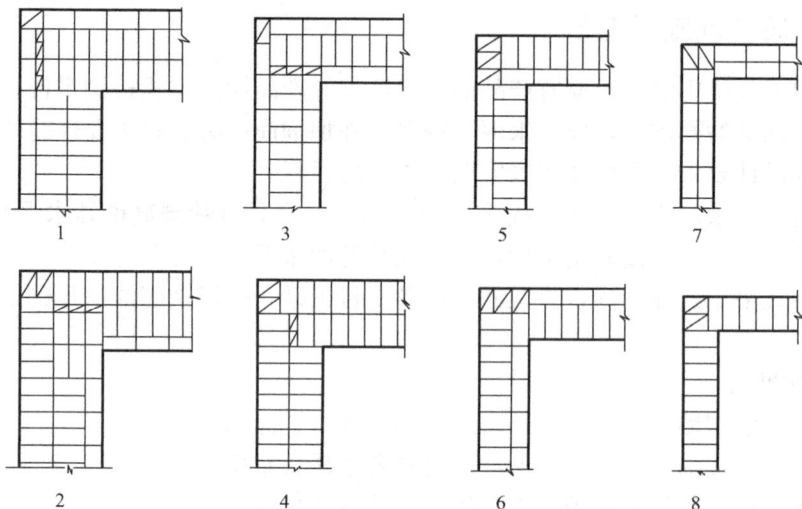

图 5-6　大放脚转角处分皮砌法

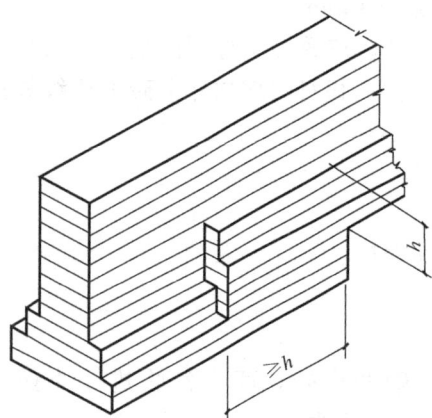

图 5-7　基底标高不同时砖基础的搭砌

砖基础的水平灰缝厚度和垂直灰缝宽度宜为 10mm。水平灰缝的砂浆饱满度不得小于 80%。

砖基础底标高不同时，应从低处砌起，并应由高处向低处搭砌，当设计无要求时，搭砌长度不应小于砖基础大放脚的高度（图 5-7）。

砖基础的转角处和交接处应同时砌筑，当不能同时砌筑时，应留置斜槎。

基础墙的防潮层，当设计无具体要求，宜用 1:2 水泥砂浆加适量防水剂铺设，其厚度宜为 20mm。防潮层位置宜在室内地面标高以下一皮砖处。

5.1.6 桩基础施工工艺

桩基础是深基础中的一种，利用承台和基础梁将深入土中的桩联系起来，以便承受整个上部结构重量。

桩的种类较多，按桩的承载性质可分为端承桩和摩擦桩两种类型。按桩身的材料可分为木桩、混凝土或钢筋混凝土桩、钢桩等。按沉桩的施工方法可分为挤土桩（包括打入式和压入式预制桩）、部分挤土桩（包括预钻孔打入式预制桩和部分挤土灌注桩）、非挤土桩（各种非挤土灌注桩）和混合桩等四种类型。按桩的制作方法可分为预制桩和灌注桩。

1. 预制桩施工

预制桩是一种先预制桩构件，然后将其运至桩位处，用沉桩设备将它沉入或埋入土中而成的桩。预制桩主要有钢筋混凝土预制桩和钢桩两类。

预制桩施工流程如下：

现场布置→场地地基处理、整平、浇筑混凝土→支模→绑扎钢筋、安设吊环→浇混凝土→养护至30%设计强度拆模→支间隔端头模板、刷隔离剂、绑钢筋→浇筑间隔桩混凝土→同法间隔重叠制作第二层桩→养护至70%强度起吊→养护至100%设计强度运输、打桩。

（1）桩的预制、起吊、运输与堆放

预制钢筋混凝土桩分实心桩和空腹桩，有钢筋混凝土桩和预应力钢筋混凝土桩。实心桩截面有三角形、圆形、矩形、六边形、八边形。空腹桩有空心正方形、空心三角形和空心圆形（即管桩）。

1）桩的制作

预制桩的制作有并列法、间隔法、重叠法和翻模法等方法。预应力混凝土管桩一般由工厂用离心旋转法制作。

2）桩的起吊、运输

预制桩应在混凝土达到设计强度的70%后方可起吊，达到设计强度的100%后才可运输和沉桩。如需提前吊运和沉桩，则必须采取措施并经承载力和抗裂度验算合格后方可进行。

钢管桩在运输过程中，应防止桩体撞击而造成桩端、桩体损坏或弯曲。

3）桩的堆放

桩运到工地现场后，应按不同规格将桩分别堆放，以免沉桩时错用；堆放桩的场地应靠近沉桩地点，地面必须平整坚实，设有排水坡度；多层堆放时，各层桩间应置放垫木，垫木的间距可根据吊点位置确定，并应上下对齐，位于同一垂直线上。堆放桩最多4层。

（2）沉桩前的准备工作

为使桩基施工能顺利地进行，沉桩前应根据设计图纸要求、现场水文地质情况和施工方案，做好以下施工准备工作。包括：清除障碍物、平整场地、进行沉桩试验、抄平放线、定桩位、确定沉桩顺序。

（3）沉桩

预制桩按沉桩设备和沉桩方法，可分为锤击沉桩、振动沉桩、静力压桩和射水沉桩等数种。

1）锤击沉桩

锤击沉桩又称打桩。它是利用打桩设备的冲击动能将桩打入土中的一种方法。

打桩设备主要包括桩锤、桩架和动力装置三部分。

桩的沉设工艺流程：吊桩就位→打桩。

打桩宜采用"重锤低击"。

打桩质量评定包括两个方面：一是能否满足设计规定的贯入度或标高的要求；二是桩打入后的偏差是否在施工规范允许的范围以内。

2）静力压桩

静力压桩是利用桩机本身产生的静压力将预制桩分节压入土中的一种沉桩方法。具有施工时无噪声、无振动，施工迅速简便，沉桩速度快等优点。

静力压桩的施工程序：测量定位→压桩机就位→吊桩、插桩→桩身对中调直→静压沉桩→接桩→再静压沉桩→终止压桩→切割桩头→检查验收→转移桩机。

静力压桩施工前的准备工作，桩的制作、起吊、运输、堆放、施工流水、测量放线和定位等均同锤击沉桩法。

3）水冲沉桩

水冲沉桩是在待沉桩身两对称旁侧，插入两根用卡具与桩身连接的平行射水管，管下端设喷嘴，沉桩时利用高压水，通过射水管喷嘴射水，冲刷桩尖下的土壤，使土松散而流动，减少桩身下沉的阻力。同时射入的水流大部分又沿桩身返回地面，因而减少了土壤与桩身间的摩擦力，使桩在自重或加重的作用下沉入土中。

（4）钢筋混凝土预制桩的连接

国内通常采用的连接方法有焊接、法兰盘螺栓连接和硫黄胶泥锚接。

（5）沉桩施工对环境影响及预防措施

打桩对周围环境的影响，除振动、噪声外，还有土体的变形、位移和形成超静孔隙水压力，它使土体原来所处的平衡状态破坏，对周围原有的建筑物和地下设施带来不利影响。为减少或预防沉桩对周围环境的有害影响，可采用下述措施：

1）减少和限制沉桩挤土影响的措施

①采用预钻孔打桩工艺；②合理安排沉桩顺序；③控制沉桩速率；④挖防振沟；⑤打设钢板桩等围护；⑥采用钢管桩。

2）减小孔隙水压力措施

①采用井点降水；②袋装砂井；③预钻排水孔；④预埋塑料板排水。

3）减少振动影响的措施

锤击沉桩，为减少振动波的产生，宜采用液压锤或用"重锤轻击"。为限制振动波的传播，可采用开挖防震沟来阻断沿地表层传播的地震波。为防止振动对地下敏感的地下管线等的影响，可在沉桩期间将地下管线等挖出暂时暴露在外，沉桩结束时再回土掩埋。

2. 灌注桩施工

混凝土灌注桩（简称灌注桩）是一种直接在现场桩位上使用机械或人工方法成孔，并在孔中灌注混凝土（或先在孔中吊放钢筋笼）而成的桩。所以灌注桩的施工过程主要有成孔和混凝土灌注两个施工序。

（1）泥浆护壁钻孔灌注桩施工工艺流程

场地平整→桩位放线→开挖浆池、浆沟→护筒埋设→钻机就位、孔位校正→成孔、泥浆循环、清除废浆、泥渣→清孔换浆→终孔验收→下钢筋笼和钢导管→浇筑水下混凝土→成桩。

（2）人工挖孔灌注桩

人工挖孔灌注桩是以硬土层作持力层、以端承力为主的一种基础形式，其直径可达 1~3.5m，如果桩底部再进行扩大，则称"大直径扩底灌注桩"。

人工挖孔桩施工机具设备可根据孔径、孔深和现场具体情况加以选用，常用的有：电动葫芦和提土桶、潜水泵、鼓风机和输风管、镐、锹和土筐、照明灯、对讲机及电铃等。

人工挖孔桩施工时，为确保挖土成孔施工安全，必须预防孔壁坍塌和流砂现象的发生。护壁方法很多，可以采用现浇混凝土护壁、喷射混凝土护壁、混凝土沉井护壁、砖砌体护壁、钢套管护壁、型钢、木板桩工具式护壁等多种。

现浇混凝土护壁时，人工挖孔桩的施工工艺流程如下：

放线定桩位→开挖桩孔土方→支设护壁模板→放置操作平台→浇筑护壁混凝土→拆除模板继续下段施工→排出孔底积水→浇筑桩身混凝土。

人工挖孔桩的要求：

（1）人工挖孔桩的孔径（不含护壁）不得小于 0.8m，当桩净距小于 2 倍桩径且小于 2.5m 时，应采用间隔开挖。

（2）人工挖孔桩混凝土护壁的厚度不宜小于 100mm，混凝土强度等级应符合设计要求且不宜低于 C15，采用多节护壁时，上下节护壁间宜用钢筋拉接。

（3）人工挖孔桩施工应采取下列安全措施：

1）孔内必须设置应急软爬梯；供人员上下井使用的电葫芦、吊笼等应安全可靠并配有自动卡紧保险装置，不得使用麻绳和尼龙绳吊挂或脚踏井壁凸缘上下。电葫芦宜用按钮式开关，使用前必须检验其安全起吊能力。

2）每日开工前必须检测井下的有毒有害气体，并应有足够的安全防护措施。桩孔开挖深度超过 10m 时，应有专门向井下送风的设备，风量不宜少于 25L/s。

3）孔口四周必须设置护栏，高度一般不低于 0.8m。

4）挖出的土石方应及时远离孔口，不得放在孔口周围 lm 范围内，机动车辆的通行不得对井壁的安全造成影响。

5.2 砌体工程

5.2.1 常见脚手架的搭设施工要点

脚手架是建筑施工中重要的临时设施，是在施工现场为安全防护、工作操作以及解决楼层间少量垂直和水平运输而搭设的支架。工人在地面或楼面上砌墙，当砌到 1.2m 高度后，必须搭设相应高度的脚手架，方能继续砌筑。

建筑工程施工用的脚手架种类很多，按材料分为竹、木、钢管脚手架；按平面搭设位置分为外脚手架、里脚手架；按用途分为操作脚手架、防护脚手架、承重脚手架和支撑脚手架。按构造分为多立杆式、门式、吊挂式、悬挑式、升降式以及工具式脚手架；按搭设高度分为高层脚手架和普通脚手架等。

对脚手架的基本要求是：构造合理、受力可靠和传力明确；能满足工人操作、材料堆置和运输的需要；搭拆简单，搬移方便，节约材料，能多次周转使用；与结构拉结可靠，局部稳定和整体稳定好。

外脚手架是沿建筑物的外围从地面搭起，既可用于外墙砌筑，又可用于外装饰施工的一种脚手架。其主要形式有多立杆式、门式和桥式等。其中多立杆式应用最广，门式次之。

多立柱式外脚手架主要有：扣件式钢管脚手架和碗扣式钢管脚手架两种形式。

（1）扣件式钢管脚手架

扣件式钢管脚手架的特点：杆配件数量少；装卸方便，利于施工操作；搭设灵活，搭设高度大；坚固耐用，使用方便，适应建筑物平立面的变化。但有一次性投资较大的缺点。

1）基本构造要求

扣件式脚手架是由标准的钢管杆件〔立杆、横杆（大、小横杆）、斜杆〕和特制扣件组成的脚手架骨架与脚手板、防护构件、连墙件等组成的。

① 扣件用于钢管之间的连接，其基本形式有三种，如图 5-8 所示。回转扣件，用于两根钢管成任意角度相交的连接；直角扣件，用于两根钢管成垂直相交的连接；对接扣件，用于两根钢管的对接连接。

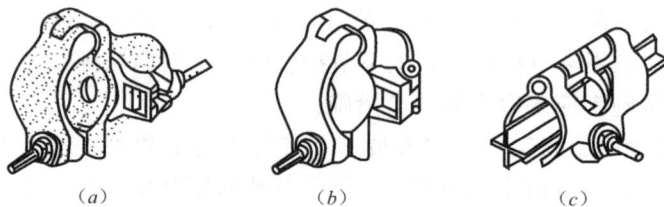

图 5-8　扣件形式
（a）回转扣件；（b）直角扣件；（c）对接扣件

② 支撑体系主要有纵向支撑（剪刀撑又称十字撑）、横向支撑（又称横向斜拉杆、之字撑）、水平支撑、抛撑和连墙杆。剪刀撑设置在脚手架外侧面、与外墙面平行的十字交叉斜杆，可增强脚手架的纵向刚度；横向支撑是设置在脚手架内、外排立杆之间的、呈之字形的斜杆，可增强脚手架的横向刚度。

支撑是为保证脚手架的整体刚度和稳定性，并提高脚手架的承载力而设置的；双排脚手架应设剪刀撑与横向支撑，单排脚手架应设剪刀撑。

2）主要搭设程序：安放扫地杆（贴近地面的大横杆）→逐根立立柱，随即与扫地杆扣紧→装扫地小横杆并与立杆或扫地杆扣紧→装第一步大横杆，随即与各立杆扣紧→装第一步小横杆→第二步大横杆→第二步小横杆→加抛撑（临用时，上端与第二步大横杆扣紧，在装设两道连墙杆后可拆除）→第三、四步大横杆和小横杆→接立杆→加设剪刀撑→铺脚手板。

3）安全要求

扣件式钢管脚手架搭设时应符合《建筑施工扣件式钢管脚手架安全技术规范》JGJ 130—2011 的相关要求。

纵向水平杆宜设置在立杆内侧，其长度不宜小于 3 跨；

主节点处必须设置一根横向水平杆，用直角扣件扣接且严禁拆除。主节点处两个直角扣件的中心距不应大于 150mm。

作业层应设置护身栏杆和挡脚板，栏杆高度一般为 1.2m；脚手板应铺满，铺稳，离开墙面 120～150mm。

脚手架必须设置纵、横向扫地杆。纵向扫地杆应采用直角扣件固定在距底座上皮不大于 200mm 处的立杆上。横向扫地杆应采用直角扣件固定在紧靠纵向扫地杆下方的立杆上。

立杆底部应设置底座或垫板。脚手架的基础应平整，具有足够的承载力和稳定性。脚手架立杆基础不在同一高度上时，必须将高处的纵向扫地杆向低处延长两跨与立杆固定，高低差不应大于 1m。脚手架立杆距坑、台的上边缘应不小于 1m。

立杆顶端宜高出女儿墙上皮 1m，高出檐口上皮 1.5m。应从底层第一步纵向水平杆处开始设置，当该处设置有困难时，应采用其他可靠措施固定。

开口型脚手架的两端必须设置连墙件，连墙件的垂直间距不应大于建筑物的层高，并不应大于 4m。

安全网的架设要随着楼层施工的增高而逐步上升，在高层施工中外侧应自下而上满挂密目式安全网。除此外还应在每隔 4～6 层的位置设置一道安全平网。

（2）其他类型脚手架

门式钢管脚手架由门架、交叉支撑、连接棒、锁臂、挂扣式脚手板或水平架等基本构、配件组成，我国使用的门式钢管脚手架多为三边门樘式，它由立杆、横杆、加强杆、短杆和锁销焊接组成。

1）门式钢管脚手架搭设程序：铺放垫木（板）→拉线、放底座→自一端起立门架并随即装剪刀撑→装水平梁架（或脚手板）→装梯子（需要时，装设通长的纵向水平杆）→装连墙杆→照上述步骤，逐层向上安装→装加强整体刚度的长剪刀撑→装设顶部栏杆。

2）悬挑式脚手架

简称"挑架"，它是搭设在建筑物外边缘外伸的悬挑结构上，将脚手架荷载全部或部分传递给建筑结构的脚手架，该形式的脚手架适用于高层建筑的施工。悬挑式脚手架的支撑结构必须具有足够的承载力、刚度和稳定性。

（3）吊挂式脚手架

它在主体结构施工阶段为外挂脚手架，随主体结构逐层向上施工，用塔吊吊升，悬挂在结构上。在装饰施工阶段，该脚手架改为从屋顶吊挂，逐层下降。该形式的脚手架适用于高层框架和剪力墙结构施工。

（4）升降式脚手架

简称"爬架"，它是将自身分为两大部件，分别依附固定在建筑结构上。在主体结构施工阶段，升降式脚手架利用自身带有的升降机构和升降动力设备，使两个部件互为利用，交替松开、固定，交替爬升，其爬升原理同爬升模板。在装饰施工阶段，交替下降。适用于高层框架、剪力墙和筒体结构的快速施工。

5.2.2 砖砌体施工工艺

1. 砖墙的组砌形式

砖砌体的组砌要求：上下错缝，内外搭接，以保证砌体的整体性。同时组砌要少砍砖，以提高砌筑效率，节约材料。

砖墙的组砌形式主要有以下几种（图 5-9）。

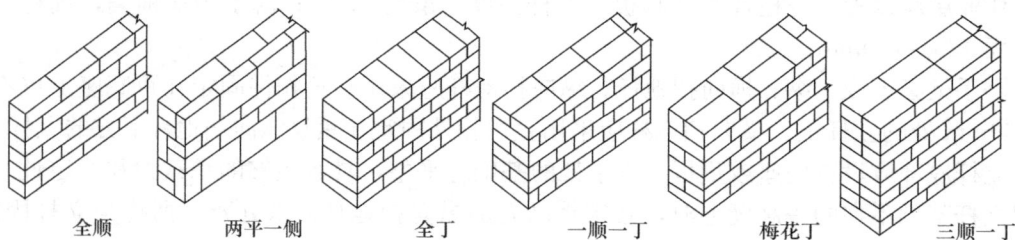

| 全顺 | 两平一侧 | 全丁 | 一顺一丁 | 梅花丁 | 三顺一丁 |

图 5-9　砌筑形式

2. 砌筑工艺

砌砖施工通常包括抄平、放线、摆砖样、立皮数杆、挂线、铺灰、砌砖等工序。如果是清水墙，则还要进行勾缝。

3. 砖砌体的砌筑方法

砖砌体的砌筑方法常用的有"三一"砌砖法、铺浆法。

"三一"砌砖法：即是一块砖、一铲灰、一揉压并随手将挤出的砂浆刮去的砌筑方法。铺浆砌筑时，铺浆长度不得超过 750mm，施工期间气温超过 30℃时，铺浆长度不得超过500mm。

4. 砖墙施工的技术要求

（1）砖墙的水平灰缝厚度和竖缝宽度一般为 10mm，但不小于 8mm，也不大于12mm。水平灰缝的砂浆饱满度不低于 80%，砂浆饱满度用百格网检查。竖向灰缝宜用挤浆或加浆方法，使其砂浆饱满，严禁用水冲浆灌缝。

（2）砖墙的转角处和交接处应同时砌筑。不能同时砌筑应砌成斜槎，斜槎水平投影的长度不应小于高度的 2/3。

非抗震设防及抗震设防烈度为 6 度、7 度地区，如临时间断处留斜槎确有困难，除转角处外，也可以留直槎，但必须做成阳槎，并加设拉结筋。拉结筋的数量为 120mm 墙厚和 240mm 墙厚放置 2φ6 拉结钢筋，此后每增加 120mm 墙厚增设 1φ6 拉结筋；拉结筋间距沿墙高不得超过 500mm。埋入长度从墙的留槎处算起，每边均不应小于 500mm；对抗震设防烈度为 6 度、7 度的地区，不应小于 1000mm；末端应有 90°弯钩。抗震设防地区建筑物的临时间断处不得留直槎（图 5-10）。

隔墙与墙或柱如不同时砌筑而又不留成斜槎时，可于墙或柱中引出阳槎，并于墙或柱的灰缝中预埋拉结筋（其构造与上述相同，但每道不得少于 2 根）。抗震设防地区建筑物的隔墙，除应留阳槎外，沿墙高每 500mm 配置 2φ6 钢筋与承重墙或柱拉结，伸入每边墙内的长度不应小于 500mm。

砖砌体接槎时，必须将接槎处的表面清理干净，浇水湿润，并应填实砂浆，保持灰缝平直。

（3）宽度小于 1m 的窗间墙，应选用整砖砌筑，半砖和破损的砖，应分散使用于墙心或受力较小部位。

（4）不得在下列墙体或部位留设脚手眼：①半砖墙和砖柱；②过梁上与过梁成 60°角

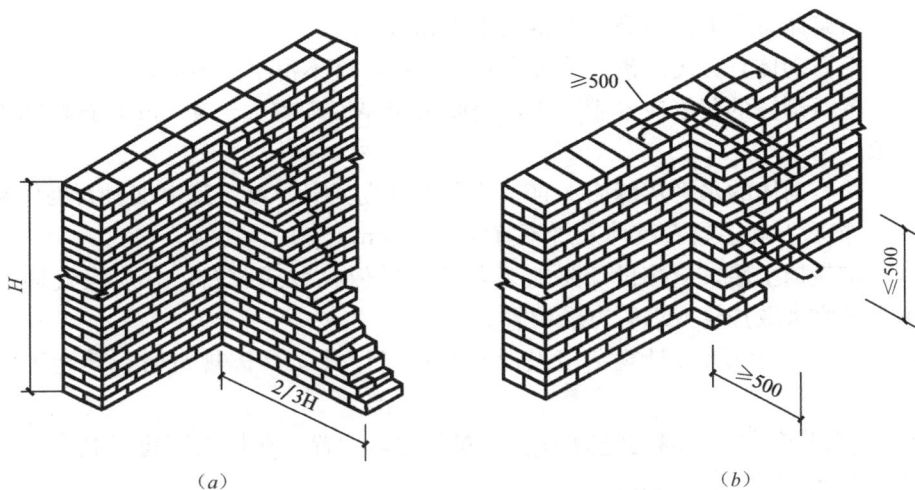

图 5-10　砖墙接槎示意图

(a) 斜槎砌筑示意图；(b) 直槎和拉接筋示意图

的三角形范围及过梁净跨度 1/2 的高度范围内；③宽度小于 1m 的窗间墙；④梁或梁垫下及其左右各 500mm 的范围内；⑤砖砌体的门窗洞口两侧 200mm（石砌体为 300mm）和转角处 450mm（石砌体为 600mm）的范围内。

（5）每层承重墙的最上一皮砖，在梁或梁垫的下面，应用丁砖砌筑。隔墙与填充墙的顶面与上层结构的接触处，宜用侧砖或立砖斜砌挤紧。

（6）设有钢筋混凝土构造柱的抗震多层砖房，应先绑扎钢筋，而后砌砖墙，最后浇筑混凝土。墙与柱应沿高度方向每 500mm 设 2φ6 钢筋（一砖墙），每边伸入墙内不应少于 1m。构造柱应与圈梁连接，砖墙应砌成马牙槎，每一马牙槎沿高度方向的尺寸不超过 300mm，马牙槎从每层柱脚开始，应先退后进。该层构造柱混凝土浇完之后，才能进行上一层的施工。

（7）砖墙每天砌筑高度以不超过 1.5m 为宜，雨期施工时，每天砌筑高度不宜超过 1.2m。

（8）砖砌体相邻工作段的高度差，不得超过楼层的高度，也不宜大于 4m。工作段的分段位置宜设在伸缩缝、沉降缝、防震缝或门窗洞口处。砌体临时间断处的高度差不得超过一步脚手架的高度。

（9）厚度 240mm 及以下墙体可单面挂线砌筑；厚度为 370mm 及以上的墙体宜双面挂线砌筑；夹心复合墙应双面挂线砌筑。

5.2.3　石砌体施工工艺

1. 砌筑工艺

通常包括抄平、放线、立皮数杆、试摆、挂线、砌筑、勾缝等工序。

2. 石砌体施工的技术要求

（1）石砌体的转角处和交接处应同时砌筑。对不能同时砌筑而又需留置的临时间断处，应砌成斜槎。

（2）石砌体应采用铺浆法砌筑，砂浆应饱满，叠砌面的粘灰面积应大于80%。

（3）石砌体每天的砌筑高度不得大于1.2m。

（4）毛石砌体宜分皮卧砌，错缝搭砌，搭接长度不得小于80mm。

（5）毛石砌体的灰缝应饱满密实，表面灰缝厚度不宜大于40mm，石块间不得有相互接触现象。

（6）料石砌体的水平灰缝应平直，竖向灰缝应宽窄一致，其中细料石砌体灰缝不宜大于5mm，粗料石和毛料石砌体灰缝不宜大于20mm。

（7）砌筑挡土墙，应按设计要求架立坡度样板收坡或收台，并应设置伸缩缝和泄水孔，泄水孔宜采取抽管或埋管方法留置。

（8）挡土墙必须按设计规定留设泄水孔；当设计无具体规定时，其施工应符合下列规定：

1）泄水孔应在挡土墙的竖向和水平方向均匀设置，在挡土墙每米高度范围内设置的泄水孔水平间距不应大于2m；

2）泄水孔直径不应小于50mm；

3）泄水孔与土体间应设置长宽不小于300mm、厚不小于200mm的卵石或碎石疏水层。

5.2.4　砌块砌体施工工艺

1. 砌块施工工艺

砌块施工的主要工序是铺灰、吊砌块就位、校正、灌缝和镶砖等。

2. 砌块施工的技术要求

（1）小砌块砌筑时的含水率，对普通混凝土小砌块，宜为自然含水率，当天气干燥炎热时，可提前浇水湿润；对轻骨料混凝土小砌块，宜提前1～2d浇水湿润。不得雨天施工，小砌块表面有浮水时，不得使用。

（2）当砌筑厚度大于190mm的小砌块墙体时，宜在墙体内外侧双面挂线。

（3）小砌块墙内不得混砌黏土砖或其他墙体材料。当需局部嵌砌时，应采用强度等级不低于C20的适宜尺寸的配套预制混凝土砌块。

（4）小砌块砌体应对孔错缝搭砌。

（5）小砌块砌体的水平灰缝厚度和竖向灰缝宽度宜为10mm，但不应小于8mm，也不应大于12mm，且灰缝应横平竖直。

（6）正常施工条件下，小砌块砌体每日砌筑高度宜控制在1.4m或一步脚手架高度内。

5.3　钢筋混凝土工程

5.3.1　常见模板的种类、特性及安拆施工要点

模板包括模板本身和支撑系统两部分。模板是保证混凝土在浇筑过程中保持正确的形状和尺寸，支撑系统是混凝土在硬化过程中承受模板和新浇混凝土的重量及施工荷载。因此模板和支撑必须符合下列要求：

① 保证工程结构和构件各部位形状尺寸和相互位置的正确；

② 承载能力、刚度和稳定性高，能可靠地承受新浇混凝土的自重和侧压力，以及其他施工荷载；

③ 构造简单、装拆方便，并便于钢筋的绑扎、安装和混凝土的浇筑、养护；

④ 模板的拼缝严密不应漏浆，并能多次周转使用。

1. 模板的种类

模板的种类很多，可按材料、结构类型和施工方法分类。

按材料分类可分为木模板、钢木模板、胶合板模板、竹胶板模板、钢模板、玻璃钢模板、铝合金模板、预应力薄板模板等。

按结构构件的类型可分为基础模板、柱模板、梁模板、楼板模板、楼梯模板、墙模板和各种构筑物模板等。

按施工方法可分为现场装拆式模板、固定式模板和移动式模板。

2. 各类模板的特点

（1）木材是一种传统的模板材料，其加工方便，能适应各种复杂形状模板的需要，但木模板周转率低，木材消耗多。

（2）定型组合钢模板的安装工效比木模高；组装灵活，通用性强；拆装方便，周转次数多；加工精度高，浇筑混凝土的质量好；完成后的混凝土尺寸准确、棱角整齐、表面光滑，可以节省装修用工。

（3）胶合板模板

模板用的木胶合板通常由 5、7、9、11 等奇数层单板（薄木片）经热压固化而胶合成型，相邻层的纹理方向相互垂直。胶合板能提高木材利用率，是节约木材的一个主要途径。木质建筑模板具有幅面大、拼缝少、自重轻、易加工、整体刚性好、浇筑成的混凝土表面光滑、使用寿命较长等特点。

（4）塑料与玻璃钢模板

塑料与玻璃钢用作模板材料，优点是质轻，易加工成小曲率的曲面模板；缺点是材料价格偏高，模板刚度小。塑料与玻璃钢模板主要用于现浇密肋楼板施工。

3. 模板的安拆施工要点

（1）模板安装的要求

模板及其承受结构的材料、质量，应符合规范规定和设计要求。安装现浇结构的上层模板及其支架时，下层楼板应具有承受上层荷载的承载能力，或加设支架；上、下层支架的立柱应对准，并铺设垫板。在涂刷模板隔离剂时，不得沾污钢筋和混凝土接槎处。用作模板的地坪、胎膜等应平整光洁，不得产生影响构件质量的下沉、裂缝、起砂或起鼓；对跨度不小于 4m 的现浇钢筋混凝土梁、板模板应按设计要求起拱；当设计无具体要求时，起拱高度宜为跨度的 1/1000～3/1000；固定在模板上的预埋件、预留孔和预留洞均不得遗漏，且应安装牢固。应满足下列要求：

1）模板的接缝不应漏浆；在浇筑混凝土前，木模板应浇水湿润，但模板内不应有积水；

2）模板与混凝土的接触面应清理干净并涂刷隔离剂，但不得采用影响结构性能或妨碍装饰工程施工的隔离剂；

3）浇筑混凝土前，模板内的杂物应清理干净；

4）对清水混凝土工程及装饰混凝土工程，应使用能达到设计效果的模板。

（2）模板拆除的规定

混凝土结构模板的拆除日期取决于结构的性质、模板的用途和混凝土硬化速度，及时拆模，可提高模板的周转；过早拆模，过早承受荷载会产生变形甚至会造成重大质量事故。

非承重模板（如侧板），应在混凝土强度能保证其表面及棱角不因拆除模板而受损坏时，方可拆除；承重模板应在达到规定的强度时方可拆除（表5-8）。拆模时如发现混凝土质量问题时应暂停拆除，经过处理后方可继续。

现浇结构单层模板支撑拆模时的混凝土强度要求　　　　　　　　表 5-8

构件类型	构件跨度（m）	按达到设计的混凝土立体抗压强度标准值的百分率计（%）
板	≤2	≥50
	>2，≤8	≥75
	>8	≥100
梁、拱、壳	≤8	≥75
	>8	≥100
悬臂构件	—	≥100

拆模程序一般应是后支的先拆，先拆除非承重部分，后拆除承重部分。安装与拆除5m以上的模板，应搭脚手架，并设防护栏，防止上下在同一垂直面操作。

拆除框架结构模板的顺序：首先是柱模板，然后是楼板底板，梁侧模板，最后梁底模板；拆除跨度较大的梁下支柱时，应先从跨中开始，分别拆向两端。

5.3.2　钢筋工程施工工艺

普通混凝土结构用的钢筋可分为两类，热轧钢筋和冷加工钢筋（冷轧带肋钢筋、冷轧钢筋、冷拔螺旋钢筋等），热轧钢筋的强度等级按照屈服强度（MPa）分为 HPB300 级、HRB335 级、HRB400 级和 HRB500 级。

钢筋工程的施工过程一般可以简单分为原材料检验、加工、安装三大工序。钢筋加工包括钢筋的冷拉、冷拔、调直、除锈、钢筋配料、切断、弯曲成形、连接，钢筋安装包括钢筋的绑扎、固定、现场连接。

1. 钢筋检验

钢筋进场时，都应检查出厂质量证明或试验报告单，每捆（盘）钢筋均应有标牌。进场时应按批号及直径分批验收。验收的内容包括查对标牌、外观检查，并按有关标准的规定抽取试样作力学性能试验，合格后方可使用。

2. 钢筋配料单

钢筋配料单是根据配筋图中钢筋的品种、规格及外形尺寸进行编号并计算其下料长度和需用数量汇总的表格，编制钢筋配料单时，首先，要确定钢筋的品种、规格、长度、形状、数量；其次，要合理安排钢筋的接头位置，符合规范要求的同时，做到节约钢筋原材料和简化生产操作的效果。

3. 钢筋加工

钢筋加工主要包括除锈、调直、切断和弯折。

（1）钢筋调直

钢筋调直宜采用机械方法，钢筋调直切断机具有自动调直、定位切断、除锈、清垢等多种功能。

（2）钢筋切断

钢筋下料时须按计算的下料长度切断。钢筋切断可采用钢筋切断机或手动切断器。

（3）钢筋弯折

1）钢筋弯钩和弯折的一般规定

受力钢筋。HPB300 级钢筋末端应作 180°弯钩。

箍筋。除焊接封闭环式箍筋外，箍筋的末端应作弯钩。

2）钢筋弯曲

钢筋弯曲的工作内容：划线，钢筋弯曲成型。

4. 钢筋连接

钢筋连接，应按结构要求、施工条件及经济性等，选用合适的接头。钢筋连接的方式很多，常用的钢筋接头形式主要有以下几类：

绑扎连接——绑扎搭接接头；

焊接连接——闪光对焊接头、电弧焊接头、电渣压力焊接头、气压焊接头等；

机械连接——挤压套筒接头、直螺纹套筒接头等。

（1）钢筋接头位置的一般要求。

钢筋的接头宜设置在受力较小处。接头末端至钢筋弯起点的距离不应小于钢筋直径的10 倍。同一纵向受力钢筋不宜设置两个或两个以上接头。

1）当受力钢筋采用机械连接接头或焊接接头时，设置在同一构件内的接头宜相互错开。同一连接区段内，纵向受力钢筋的接头面积百分率应符合设计要求；当设计无具体要求时，应符合下列规定：

① 在受拉区不宜大于 50%；

② 接头不宜设置在有抗震设防要求的框架梁端、柱端的箍筋加密区；当无法避开时，对等强度高质量机械连接接头，不应大于 50%；

③ 直接承受动力荷载的结构构件中，不宜采用焊接接头；当采用机械连接接头时，不应大于 50%。

2）同一连接区段内，纵向受拉钢筋搭接接头面积百分率应符合设计要求；当设计无具体要求时，应符合下列规定：

① 对梁类、板类及墙类构件，不宜大于 25%；

② 对柱类构件，不宜大于 50%；

③ 当工程中确有必要增大接头面积百分率时，对梁类构件，不应大于 50%；对其他构件，可根据实际情况放宽。

（2）电渣压力焊

钢筋电渣压力焊施工简便、节能节材、质量好、成本低、生产率高，而获得广泛应用。钢筋电渣压力焊主要适用于现浇钢筋混凝土结构中竖向或斜向（倾斜度在 4∶1 范围内）钢筋的连接。

电渣压力焊施工工艺流程：

检查设备、电源→钢筋端头制备→选择焊接参数→安装焊接夹具和钢筋→安放铁丝圈→安放焊剂罐、填装焊剂→试焊、做试件→确定焊接参数→施焊→回收焊剂→卸下夹具→质量检查。

钢筋电渣压力焊的主要参数包括：焊接电流、渣池电压、焊接通电时间、钢筋熔化量和顶锻压力。

（3）钢筋电阻点焊

电阻点焊主要用于钢筋的交叉连接，如用来焊接钢筋网片、钢筋骨架等。与手工绑扎比较具有质量高、节约材料，降低劳动强度的优点，并可提高劳动生产率近3倍，在预制钢筋网片应用广泛，施工现场应用较少。

（4）闪光对焊

将两根钢筋端部对在一起并焊接牢固的方法称为对焊，完成这种焊接的设备称为对焊机。对焊机属于塑性压力焊接设备，它是利用电能转化为热能，将对接的钢筋端头部位加热到接近熔化的高温状态，并施加一定的压力实行顶锻而达到连接的一种工艺。对焊适用于水平钢筋的加工。

（5）钢筋直螺纹套筒接头

用专用套丝机，把钢筋的连接端加工成螺纹，通过连接套筒按规定的力矩值把两钢筋端头与套筒拧紧，形成对接接头，利用螺纹的机械啮合力传递拉力或压力。滚轧直螺纹接头可分为"剥肋"、"直滚"两种。钢筋螺纹连接适用于直径为 16～40mm。HRB335，HRB400 级钢筋的同径、异径连接。具有工艺简单、施工速度快、无明火作业、不受气候影响、受工人影响小等优点。

钢筋直螺纹套筒连接施工工艺：钢筋就位→拧下钢筋保护帽和套筒保护帽→接头拧紧→作标记→质量检验。

（6）钢筋挤压套筒接头

钢筋挤压套筒有轴向挤压和径向挤压两种方式，现常用径向挤压。

连接工艺的基本原理是：将两根待接钢筋端头插入钢套筒，用液压压接钳径向挤压套筒，使之产生塑性变形与带肋钢筋紧密咬合，由此产生摩擦力和抗剪力来传递钢筋连接处的轴向荷载。

钢筋挤压套筒接头适用于直径 18～50mm 的 HRB335、HRB400 钢筋，操作净距大于50mm 的各种场合。

（7）钢筋安装与检查

钢筋安装总要求为：受力钢筋的品种、级别、规格和数量必须符合设计要求。此外，钢筋位置要准确，固定要牢靠，接头要符合规定。

钢筋安装完毕后，应主要检查钢筋的牌号、直径、根数、间距等是否正确，特别是负弯矩钢筋的位置是否正确，还应检查钢筋接头和保护层等是否符合要求。钢筋工程属隐蔽工程，在浇筑混凝土前，对钢筋安装进行验收，做好隐蔽工程记录。

（8）钢筋代换

在钢筋配料中如遇有钢筋品种或规格与设计要求不符，需要代换时，可参照以下原则进行钢筋代换。

1）等强度代换：不同种类的钢筋代换，按抗拉强度值相等的原则进行代换；

2) 等面积代换：相同种类和级别的钢筋代换，应按面积相等的原则进行代换。

5.3.3　混凝土工程施工工艺

混凝土施工的工艺流程一般为：搅拌→运输、泵送与布料→浇筑、振捣和表面抹压→养护。

1. 混凝土搅拌

（1）混凝土搅拌机选择

混凝土制备的方法，除工程量很小且分散用人工拌制外，皆应采用机械搅拌。混凝土搅拌机按其搅拌原理分为自落式和强制式两类。

自落式搅拌机适于现场搅拌少量零星的塑性混凝土或低流动性混凝土。

强制式搅拌机适于搅拌干硬性混凝土和轻骨料混凝土。

（2）搅拌制度的确定

主要是投料顺序的确定，其目的是提高搅拌质量，减少叶片、衬板的磨损，减少拌合物与搅拌筒的粘结，减少水泥飞扬等。主要的投料顺序有：

1）一次投料法。这是目前最普遍采用的方法。它是将砂、石、水泥和水一起同时加入搅拌筒中进行搅拌，为了减少水泥的飞扬和水泥的粘罐现象，对自落式搅拌机常采用的投料顺序是将水泥夹在石、砂之间，最后加水搅拌，也就是先投石子，再投水泥，最后加入砂子。

2）二次投料法。它又分为预拌水泥砂浆法和预拌水泥净浆法。

预拌水泥砂浆法是先将水泥、砂和水加入搅拌筒内进行充分搅拌，成为均匀的水泥砂浆后，再加入石子搅拌成均匀的混凝土。

预拌水泥净浆法是先将水泥和水充分搅拌成均匀的水泥净浆后，再加入砂和石搅拌成混凝土。

（3）搅拌时间

搅拌时间是指从原材料全部投入搅拌筒时起，至开始卸料时为止所经历的时间。

搅拌时间是影响混凝土质量及搅拌机生产率的重要因素之一。混凝土质量的搅拌时间最多不宜超过表 5-9 规定的最短时间的三倍。轻骨料及掺有外加剂的混凝土均应适当延长搅拌时间。

混凝土搅拌的最短时间（s）　　　　　　　　　　表 5-9

混凝土坍落度（mm）	搅拌机类型	搅拌机出料容积（L）		
		<250	250~500	>500
≤30	自落式	90	120	150
	强制式	60	90	120
>30	自落式	90	90	120
	强制式	60	60	90

注：掺有外加剂时，搅拌时间应适当延长。

2. 混凝土的运输

混凝土运输分为地面运输、垂直运输和楼面运输三种情况。

1）在混凝土运输过程中，应控制混凝土运至浇筑地点后，不离析、不分层，组成成分不发生变化，并能保证施工所必需的稠度。混凝土运送至浇筑地点，如混凝土拌合物出现离析或分层现象，应进行二次搅拌。

2) 运送混凝土的容器和管道，应不吸水、不漏浆，并保证卸料及输送通畅。容器和管道在冬期应有保温措施，夏季最高气温超过 40℃时，应有隔热措施。混凝土拌合物运至浇筑地点时的温度，最高不超过 35℃，入模温度不低于 5℃。

3) 混凝土拌合物应以最少的转运次数和最短的时间运到浇筑现场，混凝土从搅拌机卸出到浇筑完毕的时间不宜超过表 5-10 的规定，使混凝土在初凝之前能有充分时间进行浇筑和捣实。

4) 泵送混凝土工艺对混凝土的配合比和材料有较严格的要求：碎石最大粒径与输送管内径之比宜为 1：3，卵石可为 1：2.5；砂宜用中砂；水泥用量每立方米混凝土中最小水泥用量为 300kg；水灰比宜为 0.4～0.6。用混凝土泵浇筑的结构物，要加强养护，防止因水泥用量较大而引起开裂。如混凝土浇筑速度快，对模板的侧压力大，模板和支撑应保证稳定和有足够的强度。

混凝土从搅拌机卸出到浇筑完毕的延续时间　　　　　　　　　表 5-10

气　温	延续时间（min）			
	采用搅拌车		采用其他运输设备	
	≤C30	＞C30	≤C30	＞C30
≤25°	120	90	90	75
＞25°	90	60	60	45

注：掺有外加剂或采用快硬水泥时延续时间应通过试验确定。

3. 混凝土的浇筑与捣实

混凝土的浇筑工作包括布料、摊平、捣实和抹面修整等工序。它对混凝土的密实性和耐久性，结构的整体性和外形的正确性等都有重要影响。浇筑前应检查模板、支架、钢筋和预埋件的正确位置，并进行验收。

（1）浇筑要求

1) 防止离析——混凝土拌合物自由倾落高度过大，粗骨料在重力作用下下落速度较砂浆快，形成混凝土离析；为此，当粗骨料直径大于 25mm 时，混凝土倾落自由高度不应超过 2m，在竖向结构中限制自由倾落高度不宜超过 3m，否则应用串筒、斜槽、溜管等下料。

2) 分层灌注，分层捣实——前层混凝土凝结前，将次层混凝土浇筑完毕，以保证混凝土整体性。

3) 正确留置施工缝

混凝土结构大多要求整体浇筑，如因技术或组织上的原因，混凝土不能连续浇筑，且停顿时间有可能超过混凝土的初凝时间，则应预先确定在适当位置留置施工缝。

施工缝的留置位置要求：

由于混凝土的抗拉强度约为其抗压强度的 1/10，因而施工缝是结构中的薄弱环节，宜留在结构剪力较小的部位，同时要方便施工；柱子宜留在基础顶面，梁的下面（图 5-11），和板连成整体的大截面梁应留在板底面以下 20～30mm 处；单向板应留在平板短边的任何位置；有主次梁的楼盖宜顺着次梁方向浇筑，施工缝应留在次梁跨度的中间 1/3 长度范围内（图 5-12）。

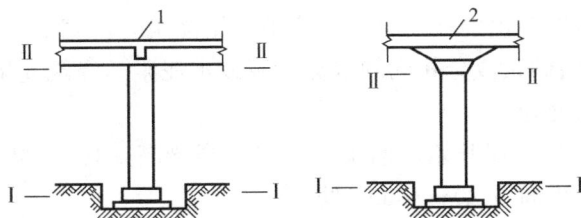

图 5-11 浇筑柱的施工缝位置图
Ⅰ—Ⅰ、Ⅱ—Ⅱ—施工缝位置
1—肋形板；2—无梁板

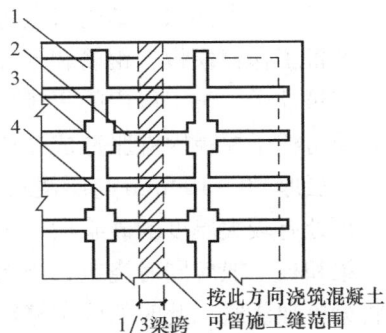

图 5-12 浇筑有主次梁楼板的
施工缝位置图
1—楼板；2—次梁；3—柱；4—主梁

施工缝的处理办法：

在施工缝处应除掉水泥浮浆和松动石子，并用水冲洗干净，待已浇筑混凝土强度不低于 1.2MPa 时才允许继续浇筑；要求先凿掉已凝固的混凝土表面的松弱层，并凿毛，用水湿润并冲洗干净，在结合面铺抹一层水泥浆或与混凝土砂浆成分相同的砂浆；在重新浇筑混凝土过程中，施工缝处应仔细捣实，使新旧混凝土结合牢固。

4）后浇带的设置

后浇带是为在现浇钢筋混凝土过程中，克服由于温度收缩而可能产生有害裂缝而设置的临时施工缝。该缝需根据设计要求保留一段时间后再浇筑，将整个结构连成整体。

后浇带的设置距离，应考虑在有效降低温差和收缩应力条件下，通过计算来确定。在正常的施工条件下，一般规定是：如混凝土置于室内和土中，则为 30m；如在露天，则为 20m。

后浇带的保留时间应根据设计确定，若设计无要求时，一般应至少保留 28d 以上。后浇带的宽度一般为 700～1000mm，后浇带内的钢筋应完好保存。其构造见图 5-13。

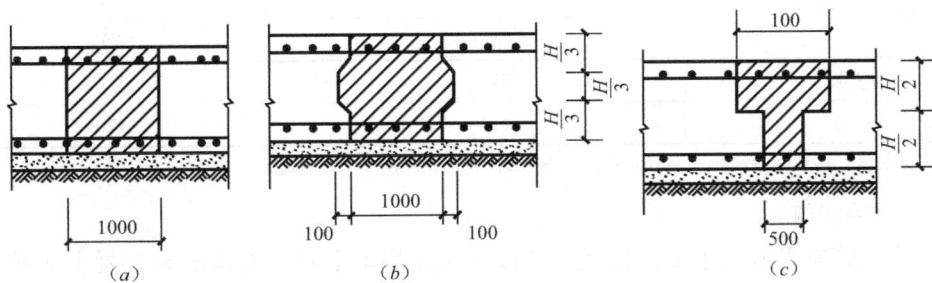

图 5-13 后浇带构造图
（a）平接式；（b）企口式；（c）台阶式

后浇带在浇筑混凝土前，必须将整个混凝土表面按照施工缝的要求进行处理。填充后浇带混凝土可采用微膨胀或无收缩水泥，也可采用普通水泥加入相应的外加剂拌制，但必须要求混凝土的强度等级比原结构强度提高一级，并保持至少 15d 的湿润养护。

（2）浇筑方法

1）多层钢筋混凝土框架结构的浇筑

划分施工层和施工段：施工层一般按结构层划分；施工层如何划分施工段，则要考虑工序数量、技术要求、结构特点等。

准备工作：模板、钢筋和预埋管线的检查；浇筑用脚手架、走道的搭设和安全检查。

浇筑柱子：施工段内的每排柱子应由外向内对称地依次浇筑，不要由一端向一端推进，预防柱子模板因湿胀造成受推倾斜而误差积累难以纠正。柱子开始浇筑时，底部应先浇筑一层厚50～100mm与所浇筑混凝土内砂浆成分相同的水泥砂浆或水泥浆。浇筑完毕，如柱顶处有较大厚度的砂浆层，则应加以处理。

梁和板一般应同时浇筑，顺次梁方向从一端开始向前推进。只有当梁高≥1m时才允许将梁单独浇筑，此时的施工缝留在楼板板面下20～30mm处。

为保证捣实质量，混凝土应分层浇筑，每层厚度见表5-11；连续浇筑的全部时间不得超过表5-12的要求。

混凝土浇筑层厚度（mm）　　　　　　　　　　　　　表5-11

捣实混凝土的方法		浇筑层厚度
插入式振捣		振捣器作用部分长度的1.25倍
表面振动		200
人工捣固	在基础、无筋混凝土或钢筋稀疏的结构中	250
	在梁、墙板、柱结构中	200
	在配筋密列的结构中	150
轻骨料混凝土	插入式振捣	300
	表面振动（振动时需加荷）	200
泵送混凝土	一般结构	300～500
	水平结构厚度超过500mm	按斜面坡度1∶6～1∶10

混凝土运输、浇筑和间歇的允许时间（min）　　　　　　表5-12

混凝土强度等级	气温	
	≥25℃	<25℃
≤C30	210	180
>C30	180	150

注：当混凝土中掺有促凝或缓凝型外加剂时，其允许时间应根据试验结构确定。

2）剪力墙浇筑

剪力墙浇筑应采取长条流水作业，分段浇筑，均匀上升。墙体浇筑混凝土前或新浇混凝土与下层混凝土结合处，应在底面上均匀浇筑50mm厚与墙体混凝土成分相同的水泥砂浆或细石混凝土。砂浆或混凝土应用铁锹入模，不应用料斗直接灌入模内，混凝土应分层浇筑振捣，每层浇筑厚度控制在600mm左右，浇筑墙体混凝土应连续进行。墙体混凝土的施工缝一般宜设在门窗洞口上，接槎处混凝土应加强振捣，保证接槎严密。

墙体浇筑振捣完毕后，将上口甩出的钢筋加以整理，用木抹子按标高线将墙上表面混凝土找平。

混凝土浇捣过程中，不可随意挪动钢筋，要经常检查钢筋保护层厚度及所有预埋件的牢固程度和位置的准确性。

3）大体积混凝土的浇筑

大体积混凝土结构整体性要求较高，一般不允许留设施工缝，要求一次连续浇筑完毕。另外，大体积混凝土结构浇筑后水泥的水化热量大，由于体积大，水化热聚集在内部不易散发，混凝土内部温度显著升高，而表面散热较快，这样形成较大的内外温差，内部产生压应力，而表面产生拉应力，如温差过大则易在混凝土表面产生裂纹。在混凝土内部逐渐散热冷却（混凝土内部降温）产生收缩时，由于受到基底或已浇筑的混凝土的约束，混凝土内部将产生很大的拉应力，当拉应力超过混凝土的极限抗拉强度时，混凝土会产生裂缝，这些裂缝会贯穿整个混凝土结构，由此带来严重的危害。大体积混凝土结构的浇筑，都应设法避免上述两种裂缝，尤其是后一种裂缝。

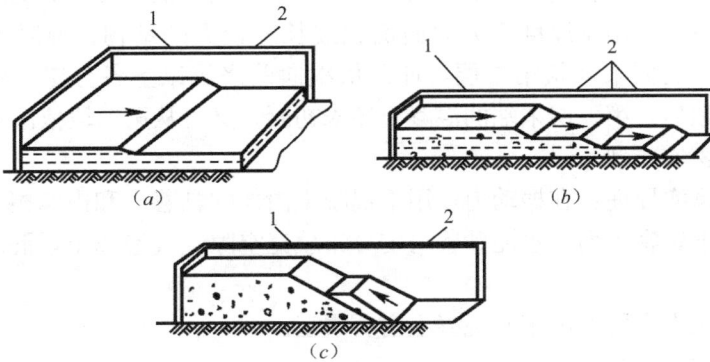

图 5-14 大体积混凝土浇筑方案
(a) 全面分层；(b) 分段分层；(c) 斜面分层
1—模板；2—新浇筑的混凝土

为了防止大体积混凝土浇筑后产生温度裂缝，就必须采取措施降低混凝土的温度应力，减少浇筑后混凝土的内外温差（不宜超过 25℃）。为此，应优先选用水化热低的水泥，降低水泥用量，掺入适量的掺合料，降低浇筑速度和减小浇筑层厚度，或采取人工降温措施。必要时，在经过计算和取得设计单位同意后可留施工缝而分段分层浇筑。具体措施如下：

1）应优先选用水化热较低的水泥，如矿渣水泥、火山灰质水泥或粉煤灰水泥。

2）在保证混凝土基本性能要求的前提下，尽量减少水泥用量，在混凝土中掺入适量的矿物掺和料，采用 60d 或 90d 的强度代替 28d 的强度控制混凝土配合比。

3）尽量降低混凝土的用水量。

4）在结构内部埋设管道或预留孔道（如混凝土大坝内），混凝土养护期间采取灌水（水冷）或通风（风冷）排出内部热量。

5）尽量降低混凝土的入模温度，一般要求混凝土的入模温度不宜超过 28℃，可以用冰水冲洗骨料，在气温较低时浇筑混凝土。

6）在大体积混凝土浇筑时，适当掺加一定的毛石块。

7）在冬期施工时，混凝土表面要采取保温措施，减缓混凝土表面热量的散失，减小混凝土内外温差。

8）在混凝土中掺加缓凝剂，适当控制混凝土的浇筑速度和每个浇筑层的厚度，以便在混凝土浇筑过程中释放部分水化热。

9）尽量减小混凝土所受的外部约束力，如模板、地基面要平整，或在地基面设置可以滑动的附加层。如要保证混凝土的整体性，则要保证每一浇筑层在前一层混凝土初凝前覆盖并捣实成整体。

全面分层方案，是在第一层全面浇筑完毕回来浇筑第二层时，第一层浇筑的混凝土还未初凝，如此逐层进行直至浇筑完毕。这种方案适用于结构的平面尺寸不太大，施工时从短边开始、沿长边进行较适宜。必要时亦可分为两段，从中间向两端或从两端向中间同时进行。

斜面分层方案，要求斜面的坡度不大于1/3，适用于结构的长度超过厚度的3倍的情况。振捣工作应从浇筑层斜面的下端开始，逐渐上移，以保证混凝土的浇筑质量。

分段分层方案，适用于厚度不太大而面积或长度较大的结构。混凝土从底层开始浇筑，进行一定距离后回来浇筑第二层，如此依次向前浇筑以上各分层。由于总的层数不多，所以浇筑到顶后，第一层末端的混凝土还未初凝，又可从第二段依次分层浇筑。

（3）混凝土密实成型

混凝土振动密实原理：在振动力作用下混凝土内部的黏着力和内摩擦力显著减少，骨料在其自重作用下紧密排列，水泥砂浆均匀分布填充空隙，气泡逸出，混凝土填满了模板并形成密实体积。

人工捣实是用人力的冲击来使混凝土密实成型。

机械捣实的方法主要有：

① 内部振动器（插入式振动器），多用于振实现浇基础、梁、柱、墙、厚板和大体积混凝土结构等。

② 表面振动器（平板式振动器），适用于捣实楼板、地面、板形构件和薄壳等薄壁结构。

③ 外部振动器（附着式振动器），适用于振捣断面小、钢筋密以及不宜使用内部振动器的结构构件，如薄腹梁、墙体等。

④ 振动台是支撑在弹性支座上的工作平台，在平台下装有振动机械，是混凝土预制厂中的固定生产设备，用于振实预制构件。

4. 混凝土的养护

混凝土养护是为混凝土的水泥水化、凝固提供必要的条件，包括时间、温度、湿度三个方面，保证混凝土在规定的时间内获取预期的性能指标。混凝土浇捣后，之所以能逐渐凝结硬化，是因为水泥水化作用的结果，而水化作用则需要适当的温度和湿度条件。混凝土养护的方法有自然养护和人工养护两大类。

1）自然养护——指在自然气温条件下（大于+5℃），对混凝土采取覆盖、浇水湿润、挡风、保温等养护措施，使混凝土在规定的时间内有适宜的温湿条件进行硬化。自然养护又可分为覆盖浇水养护和薄膜布养护、薄膜养生液养护等。

混凝土养护期间，混凝土强度未达到 $1.2N/mm^2$ 前，不允许在上面走动。

当最高气温低于25℃时，混凝土浇筑完后应在6～12h内加以覆盖和浇水；最高气温高于25℃时，应在3～6h内开始养护。

洒水养护时间长短取决于水泥品种和结构的功能要求，普通硅酸盐水泥和矿渣硅酸盐水泥拌制的混凝土，不少于7d；掺有缓凝型外加剂或有抗渗要求的混凝土不少于14d。浇水次数应使混凝土保持具有足够的湿润状态。

2）人工养护——指人工控制混凝土的温度和湿度，使混凝土强度增长，如蒸汽养护、热水养护、太阳能养护等。

5.4 钢结构工程

5.4.1 钢结构的连接方法

1. 焊接施工

焊接是钢结构使用最主要的连接方法之一。在钢结构制作和安装领域中，电弧焊广泛使用。电弧焊又以药皮焊条手工焊条、自动埋弧焊、半自动与自动 CO_2 气体保护焊为主。

（1）定位点焊　焊接结构在拼接、组装时要确定零件的准确位置，要先进行定位点焊。定位点焊的长度、厚度应由计算确定。电流要比正式焊接提高 $10\%\sim15\%$，定位点焊的位置应尽量避开构件的端部、边角等应力集中的地方。

（2）焊前预热　预热可降低热影响区冷却速度，防止焊接延迟裂纹的产生。预热区在焊缝两侧，每侧宽度均应大于焊件厚度的 1.5 倍以上，且不应小于 100mm。

（3）焊接顺序确定　一般从焊件的中心开始向四周扩展；先焊收缩量大的焊缝，后焊收缩小的焊缝；尽量对称施焊；焊缝相交时，先焊纵向焊缝，待冷却至常温后，再焊横向焊缝；钢板较厚时分层施焊。

2. 普通螺栓连接施工

钢结构普通螺栓连接即将螺栓、螺母、垫圈机械地和连接件连接在一起形成的一种连接方式。

3. 高强度螺栓连接施工

高强度螺栓连接是目前与焊接并举的钢结构主要连接方法之一。其特点是施工方便、可拆可换、传力均匀、接头刚性好，承载能力大，疲劳强度高，螺母不易松动，结构安全可靠。高强度螺栓从外形上可分为大六角头高强度螺栓（即扭矩形高强度螺栓）和扭剪型高强度螺栓两种。高强度螺栓和与之配套的螺母、垫圈总称为高强度螺栓连接副。

（1）安装高强度螺栓时接头摩擦面上不允许有毛刺、铁屑、油污、焊接飞溅物。摩擦面应干燥，没有结露、积霜、积雪，并不得在雨天进行安装。

（2）安装工艺

1）一个接头上的高强度螺栓连接，应从螺栓群中部开始安装，向四周扩展，逐个拧紧。扭矩型高强度螺栓的初拧、复拧、终拧，每完成一次应涂上相应的颜色或标记，以防漏拧。

2）接头如有高强度螺栓连接又有焊接连接时，宜按先栓后焊的方式施工，先终拧完高强度螺栓再焊接焊缝。

3）高强度螺栓应自由穿入螺栓孔内，当板层发生错孔时，允许用铰刀扩孔。严禁使用气割进行高强度螺栓孔的扩孔。

4）一个接头多个高强度螺栓穿入方向应一致。垫圈有倒角的一侧应朝向螺栓头和螺母，螺母有圆台的一面应朝向垫圈，螺母和垫圈不应装反。

5）高强度螺栓连接副在终拧以后，螺栓丝扣外露应为2～3扣，其中允许有10%的螺栓丝扣外露1扣或4扣。

5.4.2 钢结构安装施工工艺

对于单层钢结构、多层钢结构、地下钢结构的主体结构，及其他次要钢构件、非标准钢构件等安装工程，其安装工艺流程如下：

安装准备→钢结构安装→连接与固定→检查验收→除锈涂装。

（1）构件安装的基本要求

1）安装柱时，每节柱的定位轴线应从地面控制轴线直接引上，不得从下层柱的轴线引上；

2）钢梁宜采用两点起吊；

3）交叉支撑宜按从下到上的顺序组合吊装；

4）桁架（屋架）安装应在钢柱校正合格后进行。

（2）油漆涂装基本要求

1）涂装环境温度无规定时，宜为5～38℃，相对湿度不应大于85%；

2）涂装应避免在强烈阳光照射下施工，遇雨、雾、雪、强风天气应停止露天涂装；

3）涂装后4h内应采取保护措施，避免淋雨和沙尘侵袭；

4）风力超过五级时，室外不宜喷涂作业。

5.5 防 水 工 程

5.5.1 水泥砂浆防水工程施工工艺

水泥砂浆防水层是通过严格的操作技术或掺入适量的防水剂、高分子聚合物等材料，提高砂浆的密实性，达到抗渗防水的目的。

1. 施工工艺流程

墙、地面基层处理→刷水泥素浆→抹底层砂浆→刷水泥素浆→抹面层砂浆→刷水泥砂浆→养护。

2. 施工要求

（1）水泥砂浆防水层适用于地下工程主体结构的迎水面或背水面。不适用于受持续振动或环境温度高于80℃的地下工程。

（2）水泥砂浆防水层应采用聚合物水泥防水砂浆、掺外加剂或掺合料的防水砂浆。

（3）水泥砂浆防水层所用的材料应符合下列规定：

1）水泥应使用普通硅酸盐水泥、硅酸盐水泥或特种水泥，不得使用过期或受潮结块的水泥；

2）砂宜采用中砂，含泥量不应大于1%，硫化物和硫酸盐含量不得大于1%；

3）用于拌制水泥砂浆的水应采用不含有害物质的洁净水；

4）聚合物乳液的外观为均匀液体，无杂质、无沉淀、不分层；

5）外加剂的技术性能应符合国家或行业有关标准的质量要求；

6）拌制聚合物水泥防水砂浆的用水量应包含乳液中的含水量；

（4）水泥砂浆防水层施工应符合下列规定：

1）水泥砂浆的配制、应按所掺材料的技术要求准确计量；

2）分层铺抹或喷涂，铺抹时应压实、抹平，最后一层表面应提浆压光；

3）防水层各层应紧密粘合，每层宜连续施工；必须留设施工缝时，应采用阶梯坡形槎，但与阴阳角的距离不得小于200mm；

4）水泥砂浆终凝后应及时进行养护，养护温度不宜低于5℃，并应保持砂浆表面湿润，养护时间不得少于14d。聚合物水泥防水砂浆未达到硬化状态时，不得浇水养护或直接受雨水冲刷，硬化后应采用干湿交替的养护方法。潮湿环境中，可在自然条件下养护；

5）水泥砂浆防水层的平均厚度应符合设计要求，最小厚度不得小于设计值的85%。

5.5.2　防水涂料防水工程施工工艺

防水涂料是一种在常温下呈黏稠状液体的高分子合成材料。涂刷在基层表面后，经过溶剂的挥发或水分的蒸发或各组分间的化学反应，形成坚韧的防水膜，起到防水、防潮的作用。涂膜防水层完整、无接缝，自重轻，施工简单、方便、工效高，易于修补，使用寿命长。

1. 施工工艺流程

基层表面清理、修整→喷涂基层处理剂（底涂料）→特殊部位附加增强处理涂布防水涂料及铺贴胎体增强材料→清理与检查修整→保护层施工。

2. 地下防水工程施工

（1）有机防水涂料应采用反应型、水乳型、聚合物水泥等涂料；无机防水涂料应采用掺外加剂、掺合料的水泥基防水涂料或水泥基渗透结晶型防水涂料。有机防水涂料宜用于主体结构的迎水面，无机防水涂料宜用于主体结构的迎水面或背水面。

（2）涂料防水层的施工应符合下列规定：

1）涂料应分层涂刷或喷涂，涂层应均匀，涂刷应待前遍涂层干燥成膜后进行；每遍涂刷时应交替改变涂层的涂刷方向，同层涂膜的先后搭压宽度宜为30～50mm；

2）涂料防水层的甩槎处接缝宽度不应小于100mm，接涂前应将其甩槎表面处理干净；

3）采用有机防水涂料时，基层阴阳角处应做成圆弧；在转角处、变形缝、施工缝、穿墙管等部位应增加胎体增强材料和增涂防水涂料，宽度不应小于50mm；

4）防水涂料宜采用外防外涂或外防内涂；

5）胎体增强材料的搭接宽度不应小于100mm，上下两层和相邻两幅胎体的接缝应错开1/3幅宽，且上下两层胎体不得相互垂直铺贴；

6）涂料防水层的平均厚度应符合设计要求，最小厚度不得低于设计厚度的90%。

（3）涂料防水层完工并经验收合格后应及时做保护层。保护层应符合下列规定：

1）顶板的细石混凝土保护层与防水层之间宜设置隔离层。细石混凝土保护层厚度：机械回填时不宜小于70mm，人工回填时不宜小于50mm；

2）底板的细石混凝土保护层厚度不应小于50mm；

3）侧墙宜采用软质保护材料或铺抹20mm厚1：2.5水泥砂浆。

（4）涂料防水层严禁在雨天、雾天、五级及以上大风时施工，不得在施工环境温度低于5℃及高于35℃或烈日暴晒时施工。涂膜固化前如有降雨可能时，应及时做好已完涂层的保护工作。

3. 屋面防水施工

（1）涂膜防水层的施工也应按"先高后低，先远后近，先立面后平面"的原则进行。遇高低跨屋面时，一般先涂布高跨屋面，后涂布低跨屋面；相同高度屋面，要合理安排施工段，先涂布距上料点远的部位，后涂布近处；同一屋面上，先涂布排水较集中的水落口、天沟、檐沟、檐口等节点部位，做好细部处理，再进行大面积涂布。

涂层应厚薄均匀，表面平整，待前遍涂层干燥后，再涂刷后遍。

涂料和卷材同时使用时，卷材和涂膜的接缝应顺水流方向，搭接宽度不得小于100mm。

（2）涂膜间夹铺胎体增强材料时，宜边涂布边铺胎体；胎体应铺贴平整，应排除气泡，并应与涂料粘结牢固。在胎体上涂布涂料时，应使涂料浸透胎体，并应覆盖完全，不得有胎体外露现象。最上面的涂膜厚度不应小于1.0mm。

（3）在涂膜防水层实干前，不得在其上进行其他施工作业。涂膜防水层上不得直接堆放物品。

（4）涂膜防水层的施工环境温度应符合下列规定：

1）水乳型及反应型涂料宜为5～35℃；

2）溶剂型涂料宜为-5～35℃；

3）热熔型涂料不宜低于-10℃；

4）聚合物水泥涂料宜为5～35℃。

（5）每道涂膜防水层最小厚度应符合表5-13的规定。

每道涂膜防水层最小厚度（mm）　　　　　　　　　　　　　表5-13

防水等级	合成高分子防水涂膜	聚合物水泥防水涂膜	高聚物改性沥青防水涂膜
Ⅰ级	1.5	1.5	2.0
Ⅱ级	2.0	2.0	3.0

（6）涂膜防水层与基层应粘结牢固，表面平整，涂刷均匀，无流淌、皱折、鼓泡、露胎体和翘边等缺陷。

涂料防水层上的撒布材料或浅色涂料保护层应铺撒或涂刷均匀，粘结牢固；水泥砂浆、块体或细石混凝土保护层与涂料防水层间应设置隔离层；刚性保护层的分格缝留置应符合设计要求。

5.5.3　卷材防水工程施工工艺

1. 地下防水工程施工

卷材防水层适用于受侵蚀性介质作用，或受振动作用的地下工程需防水的结构。

卷材防水层用于建筑物地下室时，应铺设在结构底板垫层至墙体防水设防高度的结构基面上；用于单建式的地下工程时，应从结构底板垫层铺设至顶板基面，并应在外围形成封闭的防水层。

卷材防水层应铺设在混凝土结构主体的迎水面上。铺贴卷材的基层应洁净、平整、坚实、牢固，阴阳角呈圆弧形或45°坡脚；在阴阳角等特殊部位，应做卷材加强层，加强层宽度宜为300～500mm。

卷材防水层严禁在雨天、雪天，以及五级风以上的条件下施工。冷粘法施工温度不宜低于+5℃；热熔法施工温度不宜低于-10℃。

地下防水工程一般把卷材防水层设置在建筑结构的外侧，称为外防水。外防水有两种设置方法，即"外防外贴法"和"外防内贴法"。

（1）外防外贴法

在大面积铺贴卷材之前，应先在转角处粘贴一层卷材附加层，然后进行大面积铺贴，先铺平面、后铺立面。在垫层和永久性保护墙上应将卷材防水层空铺，而在临时保护墙（或模板）上应将卷材防水层临时贴附，并分层临时固定在其顶端；

当不设保护墙时，从底面折向立面的卷材的接槎部位应采取可靠的保护措施；

主体结构完成后，铺贴立面卷材时，应先将接槎部位的各层卷材揭开，并将其表面清理干净，如卷材有局部损伤，应及时进行修补。卷材接槎的搭接长度，高聚物改性沥青卷材为150mm，合成高分子卷材为100mm。当使用两层卷材时，卷材应错槎接缝，上层卷材应盖过下层卷材。

（2）外防内贴法

在已施工好的混凝土垫层上砌筑永久保护墙，保护墙全部砌好后，用1:3水泥砂浆在垫层和永久保护墙上抹找平层，然后铺贴卷材。

找平层干燥后即涂刷冷底子油或基层处理剂，干燥后方可铺贴卷材防水层，铺贴时应先铺立面、后铺平面；铺贴立面时，先铺转角、后铺大面。在全部转角处应铺贴卷材附加层，附加层可为两层同类油毡或一层抗拉强度较高的卷材，并应仔细粘贴紧密。

卷材防水层铺完经验收合格后即应做好保护层。顶板卷材防水层上的细石混凝土保护层机械碾压回填时，厚度不应小于70mm；底板卷材防水层上的细石混凝土保护层厚度不应小于50mm；侧墙卷材防水层宜采用软质保护材料或铺抹20mm厚1:2.5水泥砂浆层。

2. 屋面防水施工

卷材防水屋面适用于防水等级为Ⅰ～Ⅱ级的屋面防水。卷材防水层应采用高聚物改性沥青防水卷材、合成高分子防水卷材或沥青防水卷材。

各种防水材料及制品均应符合设计要求，具有质量合格证明，进场前应按规范要求进行抽样复检，严禁使用不合格产品。

屋面工程施工应遵照"按图施工、材料检验、工序检查、过程控制、质量验收"的原则。

屋面防水工程应根据建筑物的类别、重要程度、使用功能要求确定防水等级，并应按相应等级进行防水设防；对防水有特殊要求的建筑屋面，应进行专项防水设计。屋面防水等级和设防要求应符合表5-14的规定。但混凝土结构层、Ⅰ型喷涂硬泡聚氨酯保护层、装饰瓦及不搭接瓦、隔汽层、细石混凝土等情况不得作为屋面的一道防水设防。

屋面防水等级和设防要求 表5-14

防水等级	建筑类别	设防要求
Ⅰ级	重要建筑和高层建筑	两道防水设防
Ⅱ级	一般建筑	一道防水设防

（1）卷材施工工艺流程

基层清理→落水口等细部密封处理→涂刷基层处理剂→细部附加层铺设→定位、弹线试铺→从天沟或落水口开始铺贴→收头固定密封→检查修理→蓄水试验→保护层。

（2）施工的一般要求

1）基层处理剂可采用喷涂法或涂刷法施工。待前一遍喷、涂干燥后方可进行后一遍喷、涂或铺贴卷材。喷、涂基层处理剂前，应用毛刷对屋面节点、周边、拐角等处先行涂刷。

2）屋面防水层施工时，应先做好节点、附加层和屋面排水比较集中部位的处理，然后由屋面最低标高处向上施工。铺贴多跨和有高低跨的屋面时，应按先高后低、先远后近的顺序进行。

3）在坡度大于25％的屋面上采用卷材做防水层时，应采取固定措施。卷材铺设方向应符合下列规定，当屋面坡度小于3％时，卷材宜平行于屋脊铺贴；屋面坡度在3％～15％时，卷材可平行或垂直屋脊铺贴；当屋面坡度大于15％或屋面受振动时，沥青防水卷材应垂直屋脊铺贴，高聚物改性沥青防水卷材和合成高分子防水卷材可平行或垂直屋脊铺贴。上下层卷材不得相互垂直铺贴。

4）铺贴卷材采用搭接法时，上下层及相邻两幅卷材搭接缝应错开。平行于屋脊的搭接缝应顺水流方向搭接；垂直于屋脊的搭接缝应顺最大频率风向搭接。各种卷材的搭接宽度应符合表5-15的要求。

卷材搭接宽度 表5-15

搭接方向			短边搭接宽度（mm）		长边搭接宽度（mm）	
铺贴方法			满粘法	空铺法 点粘法 条粘法	满粘法	空铺法 点粘法 条粘法
卷材种类	沥青防水卷材		100	150	70	100
	高聚物改性沥青防水卷材		80	100	80	100
	合成高分子 防水卷材	胶粘剂	80	100	80	100
		胶粘带	50	60	50	60
		单缝焊	60，有效焊接宽度不小于25			
		双缝焊	80，有效焊接宽度10×2＋空腔宽			

5）卷材防水层不得有渗漏或积水现象。施工完成后要进行雨后或淋水、蓄水检验。

6）卷材防水层的搭接应粘（焊）结牢固，密封严密，不得有皱折、翘边和鼓泡缺陷；防水层的收头应与基层粘结并固定牢固，缝口封严，不得翘边。

7）卷材防水层的撒布材料和浅色涂料保护层应铺撒或涂刷均匀，粘结牢固；水泥砂浆、块体或细石混凝土保护层与卷材防水层间应设置隔离层；刚性保护层的分格缝留置应符合设计要求。

8）屋面的排汽道应纵横贯通，不得堵塞。排汽管应安装牢固，位置正确，封闭严密。

5.6 装饰装修工程

5.6.1 楼地面工程施工工艺

楼地面的基本构造层次为面层、基层。面层主要作用是满足使用要求，直接受外界各种因素的作用。基层是指面层以下的各构造层，其主要作用是承担面层传来的荷载，并满足找平、结合、防水、防潮、隔声、弹性、保温隔热、管线敷设等功能的要求。

楼地面按面层结构可分为整体面层、板块面层、木竹面层。

1. 整体面层施工

整体面层可以通过加工处理获得丰富的装饰效果。主要包括水泥混凝土（含细石混凝土）面层、水泥砂浆面层、水磨石面层、硬化耐磨面层、防油渗面层、不发火（防爆的）面层、自流平面层、涂料面层、塑胶面层、地面辐射供暖的整体面层等。

铺设整体面层时，水泥类基层的抗压强度不得小于 1.2MPa；表面应粗糙、洁净、湿润并不得有积水。铺设前宜涂刷界面处理剂。硬化耐磨面层、自流平面层的基层处理应符合设计及产品的要求。

（1）水泥混凝土面层

1）施工工艺流程

基层处理→设置分割缝→设置灰饼和冲筋→刷结合层→搅拌混凝土→铺混凝土面层→搓平→机械压光→养护。

2）工艺要求

基层处理：清除基层表面的灰尘，铲掉基层上的浆皮、落地灰，清刷油污等杂物。修补基层达到要求，提前 1～2d 浇水湿透，可有效避免面层空鼓。

贴灰饼和冲筋：根据房间内四周墙上弹的水平标高控制线抹灰饼，控制面层厚度符合设计要求，且不应小于 40mm，灰饼上平面即为楼地面上标高。如果房间较大，为保证整体面层平整度，必须拉水平线冲筋，宽度与灰饼宽度相同，用木抹子拍成与灰饼上表面相平一致。

刷结合层：在铺设面层前，宜涂刷界面剂处理或涂刷水灰比为 0.4～0.5 的水泥浆一层，且随刷随铺，一定将基层表面的水分清除，切忌采用在基层上浇水后洒干水泥的方法。

铺混凝土面层：在铺设和振捣混凝土时，要防止破坏灰饼和冲筋。涂刷水泥浆结合层之后，紧跟着铺混凝土，简单找平后，用表面振动器振捣密实；然后用刮尺以灰饼或冲筋为基准找平，以控制面层厚度。

当施工间歇超过规定的允许时间后，在继续浇筑时应对已凝结的混凝土接槎处进行处理。

搓平压光：刮平后，立即用木抹子将面层在水泥初凝前搓平压实，以内向外退着操作，并随时用 2mm 靠尺检查其平整度，偏差不应大于 5mm；初凝后，边角处用铁抹子分三遍压光，大面积采用地面压光机压光，由于机械压光压力较大，较人工而言，需稍硬一点，必须掌握好间隔时间，过早，容易挠动面层造成空鼓；过晚，达不到压光效果，另外，采用 C15 混凝土时，可采用随捣随抹的方法，要在压光前加适量的 1∶2 或 1∶2.5 的水泥砂浆干料。混凝土面层应在水泥初凝前完成抹平工作、水泥终凝前完成压光工作。

面层养护：混凝土面层浇捣完毕后，应在 12h 内加以覆盖和浇水，养护初期最好为喷水养护，后期可以浇水或覆盖，通常浇水次数以保持混凝土具有足够湿润状态为准。也可采用覆盖塑料布或盖细砂等方法保水养护。当混凝土抗压强度达到设计要求后方可正常使用，并注意后期的成品保护，确保面层的完整和不被污染。

（2）水磨石面层

1）施工工艺流程

基层处理→抹底、中层灰→弹线，贴镶嵌条→抹面层石子浆→水磨面层→涂草酸磨洗→打蜡上光。

2）工艺要求

水磨石面层厚度除特殊要求外，宜为12～18mm。

水磨石面层宜在水泥砂浆结合层的抗压强度达到1.2N/mm²后方可进行。

普通水磨石面层磨光遍数不应少于三遍，高级水磨石面层的厚度和磨光遍数应按设计要求而确定。

水磨石面层磨光后，在涂草酸和上蜡前，其表面不得污染。

面层表面应光滑；无明显裂纹、砂眼和磨纹；石粒密实，显露均匀；颜色图案一致，不混色；分格条牢固、顺直和清晰。

面层与下一层结合应牢固，且应无空鼓、裂纹。

2. 板块面层施工

板块面层主要包括砖面层、大理石面层和花岗石面层、预制板块面层、料石面层、塑料板面层、活动地板面层、金属板面层、地毯面层、地面辐射供暖的板块面层。此类地面属于刚性地面，只能铺在整体性和刚性均好的基层上。

铺设板块面层时，水泥类基层的抗压强度不得小于1.2MPa。

铺设缸砖、水泥花砖、陶瓷地砖、陶瓷锦砖、大理石、花岗石、料石和水泥混凝土板块、水磨石板等板块面层的结合层和填缝材料采用水泥砂浆时，在面层铺设完成后，其表面应覆盖、湿润，在常温条件下养护时间不应少于7d。

（1）砖面层施工工艺流程

处理、润湿基层→弹线、定位→打灰饼、做冲筋→铺结合层砂浆→挂控制线→铺贴地砖→敲击至平整→处理砖缝→清洁、养护。

铺设砖面层下的基层表面要求坚实、平整，不允许有施工质量通病现象，并应清扫干净。

铺面砖应紧密、坚实，砂浆要饱满。严格控制面层的标高，并注意检测泛水。

砖面层铺贴24h内，根据各类砖面层的要求，分别进行擦缝、勾缝或压缝工作。缝的深度宜为砖厚度的1/3，擦缝和勾缝应采用同品种、同强度等级、同颜色的水泥。同时应随做随即清理面层的水泥，并做好砖面层的养护和保护工作。

在面层铺设或填缝后，表面应覆盖，保湿，其养护时间不应少于7d。

（2）大理石与花岗石面层施工工艺流程

基层清理→弹线→试拼、试铺→板块浸水→扫浆→铺水泥砂浆结合层→铺板→灌缝、擦缝→上蜡养护。

板材有裂缝、掉角、翘曲和表面有缺陷时应予剔除，品种不同的板材不得混杂使用。

铺设大理石、花岗石面层前，板材应浸湿、晾干；结合层与板材应分段同时铺设。

大理石和花岗石板材在铺砌前，应先对色、拼花并编号。

大理石和花岗石板材之间，接缝严密，其缝隙宽度不应大于1mm或按设计要求。

面层铺砌后1～2d内进行灌浆擦缝。灌浆1～2h后，用棉丝团蘸原稀水泥浆擦缝，与板面擦平，同时将板面上水泥浆擦净。

面层铺砌完后，其表面应进行养护并加以保护。待结合层（含灌缝）的水泥砂浆强度达到要求后，方可进行打蜡，以达到光滑洁亮。

3. 木、竹面层施工

木、竹面层包括实木地板面层、实木集成地板面层、竹地板面层、实木复合地板面层、浸渍纸层压木质地板面层、软木类地板面层、地面辐射供暖的木板面层等。

（1）实铺式双层木板楼地面施工工艺流程

弹好格栅安装位置线及水平线→装木龙骨、剪刀撑→铺设毛地板→找平、刨平→铺设木地板→找平、刨光、打磨→钉踢脚板→油漆。

实木地板面层采用条材和块材实木地板或采用拼花实木地板，以空铺或实铺方式在基层上铺设。

铺设实木地板、实木集成地板、竹地板面层时，其木搁栅的截面尺寸、间距和稳固方法等均应符合设计要求。木搁栅固定时，不得损坏基层和预埋管线。木搁栅应垫实钉牢，与柱、墙之间留出 20mm 的缝隙，表面应平直，其间距不宜大于 300mm。

垫层地板铺设时，木材髓心应向上，其板间缝隙不应大于 3mm，与墙之间应留 8～12mm 空隙，表面应刨平。

实木地板、实木集成地板、竹地板面层铺设时，相邻板材接头位置应错开不小于 300mm；与柱、墙之间应留 8～12mm 缝隙。

木搁栅、垫木和垫层地板等应做防腐、防蛀处理。采用实木制作的踢脚线，背面应抽槽并做防腐处理。

实木地板、实木集成地板面层应刨平、磨光，无明显刨痕和毛刺等现象；图案应清晰、颜色应均匀一致。

面层缝隙应严密；接头位置应错开，表面应平整、洁净。

面层采用粘、钉工艺时，接缝应对齐，粘、钉应严密；缝隙宽度应均匀一致；表面应洁净，无溢胶现象。

（2）中密度（强化）复合木地板楼地面施工工艺流程

基层处理→弹线、找平→铺垫层→试铺预排→铺地板→铺踢脚板→清洁。

中密度（强化）复合地板面层的材料以及面层下的板或衬垫等材质应符合设计要求，并采用具有商品检验合格证的产品，其技术等级及质量要求均应符合国家现行标准的规定。

中密度（强化）复合地板面层铺设时，相邻条板端头应错开不小于 300mm 距离；衬垫层及面层与墙之间应留不小于 10mm 空隙。

5.6.2 一般抹灰工程施工工艺

1. 抹灰的组成

抹灰层一般 2～3 层，底层与基体粘结牢固并初步找平，采用 1∶（2.5～3）水泥砂浆、1∶1∶6 混合砂浆，一般 10～15 厚；中层的作用是找平，减少龟裂，是保证质量的关键层，抹灰材料同底层，一般 5～12 厚。

面层起装饰作用，主要满足防水和装饰面要求，3～5 厚。

抹灰应采用分层、分遍涂抹，以使粘结牢固，并能起到找平和保证质量的作用。

2. 一般抹灰施工

一般抹灰是指用石灰砂浆、水泥混合砂浆、水泥砂浆、聚合物水泥砂浆、粉刷石膏等材料的抹灰。

一般抹灰按质量要求分为普通抹灰和高级抹灰二个等级。

普通抹灰为一道底层和一道面层或一道底层、一道中层和一道面层，要求表面光滑、洁净、接槎平整、分格缝应清晰。

高级抹灰为一道底层、数层中层和一道面层组成。要求表面光滑、洁净、颜色均匀无抹纹、分格缝和灰线应清晰美观。

抹灰层与基层之间及各抹灰层之间必须粘结牢固，抹灰层应无脱层、空鼓，面层应无爆灰和裂缝。

（1）基层处理：不同材质基面不同处理

砖石、混凝土等基体的表面，应将灰尘、污垢和油渍等清除干净，并洒水湿润。

平整光滑的混凝土表面，如果设计中无要求时，可不进行抹灰，用刮腻子的方法处理。如果设计要求抹灰时，必须凿毛处理后，才能进行抹灰施工。

木结构与砖结构或混凝土结构相接处的抹灰基层，应铺设金属网，搭接宽度从缝边起每边应不小于100mm，然后再进行抹灰。

预制钢筋混凝土楼板顶棚，抹灰前应剔除灌缝混凝土凸出部分及杂物，然后用刷子蘸水把表面残渣和浮灰清理干净，刷掺水10％的108胶水泥浆一道，再用1：0.3：3的水泥混合砂浆勾缝。

墙上的脚手眼、管道穿越的墙洞和楼板洞应填嵌密实，散热器和密集管道等背后的墙面抹灰，宜在散热器和管道安装前进行。

门窗框与墙连接处缝隙应填嵌密实，可采用1：3的水泥砂浆或1：1：6的水泥混合砂浆分层嵌塞。

（2）内墙抹灰施工工艺流程是：基底处理→吊垂直、套方、找规矩、做灰饼→抹水泥踢脚（或墙裙）→做护角→抹水泥窗台→墙面冲筋→抹底层灰→抹中层灰→修抹预留孔洞、配电箱、槽、盒→抹罩面灰。

（3）顶棚抹灰施工工艺流程是：基底处理→找规矩→抹底层灰→抹中层灰→抹罩面灰。

（4）外墙抹灰施工工艺流程是：基底处理→找规矩→挂线、做标志块→做标筋→抹底层灰→抹中层灰→弹线粘贴分格条→抹罩面灰→勾缝。

3. 一般抹灰工程的质量验收

（1）主控项目

① 抹灰前基层表面的尘土、污垢、油渍等应清除干净，并应洒水润湿。

② 一般抹灰材料的品种和性能应符合设计要求。水泥凝结时间和安定性应合格。砂浆的配合比应符合设计要求。

③ 抹灰层与基层之间的各抹灰层之间必须粘结牢固，抹灰层无脱层、空鼓，面层应无爆灰和裂缝。

（2）一般项目

① 一般抹灰工程的表面质量应符合下列规定：

普通抹灰表面应光滑、洁净，接槎平整，分格缝应清晰。

高级抹灰表面应光滑、洁净，颜色均匀、无抹纹，分格缝和灰线应清晰美观。

② 护角、孔洞、槽、盒周围的抹灰应整齐、光滑，管道后面抹灰表面平整。

③ 抹灰总厚度应符合设计要求，水泥砂浆不得抹在石灰砂浆上，罩面石膏灰不得抹在水泥砂浆层上。

④ 一般抹灰工程质量的允许偏差和检验方法应符合表 5-16 的规定。

一般抹灰的允许偏差和检验方法   表 5-16

项次	项　目	允许偏差（mm）		检验方法
		普通	高级	
1	立面垂直度	3	2	用 2m 垂直检测尺检查
2	表面平整度	3	2	用 2m 靠尺和塞尺检查
3	阴阳角方正	3	2	用直角检测尺检测
4	分隔条（缝）直线度	3	2	拉 5m 线，不足 5m 拉通线，用钢直尺检查
5	墙裙、勒脚上口直线	3	2	拉 5m 线，不足 5m 拉通线，用钢直尺检查

5.6.3 门窗工程施工工艺

1. 木门窗的制作与安装

（1）木门窗的制作工艺流程：配料→裁料→刨料→划线→凿眼→倒棱→裁口→开榫→断肩→组装→加楔→净面→油漆→安装玻璃。

（2）安装门窗框有先立口和后塞口两种方法。

（3）安装门窗扇前，要检查门窗框上、中、下三部分风缝是否一样宽，如果相差超过 2mm，就必须修整。另外要核对门窗扇的开启方向，并做记号。

2. 铝合金门窗的制作与安装

（1）铝合金门窗的制作工艺流程：选料→下料→钻孔→门窗框组装→门窗扇组装。

（2）铝合金门窗的安装的工艺流程：门窗框安装→填塞缝隙→门窗扇安装→玻璃安装→打胶清理。

3. 塑料门窗的制作与安装

（1）塑料门窗的制作工艺流程：型材切割→铣排水槽→安装衬筋→安装密封条→型材焊接→焊角清理→五金配件的安装。

（2）塑料门窗的安装工艺流程：连接件固定→门窗框安装固定→门窗扇安装。

门窗安装时，所有小五金必须用木螺丝固定安装，严禁用钉子代替。

5.6.4 涂饰工程施工工艺

涂饰工程施工应按"基层处理、底涂层、中涂层、面涂层"的顺序进行，并应符合下列规定：

（1）涂饰材料应干燥后方可进行下一道工序施工；

（2）涂饰材料应涂饰均匀，各层涂饰材料应结合牢固；

（3）旧墙面重新复涂时，应对不同基层进行不同处理。

涂饰施工温度，对于水性产品，环境温度和基层温度应保证在 5℃以上，对于溶剂型产品，应遵照产品使用要求的温度范围；施工时空气相对湿度宜小于 85%，当大雾、大风、下雨时，应停止户外工程施工。

涂饰施工时应符合现行国家标准《涂装作业安全规程 涂漆工艺安全及其通风净化》GB 6514 和《涂装作业安全规程 安全管理通则》GB 7691 的规定。对于有涂饰材料飞散或溶剂挥发对人体产生有害影响时，操作人员应采取劳动保护措施。

1. 涂饰工程的基层处理应符合下列规定：

（1）基层应牢固不开裂、不掉粉、不起砂、不空鼓、无剥离、无石灰爆裂点和无附着力不良的旧涂层等。

（2）基层应表面平整、立面垂直、阴阳角方正和无缺棱掉角，分格缝应深浅一致且横平竖直；允许偏差应符合现行国家标准《建筑装饰装修工程质量验收规范》GB 50210 的规定，且表面应平而不光；

（3）基层应清洁：表面无灰尘、无浮浆、无油迹、无锈斑、无霉点、无盐类析出物等；

（4）基层应干燥：涂刷溶剂型涂料时，基层含水率不得大于 8%，涂刷水性涂料时，基层含水率不得大于 10%；

（5）基层 pH 不得大于 10。

2. 安全施工要求

（1）高空作业超过 2m 应按规定搭设脚手架。施工前要进行检查是否牢固。

（2）施工现场严禁设油漆材料仓库，场外的油漆仓库应有足够的消防设施。

（3）油漆使用后，应及时封闭存放，废料应及时清出室内，施工时室内应保持良好通风，但不宜过堂风。

（4）施工现场应有严禁烟火的安全措施，现场应设专职安全员监督确保施工现场无明火。

（5）涂刷作业时操作工人应佩戴相应的保护设施，如防毒面具、口罩、手套等，以免危害人肺、皮肤等。

第6章 施工测量的基本知识

6.1 标高、直线、水平等的测量

测量是研究如何测定地面点的位置，将地球表面的各种地物、地貌及其他信息测绘成图，以及确定地球形状和大小的一门科学。

测量工作的基本任务是确定地面或空间的位置。为了确定该点的位置，就必须有一个与它相对应的参考面，这个参考面就是测量工作的基准面——大地水准面。

任何一个静止的液体表面都叫作水准面，水准面是受地球重力影响而形成的，是一个处处与重力方向垂直的连续曲面，并且是一个重力场的等位面，重力的方向线称为铅垂线，水准面处处与铅垂线垂直，水准面和铅垂线是测量工作所依据的基准面和基准线。地球是一个极其不规则的旋转球体近似于椭球。因此，人们设想有一个静止的海水面向陆地延伸由此形成一个包围的封闭曲面，这个曲面称为大地水准面，由于受潮汐及风浪影响，海水面时高时低，所以取平均海水面作为大地水准面，大地水准面所包围的形体称为大地体，大地体就代表了地球的形状和大小。

地面点的位置用坐标和高程来表示，表示地面点位置的坐标有大地坐标、高斯平面坐标、平面直角坐标。高斯平面直角坐标，是以中央子午线和赤道投影后的交点 O 作为坐标原点，以中央子午线的投影为纵坐标轴 x，规定 x 轴向北为正；以赤道的投影为横坐标轴 y，规定 y 轴向东为正。而高程则有绝对高程和相对高程。地面点沿铅垂线方向至大地水准面的距离称为绝对高程，亦称为海拔。我国规定，黄海平均海水面作为大地水准面，黄海平均海水面的位置，是青岛大港验潮站对潮汐观测井的水位进行长期观测而确定的。地面点沿铅垂线方向至任意水准面的距离称为该点的相对高程，亦称为假定高程和标高。

在同一高程系统中，两个地面间的高程之差称为高差，以符号 h 表示，如图 6-1 所示，A、B 两点间的高差为 $h_{AB} = H_B - H_A$。

当测区范围较小时，为了简化投影计算，通常用水平面代替水准面，即以平面代替曲面。但测区范围较大时，就必须顾及地球曲率的影响，因此需分析水平面代替大地水准面对距离、高程的影响以便给出水平面代替水准面范围限度。计算表明：两点相距 10km 时，用平面代替曲面产生长度误差为 8.2mm，相对误差为 1/1220000，其精度高于精密测距的精度（1/1000000）。所以在半径为 10km 测区内，可以用水平面代替水准面，其产生的距离投影误差可以忽略不计。可以看出，用水平面代替水准面所产生的高程误差随着距离的平方的增加而增加，很快就达到了不能允许的程度。所以即使是距离很短，也不能忽视地球曲率对高程的影响，在观测过程中必须采取措施消除或削弱其影响。

测量工作中，当对同一物体进行多次观测时，无论测量仪器多么精密，观测多么仔细，这些观测值之间总存在一定差异，或者其观测值不符合相应的理论关系，例如，对某

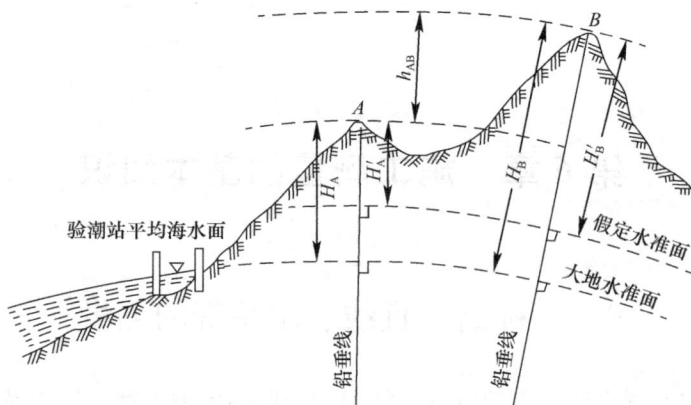

图 6-1 高程与高差的定义及其相互关系

一段距离丈量若干次，各观测值之间往往不一致，对一个三角形的三个内角进行观测，观测值之和往往不等于180°，这种现象在观测工作中普遍存在，究其原因是由观测值中包含测量误差。误差产生的原因是多种多样的，但由于任何观测值的获取都要具备人、仪器、外界环境这三种要素，所以测量误差产生的原因可归结以下方面：仪器误差的影响；观测者的影响，外界环境的影响。仪器、观测者、外界环境是引起误差的主要原因，这三方面的因素综合起来称为观测条件。

根据误差对观测结果影响的性质，可将误差分为系统误差和偶然误差两种。

在相同的观测条件下进行一系列的观测，如果误差在大小、符号上表现出系统性，即在观测过程中按一定的规律变化，或者为一常数，那么，那种误差就可称为系统误差。例如，水准尺的倾斜或刻划不准，水准仪的视准轴误差、温度对钢尺量距的误差、尺长误差等均属于系统误差。

系统误差具有累积性，对于成果的影响较大，应当设法消除或减弱它的影响，以达到忽略不计的程度，一般采用的方法有两种，一是在观测过程中采取一定的措施，二是在观测结果中加入改正数。

在相同的观测条件下进行一系列的观测，如果误差大小和符号上都表现出偶然性，即从表面看没有任何规律性，那么这种误差称为偶然误差也称随机误差。观测时的照准误差、读数时的估读误差等都属于偶然误差。

在测量工作的整个过程中，除了上述两种性质的误差以外，还可能发生错误，错误大多是由工作中的粗心大意造成的，所以错误不算作观测误差，错误的存在不仅大大影响观测结果的可靠性，而且往往造成返工浪费，给工作带来难以估量的损失。因此，必须采取适当的方法和措施以保证观测结果中不存在错误。偶然误差是不可避免的，在数据分析中一般认为观测值中不含系统误差和错误，仅包含偶然误差，因此偶然误差是研究的主要对象。

偶然误差从表面上看没有规律，但就大量误差的总体而言，则具有一定的统计规律性，并且随着观测次数的增多，这种统计规律性往往表现的更明显。

偶然误差具有以下特性：

（1）有界性：即在一定的观测条件下误差的绝对值不会超过一定的限值，或者说偶然误差的绝对值大于某个值的概率为零。

（2）聚中性：即绝对值较小的误差比绝对值较大的误差出现的概率要大。

（3）对称性：即绝对值相等的正、负误差出现的概率相等。

（4）抵偿性：即偶然误差的数字期望或偶然误差的算术平均值的极限值为零。

测量工作中，观测条件好，测量结果质量高，精度也高；反之，观测条件差，观测结果质量低，精度也低。测量精度是指测量的结果相对于被测量真值的偏离程度。在测量中总是用数学指标来衡量观测值的精度，即（正确的测量值－真实值）/真实值。在测量中，任何一种测量的精密程度高低都只能是相对的，皆不可能达到绝对精确，总会存在有各种原因导致的误差。为使测量结果准确可靠，尽量减少误差，提高测量精度。因此，必须充分认识测量可能出现的误差，以便采取必要的措施来加以克服。

为了克服误差的传播和累积对测量成果造成的影响，测量工作必须遵循一定的原则进行。这一基本原则就是：程序上"由整体到局部"；步骤上"先控制后碎部"；精度上"由高级到低级"。

6.1.1 水准仪、经纬仪、全站仪、激光铅垂仪、测距仪的使用

1. 水准仪

水准仪是适用于水准测量的仪器，中国水准仪是按仪器所能达到的每千米往返测高差中数的偶然中误差这一精度指标划分的，共分为4个等级。

水准仪型号都以 DS 开头，分别为"大地"和"水准仪"的汉语拼音第一个字母，通常书写省略字母 DS。其后"0.5"、"1"、"3"、"10"等数字表示该仪器的精度。S3 级和 S10 级水准仪又称为普通水准仪，用于中国国家三、四等水准及普通水准测量，S0.5 级和 S1 级水准仪称为精密水准仪，用于中国国家一、二等精密水准测量。

精密水准仪主要用于国家一、二等水准测量和高精度的工程测量，如建筑物的沉降观测以及大型设备的安装测量。精密水准仪与一般水准仪比较，结构基本相同，都是有望远镜、水准器和基座三部分组成。其特点是能够精密地整平视线和精确的读取度数。为了进行精密水准测量，精密水准仪在结构上必须满足下列要求：高质量的望远镜光学系统、坚固稳定的仪器结构、高精度的测微装置、高灵敏的水准管、配备精密水准尺。

使用普通水准仪进行水准测量时，在读数之前需要调节微倾螺旋使水准管气泡严格吻合，这对提高水准测量的速度有很大的障碍。自动安平水准仪正好可以解决这个问题，它只有圆水准器，没有水准管和微倾螺旋、制动螺旋，取而代之的是"补偿器"。在测量时，当圆水准气泡居中，如果仪器有微小的倾斜变化，补偿器能随时调整，始终给出正确的水平视线读数。使用自动安平水准仪可以节省测量时间，减小仪器下沉等造成的影响。目前生产的自动安平水准仪是在望远镜中设置一个补偿装置。自动安平水准仪的使用方法与微倾式水准仪的使用方法大致相同，只是少了精确整平这一步。由于补偿器的补偿范围有一定的限度，使用自动安平水准仪时应十分注意圆水准器的气泡居中。平整场地时需要留设 2‰～3‰ 的排水坡度，实际施工中一般采用水准仪来测设已知的坡度。

（1）水准仪的构成

水准仪主要由望远镜、水准器及基座三部分构成。

1）望远镜

DS3 水准仪望远镜主要由物镜、目镜、对光透镜和十字丝分划板所组成。物镜和目镜

多采用复合透镜组，十字丝分划板是由平板玻璃圆片制成的，是为了瞄准目标和读取读数用的，平板玻璃片装在分划板座上，分划板座固定在望远镜筒上。十字丝分划板上刻有两条互相垂直的长线，竖直的一条称竖丝，横的一条称为中丝。在中丝的上下还对称地刻有两条与中丝平行的短横线，是用来测量水准仪到水准尺之间的水平距离的，称为视距丝。

十字丝交点与物镜光心的连线，称为视准轴或视线。水准测量是在视准轴水平时，用十字丝的中丝截取水准尺上的读数。对光凹透镜可使不同距离的目标均能成像在十字丝平面上，再通过目镜，便可看清同时放大了的十字丝和目标影像。从望远镜内所看到的目标影像的视角与肉眼直接观察该目标的视角之比，称为望远镜的放大率。DS3 级水准仪望远镜的放大率一般为 28 倍。

2）水准器

分为管水准器和圆水准器。水准器是用来指示视准轴是否水平或仪器竖轴是否竖直的装置，有管水准器和圆水准器两种。管水准器用来指示视准轴是否水平，视准轴与水准管轴平行；圆水准器用来指示竖轴是否竖直。

管水准器又称水准管，是一纵向内壁磨成圆弧形的玻璃管，管内装酒精和乙醚的混合液，加热融封冷却后留有一个气泡。由于气泡较轻，故恒处于管内最高位置。

水准管上一般刻有间隔为 2mm 的分划线，分划线的中点 0，称为水准管零点。通过零点作水准管圆弧的切线，称为水准管轴。当水准管的气泡中点与水准管零点重合时，称为气泡居中，这时水准管轴处于水平位置。水准管圆弧 2mm 所对的圆心角称为水准管分划值。安装在 DS3 级水准仪上的水准管，其分划值不大于 $20''/2mm$。

微倾式水准仪在水准管的上方安装一组符合棱镜，通过符合棱镜的反射作用，使气泡两端的像反映在望远镜旁的符合气泡观察窗中。若气泡两端的半像吻合时，就表示气泡居中。若气泡的半像错开，则表示气泡不居中，这时，应转动微倾螺旋，使气泡的半像吻合。

圆水准器顶面的内壁是球面，其中有圆分划圈，圆圈的中心为水准器的零点。通过零点的球面法线为圆水准器轴线，当圆水准器气泡居中时，该轴线处于竖直位置。当气泡不居中时，气泡中心偏移零点 2mm，轴线所倾斜的角值称为圆水准器的分划值，由于它的精度较低，故只用于仪器的概略整平。

3）基座

基座的作用是支承仪器的上部并与三脚架连接。它主要由轴座、脚螺旋、底板和三角压板构成。转动 3 个脚螺旋可以使圆水准气泡居中，从而整平仪器。

4）水准尺和尺垫

水准尺是水准测量时使用的标尺。其质量好坏直接影响水准测量的精度。因此，水准尺需用不易变形且干燥的优质木材制成；要求尺长稳定，分划准确。常用的水准尺有塔尺和双面尺两种。塔尺多用于等外水准测量，其长度有 2m 和 5m 两种，用两节或三节套接在一起。尺的底部为零点，尺上黑白格相间，每格宽度为 1cm，有的为 0.5cm，每一米和分米处均有注记。双面水准尺多用于三、四等水准测量。其长度有 2m 和 3m 两种，且两根尺为一对。尺的两面均有刻划，一面为红白相间称红面尺；另一面为黑白相间，称黑面尺（也称主尺），两面的刻划均为 1cm，并在分米处注字。两根尺的黑面均由零开始；而红面，一根尺由 4.687m 开始至 6.687m 或 7.687m，另一根由 4.787m 开始至 6.787m 或

7.787m。水准尺零点与底面应重合，但由于使用时的磨损和制造的关系，零点和尺底可能不一致，可在一测段中使测站数为偶数的方法予以消除。

尺垫是在转点放置水准尺用的，它用生铁铸成，一般为三角形，中央有一突起的半球体，下方有三个支脚。用时将支脚牢固地插入土中，以防下沉，上方突起的半球形顶点作为竖立水准尺和标志转点之用。转点也就是水准测量时为传递高程所设的过渡测点。

（2）水准仪的使用

水准仪使用的基本程序为安置仪器、粗略整平（简称粗平）、瞄准水准尺、精确整平（简称精平）和读数。

1）安置仪器

在测站上松开脚架的伸缩螺旋，调节好架腿的长度，然后拧紧伸缩螺旋，再张开三脚架并使其高度适中，目估使架头大致水平，检查三脚架是否安置牢固。然后打开仪器箱取出仪器，用连接螺旋将仪器固定在三脚架上。地面松软时，要将三脚架脚尖踏实，并注意使圆水准器的气泡大致居中。

2）粗略整平

粗平是通过调节仪器的脚螺旋，使圆水准气泡居中，以达到仪器竖轴大致铅直，视准轴粗略水平的目的，其基本方法：如图6-2（a）所示，气泡未居中而位于a处，则先按图上箭头所指的方向用两手相对转动脚螺旋1和2，使气泡移动到b的位置，如图6-2（b）所示。再转动脚螺旋3，则可以使气泡居中。在整平的过程中，气泡的移动方向与左手大拇指运动方向一致。

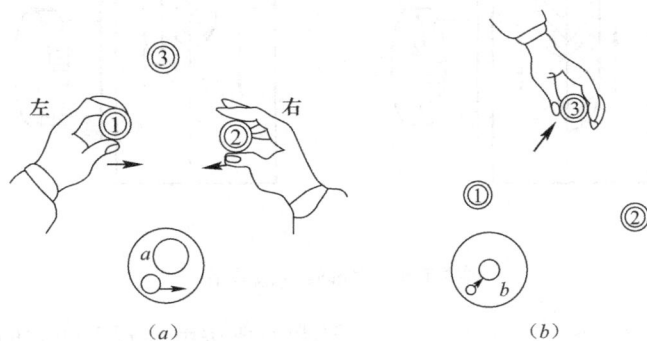

图6-2 粗略整平
（a）气泡向右移动；（b）气泡向上移动

3）瞄准水准尺

瞄准就是使望远镜对准水准尺，清晰地看到目标和十字丝成像，以便准确地进行水准尺读数。

首先进行目镜调焦，把望远镜对向明亮的背景，转动目镜调焦螺旋，使十字丝清晰。松开制动螺旋，转动望远镜，利用镜筒上的照门和准星连线对水准尺，再拧紧制动螺旋。然后转动物镜调焦螺旋，使水准尺清晰成像。最后转动微动螺旋，使十字丝的中丝对准水准尺像。

瞄准时应注意消除视差。当眼睛在目镜上下微微移动时，若发现十字丝和水准尺成像有相对移动现象，说明有视差存在。所谓视差，就是当目镜、物镜对光不够精细时，目标的影像不在十字丝平面上（图6-3），以至于两者不能被同时看清。视差的存在会影响读数的正确性，必须加以检查并消除。消除视差的方法是仔细地进行目镜调焦和物镜调焦，直至眼睛上下移动时读数不变为止。

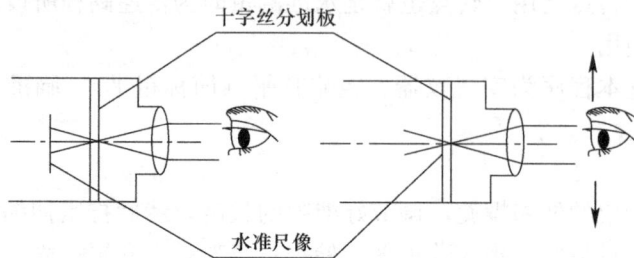

图6-3 视差原理

4）精确整平和读数

眼睛通过目镜左方符合气泡观察窗观察水准气泡，右手缓慢而均匀地转动微倾螺旋，使水准气泡居中（气泡影像符合），如图6-4所示。当符合水准器气泡居中时，表示水准仪的视准轴已精确水平，即可用十字丝横丝在水准尺上读数。

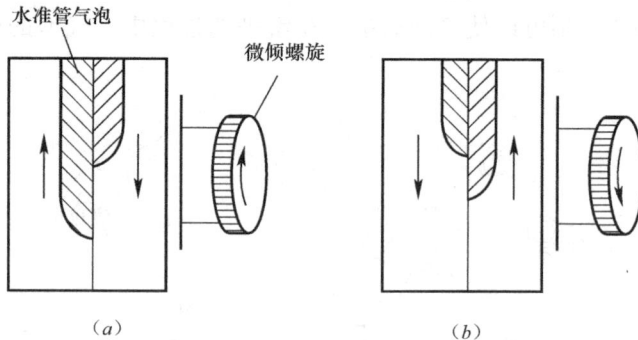

（a）   （b）

图6-4 水准管气泡调节

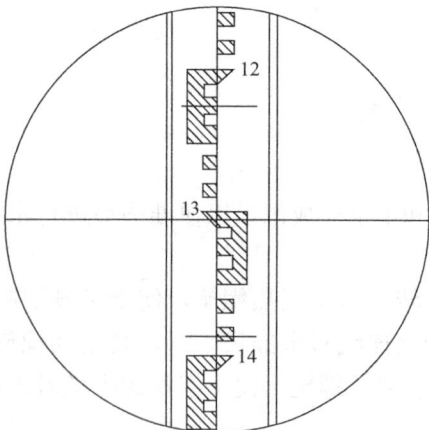

图6-5 瞄准水准尺读数

读数时要按由小到大的方向，读取米、分米、厘米、毫米四位数字，最后一位毫米为估读数。如图6-5所示，中丝读数1.306m，但习惯上不读小数点，只念1306四位数字，即"mm"为单位。

（3）水准仪使用注意事项

精平和读数虽然是两项不同的操作步骤，但在水准测量过程中，应把两项操作视为一个整体。即精平后立即读数，读数后还要检查水准管气泡是否符合，只有这样，才能取得准确读数，确保水准测量的精度。

2. 经纬仪

经纬仪是一种主要用于精确测量水平角和竖

直角的仪器，包括游标经纬仪、光学经纬仪和电子经纬仪，经纬仪按照精度系列划分为 $DJ_{0.7}$、DJ_1、DJ_2、DJ_6、DJ_{15}、DJ_{60} 六个级别，其中分别为"D""J"分别是大地测量和经纬仪汉语拼音的第一个字母，下标数字表示仪器的精度，其含义为一测回测角中误差。光学经纬仪采用光学度盘，借助光学透镜和棱镜系统的折射和反射，使度盘上的分划线成像到望远镜旁的读数显微镜中。

地形测量中最常用的是 DJ_2 和 DJ_6 经纬仪，DJ_2 型经纬仪主要用于控制测量，DJ_6 型则主要用于图根控制测量和碎部测量，两种经纬仪的结构大体相同，本书主要介绍 DJ_6 型经纬仪的结构原理和使用方法。

（1）经纬仪的构成

各种型号的 DJ_6 型光学经纬仪的基本构造大致相同，主要由照准部、水平度盘和基座三部分组成。国产 DJ_6 型光学经纬仪外貌图及外部构件名称如图 6-6 所示。

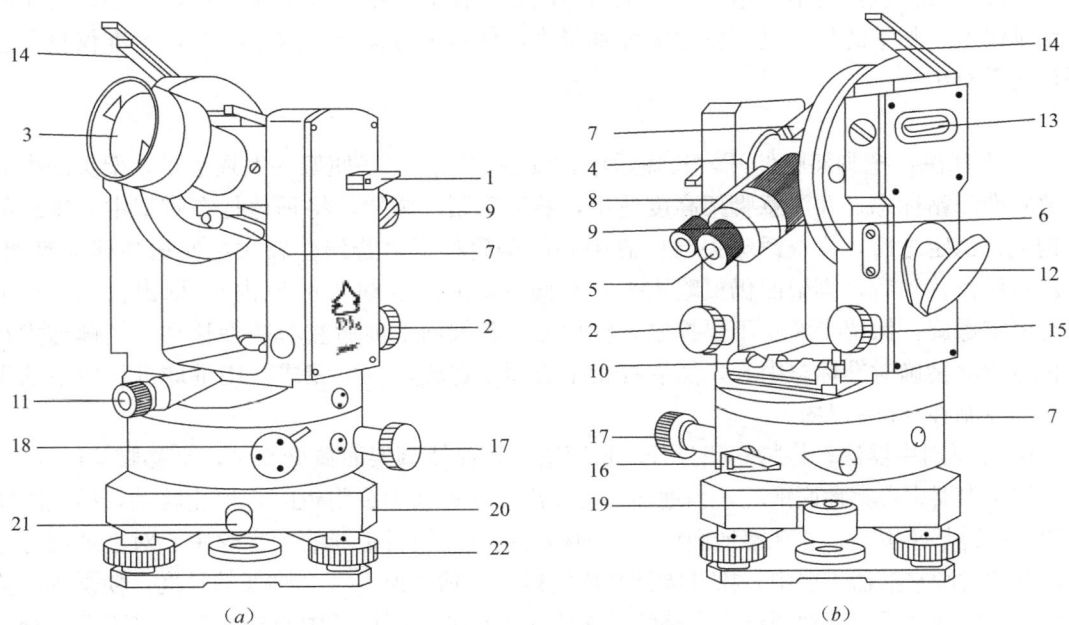

图 6-6　经纬仪的构成

1—望远镜制动螺旋；2—望远镜微动螺旋；3—物镜；4—物镜调焦螺旋；5—目镜；6—目镜调焦螺旋；
7—粗瞄准器；8—度盘读数显微镜；9—度盘读数显微镜调焦螺旋；10—照准部管水准器；11—光学对中器；
12—度盘照明反光镜；13—竖盘指标管水准器；14—竖盘指标管水准器观察反射镜；
15—竖盘指标管水准器微动螺旋；16—水平方向制动螺旋；17—水平方向微动螺旋；18—水平度盘变换手轮与保护盖；
19—圆水准器；20—基座；21—轴座固定螺旋；22—脚螺旋

1）照准部

望远镜作用是精确瞄准目标的。它和水平轴连接在一起，而水平轴则放在支架上，所以经纬仪上的望远镜可以绕水平轴在竖直面内上下任意转动。为了控制望远镜上下移动，设置了望远镜制动扳钮和望远镜微动螺旋。竖直度盘（竖盘）由光学玻璃制成，作用是观测竖直角。它和望远镜连成一体并随望远镜一起转动。水准器照准部上有一个水准管和一个圆水准器。圆水准器用作粗略整平仪器。水准管用作精确整平仪器。

2）水平度盘

由光学玻璃制成。盘上有 0～360°顺时针注记的分划线。复测扳扭扳下时水平度盘与照准部可以一起转动。

3）基座

基座是仪器的底座，其上有脚螺旋和连接板。测量时必须将三脚架上的中心螺旋（连接螺旋）旋进连接板，这样仪器和三脚架就连接在一起。中心螺旋下端挂上垂球即指示水平度盘的中心位置。注意把轴座固定螺旋和中心螺旋适当地旋紧（并应随时检查）以免发生摔坏仪器事故。

（2）经纬仪的使用

经纬仪的使用包括安置经纬仪、调焦和照准及置数等基本操作。

1）安置经纬仪

经纬仪安置包括对中和整平，对中的目的是使仪器的中心和测站点标志中心，处于同一铅垂线上，整平的目的是使仪器的竖轴竖直，使水平度盘处于水平位置，水准仪只需整平，无需对中。

① 对中

a. 垂球法：把脚架腿伸开，长短适中，安在测站点上，使架头大致水平，架头的中心大致对准测站标志，并注意脚架高度适中，然后踩紧三脚架，将垂球挂在脚架中心螺旋的小钩上，稳定之后，检查锤球尖与标志中心的偏离程度，若偏差较大，便适当移动脚架，并注意保持移动后，脚架面仍概略水平，当偏差不大时（约 3cm 以内），取出仪器，拧上中心固定螺旋，保留半圈丝不要拧紧，将仪器在脚架面上前后左右缓慢移动，使锤球尖在静止时能够精确对准标志中心，然后拧紧中心固定螺旋，对中完成，用垂球进行对中的误差一般控制在 3mm 以内。

b. 光学对中器法，将脚架腿分开，长短适中，保持脚架面概略水平，平移脚架的同时，从光学对中器中观察地面情况，当地面标志点出现在视场中央附近时，停止移动，缓慢踩实脚架。旋转基座螺旋，并观察地面标志点的移动情况，使对中器的十字丝中心对准地面标志点，若此时圆水准器不居中，松开脚架腿固定螺丝，适当调整三个脚架的长度，使圆水准器居中，经此调节后，若地面标志点略微偏离十字丝中心，则松开中心连接螺旋（不是完全松开），平行移动仪器使光学对中器与测站点标志完全重合，重复了上述过程，直至地面点落于十字丝中心，同时圆水准器也处于居中状态，至此对中完成，利用光学对中器对中较垂球法精度高，一般误差在 1mm 以内，同时不受风力影响，操作过程简单快速，因而应用普遍。

② 整平

经纬仪整平目的是使仪器竖轴处于铅垂位置。整平是借助照准部水准器完成的，一般先让圆水准器气泡居中，使仪器大致水平，然后利用管水准器精平。用管水准气泡精平时，先转动仪器的照准部，使照准部水准管平行于任意一对脚螺旋的连线，然后用两手同时以相反方向转动该两脚螺旋，使水准管气泡居中，如图 6-7（a）所示，再将照准部转动 90°，使水准管垂直于原两脚螺旋的连线，转动另一脚螺旋，使水准管气泡居中，如图 6-7（b）所示。重复上述过程，直到这两个方向气泡都居中为止，气泡居中误差一般不得大于一格。如果用测回法测水平角，测完上半测回后，发现水准管气泡偏离 2 格多，在此情况下应整平后全部重测。

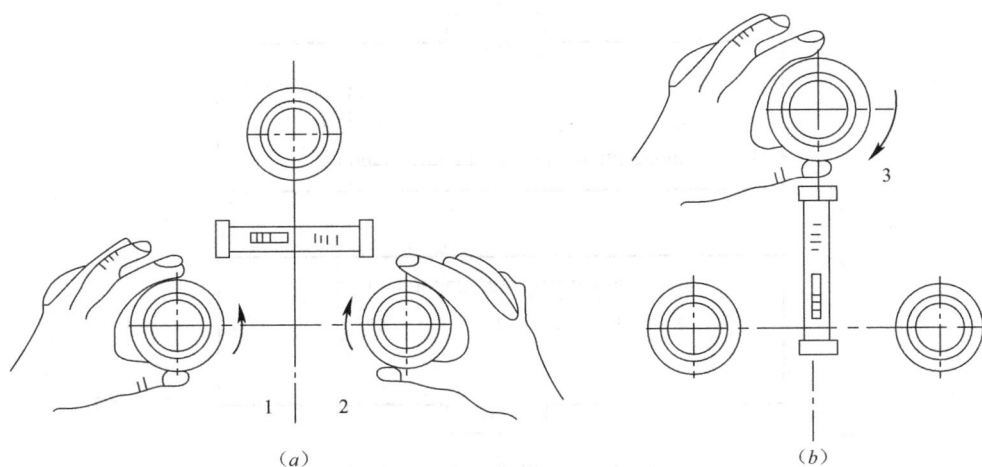

图 6-7 整平原理示意图

2）调焦

调焦包括目镜调焦和物镜调焦，物镜调焦的目的是使照准目标经物镜所成的实像落在十字板上。目镜调焦的目的是使十字丝和目标的像（即观测目标），均位于人眼的明视距离处，使目标的像和十字丝在视场内都很清晰，以利于精确照准目标。

在观测过程中先进行目镜调焦，将望远镜对天空或白墙，转动目镜调焦环，使十字丝最清晰（最黑），由于各人眼睛明视距离不同，目镜调焦因人而异，然后进行物镜调焦，转动物镜调焦螺旋，使当前观测目标成像最清晰，同时将眼睛在目镜后上下左右移动，检查是否存在视差，若目标影像和十字丝影像没有相对移动，则说明调焦正确，没有视差；若观察到目标影像和十字丝影像相对移动，则说明调焦不准确存在视差，需要通过反复调节目镜和物镜调焦螺旋予以清除。

3）照准

照准目标就是用十字丝的中心部位照准目标，不同的角度测量所用的十字丝是不同的，但都是用接近十字丝中心的位置照准目标。进行角度测量时，应用十字丝的横丝（中丝）切准目标的顶部或特殊部位，在记录时一定要注记照准位置。

照准的具体操作方法是：松开照准部和望远镜的制动螺旋，转动照准部和望远镜，用瞄准器使望远镜大致照准目标，然后从镜内找到目标并使其移动到十字丝中心附近，固定照准部和望远镜制动螺旋，再旋转其微动螺旋，以准确照准目标的固定部位，从而读取水平角或者竖直角数值。

4）读数

读数前，先将反光照明镜张开成适当的位置，将镜面朝向光源，使读数窗亮度均匀，调节读数显微镜目镜对光螺旋，使读数窗内划线清晰，然后按前述的 DJ$_6$ 型光学经纬仪读数方法进行读数。读数时，先读出落在测微尺 0～6 之间的度盘分划线的度数，再读出该分划线所在处测微尺的分、秒值，两数之和即为度盘读数。如图 6-8 中，水平度盘读数为 $134°55'06''$；竖盘读数 $87°57'36''$。

为了减弱度盘的刻划误差并使计算方便，在水平角观测时，采用改变各测回之间水平度盘起始位置读数的办法，通常规定某一方向的读数为零或某一预定值，因此必须将其在

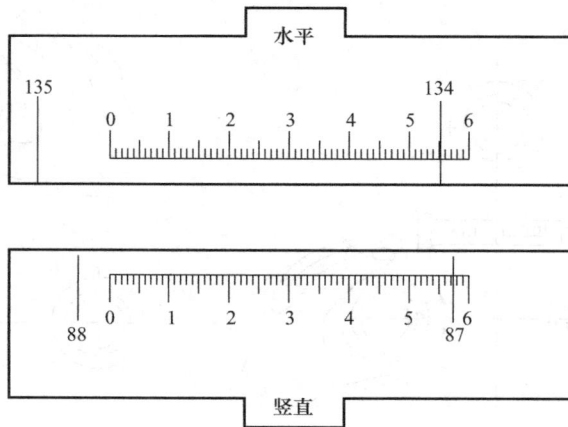

图 6-8 分微尺测微器读数窗

度盘上的读数调整为0°或某一固定值，这一操作过程称为配置度盘或置数。具体操作步骤为，当仪器整平后，用盘左照准目标，转动度盘变换手枪，使度盘读数调整至预定读数即可，为防止观测时碰动度盘变换手轮，度盘置数后应及时盖上护盖。

（3）经纬仪使用时的主要轴线及应满足的条件

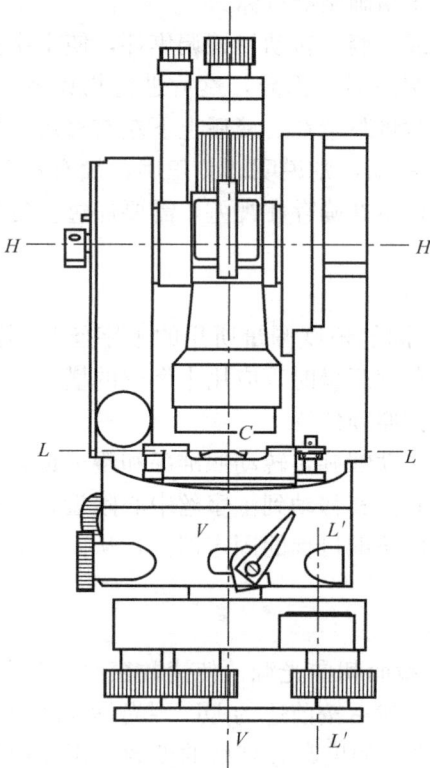

图 6-9 经纬仪的轴线

如图6-9所示，光学经纬仪的主要轴线有：竖轴VV，水准管轴LL，横轴HH，视准轴CC，圆水准器轴$L'L'$。在使用前，应对经纬仪进行检验与校正，以使这些轴线满足下面的条件：竖轴VV应垂直于水准管轴LL，从而应进行照准部水准管轴的检验与校正；横轴HH应垂直于十字丝竖丝，从而应进行十字丝竖丝的检验与校正；横轴HH应垂直于视准轴CC，从而进行视准轴的检验与校正；横轴HH应垂直于竖轴VV，从而进行横轴的检验与校正；竖盘指标差应为0，从而要进行指标差的检验与校正；光学垂线与竖轴VV重合，从而要进行光学对中器的检验与校正；圆水准轴$L'L'$应于竖轴VV平行，从而应进行圆水准器的检验与校正。

1）照准部水准轴应垂直于竖轴的检验和校正

检验时先将仪器大致整平，转动照准部使其水准管与任意两个脚螺旋的连线平行，调整脚螺旋使气泡居中，然后将照准部旋转180°，若气泡仍然居中则说明条件满足，否则应进行校正。

校正的目的是使水准管轴垂直于竖轴，即用校正针拨动水准管一端的校正螺钉，使气泡向正中间位置退回一半。为使竖轴竖直，再用脚螺旋使气泡居中即可，此项检验与校正必须反复进行，直到满足条件为止。

254

2）十字丝竖丝应垂直于横轴的检验和校正

检验时用十字丝竖丝瞄准一清晰小点，使望远镜绕横轴上下转动，如果小点始终在竖丝上移动则条件满足，否则需要进行校正。

校正时松开四个压环螺钉（装有十字丝环的目镜用压环和四个压环螺钉与望远镜筒相连接，转动目镜筒使小点始终在十字丝竖丝上移动，校好后将压环螺钉旋紧。

3）视准轴应垂直于横轴的检验和校正

选择一水平位置的目标，盘左盘右观测之，取它们的读数（顾及常数180°）即得两倍的 c [$c = 1/2(\alpha_左 - \alpha_右)$]。

4）横轴应垂直于竖轴的检验和校正

选择较高墙壁近处安置仪器。以盘左位置瞄准墙壁高处一点 p（仰角最好大于30°），放平望远镜在墙上定出一点 m_1。倒转望远镜，盘右再瞄准 p 点，又放平望远镜在墙上定出另一点 m_2。如果 m_1 与 m_2 重合，则条件满足，否则需要校正。校正时，瞄准 m_1、m_2 的中点 m，固定照准部，向上转动望远镜，此时十字丝交点将不对准 p 点。抬高或降低横轴的一端，使十字丝的交点对准 p 点。此项检验也要反复进行，直到条件满足为止。以上四项检验校正，以一、三、四项最为重要，在观测期间最好经常进行。每项检验完毕后必须旋紧有关的校正螺钉。

3. 全站仪

全站型电子速测仪（Electronic Total Station）简称全站仪，是将电磁波测距装置、光电测角装置和电子计算机的微处理器结合在一起，能完成测距、测角，通常还具有利用内存软件计算平距、高差和坐标等功能，并能记录、存贮和输出测量数据和计算成果的测绘仪器。它具有速度快、精度高、功能强和自动化程度高等优点，在控制测量、数字测图和工程测量中的作用越来越重要。与光学经纬仪比较，电子经纬仪将光学度盘换为光电扫描度盘，将人工光学测微读数代之以自动记录和显示读数，使测角操作简单化，且可避免读数误差的产生。因其一次安置仪器就可完成该测站上全部测量工作，所以称之为全站仪，广泛用于地上大型建筑和地下隧道施工等精密工程测量或变形监测领域。

全站仪与光学经纬仪区别在于度盘读数及显示系统，电子经纬仪的水平度盘和竖直度盘及其读数装置是分别采用或两个相同的光栅度盘（编码盘）和读数传感器进行角度测量的。根据测角精度可分为0.5″、1″、2″、3″、5″、7″等几个等级。全站仪具有角度测量、距离（斜距、平距、高差）测量、三维坐标测量、导线测量、交会定点测量和放样测量等多种用途。内置专用软件后，功能还可进一步拓展。

全站仪的基本操作与使用方法如下：

（1）水平角测量

按角度测量键，使全站仪处于角度测量模式，照准第一个目标 A。

设置 A 方向的水平度盘读数为 $0°00'00''$。

照准第二个目标 B，此时显示的水平度盘读数即为两方向间的水平夹角。

（2）距离测量

设置棱镜常数。

测距前须将棱镜常数输入仪器中，仪器会自动对所测距离进行改正。

设置大气改正值或气温、气压值。光在大气中的传播速度会随大气的温度和气压而变化，15℃和760mmHg是仪器设置的一个标准值，此时的大气改正为0ppm。实测时，可输入温度和气压值，全站仪会自动计算大气改正值（也可直接输入大气改正值），并对测距结果进行改正。

量仪器高、棱镜高并输入全站仪。

照准目标棱镜中心，按测距键，距离测量开始，测距完成时显示斜距、平距、高差。

全站仪的测距模式有精测模式、跟踪模式、粗测模式三种。精测模式是最常用的测距模式，测量时间约2.5s，最小显示单位1mm；跟踪模式，常用于跟踪移动目标或放样时连续测距，最小显示一般为1cm，每次测距时间约0.3s；粗测模式，测量时间约0.7s，最小显示单位1cm或1mm。在距离测量或坐标测量时，可按测距模式（MODE）键选择不同的测距模式。

应注意，有些型号的全站仪在距离测量时不能设定仪器高和棱镜高，显示的高差值是全站仪横轴中心与棱镜中心的高差。

（3）坐标测量

设定测站点的三维坐标。设定后视点的坐标或设定后视方向的水平度盘读数为其方位角。当设定后视点的坐标时，全站仪会自动计算后视方向的方位角，并设定后视方向的水平度盘读数为其方位角。具体步骤如下：设置棱镜常数，设置大气改正值或气温、气压值，量仪器高、棱镜高并输入全站仪，照准目标棱镜，按坐标测量键，全站仪开始测距并计算显示测点的三维坐标。

4. 激光铅垂仪

激光铅垂仪是一种铅垂定位专用仪器，适用于高层建筑的铅垂定位测量。该仪器可以从两个方向（向上或向下）发射铅垂激光束，用它作为铅垂基准线，精度比较高，仪器操作也比较简单。

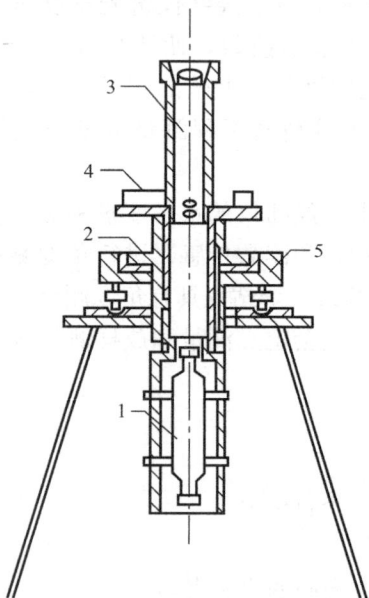

图6-10　激光铅垂仪基本构造
1—氦氖激光器；2—竖轴；3—发射望远镜；
4—管水准器；5—基座

激光铅垂仪是一种专用的铅直定位仪器。适用于高层建筑物、烟囱及高塔架的铅直定位测量。激光铅垂仪的基本构造如图6-10所示，主要由氦氖激光管、精密竖轴、发射望远镜、水准器、基座、激光电源及接收屏等部分组成。激光器通过两组固定螺钉固定在套筒内。竖轴是一个空心筒轴，两端有螺扣用来连接激光器套筒和发射望远镜，激光器装在下端，发射望远镜装在上端，即构成向上发射的激光铅垂仪。倒过来安装即成为向下发射的激光铅垂仪。仪器配有专用激光电源。使用时必须熟悉说明书，上海联谊大厦就是用激光铅垂仪法作垂直向上传递控制的，用此方法必须在首层面层上作好平面控制，并选择四个较合适的位置作控制点或用中心"十"字控制，在浇筑上升的各层楼面时，必须在相应的位置预留200mm×200mm与首层层面控制点相对应的小方孔，保证能使激光束垂直向上穿过预留孔。在首层控制点上架设激光铅垂仪，调置仪器对中整平后启动电源，使激光铅垂仪发射出可见的红色光束，投射到上层预留孔的接收靶上，查看红色光斑点离靶心最小之点，此点即为第二层上的一个控制点。其余的控制点用同样方法作向上传递。

5. 测距仪

根据光学、声学和电磁波学原理设计的，用于距离测量的仪器。

测距仪是一种航迹推算仪器，用于测量目标距离，进行航迹推算。测距仪的形式很多，通常是一个长形圆筒，由物镜、目镜、测距旋钮组成，用来测定目标距离。

测距仪根据测距基本原理，可以分为以下三类：

（1）激光测距仪

激光测距仪是利用激光对目标的距离进行准确测定的仪器。激光测距仪在工作时向目标射出一束很细的激光，由光电元件接收目标反射的激光束，计时器测定激光束从发射到接收的时间，计算出从观测者到目标的距离。

激光测距仪是目前使用最为广泛的测距仪，激光测距仪又可以分类为手持式激光测距仪（测量距离 0～300m），望远镜激光测距仪（测量距离 500～3000m）。

激光测距仪一般采用两种方式来测量距离：脉冲法和相位法。脉冲法测距的过程是这样的：测距仪发射出的激光经被测量物体的反射后又被测距仪接收，测距仪同时记录激光往返的时间。光速和往返时间的乘积的一半，就是测距仪和被测量物体之间的距离。脉冲法测量距离的精度一般是在 ±1m 左右。另外，此类测距仪的测量盲区一般是 15m 左右。

激光测距是光波测距中的一种测距方式，如果光以速度 c 在空气中传播在 A、B 两点间往返一次所需时间为 t，则 A、B 两点间距离 D 可用下式表示。

$D=ct/2$（式中，D 表示测站点 A、B 两点间距离；c 表示光在大气中传播的速度；t 表示光往返 A、B 一次所需的时间。）

（2）超声波测距仪

超声波测距仪是根据超声波遇到障碍物反射回来的特性进行测量的。超声波发射器向某一方向发射超声波，在发射同时开始计时，超声波在空气中传播，途中碰到障碍物就立即返回来，超声波接收器收到反射波就立即中断停止计时。通过不断检测产生超声波发射后遇到障碍物所反射的回波，从而测出发射超声波和接收到回波的时间差 T，然后求出距离 L。超声波测距仪由于超声波受周围环境影响较大，所以一般测量距离比较短，测量精度比较低。目前使用范围不是很广阔，但价格比较低，一般几百元左右。

（3）红外测距仪

用调制的红外光进行精密测距的仪器，测程一般为 1～5km。利用的是红外线传播时的不扩散原理：因为红外线在穿越其他物质时折射率很小，所以长距离的测距仪都会考虑红外线，而红外线的传播是需要时间的。根据红外线从测距仪发出碰到反射物被反射回来被测距仪接受再根据红外线从发出到被接受的时间及红外线的传播速度就可以算出距离。

红外测距的优点是便宜，易制，安全，缺点是精度低，距离近，方向性差。

6.1.2 水准、距离、角度测量的要点

1. 水准测量

确定地面点的位置，除确定地面点的平面坐标外，还要确定地面点的高程，确定地面点高程的工作称为高程测量。

高程测量根据所使用的仪器和测量原理的不同，可分为几何水准测量，三角高程测量，GPS 高程测量，气压高程测量，液体静力水准测量，摄影测量等。水准仪测量法是高程测量最精确的方法之一。

水准测量，是根据水准仪提供的水平视线直接在水准标尺上读取读数，利用两个标尺读数确定两点间的高差，从而由已知点的高程推算未知点高程的方法。三角高程测量，是通过测量已知点与未知点之间的垂直角与距离，计算未知点高程的方法。GPS 高程测量，使用 GPS 测量数据计算未知点高程的方法。气压高程测量，使用气压测量仪器测量气压的变化，从而推算未知点高程的方法。

下面我们重点介绍一下水准测量。

水准测量，根据精度不同分为一、二、三、四等水准测量，等外水准测量等。一等水准测量精度最高，是建立国家高程控制网的骨干，同时也是研究地壳垂直位移的有关科学研究的主要依据，二等水准测量精度低于一等水准测量，是建立国家高程控制的基础。三、四等水准测量其精度依次降低，直接为地形测图和各种工程建设服务，等外水准测量通常被称为普通水准测量或图根水准测量，精度低于四等水准测量，主要用于测定图根点的高程及用于一般性工程水准测量，是实际工程中最常见的测量高程工作。

水准测量的原理如图 6-11 所示，已知地面 A 点高程 H_A，欲求 B 点高程 H_B。首先需测定 A、B 两点间的高差 H_B，安置水准仪于 A、B 两点之间，并在 A、B 两点上分别竖立水准尺，利用水平视线读出 A 点尺上的读数 a 和 B 点尺上的读数 b，则两点间高差为 $h_{AB} = a - b$。

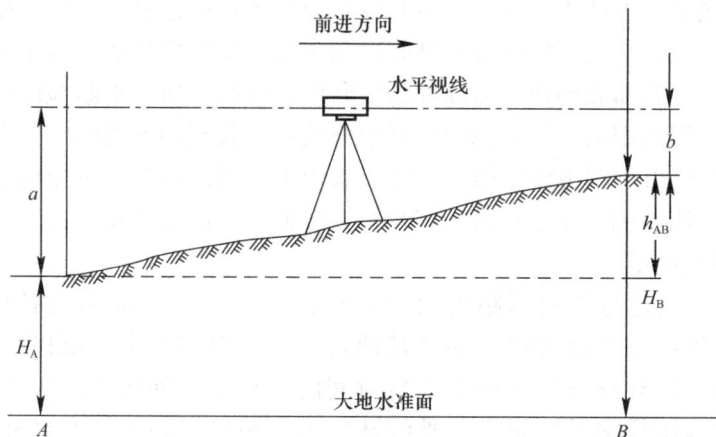

图 6-11　水准测量原理示意图

测量的过程是由已知点向未知点方向前进的，按测量的前进方向，A 点称为后视点，a 称为后视读数；B 点称为前视点，b 称为前视读数；两点间高差总是等于后视读数减去

前视读数。高差可正可负，当 $a>b$ 时，高差 h_{AB} 为正值，说明 B 点比 A 点高；反之，高差 h_{AB} 为负值，说明 B 点低于 A 点。

计算高程的方法有两种：一是直接利用实测高差 h_{AB} 计算 B 点高程的方法，称高差法，即

$$H_B = H_A + h_{AB} \tag{6-1}$$

二是由仪器的视线高程计算高程，称视线高法。由图 6-11 可知，A 点的高程加后视读数就是仪器的视线高程，用 H_i 表示，即

$$H_i = H_A + a \tag{6-2}$$

由此得 B 点的高程为

$$H_B = H_i - b = H_A + a - b \tag{6-3}$$

普通水准测量包括拟定水准测量线路、选点埋石、观测、计算等工作，其主要技术要求见表 6-1。

水准测量主要技术要求　　　　　　　　　　　　　表 6-1

等级	路线长度	水准仪型号	水准尺	视线长度	观测次数		往返较差或闭合差	
					与已知点联测	附合或闭合	平地	山地
等外	$\leqslant 5\text{km}$	DS3	单面	100m	往返各一次	往一次	$\pm 40\sqrt{L}$ mm	$\pm 12\sqrt{n}$ mm

水准测量从一个水准点到另一个水准点所经过的水准测量线路称为水准路线。水准路线的布设形式一般有闭合水准路线、附合水准路线、支水准路线等几种。从一已知高程的水准点出发，沿一条环形路线进行水准测量，测定沿线若干水准点的高程，最后又回到原水准点，称为闭合水准路线。从一个已知高程的水准点（例如国家某一级的水准点）起，沿一条路线进行水准测量，以测定另外一些水准点的高程，最后连测到另一个已知高程的水准点，称为附合水准路线。如果最后没有连测到已知高程的水准点，则这样的水准路线称为支水准路线。为了对测量成果进行检核，并提高成果的精度，单一水准支线必须进行往返测量。

（1）普通水准测量的外业观测程序

1）将水准尺立于已知高程的水准点上作为后视，水准仪置于施测路线附近合适的位置，在施测路线的前进方向上取与后视距大致相等的距离放置尺垫，当尺垫踩实后，将水准尺立在尺垫上作为前视尺。

2）观测员将仪器用圆水准器粗平之后瞄准后视标尺，用微倾螺旋将符合水准气泡精确居中，用中丝读后视读数，读至毫米，记录相应栏内。

3）掉转望远镜瞄准前视标尺，此时水准管气泡一般将会有少许偏离，将气泡居中，用中丝读前视读数。

4）记录员根据观测员的读数，在手簿中记下相应数字，并立即计算高差。

以上为第一个测站的全部工作。第一站结束之后，记录员告诉后标尺员向前转移，并将仪器迁至第二测站，此时，第一测站的前视点便成为第二测站的后视点，按照相同工作程序进行第二站的工作，依次沿水准路线方向施测，直至全部路线观测完为止，记录、计算见表 6-2。

测站编号	测点编号	后尺	下丝	前尺	下丝	方向及尺号	标尺读数/mm		K+黑－红(mm)	高差中数(m)	备注
			上丝		上丝		黑面	红面			
		后距		前距							
		视距差 d(m)		视距累积差 Σd(m)							
		(1)		(5)		后	(3)	(8)	(10)		
		(2)		(6)		前	(4)	(7)	(9)		
		(12)		(13)		后－前	(16)	(17)	(11)	(18)	
		(14)		(15)							
1	BM1 TP1	37.4 -0.2		37.6 -0.2		后 No.12 前 No.13 后－前	1384 0551 +0833	6171 5239 +0932	0 -1 +1	+0.8325	No.12: 4787 前视: No.13: 4687
2	TP1 TP2	37.4 -0.1		37.5 -0.3		后 前 后－前	1934 2008 -0074	6621 6796 -0175	0 -1 +1	+0.0745	
3	TP2 TP3	37.5 -0.2		37.7 -0.5		后 前 后－前	1726 1866 -0140	6513 6554 -0041	0 -1 +1	+0.1405	
4	TP3 BM2	26.5 -0.2		26.7 -0.7		后 前 后－前	1832 2007 -0175	6519 6793 -0274	0 -1 +1	+0.1745	

（2）水准测量成果计算

1）高差闭合差的计算

① 附合水准路线。附合水准路线各段测得的高差总和 $\Sigma h_测$ 应等于两水准点的高程之差 $\Sigma h_理$。但是由于测量误差的影响，使得实测高差总和与其他理论值之间有一个差值。这个差值称为附合水准路线的高差闭合差。

$$f_h = \Sigma h_测 - \Sigma h_理 = \Sigma h_测 - (H_终 - H_始) \tag{6-4}$$

式中，f_h 为高差闭合差；$\Sigma h_测$ 为实测高差总和；$H_终$ 为路线终点已知高程；$H_始$ 为路线起点已知高程。

② 闭合水准路线。由于起点终点均为同一水准点，因此高差总和的理论值应该等于零，即 $\Sigma h_理 = 0$。但是由于测量误差的存在，使得实测高差的总和不一定等于零，其值称为闭合水准路线的高差闭合差。

$$f_h = \Sigma h_测 - \Sigma h_理 = \Sigma h_测 - 0$$
$$f_h = \Sigma h_测 \tag{6-5}$$

③ 支水准路线。通过往返观测，得到往返观测的总和，理论上他们应大小相等，符号相反，即往返测高差总和＝0。但由于测量误差的影响，两者之间产生一个差值，这个差值称为支水准路线的高差闭合差。

$$f_h = \Sigma h_{测} = \Sigma h_{往} + \Sigma h_{返}\tag{6-6}$$

2）高差闭合差的调整和计算改正后的高差

① 高差闭合差的调整。当高差闭合差在允许值范围之内时，可进行闭合差调整。附合或闭合水准路线高差闭合差分配的原则是将闭合差按距离或测站数成正比例反号改正到各测段的观测高差上。高差改正数按式（6-7）或式（6-8）计算。

$$v_i = -\frac{f_h}{\Sigma L} \cdot L_i\tag{6-7}$$

$$v_i = -\frac{f_h}{\Sigma n} \cdot n_i\tag{6-8}$$

式中，v_i 为测段高差的改正数；f_h 高差闭合差；ΣL 为水准路线总长度；L_i 为测段总长度；Σn 为水准路线测站数总和；n_i 为测段测站数。

高差改正数的总和应与高差闭合差大小相等，符号相反，即

$$\Sigma v_i = -f_h\tag{6-9}$$

② 计算改正后的高差。对于附合或闭合水准路线，将各段高差观测值加上相应的高差改正数，可求出各段改正后的高差，即

$$h_i = h_{测} + v_i\tag{6-10}$$

对于支水准路线，当闭合差符合要求时，可按式（6-11）计算各段平均高差：

$$h = \frac{h_{往} - h_{返}}{2}\tag{6-11}$$

式（6-11）中，h 为平均高差；$h_{往}$ 为往测高差；$h_{返}$ 为返测高差。

3）计算各点高程

根据改正后的高差，由起点高程逐一推算出其他点的高程。

（3）普通水准测量、记录、资料整理的注意事项

1）在水准点（已知点或待定点）上立尺，不得放尺垫。

2）水准尺应立直，不能左右倾斜，更不能前后俯仰。在水准测量时，若水准尺发生倾斜，其读数值总是增大，且是错误的。

3）在观测员未迁站前，后视点尺垫不能移动。

4）前后视距离应大致相等，立尺时可用步丈量。水准测量中，施测距离一般不宜超过100m。前后视距相等可以消除一些误差，包括水准仪 i 角误差（视线轴与水平线夹角）、调焦误差、地球弯曲差。

5）外业观测记录必须在编号、装订成册的手簿上进行，已编号的各页不得任意撕去，记录中间不得留下空页或空格。

6）必须在现场用铅笔、签字笔直接用外业原始观测值和记事项目记录在手簿中，记

录的文字和数字应端正、整洁、清晰，杜绝潦草模糊。

7）外业手簿中原始数据的修改以及观测结果作废时，禁止擦拭、涂抹与刮补，而应以横线或斜线划去，并在本格内的上方写出正确数字和文字，除计算数据外，所有观测数据的修改和作废必须在备注栏内注明原因及重测结果记于何处。重测记录前需加"重测"二字。

8）在同一测线内不得有两个相关数字"连环更改"，例如，更改了标尺的黑面前两位读数后就不能再改同一标尺的红面前两位读数，否则就叫连环更改，有连环更改记录应立即废去重测。

9）对于尾数读数有错误（厘米和毫米读数）的记录，不论什么原因都不允许更改，而应将该测站的观测结果废去重测。

10）有正负意义的量在记录计算时都应带上"＋""－"号，正号不能省略，中丝读数要求读记四位数，前后的零都要读记。

11）作业人员应在手簿的相应栏内签名，并填注作业日期、开始及结束时刻，天气及观测情况和使用仪器型号等。

12）作业手簿必须经过小组认真的检查（记录员和观测员各检查一遍），确认合格后方可提交上一级检查验收。

（4）水准测量的误差

人们使用测绘仪器在野外条件下进行测量工作，因此水准测量的误差必然要包括水准仪本身的仪器误差、人为的观测误差以及外界条件的影响三个方面。

1）仪器误差

水准仪经检验校正后的残余误差和水准尺误差两部分组成仪器误差。水准测量之前，必须对水准仪进行如下项目的检校。校验项目和顺序是圆水准器轴检校；十字丝横丝检校；水准管轴检校。

① 残余误差

水准仪经检验校正后的残余误差，主要表现为水准管轴与视准轴不平行，虽经校正但仍然残存的少量误差等。这种误差的影响与距离成正比，观测时若保证前、后视距大致相等，便可消除或减弱此项误差的影响。这就是水准测量时为什么要求前后视距相等的重要原因之一。

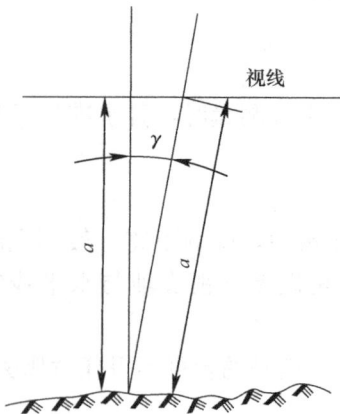

图 6-12　水准尺倾斜

② 水准尺误差

由于水准尺的刻划不准确，尺长发生变化、弯曲等，会影响水准测量的精度，因此水准尺需经过检验符合要求后，才能使用。有些尺子的底部可能存在零点差，可在一水准测段中使用测站数为偶数的方法予以消除。

2）观测误差

① 读数误差

② 视差影响

当存在视差时，如图 6-12 所示，由于水准尺影像与十字丝分划板平面不重合，若眼睛观察的位置不同，便读出不同的读数，因而会产生读数误差。所以，观测时应注意消除视差。

③ 水准管气泡居中误差

④ 水准尺倾斜误差

水准尺倾斜将使尺上的读数增大。视线离地面越高，读取的数据误差就越大。

3）外界条件的影响

① 仪器下沉和尺垫下沉

如果水准测量在土质较松软的地面上进行，则很容易引起仪器和尺垫的下沉。前者可能使观测视线降低，造成测量高差的误差，若采用"后、前、前、后"的观测顺序可减弱其影响；后者尺垫通常放置在转点上，其下沉将使下一测站的后视读数增大，使测量的高差增加。因此实际测量时，应选择坚固稳定的地方作为转点，并尽量将仪器脚架和尺垫在地面上踩实，精度要求高时，可采用往返测取平均值的方法来减少尺垫下沉误差的影响。

② 地球曲率和大气折光的影响

地球曲率对测量高差的影响与距离成正比，而大气折光的作用使得水准仪本应水平的视线成为一条曲线，它对测量高差的影响规律与地球曲率的影响相同。观测时，可使后视与前视距离相等，从而减少地球曲率和大气折光的影响；视线离地面过低，受折光的影响有所增加。

③ 温度影响

温度的变化不仅引起大气折光的变化，而且仪器受到烈日的照射，水准管气泡将产生偏移，影响仪器的水平，从而产生气泡居中的误差。因此，观测时应注意撑伞遮阳，避免阳光直接照射。

2. 四等水准测量

四等水准测量工作和普通水准工作大致相同，都需要拟订水准路线、选点、埋石，观测等程序，所不同的是四等水准测量必须使用双面尺法，且技术要求更为严格。

四等水准路线的观测应以测段为单位逐段进行。一个测段的观测，应从水准点开始连续设站，逐站观测。每站观测时，对于已知点和待求高程的水准点，标尺应直接立在水准点标志中心，而在转点上应安放尺垫，将标尺立在尺垫上，四等水准测量的主要技术要求及每一站测站观测的主要技术要求分别见表6-3和表6-4。

四等水准测量主要技术要求　　　　　　　　　　　表6-3

等级	路线长度	水准仪型号	水准尺	观测次数		往返较差或闭合差		每千米高差全中误差
				与已知点联测	附合或闭合	平地	山地	
四等	≤16km	DS3	双面	往返各一次	往一次	$\pm 20\sqrt{L}$　mm	$\pm 6\sqrt{n}$　mm	10mm

每一测站观测的主要技术要求　　　　　　　　　　　表6-4

等级	前后视距	前后视距差	前后视距累积差	视线高度	红黑面读数差	红黑面高差之差
四等	≤100m	≤3m	≤10m	三丝能读数	≤3mm	≤5mm

四等水准测量一般使用视距测量，即根据上下丝读数直接读取距离，观测顺序为后、后、前、前。

四等水准测量在一个测站的观测和记录如下：

（1）准备

首先概略测定前后视距离，调整仪器或者前视标尺，使前、后视距差符合要求。

（2）观测后尺标尺

直接在标尺上读后视距离，记录为表 6-5 所示手簿中的（9）；读取标尺黑面中丝读数，记录为手簿中的（3）；后视标尺翻面，读红面中丝读数，记录为手簿中的（8）。

（3）观测前视标尺

直接在标尺上读前视距离，记录为表 6-5 所示手簿中的（10）；读取标尺黑面中丝读数，记录为手簿中的（6）；后视标尺翻面，读取红面中丝读数，记录为手簿中的（7）。

（4）手簿的计算与检核

前后视距差（11）＝（9）－（10）

前后视距差累积（12）＝本站（11）＋前站（12）

后视标尺红黑面读数差（14）＝K_1＋（3）－（8）

前视标尺红黑面读数（13）＝K_2＋（6）－（7）（式中，K_1 为后视标尺红面起点刻划，K_2 为前视标尺红面起点刻划。当 K_1＝4687 时，K_2＝4787。当 K_1＝4787 时，K_2＝4687。）

黑面高差（15）＝（3）－（6）

红面高差（16）＝（8）－（7）

红黑面高差之差（17）＝（15）－（16）±100＝（14）－（13）

高差中数（18）＝［（15）＋（16）±100］/2（当后视标尺红面起点刻划为 4687 时，取"＋"，否则取"－"）

四等水准记录表格　　　　　　　　　　　　　　　表 6-5

测站编号	测点编号	后尺	上丝(m)	前尺	上丝(m)	方向及尺号	水准尺读数(m)		K＋黑－红(mm)	平均高差(m)	备注
			下丝(m)		下丝(m)		黑面	红面			
		后视距(m)		前视距(m)							
		视距差 d(m)		累积差 Σd(m)							
		(1)		(4)		后视	(3)	(8)	(14)		
		(2)		(5)		前视	(6)	(7)	(13)		
		(9)		(10)		后一前	(15)	(16)	(17)	(18)	
		(11)		(12)							
1	BM_1～TP_1	1.426		0.801		后视 K_1	1.211	5.998	0		K 为尺常数 K_1＝4.787m K_2＝4.687m
		0.995		0.371		前视 K_2	0.586	5.273	0		
						后一前					
2	TP_1～TP_2	1.812		0.570		后视 K_2	1.554	6.241	0		
		1.296		0.052		前视 K_1	0.311	5.097	＋1		
						后一前					

3. 角度测量

角度测量分为水平角测量和竖直角测量。水平角测量用于确定地面点的平面位置,竖直角测量用于间接确定地面点的高程和点之间的距离。水平角是一点到两个目标的方向线垂直投影在水平面上所成的夹角。竖直角是一点到目标的方向线和一特定方向之间在同一竖直面内的夹角。通常以水平方向或天顶方向作为特定方向。水平方向和目标间的夹角称为高度角。天顶方向和目标方向间的夹角称为天顶距。角度测量主要使用经纬仪。测角时安置经纬仪,使仪器中心与测站标志中心在同一铅垂线上,利用照准部上的水准器整平仪器后,进行水平角或竖直角观测。

(1)水平角观测

水平角是指空间两条相交直线在某一水平面上垂直投影之间的夹角,如图 6-13 所示,地面上有高低不同的 A、B、O 三点,直线 AO、BO 在水平面 P 上的投影为 A_1O_1 与 B_1O_1,其夹角 $\angle A_1O_1B_1$ 即为 AO、BO 两相交直线的水平角,用 β 表示,水平角的范围为 $0°\sim360°$。

1)测回法

以盘左、盘右(即正、倒镜)分别观测两个方向之间的水平角的方法,称为测回法。用盘左观测水平角时称为上半测回,用盘右观测水平角时,称为下半测回,上半测回和下半测回合称一测回。这种测角方法只适用于观测两个方向之间的单个角度。

用盘左精确照准左边目标 A,将水平度盘置在 $0°00'$ 或稍大的读数处(其目的是便于计算)。读取水平度盘读数 $a_左$,记入观测手簿。顺时针方向旋转照准部,用同样的方法照准右边目标 B,读取水平度盘读数 $b_左$,记入观测手簿,由此可算得上半测回的水平角值为

$$\beta_左 = b_左 - a_左 \qquad (6\text{-}12)$$

图 6-13 水平角示意图

倒转望远镜使盘左变为盘右,按上述方法先瞄准右边的目标 B,读取水平度盘读数 $b_右$,记入观测手簿。逆时针方向转动照准部,照准左边目标 A,读取水平度盘读数 $a_右$,记入观测手簿。由此可算得下半测回的水平角值为

$$\beta_右 = b_右 - a_右 \qquad (6\text{-}13)$$

测回法通常有两个限差:一是两个半测回的角值之差,即上半测回角值和下半测回角值之差,称为半测回角值之差,二是各测回角值之差,又称为测回差。不同的仪器有不同的规定限值,对于 DJ_6 经纬仪,半测回角值之差 $\leqslant 36''$,各测回角值之差 $\leqslant 24''$。不符合要求时,需要重测。符合规定要求时,取其平均值作为一测回的观测结果,即一测回的水平角值为

$$\beta = 1/2(\beta_左 + \beta_右) \qquad (6\text{-}14)$$

为了提高测角精度,同时削弱度盘分划误差的影响,角度观测往往需要进行几个测

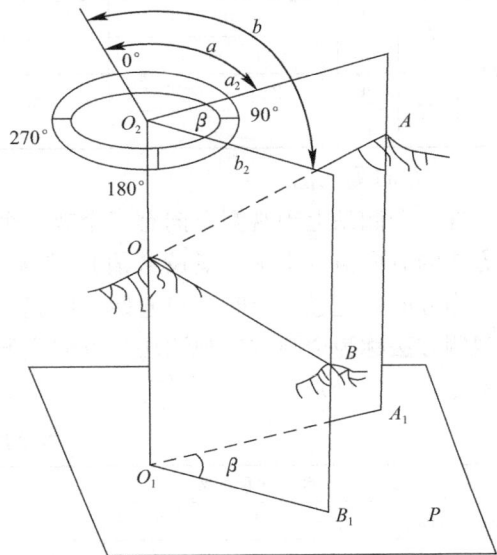

回，各测回的方法相同，但起始方向置数不同，设置需要观测的测回数为 n，则各测回起始方向的度盘置数应按 $180°/n$ 递增，即

$$m_i = \frac{180°}{n}(i-1) \qquad (6\text{-}15)$$

式中，n 为测回数，i 为测回序号，m_i 为第 i 测回的度盘置数。

测回法观测水平角的记录计算格式见表 6-6。

测回法观测手簿   表 6-6

测站	竖盘位置	目标	水平度盘读数 ° ′ ″	半测回角值 ° ′ ″	一测回角值 ° ′ ″	各测回平均值 ° ′ ″
O	左	A	0 01 42	98 04 12	98 04 18	98 04 22
		B	98 05 54			
	右	A	180 01 36	98 04 24		
		B	278 06 00			
O	左	A	90 02 06	98 04 18	98 04 27	
		B	188 06 24			
	右	A	270 01 54	98 04 36		
		B	08 06 30			

2）方向测回法

在一个测站上当观测方向有三个或三个以上时，可将这些方向合为一组，通过观测各个方向的方向值（水平度盘读数值），然后计算出相应角值，这种观测方法称为方向观测法。当方向数超过三个时，自起始方向起，观测完所有方向时，应再次观测起始方向，这种观测方法称为全圆方向观测法。方向观测法的记录手簿参见表 6-7（a），测量的限差要求参见表 6-7（b）。

水平角观测手簿   表 6-7（a）

测站	目标	水平度盘读数 盘左 ° ′ ″	盘右 ° ′ ″	2c ″	平均读数 ° ′ ″	一测回归零方向值 ° ′ ″	各测回平均方向值 ° ′ ″	角值 ° ′ ″
1	2	3	4	5	6	7	8	9
					0 01 18			
					0 1 15			
	A	0 1 12	180 01 18	−6	0 1 15	0 0 0	0 0 0	96 51 42
	B	96 53 06	276 53 00	6	96 53 03	96 51 45	96 51 42	56 49 48
	C	143 32 48	323 32 48	0	143 32 48	143 31 30	143 31 30	70 34 32
	D	214 6 12	34 6 6	6	214 6 9	214 04 51	214 05 02	
	A	0 1 24	180 1 18	6	0 1 21			
		$\Delta_左 = 12''$	$\Delta_右 = 0''$		90 1 30			
	A	90 1 22	270 1 24	−2	90 01 23	0 0 0		
	B	186 53 0	6 53 18	−18	180 53 09	96 51 39		
	C	233 32 54	53 53 6	−12	304 06 42	214 05 12		
	D	304 06 36	124 06 48	−12	304 06 42	214 05 12		
	A	90 01 36	270 01 36	0	90 1 36			

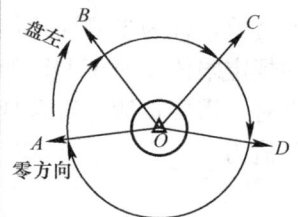

限差项目	DJ$_2$ 型	DJ$_6$ 型
半测回归零差 Δ	12″	24″
同一测回 2c 互差	18″	—
各测回归零方向值之较差	12″	24″

如图 6-14 所示，欲观测 O 点到 A、B、C、D 各方向之间的水平角，可将经纬仪安置在 O 点上，进行对中整平，并在 A、B、C、D 四点树立标杆或测钎作为照准标准，采用方向观测法观测一个测回的步骤如下：

选定一个距离适中，目标清晰的方向 A 作为起始方向（又称为零方向），以盘左位置照准目标 A，将水平度盘置在 $0°00'$ 或稍大的读数，将读数记入表 6-6（a）所示的观测手簿第 3 列，顺时针方向旋转照准部，依次瞄准目标 B、C、D，将各方向的水平度盘读数依次记入表 6-6 的第 3 列，这一步称为归零，其目的是为了检查水平度盘的位置在观测过程中是否发生变动，上述全部工作叫作盘左半测回或上半测回。

倒转望远镜，用盘右位置照准目标 A，读数，记入表 6-6（a）的第 4 列，然后按逆时针方向依次照准目标 D、C、B、A，读数，依次

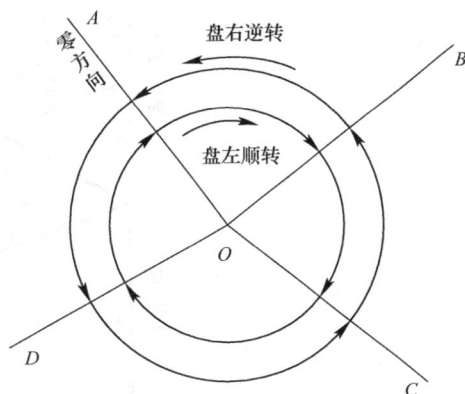

图 6-14　全圆方向观测法

记入表 6-6（a）的第 4 列，此为盘右半测回或下半测回，在下半测回观测中又两次照准目标 A，故称为下半测回归零。

上下半测回合称一测回，同样，为了提高测角精度，可变换水平度盘位置观测几个测回，各测回变化起始方向度盘读数方法同测回法一样，即各测回起始方向仍应按 $180°/n$（n 为测回数）的差值置数。

3）数据记录要求

① 手簿项目填写齐全，不留空页，不撕页。

② 记录数字字体正规符合规定。

③ 读记错误的秒值不许改动，应重新观测。读记错误的度、分值，必须在现场更改，但同一方向盘左盘右半测回方向值三者不得同时更改两个相关数字，同一测站不得有两个相关数字连环更改，否则均应重测。

④ 凡更改错误，均应将错误数字、文字用横线整齐划去，在其上方写出正确数字或文字。原错误数字或文字应仍能看清，以便检查。需重测的方向或需重测的测回可用从左上角至右下角的斜线划去。凡划改的数字或划去的不合格结果，均应在备注栏内注明原因。需重测的方向或测回，应注明重测结果所在页数。废站也应整齐划去并注明原因。

⑤ 补测或重测的结果不得记录在测错的手簿页的前面。

（2）竖直角的观测

竖直角是指在同一竖直面内，水平视线到空间直线间的夹角，亦称高度角或垂直角，

一般用 α 表示，如图 6-15 所示，O 点至地面目标 A 的竖直角 α_A 为视线 OA 与水平视线 OO' 的夹角。

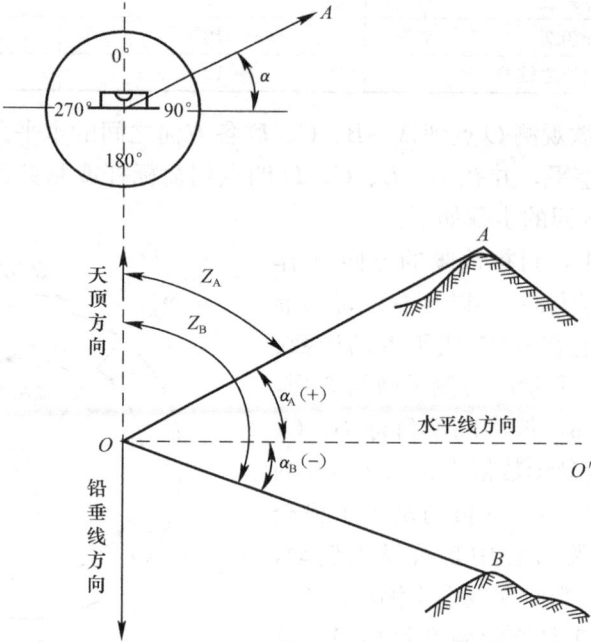

图 6-15　竖直角

当空间直线位于水平视线之上时，成为仰角 α 为正值，当空间直线位于水平视线之下时，成为俯角，α 为负值，所以竖直角的范围为 $-90° \sim +90°$。

竖直角观测的操作步骤：

1）在测站上安置仪器，进行对中、整平、量取仪器高（测站点标志顶端至仪器横轴的垂直距离）。

2）当仪器整平后，用盘左位置照准目标，固定照准部和望远镜，转动水平微动螺旋和竖直微动螺旋，使十字丝的中丝精确切准目标的特定部位，如图 6-16 所示。

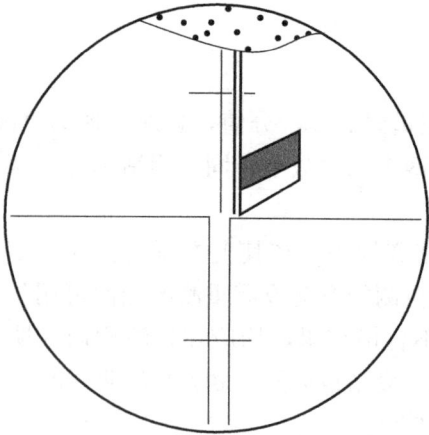

3）旋转竖盘指标水准器微动螺旋，使其气泡居中，重新检查目标切准情况，确认无误后即可读数，记入手簿中相应位置（即表 6-7 中第六列相应位置）。对于有自动安平补偿器的经纬仪，则无指标水准器，不需此项操作，观测时，切准目标后即可观测读数。

4）纵转望远镜，用盘右位置照准同一目标的同一特定部位，按上一步操作并读数，记入表 6-7 的第 6 列相应位置。

以上观测称为一测回，此观测法仅用十字丝的中丝照准目标，故称为中丝法，图根控制的竖

图 6-16　横丝测竖直角
（中丝切准旗杆顶）

268

直角观测，一般要求用中丝观测法观测两测回，且两个测回要分别进行，不得用两次读数的方法代替。

当一个测站上要观测多个目标时，可将 3～4 个目标作为一组，先观测本组所有目标的盘左，再纵转望远镜观测本组所有目标的盘右，将该数分别记入手簿相应栏内，这样可以较少纵转望远镜的次数，节约观测时间，但要防止记簿时记错位置。

对某一目标观测一测回结束后，即可计算其指标差 X，记入表 6-8 第 7 列；然后计算其竖直角 α 的大小，记入表 6-8 的第 8 列。当两个测回所测竖直角互差不超过限差规定（$\pm 24''$）时，取其平均值作为最后的结果，记入表 6-7 的第 8 列，在一个测站上一次设站观测结束后，如果本站所有指标差不超过限差要求（$\pm 24''$）时，本站竖直角观测合格，否则超限目标应重测。

竖直角观测记录手簿　　　　　　　　　　　　　　　　　　　　　表 6-8

测站	仪器高(m)	目标	目标高(m)	竖盘位置	竖盘读数 ° ′ ″	指标差 ″	半测回竖直角 ° ′ ″	一测回竖直角 ° ′ ″	备注
1	2	3	4	5	6	7	8	9	10
0	1.56	A	2.64	左	81 48 36	+3	+8 11 24	+8 11 27	
				右	278 11 30		+8 11 30		
		B	2.82	左	96 26 42	+24	-6 26 42	-6 26 18	
				右	263 34 06		-6 25 54		

（3）角度测量误差

1）仪器制造不完善引起的误差

包括照准部准星偏差和度盘分划误差。

2）仪器校正不完善引起的误差

① 视准轴误差

视准轴误差是视准轴与横轴不垂直而造成的误差，但由于视准轴误差 c 在盘左、盘右位置时符号相反而数值相等，故用盘左盘右位置观测取平均值就可以消除视准轴误差的影响。

② 横轴误差

横轴误差是指横轴不水平时所产生的微小倾角，但由于横轴不水平误差在盘左盘右位置时符号相反而数值相等，故用盘左盘右位置观测取平均值就可以消除横轴不水平误差的影响。

③ 竖轴误差

当管水准器的水准轴与竖轴不正交时，即使气泡居中，竖轴也不在铅垂线上，这种竖轴偏离铅垂线的角度称为竖轴误差。同时，仪器在使用时没有严格整平也会产生竖轴误差，竖轴误差不能通过盘左、盘右读数取平均值的方法消除，只能在观测前认真检校照准部的管水准器，观测时认真整平仪器，如在观测过程中发现水准气泡偏离过大，则应该及时检查原因，并重新置平仪器再进行评测，否则评测结果是不可靠的。

④ 竖盘指标差

竖盘指标差是由于竖盘指标线没有处于正确位置而引起的误差，其原因可能是竖盘指标水准管没有整平、气泡没有居中，也有可能是仪器检校过后的残余误差，因此，观测竖直角时，首先一定要调节竖盘指标水准管，使气泡居中，若此时竖盘指标线仍不在正确位置，如前所述，可采用盘左盘右观测取平均值的方法消除竖盘指标差。

上述四种误差中，视准轴误差、轴误差与竖轴误差三者合称为三轴误差，是仪器误差的重要组成部门。

3）观测误差

① 对中误差

对中误差是指仪器中心没有置于测站点的铅垂线上所产生的误差，仪器对中不准确，使仪器中心偏离测站中心的位移称为偏心距，偏心距将使所观测的水平角值不准确，经研究得知，对中引起的水平角观测误差与偏心距成正比，并与测站到观测点的距离成反比，因此，在进行水平角观测时，仪器的对中误差不应超出相应规范规定的范围，特别是对短边的角度进行观测时，更应该精确对中。

② 整平误差

若仪器未能精确整平或在观测过程中气泡不再居中，竖轴就会偏离铅直位置。此项误差的影响与观测目标的竖直角大小有关，当观测目标与仪器视线大致同高时，影响较小。若观测目标的竖直角够大，则整平误差的影响明显增大，此时，应特别注意整平仪器。当发现水准管气泡偏离零点超过一格以上时，应重新整平仪器，重新观测。

③ 目标偏心误差

目标偏心误差是指实际瞄准的目标位置偏离地面标志点而产生的误差，目标偏心是由于目标点的标志倾斜引起的，在观测点上一般都会树立标杆，当标杆倾斜而又瞄准其顶部时，标杆越长，瞄准点越高，则产生的方向值误差越大，另外，目标偏心对测角的影响与距离成反比，在距离较短时，应特别注意目标偏心，为了减少目标偏心对水平观测角观测的影响，观测时，标杆要准确而竖直的立在测点上，并且尽量瞄准标杆的底部。

④ 瞄准误差

引起误差的因素有很多，如望远镜孔径大小、分辨率、放大率、十字丝粗细等，人眼的分辨能力，目标的形状大小、颜色、亮度和背景等，以及周围的环境，空气透明度、大气的湍流和温度等，其中望远镜放大率的影响最大。经计算，DJ_6型经纬仪的瞄准误差为 $\pm$（$2''\sim2.4''$）。所以，尽管观测者认真仔细地照准目标，仍不可避免地存在着误差，故此项误差是无法消除的，只能注意改善影响照准精度的各项因素，严格要求进行照准操作，同时观测时应注意消除视差，调清十字丝，以此来减少瞄准误差的影响。

⑤ 读数误差

读数误差与读数设备、照明情况和观测者的经验有关，一般来说，主要取决于读数设备，对于 DJ_6 型光学经纬仪，估读误差不会超过分划值的 $1/10$，即不超过 $\pm6''$，如果照明情况不佳，读数显微镜存在视差，以及读数不熟练，就会使估读误差增大，因此，在观测中必须严格按要求进行操作，使照明亮度均匀，自己对读数显微镜调焦，准确估读，尽可能减小读数误差的影响。

⑥ 外界条件的影响

影响角度测量的外界因素有很多，例如，大风、松软的土会影响仪器的稳定，地面辐射热会影响大气稳定从而引起物像的跳动，空气的透明度会影响照明的准度，温度的变化会影响仪器的正常状态，这些在不同程度上都会影响角的精度，想要完全避免是不可能的，观测者只能采取必要的措施，选择有利的观测条件和时间，使这些外界因素的影响程度降到最小，从而保证测角的精度。

4. 距离测量

（1）钢尺量距

钢尺长度有 20m、30m、50m 等几种，又叫钢卷尺。其基本分划有厘米和毫米两种，厘米分划的钢尺在起始的 10cm 内刻有毫米分划。由于尺上零点位置的不同，有端点尺和刻线尺之分，如图 6-17 所示。

钢尺的名义长度是指钢尺上所标注的尺长，钢尺的标准长度是指将钢尺与标准长度相比对，测得的钢尺的实际长度，一般来说，钢尺的名义长度与标准长度存在一定的尺长误差，需要对所测直线长度进行尺长改正。

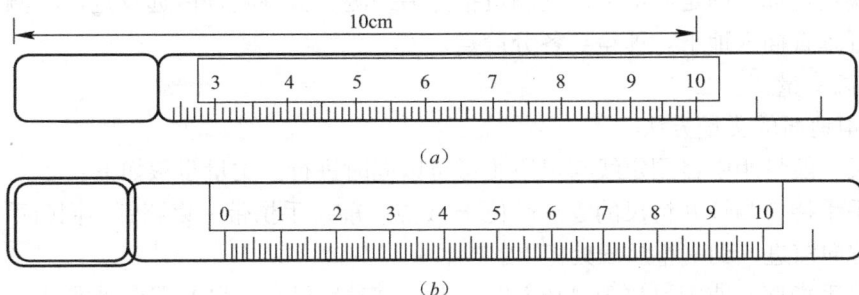

图 6-17　钢尺零点

钢尺量距的辅助工具有测钎、标杆、弹簧秤、温度计等。普通钢卷尺沾水易生锈，所以用防水防锈钢卷尺进行工程测量越来越普遍。

钢尺量距是利用经鉴定合格的钢尺直接量测地面两点之间的水平距离的方法，又称为距离丈量，它使用的工具简单，又能满足工程建设必需的精度要求，是工程测量中常用的距离测量方法，钢尺量距按精度要求不同，又分为一般量距和精密量距，其基本步骤有直线定线、尺段丈量和成果计算。

1）直线定线

在两点的直线上或其延长线上标定出一些点的工作，称为定线。

当地面两点之间的距离大于钢尺的一个尺段时，就需要在直线方向上标定若干分段点，以便于用钢尺分段丈量。直线定线的方法主要有目测定线和经纬仪定线，其目的是使这些分段点在待量直线端点的连线上。下面介绍直线定线的两种方法。

① 目测定线

目测定线适用于钢尺量距的一般方法，如图 6-18 所示，设 A、B 两点互相通视，要在 A、B 两点的直线上标出分段点 1、2 点。先在 A、B 点上竖立标杆，甲站在 A 点标杆后约 1m 处，指挥乙左右移动标杆，直到甲在 A 点沿标杆的同一侧看到 A、2、B 三支标杆成一条线为止。同法可以定出直线上的其他点。两点间定线，一般应由远及近，即先定 1 点，再定 2 点。定线时，乙所持标杆应竖直，利用食指和拇指夹住标杆的上部，稍微提起，利用重心使标杆自然竖直。此外，为了挡住甲的视线，乙应持标杆站在直线方向的左侧或右侧。

目测定线的主要形式有：两点间定线；在直线延长线上定线；过高地定线；过山谷定线。

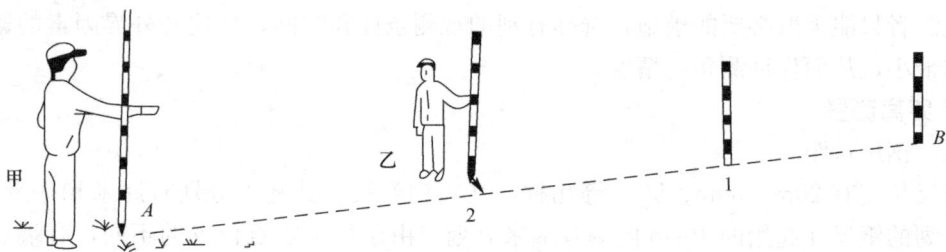

图 6-18　目测定线

② 经纬仪定线

经纬仪定线是在直线的一个端点安置经纬仪后，对中、整平，用望远镜十字丝竖丝瞄准另一个端点目标，固定照准部。观测员指挥另一测量员持测钎由远及近，将测钎按十字丝纵丝位置垂直插入地下，即得到各分段点。

2）距离丈量

① 平坦地面的丈量方法

在钢尺一般量距中目测定线与尺段丈量可以同时进行。丈量步骤如下：

后尺手手持一测钎并持尺的零点端位于 A 点，前尺手携带一束测钎，同时手持尺的末端沿 AB 方向前进，到一整尺段处停下。

由后尺手指挥，使钢尺位于 AB 方向线上，这时后尺手将尺的零点对准 A 点，两人同时用力将钢尺拉平，前尺手在尺的末端处插一测钎作为标记，确定分段点。

后尺手持测钎与前尺手一起抬尺前进，依次丈量第二、第三直至第 n 个整数段，到最后不足一整尺段时，后尺手以尺的零点对准测钎，前尺手用钢尺对准 B 点并读数 q，则 AB 两点之间的水平距离为

$$D = nl + q \tag{6-16}$$

式中　n——整尺段数；

　　　l——钢尺的整尺长度；

　　　q——不足一整尺段的余长。

上述由 $A{\rightarrow}B$ 的丈量工作称为往测，其结果称为 $D_{往}$。为防止错误和提高测量精度，需要往、返各丈量一次。同法，由 $B{\rightarrow}A$ 进行返测得到 $D_{返}$。然后计算往、返测平均值。

计算往、返丈量的相对误差 K，把往返丈量所得距离的差数除以该距的平均值，称为丈量的相对精度。如果相对误差满足精度要求，则将往、返测平均值作为最后的丈量结果。相对误差 K 是衡量丈量结果精度的指标，常用一个分子为 1 的分数表示。

$$K = \frac{\mid D_{往} - D_{返} \mid}{D_{平均}} = \frac{1}{D_{平均} / \mid D_{往} - D_{返} \mid} \tag{6-17}$$

相对误差的分母越大，说明量距的精度越高。例如，AB 的往测距离为 213.41m，返测距离为 213.35m，平均值为 213.38m，计算相对误差为

$$K = \frac{\mid 213.41 - 213.35 \mid}{213.38} = \frac{1}{3556}$$

在平坦地区，钢尺量距的相对误差一般不应大于 1/3000。在量距较困难的地区，也不应大于 1/1000。

② 倾斜地面的丈量方法

a. 平量法

在倾斜地面丈量距离，当尺段两端的高差不大，但地面坡度变化不均匀时，一般使用平量法，即将钢尺拉平丈量。丈量由 A 向 B 进行，后尺手立于 A 点，指挥前尺手将尺拉在 AB 方向线上，后尺手将尺的零点对准 A 点，前尺手将尺子抬高并目估使尺子水平，然后用垂球将尺的某一刻划投于地面上，插以测钎进行丈量，从山坡上部向下坡方向丈量比较容易，因此，丈量时两次均由高到低进行。

b. 斜量法

当倾斜地面的坡度比较均匀时，可以在斜坡丈量出 AB 的斜距 L，测出地面倾角 α 或 A、B 两点高差，然后可以计算出 AB 的水平距离 D。

3）钢尺量距的误差来源及其消减措施

① 尺长误差

如果钢尺的名义长度和实际长度不符，则产生尺长误差。尺长误差具有累积性，量的距离越长，误差就越大。因此量距前必须对钢尺进行检定，以求得尺长改正值。

② 温度误差

钢尺受温度变化的影响将产生线性胀缩，所以量距时，应测定钢尺的温度，进行温度调整。

③ 定线误差

量距时若尺子偏离了直线方向，所量的距离不是直线而是一条折线，因此总的丈量结果将会偏大，这种误差叫作定线误差。为了减小这种误差的影响，对于精度要求较高的量距要用经纬仪来定线。

④ 丈量误差

一般量距时，零刻度线没有对准地面标志，或者测钎没有对准尺子末端的刻度线；精密量距时，前后司尺员对点不准确、没有同时读数或读数不准确，都会引起丈量误差。这种误差属于偶然误差，无法消除，只有通过丈量时严格操作来降低。

⑤ 拉力误差

丈量时钢尺所受拉力应与检定时所受拉力相同，否则将会产生拉力误差，因此量距要用弹簧秤控制拉力。

⑥ 钢尺的倾斜和垂曲误差

量距时，尺子没有拉平（水平法量距）或尺子中间下垂而成曲线时，将使量得的长度增大。因此，水平法量距时，必须注意使尺子水平，若钢尺悬空丈量，中间应有人托住尺子，以减小钢尺垂曲的影响；对于精密量距，必要时可加入垂曲改正。

（2）视距测量

视距测量是利用经纬仪望远镜中的视距丝（上、下丝）及视距标尺按几何光学原理进行测距的一种方法。视距测量不仅能测定地面两点间的水平距离，而且能测定地面两点间的高差。视距测量的精度较低，一般认为最高精度只能达到 1/300，但由于操作简便，且能满足碎部测量的精度要求，所以广泛应用于地形测量中。

（3）直线定向

1）标准方向

测量工作中常用的标准方向有以下三种：

地表任一点 p 与地球旋转轴所组成的平面与地球表面的交线称为 p 点真子午线。真子午线在 p 点的切线方向为 p 点的真子午线方向。真子午线方向可用天文观测的方法和采用陀螺经纬仪来测量。

地表任一点与地球磁场南北极连线所组成的平面与地球表面的交线称为该点的磁子午线。磁子午线在该点的切线方向为该点的磁子午线方向。磁子午线方向可用罗盘仪来测量。

平面直角坐标系或高斯平面直角坐标系中平行于纵坐标轴的直线方向称为纵坐标线方向。过地面上任一点在相应坐标系中的位置都可以做一条纵坐标线。

2）直线方向的表示方法

由标准方向的北端起，顺时针方向旋至某直线所夹的水平角，称为该直线的方位角。测量中，常用方位角来表示直线的方向。方位角的取值范围是 $0° \sim 360°$。

与标准方向相对应，地表任一直线都具有三种方位角：从真子午线方向的北端起，顺时针旋至某直线所夹的水平角，称为该直线的真方位角，从磁子午线方向的北端起，顺时针旋至某直线所夹的水平角，称为该直线的磁方位角，从纵坐标线方向的北端起，顺时针旋至某直线所夹的水平角，称为该直线的坐标方位角。

3）坐标方位角和象限角

① 坐标方位角

普通测量中，应用最多的是坐标方位角。在以后的讨论中，若无特别说明，所提到的方位角均指坐标方位角。

坐标方位角是以纵坐标线指北方向为准，顺时针方向旋至某直线的夹角，常以 α 表示。

如图 6-19 所示，直线有两个方向，从 A 到 B 的方向为正方向，则从 B 到 A 的方向为反方向，故直线有两个方位角 α_{AB} 和 α_{BA}，α_{AB} 称为正方位角，α_{BA} 称为反方位角。从图 6-19 中可知，α_{AB} 与 α_{BA} 存在下述关系

$$\alpha_{BA} = \alpha_{AB} \pm 180°$$

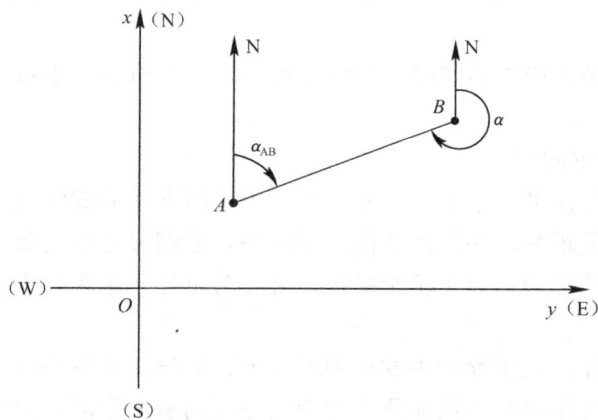

图 6-19　正、反坐标方位角

② 象限角

同方位角一样，象限角也可以用来表示直线的方向。所谓象限角，是指过坐标纵轴指北端或者指南端至直线的锐角，并加以所在象限名称，如图 6-20 所示。象限角和坐标方

位角之间的换算公式见表 6-9。

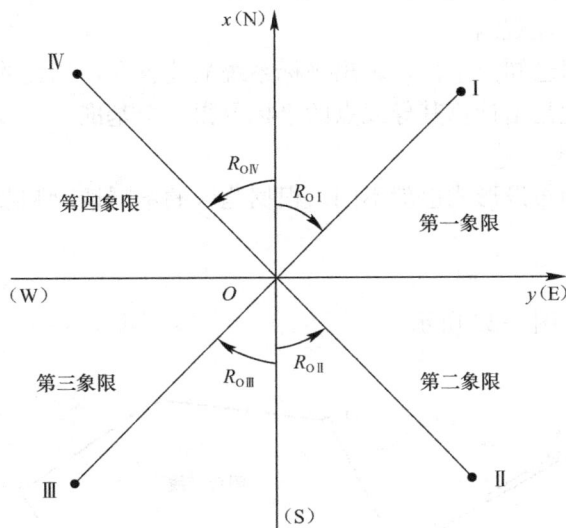

图 6-20　象限角

象限角和坐标方位角之间的换算公式　　　　　　　　　　　　　表 6-9

象限	象限角 R 与坐标方位角 α 换算公式
第Ⅰ象限（NE）	$\alpha = R$
第Ⅱ象限（SE）	$\alpha = 180° - R$
第Ⅲ象限（SW）	$\alpha = 180° + R$
第Ⅳ象限（NE）	$\alpha = 360° - R$

　　一条指向正南方向直线的方位角和象限角分别为 $180°$，$0°$。

　　4）坐标方位角的推算

　　在实际工作中，常常根据已知边的方位角和观测的水平角来推算未知边的方位角。如图 6-21 所示，从 A 到 D 是 1 条折线，假定 α_{AB} 已知，在转折点 B、C 上分别设站观测了水平角 β_B，β_C，由于观测了推算路线左侧的角度，故称为左角。现在来推算 BC、CD 边的方位角，由图中可以看出：

$$\alpha_{BC} = \alpha_{AB} + 180° + \beta_1 \qquad (6\text{-}18)$$

$$\alpha_{CD} = \alpha_{BC} + 180° + \beta_2 \qquad (6\text{-}19)$$

　　一般公式（即左角公式为）：

$$\alpha_{前} = \alpha_{后} + 180° + \beta_{左} \qquad (6\text{-}20)$$

　　即前一边的方位角等于后一边方位角加 $180°$ 再加上观测的左角。

　　如果观测了推算路线右侧的角度，称为右角。不难得到用右角推算未知边方位角的公式为

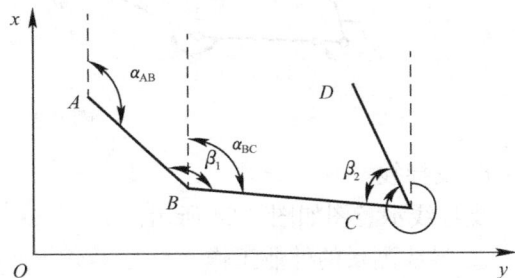

图 6-21　坐标方位角的推算

$$\alpha_{前} = \alpha_{后} + 180° - \beta_{右} \qquad (6\text{-}21)$$

即前一边的方位角等于后一边的方位角加上 180°减去观测的右角。在式（6-20）和式（6-21）中，若算得的方位角超过 360°，则应减去 360°。

（4）导线测量的外业观测

导线定向就是根据已知点坐标，求出坐标系统的北方向，如此才能确定其他导线点的坐标，也即导线定向就是给计算其导线点的坐标寻得一个基准。

① 导线的布设形式

测区不同，导线的布设形式也就不同。根据测区的不同情况和要求，导线的布设形式主要有三种。

a. 闭合导线

闭合导线示意图如图 6-22 所示。

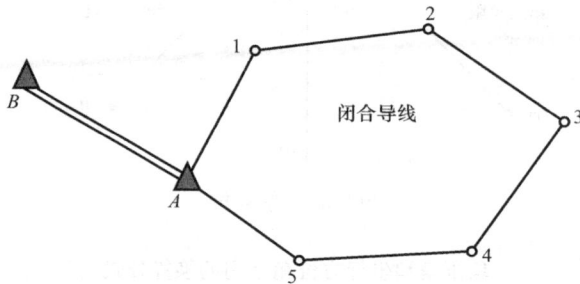

图 6-22　闭合导线

b. 附合导线

附合导线示意图如图 6-23 所示。

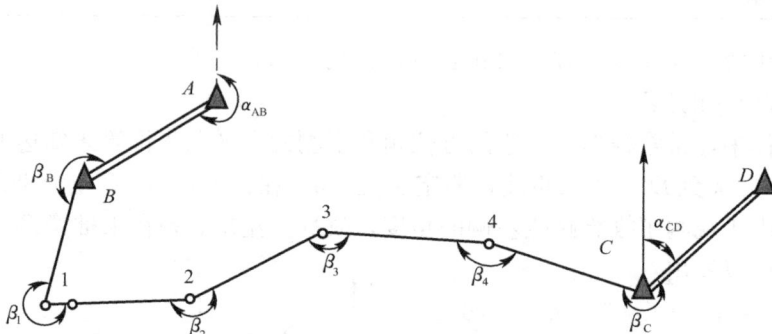

图 6-23　附合导线

c. 支导线

支导线示意图如图 6-24 所示。

② 导线测量的外业工作

a. 踏勘选点及建立标志

收集测区原有的地形图和控制点的资料，在图上规划导线布设线路，然后到现场踏勘选点。选点时应注意以下几个方面：相邻导线点之间通视良好，便于角度和距离测量；点位应选在土质坚实，视野开阔处，以便于保存点的标志和安置仪器；点位应分布均匀，便

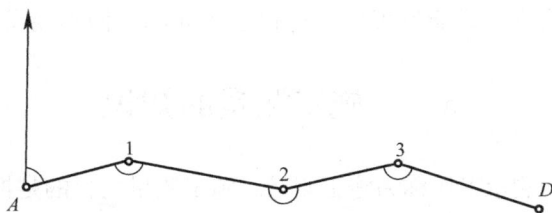

图 6-24 支导线

于控制整个测区，进行碎部测量。

导线点位选定后，根据现场条件，用油漆、木桩、混凝土标石或大铁钉等标志点位。导线点埋设后，为了便于在观测和使用时寻找，可以在点位附近的房角、电线杆等明显地物上用油漆标明指示导线点与该明显地物的方向和距离，并绘制点位略图，即"点之记"，在图上应有导线点编号、地名、路名、单位名等注记，并量出导线点至邻近若干地物特征点的距离，以便于今后寻找和使用。衡量导线测量精度的一个重要指标是导线全长相对闭合差。

b. 导线边长测量

导线边长一般用电磁波测距或全站仪观测，图根导线测量也可以用经过检定的钢卷尺往返或两次丈量。

c. 导线转折角测量

导线转折角是在导线点上由相邻两导线边构成的水平角。导线的转折角分为左角和右角，在导线前进方向左侧的水平角称为左角，在导线前进方向右侧的称为右角。导线的转折角测量可以用 DJ_2、DJ_6 光学经纬仪、电子经纬仪或全站仪采用测回法观测水平角。

5. 测量记录与计算注意事项

（1）所有观测成果均要使用硬性 2H 或 3H 铅笔记录，同时熟悉表上各项内容及填写、计算方法。

（2）记录观测数据之前，应将表头日期、专业班级、姓名等无一遗漏地填写齐全。

（3）观测者读数后，记录者应随即在测量手簿上的相应栏内填写并复诵回报，以防听错、记错。不得另纸记录事后转抄。

（4）记录时要求字体端正清晰，字体的大小一般占格宽的一半左右，字脚靠近底线，留出空隙作改正错误用。

（5）数据要全，不能省略零位。如水准尺读数 1.300，度盘读数 $3°05'06''$ 中的"0"均应填写。

（6）水平角观测，秒值读记错误应重新观测，不得更改。度、分读记错误可在现场更正，但同一方向盘左、盘右不得同时更改相关数字。

（7）距离测量和水准测量中，厘米及以下数值不得更改，米和分米的读记错误可在现场更正但在同一距离、同一高差的往、返测或两次测量的相关数字不得连环更改。

（8）更正错误时均应将错误数字、文字整齐划去，在上方另记正确数字和文字。划改的数字和超限划去的成果均应注明原因和重测结果的所在页数。

（9）进位规则，四舍六入，逢五凑双。即对于 5 前的数字按照单进双不进或称奇进偶不进的规则进行。如数据 1.1475 和 1.1485 进位均为 1.148。

（10）测量计算校核一般只能发现计算过程中的问题，而不能发现用错小数位数。

6.2 施工测量的知识

在施工阶段所进行的测量工作称为施工测量。施工测量的目的是把图纸上设计的建（构）筑物的平面位置和高程，按设计和施工的要求放样（测设）到相应的地点，作为施工的依据，并在施工过程中进行一系列的测量工作，以指导和衔接各施工阶段和工种间的施工。

施工测量贯穿于整个施工过程中。施工测量是直接为工程施工服务的，因此它必须与施工组织计划相协调。测量人员必须了解设计的内容、性质及其对测量工作的精度要求，随时掌握工程进度及现场变动，使测设精度和速度满足施工的需要。施工测量的精度主要取决于建（构）筑物的大小、性质、用途、材料、施工方法等因素。一般高层建筑施工测量精度应高于低层建筑，装配式建筑施工测量精度应高于非装配式，钢结构建筑施工测量精度应高于钢筋混凝土结构建筑。往往局部精度高于整体定位精度。由于施工现场各工序交叉作业、材料堆放、运输频繁、场地变动及施工机械的振动，使测量标志易遭破坏，因此，测量标志从形式、选点到埋设均应考虑便于使用、保管和检查，如有破坏，应及时恢复。

其主要内容有：

1. 施工前建立与工程相适应的施工控制网。

2. 建（构）筑物的放样及构件与设备安装的测量工作，以确保施工质量符合设计要求。

3. 检查和验收工作。每道工序完成后，都要通过测量检查工程各部位的实际位置和高程是否符合要求，根据实测验收的记录，编绘竣工图和资料，作为验收时鉴定工程质量和工程交付后管理、维修、扩建、改建的依据。

4. 变形观测工作。随着施工的进展，测定建（构）筑物的位移和沉降，作为鉴定工程质量和验证工程设计、施工是否合理的依据。

由于施工现场有各种建（构）筑物，且分布面广，开工兴建时间不一。为了保证各个建（构）筑物的平面位置和高程都符合设计要求，施工测量也应遵循"从整体到局部，先控制后碎部"的原则。即在施工现场先建立统一的平面控制网和高程控制网，然后，根据控制点的点位，测设各个建（构）筑物的位置。

此外，施工测量的检核工作也很重要，因此，必须加强外业和内业的检核工作。施工放线时，放线仪器和工具应经检验校正后方可使用放线；在测量放线时，钢卷尺在使用过程中出现刻度脱落、不清楚时，需要重新校验或更换，以保证其准确性；施工放线过程中需要共同移交基准点位，并办理书面交接手续；同一项目的测量放线，应保证放线人员固定，不得随意更换；施工放线过程中，施工员需要不断重复地进行复核、校正；施工放线时，根据基准点线引出正确的横向、纵向控制线和1m线后，原始的基准点线仍作为校正之用。

6.2.1 建筑的定位与放线

1. 概述

由于在勘探设计阶段所建立的控制网，是为测图而建立的，有时并未考虑施工的需要，所以控制点的分布、密度和精度，都难以满足施工测量的要求；另外，在平整场地时，大多控制点被破坏。因此施工之前，在建筑场地应重新建立专门的施工控制网。

（1）施工控制网的分类

施工控制网分为平面控制网和高程控制网两种。

（2）施工平面控制网

施工平面控制网可以布设成三角网、导线网、建筑方格网和建筑基线四种形式，至于采用哪种形式的平面控制网，应根据总平面图和施工场地的地形条件来确定。

三角网：对于地势起伏较大，通视条件较好的施工场地，可采用三角网。

导线网：对于地势平坦，通视又比较困难的施工场地，可采用导线网。

建筑方格网：对于建筑物多为矩形且布置比较规则和密集的施工场地，可采用建筑方格网。

建筑基线：对于地势平坦且又简单的小型施工场地，可采用建筑基线。

（3）施工高程控制网

施工高程控制网采用水准网。

（4）施工控制网的特点

与测图控制网相比，施工控制网具有控制范围小、控制点密度大、精度要求高及使用频繁等特点。一般民用建筑场地平面控制网的精度是 1/10000。

2. 施工场地的平面控制测量

（1）建筑基线

建筑基线是建筑场地的施工控制基准线，即在建筑场地布置一条或几条轴线。它适用于建筑设计总平面图布置比较简单的小型建筑场地。临街建筑的施工平面控制网宜采用建筑基线。

1）建筑基线的布设形式

建筑基线的布设形式，应根据建筑物的分布、施工场地地形等因素来确定。常用的布设形式有"一"字形、"L"形、"十"字形和"T"形，如图 6-25 所示。

2）建筑基线的布设要求

① 建筑基线应尽可能靠近拟建的主要建筑物，并与其主要轴线平行，以便使用比较简单的直角坐标法进行建筑物的定位。

② 建筑基线上的基线点应不少于三个，以便相互检核。

③ 建筑基线应尽可能与施工场地的建筑红线相联系。

④ 基线点位应选在通视良好和不易被破坏的地方，为能长期保存，要埋设永久性的混凝土桩。

3）建筑基线的测设方法

根据施工场地的条件不同，建筑基线的测设方法有以下两种：

① 根据建筑红线测设建筑基线

由城市测绘部门测定的建筑用地界定基准线，称为建筑红线。建筑红线，也称"建筑控制线"，指城市规划管理中，控制城市道路两侧沿街建筑物或构筑物（如外墙、台阶等）靠临街面的界线。任何临街建筑物或构筑物不得超过建筑红线。在城市建设区，建筑红线可用作建筑基线测设的依据。如图 6-26 所示，AB、AC 为建筑红线，1、2、3 为建筑基线点，利用建筑红线测设建筑基线的方法如下：

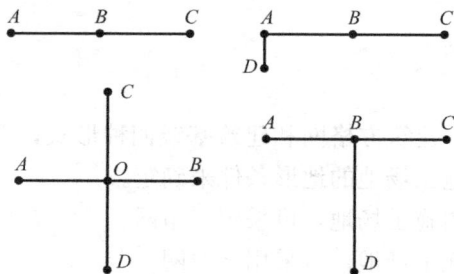

图 6-25 建筑基线的布设形式

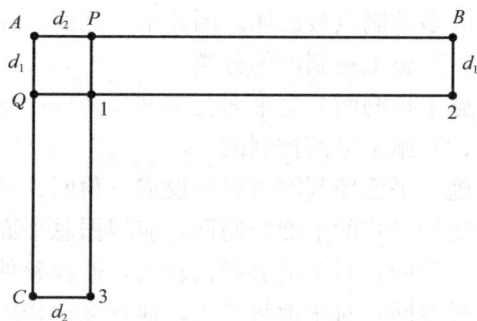

图 6-26 根据建筑红线测设建筑基线

首先，从 A 点沿 AB 方向量取 d_2 定出 P 点，沿 AC 方向量取 d_1 定出 Q 点。

然后，过 B 点作 AB 的垂线，沿垂线量取 d_1 定出 2 点，作出标志；过 C 点作 AC 的垂线，沿垂线量取 d_2 定出 3 点，作出标志；用细线拉出直线 P_3 和 Q_2，两条直线的交点即为 1 点，作出标志。

最后，在 1 点安置经纬仪，精确观测 $\angle 213$，其与 $90°$ 的差值应小于 $\pm 20''$。

② 根据附近已有控制点测设建筑基线

在新建筑区，可以利用建筑基线的设计坐标和附近已有控制点的坐标，用极坐标法测设建筑基线。如图 6-27 所示，A、B 为附近已有控制点，1、2、3 为选定的建筑基线点。测设方法如下：

首先，根据已知控制点和建筑基线点的坐标，计算出测设数据 β_1、D_1、β_2、D_2、β_3、D_3。然后，用极坐标法测设 1、2、3 点。

由于存在测量误差，测设的基线点往往不在同一直线上，且点与点之间的距离与设计值也不完全相符，因此，需要精确测出已测设直线的折角 β' 和距离 D'，并与设计值相比较。如图 6-28 所示，如果 $\Delta\beta = \beta' - 180°$ 超过 $\pm 15''$，则应对 $1'$、$2'$、$3'$ 点在与基线垂直的方向上进行等量调整，调整量按下式计算：

$$\delta = [ab/(a+b)] \times (\Delta\beta/2\rho) \tag{6-22}$$

式中，δ 为各点的调整值（m）；a、b 分别为 12、23 的长度（m）。如果测设距离超限，则以 2 点为准，按设计长度沿基线方向调整 $1'$、$3'$ 点。

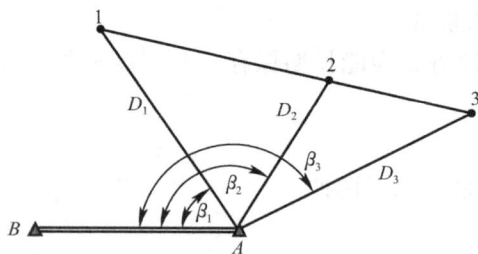

图 6-27 根据控制点测设建筑基线

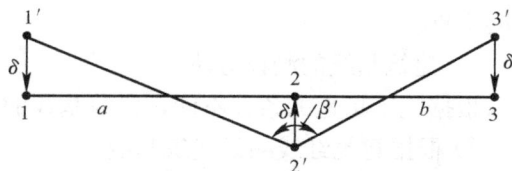

图 6-28 基线点的调整

（2）建筑方格网

由正方形或矩形组成的施工平面控制网，称为建筑方格网，或称矩形网，如图 6-29 所示。建筑方格网适用于按矩形布置的建筑群或大型建筑场地。

1）建筑方格网的布设

布设建筑方格网时，应根据总平面图上各建（构）筑物、道路及各种管线的布置，结合现场的地形条件来确定。如图 6-29 所示，先确定方格网的主轴线 AOB 和 COD，然后再布设方格网。方格网的主轴线应布设在建筑区的中部，与主要建筑物轴线平行或垂直。

2）建筑方格网的测设

① 主轴线测设

主轴线测设与建筑基线测设方法相似。首先，准备测设数据。然后，测设两条互相垂直的主轴线 AOB 和 COD，如图 6-29 所示。主轴线实质上是由 5 个主点 A、B、O、C 和 D 组成。最后，精确检测主轴线点的相对位置关系，并与设计值相比较，如果超限，则应进行调整。建筑方格网的主要技术要求如表 6-10 所示。

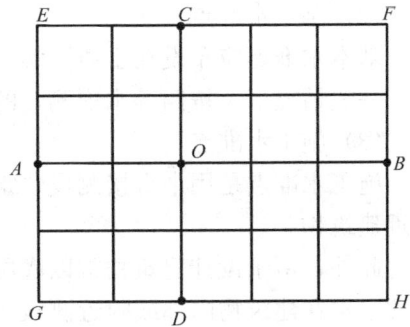

图 6-29 建筑方格网

建筑方格网的主要技术要求　　　　　　　　　　表 6-10

等　级	边长（m）	测角中误差	边长相对中误差	测角检测限差	边长检测限差
Ⅰ级	100～300	5″	1/30000	10″	1/15000
Ⅱ级	100～300	8″	1/20000	16″	1/10000

② 方格网点测设

如图 6-29 所示，主轴线测设后，分别在主点 A、B 和 C、D 安置经纬仪，后视主点 O，向左右测设 90°水平角，即可交会出田字形方格网点。随后再作检核，测量相邻两点间的距离，看是否与设计值相等，测量其角度是否为 90°，误差均应在允许范围内，并埋设永久性标志。

建筑方格网轴线与建筑物轴线平行或垂直，因此，可用直角坐标法进行建筑物的定位，计算简单，测设比较方便，而且精度较高。其缺点是必须按照总平面图布置，其点位易被破坏，而且测设工作量也较大。

由于建筑方格网的测设工作量大，测设精度要求高，因此可委托专业测量单位进行。

3. 施工场地的高程控制测量

（1）施工场地高程控制网的建立

建筑施工场地的高程控制测量一般采用水准测量方法，应根据施工场地附近的国家或城市已知水准点，测定施工场地水准点的高程，以便纳入统一的高程系统。

在施工场地上，水准点的密度，应尽可能满足安置一次仪器即可测设出所需的高程。而测图时敷设的水准点往往是不够的，因此，还需增设一些水准点。在一般情况下，建筑基线点、建筑方格网点以及导线点也可兼作高程控制点。只要在平面控制点桩面上中心点旁边，设置一个突出的半球状标志即可。施工中高程控制点标桩不能保存时，应将高程引测至稳固的建筑物上，引测精度不应低于原有水准点的等级要求。

为了便于检核和提高测量精度，施工场地高程控制网应布设成闭合或附合路线。高程控制网可分为首级网和加密网，相应的水准点称为基本水准点和施工水准点。

（2）基本水准点

基本水准点应布设在土质坚实、不受施工影响、无振动和便于实测，并埋设永久性标志。一般情况下，按四等水准测量的方法测定其高程。

（3）施工水准点

施工水准点是用来直接测设建筑物高程的。为了测设方便和减少误差，施工水准点应靠近建筑物。

此外，由于设计建筑物常以底层室内地坪高±0标高为高程起算面，为了施工引测设方便，常在建筑物内部或附近测设±0水准点。±0水准点的位置，一般选在稳定的建筑物墙、柱的侧面，用红漆绘成顶为水平线的"▼"形，其顶端表示±0位置。

4. 民用建筑的施工测量

民用建筑是指住宅、办公楼、食堂、俱乐部、医院和学校等建筑物。民用建筑施工测量的主要任务是建筑物的定位和放线、基础工程施工测量、墙体工程施工测量及高层建筑施工测量等。

（1）施工测量前的准备工作

1）熟悉设计图纸

设计图纸是施工测量的主要依据，在测设前，应熟悉建筑物的设计图纸，了解施工建筑物与相邻地物的相互关系，以及建筑物的尺寸和施工的要求等，并仔细核对各设计图纸的有关尺寸。测设时必须具备下列图纸资料：

a. 总平面图

只表示地物的平面位置而不反映地表起伏形态的图称为平面图。如图6-30所示，从总平面图上，可以查取或计算设计建筑物与原有建筑物或测量控制点之间的平面尺寸和高差。建筑总平面图是施工测设和建筑物总体定位的依据。建筑物施工测量定位的依据不包括场地四周临时围墙。

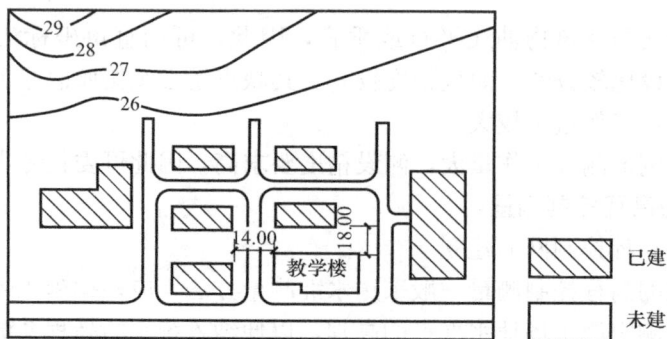

图6-30　总平面图

b. 建筑平面图

如图6-31所示，从建筑平面图中，可以查取建筑物的总尺寸，以及内部各定位轴线之间的关系尺寸，这是施工测设的基本资料。

c. 基础平面图

从基础平面图上，可以查取基础边线与定位轴线的平面尺寸，这是测设基础轴线的必

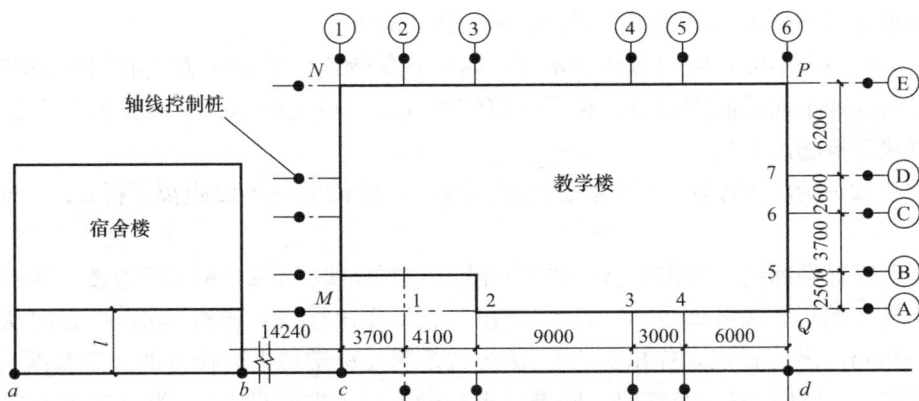

图 6-31　建筑平面图

要数据。

d. 基础详图

从基础详图中，可以查取基础立面尺寸和设计标高，这是基础高程测设的依据。建筑物定位放线过程中，撒出施工灰线的图纸依据是基础平面图和基础详图。

e. 建筑物的立面图和剖面图

从建筑物的立面图和剖面图中，可以查取基础、地坪、门窗、楼板、屋架和屋面等设计高程，这是高程测设的主要依据。

2）现场踏勘　全面了解现场情况，对施工场地上的平面控制点和水准点进行检核。

3）施工场地整理　平整和清理施工场地，以便进行测设工作。

4）制定测设方案　根据设计要求、定位条件、现场地形和施工方案等因素，制定测设方案，包括测设方法、测设步骤、采用的仪器工具、精度要求、采用测设数据计算和绘制测设略图，如图 6-32 所示。

5）仪器和工具　对测设所使用的仪器和工具进行检核。

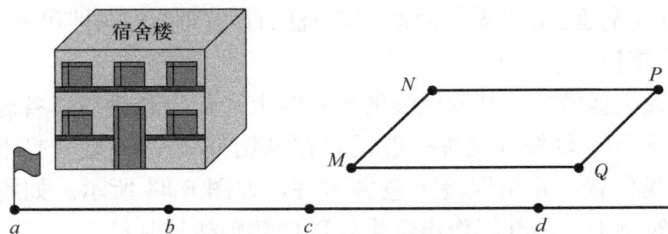

图 6-32　建筑物的定位和放线

相对标高表示建筑物各部分的高度。标高分相对标高和绝对标高。相对标高是把室内地坪面定为相对标高的零点，用于建筑物施工图的标高标注。建筑施工图中标注的某部位标高，一般都是指相对高程。

（2）建筑物的定位

建筑物的定位，就是将建筑物外廓各轴线交点（简称角桩，即图 6-32 中的 M、N、P 和 Q）测设在地面上，作为基础放样和细部放样的依据。在建筑物定位中，选择定位条件的基本原则可以概括为以精定粗，以长定短，以大定小。

由于定位条件不同，定位方法也不同，常用建筑物定位的基本方法有根据原有建筑物定位、根据场地平面控制网定位、根据建筑红线或定位桩定位等。下面介绍根据已有建筑物测设拟建建筑物的方法。

如图 6-32 所示，用钢尺沿宿舍楼的东、西墙，延长出一小段距离 l 得 a、b 两点，作出标志。

在 a 点安置经纬仪，瞄准 b 点，并从 b 沿 ab 方向量取 14.240m（因为教学楼的外墙厚 370mm，轴线偏里，离外墙皮 240mm，定出 c 点，作出标志，再继续沿 ab 方向从 c 点起量取 25.800m，定出 d 点，作出标志，cd 线就是测设教学楼平面位置的建筑基线）。

分别在 c、d 两点安置经纬仪，瞄准 a 点，顺时针方向测设 90°，沿此视线方向量取距离 $l+0.240$m，定出 M、Q 两点，作出标志，再继续量取 15.000m，定出 N、P 两点，作出标志。M、N、P、Q 四点即为教学楼外廓定位轴线的交点。

检查 NP 的距离是否等于 25.800m，$\angle N$ 和 $\angle P$ 是否等于 90°，其误差应在允许范围内。

如施工场地已有建筑方格网或建筑基线时，可直接采用直角坐标法进行定位。在施工放线中，一条主轴线或中线上至少要测定出 3 个点，一个矩形建（构）筑物至少也要定出 3 个点，以便校核。

（3）建筑物的放线

建筑物的放线，是指根据已定位的外墙轴线交点桩（角桩），详细测设出建筑物各轴线的交点桩（或称中心桩），然后，根据交点桩用白灰撒出基槽开挖边界线。放线方法如下：

在外墙轴线周边上测设中心桩位置，如图 6-33 所示，在 M 点安置经纬仪，瞄准 Q 点，用钢尺沿 MQ 方向量出相邻两轴线间的距离，定出 1、2、3、……各点，同理可定出 5、6、7 各点。量距精度应达到设计精度要求。量出各轴线之间距离时，钢尺零点要始终对在同一点上。

恢复轴线位置的方法：

由于在开挖基槽时，角桩和中心桩要被挖掉，为了便于在施工中，恢复各轴线位置，应把各轴线延长到基槽外安全地点，并做好标志。其方法有设置轴线控制桩和龙门板两种形式。

1）设置轴线控制桩

轴线控制桩设置在基槽外，基础轴线的延长线上，作为开槽后，各施工阶段恢复轴线的依据，如图 6-34 所示。轴线控制桩一般设置在基槽外 2～4m 处，打下木桩，桩顶钉上小钉，准确标出轴线位置，并用混凝土包裹木桩，如图 6-34 所示。如附近有建筑物，亦可把轴线投测到建筑物上，用红漆作出标志，以代替轴线控制桩。

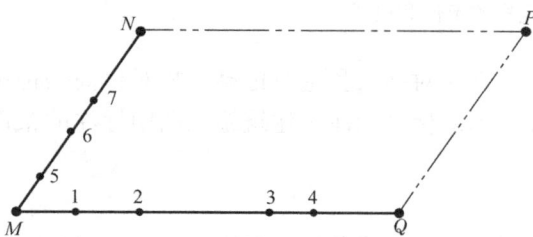

图 6-33　建筑物的轴线放线

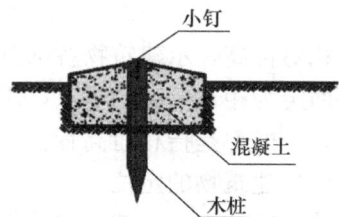

图 6-34　轴线控制桩

2）设置龙门板

在小型民用建筑施工中，常将各轴线引测到基槽外的水平木板上。水平木板称为龙门板，固定龙门板的木桩称为龙门桩，如图 6-35 所示。设置龙门板的步骤如下：

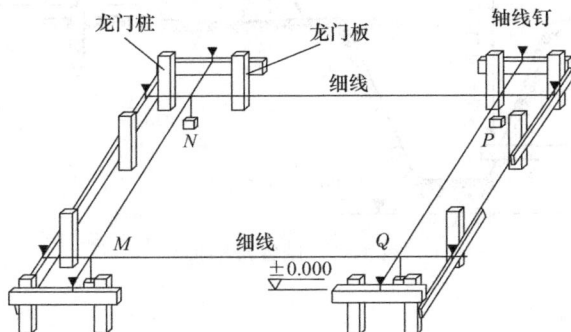

图 6-35　龙门板

在建筑物四角与隔墙两端，基槽开挖边界线以外 1.5～2m 处，设置龙门桩。龙门桩要钉得竖直、牢固，龙门桩的外侧面应与基槽平行。

根据施工场地的水准点，用水准仪在每个龙门桩外侧，测设出该建筑物室内地坪设计高程线（即±0 标高线），并作出标志。

沿龙门桩上±0 标高线钉设龙门板，这样龙门板顶面的高程就同在±0 的水平面上。然后，用水准仪校核龙门板的高程，如有差错应及时纠正，其允许误差为±5mm。

在 N 点安置经纬仪，瞄准 P 点，沿视线方向在龙门板上定出一点，用小钉作标志，纵转望远镜在 N 点的龙门板上也钉一个小钉。用同样的方法，将各轴线引测到龙门板上，所钉之小钉称为轴线钉。轴线钉定位误差应小于±5mm。

最后，用钢尺沿龙门板的顶面，检查轴线钉的间距，其误差不超过 1：2000。检查合格后，以轴线钉为准，将墙边线、基础边线、基础开挖边线等标定在龙门板上。

建筑物施工放线过程中，桩基础中的单排桩或群桩中的边桩定位允许偏差±100mm。

6.2.2　基础施工、墙体施工、构件安装测量

1. 基础工程施工测量

（1）基槽抄平

建筑施工中的高程测设，又称抄平。施工层抄平之前，应先校测首层传递上来的三个标高点，当较差小于 3mm 时，以其平均点引测水平线。抄平时，应尽量将水准仪安置在测点范围的中心位置，并进行一次精密定平，水平线标高的允许误差为±3mm。

1）设置水平桩

为了控制基槽的开挖深度，当快挖到槽底设计标高时，应用水准仪根据地面上±0.000m 点，在槽壁上测设一些水平小木桩（称为水平桩），如图 6-36 所示，使木桩的上表面离槽底的设计标高为一固定值（如 0.500m）。

为了施工时使用方便，一般在槽壁各拐角处、深度变化处和基槽壁上每隔 3～4m 测设一水平桩。水平桩可作为挖槽深度、修平槽底和打基础垫层的依据。

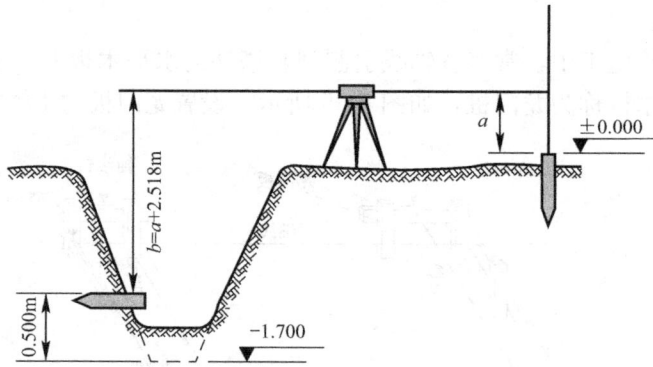

图 6-36 设置水平桩

2）水平桩的测设方法

如图 6-36 所示，槽底设计标高为 −1.700m，欲测设比槽底设计标高高 0.500m 的水平桩，测设方法如下：

在地面适当地方安置水准仪，在 ±0 标高线位置上立水准尺，读取后视读数为 1.318m。

计算测设水平桩的应读前视读数 b 应为：

$$b = a - h = 1.318 - (-1.700 + 0.500) = 2.518\text{m}$$

在槽内一侧立水准尺，并上下移动，直至水准仪视线读数为 2.518m 时，沿水准尺尺底在槽壁打入一小木桩。

（2）垫层中线的投测

基础垫层打好后，根据轴线控制桩或龙门板上的轴线钉，用经纬仪或用拉绳挂锤球的方法，把轴线投测到垫层上，如图 6-37 所示，并用墨线弹出墙中心线和基础边线，作为砌筑基础的依据。由于整个墙身砌筑均以此线为准，这是确定建筑物位置的关键环节，所以要严格校核后方可进行砌筑施工。

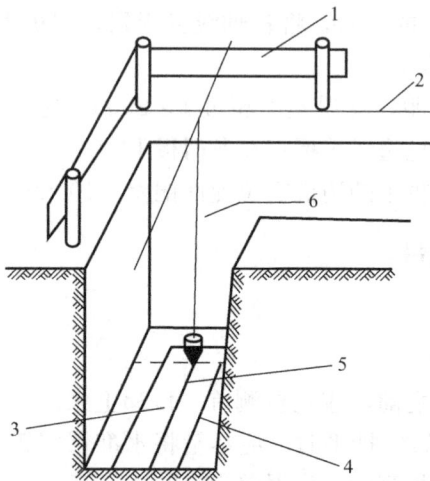

图 6-37　垫层中线的投测

1—龙门板；2—细线；3—垫层；

4—基础边线；5—墙中线；6—锤球

（3）基础墙标高的控制

房屋基础墙是指 ±0.000m 以下的砖墙，它的高度是用基础皮数杆来控制的。

基础皮数杆是一根木制的杆子，如图 6-38 所示，在杆上事先按照设计尺寸，将砖、灰缝厚度画出线条，并标明 ±0.000m 和防潮层的标高位置。立皮数杆时，先在立杆处打一木桩，用水准仪在木桩侧面定出一条高于垫层某一数值（如 100mm）的水平线，然后将皮数杆上标高相同的一条线与木桩上的水平线对齐，并用大铁钉把皮数杆与木桩钉在一起，作为基础墙的标高依据。

（4）基础面标高的检查

基础施工结束后，应检查基础面的标高是否符合设计要求（也可检查防潮层）。可用

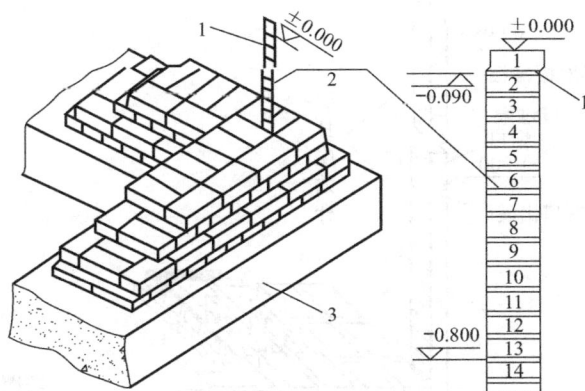

图 6-38 基础墙标高的控制
1—防潮层；2—皮数杆；3—垫层

水准仪测出基础面上若干点的高程和设计高程比较，允许误差为±10mm。

2. 墙体施工测量

（1）墙体定位

利用轴线控制桩或龙门板上的轴线和墙边线标志，用经纬仪或拉细绳挂锤球的方法将轴线投测到基础面上或防潮层上。用墨线弹出墙中线和墙边线，检查外墙轴线交角是否等于90°，把墙轴线延伸并画在外墙基础上，如图 6-39 所示，作为向上投测轴线的依据，把门、窗和其他洞口的边线，也在外墙基础上标定出来。

（2）墙体各部位标高控制

在墙体施工中，墙身各部位标高通常也是用皮数杆控制。

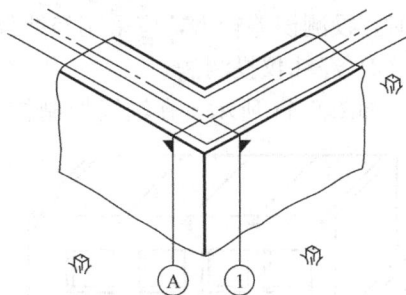

图 6-39 墙体定位

在墙身皮数杆上，根据设计尺寸，按砖、灰缝的厚度画出线条，并标明 0.000m、门、窗、楼板等的标高位置，如图 6-40 所示。墙身皮数杆的设立与基础皮数杆相同，使皮数杆上的 0.000m 标高与房屋的室内地坪标高相吻合。在墙的转角处，每隔 10～15m 设置一根皮数杆。

在墙身砌起 1m 以后，就在室内墙身上定出＋0.500m 的标高线，作为该层地面施工和室内装修用。第二层以上墙体施工中，为了使皮数杆在同一水平面上，要用水准仪测出楼板四角的标高，取平均值作为地坪标高，并以此作为立皮数杆的标志。框架结构的民用建筑，墙体砌筑是在框架施工后进行的，故可在柱面上画线，代替皮数杆。

（3）建筑物的轴线投测

为保证墙体轴线与基础轴线在同一铅垂面上，应使用轴线投测的测量方法。在多层建筑墙身砌筑过程中，为了保证建筑物轴线位置正确，可用吊锤球或经纬仪将轴线投测到各层楼板边缘或柱顶上。

1）吊锤球法

将较重的锤球悬吊在楼板或柱顶边缘，当锤球尖对准基础墙面上的轴线标志时，线在楼板或柱顶边缘的位置即为楼层轴线端点位置，并画出标志线。各轴线的端点投测完后，

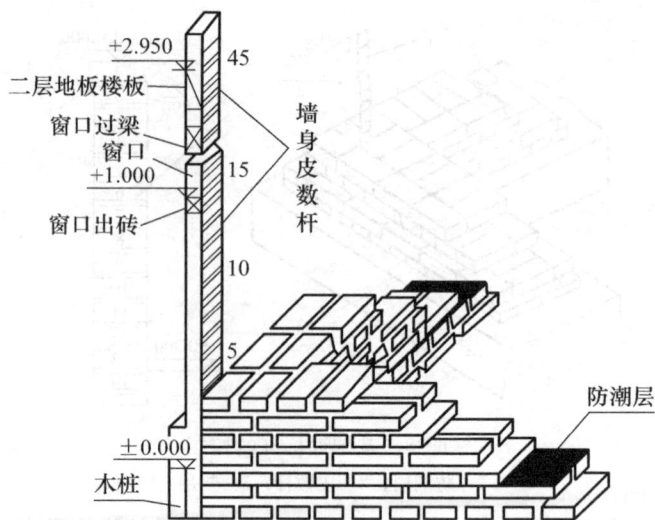

图 6-40　墙体皮数杆的设置

用钢尺检核各轴线的间距，符合要求后，继续施工，并把轴线逐层自下向上传递。

吊锤球法简便易行，不受施工场地限制，一般能保证施工质量。但当有风或建筑物较高时，投测误差较大，应采用经纬仪投测法。

2）经纬仪投测法

如图 6-41 所示，在轴线控制桩上安置经纬仪，严格整平后，瞄准基础墙面上的轴线标志，用盘左、盘右分中投点法，将轴线投测到楼层边缘或柱顶上。将所有端点投测到楼板上之后，用钢尺检核其间距，相对误差不得大于 1/2000。检查合格后，才能在楼板分间弹线，继续施工。若经纬仪没有安在建筑轴线上，校正预制桩身铅直时，可能使桩身产生倾斜、扭转、既倾斜又扭转。钢筋混凝土框架结构施工放线时，一般将经纬仪支架在房屋中部的控制桩上，对中、调平后从第一根柱基开始转镜观测到最后一

图 6-41　经纬仪投测法

根柱基，其轴线均在一条线上无偏控制轴线的为合格。

（4）建筑物的高程传递

在多层建筑施工中，要由下层向上层传递高程，以便楼板、门窗口等的标高符合设计要求。高程传递的方法有以下几种：

1）利用皮数杆传递高程

一般建筑物可用墙体皮数杆传递高程。具体方法参照"墙体各部位标高控制"。

2）利用钢尺直接丈量

对于高程传递精度要求较高的建筑物，通常用钢尺直接丈量来传递高程。对于二层以上的各层，每砌高一层，就从楼梯间用钢尺从下层的"＋0.500m"标高线，向上量出层高，测出上一层的"＋0.500m"标高线。这样用钢尺逐层向上引测。

3）吊钢尺法

用悬挂钢尺代替水准尺，用水准仪读数，从下向上传递高程。

3. 高层建筑的施工测量

高层建筑在施工过程中，对于垂直度偏差、水平度偏差及轴线尺寸偏差都必须严格控制。高层建筑物施工测量中的主要问题是控制垂直度，就是将建筑物的基础轴线准确地向高层引测，并保证各层相应轴线位于同一竖直面内，控制竖向偏差，使轴线向上投测的偏差值不超限。多层或高层建筑施工中，为控制施工层竖向轴线，经纬仪安置必须注意定平，并取盘左、盘右平均值进行测设。为控制施工层竖向轴线，一定要以首层轴线为准，依次逐层向上投测。

轴线向上投测时，要求竖向误差在本层内不超过 5mm，全楼累计误差值不应超过 $2H/10000$（H 为建筑物总高度），且不应大于：30m＜H≤60m 时，10mm；60m＜H≤90m 时，15mm；H＞90m 时，20mm。

高层建筑物轴线的竖向投测，主要有外控法和内控法两种，下面分别介绍这两种方法。

1）外控法

外控法是在建筑物外部，利用经纬仪，根据建筑物轴线控制桩来进行轴线的竖向投测，亦称作"经纬仪引桩投测法"。具体操作方法如下：

① 在建筑物底部投测中心轴线位置

高层建筑的基础工程完工后，将经纬仪安置在轴线控制桩 A_1、A_1'、B_1 和 B_1' 上，把建筑物主轴线精确地投测到建筑物的底部，并设立标志，如图 6-42 中的 a_1、a_1'、b_1 和 b_1'，以供下一步施工与向上投测之用。

② 向上投测中心线

随着建筑物不断升高，要逐层将轴线向上传递，如图 6-42 所示，将经纬仪安置在中心轴线控制桩 A_1、A_1'、B_1 和 B_1' 上，严格整平仪器，用望远镜瞄准建筑物底部已标出的轴线 a_1、a_1'、b_1 和 b_1' 点，用盘左和盘右分别向上投测到每层楼板上，并取其中点作为该层中心轴线的投影点，如图 6-42 中的 a_2、a_2'、b_2 和 b_2'。

③ 增设轴线引桩

当楼房逐渐增高，而轴线控制桩距建筑物又较近时，望远镜的仰角较大，操作不便，投测精度也会降低。为此，要将原中心轴线控制桩引测到更远的安全地方，或者附近大楼的屋面。其具体做法是：

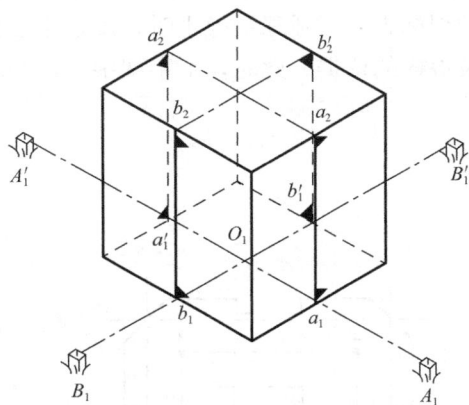

图 6-42　经纬仪投测中心轴线

将经纬仪安置在已经投测上去的较高层（如第十层）楼面轴线 $a_{10}a_{10}'$ 上，如图 6-43 所示，瞄准地面上原有的轴线控制桩 A_1 和 A_1' 点，用盘左、盘右分中投点法，将轴线延长到远处 A_2 和 A_2' 点，并用标志固定其位置，A_2、A_2' 即为新投测的 A_1A_1' 轴控制桩。更高各层的中心轴线，可将经纬仪安置在新的引桩上，按上述方法继续进行投测。

2）内控法

内控法是在建筑物内±0 平面设置轴线控制点，并预埋标志，以后在各层楼板相应位

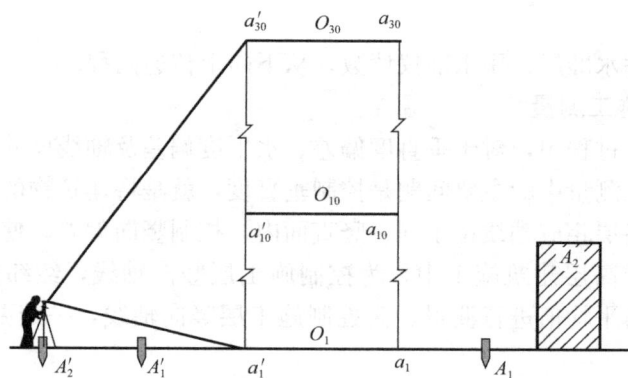

图 6-43　经纬仪引桩投测

置上预留 200mm×200mm 的传递孔，在轴线控制点上直接采用吊线坠法或激光铅垂仪法，通过预留孔将其点位垂直投测到任一楼层，如图 6-44 和图 6-45 所示。

① 内控法轴线控制点的设置

在基础施工完毕后，在±0 首层平面上，适当位置设置与轴线平行的辅助轴线。辅助轴线距轴线 500～800mm 为宜，并在辅助轴线交点或端点处埋设标志。如图 6-44 所示。

② 吊线坠法

吊线坠法是利用钢丝悬挂重锤球的方法，进行轴线竖向投测。这种方法一般用于高度在 50～100m 的高层建筑施工中，锤球的重量约为 10～20kg，钢丝的直径约为 0.5～0.8mm。投测方法如下：如图 6-45 所示，在预留孔上面安置十字架，挂上锤球，对准首层预埋标志。当锤球线静止时，固定十字架，并在预留孔四周作出标记，作为以后恢复轴线及放样的依据。此时，十字架中心即为轴线控制点在该楼面上的投测点。

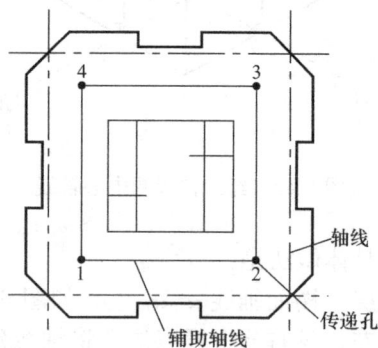

图 6-44　内控法轴线控制点的设置

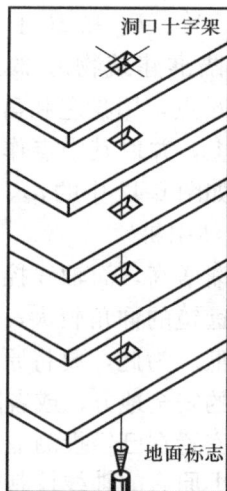

图 6-45　吊线坠法投测轴线

用吊线坠法实测时，要采取一些必要措施，如用铅直的塑料管套着坠线或将锤球沉浸于油中，以减少摆动。用吊线坠校正桩身铅垂时要特别注意防振与防侧风。

4. 工业建筑的施工测量

工业建筑中以厂房为主体，一般工业厂房多采用预制构件，在现场装配的方法施工。厂房的预制构件有柱子、吊车梁和屋架等。因此，工业建筑施工测量的工作主要是保证这些预制构件安装到位。具体任务为：厂房矩形控制网测设、厂房柱列轴线放样、杯形基础施工测量及厂房预制构件安装测量等。

1）厂房矩形控制网测设

工业厂房一般都应建立厂房矩形控制网，作为厂房施工测设的依据。下面介绍根据建筑方格网，采用直角坐标法测设厂房矩形控制网的方法。

如图 6-46 所示，H、I、J、K 四点是厂房的房角点，从设计图中已知 H、J 两点的坐标。S、P、Q、R 为布置在基础开挖边线以外的厂房矩形控制网的四个角点，称为厂房控制桩。厂房矩形控制网的边线到厂房轴线的距离为 4m，厂房控制桩 S、P、Q、R 的坐标，可按厂房角点的设计坐标，加减 4m 算得。测设方法如下：

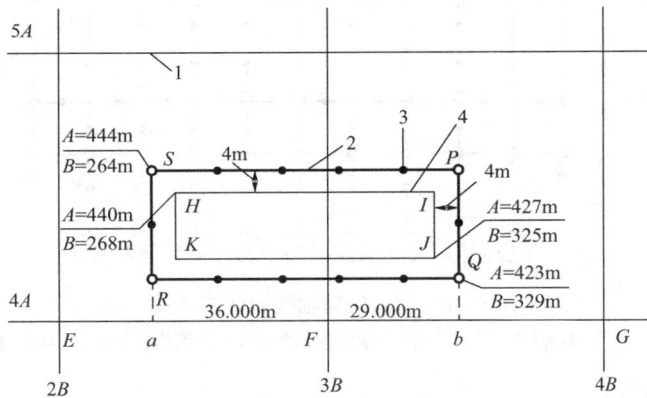

图 6-46　厂房矩形控制网的测设

1—建筑方格网；2—厂房矩形控制网；3—距离指标桩；4—厂房轴线

① 计算测设数据

根据厂房控制桩 S、P、Q、R 的坐标，计算利用直角坐标法进行测设时，所需测设数据，计算结果标注在图 6-46 中。

② 厂房控制点的测设

从 F 点起沿 FE 方向量取 36m，定出 a 点；沿 FG 方向量取 29m，定出 b 点。

在 a 与 b 上安置经纬仪，分别瞄准 E 与 F 点，顺时针方向测设 90°，得两条视线方向，沿视线方向量取 23m，定出 R、Q 点。再向前量取 21m，定出 S、P 点。

为了便于进行细部的测设，在测设厂房矩形控制网的同时，还应沿控制网测设距离指标桩，如图 6-46 所示，距离指标桩的间距一般等于柱子间距的整倍数。

③ 检查

检查 $\angle S$、$\angle P$ 是否等于 90°，其误差不得超过 ±10″。

检查 SP 是否等于设计长度，其误差不得超过 1/10000。

以上这种方法适用于中小型厂房，对于大型或设备复杂的厂房，应先测设厂房控制网的主轴线，再根据主轴线测设厂房矩形控制网。

2）厂房柱列轴线与柱基施工测量

① 厂房柱列轴线测设

根据厂房平面图上所注的柱间距和跨距尺寸，用钢尺沿矩形控制网各边量出各柱列轴线控制桩的位置，如图 6-47 中的 1′、2′、……，并打入大木桩，桩顶用小钉标出点位，作为柱基测设和施工安装的依据。丈量时应以相邻的两个距离指标桩为起点分别进行，以便检核。

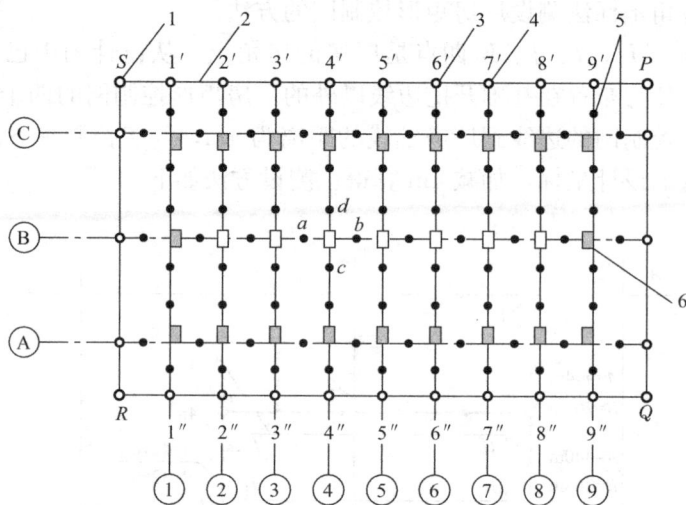

图 6-47　厂房柱列轴线和柱基测设

1—厂房控制桩；2—厂房矩形控制网；3—柱列轴线控制桩；4—距离指标桩；5—定位小木桩；6—柱基

② 柱基定位和放线

安置两台经纬仪，在两条互相垂直的柱列轴线控制桩上，沿轴线方向交会出各柱基的位置（即柱列轴线的交点），此项工作称为柱基定位。

在柱基的四周轴线上，打入四个定位小木桩 a、b、c、d，如图 6-47 所示，其桩位应在基础开挖边线以外，比基础深度大 1.5 倍的地方，作为修坑和立模的依据。

按照基础详图所注尺寸和基坑放坡宽度，用特制角尺，放出基坑开挖边界线，并撒出白灰线以便开挖，此项工作称为基础放线。

在进行柱基测设时，应注意柱列轴线不一定都是柱基的中心线，而一般立模、吊装等习惯用中心线，此时，应将柱列轴线平移，定出柱基中心线。

③ 柱基施工测量

a. 基坑开挖深度的控制

当基坑挖到一定深度时，应在基坑四壁，离基坑底设计标高 0.5m 处，测设水平桩，作为检查基坑底标高和控制垫层的依据。

b. 杯形基础立模测量

杯形基础立模测量有以下三项工作：

基础垫层打好后，根据基坑周边定位小木桩，用拉线吊锤球的方法，把柱基定位线投测到垫层上，弹出墨线，用红漆画出标记，作为柱基立模板和布置基础钢筋的依据。

立模时，将模板底线对准垫层上的定位线，并用锤球检查模板是否垂直。

将柱基顶面设计标高测设在模板内壁，作为浇灌混凝土的高度依据。

3）构件安装

① 柱子安装测量

柱子安装应满足的基本要求是柱子中心线应与相应的柱列轴线一致，其允许偏差为±5mm。牛腿顶面和柱顶面的实际标高应与设计标高一致，其允许误差为±(5~8mm)，柱高大于 5m 时为±8mm。柱身垂直允许误差为当柱高≤5m 时为±5mm；当柱高 5~10m 时，为±10mm；当柱高超过 10m 时，则为柱高的 1/1000，但不得大于 20mm。工业厂房柱子吊装测量中要求柱底到牛腿面长度加杯底高程等于牛腿面设计高程，如不符合条件，可采取的措施是修补杯底以改变杯底高程。

a. 柱子安装前的准备工作：

（a）在柱基顶面投测柱列轴线

柱基拆模后，用经纬仪根据柱列轴线控制桩，将柱列轴线投测到杯口顶面上，如图 6-48 所示，并弹出墨线，用红漆画出"□"标志，作为安装柱子时确定轴线的依据。如果柱列轴线不通过柱子的中心线，应在杯形基础顶面上加弹柱中心线。

用水准仪，在杯口内壁，测设一条一般为-0.600m 的标高线（一般杯口顶面的标高为-0.500m），并画出"▼"标志，如图 6-48 所示，作为杯底找平的依据。

（b）柱身弹线

柱子安装前，应将每根柱子按轴线位置进行编号。如图 6-49 所示，在每根柱子的三个侧面弹出柱中心线，并在每条线的上端和下端近杯口处画出"▶"标志。根据牛腿面的设计标高，从牛腿面向下用钢尺量出-0.600m 的标高线，并画出"▼"标志。

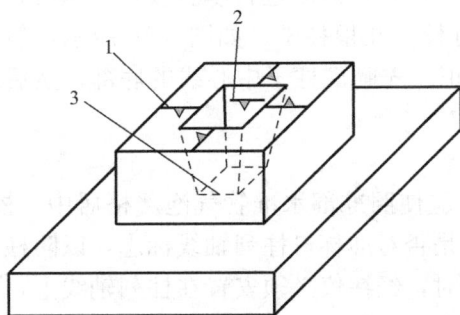

图 6-48　杯形基础

1—柱中心线；2—60cm 标高线；3—杯底

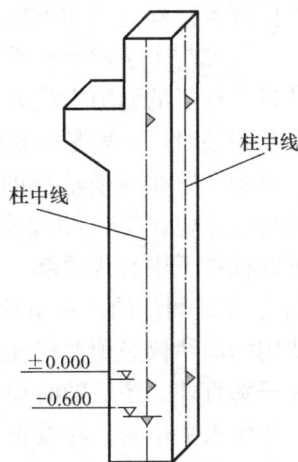

图 6-49　柱身弹线

（c）杯底找平

先量出柱子的-0.600m 标高线至柱底面的长度，再在相应的柱基杯口内，量出-0.600m 标高线至杯底的高度，并进行比较，以确定杯底找平厚度，用水泥砂浆根据找平厚度，在杯底进行找平，使牛腿面符合设计高程。

（d）柱子的安装测量

柱子安装测量的目的是保证柱子平面和高程符合设计要求，柱身铅直。

预制的钢筋混凝土柱子插入杯口后，应使柱子三面的中心线与杯口中心线对齐，如图6-50所示，用木楔或钢楔临时固定。

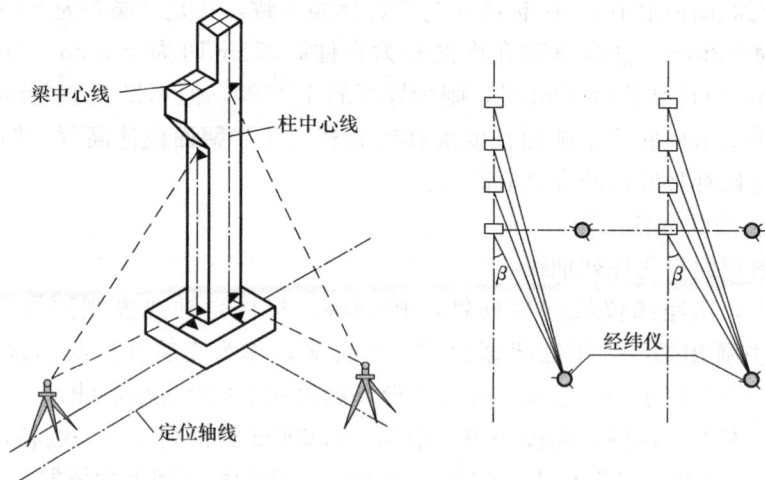

图6-50　柱子垂直度校正

柱子立稳后，立即用水准仪检测柱身上的±0.000m标高线，其容许误差为±3mm。

如图6-50所示，用两台经纬仪，分别安置在柱基纵、横轴线上，离柱子的距离不小于柱高的1.5倍，先用望远镜瞄准柱底的中心线标志，固定照准部后，再缓慢抬高望远镜观察柱子偏离十字丝竖丝的方向，指挥用钢丝绳拉直柱子，直至从两台经纬仪中，观测到的柱子中心线都与十字丝竖丝重合为止。

在杯口与柱子的缝隙中浇入混凝土，以固定柱子的位置。

在实际安装时，一般是一次把许多柱子都竖起来，然后进行垂直校正。这时，可把两台经纬仪分别安置在纵横轴线的一侧，一次可校正几根柱子，如图6-50所示，但仪器偏离轴线的角度，应在15°以内。柱子垂直度校正应先瞄准柱子中心线的底部，然后固定照准部，再仰视柱子中心线顶部。

b．柱子安装测量的注意事项

所使用的经纬仪必须严格校正，操作时，应使照准部水准管气泡严格居中。校正时，除注意柱子垂直外，还应随时检查柱子中心线是否对准杯口柱列轴线标志，以防柱子安装就位后，产生水平位移。在校正变截面的柱子时，经纬仪必须安置在柱列轴线上，以免产生差错。在日照下校正柱子的垂直度时，应考虑日照使柱顶向阴面弯曲的影响，为避免此种影响，宜在早晨或阴天校正。装配式预制柱安装前需先在每根柱身的3个侧面弹出柱中心线。

②吊车梁安装测量

吊车梁安装测量主要是保证吊车梁中线位置和吊车梁的标高满足设计要求。

a．吊车梁安装前的准备工作有以下几项：

（a）在柱面上量出吊车梁顶面标高

根据柱子上的±0.000m标高线，用钢尺沿柱面向上量出吊车梁顶面设计标高线，作为调整吊车梁面标高的依据。

（b）在吊车梁上弹出梁的中心线

如图6-51所示，在吊车梁的顶面和两端面上，用墨线弹出梁的中心线，作为安装定位的依据。在牛腿面上弹出梁的中心线根据厂房中心线，在牛腿面上投测出吊车梁的中心线，投测方法如下：

如图6-52（a）所示，利用厂房中心线A_1A_1，根据设计轨道间距，在地面上测设出吊车梁中心线（也是吊车轨道中心线）$A'A'$和$B'B'$。在吊车梁中心线的一个端点A'（或B'）上安置经纬仪，瞄准另一个端点A'（或B'），固定照准部，抬高望远镜，即可将吊车梁中心线投测到每根柱子的牛腿面上，并墨线弹出梁的中心线。

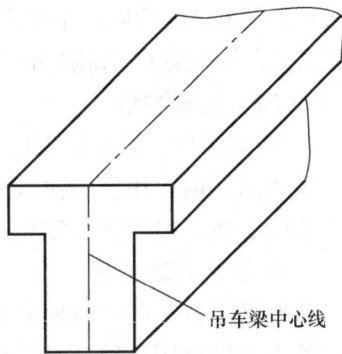

图6-51　在吊车梁上弹出梁
的中心线

b. 吊车梁的安装测量

安装时，使吊车梁两端的梁中心线与牛腿面梁中心线重合，是吊车梁初步定位。采用平行线法，对吊车梁的中心线进行检测，校正方法如下：

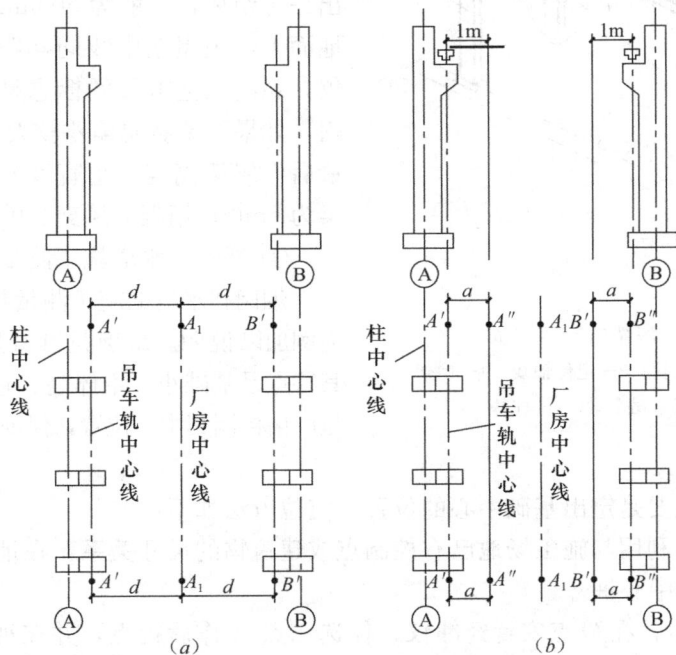

图6-52　吊车梁的安装测量

（a）测设梁中心线；（b）平行线法校正

如图6-52（b）所示，在地面上，从吊车梁中心线，向厂房中心线方向量出长度a（1m），得到平行线$A''A''$和$B''B''$。

在平行线一端点A''（或B''）上安置经纬仪，瞄准另一端点A''（或B''），固定照准部，抬高望远镜进行测量。

此时，另外一人在梁上移动横放的木尺，当视线正对准尺上一米刻划线时，尺的零点应与梁面上的中心线重合。如不重合，可用撬杠移动吊车梁，使吊车梁中心线到 $A''A''$（或 $B''B''$）的间距等于 1m 为止。

吊车梁安装就位后，先按柱面上定出的吊车梁设计标高线对吊车梁面进行调整，然后将水准仪安置在吊车梁上，每隔 3m 测一点高程，并与设计高程比较，误差应在 3mm 以内。

③ 屋架安装测量

a. 屋架安装前的准备工作

屋架吊装前，用经纬仪或其他方法在柱顶面上，测设出屋架定位轴线。在屋架两端弹出屋架中心线，以便进行定位。

b. 屋架的安装测量

屋架吊装就位时，应使屋架的中心线与柱顶面上的定位轴线对准，允许误差为 5mm。屋架的垂直度可用锤球或经纬仪进行检查。

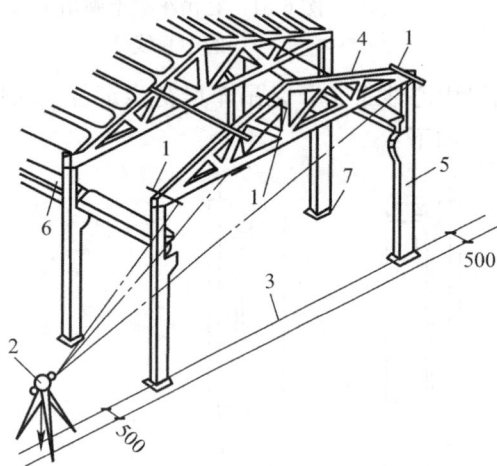

图 6-53　屋架的安装测量

1—卡尺；2—经纬仪；3—定位轴线；4—屋架；
5—柱；6—吊车梁；7—柱基

用经纬仪检校方法如下：如图 6-53 所示，在屋架上安装三把卡尺，一把卡尺安装在屋架上弦中点附近，另外两把分别安装在屋架的两端。自屋架几何中心沿卡尺向外量出一定距离，一般为 500mm，作出标志。在地面上，距屋架中线同样距离处，安置经纬仪，观测三把卡尺的标志是否在同一竖直面内，如果屋架竖向偏差较大，则用机具校正，最后将屋架固定。垂直度允许偏差为：薄腹梁为 5mm；桁架为屋架高的 1/250。

④ 烟囱、水塔施工测量

烟囱和水塔的施工测量相近似，现以烟囱为例加以说明。烟囱是圆锥形的高耸构筑物，其特点是基础小，主体高。施工测量工作主要是严格控制其中心位置，保证烟囱主体竖直。

a. 烟囱的定位

烟囱的定位主要是定出基础中心的位置。定位方法如下：

按设计要求，利用与施工场地已有控制点或建筑物的尺寸关系，在地面上测设出烟囱的中心位置 O（即中心桩）。

如图 6-54 所示，在 O 点安置经纬仪，任选一点 A 作后视点，并在视线方向上定出 a 点，倒转望远镜，通过盘左、盘右分中投点法定出 b 和 B；然后，顺时针测设 90°，定出 d 和 D，倒转望远镜，定出 c 和 C，得到两条互相垂直的定位轴线 AB 和 CD。

A、B、C、D 四点至 O 点的距离为烟囱高度的 $1 \sim 1.5$ 倍。a、b、c、d 是施工定位桩，用于修坡和确定基础中心，应设置在尽量靠近烟囱而不影响桩位稳固的地方。

b. 烟囱的放线

以 O 点为圆心，以烟囱底部半径 r 加上基坑放坡宽度 s 为半径，在地面上用皮尺画圆，并撒出灰线，作为基础开挖的边线。

烟囱的基础施工测量：当基坑开挖接近设计标高时，在基坑内壁测设水平桩，作为检查基坑底标高和打垫层的依据。坑底夯实后，从定位桩拉两根细线，用锤球把烟囱中心投测到坑底，钉上木桩，作为垫层的中心控制点。浇灌混凝土基础时，应在基础中心埋设钢筋作为标志，根据定位轴线，用经纬仪把烟囱中心投测到标志上，并刻上"＋"字，作为施工过程中，控制筒身中心位置的依据。

c. 烟囱筒身施工测量

引测烟囱中心线。在烟囱施工中，应随时将中心点引测到施工的作业面上。

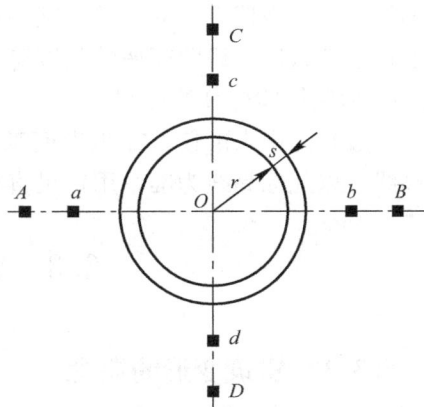

图 6-54　烟囱的定位、放线

在烟囱施工中，一般每砌一步架或每升模板一次，就应引测一次中心线，以检核该施工作业面的中心与基础中心是否在同一铅垂线上。引测方法如下：在施工作业面上固定一根枋子，在枋子中心处悬挂 8～12kg 的锤球，逐渐移动枋子，直到锤球对准基础中心为止。此时，枋子中心就是该作业面的中心位置。

另外，烟囱每砌筑完 10m，必须用经纬仪引测一次中心线。引测方法如下：如图 6-54 所示，分别在控制桩 A、B、C、D 上安置经纬仪，瞄准相应的控制点 a、b、c、d，将轴线点投测到作业面上，并作出标记。然后，按标记拉两条细绳，其交点即为烟囱的中心位置，并与锤球引测的中心位置比较，以作校核。烟囱的中心偏差一般不应超过砌筑高度的 1/1000。对于高大的钢筋混凝土烟囱，烟囱模板每滑升一次，就应采用激光铅垂仪进行一次烟囱的铅直定位，定位方法如下：

（a）在烟囱底部的中心标志上，安置激光铅垂仪，在作业面中央安置接收靶。在接收靶上，显示的激光光斑中心，即为烟囱的中心位置。

（b）在检查中心线的同时，以引测的中心位置为圆心，以施工作业面上烟囱的设计半径为半径，用木尺画圆，如图 6-55 所示，以检查烟囱壁的位置。

d. 烟囱外筒壁收坡控制

烟囱筒壁的收坡，是用靠尺板来控制的。靠尺板的形状，如图 6-56 所示，靠尺板两

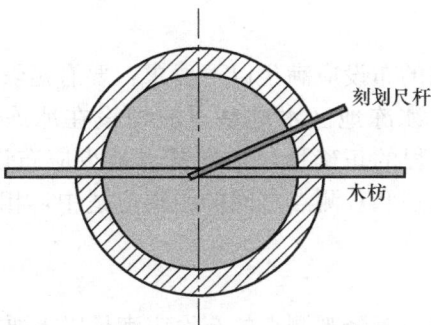

图 6-55　烟囱壁位置的检查

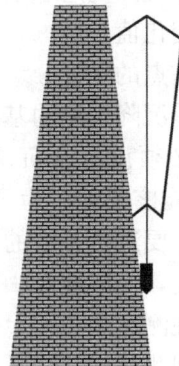

图 6-56　坡度靠尺板

侧的斜边应严格按设计的筒壁斜度制作。使用时，把斜边贴靠在筒体外壁上，若锤球线恰好通过下端缺口，说明筒壁的收坡符合设计要求。

e. 烟囱筒体标高的控制

一般是先用水准仪，在烟囱底部的外壁上，测设出＋0.500m（或任一整分米数）的标高线。以此标高线为准，用钢尺直接向上量取高度。

6.3 建筑物的变形观测

6.3.1 建筑变形的概念

为保证建筑物在施工、使用和运行中的安全，以及为建筑物的设计、施工、管理及科学研究提供可靠的资料，在建筑物施工和运行期间，需要对建筑物的稳定性进行观测，这种观测称为建筑物的变形观测。

变形监测是对监测对象或物体进行测量以确定其空间位置随时间的变化特征。建筑物变形观测的主要内容有建筑物沉降观测、建筑物倾斜观测、建筑物裂缝观测和位移观测等。变形观测需使用固定的观测仪器和水准尺，采用固定的水准基点，按照固定的实测路线和测站进行，由固定的人员观测。凡是针对既有建筑物进行加层设计施工的建筑物，施工过程中应进行变形测量。复合地基或软弱地基上设计等级为乙级的建筑物，在使用期间应进行变形测量。

当变形测量过程中出现各种异常或有异常趋势时，必须立即报告委托方，以便采取必要的安全措施。建（构）筑物的每期变形观测结束后，在数据处理中若出现变形量达到预警值或接近允许值，建（构）筑物的裂缝或地表裂缝快速扩大，变形量出现异常变化，必须即刻通知建设单位和施工单位采取相应措施。在变形观测过程中，当某期观测点变形量出现异常变化时，应分析原因，在排除观测本身错误的前提下，应及时对基准点的稳定性进行检测分析。

6.3.2 建筑沉降观测、倾斜观测、裂缝观测、水平位移观测

1. 建筑物的沉降观测

建筑物沉降观测是用水准测量的方法，周期性地观测建筑物上的沉降观测点和水准基点之间的高差变化值。

（1）水准基点的布设

水准基点是沉降观测的基准，因此水准基点的布设应满足以下要求：要有足够的稳定性，水准基点必须设置在沉降影响范围以外，冰冻地区水准基点应埋设在冰冻线以下0.5m；要具备检核条件，为了保证水准基点高程的正确性，水准基点最少应布设三个，以便相互检核；要满足一定的观测精度，水准基点和观测点之间的距离应适中，相距太远会影响观测精度，一般应在100m范围内。

（2）沉降观测点的布设

进行沉降观测的建筑物，应埋设沉降观测点，沉降观测点的布设应满足以下要求：

1）沉降观测点的位置。沉降观测点应布设在能全面反映建筑物沉降情况的部位，如建

筑物四角，沉降缝两侧，荷载有变化的部位，大型设备基础，柱子基础和地质条件变化处。

2）沉降观测点的数量。一般沉降观测点是均匀布置的，它们之间的距离一般为 10～20m。

（3）沉降观测

1）观测周期

观测的时间和次数，应根据工程的性质、施工进度、地基地质情况及基础荷载的变化情况而定（表 6-11）。当埋设的沉降观测点稳固后，在建筑物主体开工前，进行第一次观测。在建（构）筑物主体施工过程中，一般每盖 1～2 层观测一次。如中途停工时间较长，应在停工时和复工时进行观测。当发生大量沉降或严重裂缝时，应立即或几天一次连续观测。建筑物封顶或竣工后，一般每月观测一次，如果沉降速度减缓，可改为 2～3 个月观测一次，直至沉降稳定为止。建筑沉降是否进入稳定阶段，应由沉降量与时间关系曲线判定。当最后 100d 的沉降速率小于 0.01～0.04mm/d 时可认为已进入稳定阶段。

沉降观测记录表　　　　　　　　　　　　　　　　表 6-11

观测次数	观测时间	各观测点的沉降情况						...	施工进展情况	荷载情况 (t/m²)
		1			2			...		
		高程 (m)	本次下沉 (mm)	累积下沉 (mm)	高程 (m)	本次下沉 (mm)	累积下沉 (mm)	...		
1	2005.01.10	50.454	0	0	50.473	0	0	...	一层平口	
2	2005.02.23	50.448	−6	−6	50.467	−6	−6	...	三层平口	40
3	2005.03.16	50.443	−5	−11	50.462	−5	−11	...	五层平口	60
4	2005.04.14	50.440	−3	−14	50.459	−3	−14	...	七层平口	70
5	2005.05.14	50.438	−2	−16	50.456	−3	−17	...	九层平口	80
6	2005.06.04	50.434	−4	−20	50.452	−4	−21	...	主体完	110
7	2005.08.30	50.429	−5	−25	50.447	−5	−26	...	竣工	
8	2005.11.06	50.425	−4	−29	50.445	−2	−28	...	使用	
9	2006.02.28	50.423	−2	−31	50.444	−1	−29	...		
10	2006.05.06	50.422	−1	−32	50.443	−1	−30	...		
11	2006.08.05	50.421	−1	−33	50.443	0	−30	...		
12	2006.12.25	50.421	0	−33	50.443	0	−30	...		

注：水准点的高程：BM.1：49.538mm；BM.2：50.123mm；BM.3：49.776mm。

2）观测方法

观测时先后视水准基点，接着依次前视各沉降观测点，最后再次后视该水准基点，两次后视读数之差不应超过 ±1mm。另外，沉降观测的水准路线（从一个水准基点到另一个水准基点）应为闭合水准路线。

（4）精度要求

沉降观测的精度应根据建筑物的性质而定。

多层建筑物的沉降观测，可采用 DS₃ 水准仪，用普通水准测量的方法进行，其水准路线的闭合差不应超过 ±2.0mm（n 测站数）。

高层建筑物的沉降观测，则应采用 DS₁ 精密水准仪，用二等水准测量的方法进行，其水准路线的闭合差不应超过 ±1.0mm（n 为测站数）。

（5）工作要求

沉降观测是一项长期、连续的工作，为了保证观测成果的正确性，应尽可能做到四定，即固定观测人员，使用固定的水准仪和水准尺，使用固定的水准基点，按固定的实测路线和测站进行。

2. 建筑物的倾斜观测

用测量仪器来测定建筑物的基础和主体结构倾斜变化的工作，称为倾斜观测。

一般建筑物主体的倾斜观测，应测定建筑物顶部观测点相对于底部观测点的偏移值，再根据建筑物的高度，计算建筑物主体的倾斜度。

3. 建筑物的裂缝观测

当建筑物出现裂缝之后，应及时进行裂缝观测。

石膏板标志：用厚 10mm，宽 50～80mm 的石膏板（长度视裂缝大小而定），固定在裂缝的两侧。当裂缝继续发展时，石膏板也随之开裂，从而观察裂缝继续发展的情况。

4. 建筑物位移观测

根据平面控制点测定建筑物的平面位置随时间而移动的大小及方向，称为位移观测。位移观测首先要在建筑物附近埋设测量控制点，再在建筑物上设置位移观测点。位移观测的方法有以下两种：

（1）角度前方交会法

角度前方交会法，对观测点进行角度观测，利用两期之间的坐标差值，计算该点的水平位移量。

（2）基准线法

某些建筑物只要求测定某特定方向上的位移量，如大坝在水压力方向上的位移量，这种情况可采用基准线法进行水平位移观测。

第7章　工程预算的基本知识

7.1　建筑面积计算

7.1.1　建筑面积基本概念

1. 建筑面积定义

建筑面积是指建筑外墙外围所围成的各层平面面积之和，既包括在建筑物主体结构内形成建筑空间，满足计算面积结构层高要求部分的面积；又包括主体结构外的室外阳台、雨篷、檐廊、室外走廊、室外楼梯等。

2. 建筑面积术语

（1）建筑面积。建筑物（包括墙体、外保温层）所形成的楼地面面积。

（2）自然层。按楼地面结构分层的楼层。

（3）结构层高。楼面或地面结构层上表面至上部结构层上表面之间的垂直距离。

（4）结构净高。楼面或地面结构层上表面至上部结构层下表面之间的垂直距离。

（5）围护结构。围合建筑空间的墙体、门、窗。

（6）围护设施。为保障安全而设置的栏杆、栏板等围挡。

（7）建筑空间。以建筑界面限定的、供人们生活和活动的场所。建筑空间是具备可出入、可利用（设计中可能标明了使用用途，也可能没有标明使用用途或使用用途不明确）条件的建筑围合空间。

（8）地下室。室内地平面低于室外地平面的高度超过室内净高的1/2的房间。

（9）半地下室。室内地平面低于室外地平面的高度超过室内净高的1/3，且不超过1/2的房间。

（10）架空层。仅有结构支撑而无外围护结构的开敞空间层。

（11）走廊。建筑物中的水平交通空间。

（12）架空走廊。专门设置在建筑物的二层或二层以上，作为不同建筑物之间水平交通的空间。

（13）结构层。整体结构体系中承重的楼板层。

（14）落地橱窗。突出外墙面且根基落地的橱窗。落地橱窗是指在商业建筑临街面设置的下槛落地、可落在室外地坪也可落在室内首层地板，用来展览各种样品的玻璃窗。

（15）凸窗（飘窗）。凸出建筑物外墙面的窗户。凸窗（飘窗）不同于楼（地）板延伸出去的窗，凸窗（飘窗）窗台应只是墙面的一部分且距（楼）地面应有一定的高度。

（16）檐廊。建筑物挑檐下的水平交通空间。

（17）挑廊。挑出建筑物外墙的水平交通空间。

（18）门斗。建筑物入口处两道门之间的空间。

（19）雨篷。它是指建筑物出入口上方、凸出墙面、为遮挡雨水而单独设立的建筑部件。雨篷划分为有柱雨篷和无柱雨篷。若凸出建筑物，且不单独设立顶盖，利用上层结构板（如楼板、阳台底板）进行遮挡，则不视为雨篷。

（20）门廊。建筑物入口前有顶棚的半围合空间。门廊是在建筑物出入口，无门、三面或两面有墙，上部有板（或借用上部楼板）围护的部位。

（21）楼梯。由梯级、休息平台和栏杆（或栏板）等组成的作为楼层之间垂直交通使用的建筑部件。

（22）阳台。附设于建筑物外墙，设有栏杆或栏板，可供人活动的室外空间。

（23）主体结构。承受荷载，维持建筑物结构整体性、稳定性和安全性的有机联系的构造。

（24）变形缝。变形缝是指在建筑物因温差、不均匀沉降以及地震而可能引起结构破坏变形的敏感部位或其他必要的部位，预先设缝将建筑物断开。一般分为伸缩缝、沉降缝、防震缝三种。

（25）骑楼。建筑底层沿街面后退且留出公共人行空间的建筑物。

（26）过街楼。过街楼是指当有道路在建筑群穿过时，为保证建筑物之间的功能联系，设置跨越道路上空使两边建筑相连接的建筑物。

（27）建筑物通道——为穿过建筑物而设置的空间。

（28）露台。设置在屋面、首层地面、雨篷顶上的供人室外活动的有围护设施的平台。露台应同时满足四个条件：一是位置，设置在屋面、地面或雨篷顶；二是可出入；三是有围护设施；四是无盖。如果设置在首层并有围护设施的平台，且其上层为同体量阳台，则该平台应视为阳台。

（29）勒脚。在房屋外墙接近地面部位设置的饰面保护构造。

（30）台阶。联系室内外地坪或同楼层不同标高而设置的阶梯形踏步。

7.1.2 建筑面积计算规则

《建筑工程建筑面积计算规范》GB/T 50353—2013 具体条款及其说明如下：

（1）建筑物的建筑面积应按自然层外墙结构外围水平面积之和计算。结构层高在2.20m 及以上的，应计算全面积；结构层高在 2.20m 以下的，应计算 1/2 面积。

建筑面积计算，在主体结构内形成的建筑空间，满足计算面积结构层高要求的均应按本条规定计算建筑面积。主体结构外的室外阳台、雨篷、檐廊、室外走廊、室外楼梯等按相应条款计算建筑面积。当外墙结构本身在一个层高范围内不等厚时，以楼地面结构标高处的外围水平面积计算。

（2）建筑物内设有局部楼层时，对于局部楼层的二层及以上楼层，有围护结构的应按其围护结构外围水平面积计算，无围护结构的应按其结构底板水平面积计算，且结构层高在 2.20m 及以上的，应计算全面积，结构层高在 2.20m 以下的，应计算 1/2 面积。

（3）对于形成建筑物空间的坡屋顶，结构净高在 2.10m 及以上的部位应计算全面积；结构净高在 1.20m 及以上至 2.10m 以下的部位应计算 1/2 面积；结构净高在 1.2m 以下的不应计算建筑面积。

根据建筑空间的定义，在判断坡屋顶内围合空间是否计算建筑面积时，不论设计图纸是否说明用途，当同时具备以下两个条件：①可出入：设计有楼梯，而不是检修口；②结构净高超过1.2m以上，即可计算建筑面积。

（4）对于场馆看台下的建筑空间，结构净高在2.10m及以上的部位应计算全面积；结构净高在1.20m及以上至2.10m以下的部位应计算1/2面积；结构净高在1.20m以下的部位不应计算建筑面积。室内单独设置的有围护结构的场馆看台应按其顶盖水平投影面积的1/2计算面积。

场馆看台下的建筑空间因其上部结构多为斜板，所以采用净高的尺寸划定建筑面积的计算范围和对应规则。室内单独设置的有围护设施的悬挑看台，因其看台上部设有顶盖且可供人使用，所以按看台板的结构底板水平投影计算建筑面积。"场馆"为专业术语，指各种"场"类建筑，如体育场、足球场、网球场、带看台的风雨操场等。有顶盖无围护结构的场馆看台按其顶盖水平投影面积的1/2计算面积，无顶盖的场馆看台不计算建筑面积。

（5）地下室、半地下室应按其结构外围水平面积计算。结构层高在2.20m及以上的，应计算全面积；结构层高在2.20m以下的，应计算1/2面积。

（6）出入口外墙外侧坡道有顶盖的部位，应按其外墙结构外围水平面积的1/2计算面积。

出入口坡道顶盖的挑出长度，为顶盖结构外边线至外墙结构外边线的长度；顶盖以设计图纸为准，对后增的顶盖等，不计算建筑面积。顶盖不分材料种类（如钢筋混凝土顶盖、彩钢板顶盖、阳光板顶盖等）。如图7-1所示，区域1为出入口坡道有顶盖的部分，该部分建筑面积为：出入口外墙外围结构间距离×顶盖结构外边线至外墙结构外边线长度×1/2；区域1以外的坡道部分由于无顶盖，不计算建筑面积。

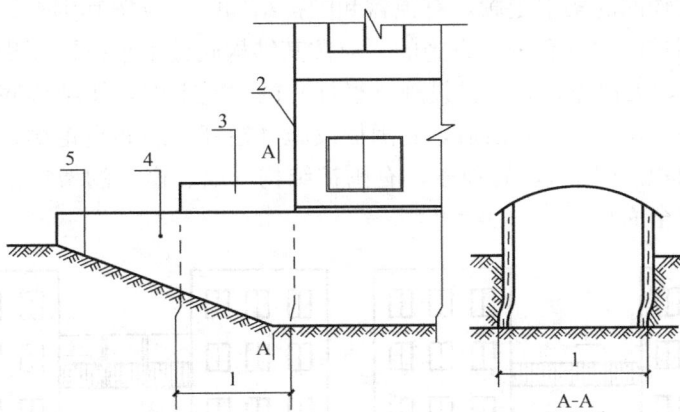

图7-1 地下室出入口

1—计算1/2投影面积部位；2—主体建筑；3—出入口顶盖；4—封闭出入口侧墙；5—出入口坡道

（7）建筑物架空层及坡地建筑物吊脚架空层，应按其顶板水平投影计算建筑面积。结构层高在2.20m及以上的，应计算全面积；结构层高在2.20m以下的，应计算1/2面积。

本条既适用于建筑物吊脚架空层、深基础架空层建筑面积的计算，也适用于目前部分住宅、学校教学楼等工程在底层架空或在二楼或以上某个甚至多个楼层架空，作为公共、停车、绿化等空间的建筑面积的计算。架空层中有围护结构的建筑空间按相关规定计算。

建筑物吊脚架空层见图 7-2。

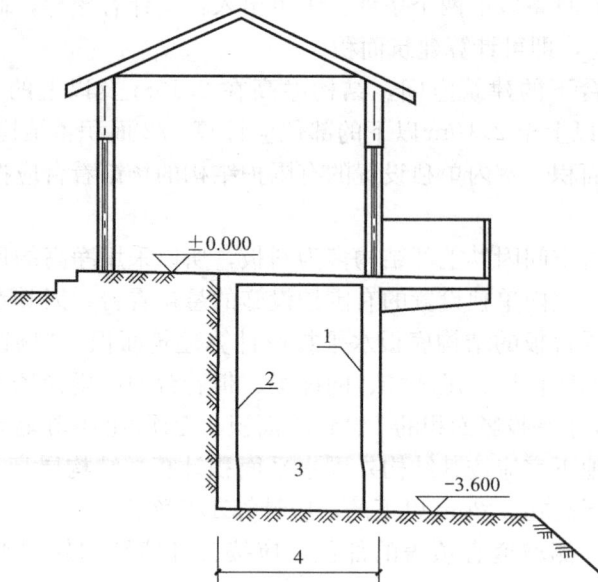

图 7-2 建筑物吊脚架空层
1—柱；2—墙；3—吊脚架空层；4—计算建筑面积部位

（8）建筑物的门厅、大厅应按一层计算建筑面积，门厅、大厅内设置的走廊应按走廊结构底板水平投影面积计算建筑面积。结构层高在 2.20m 及以上的，应计算全面积；结构层高在 2.20m 以下的，应计算 1/2 面积。

（9）对于建筑物间的架空走廊，有顶盖和围护结构的，应按其围护结构外围水平面积计算全面积；无围护结构、有围护设施的，应按其结构底板水平投影面积计算 1/2 面积。

如图 7-3 左图，无顶盖，有围护设施（栏杆）的架空走廊，按结构底板水平投影面积计算 1/2 面积。图 7-3 右图，有顶盖，有围护设施（栏杆）的架空走廊，按结构底水平投影面积计算 1/2 面积。图 7-4，有顶盖，有围护结构（墙、窗）的架空走廊，按围护结构外围水平面积计算全面积。

图 7-3 无围护结构有围护设施的架空走廊
1—栏杆；2—架空走廊

（10）对于立体书库、立体仓库、立体车库，有围护结构的，应按其围护结构外围水平面积计算建筑面积；无围护结构、有围护设施的，应按其结构底板水平投影面积计算建筑面积。无结构层的应按一层计算，有结构层的应按其结构层面积分别计算。结构层高在

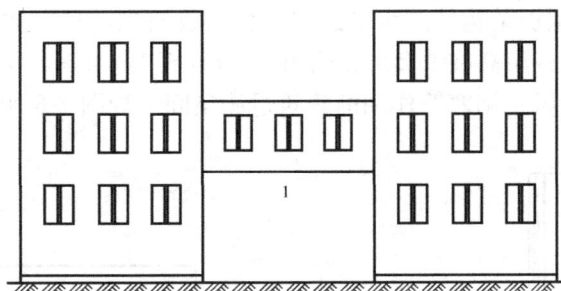

图 7-4　有围护结构的架空走廊
1—架空走廊

2.20m 及以上的，应计算全面积；结构层高在 2.20m 以下的，应计算 1/2 面积。

图书馆中的立体书库、仓储中心的立体仓库、大型停车场的立体车库等建筑的建筑面积计算，应注意是否有结构层。起局部分隔、存储等作用的书架层、货架层或可升降的立体钢结构停车层均不属于结构层，故该部分分层不计算建筑面积。

（11）有围护结构的舞台灯光控制室，应按其围护结构外围水平面积计算。结构层高在 2.20m 及以上的，应计算全面积；结构层高在 2.20m 以下的，应计算 1/2 面积。

（12）附属在建筑物外墙的落地橱窗，应按其围护结构外围水平面积计算。结构层高在 2.20m 以上的，应计算全面积；结构层高在 2.20m 以下的，应计算 1/2 面积。

（13）窗台与室内楼地面高差在 0.45m 以下且结构净高在 2.10m 及以上的凸（飘）窗，应按其围护结构外围水平面积计算 1/2 面积。

飘窗建筑面积的规定，2013 版建筑面积计算规范与 2005 版不同。在 2005 版中飘窗一律不计算建筑面积；在 2013 版中，飘窗满足窗台与室内楼地面高差在 0.45m 以下、结构净高在 2.10m 及以上即可按其围护结构外围水平面积计算 1/2 面积。

（14）有围护设施的室外走廊（挑廊），应按其结构底板水平投影面积计算 1/2 面积；有围护设施（或柱）的檐廊，应按其围护设施（或柱）外围水平面积计算 1/2 面积。

如图 7-5 所示，区域 3 为没有围护设施也没有柱的檐廊，不计算建筑面积。区域 4 为有围护设施（栏杆）的檐廊，按其围护设施的外围水平面积计算 1/2 面积。

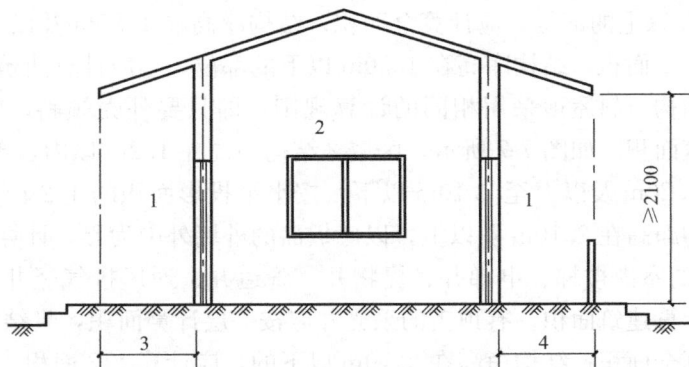

图 7-5　檐廊
1—檐廊；2—室内；3—不计建筑面积部位；4—计算 1/2 建筑面积部位

（15）门斗应按其围护结构外围水平面积计算建筑面积，且结构层高在2.20m及以上的，应计算全面积；结构层高在2.20m以下的，应计算1/2面积。门斗是建筑物入口处两道门之间，起分隔、挡风、御寒等作用的建筑过渡空间。如图7-6所示。

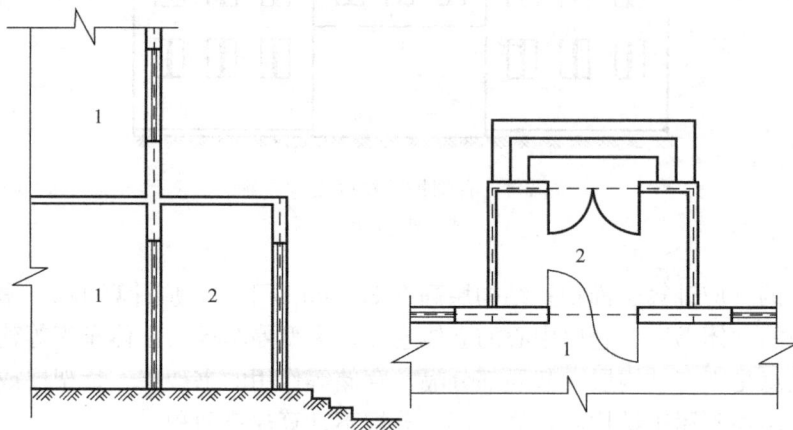

图7-6　门斗
1—室内；2—门斗

（16）门廊应按其顶板的水平投影面积的1/2计算建筑面积；有柱雨篷应按其结构板水平投影面积的1/2计算建筑面积；无柱雨篷的结构外边线至外墙结构外边线的宽度在2.10m及以上的，应按雨篷结构板的水平投影面积的1/2计算建筑面积。

门廊不同于门斗，是在建筑物出入口，无门、三面或二面有墙，上部有板（或借用上部楼板）的半围合空间，一般设置廊柱。雨篷分为有柱雨篷和无柱雨篷。有柱雨篷，没有出挑宽度的限制，也不受跨越层数的限制，均计算建筑面积。无柱雨篷，其结构板不能跨层，并受出挑宽度的限制，设计出挑宽度大于或等于2.10m时才计算建筑面积。出挑宽度，系指雨篷结构外边线至外墙结构外边线的宽度，弧形或异形时，取最大宽度。

（17）设在建筑物顶部的、有围护结构的楼梯间、水箱间、电梯机房等，结构层高在2.20m及以上的应计算全面积；结构层高在2.20m以下的，应计算1/2面积。

（18）围护结构不垂直于水平面的楼层，应按其底板面的外墙外围水平面积计算。结构净高在2.10m及以上的部位，应计算全面积；结构净高在1.20m及以上至2.10m以下的部位，应计算1/2面积；结构净高在1.20m以下的部位，不应计算建筑面积。

对于斜围护结构与斜屋顶采用相同的计算规则，即只要外壳倾斜，就按结构净高划段，分别计算建筑面积。如图7-7所示，区域2结构净高在1.2m以内，不计算建筑面积。区域结构净高在1.20m及以上至2.10m以下，按水平投影面积的1/2计算。区域左侧的建筑内空间，结构净高在2.10m及以上，以底板面的外墙外围为界，计算全面积。

（19）建筑物的室内楼梯、电梯井、提物井、管道井、通风排气竖井、烟道，应并入建筑物的自然层计算建筑面积。有顶盖的采光井应按一层计算面积，且结构净高在2.10m及以上的，应计算全面积；结构净高在2.10m以下的，应计算1/2面积。

采光井建筑面积的规定，2013版建筑面积计算规范与2005版不同。在2005版中采光井不论是否有顶盖一律不计算建筑面积；在2013版中，有顶盖的采光井按一层计算建筑

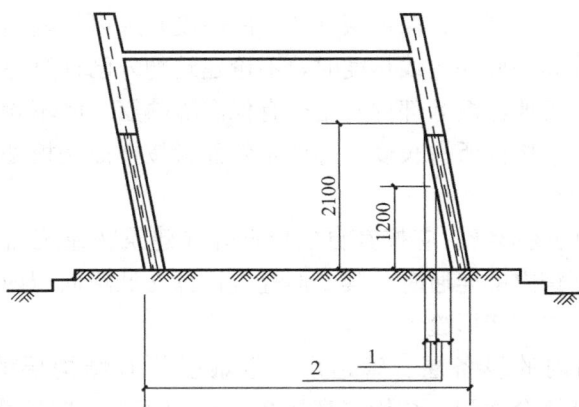

图 7-7　斜围护结构

1—计算 1/2 建筑面积部位；2—不计算建筑面积部位

面积。此处的顶盖以设计图纸为准，对后增的顶盖等，不计算建筑面积。

（20）室外楼梯应并入所依附建筑物自然层，并应按其水平投影面积的 1/2 计算建筑面积。

室外楼梯作为连接该建筑物层与层之间交通不可缺少的基本部件，无论从其功能、还是工程计价的要求来说，均需计算建筑面积。层数为室外楼梯所依附的楼层数，即梯段部分投影到建筑物范围内的层数。利用室外楼梯下部的建筑空间不得重复计算建筑面积；利用地势砌筑的为室外踏步，不计算建筑面积。室外楼梯建筑面积的规定 2013 版建筑面积计算规范与 2005 版不同。在 2005 版中没有永久性顶盖的室外楼梯部分不计算建筑面积；在 2013 版中，不论是否有永久性顶盖（室外楼梯消防楼梯除外）均计算建筑面积。

（21）在主体结构内的阳台，应按其结构外围水平面积计算全面积；在主体结构外的阳台，应按其结构底板水平投影面积计算 1/2 面积。

建筑物的阳台，不论其形式如何，均以建筑物主体结构为界分别计算建筑面积。阳台建筑面积的规定 2013 版建筑面积计算规范与 2005 版不同。在 2005 版中阳台不论在主体结构内还是结构外，均按水平投影面积的 1/2 计算；在 2013 版中，阳台在建筑主体结构内的，即内凹且三面临墙部分，按水平面积计算；在主体结构外的部分，从建筑外墙结构外边线起算，按其结构底板水平投影面积计算 1/2 面积。入户花园、住宅室内设备平台的建筑面积计算同阳台规则。

（22）有顶盖无围护结构的车棚、货棚、站台、加油站、收费站等，应按其顶盖水平投影面积的 1/2 计算建筑面积。

（23）以幕墙作为围护结构的建筑物，应按幕墙外边线计算建筑面积。

说明：幕墙以其在建筑物中所起的作用和功能来区分，直接作为外墙起围护作用的幕墙，按其外边线计算建筑面积；设置在建筑物墙体外起装饰作用的幕墙，不计算建筑面积。

（24）建筑物的外墙外保温层，应按其保温材料的水平截面积计算，并计入自然层建筑面积。

建筑物外墙外侧有保温隔热层的，保温隔热层计算建筑面积。建筑面积以保温材料的净厚度（不包含抹灰层、防潮层、保护层（墙）的厚度）乘以外墙结构外边线长度按建筑物的自然层计算。在计算外墙外边线长度时，不论建筑物外已计算建筑面积的构件（如阳台、室外走廊、门斗、落地橱窗等部件）是否有保温隔热层，既不扣除，也不增加门窗和建筑物外已计算建筑面积构件所占长度。外墙是斜面者按楼面楼板处的外墙外边线长度乘以保温材料的净厚度计算。

（25）与室内相通的变形缝，应按其自然层合并在建筑物建筑面积内计算。对于高低联跨的建筑物，当高低跨内部连通时，其变形缝应计算在低跨面积内。与室内相通的变形缝，是指在建筑物空间内的变形缝。

（26）对于建筑物内的设备层、管道层、避难层等有结构层的楼层，结构层高在2.20m 及以上的，应计算全面积；结构层高在 2.20m 以下的，应计算 1/2 面积。

设备层、管道层虽然其具体功能与普通楼层不同，但在结构上及施工消耗上无本质区别，且规范定义自然层为"按楼地面结构分层的楼层"，因此设备、管道楼层归为自然层，其计算规则与普通楼层相同。在吊顶空间内设置管道的，则吊顶空间部分不能被视为设备层、管道层。

（27）下列项目不应计算建筑面积：

1）与建筑物内不相连通的建筑部位。如依附于建筑物外墙外不与户室开门连通，起装饰作用的敞开式挑台（廊）、平台，以及不与阳台相通的空调室外机搁板（箱）等设备平台部件。

2）骑楼、过街楼底层的开放公共空间和建筑物通道。

如图 7-8 所示，1 为骑楼，骑楼下的空间部分不计算建筑面积。如图 7-9 所示，1 为过街楼，过街楼下的建筑物通道不计算建筑面积。

图 7-8　骑楼

1—骑楼；2—人行道；3—街道

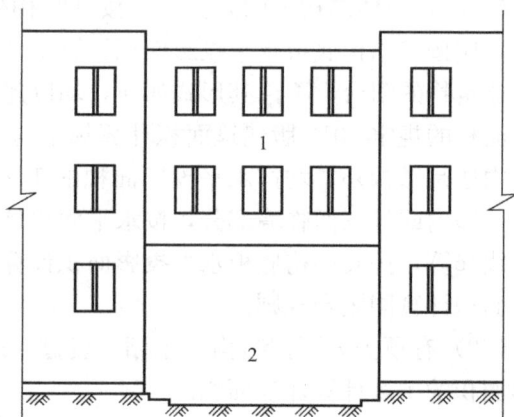

图 7-9　过街楼

1—过街楼；2—建筑物通道

3）舞台及后台悬挂幕布和布景的天桥、挑台等。此处天桥、挑台是影剧院的舞台及为舞台服务的可供上人维修、悬挂幕布、布置灯布景等搭设的构件设施。

4）露台、露天游泳池、花架、屋顶的水箱及装饰性结构构件。

5）建筑物内的操作平台、上料平台、安装箱和罐体的平台。建筑物内不构成结构层的操作平台、上料平台（包括：工业厂房、搅拌站和料仓等建筑中的设备操作控制平台、上料平台等），其主要作用为室内构筑物或设备服务的独立上人设施，因此不计算建筑面积。

6）勒脚、附墙柱、垛、台阶、墙面抹灰、装饰面、镶贴块料面层、装饰性幕墙，主体结构外的空调室外机搁板（箱）、构件、配件，挑出宽度在 2.10m 以下的无柱雨篷和顶盖高度达到或超过两个楼层的无柱雨篷。附墙柱是指非结构性装饰柱。凸出墙体的结构柱，外凸部分按水平投影面积计入建筑面积。

7）窗台与室内地面高差在 0.45m 以下且结构净高在 2.10m 以下的凸（飘）窗，窗台与室内地面高差在 0.45m 及以上的凸（飘）窗。

8）室外爬梯、室外专用消防钢楼梯。室外钢楼梯需要区分具体用途，如专用于消防楼梯，则不计算建筑面积，如果是建筑物唯一通道，兼用于消防，建筑面积计算同室外楼梯。

9）无围护结构的观光电梯。

10）建筑物以外的地下人防通道，独立的烟囱、烟道、地沟、油（水）罐、气柜、水塔、贮油（水）池、贮仓、栈桥等构筑物。

7.2　工程造价基本知识

7.2.1　工程造价构成

1. 建设项目总投资及其相关概念

（1）建设项目总投资

建设项目总投资是指项目建设期用于建设项目的建设投资、建设期贷款利息、固定资产投资方向调节税和流动资金的总和。建设项目总投资的各项费用按资产属性分别形成固定资产、无形资产和其他资产（递延资产）。

（2）建设投资

建设投资是指项目建设期间用于建设项目的全部工程费用、工程建设其他费用及预备费之和。建设投资与项目方案设计有关，与资金筹措方案的变化无关。

（3）静态投资

静态投资是指建设项目在不考虑物价上涨、建设期贷款利息等动态因素情况下估算的建设投资。静态投资是以某一基准年、月的建设要素的价格为依据所计算出的建设项目投资的瞬时值，具体包括建筑安装工程费、设备和工器具购置费、工程建设其他费用、基本预备费等。静态投资是具有一定时间性的，应统一按某一确定的时间来计算，特别是遇到估算时间距开工时间较远的项目，应以开工前一年为基准年，按照近年的价格指数将编制的静态投资进行适当调整，否则就会失去基准作用，影响投资估算的准确性。

（4）动态投资

动态投资是指建设项目在考虑物价上涨、建设期贷款利息等动态因素情况下估算的建设投资，包括静态投资、固定资产投资动态部分的价差预备费和建设期贷款利息。动态投资适应了市场价格运行机制的要求，使投资的计划、估算、控制更加符合实际。

2. 建设项目总投资的构成

建设项目总投资由建设投资、建设期利息、固定资产投资方向调节税和流动资金构成，如图 7-10 所示。

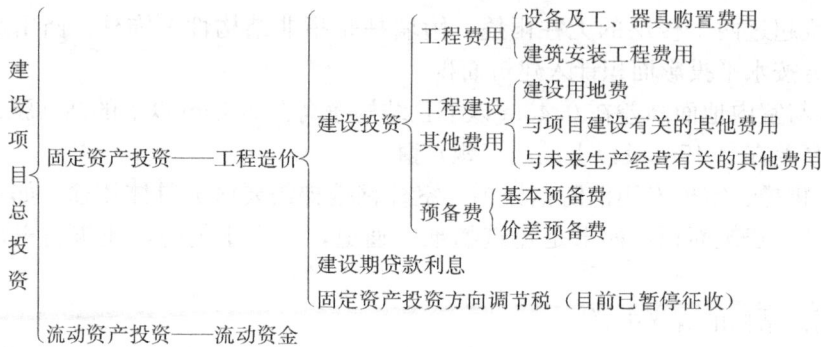

```
                                         ┌ 工程费用   ┌ 设备及工、器具购置费用
                                         │           └ 建筑安装工程费用
          ┌ 固定资产投资──工程造价 ┌ 建设投资┤ 工程建设  ┌ 建设用地费
建设        │                    │        │ 其他费用  ┤ 与项目建设有关的其他费用
项目        │                    │        │          └ 与未来生产经营有关的其他费用
总     ────┤                    │        └ 预备费   ┌ 基本预备费
投资        │                    │                   └ 价差预备费
          │                    ├ 建设期贷款利息
          │                    └ 固定资产投资方向调节税（目前已暂停征收）
          └ 流动资产投资──流动资金
```

图 7-10　建设项目总投资的构成

建设工程造价是工程项目按照确定的建设内容、建设规模、建设标准、功能要求和使用要求等全部建成并验收合格交付所需的全部费用。我国现行工程造价的构成主要划分为设备及工器具购置费用、建筑安装工程费用、工程建设其他费用、预备费用、建设期贷款利息、固定资产投资方向调节税（暂停征收）等。

（1）建筑安装工程费用

在工程建设中，建筑安装工程是创造价值的活动。建筑安装工程费用作为建筑安装工程价值的货币表现，也称为建筑安装工程造价，由建筑工程费和安装工程费两部分构成。根据《建筑安装工程费用项目组成》，按照费用构成要素划分，建筑安装工程费包括人工费、材料费、施工机具使用费、企业管理费、利润、规费、税金。

1）分部分项工程费

分部分项工程费是指各专业工程的分部分项工程应予列支的各项费用，由人工费、材料费、施工机具使用费、企业管理费和利润构成。分部分项工程费＝Σ（分部分项工程量×综合单价），综合单价包括人工费、材料费、施工机具使用费、企业管理费和利润。

① 人工费

是指按工资总额构成规定，支付给从事建筑安装工程施工的生产工人和附属生产单位工人的各项费用。

人工单价的组成：

a. 计时工资或计件工资，是指按计时工资标准和工作时间或对已做工作按计件单价支付给个人的劳动报酬。

b. 奖金，是指对超额劳动和增收节支支付给个人的劳动报酬。如节约奖、劳动竞赛奖等。

c. 津贴补贴，是指为了补偿职工特殊或额外的劳动消耗和因其他特殊原因支付给个人的津贴，以及为了保证职工工资水平不受物价影响支付给个人的物价补贴。如流动施工津贴、特殊地区施工津贴、高温（寒）作业临时津贴、高空津贴等。

d. 加班加点工资，是指按规定支付的在法定节假日工作的加班工资和在法定日工作时间外延时工作的加点工资。

e. 特殊情况下支付的工资，是指根据国家法律、法规和政策规定，因病、工伤、产假、计划生育假、婚丧假、事假、探亲假、定期休假、停工学习、执行国家或社会义务等原因按计时工资标准或计时工资标准的一定比例支付的工资。

② 材料费

材料费是指施工过程中耗费的原材料、辅助材料、构配件、零件、半成品或成品、工程设备的费用。

材料预算价的组成：

a. 材料原价，是指材料、工程设备的出厂价格或商家供应价格。

b. 运杂费，是指材料、工程设备自来源地运至工地仓库或指定堆放地点所发生全部费用。

c. 运输损耗费，是指材料在运输装卸过程中不可避免的损耗。

d. 采购及保管费，是指为组织采购、供应和保管材料、工程设备的过程中所需要的各项费用。包括采购费、仓储费、工地保管费、仓储损耗。工程设备是指房屋建筑及其配套的构成或计划构成永久工程一部分的机电设备、金属结构设备、仪器装置等建筑设备，包括附属工程中电气、采暖、通风空调、给水排水、通信及建筑智能等为房屋功能服务的设备，不包括工艺设备。明确由建设单位提供的建筑设备，其设备费用不作为计取税金的基数。

③ 施工机具使用费

施工机具使用费是指施工作业所发生的施工机械、仪器仪表使用费或其租赁费。施工机械使用费是用施工机械台班耗用量乘以施工机械台班单价表示的。仪器仪表使用费指工程施工所需使用的仪器仪表的摊销及维修费用。施工机械台班单价的组成：

a. 折旧费，是指施工机械在规定的使用年限内，陆续收回其原值的费用。

b. 大修理费，是指施工机械按规定的大修理间隔台班进行必要的大修理，以恢复其正常功能所需的费用。

c. 经常修理费，是指施工机械除大修理以外的各级保养和临时故障排除所需的费用。包括为保障机械正常运转所需替换设备与随机配备工具附具的摊销和维护费用，机械运转中日常保养所需润滑与擦拭的材料费用及机械停滞期间的维护和保养费用等。

d. 安拆费及场外运费，安拆费是指施工机械（大型机械除外）在现场进行安装与拆卸所需的人工、材料、机械和试运转费用以及机械辅助设施的折旧、搭设、拆除等费用；场外运费是指施工机械整体或分体自停放地点运至施工现场或由一施工地点运至另一施工地点的运输、装卸、辅助材料及架线等费用。

e. 人工费，指机上司机（司炉）和其他操作人员的人工费。

f. 燃料动力费，是指施工机械在运转作业中所消耗的各种燃料及水、电等。

g. 税费，指施工机械按照国家规定应缴纳的车船使用税、保险费及年检费等。

④ 企业管理费

企业管理费是指施工企业组织施工生产和经营管理所需的费用。

企业管理费用的组成：

a. 管理人员工资，是指按规定支付给管理人员的计时工资、奖金、津贴补贴、加班加点工资及特殊情况下支付的工资等。

b. 办公费，是指企业管理办公用的文具、纸张、账表、印刷、邮电、书报、办公软件、监控、会议、水电、燃气、采暖、降温等费用。

c. 差旅交通费，是指职工因公出差、调动工作的差旅费，市内交通费和误餐补助费，职工探亲路费，劳动力招募费，职工退休、退职一次性路费，工伤人员就医路费，工地转移费以及管理部门使用的交通工具的油料、燃料等费用。

d. 固定资产使用费，是指企业及其附属单位使用的属于固定资产的房屋、设备、仪器等的折旧、大修、维修或租赁费。

e. 工具用具使用费，是指企业施工生产和管理使用的不属于固定资产的工具、器具、家具、交通工具和检验、试验、测绘、消防用具等的购置、维修和摊销费，以及支付给工人自备工具的补贴费。

f. 劳动保险和职工福利费，是指由企业支付的职工退职金、按规定支付给离休干部的经费、集体福利费、夏季防暑降温、冬季取暖补贴、上下班交通补贴等。

g. 劳动保护费，是企业按规定发放的劳动保护用品的支出。如工作服、手套、防暑降温饮料、高危险工作工种施工作业防护补贴，以及在有碍身体健康的环境中施工的保健费用等。

h. 工会经费，是指企业按《工会法》规定的全部职工工资总额比例计提的工会经费。

i. 职工教育经费，是指按职工工资总额的规定比例计提，企业为职工进行专业技术和职业技能培训，专业技术人员继续教育、职工职业技能鉴定、职业资格认定以及根据需要对职工进行各类文化教育所发生的费用。

g. 财产保险费，指企业管理用财产、车辆和保险费用。

k. 财务费，是指企业为施工生产筹集资金或提供预付款担保、履约担保、职工工资支付担保等所发生的各种费用。

l. 税金，指企业按规定交纳的房产税、车船使用税、土地使用税、印花税等。

m. 意外伤害保险费，是企业为从事危险作业的建筑安装施工人员支付的意外伤害保险费。

n. 工程定位复测费，是指工程施工过程中进行全部施工测量放线和复测工作的费用。建筑物沉降观测由建设单位直接委托有资质的检测机构完成，费用由建设单位承担，不包含在工程定位复测费中。

o. 检验试验费，是施工企业按规定进行建筑材料、构配件等试样的制作、封样、送达和其他为保证工程质量进行的材料检验试验工作所发生的费用。不包括新结构、新材料的试验费，对构件（如幕墙、预制桩、门窗）做破坏性试验所发生的试验费用和根据国家标准、施工验收规范要求对材料、构配件和建筑物工程质量检测检验发生的第三方检测费用。对此类检测发生的费用，由建设单位承担，在工程建设其他费用中列支。但对施工企业提供的具有合格证明的材料进行检测不合格的，该检测费用由施工企业支付。

p. 非建设单位所为四小时以内的临时停水停电费用。

q. 企业技术研发费，即建筑企业为转型升级、提高管理水平所进行的技术转让、科技研发，信息化建设等费用。

r. 其他，包括业务招待费、远地施工增加费、劳务培训费、绿化费、广告费、公证费、法律顾问费、审计费、咨询费、投标费、保险费、联防费、施工现场生活用水电费等。

⑤ 利润

是指施工企业完成所承包工程获得的盈利。施工企业根据企业自身需求并结合建筑市场实际自主确定，列入报价中。工程造价管理机构在确定计价定额中利润时，根据不同的专业工程（或单位工程），以"人工费"或"人工费＋施工机具使用费"作为计算基数，通过费用定额规定了不同的利润率。利润应列入分部分项工程和措施项目中。

2）措施项目费

措施项目费是指为完成建设工程施工，发生于该工程施工前和施工过程中的技术、生活、安全、环境保护等方面的费用。

根据现行工程量清单计算规范，措施项目费可以分为单价措施项目与总价措施项目。

① 单价措施项目

单价措施项目是指在现行工程量清单计算规范中有对应工程量计算规则，按人工费、材料费、施工机具使用费、管理费和利润形式组成综合单价的措施项目。

单价措施项目费＝Σ（措施项目工程量×综合单价）

单价措施项目根据专业不同，包括项目如下：

a. 建筑与装饰工程

脚手架工程；混凝土模板及支架（撑）；垂直运输；超高施工增加；大型机械设备进出场及安拆；施工排水、降水。

b. 安装工程

吊装加固；金属抱杆安装、拆除、移位；平台铺设、拆除；顶升、提升装置安装、拆除；大型设备专用机具安装、拆除；焊接工艺评定；胎（模）具制作、安装、拆除；防护棚制作安装拆除；特殊地区施工增加；安装与生产同时进行施工增加；在有害身体健康环境中施工增加；工程系统检测、检验；设备、管道施工的安全、防冻和焊接保护；焦炉烘炉、热态工程；管道安拆后的充气保护；隧道内施工的通风、供水、供气、供电、照明及通信设施；脚手架搭拆；高层施工增加；其他措施（工业炉烘炉、设备负荷试运转、联合试运转、生产准备试运转及安装工程设备场外运输）；大型机械设备进出场及安拆。

c. 市政工程

脚手架工程；混凝土模板及支架；围堰；便道及便桥；洞内临时设施；大型机械设备进出场及安拆；施工排水、降水；地下交叉管线处理、监测、监控。

d. 仿古建筑工程

脚手架工程；混凝土模板及支架；垂直运输；超高施工增加；大型机械设备进出场及安拆；施工降水排水。

园林绿化工程：脚手架工程；模板工程；树木支撑架、草绳绕树干、搭设遮阴（防寒）棚工程；围堰、排水工程。

e. 房屋修缮工程中土建、加固部分

单价措施项目设置同建筑与装饰工程；安装部分单价措施项目设置同安装工程。

f. 城市轨道交通工程

围堰及筑岛；便道及便桥；脚手架；支架；洞内临时设施；临时支撑；施工监测、监控；大型机械设备进出场及安拆；施工排水、降水；设施、处理、干扰及交通导行（混凝土模板及安拆费用包含在分部分项工程中的混凝土清单中）。

单价措施项目中各措施项目的工程量清单项目设置、项目特征、计量单位、工程量计算规则及工作内容均按现行工程量清单计算规范执行。

② 通用总价措施项目

总价措施项目是指在现行工程量清单计算规范中无工程量计算规则，以总价（或计算基础乘费率）计算的措施项目。其中，各专业都可能发生的通用的总价措施项目如下：

a. 安全文明施工费

为满足施工安全、文明施工以及环境保护、职工健康生活所需要的各项费用。主要用于：施工现场降低噪声、控制扬尘、垃圾清运和排污等环境保护费用；施工现场围挡、美化、改善施工人员的工作、生活条件等文明施工费用；施工现场安全防护、设施保护、工人安全防护等安全施工费用；施工现场废弃物回收利用、节电节水、有毒有害物质和气体的防护等绿色施工费用，如表7-1所示。

安全文明施工费的分类与工作内容   表 7-1

项目名称	工作内容及包含范围
环境保护	现场施工机械设备降低噪声、防扰民措施费用
	水泥和其他易飞扬细颗粒建筑材料密闭存放或采取覆盖措施等费用
	工程防扬尘洒水费用
	土石方、建渣外运车辆冲洗、防洒漏等费用
	现场无污染源的控制、生活垃圾清理外运、场地排水排污措施的费用
	其他环境保护措施费用
文明施工	"五牌一通"的费用
	现场围挡的墙面美化（包括内外粉刷、刷白、标语等）、压顶装饰费用
	现场厕所便槽刷白、贴白砖，水泥砂浆地面或地砖费用，建筑物内临时便溺设施费用
	其他施工现场临时设施的装饰装修、美化措施费用
	现场生活卫生设施费用
	符合卫生要求的饮水设备、淋浴、消毒等费用
	生活用洁净燃料费用
	防煤气中毒、防蚊虫叮咬等措施费用
	施工现场施工场地的硬化费用
	现场绿化费用、治安综合治理费用
	现场配备医药保健器材、物品费用和急救人员培训费用
	其他文明施工措施费用
安全施工	安全资料、特殊作业专项方案的编制，安全施工标志的购置及运行，安全宣传的费用
	安全防护工具（安全帽、安全带、安全网）、"四口"（楼梯口、电梯井口、通道口、预留洞）、"五临边"（阳台围边、楼板围边、屋面围边、槽坑围边、卸料平台两侧）、水平防护架、垂直防护架、外架封闭等防护的费用
	施工安全用电的费用，包括配电箱三级配电、两级保护装置要求、外电保护措施

项目名称	工作内容及包含范围
安全施工	起重机、塔吊等起重设备（含井架、门架）及外用电梯的安全防护措施（含警示标志）费用及卸料平台的临边防护，层间安全门，防护棚等设施费用
	建筑工地中机械的检验检测费用
	施工工具防护棚及其围栏的安全保护设施费用
	施工安全防护通道的费用
	工人的安全防护用品、用具购置费用
	消防设施与消防器材的配置费用
	电气保护、安全照明设施费用
	其他安全防护措施费用
临时设施	施工现场采用彩色、定型钢板砖、混凝土砌块等围挡的安砌，维修拆除费或摊销费
	施工现场临时建筑物构筑物的搭设、维修拆除或摊销的费用，如临时宿舍、办公室、食堂、厨房、厕所、诊疗所、临时文化福利用房、临时仓库、加工厂、搅拌台、临时简易水塔、水池等
	施工现场临时设施的搭设、维修、拆除或摊销的费用，如临时供水管道、临时供电管线、小型临时设施等
	施工现场规定范围内临时简易道路铺设，临时排水沟、排水设施，安砌，维修、拆除
	其他临时设施搭设、维修、拆除或摊销的费用

b. 夜间施工费

规范、规程要求正常作业而发生的夜班补助、夜间施工降效、夜间照明设施的安拆、摊销、照明用电以及夜间施工现场交通标志、安全标牌、警示灯安拆等费用。

c. 二次搬运费

由于施工场地限制而发生的材料、成品、半成品等一次运输不能到达堆放地点，必须进行的二次或多次搬运费用。

d. 冬雨期施工增加费

在冬雨期施工期间所增加的费用。包括冬期作业、临时取暖、建筑物门窗洞口封闭及防雨措施、排水、工效降低、防冻等费用。不包括设计要求混凝土内添加防冻剂的费用。

e. 地上、地下设施建筑物的临时保护设施

在工程施工过程中，对已建成的地上、地下设施和建筑物进行的遮盖、封闭、隔离等必要保护措施所发生的费用。在园林绿化工程中，还包括对已有植物的保护费用。

f. 已完工程及设备保护费

竣工验收前，对已完工程及设备采取的覆盖、包裹、封闭、隔离等必要保护措施所发生的费用。

g. 临时设施费

施工企业为进行工程施工所必需的生活和生产用的临时建筑物、构筑物和其他临时设施的搭设、使用、拆除等费用。临时设施包括临时宿舍、文化福利及公用事业房屋与构筑物、仓库、办公室、加工场等。

h. 赶工措施费

施工合同工期比现行工期定额提前，施工企业为缩短工期所发生的费用。如施工过程中，发包人要求实际工期比合同工期提前时，由发承包双方另行约定。

i. 工程按质论价

施工合同约定质量标准超过国家规定，施工企业完成工程质量达到经有权部门鉴定或评定为优质工程所必须增加的施工成本费。

j. 特殊条件下的施工增加费

地下不明障碍物、铁路、航空、航运等交通干扰而发生的施工降效费用。

③ 专业总价措施项目

总价措施项目中，除通用措施项目外，各专业措施项目如下：

a. 建筑与装饰工程

非夜间施工照明。为保证工程施工正常进行，在如地下室、地宫等特殊施工部位施工时所采用的照明设备的安拆、维护、摊销及照明用电等费用。

住宅工程分户验收。对住宅工程进行专门验收（包括蓄水、门窗淋水等）发生的费用。室内空气污染测试不包含在住宅工程分户验收费用中，由建设单位直接委托检测机构完成，由建设单位承担费用。

b. 安装工程

非夜间施工照明。为保证工程施工正常进行，在如地下（暗）室、设备及大口径管道内等特殊施工部位施工时所采用的照明设备的安拆、维护及照明用电、通风等；在地下（暗）室等施工引起的人工工效降低以及由于人工工效降低引起的机械降效。

c. 市政工程

行车、行人干扰：由于施工受行车、行人的干扰导致的人工、机械降效以及为了行车、行人安全而现场增设的维护交通与疏导人员费用。

d. 仿古建筑及园林绿化工程

非夜间施工照明。为保证工程施工正常进行，仿古建筑工程在地下室、地宫等，园林绿化工程在假山石洞等特殊施工部位施工时所采用的照明设备的安拆、维护及照明用电等。

反季节栽植影响措施。因反季节栽植在增加材料、人工、防护、养护、管理等方面采取的种植措施以及保证成活率措施。

3）其他项目费

其他项目费包括暂列金额、暂估价、计日工、总承包服务费。

① 暂列金额

建设单位在工程量清单中暂定并包括在工程合同价款中的一笔款项。用于施工合同签订时尚未确定或者不可预见的所需材料、工程设备、服务的采购，施工中可能发生的工程变更、合同约定调整因素出现时的工程价款调整以及发生的索赔、现场签证确认等的费用。由建设单位根据工程特点，按有关计价规定估算；施工过程中由建设单位掌握使用，扣除合同价款调整后如有余额，归建设单位。

② 暂估价

建设单位在工程量清单中提供的用于支付必然发生但暂时不能确定价格的材料的单价以及专业工程的金额，包括材料暂估价和专业工程暂估价。材料暂估价在清单综合单价中考虑，不计入暂估价汇总。

③ 计日工

指在施工过程中，施工企业完成建设单位提出的施工图纸以外的零星项目或工作所需的费用。计日工由发包人和承包人按施工过程中的签证计价。

④ 总承包服务费

指总承包人为配合、协调建设单位进行的专业工程发包,对建设单位自行采购的材料、工程设备等进行保管以及施工现场管理、竣工资料汇总整理等服务所需的费用。总承包服务范围由建设单位在招标文件中明示,并且发承包双方在施工合同中约定。

暂列金额、暂估价按发包人给定的标准计取;计日工计取标准由发承包双方在合同中约定;总承包服务费应根据招标文件列出的服务内容和对总承包人的要求,以分包的专业工程估算造价为计算基础,参照费用定额给定的标准计算。

4)规费

规费是指有权部门规定必须缴纳的费用。主要包括:

① 工程排污费

包括废气、污水、固体、扬尘及危险废物和噪声排污费等内容。

② 社会保险费

企业为职工缴纳的养老保险、医疗保险、失业保险、工伤保险和生育保险等社会保障方面的费用(不包括个人缴纳部分)。为确保施工企业各类从业人员社会保障权益落到实处,省、市有关部门可根据实际情况制定管理办法。

③ 住房公积金

企业为职工缴纳的住房公积金。

工程排污费按工程所在地环境保护等部门规定的标准,按实际缴纳计取。社会保险费及住房公积金计算基础=分部分项工程费+措施项目费+其他项目费-工程设备费,费率标准由费用定额规定。

5)税金是指国家税法规定的应计入建筑安装工程造价内的相关税费。

(2)设备及工器具购置费

设备及工器具购置费用是由设备购置费和工具、器具及生产家具购置费组成。在生产性工程建设中,设备及工器具购置费用占工程造价比重的增大,意味着生产技术的进步和资本有机构成的提高。该笔费用由两项构成,一是设备购置费,由达到固定资产标准的设备工具器具的费用组成;二是工具器具及生产家具购置费,由不够固定资产标准的设备、仪器、工卡模具、器具、生产家具和备品备件等的购置费用组成。

1)设备购置费

设备购置费是指为建设项目购置或自制的达到固定资产标准的各种国产或进口设备、工具、器具的购置费用。新建项目和扩建项目的新建车间购置或自制的全部设备、工具、器具,不论是否达到固定资产标准,均计入设备及工器具购置费中。设备购置费由设备原价和设备运杂费构成。

设备购置费=设备原价+设备运杂费。其中,设备原价是指国产标准设备、国产非标准设备原价、进口设备的抵岸价;设备运杂费是指设备原价未包括的包装和包装材料费、运输费、装卸费、采购费及仓库保管费、供销部门手续费等。如果设备是由设备成套公司供应的,成套公司的服务费也应计入设备运杂费之中。

2)工具、器具及生产家具购置费

工具、器具及生产家具购置费,是指新建或扩建项目初步设计规定的,保证初期正常生产必须购置的没有达到固定资产标准的设备、仪器、工卡模具、器具、生产家具等的购置费用。一般以设备购置费为计算基数，按照部门或行业规定的工具、器具及生产家具费率计算。计算公式为：

工具、器具及生产家具购置费＝设备购置费×定额费率

（3）工程建设其他费用

工程建设其他费用是指从工程筹建起到工程竣工验收交付生产或使用止的整个建设期间，除建筑安装工程费用和设备及工器具购置费用以外的，为保证工程建设顺利完成和交付使用后能够正常发挥效益或效能而发生的各项费用。

工程建设其他费用可分三类，第一类为土地使用费，土地使用者因使用土地而向所有者支付的费用，是土地使用者获得用地应付出的代价，包括土地征用及迁移补偿费、土地使用权出让金等；第二类是与项目建设有关的费用，包括建设单位管理费、勘察设计费、试验研究费等；第三类是与未来生产经营有关的费用，包括联合试运转费、生产准备费、办公及生活家具购置费等。

1）土地使用费

土地使用费是指通过划拨方式取得土地使用权而支付的土地征用及迁移的补偿费，或者通过土地使用权出让方式取得土地使用权而支付的土地使用权出让金。

① 土地征用及迁移补偿费

土地征用及迁移补偿费指建设项目通过划拨方式取得无限期的土地使用权所支付的费用。其内容包括土地补偿费、安置补助费、地上附着物和青苗的补偿费、新菜地开发建设基金等。

a. 土地补偿费

土地补偿费是建设用地单位取得土地使用权时，向土地集体所有单位支付有关开发、投入的补偿。土地补偿费标准同土地质量及年产值有关，根据规定，征收耕地的土地补偿费，为该耕地被征收前三年平均产值的6～10倍。征收其他土地的土地补偿费，由省、自治区、直辖市参照征收耕地的土地补偿费的标准规定。

b. 安置补助费

安置补助费是用地单位向被征地单位支付的为安置好以土地为主要生产资料的农业人口生产、生活所需的补助费用。

c. 地上附着物和青苗的补偿费

地上附着物和青苗的补偿标准，由省、自治区、直辖市规定。

d. 新菜地开发建设基金

为稳定菜地面积，保证城市居民吃菜，加强菜地建设，凡征收城市郊区的商品菜地，都需向当地政府缴纳新菜地开发建设基金，用于菜地的开发建设。

② 土地使用权出让金

土地使用权出让金，指建设项目通过土地使用权出让方式，取得有限期的土地使用权而支付的土地使用权出让金。城市土地的出让和转让可采用协议、招标、公开拍卖等方式。

2）与项目建设有关的其他费用

① 建设管理费

建设管理费是指建设单位从项目筹建开始至办理竣工决算为止发生的项目建设管理费

用，包括以下几方面内容。

a. 建设单位管理费

建设单位管理费是指建设单位发生的管理性质的开支，包括工作人员工资、工资性补贴、施工现场津贴、职工福利费、住房基金、基本养老保险费、基本医疗保险费、失业保险费、工伤保险费，办公费、差旅交通费、劳动保护费、工具用具使用费、固定资产使用费、必要的办公及生活用品购置费、必要的通信设备及交通工具购置费、零星固定资产购置费、招募生产工人费、技术图书资料费、业务招待费、设计审查费、工程招标费、合同契约公证费、法律顾问费、咨询费、工程质量监督检测费、审计费、完工清理费、竣工验收费、印花税和其他管理性质开支。如建设管理采用工程总承包方式，其总包管理费由建设单位与总包单位根据总包工作范围在合同中商定，从建设管理费中支出。

b. 工程监理费用

工程监理费是指建设单位委托工程监理单位实施工程监理的费用。

c. 可行性研究费

可行性研究费是指在建设项目前期工作中，编制和评估项目建议书（或预可行性研究报告）以及可行性研究报告所需的费用。

d. 研究试验费

研究试验费是指为建设项目提供和验证设计数据、资料等进行必要的研究试验及按照设计规定在建设过程中必须进行试验和验证所需的费用。

e. 勘察设计费

勘察设计费是指委托勘察设计单位进行工程水文地质勘查和工程设计所发生的各项费用，包括以下内容：工程勘察费、初步设计费（基础设计费）和施工图设计费（详细设计费）。

② 环境影响评价费

环境影响评价费是指为全面、详细评价建设项目对环境可能产生的污染或造成的重大影响所需的费用，包括编制环境影响报告书（含大纲）、环境影响报告表和评估环境影响报告书（含大纲）、评估环境影响报告表等所需的费用。

③ 劳动安全卫生评价费

劳动安全卫生评价费是指为预测和分析建设项目存在的职业危险、危害因素的种类和危险危害程度，并提出先进、科学、合理可行的劳动安全卫生技术和管理对策所需的费用，包括编制建设项目劳动安全卫生预评价大纲和劳动安全卫生预评价报告书，以及为编制上述文件所进行的工程分析和环境现状调查等所需费用。

④ 场地准备及临时设施费

场地准备及临时设施费包括场地准备费和临时设施费。场地准备费是指建设项目为达到工程开工条件所发生的场地平整及对建设场地余留的有碍于施工建设的设施进行拆除清理的费用。临时设施费是指为满足施工建设需要而供到场地界区的临时水、电、路、通信、气等工程费用和建设单位的现场临时建（构）筑物的搭设、维修、拆除、摊销或建设期间租赁费用，以及施工期间专用公路养护费和维修费。此费用不包括已列入建筑安装工程费用中的施工单位临时设施费用。场地准备及临时设施应尽量与永久性工程统一考虑。建设场地的大型土石方工程应进入工程费用的总图运输费用中。新建项目的场地准备和临时设施费应根据实际工程量估算，或按工程费用的比例计算。改扩建项目一般只计拆除清理费。

⑤ 引进技术和进口设备其他费

引进技术和进口设备其他费用，包括出国人员费用、国外工程技术人员来华费用、技术引进费、分期或延期付款利息、担保费以及进口设备检验鉴定费。

⑥ 工程保险费

工程保险费是指建设项目在建设期间根据需要对建筑工程、安装工程及机器设备进行投保而发生的保险费用，包括建筑工程一切险或安装工程一切险、工伤保险、人身意外伤害险等，不包括已经列入施工企业管理费中的施工管理财产，车辆保险费。不投保的工程不计取此项费用。不同的建设工程项目可根据工程特点选择投保险种，根据投保合同计列保险费用，编制投资估算和概算时可按工程费用的比例估算。

⑦ 特殊设备安全监督检验费

特殊设备安全监督检验费是指在施工现场组装的锅炉及压力容器、消防设备、燃气设备、电梯等特殊设备和设施，由安全监察部门按照有关安全监察条例和实施细则以及设计技术要求进行安全检验，应由建设项目支付的、向安全监察部门缴纳的费用。

⑧ 市政公用设施建设及绿化费

市政公用设施建设及绿化费是指项目建设单位按照项目所在地人民政府有关规定缴纳的市政公用设施建设费以及绿化补偿费等。该项费用按工程所在地人民政府规定标准计列，不发生或按规定免征项目不计取。

3）与未来企业生产经营有关的其他费用

① 联合试运转费

联合试运转费是指新建项目或新增加生产能力的工程，在交付生产前按照批准的设计文件所规定的工程质量标准和技术要求，进行整个生产线或装置的负荷联合试运转或局部联动试车所发生的费用净支出（试运转支出大于收入的差额部分费用，以及必要的工业炉烘炉费）。试运转支出包括试运转所需原材料、燃料及动力消耗、低值易耗品、其他物料消耗、工具用具使用费、机械使用费、保险金、施工单位参加试运转人员工资以及专家指导费等。联合试运转费不包括应由设备安装工程费用开支的调试及试车费用，以及在试运转中暴露出来的因施工原因或设备缺陷等发生的处理费用。

② 生产准备费

生产准备费是指新建企业或新增生产能力的企业，为保证竣工交付使用进行必要的生产准备所发生的费用。费用内容包括：

a. 生产人员培训费，包括自行培训、委托其他单位培训的人员的工资、工资性补贴、职工福利费、差旅交通费、学习资料费、学习费、劳动保护费等。

b. 生产单位提前进厂参加施工、设备安装、调试等以及熟悉工艺流程及设备性能等人员的工资、工资性补贴、职工福利费、差旅交通费、劳动保护费等。根据需要培训和提前进厂人员的人数及培训时间按生产准备费指标进行估算。

③ 办公和生活家具购置费

办公和生活家具购置费是指为保证新建、改建、扩建项目初期正常生产、使用和管理所必须购置的办公和生活家具、用具的费用。改、扩建项目所需的办公和生产用具购置费，应低于新建项目。其范围包括办公室、会议室、资料档案室、阅览室、文娱室、食堂、浴室、理发室、单身宿舍和设计规定必须建设的托儿所、卫生所、招待所、中小学校等家具用具购置费。这项费用按照设计定员人数乘以综合指标计算，一般为 600～800 元/人。

（4）预备费用

预备费用包括基本预备费和价差预备费。

1）基本预备费

基本预备费是指在项目实施中可能发生难以预料的支出，需要预留的费用，包括：进行技术设计、施工图设计和施工过程中，在批准的初步设计范围内所增加的工程及费用；由于一般自然灾害所造成的损失和预防自然灾害所采取的措施费用；工程竣工验收时，为鉴定工程质量，必须开挖和修复的隐蔽工程的费用等。

2）价差预备费

价差预备费是指工程建设项目在建设期由于物价上涨而预留的费用，包括建设项目在建设期由于人工、设备、材料、施工机械价格及国家和省级政府发布的费率、利率、汇率等变化而引起工程造价变化的预测预留费用。

（5）固定资产投资方向调节税

固定资产投资方向调节税是指按照《中华人民共和国固定资产投资方向调节税暂行条例》规定征收的一种税，该税从 1991 年起施行，自 2000 年 1 月 1 日起新发生的投资额暂停征收。

（6）建设期贷款利息

建设期贷款利息是指建设项目使用投资贷款，在建设期内应归还的贷款利息。

（7）国家和省批准的各项税费

国家和省批准的各项税费是指省级以上人民政府或授权部门批准的，建设期内应交付的各项税费。

（8）经营性项目铺底流动资金

生产经营性项目铺底流动资金是指生产经营性项目为保证生产和经营正常进行，按其所需流动资金的 30％作为铺底流动资金计入建设项目总概算。竣工投产后计入生产流动资金，但不构成建设项目总造价。

7.2.2 工程造价的定额计价基本知识

1. 工程定额计价基本特点

（1）工程建设定额的分类

工程建设定额的分类有多种方法，主要是以生产要素消耗内容分类、编制程序和用途分类、主编单位和管理权限分类、专业性质分类等。具体划分参见图 7-11 的说明。

（2）工程建设定额的特点

包括科学性、系统性、统一性、指导性、稳定性与时效性。

（3）工程定额计价的基本方法

1）基本构造要素的直接工程费单价＝人工费＋材料费＋施工机械使用费

其中：人工费＝Σ（人工工日数量×人工日工资标准）

材料费＝Σ（材料用量×材料预算价格）

机械使用费＝Σ（机械台班用量×台班单价）。

工程建设定额分类

- 生产要素消耗内容
  - 劳动消耗定额
  - 机械消耗定额 — 主要形式表现为时间定额，也可以表现为产量定额，时间定额与产量定额互为倒数
  - 材料消耗定额
- 编制程序和用途
  - 施工定额：分项最细，定额子目最多，工程建设定额体系中的基础性定额
  - 预算定额：施工图预算阶段使用
  - 概算定额：编制扩大初步设计概算的依据
  - 概算指标：编制工程概算的依据
  - 投资估算指标：项目建议书或可行性研究阶段使用
- 主编单位和管理权限
  - 全国统一定额
  - 行业统一定额
  - 地区统一定额
  - 企业定额：企业内部使用
  - 补充定额：在指定范围内使用
- 专业性质
  - 全国通用定额
  - 行业通用定额
  - 专业通用定额

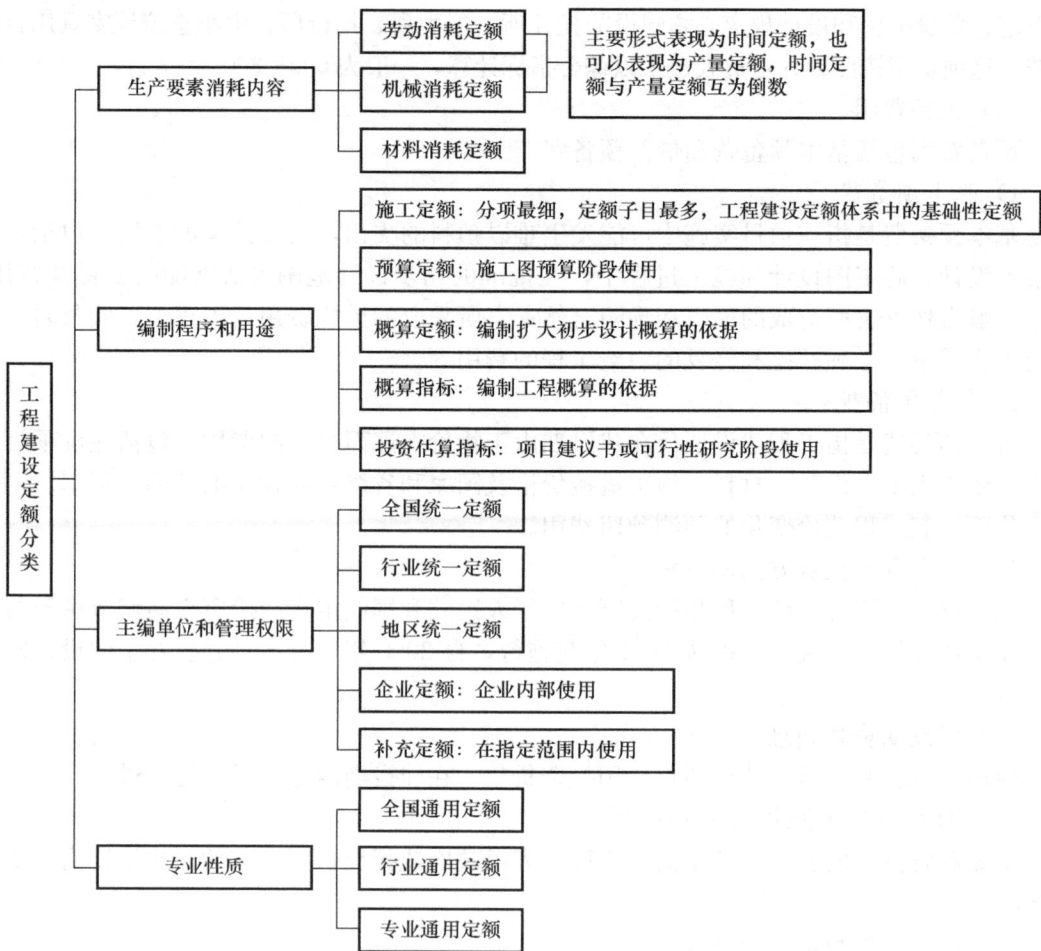

图 7-11　工程建设定额分类

2）单位工程直接费＝Σ（假定建筑产品工程量×直接工程费单价）＋措施费。

3）单位工程概预算造价＝单位工程直接费＋间接费＋利润＋税金。

4）单项工程概算造价＝Σ单位工程概预算造价＋设备、工器具购置费。

5）建设项目全部工程概算造价＝Σ单项工程的概算造价＋预备费＋有关的其他费用。
工程定额计价的特点是"分部组合计价"，计价依据是概预算定额。

（4）我国建筑产品价格市场发展的三个阶段

国家定价阶段、国家指导价阶段、国家调控价阶段。

2. 工程量清单计价与计算规范

工程量清单是指在工程量清单计价中载明建设工程分部分项工程项目、措施项目、其他项目的名称和相应数量以及规费、税金项目等内容的明细清单。在建设工程发承包及实施过程的不同阶段，又可以被称为"招标工程量清单"和"已标价工程量清单"。

招标工程量清单是指招标人依据国家标准、招标文件、设计文件以及施工现场实际情况编制的，随招标文件发布招标人的工程量清单，包括其说明和表格。招标工程量清单应

以单位（项）工程为单位编制，应由分部分项工程清单、措施项目清单、其他项目清单、规费和税金项目清单组成。

已标价工程量清单是指构成合同文件组成的投标文件中已标明价格，经算术性错误修改（如有）且承包人已确认的工程量清单，包括其说明和表格。

工程量清单的主要作用：

① 工程量清单是编制工程量预算或招标人编制招标控制价的依据。

② 工程量清单是供投标者报价的依据。

③ 工程量清单是确定和调整合同价款的依据。

④ 工程量清单是计算工程量以及支付工程款的依据。

⑤ 工程量清单是办理工程结算和工程索赔的依据。

3. 施工定额的概念及作用

（1）施工定额的概念

施工定额是具有合理劳动组织的建筑安装工人小组在正常施工条件下完成单位合格产品所需人工、机械、材料消耗的数量标准，它根据专业施工的作业对象和工艺制定。施工定额反映企业的施工水平。施工定额是企业定额，施工企业应根据本企业的具体条件和可能挖掘的潜力，根据市场的需求和竞争环境，根据国家有关政策、法律和规范、制度，自己编制定额，自行决定定额的水平。它由劳动定额、机械定额和材料定额三个相对独立的部分组成。

（2）施工定额的作用

1）施工定额是企业计划管理的依据

施工定额在企业计划管理方面的作用，表现在它既是企业编制施工组织设计的依据，也是企业编制施工作业计划的依据。

2）施工定额是组织和指挥施工生产的有效工具

企业组织和指挥施工，是按照作业计划通过下达施工任务书和限额领料单来实现的。施工任务书，既是下达施工任务的技术文件，也是班、组经济核算的原始凭证。它表明了应完成的施工任务，也记录着班、组实际完成任务的情况，并且进行班、组工人的工资结算。施工任务书上的工程计量单位、产量定额和计件单位，均需取自劳动定额，工资结算也要根据劳动定额的完成情况计算。

限额领料单是施工队随任务书同时签发的领取材料的凭证。这一凭证是根据施工任务和施工的材料定额填写的。其中领料的数量，是班、组为完成规定的工程任务消耗材料的最高限额，这一限额也是考核班、组完成任务情况的一项重要指标。

3）施工定额是计算工人劳动报酬的依据

施工定额是衡量工人劳动数量和质量，提供成果和效益标准。所以，施工定额是计算工人工资的依据。这样，才能做到完成定额好的工资报酬就多，达不到定额的工资报酬就会减少，真正实现多劳多得、少劳少得的社会主义分配原则。

4）施工定额有利于推广先进技术

施工定额水平中包含着某些已成熟的先进的施工技术和经验，工人要达到和超过定额，就必须掌握和运用这些先进技术；要想大幅度超过定额，就必须创造性地劳动，不断改进工具和改进技术操作方法，注意原材料的节约，避免浪费。当施工定额明确要求采用某些较先进的施工工具和施工方法时，贯彻施工定额就意味着推广先进技术。

5）施工定额是编制施工预算、加强企业成本管理的基础

施工预算是施工单位用以确定单位工程人工、机械、材料和资金需要量的计划文件。施工预算以施工定额为编制基础，既要反映设计图纸的要求，也要考虑在现有条件下可能采取的节约人工、材料和降低成本的各项具体措施。这就有效地控制人力、物力消耗，节约成本开支。严格执行施工定额不仅可以起到控制消耗、降低成本和费用的作用，同时为贯彻经济核算制、加强班组核算和增加盈利创造良好的条件。

4. 预算定额的基本知识

（1）预算定额的用途及其分类

预算定额是指在合理的施工组织设计、正常施工条件下、生产一个规定计量单位合格产品所需的人工、材料和机械台班的社会平均消耗量标准，是计算建筑安装产品价格的基础。

1）按专业性质分，预算定额有建筑工程定额和安装工程定额两大类。

2）从管理权限和执行范围划分，预算定额可以分为全国统一定额、行业统一定额和地区统一定额等。

3）预算定额按物资要素分为劳动定额、机械定额和材料消耗定额，但是它们是相互依存形成一个整体，作为编制预算定额依据，各自不具有独立性。

（2）预算定额的编制原则

为保证预算定额的质量，充分发挥预算定额的作用，实际使用简便，在编制工作中应遵循以下原则：

① 按社会平均水平确定预算定额的原则

预算定额的水平以大多数施工单位的施工定额水平为基础。但是，预算定额绝不简单地套用施工定额的水平。首先，在比施工定额的工作内容综合扩大的预算定额中，也包含了更多的可变因素，需要保留合理的幅度差。其次，预算定额应当是平均水平，而施工定额是平均先进水平，两者相比，预算定额水平相对要低一些，但是应限制在一定范围之内。

② 简明适用的原则

定额项目的多少，与定额的步距有关。预算定额要项目齐全，要注意补充那些因采用新技术、新结构、新材料而出现的新的定额项目。对定额的活口也要设置适当。所谓活口，即在定额中规定当符合一定条件时，允许该定额另行调整。

③ 坚持统一性和差别性相结合原则

所谓统一性是指全国统一，行业统一。所谓差别性是在统一性基础上考虑地区的差别。

5. 概算定额的基本知识

（1）概算定额的概念

概算定额是在预算定额基础上，确定完成合格的单位扩大分项工程或单位扩大结构构件所需要的人工、材料、施工机械台班的数量标准及其费用标准。概算定额又称扩大结构定额。概算定额是预算定额的综合与扩大。它将预算定额中有联系的若干个分项工程项目综合为一个概算定额项目。如砖基础概算定额项目，就是以砖基础为主，综合了平整场地、挖地槽、铺设垫层、砌砖基础、铺设防潮层、回填土及运土等预算定额中分项工程

项目。

概算定额与预算定额的不同之处，在于项目划分和综合扩大程度上的差异，同时，概算定额主要用于设计概算的编制。由于概算定额综合了若干个分项工程的预算定额，因此使概算工程量和概算表的编制，都比编制施工图预算简单一些。

（2）概算定额的作用

概算定额主要作用如下：

1）是初步设计阶段编制概算、扩大初步设计阶段编制修正概算的主要依据。

2）是对设计项目进行技术经济分析比较的基础资料之一。

3）是建设工程主要材料计划编制的依据。

4）是控制施工图预算的依据。

5）是施工企业在准备施工期间，编制施工组织总设计或总规划时，对生产要素提出需要量计划的依据。

6）是工程结束后，进行竣工决算和评价的依据。

7）是编制概算指标的依据。

（3）概算定额的编制原则和编制依据

1）概算定额的编制原则

概算定额应该贯彻社会平均水平的简明适用的原则。由于概算定额和预算定额都是工程计价的依据，所以应符合价值规律和反映现阶段大多数企业的设计、生产及施工管理水平。但在概算定额水平之间应保留必要的幅度差。概算定额的内容和深度是以预算定额为基础的综合和扩大。在合并中不得遗漏或增减项目，以保证其严密性和正确性。概算定额务必达到简化、准确和适用。

2）概算定额的编制依据

由于概算定额使用范围不同，其编制依据也略有不同。其编制依据一般包括现行的设计规范、施工验收技术规范、各类工程预算定额、具有代表性的标准设计图纸和其他设计资料，现行的人工工资标准、材料价格、机械台班单价及其他的价格资料。

6. 概算指标的基本知识

概算指标是比概算定额综合、扩大性更强的一种定额指标，是概算定额的扩大与合并。它以整个建筑物和构筑物为对象，规定分部工程所需人工、材料、机械台班消耗量和资金数量的定额指标。

（1）概算指标的作用

概算指标和概算定额、预算定额一样，都是与各个设计阶段相适应的多次计价的产物，主要用于投资估价、初步设计阶段，其作用为：

1）概算指标是编制投资估价和控制初步设计概算、工程概算造价的依据。

2）概算指标是设计单位进行设计方案的技术经济分析、衡量设计水平、考核投资效果的标准。

3）概算指标是建设单位编制基本建设计划、申请投资贷款和主要材料计划的依据。

（2）概算指标的编制依据

现行的设计标准规范、现行的概算定额及其他相关资料、国务院各有关部门和各省、自治区、直辖市批准颁发的标准设计图集和有代表性的设计，编制期相应地区人工工资标准、材料价格、机械台班费用等。

7. 估算指标

（1）估算指标的概念与作用

估算指标是确定生产一定计量单位的建筑安装工程的造价和工料消耗的标准，用于在项目建议书可行性和编制设计任务书阶段编制投资估算。主要是选择具有代表性的、符合技术发展方向的、数量足够的并具有重复使用可能的设计图纸及其工程量的工程造价实例，经筛选，统计分析后综合取定。工程造价估算指标的制定是建设项目管理的一项重要工作。估算指标是编制项目建议书和可行性研究报告书投资估算的依据，是对建设项目全面的技术性与经济性论证的依据。估算指标对提高投资估算的准确度、建设项目全面评估、正确决策具有重要意义。

（2）估算指标编制原则

1）估算指标编制必须适应今后一段时期编制建设项目建议书和可行性研究报告书的需要。

2）估算指标的分类、项目划分，项目内容、表现形式等必须结合工程专业特点，与编制建设项目建议书和可行性研究报告书深度相适应。

3）估算指标编制要符合国家有关的方针政策、近期技术发展方向，反映正常建设条件下的造价水平，并适当留有余地。

4）采用的依据和数据尽可能做到正确、准确和具有代表性。

5）估算指标力求满足各种用户使用的需要。

（3）估算指标编制依据

1）国家和建设行政主管部门制定的工期定额。

2）国家和地区建设行政主管部门制定的计价规范、专业工程概预算定额及取费标准。

3）编制基准期的人工单价、材料价格、施工机械台班价格。

7.2.3　工程造价的工程量清单计价方法基本知识

工程量清单计算有利于业主对投资的控制，在工程量清单计价过程中，起核心作用的是统一的工程量计算规则。工程量清单是载明建设工程分部分项工程项目、措施项目和其他项目的名称和相应数量以及规费和税金项目等内容的明细清单。其中由招标人根据国家标准、招标文件、设计文件，以及施工现场实际情况编制的称为招标工程量清单，而作为投标文件组成部分的已标明价格并经承包人确认的称为已标价工程量清单。招标工程量清单应由具有编制能力的招标人或受其委托，具有相应资质的工程造价咨询人或招标代理人编制。采用工程量清单方式招标，招标工程量清单必须作为招标文件的组成部分，其准确性和完整性由招标人负责。招标工程量清单应以单位（项）工程为单位编制，由分部分项工程量清单，措施项目清单，其他项目清单，规费清单，税金项目清单组成。

1. 计价方式、计量单位及工程数量

（1）计价方式

1）建设工程施工发承包造价由分部分项工程费、措施项目费、其他项目费、规费和税金组成。

2）分部分项工程和措施项目清单应采用综合单价计价。

3）招标工程量清单标明的工程量是投标人投标报价的共同基础，竣工结算的工程量按发、承包双方在合同中约定应予计量且实际完成的工程量确定。

4）措施项目清单中的安全文明施工费应按照国家或省级、行业建设主管部门的规定计价，不得作为竞争性费用。

5）规费和税金应按国家或省级、行业建设主管部门的规定计算，不得作为竞争性费用。

（2）计量单位

计量单位应采用基本单位，除各专业另有特殊规定外均按以下单位计量：

1）以重量计算的项目——吨或千克（t 或 kg）；

2）以体积计算的项目——立方米（m^3）；

3）以面积计算的项目——平方米（m^2）；

4）以长度计算的项目——米（m）；

5）以自然计量单位计算的项目——个、套、块、樘、组、台……

6）没有具体数量的项目——宗、项……

各专业有特殊计量单位的，另外加以说明，当计量单位有两个或两个以上时，应根据所编工程量清单项目的特征要求，选择最适宜表现该项目特征并方便计量的单位。计量单位的有效位数应遵守下列规定：

1）以"t"为单位，应保留小数点后三位数字，第四位小数四舍五入。

2）以"m"、"m^2"、"m^3"、"kg"为单位，应保留小数点后两位数字，第三位小数四舍五入。

3）以"个"、"件"、"根"、"组"、"系统"等为单位，应取整数。

（3）工程数量

工程数量主要通过工程量计算规则计算得到。工程量计算规则是指对清单项目工程量的计算规定。除另有说明外，所有清单项目的工程量应以实体工程量为准，并以完成后的净值计算；投标人投标报价时，应在单价中考虑施工中的各种损耗和需要增加的工程量。

根据工程量清单计价与计量规范的规定，工程量计算规则可以分为房屋建筑与装饰工程、仿古建筑工程、通用安装工程、市政工程、园林绿化工程、矿山工程、构筑物工程、城市轨道交通工程、爆破工程等九大类。

以房屋建筑与装饰工程为例，其计量规范中规定的实体项目包括土石方工程，地基处理与边坡支护工程，桩基工程，砌筑工程，混凝土及钢筋混凝土工程，金属结构工程，木结构工程，门窗工程，屋面及防水工程，保温、隔热、防腐工程，楼地面装饰工程，墙、柱面装饰与隔断、幕墙工程，天棚工程，油漆涂料、裱糊工程，其他装饰工程，拆除工程等，分别制定了它们的项目的设置和工程量计算规则。

随着工程建设中新材料、新技术、新工艺等的不断涌现，计量规范附录所列的工程量清单项目不可能包含所有项目。在编制工程量清单时，当出现计量规范附录中未包括的清单项目时，编制人应作补充。在编制补充项目时应注意以下三方面：

1）补充项目的编码应按计量规范的规定确定。具体做法如下：补充项目的编码由计量规范的代码与 B 和三位阿拉伯数字组成，并应从 001 起顺序编制，例如房屋建筑与装饰工程如需补充项目，则其编码应从 01B001 开始起顺序编制，同一招标工程的项目不得重码。

2）在工程量清单中应附补充项目的项目名称、项目特征、计量单位、工程量计算规则和工作内容。

3）将编制的补充项目报省级或行业工程造价管理机构备案。

2. 分部分项工程项目清单

分部分项工程量清单应包括项目编码、项目名称、项目特征、计量单位和工程量，应根据附录规定的项目编码、项目名称、项目特征、计量单位和工程量计算规则进行编制。分部分项工程量清单的项目编码，应采用前十二位阿拉伯数字表示，一至九位应按附录的规定设置，十至十二位应根据拟建工程的工程量清单项目名称设置，同一招标工程的项目编码不得有重码。如当同一标段（或合同段）的一份工程量清单中含有多个单位工程且工程量清单是以单位工程为编制对象时，在编制工程量清单时应特别注意对项目编码十至十二位的设置不得有重码的规定。例如某房屋建筑与装饰工程一个标段（或合同段）的工程量清单中含有三个单位工程，每一单位工程中都有项目特征相同的实心砖墙，在工程量清单中又需反映三个不同单位工程的实心砖墙工程量时，则第一个单位工程的实心砖墙的项目编码应为 010401003001，第二个单位工程的实心砖墙的项目编码应为 010401003002，第三个单位工程的实心砖墙的项目编码应为 010401003003，并分别列出各单位工程实心砖墙的工程量。

分部分项工程量清单的项目名称、项目特征应按附录的项目名称结合拟建工程的实际确定。措施项目中列出了项目编码、项目名称、项目特征、计量单位、工程量计算规则的项目，编制工程量清单时，应按照本规范分部分项工程量清单的规定执行。

项目编码各位数字的含义是：一、二位为专业工程代码（01—房屋建筑与装饰工程；02—仿古建筑工程；03—通用安装工程；04—市政工程；05—园林绿化工程；06—矿山工程；07—构筑物工程；08—城市轨道交通工程；09—爆破工程）。以后进入国标的专业工程代码以此类推；三、四位为附录分类顺序码；五、六位为分部工程顺序码；七、八、九位为分项工程项目名称顺序码；十至十二位为清单项目名称顺序码。

分部分项工程量清单项目的工程量应以实体工程量为准，对于施工中的各种损耗和需要增加的工程量，投标人投标报价时，应在该清单项目的单价中考虑。在编制分部分项工程量清单时，以附录中的分项工程项目名称为基础，考虑该项目的名称、型号、材质特征要求，结合拟建工程的实际情况，使其工程量清单项目名称具体化、细化，以反映影响工程造价的主要因素。例如"墙面一般抹灰"这一分项工程在形成工程量项目名称时可以细化成为"外墙面抹灰"、"内墙面抹灰"等。项目特征是构成分部分项工程项目、措施项目自身价值的本质特征。项目特征是对项目的准确描述，是确定一个清单项目综合单价不可缺少的重要依据，是区分清单项目的依据，是履行合同义务的基础。分部分项工程量清单的项目特征应按各专业工程计量规范附录中规定的项目特征，结合技术规范、标准图集、施工图纸，按照工程结构、使用材质及规格或安装位置等，予以详细而准确的表述和说明。凡项目特征中未描述到的其他独有特征，由清单编制人视项目具体情况而确定，以准确描述清单项目为准。

在各专业工程计量规范附录中还有关于各清单项目"工作内容"的描述。工作内容是指完成清单项目可能发生的具体工作和操作程序，但应注意的是，在编制分部分项工程量清单时，工作内容通常无须描述，因为在计价规范中，工程量清单项目与工程量计算规则、工作内容有一一对应关系，当采用计价规范这一标准时，工作内容均有规定。分部分项工程项目清单必须载明项目编码、项目名称、项目特征、计量单位和工程量。分部分项工程项目清单必须根据各专业工程计量规范规定的项目编码、项目名称、项目特征、计量单位和工程量计算规则进行编制。

3. 措施项目清单

（1）措施项目列项

措施项目是指为完成工程项目施工，发生于该工程施工准备和施工过程中的技术、生活、安全、环境保护等方面的项目。

措施项目清单应根据相关工程现行国家计量规范的规定编制，并应根据拟建工程的实际情况列项。例如，《房屋建筑与装饰工程工程量计算规范》GB 50854 中规定的措施项目，包括脚手架工程，混凝土模板及支架（撑），垂直运输，超高施工增加，大型机械设备进出场及安拆，施工排水、降水，安全文明施工及其他措施项目。

（2）措施项目清单的标准格式

1）措施项目清单的类别

措施项目费用的发生与使用时间、施工方法或者两个以上的工序相关，并大多与实际完成的实体工程量的大小关系不大，如安全文明施工，夜间施工，非夜间施工照明，二次搬运，冬雨期施工，地上、地下设施、建筑物的临时保护设施，已完工程及设施保护等。但是有些非实体项目则是可以计算工程量的项目，如脚手架工程，混凝土模板及支架（撑），垂直运输，超高施工增加，大型机械设备进出场及安拆，施工排水、降水等，与完成的工程实体具有直接关系，并且是可以精确计量的项目，用分部分项工程量清单的方式采用综合单价，更有利于措施费的确定和调整。措施项目中不能计算工程量的项目清单，以"项"为计量单位进行编制；可以计算工程量的项目清单宜采用分部分项工程量清单的方式编制，列出项目编码、项目名称、项目特征、计量单位和工程量。

2）措施项目清单的编制

措施项目清单的编制需要考虑多种因素，除工程本身的因素外，还涉及水文、天气、环境、安全等因素。措施项目清单应根据拟建工程的实际情况列项。若出现清单计价规范中未列的项目，可根据工程实际情况补充。

措施项目清单的编制依据主要有：

① 施工现场情况、地勘水文资料、工程特点。

② 常规施工方案。

③ 与建设工程有关的标准规范基础资料。

④ 拟定的招标文件。

⑤ 建设工程设计文件及相关资料。

4. 其他项目清单

其他项目清单是指分部分项工程清单，措施项目清单所包含的内容以外，因招标人的特殊要求而发生的与拟建工程有关的其他费用项目和相应数量的清单。工程建设标准的高低、工程的复杂程度、工程的工期长短、工程的组成内容、发包人对工程管理要求等都直接影响其他项目清单的具体内容。其他项目清单包括暂列金额；暂估价（包括材料暂估单价、工程设备暂估单价、专业工程暂估价）；计日工，总承包服务费。

（1）暂列金额

暂列金额用于施工合同签订时尚未确定或者不可预见的所需材料、设备、服务的采购。暂列金额是指招标人在工程量清单中暂定并包括在合同价款中的一笔款项。可以用于支付工程合同签订时尚未确定或者不可预见的材料、工程设备、服务的采购。

工程建设自身的特性决定了工程的设计需要根据工程进展不断地进行优化和调整，业主需求可能会随工程建设进展出现变化，工程建设过程还会存在一些不能预见、不能确定的因素。消化这些因素必然会影响合同价格的调整，暂列金额正是因这类不可避免的价格调整设立，以便达到合理确定和有效控制工程造价的目标。设立暂列金额，并不能保证合同结算价格就不会再出现超出合同价格的情况，是否超出合同价格完全取决于工程量清单编制人对暂列金额预测的准确性，以及工程建设过程是否出现了其他未预测到的事件。

暂列金额应根据工程特点，按有关计价规定估算。暂列金额明细表由招标人填写，如不能评判，也可只列暂列金额总额，投标人应将上述暂列金额计入投标总价中。

（2）暂估价

暂估价是指招标人在工程量清单中提供的用于支付必然发生但暂时不能确定价格的材料、工程设备的单价以及专业工程的金额；包括材料暂估单价、工程设备暂估单价和专业工程暂估价。暂估价数量和拟用项目应当结合工程量清单中的"暂估价表"予以补充说明。为方便合同管理，需要纳入分部分项工程量清单项目综合单价中的暂估价应只是材料、工程设备暂估单价，以方便投标人组价。

专业工程的暂估价一般应当包括除规费和税金以外的管理费、利润等取费。暂估价中的材料、工程设备暂估单价应根据工程造价信息或参照市场价格估算，列出明细表；专业工程暂估价应分不同专业，按有关计价规定估算，列出明细表。

（3）计日工

在施工过程中，承包人完成发包人提出的工程合同范围以外的零星项目或工作，按合同中约定的单价计价的一种方式。计日工是为了解决现场发生的零星工作的计价而设立的。计日工对完成零星工作所消耗的人工工时、材料数量、施工机械台班进行计量，并按照计日工表中填报的适用项目的单价进行计价支付。计日工适用的所谓零星项目或工作一般是指合同约定之外的或者因变更而产生的、工程量清单中没有相应项目的额外工作，尤其是那些难以事先商定价格的额外工作。计日工应列出项目名称、计量单位和暂估数量。

（4）总承包服务费

总承包服务费是指总承包人为配合协调发包人进行的专业工程发包，对发包人自行采购的材料、工程设备等进行保管以及施工现场管理、竣工资料汇总整理等服务所需的费用。招标人应预计该项目费用并按投标人的投标报价向投标人支付该项费用。总承包服务费应列出服务项目及其内容等。总承包服务费计价表中的项目名称、服务内容由招标人填写，编制投标控制价时，费率及金额由招标人按有关计价规定确定；投标时，费率及金额由投标人自主报价，计入投标总价中。

5. 规费、税金项目清单

规费项目清单应按照下列内容列项：社会保险费，包括养老保险费、失业保险费、医疗保险费、工伤保险费、生育保险费；住房公积金；工程排污费；出现计价规范中未列的项目，应根据省级政府或省级有关权力部门的列项规定。社会保险费主要包括：养老保险费、失业保险费、医疗保险费、工伤保险费、生育保险费。当按工程量清单计价模式时，税金项目应在单位工程费用汇总表中列项。

第8章 计算机和相关资料信息管理软件的应用知识

8.1 Office 应用知识

1. 中文 Windows 系统

（1）启动 Windows

在已经安装中文版 Windows 系统的计算机上，打开显示器电源开关，按下主机上的电源按钮，选择要登录的用户，输入密码，按下回车键，即可登录 Windows 的桌面。

（2）退出 Windows

关闭所有已经打开的文件和应用程序，单击"开始"按钮，单击"关闭计算机"按钮，单击"关闭"按钮，即可安全关闭计算机。其中还有"待机"和"重新启动"两个控制按钮。

（3）桌面图标

Windows 正常启动后，就进入了主界面，也就是 Windows 的桌面。桌面是显示窗口、图标和对话框的屏幕工作区域。桌面主题是图标、字体、颜色、声音和其他窗口元素的预定义集合，它使用户的桌面具有统一的外观。系统将各种复杂的程序用一个个生动形象的小图片来表示，用户可以根据图标来辨别应用程序的类型以及其他属性。

（4）"开始"菜单

"开始"菜单是 Windows 中应用的最为频繁的菜单之一，通过开始菜单，几乎可以完成对计算机的所有操作。它是由常用程序列表、所有程序、注销与关闭电脑等组成的。

（5）任务栏

屏幕最下方的一个条形区域被称为"任务栏"，是桌面上的一个重要组成部分。任务栏主要由"开始"按钮、快速启动栏、应用程序列表、通知栏等项目组成。在任务的空白区域右击鼠标，会弹出快捷菜单。在该菜单中，用户可以设置桌面和窗口，如层叠窗口、横向平铺窗口等。任务栏的高度和位置是可以自行调节的，但如果在快捷菜单中选定"锁定任务栏"，则任务栏的高度和位置将不能改变。

（6）设置桌面

在桌面空白区域内，单击鼠标右键，选择"属性"命令，打开"显示属性"对话框，可以对桌面主题、桌面、屏幕保护程序、桌面外观、设置等项进行设置。

（7）窗口

窗口是桌面内的框架，用来显示文件和程序的内容，每个窗口的名称显示在顶端的标题栏中。

通过拖动方式可以移动窗口，单击标题栏，同时按住鼠标，移动鼠标即可移动窗口。

单击位于标题栏右边的最小化按钮，收缩窗口。此操作将窗口缩小成任务栏上的按钮。

单击位于标题栏右边的最大化按钮，将窗口最大化。此操作将窗口充满桌面。再次单击该按钮可使窗口恢复到原始大小。

(8) 文件和文件夹

在计算机系统中，文件是最小的数据组织单位，是一组相关信息的集合。用户的程序、数据、文档都以文件的形式存放在外储存器中。

为了分门别类有序地存放文件，Windows 中把文件组织在文件夹中。文件夹也叫文件目录，是一种树形结构。处于顶层的文件夹是桌面，计算机上所有的资源都组织在桌面上，从桌面开始可以访问任何一个文件和文件夹。

1) 文件和文件夹的命名

Windows 中文件和文件夹的命名规则如下：

① 文件或文件夹的名字最多可使用 255 个字符。

② 文件或文件夹的名字中可以有空格，但不能出现以下字符：

/ \ : * ? " < > |

③ 不区分英文字母大小写。例如 ABC. DOC 和 abc. doc 被认为是同一个文件。

④ 在查找和显示文件时可以使用通配符 "?" 和 " * "。 "?" 代表任意一个字符，" * " 代表任意一个字符串。

⑤ 可以使用多分隔符的名字，如 my. word. public. doc。文件名最后一个分隔符 "." 后的字符串成为文件的扩展名，用以标识文件的类型。

2) 文件和文件夹的属性

文件和文件夹都有其属性，用户可以对它们的属性进行修改或设置。查看和设置文件或文件夹属性的方法是：在 "我的电脑" 或 "资源管理器" 窗口中，选定一个文件或文件夹，按鼠标右键，在弹出的快捷菜单中单击 "属性"，即可打开 "属性" 对话框。

文件的属性有 "只读"、"隐藏" 和 "存档" 属性，文件夹除了具有以上属性外，还可以设置其在网络上共享。

3) 文件和文件夹的快捷方式

Windows 中可以为文件或文件夹创建快捷方式。快捷方式是一种特殊的文件，它与计算机系统中的某个对象相连。快捷方式是用一个左下角弧形箭头的图标表示，快捷方式图标是指向对象的指针，而不是对象本身。

快捷方式提供了一种简单的工作捷径，用户可以为任何对象建立快捷方式，如文件、文件夹、打印机或磁盘，并可以将快捷方式置于桌面、文件夹或 "开始" 菜单中。

4) 文件和文件夹的搜索

搜索文件或文件夹的具体步骤是：

① 单击 "开始" 菜单中的 "搜索"，或单击 "资源管理器" 的 "搜索" 按钮，会打开 "搜索助理" 窗口。

② 在 "你要查找什么" 的提示下面，选 "所有文件和文件夹"。

③ 在弹出的文本框中输入全部或部分文件名，单击 "搜索" 按钮，即可开始搜索。

5) 选定文件和文件夹

单击要操作的对象选择单个文件：执行 "编辑 \ 全部选定" 或按 Ctrl＋A 可选择所有

文件；按下 Shift 键，单击第一个文件或文件夹图标和最后一个文件或文件夹图标，可选择持续的多个文件和文件夹；按 Ctrl 键，单机要选择的文件或文件夹，可选择不连续文件和文件夹。

6）删除文件和文件夹

删除文件或文件夹之前，要先选定该文件或文件夹，然后可用下方法删除：

① 按【Delete】。

② 选择"文件"菜单中的"删除"命令。

③ 按鼠标右键，在弹出的快捷菜单中选"删除"命令。

④ 将选定的文件或文件夹拖到"回收站"中。

7）重命名文件或文件夹

选定需要命名的文件或文件夹，执行"文件\重命名"命令，键入新的名称，回车确认。

8）移动、复制与删除文件夹

选定文件或文件夹，在该图标上单击鼠标右键，在弹出的快捷菜单中选择相应命令。移动和复制文件或文件夹的方法有：利用剪贴板、利用鼠标左键和利用鼠标右键。

（9）"回收站"的使用与管理

1）恢复删除文件：双击"回收站"图标，打开"回收站"窗口，选中要还原的文件，执行"文件\还原"命令，可以把文件还原。文件还原后会自动恢复至原来存放的位置。

2）清空"回收站"：执行"文件\清空回收站"命令；在弹出的确认对话框中，选择"是"。被清除的文件将无法找回。

（10）控制面板

它是对 Windows 进行管理控制的中心。可以安装新硬件、添加和删除程序、更改屏幕的外观、设置系统用户名及密码等。执行"开始\控制面板"命令，打开"控制面板"窗口。

（11）剪贴板和剪贴簿查看器

剪贴板是一个用于在 Windows 程序和文档之间传递信息的临时储存区，用户可以从一个应用程序窗口中剪切或复制信息到剪贴板，然后再从剪贴板传递到另一个应用程序。剪贴板可以储存正文、图像、声音等信息。

复制当前窗口信息到剪贴板：按【Alt】+【Printscreen】。复制整个屏幕的信息到剪贴板：按【Printscreen】。

剪贴簿查看器的主要功能是查看剪贴板的信息，还可以保存剪贴板文件。

（12）Windows 的用户账户

Windows 提供了所有人共享的空间，但又不会让人失去隐私和控制，这就是"用户账户"功能。

"用户账户"功能能够储存多个账户的个性化设置和参数选择。当用户登录到自己所储存的数据时，计算机将检索该用户的数据，其工作方式好像是这些设置和参数选择为该用户数据所包含的唯一内容。用户账户的类型主要有以下三种：计算机管理员账户、标准账户和受限的账户。

（13）Windows 的中文输入法

Windows 提供了多种中文输入法，如智能 ABC、微软拼音、全拼、郑码等。用鼠标单击任务栏上的语言栏图标，即可显示系统当前已安装的输入法。

选择某一种输入法后，会显示中文输入法工具栏，不同的输入法，工具栏会有所不同。用鼠标单击某个按钮，可实现各种输入法的切换。这些切换也可以用快捷键实现：

中英文切换　　　　　　　　【Ctrl】+【Space】
中文输入法切换　　　　　　【Ctrl】+【Shift】
中英文标点符号切换　　　　【Ctrl】+【>】

（14）应用程序的退出

关闭（退出）应用程序的方法有：

① 单击应用程序窗口右上角的"×"按钮。

② 选择应用程序"文件"菜单中的"退出"命令。

③ 按【Alt】+【F4】组合键。

④ 双击应用程序窗口右上角的控制菜单图标。

⑤ 单击应用程序窗口左上角的控制菜单图标，在控制菜单中选"关闭"命令。

2. 文字处理系统

（1）Word 的启动

启动 Word 的方法有多种，常用的有：

1）单击任务栏上的"开始"按钮，选择"所有程序"菜单中的"Microsoft Office Word"命令可以启动 Word。

2）双击 Windows 桌面上的 Word 快捷方式图标，也可以启动 Word。

（2）退出

当完成所有文档编辑工作后，可以执行"文件"→"退出"命令，退出 Word。

（3）Word 的工作界面

Word 工作主界面主要包括标题栏、菜单栏、工具栏、标尺、编辑区、状态栏等。

① 标题栏：标题栏位于窗口的最上方，左端为 Word 的控制菜单图标、正文编辑的文件名及应用程序名；右端为"最小化"按钮、"还原/最大化"按钮、"关闭"按钮。

② 菜单栏：菜单栏位于标题栏的下方，显示了 Word 中所提供的操作菜单。

③ 工具栏：工具栏位于菜单栏的下方，工具栏中的工具按钮的功能同菜单命令项的对应功能一致，工具栏各按钮为用户提供了简单、便捷的操作途径，以提高操作效率。Word 的工具栏可根据需要显示/隐藏、添加、删除或者自定义。

④ 标尺：为在文档编辑时显示和调整整个文档的边界位置，Word 设置了水平标尺和垂直标尺。水平标尺通常位于工具栏下方，垂直标尺仅在页面视图中出现，标尺上有刻度、数字和一些标记。

（4）文档基本编辑

1）新建文档：执行"文件 \ 新建"命令，在新建任务窗格中建立一个空白文档；单击常用工具栏中的创建文档按钮，"新建"按钮只能建立基于 Word 的默认模板格式的文档，其扩展名为 .doc；按快捷键 Ctrl+N 均可以快速新建文档。

2）打开文档

① 打开文档常用的方法：执行"文件 \ 打开"命令，找到要打开的文件，单击"打开"按钮，将选中的文件打开；单击常用工具栏中的打开文档按钮或者按快捷键 Ctrl＋O 均可以打开文档。

② 打开最近使用的文档：在"文件"菜单的文档列表中，Word 系统能够列出用户最近打开过的文档名，单击列表中的文件名，即可打开该文件。

③ 同时打开多个文档：Word 允许打开多个文档，文档可以逐个打开，也可以将选中的多个文档同时打开。同时打开多个文档的操作方法是先在"打开"对话框中选定多个文件（按住【Shift】或【Ctrl】键，可选择多个连续或不连续的文件），然后按"打开"按钮。

3）文档输入

① 文本输入方式：Word 文本输入有两种方式："插入方式"和"改写方式"。

② 正文输入：在输入文本时，输入完一段后，键入回车键（【Enter】），表示该段结束，而不应在每行输入完后都按回车键，这是因为文本达到右边界时，Word 能自动换行。

③ 即点即输："即点即输"是指不同的鼠标形状代表不同的功能，而不同的功能又是根据鼠标不同的位置来设定。启动 Word 后，随着鼠标在文档窗口内移动，鼠标的指针形状发生了变化，鼠标指针的"尾巴"就代表了处于该位置的功能，双击鼠标即可实现"即点即输"的功能。"即点即输"只能在页面视图和 Web 页方式下使用。

④ 记忆式键入：Word 记忆式键入的内容包括当前日期、星期及自动图文集词条。例如，当前日期为 2015 年 10 月 20 日，则输入到 2015 时，Word 会自动提示"2015/10/20"，按【Enter】键接受提示，Word 将用完整的词代替未输入完的词，否则可继续输入其他内容。

4）保存文档：执行"文件 \ 保存"命令，可以将当前文档保存；单击常用工具栏中的保存文档按钮或者按快捷键 Ctrl＋S 均可以保存文档。

5）另存文档：执行"文件 \ 另存为"命令，打开"另存为"对话框，在"另存为"对话框中设置新的文件，保存文件。

6）退出文档：执行"文件 \ 关闭"命令，关闭当前文档；单击常用工具栏中的按钮或者按快捷键 Ctrl＋W 均可以退出文档。

7）文档的查看模式：Word 文档建立以后，以"视图"方式提供查阅。视图模式主要有以下几种，

① 普通视图："普通视图"是最常用的、启动 Word 时默认的视图方式。

② Web 版式视图："Web 版式视图"用于创作 Web 页，模拟显示浏览器文档内容以及可在屏幕上显示出来的 Web 页。

③ 页面视图："页面视图"体现了 Word "所见即所得"的特点。

④ 大纲视图："大纲视图"用于显示文档的框架，为长文档的组织和管理提供了方便。

⑤ 阅读版式："阅读版式"视图最大的特点是便于阅读内容连接的紧凑文档。

⑥ 文档结构图："文档结构图"是一个独立的窗格，位于文档窗口右边。

⑦ 全屏显示：在"视图"菜单中选择"全屏显示"让文档充满整个屏幕，屏幕上除文档内容外，只有"关闭全屏显示"按钮。

8）文档编辑对象的选定

在文档的编辑与排版中，Word 系统规定了统一操作模式—首先选定对象，然后再施加操作。选定操作对象可用鼠标或键盘操作（表 8-1）。

用键盘选定对象

表 8-1

要将选定范围扩展到	键盘操作	要将选定范围扩展到	键盘操作
左侧一个字符	【Shift】+左箭头	右侧一个字符	【Shift】+右箭头
单词结尾	【Ctrl】+【Shift】+左箭头	单词开始	【Ctrl】+【Shift】+右箭头
行首	【Ctrl】+【End】	行尾	【Ctrl】+【End】
上一行	【Shift】+上箭头	下一行	【Shift】+下箭头
段尾	【Ctrl】+【Shift】+下箭头	段首	【Ctrl】+【Shift】+上箭头
下一屏	【Shift】+【Page Down】	上一屏	【Shift】+【Page Up】

（5）文字处理

1）录入英文：系统默认录入的是英文小写字母，按下 Caps lock 键，录入大写英文字母。

2）录入中文字符：Ctrl+空格键或启动一种中文汉字输入法即可录入中文字符。

3）录入特殊字符：执行"插入\符号"命令，打开"符号"对话框，插入选择的符号。

4）选定字符：将光标置于要选定的文本前，按住左键拖动到选定文本的末尾选定文本。

5）删除文本：按 Backspace 和 Delete 键可以逐字删除。如果要删除一段文本或者不相邻的文本，需要先选定要删除的文本，按下 Delete 键，将文本删除。

6）录入状态：双击状态栏上的"插入"标记即可切换，按键盘上的 Insert 键也可以。

7）移动、复制文本：选定要移动的文本，执行"编辑\剪切或复制"命令，把光标定位到插入点，执行"编辑、粘贴"命令，将文本移动或复制到新位置。

8）查找与替换文本：执行"编辑\查找"命令，在"查找内容"文本框中，输入要查找的内容；在"替换为"文本框输入要替换的内容。即可逐个或全部查找或替换所需文本。

（6）文本格式设置

选中要设置的文本，单击工具栏中字体下拉列表框中右边的下拉按钮，设置文本的字体、字号；或者执行"格式\字体"命令进行设置。单击"格式"工具中的"加粗"按钮、"倾斜"按钮或"下划线"按钮，可以设置文本字形。

（7）设置段落格式

1）段落的对齐方式：单击工具栏上等按钮，可以将当前段落设定为"居中对齐"、"左对齐"、"居中"、"右对齐"及"分散对齐"等方式。也可以执行"格式\段落"命令，在"段落"对话框中设置。

2）设置段落的缩进：将光标定位到需要缩进的段落内或者选定多个需要设置缩进的

段落，在标尺上用鼠标拖动缩进指针改变段落的缩进值；或者在"格式\段落"中设置。

　　段落的缩进包括段落左缩进和右缩进，以及首行缩进和悬挂缩进等特殊缩进格式。段落的左、右缩进是指整个段落与页边距之间的距离。

　　3）行标、段标及显示：所谓行标为每行结束的标记，段标为每段结束的标记。在文本输入时，每按一次【Enter】键就结束当前段，系统即插入一个"段标"，标志本段结束，且将本段的格式编排记录在"段标"内，并生成下一个新段。

　　4）设置段落项目符号：选择要加上项目符号的段落，执行"格式\项目符号和编号"命令，在"项目符号和编号"对话框中设置。

　　5）设置边框与底纹：选择要添加边框与底纹的文字、段落、页面，执行"格式\边框与底纹"命令，在"边框与底纹"对话框中设置。

　　（8）页面格式的设置

　　1）页面设置："页面设置"包括设置文档的版心（页边距）、打印纸张的规格、打印版式（横排、竖排）和对齐方向等。

　　2）页面边框格式：单击"格式"菜单中的"边框和底纹"命令，打开"边框和底纹"对话框。选择"页面边框"标签，再选择所需线型、颜色和宽度。

　　3）文档分页与文档分节

　　① Word一般按照所选页面大小自动分页，但有时也需要强行分页，此时可以通过插入一个"分页符"来实现。

　　② 将文档分节就是在需要分节处插入"分节符"。"分节符"储存了节的格式信息，如页边距，页方向、页眉/页脚、分栏及页码的顺序。

　　4）文档分栏格式

　　利用"格式"菜单分栏：单击"格式"菜单的"分栏"命令，则打开"分栏"对话框。在"预设"区域选定大致分栏样式。

　　5）页眉、页脚的设置

　　"页眉"、"页脚"是指在每一页顶部和底部加入的信息，这些信息可以是文字，也可以是图形，其内容可以是文件名、标题名、日期、页码等。

　　① 页眉/页脚的创建：选择"视图"菜单的"页眉和页脚"命令后，进入页眉/页脚编辑界面，同时打开"页眉和页脚"工具栏。出现的虚线框为页眉的输入区域，可直接输入文字或插入图形。

　　② 页眉/页脚的修改：双击页眉或页脚区域，则可进入页眉或页脚编辑区，再对其内容进行修改即可。对已建立的页眉和页脚，可以利用"格式"工具栏或"格式"菜单进行格式设置。

　　（9）图形操作

　　1）插入图片：执行"插入\图片\来自文件"命令，打开"插入图片"对话框，找到所需的图片，单击"插入"按钮，将图片插入到文档光标所在位置。在许多情况下，被插入的图片来自给定的文件，Word支持多种类型的文件，例如.bmp、.wmf、.tif、.pic、.jpg、.gif等多种图形文件。

　　2）图形的环绕方式：在插入的图片周边环绕文字，可以使用五种方式："嵌入型"、"四周型"、"紧密型"、"浮于文字之上"和"衬于文字之下"。

3）插入艺术字：执行"插入＼图片＼艺术字"命令，打开"艺术字库"对话框，选择艺术字样式、输入文字、设置字体、字号和字形等，单击确定，可以将艺术字插入到文档光标所在位置。

4）绘制图形：Word文档中，除可以插入图片外，还可以绘制"自选图形"和"绘制新图形"。利用绘图工具栏，可以在文档中绘制简单的线条、矩形、多边形及一些固定形状的图形。

5）改变图形尺寸：选择图形，移动光标至图形的控制点上，按下鼠标拖动改变图形。

6）组合图形，选择要组合的图形，单击"绘图"按钮，选择"组合"命令。

（10）表格的应用

1）插入表格，执行"表格＼插入＼表格"命令，选定表格的列数和行数，单击"确定"按钮，将会按照设定的行数和列数将表格插入文档光标所在位置。

2）编辑表格

① 选定单元格：光标指向不同的位置可以选择不同的单元格。如将光标移到表格中，在该表格的左上角出现⊞，单击可选定整个表格。

② 插入行、列、单元格：执行"表格＼插入"命令，再选择相应选项完成插入操作。

③ 删除行、列或单元格：执行"表格＼删除"命令完成选定对象的删除。

④ 删除单元格内容：选定内容使用【Backspace】键或【Del】键删除，则表格内容被删除，表格变为空格。

⑤ 改变列宽和行高：光标拖动列的左右边框或行的上下边框，即可改变列宽和行高。

⑥ 单元格的拆分与合并：合并单元格是将一行或一列中的多个单元格合并成一个单元格；拆分单元格是将一个单元格拆分成几个单元格。单击要拆分或合并的单元格，执行"表格＼拆分或合并表格"命令，在弹出窗口完成相应操作。

（11）文档预览及打印

1）文档预览：执行"文件＼打印预览"命令，可以对文档进行各种设置及预览。

2）文档打印：执行"文件＼打印"命令或按快捷键Ctrl＋P，弹出打印设置窗口，在"打印"框中进行相应的设置后，按"确定"按钮即开始打印。

3. 电子表格

（1）Excel中的几个基本概念

1）工作簿：在Excel中，工作簿是以扩展名为 .xls 类的文件类型储存在储存器中，工作簿是存储的基本单位，一个工作簿包含一个或多个工作表，用户输入到工作表中的数据、图表均存在工作簿中。

2）工作表：Excel的操作基本上是对工作表中的数据操作。每个工作表都有一个名字，用工作表标签显示在窗口的底部。Excel启动时，默认一个工作簿中有三个工作表。

3）单元格：工作表由行和列组成，在Excel工作表中，最多有256列，最多有65536行。行和列的交叉点称为单元格，单元格用行号和列号标识，列号在前，行号在后。例如，第5行第3列的单元格记做C5，C5也称为"单元格地址"。

（2）基本操作

1）添加工作表：执行"插入＼工作表"命令，在当前工作表前面插入一个新工作表。或者鼠标右键单击工作表标签，在弹出的菜单中选择"插入"、"工作表"，单击"确定"

按钮。

2）拆分工作表：执行"窗口＼拆分"命令，表格将会从选中的单元格处拆分。

3）重命名工作表：双击需要新命名工作表的标签，然后输入新的名称即可。

4）冻结工作表：当工作表较大，在屏幕上不能全部显示时，需要用滚动条查看屏幕窗口以外的部分，但希望某些数据能固定不动，可采用冻结窗格的办法来实现。

5）数据的输入

① 输入字符型数据：字符型数据包括汉字、英文字母、数字、空格及其他键盘能键入的符号。

对于由数字组成的字符串，如邮政编码、电话号码等，为了避免认为是数值，Excel规定应先输入一个撇号"'"，再输入数字，如输入"'220078"。

每个单元格内最多输入 3200 个字符，当字符长度大于单元格宽度时，将溢出到下一个单元格中显示。

② 输入数值型数据：数值型数据包括数字（0～9）、正号（＋）、负号（－）、小数点（.）、百分号（％）、千分位符号（,）及 E 和 $ 等，数值型数据在单元格中自动取右对齐方式。

③ 输入日期型数据：常见的日期格式为"yy/mm/dd"和"yy-mm-dd"，时间格式为"hh：mm：ss（am/pm）"，且日期和时间数据在单元格中取右对齐。当天日期的输入可按【Ctrl】+【;】两个键，当天时间的输入可按【Ctrl】+【Shift】+【;】三个键。

④ 公式的输入：Excel 作为电子表格软件具有强大的计算功能，许多计算功能是通过公式和函数实现的。输入公式可在活动单元格内输入，也可以在编辑栏输入，公式输入必须以等号（＝）开头。

6）数据输入的自动化

① 不同的单元格填充相同的数据：鼠标单击单元格，移动鼠标指针至单元格右下角，待光标变成十字架，按住鼠标并拖动至需要位置后释放鼠标，将会以相同的值填充鼠标选定的区域。

② 自动按规律填充：选中有规律的若干单元格，移动鼠标指针至单元格右下角，待光标变成十字架时按下鼠标左键。拖动鼠标向右一定的距离后释放鼠标，完成操作。

7）数据输入有效性控制

为了保证输入数据的正确性，Excel 提供了一种防止输入数据出错的措施，可以设置输入数据的有效范围。例如在输入学生成绩时，分数应该大于 0、小于等于 100，即可以编辑有效性输入设置。

8）选定工作区域

Excel 的操作遵循"先选定，后操作"的原则。选中的单元格称为活动单元格，其地址会显示在名称框中，其中的数据或公式显示在编辑栏中。选中的区域地址用左上角单元格和右下角单元格的地址表示，如 C3：D6。

选定操作对象方法：

选定单元格：用鼠标单击该单元格；

选定整行或整列：单击该行的行号或该列的列号；

选定一个区域：单击该区域的第一个单元格，拖动鼠标到最后一个单元格。或者单击第一个单元格，按【Shift】键再单击最后一个单元格；

选定多个不连续的区域：先选定第一个区域，按【Ctrl】键再选定其他区域。

（3）编辑工作表

1）数据修改

单元格内数据的修改方法有两种：一是双击该单元格，鼠标指针会变为闪烁的竖直短线，称为插入点。移动插入点可以在需要的位置处插入或删除数据。二是选中单元格后在编辑框中修改数据。

2）删除单元格

选定单元格或单元格区域后，选择"编辑"菜单中的"删除命令"，在弹出对话框中选择其中某一选项后，指定单元格或单元格区域连同其中的数据将全部被删除。

3）插入单元格

选中单元格或单元格区域，选择"插入"菜单中的"单元格"命令，在弹出的对话框中选择某项，即可插入单元格或插入整行、整列。

4）数据移动复制

① 剪贴板操作：利用常用工具栏中的"剪切"、"复制"和"粘贴"按钮，可以实现数据的移动与复制。

② 选择性粘贴：单元格中的数据包含有多重特性，如数值、格式、批注、公式、边框线等。在复制单元格的过程中，可以只复制其部分特性，具体操作步骤与用剪贴板操作类似，不同之处在于将"粘贴"改为"选择性粘贴"命令。

（4）Excel 中公式和函数的使用

公式是电子表格中进行数值运算的核心，通过公式可以对表格中的数据进行加、减、乘、除以及其他更复杂的运算，通过公式可以建立工作簿之间、表之间、单元格之间的运算关系。

1）公式的运算符

① 算术运算符：＋（加号）、－（减号）、＊（乘号）、/（除号）、％（百分号）、＾（乘方）

算术运算符的运算对象是数值，运算结果也是数值。

② 比较运算符：＝（等于）、＞（大于）、＜（小于）、＞＝（大于等于）、＜＝（小于等于）、＜＞（不等于）

比较运算符用于比较两个量的大小、结果为逻辑值真或假。

③ 文本运算符

文本运算符 &（连接）可以将两个文本（字符串）连接起来，其操作对象可以是文本或单元格地址。例如，B2 单元格的内容是"信息"，C4 单元格的内容是"经济"，在 D3 单元格中输入公式"＝B2&C4"，则 D3 中的值为"信息经济"。

④ 引用运算符

引用运算符的作用是将单元格区域合并，它有"：（冒号）运算符"、"，（逗号运算符）"和"空格运算符"等 3 个运算符。

2）公式的输入

① 公式的组成：公式必须以"＝"开头，由常量、单元格引用、函数和运算符组成。

② 公式的输入：首先选择单元格，使其成为当前单元格，单击编辑栏中的"="号，在编辑栏中输入公式，按"确定"按钮，完成公式计算，计算结果存放在当前单元格中。

公式中可以引用同一个工作表中的单元格，也可以引用同一个工作簿中不同工作表中的单元格，引用格式为："工作表名！单元格名"，如 Sheet3！A2，表示引用 Sheet3 工作表的 A2 单元格内容。

如果引用不同工作簿中的工作表单元格内容，则引用格式为："［工作簿名］工作表名！单元格名"，如［Book2］Sheet3！A4，表示引用 Book2 工作簿中 Sheet3 工作表 A4 单元格内容。

3）单元格地址引用

① 相对地址引用

所谓"相对地址引用"，是指被引用的单元格与引用的单元格之间，其位置关系是相对的。例如，在 D4 单元格输入公式"=（B4 * C4）"，若把该公式放在其他单元格，就是"相对地址引用"。当将公式复制到 D8，则公式就变成"=（B8 * C8）"。

② 绝对地址引用

"绝对地址引用"是指被引用的单元格与引用的单元格之间的位置关系是绝对的，无论把被引用的单元格中的公式放在哪一个单元格，引用的仍然是公式中所指的单元格内容。

绝对地址引用输入格式在行号和列号前加上"＄"符号，如＄G＄12。

③ 混合地址引用

所谓"混合地址引用"是指在一个公式中，单元格地址既有绝对引用，又有相对引用，行和列可采用不同的地址格式。例如，B＄2 表示列为相对地址，行为绝对地址；＄B2 表示列为绝对地址，行为相对地址。

（5）Excel 中图表的使用

图表是工作表数据的图形表示，可以使枯燥的数据变得直观、生动，便于分析和比较数据之间的关系。Excel 中提供了标准图表类型。每一种图表类型又分为多个值类型，可以根据需要的不同，选择不同的图表类型表现数据。

常用的图表类型有：柱形图、条形图、折线图、饼图、面积图、XY 散点图、圆环图、股价图、曲面图、圆柱图、圆锥图和棱锥图等。

8.2 AutoCAD 应用知识

8.2.1 基本知识

计算机辅助设计（CAD）作为工程设计领域中的主要技术，在设计、绘图和相互协作方面已经展示了强大的技术实力。利用 AutoCAD 可以迅速而准确地绘制出所需图形。由于其具有易学、使用方便、体系结构开发快的优点，因而深受广大技术人员的喜爱。

计算机辅助设计（Computer Aided Design，CAD）只是一种辅助工具，辅助实现用户的设计意图。因此系统使用人员的创造性思维活动将软件、硬件和人这三者有效地融合在一起，是发挥计算机辅助设计强大功能的前提。

1. 计算机辅助设计的概念

计算机辅助设计是一种将人和计算机的最佳特性结合起来以辅助进行产品设计和分析的技术，是综合了计算机与工程设计方法的最新发展而形成的一门学科。设计人员可以通过人机交互操作的方式进行产品设计的构思和论证，零部件设计和有关零件强度的输出，以及技术文档和有关技术报告的编制等。

计算机绘图是 20 世纪 60 年代发展起来的新型学科，是随着计算机图形学理论的发展而发展的。将数字化的图形信息通过计算机存储、处理，并通过输出设备将图形显示或者打印出来，这个过程即被称为计算机绘图。而研究计算机绘图领域中各种理论与实际问题的学科，则被称为计算机图形学。随着计算机硬件功能的不断提高、系统软件的不断完善，计算机绘图已被广泛应用于多个领域。

但是任何强大的计算机绘图系统都只是一个工具，系统的运行以及思路的提供离不开设计师的思维。因此使用计算机绘图系统的技术人员也属于系统组成的一部分，将软件、硬件以及人这三者有效地融合在一起，才是一个真正的计算机绘图系统。

2. CAD 的优点

CAD 作为信息技术的一个重要组成部分，要将计算机高速、海量数据存储及处理与人的综合分析及创造性思维能力结合起来，对加速工程和产品的开发、缩短设计制造周期、提高质量、降低成本、增强企业市场竞争能力与创新能力发挥着重要作用。

与传统的手工绘图相比，计算机绘图不但速度快、精度高，而且便于共享数据、协同工作，此外还可以通过网络快速进行交流。在利用 CAD 进行产品设计时，用户可以边设计边修改，直到设计出满意的结果，再利用绘图设备输出图形即可。因此正是基于这些优点，计算机绘图正在逐步取代手工绘图，在军事、民用、建筑和制造加工等各种领域的应用已非常广泛。

3. AutoCAD 软件简介

AutoCAD 作为 Autodesk 公司开发研制的通用计算机辅助设计软件包，从 1982 年开发的 AutoCAD 第一个版本以来，已经发布了 20 多个版本。早期的版本只是二维绘图的简单工具，绘制图形的过程非常慢。但现在已经是集平面作图、三维造型、数据库管理、渲染着色、互联网通信等功能于一体，并提供了更加丰富的绘图工具。

该软件的每一次升级，在功能上都得到了逐步增强，且日趋完善。也正因为 AutoCAD 具有强大的辅助绘图功能，彻底改变了传统的手工绘图模式，把工程设计人员从繁重的手工绘图中解放了出来，从而极大地提高了设计效率和工作质量。因此它已成为工程设计领域中应用最为广泛的计算机辅助绘图与设计软件之一。其应用范围遍布机械、建筑、航天、轻工、军事、电子、服装和模具等设计领域。

4. AutoCAD 的基本知识

（1）AutoCAD 的工作界面

AutoCAD 的工作界面主要由标题栏、菜单栏、工具栏、绘图窗口、文本窗口与命令行、状态栏和工具选项板窗口等部分组成。

（2）AutoCAD 的启动

在安装了 AutoCAD 以后，单击桌面上的快捷图标；或者单击"开始"按钮，选择"程序" \ Autodesk \ AutoCAD-Simplified/AutoCAD 命令。

（3）AutoCAD 的退出

单击 AutoCAD 主窗口右上角的⊠按钮；"文件"＼"关闭"；QUIT（或 EXIT）。

（4）新建图形文件

启动 AutoCAD 之后，系统将默认创建一个图形文件，并自动命名为 Drawing1. dwg，如果继续创建一个图形文件，则其默认名称为 Drawing2. dwg，以此类推。

用户也可以自定义创建新的图形文件。具体方法是：单击"标准"工具栏"新建"按钮▢，打开"选择样板"对话框。在该对话框中，用户可以选择一个模板作为模型来创建新的图形。选择一个样板后，单击"打开"按钮，系统将打开一个基于该样板的新文件。

（5）打开图形文件

打开已有图形文件的方法如下：单击"标准"工具栏中的"打开"按钮◪，打开"选择文件"对话框，从中选择需要打开的文件，单击"打开"按钮即可。

（6）保存图形文件

保存图形文件主要有"保存"和"另存为"两种。这两个命令位于"文件"菜单中。

1）常规保存方法

第一次保存新建图形文件时，可选择"文件"→"保存"命令，或在"标准"工具栏单击"保存"按钮▤，打开"图形另存为"对话框。在"文件名"组合框中输入文件名，并在"文件类型"下拉列表框中选择需要的一种文件类型选项，然后单击"保存"按钮即可。

2）自动保存文件

这种保存方法可设定间隔时间让计算机自动保存图形。选择"工具"→"选项"命令，打开"选项"对话框，并切换至"打开和保存"选项卡，在"文件安全措施"选项中设置自动保存的时间。

（7）坐标的表示方法及输入

在 AutoCAD 中可以使用绝对坐标和相对坐标精确定位点。

1）绝对坐标

绝对坐标是指相对于当前坐标系原点的坐标，包括绝对直角坐标和绝对极坐标。

2）相对坐标

相对直角坐标和相对极坐标是指相对于某一点的 x 轴和 y 轴位移或距离和角度。例如：某一直线的起点坐标（10，18），终点坐标为（15，18），则终点相对于起点的相对直角坐标为（@5，0），相对于极坐标表示应为（@5＜0）。

（8）正交模式

实际绘图时，有时需要在相互垂直的方向画线，这时可使用正交模式。在正交模式下，无论光标移动到什么位置，在屏幕上都只能绘出平行于 X 轴或 Y 轴的直线。

单击状态栏中"正交"按钮可快速实现正交功能的启用与否的切换，按 F8 键也可打开或关闭正交模式。

（9）对象捕捉

对象捕捉实际上是 AutoCAD 提供的一个用于拾取图形几何点的过滤器，它使光标精确地定位在对象的一个几何特征点上，如圆心、端点、中点、切点、交垂足等。

根据捕捉方式的不同，对象捕捉分为临时对象捕捉和自动对象捕捉两种。临时对象捕捉方式的设置只能对当前进行的绘制步骤起作用；而设置了自动捕捉方式之后，绘图时可一直保持这种捕捉状态。在 AutoCAD 中，使用最方便的捕捉方式是自动捕捉方式。

对象捕捉工具是在单击"对象捕捉"工具栏中的按钮；"工具"\"草图设置"设置并启用（F3）。

（10）图形显示控制

在 AutoCAD 中绘图时，由于受到屏幕大小的限制及绘图区域大小的影响，需要频繁地移动绘图区域，这时就要用到图形显示控制

1）视图缩放

视图缩放就是按照一定的比例，观察位置和角度显示图形。在 AutoCAD 中是利用 ZOOM（缩放）命令来完成此项功能。该命令可以对视图进行放大或缩小屏幕所显示的范围，但对象的实际尺寸并不发生变化。

可以使用以下方法激活视图缩放功能。

① "标准"工具栏选择"视图"→"缩放"命令。

② 在命令提示区域输入 ZOOM（或 Z），并按 Enter 命令。

③ 绘图时在空白处右击，在弹出的快捷菜单中选择"缩放"命令。

④ 在任何一个已打开的工具栏上右击，在弹出的快捷菜单中选择"缩放"命令，即可弹出"缩放"工具栏，从中选择相应的缩放命令。

2）平移

"平移"命令用于移动视图，而不对视图进行缩放。可以使用以下方法来激活此项功能。

① "标准"工具栏选择"视图"→"平移"命令。

② 在命令提示区域输入 PAN（或 P），并按 Enter 命令。

平移分为两种，即实时平移和定点平移。

① 实时平移：使用该命令时，光标变成手形，此时按住鼠标左键移动，即可实现实时平移。

② 定点平移：使用该命令时，输入两个点，视图即按照两点的直线方向移动。

（11）选择对象

在进行绘图设计时进行对象选择操作，包括选择单个对象和选择多个对象。

1）单对象选择

点取方式：对象上单击鼠标，对象变为虚线表示已被选中。

2）多对象选择

① 窗口选择：自左向右指定对角线的两个端点定义一个矩形窗口，凡完全落在该矩形窗口内的图形对象均被选中。

② 窗交方式：自右向左指定对角线的两个端点来定义一个矩形窗口，凡完全落在该矩形窗口内及与窗口相交的图形对象均被选中。

③ 全部方式：当命令提示选择对象时，输入 ALL 则选择除冻结图层以外的所有对象。

（12）图形界限

图形界限启动后通过输入绘图范围左下角点、右上角点坐标来设置绘图区域大小，相

当于手工制图时图纸的选择。

选择"格式"→"图形界限"命令或者输入 LIMIT，可执行图形界限命令。

（13）图层

在 AutoCAD 中，图层功能可以将一张图分成若干层，将表示不同性质的图形分门别类地绘制在不同的图层上，各个图层分别赋予不同的颜色、线型、线宽等特性。通过打开和关闭、冻结和解冻、加锁和解锁某些图层来辅助绘图，便于图形的管理、编辑和检查。对图层的设置通常在图层特性编辑器中进行。在"图层"面板的左上角单击"图层特性管理器"按钮▨，打开"图层特性管理器"对话框，或在命令提示区域输入 LAYER（或 LA）。

（14）图形单位

设置图形的单位包括确定绘图时的长度单位、角度单位及精度和方向。选择"格式"→"单位"命令，打开"图形单位"对话框，或在命令提示区域输入 UNITS（或 UN）。

（15）视图

AutoCAD 中为用户提供了 10 个标准视点用以观察模型，其中包含 6 个正交投影图和 4 个等轴测视图，分别是主视图、后视图、俯视图、仰视图、左视图、右视图以及东南等轴测视图、西南等轴测视图、东北等轴测视图、西北等轴测视图。

8.2.2　常用命令

（1）直线

直线是各种图形中最基本的图形元素，是 AutoCAD 中最常见的元素之一。在 AutoCAD 中启用"直线"命令有以下四种方法。

① 选择"绘图"→"直线"命令。

② 单击"绘图"工具栏中的"直线"按钮╱。

③ 在"二维绘图"面板中单击"直线"按钮。

④ 输入 LINE（或 L），并按 Enter 键。

（2）多段线

使用多段线命令可以绘制由若干直线和圆弧连接而成的不同宽度的曲线或折线，并且无论该多段线中含有多少条直线或圆弧，它们都是一个实体。AutoCAD 提供了以下四种启用"多段线"命令的方法。

① 选择"绘图"→"多线段"命令。

② 单击"绘图"工具栏中的"多段线"按钮⏛。

③ 在"二维绘图"面板中单击"多段线"按钮。

④ 输入 PLINE（或 PL），并按 Enter 键。

（3）多线

多线是指多条相互平行的直线，在绘图过程中可以调整平行直线间的距离，编辑直线的数量、线条的颜色、线型等属性，通过多线可设置绘制 1～16 条具有一定特性的平行线。

启用"多线"命令有以下两种方法。

① 选择"绘图"→"多线"命令。

② 输入 MLINE（或 ML），并按 Enter 键。

（4）正多边形

在 AutoCAD 中，正多边形是具有等边长的封闭图形，其边数为 3～1024。绘制正多边形时，可用通过与假想圆的内接或外切来绘制，也可以通过指定正多边形某边的端点来绘制。

AutoCAD 提供了以下四种启用"正多边形"命令的方法。

① 选择"绘图"→"正多边形"命令。

② 输入 POLYGON（或 POL），并按 Enter 键。

③ 在"二维绘图"面板中单击"正多边形"按钮。

④ 单击"绘图"工具栏中的"正多边形"按钮 ⬠。

（5）矩形

矩形命令可以通过确定对角线的两个点来绘制矩形，同时也设定其宽度、倒角和圆角等。

AutoCAD 提供了以下四种启用"矩形"命令的方法。

① 选择"绘图"→"矩形"命令。

② 输入 RECTANG（或 REC），并按 Enter 键。

③ 在"二维绘图"面板中单击"矩形"按钮。

④ 单击"绘图"工具栏中的"矩形"按钮 ▭。

（6）圆弧

AutoCAD 提供了 10 种绘制圆弧的方法。选择"绘图"→"圆弧"命令，系统会弹出"圆弧"下拉菜单，在子菜单中显示 10 种绘制圆弧的方法，即三点；起点、圆心、端点；起点、圆心、角度；起点、圆心、长度；起点、端点、角度；起点、端点、方向；起点、端点、半径；圆心、起点、端点；圆心、起点、角度；圆心、起点、长度。也可以输入 ARC 的命令绘制圆弧。

（7）圆

AutoCAD 提供了三种绘制圆的方法。

① 选择"绘图"→"圆"命令，在弹出的子菜单中选择相应的命令绘制圆。

② 输入 CIRCLE（或 C），并按 Enter 键。

③ 单击"绘图"工具栏中的"圆"按钮 ⊘。

启用"圆"命令后，命令行提示如下：命令：_ circle 指定圆的圆心或 ［三点（3P）/两点（2P）/相切、相切、半径（T）］:

（8）椭圆

椭圆与圆的差别在于：椭圆圆周上的点到中心的距离是变化的。在 AutoCAD 绘图中，椭圆的形状主要用中心、长轴和短轴三个参数来描述。

绘制椭圆的方法是：

① 选择"绘图"→"椭圆"命令。

② 单击"绘图"工具栏的"椭圆"按钮 ⬭。

③ 输入 ELLIPSE（或 EL）命令，并按 Enter 键。

（9）删除

"修改" \ "删除"；"修改"工具栏；或输入 ERASE（E）。用于删除选中的图线等对象。

(10) 复制

利用复制工具可以将所选择的对象以指定的角度和方向复制到一个或多个指定的位置。AutoCAD中可以通过以下方法执行复制命令：

① 单击"修改"→"复制"。

② 单击"修改"工具栏。

③ 输入COPY（CO或CP），并按Enter键📇。

(11) 镜像

利用镜像工具可以将所选对象围绕一条两个定义点的镜像线来镜像对象，然后选择删除或保留原对象。

AutoCAD中可以通过以下方法执行镜像命令：

① 单击"修改"→"镜像"。

② 单击"修改"工具栏⚐。

③ 输入MIRROR（或MI），并按Enter键。

(12) 偏移

执行偏移操作可以创建一个与选定对象类似的新对象，并把新对象放置在离源对象一定距离的位置，同时保留源对象。

AutoCAD中可以通过以下方法执行偏移命令：

① 单击"修改"→"偏移"。

② 单击"修改"工具栏🔁。

③ 输入OFFSET（或O），并按Enter键。

(13) 阵列

阵列命令包括矩形阵列和环形阵列，矩形阵列主要用于创建沿指定方向均匀排列的相同对象，环形阵列主要用于创建沿指定点圆周均匀分布的对象，在对图形进行环形阵列时，图形本身不变。

AutoCAD中可以通过以下方法执行阵列命令：

① 单击"修改"→"阵列"。

② 单击"修改"工具栏🔡。

③ 输入ARRAY（或AR），并按Enter键。

(14) 移动

移动命令能够将多个对象从指定角度和方向移动到指定位置，移动对象仅仅是位置的平移，移动过程中不改变对象的尺寸和方位。

AutoCAD中可以通过以下方法执行移动命令：

① 单击"修改"→"移动"。

② 单击"修改"工具栏✛。

③ 输入MOVE（或M），并按Enter键。

(15) 旋转

利用旋转工具可将指定的对象绕指定基点旋转指定角度。基点的位置根据需要任意选择，一般选择在对象特殊点上，可以选择在对象之内，也可以选择在对象之外。该命令还可以在旋转得到新对象的同时保留源对象，集旋转和复制操作于一体。

AutoCAD 中可以通过以下方法执行旋转命令：

① 单击"修改"→"旋转"。

② 单击"修改"工具栏 ○。

③ 输入 ROTATE（或 RO），并按 Enter 键。

（16）缩放

缩放工具可用于将对象按指定的比例因子相对于指定的基点放大或缩小，以创建与源对象成一定比例且形状相同的新图形对象。

AutoCAD 中可以通过以下方法执行缩放命令：

① 单击"修改"→"缩放"。

② 单击"修改"工具栏 。

③ 输入 SCALE（SC），并按 Enter 键。

（17）修剪

该命令用于将指定对象为修剪边界，将超出修剪边界的部分删除，修剪边界可以同时作为被修剪边。执行修剪操作的前提条件是修剪对象必须与修剪边界相交。

单击"修改"工具栏中的"修剪"按钮，依次选取需修剪的边界并右击，然后选取要删除的多余图元，即可将多余的对象删除。

"修改"工具栏中的 或输入 TRIM（或 TR），也可以执行修剪命令。

（18）延伸

该命令用于将指定对象精确的延伸到指定边界上，可以被延伸的对象包括圆、椭圆弧、直线、开放的二维多段线、三维多段线和射线。

单击"修改"工具栏中的"延伸"按钮，选取延伸边界后右击，然后选取要延伸的对象，系统将自动将该对象延伸至指定的边界上。

"修改"工具栏中的 或输入 EXTEND（EX），也可以执行延伸命令。

（19）倒角

倒直角是土木工程图样中常见的结构，可以通过"倒角"命令直接产生。一般可以将直线、多段线、射线和构造线进行倒角。在创建倒角时，可以指定距离以确定每一条直线应该被修剪或延伸的总量，或指定倒角的长度以及它与第一条直线形成的角度。当倒角距离为 0 时，两个选定对象相交，但不产生倒角。

AutoCAD 中可以通过以下方法执行倒角命令：

① 单击"修改"→"倒角"。

② 单击"修改"工具栏 。

③ 输入 CHAMFER（或 CHA），并按 Enter 键。

（20）圆角

该命令用一指定半径的圆弧连接两个对象。一般可以对成对的直线、多段线的直线段、圆、圆弧、射线或构造线进行倒圆角的操作，也可以对互相平行的直线、构造线和射线进行倒圆角操作。当圆角半径设为 0 时，该命令可以使两个选定的对象相交但不产生圆角。

AutoCAD 中可以通过以下方法执行圆角命令：

① 单击"修改"→"圆角"。

② 单击"修改"工具栏 。

③ 输入 FILLET（或 F），并按 Enter 键。

（21）分解

分解就是将一个图元分解为若干单独体块。当图形被分解后，原图形中的每一个实体都可以被单独编辑，图块将不复存在。

AutoCAD 中可以通过以下方法执行分解命令：

① 单击"修改"→"分解"。

② 单击"修改"工具栏 。

③ 输入 EXPLOED（或 X），并按 Enter 键。

（22）图块

块一般是由几个图形对象组合而成的图形单元，是一个图形的一部分或全部，可以在同一个图或其他图中。块可以用 BLOCK 命令建立，也可以用 WBLOCK 命令建立。两者的主要区别是：一个是"块（BLOCK）"，只能插入到建立它的图形文件中；另一个是"写块（WBLOCK）"，可被插入到任何其他图形文件中。

1）创建块

AutoCAD 中可通过以下三种方法创建块。

① 选择"绘图"→"块"→"创建"命令。

② 单击"绘图"工具栏的"插入块"按钮 。

③ 输入 BLOCK（或 B），并按 Enter 键。

2）插入块

创建图块后，即可使用 INSERT 命令在当前图形或其他图形文件中，通过定义插入点、比例、旋转角度来插入已经创建好的图块。

可以通过以下三种方法启动"插入"对话框。

① 选择"插入"→"块"。

② 单击"绘图"工具栏的"插入块"按钮 。

③ 输入 INSERT，并按 Enter 键。

（23）特性

特性命令用于利用一个列表编辑对象的图层、颜色、线形、大小、标注、标注样式等。

可以通过以下三种方法启动"图案填充"对话框。

① 选择"修改"→"特性"命令。

② 单击"修改"工具栏的"特性"按钮 。

③ 输入 PEOPERTIES，双击对象显示"特性"选项板。

（24）图案填充

该命令能在指定的填充边界内填充一定量的图案。可以设置填充图案的样式、比例、角度、填充边界等。

可以通过以下三种方法启动"图案填充"对话框。

① 选择"绘图"→"图案填充"命令。

② 单击"绘图"工具栏的"插入块"按钮🔲。

③ 输入 HATCH（或 H），并按 Enter 键。

（25）文字标注

1）文字样式

文字样式是一组可随图形保存的文字设置的集合，用于控制字体、字高、文字宽度、文字斜角、反向、倒置、垂直等。

设置文字样式主要有以下三种方法。

① 选择"格式"→"文字样式"命令。

② 单击"样式"工具栏的"文字样式"按钮🔳。

③ 输入 STYLE/DDSTYLE（或 St），并按 Enter 键。

2）单行文字

该命令可以创建一行或多行文字，可以设置文本的当前字形、旋转角度、对齐方式和字符大小等。使用单行文字创建的多行文字中每行都是一个独立的实体，可以分别对其进行重新定位、调整格式或其他修改。

启用"单行文字"命令的方法有以下两种。

① 选择"绘图"→"文字"→"单行文字"命令。

② 输入 TEXT（或 DT），并按 Enter 键。

3）多行文本标准

该命令可在绘图区指定的文本边界框内标注段落型文本。

启用"多行文字"命令的方法有以下三种。

① 选择"绘图"→"文字"→"多行文字"命令。

② 单击"绘图"工具栏的"多行文字"按钮A。

③ 输入 MTEXT（或 MT），并按 Enter 键。

（26）尺寸标注

1）尺寸标注样式：

① 选择"格式"→"标注样式"命令。

② 单击"样式"工具栏中的"标注样式"按钮🔳。

③ 输入 DIMSTYLE（或 D），并按 Enter 键。

2）线性标注

线性标注可用于对水平尺寸、垂直尺寸的标注。操作时，主要有以下三种方法。

① 选择"标注"→"线性"命令。

② 单击"标注"工具栏中的"线性"按钮🔳。

③ 输入 DIMLINER（或 DLI），并按 Enter 键。

3）对齐标注

对齐标注用于创建平行于所选对象或平行于两尺寸界线原点连接直线型尺寸。操作时，主要有以下三种方法。

① 选择"标注"→"对齐"命令。

② 单击"标注"工具栏中的"对齐"按钮🔳。

③ 输入 DIMALIGNED（或 DAL），并按 Enter 键。

4）半径标注

半径标注用于与标注所选定的圆或圆弧的半径尺寸。操作时，主要有以下三种方法。

① 选择"标注"→"半径标注"命令。

② 单击"标注"工具栏中的"半径"按钮⊘。

③ 输入 DIMRADIUS（或 DRA），并按 Enter 键。

5）角度标注

角度标注用于被标注测量对象之间的夹角。操作时，主要有以下三种方法。

① 选择"标注"→"角度标注"命令。

② 单击"标注"工具栏中的"角度"按钮⚞。

③ 输入 DIMANGULAR（或 DAN），并按 Enter 键。

6）连续标注

连续标注用于标注连续的线性尺寸。在创建连续标注之前，必须先创建或选定线性、对齐或角度标注。操作时，主要有以下三种方法。

① 选择"标注"→"连续"命令。

② 单击"标注"工具栏中的"连续"按钮⊔⊔。

③ 输入 DIMCONTINUE（或 DCO），并按 Enter 键。

（27）特殊符号

AutoCAD 中特殊符号的输入，有很多简便的方法，可以使画图速度加快。输入文字过程中可以有一些常用代码来实现常用符号的输入。

直径"Φ"可以用控制码％％C 输入，摄氏度"℃"可以用控制码％％d 输入，正负号"±"可以用控制码％％P 输入，一级钢符号％％130，二级钢符号％％131，三级钢符号％％132。

8.2.3 图形的输出

图形的输出应由打印机来完成，目前一般委托专业图文制作公司来实施，一般打印图形（模拟空间）的步骤如下：

"文件"菜单→"打印"；"标准工具栏"→PLOT→在"打印"对话框的"打印机\绘图仪"下，从"名称"列表中选择一种绘图仪→在"图纸尺寸"下，从"图纸尺寸"框中选择图纸尺寸→在"打印份数"下，输入要打印的份数→在"打印区域"下，制定图形中要打印的布幅→在"打印比例"下，从"比例"框中选择缩放比例→在"打印样式表（笔指定）"下，从"名称"框中选择打印的样式表→在"着色视口选择"和"打印选项"下，选择适当的设置→在"图形方向"下，选择一种方向→单击"预览"可以预览按设置要打印的图形→单机"确定"按设置打印图形。

8.3 常见资料管理软件的应用知识

8.3.1 管理软件的特点

管理软件是专业软件的一种，它通常是建立在某种工具软件平台上的，目的是为了完成特定的设计或管理任务。管理软件具有使用方便、智能化高、与专业工作结合紧密、有利于提高工作效率、可以有效地减轻劳动强度的优点，目前在建筑工程设计和管理领域被广泛采用。

8.3.2 管理软件在施工中的应用

管理软件在施工中的应用越来越广泛，与一般的应用软件相比功能较强大、专业性能强。针对企业的不同管理需求，可以将集团、企业、分子公司、项目部等多个层次的主体集中于一个协同的管理平台上，也可以应用于单项、多项目组合管理，达到两级管理，三级管理、多级管理多种模式。

8.3.3 常用的管理软件

目前管理软件的种类较多，这些管理软件通常出专业公司研发、销售，也可以根据企业的特殊需求进行点对点的开发。管理软件可以定期升级，软件公司通常提供技术支持及定期培训。各个品牌的管理软件的特长各有不同，但通常均可以完成系统管理、行政办公、查询、人力资源管理、财务管理、资源管理、招标管理、进度控制、质量控制、合同管理、安全管理工作。

第9章 工程建设法律法规

9.1 建 筑 法

9.1.1 从业资格的有关规定

《中华人民共和国建筑法》（以下简称《建筑法》）规定，从事建筑活动的建筑施工企业、勘察单位、设计单位和工程监理单位，应当具备下列条件：

(1) 有符合国家规定的注册资本；

(2) 有与其从事的建筑活动相适应的具有法定执业资格的专业技术人员；

(3) 有从事相关建筑活动所应有的技术装备；

(4) 法律、行政法规规定的其他条件。

从事建筑活动的建筑施工企业，按照其拥有的注册资本、专业技术人员、技术装备和已完成的建筑工程业绩等资质条件，划分为不同的资质等级，经资质审查合格，取得相应等级的资质证书后，方可在其资质等级许可的范围内从事建筑活动。

从事建筑活动的专业技术人员，应当依法取得相应的执业资格证书，并在执业资格证书许可的范围内从事建筑活动。土建施工员应通过工作实践锻炼和理论学习及考试取得施工员证书，具备通用知识、基础知识、岗位知识和专业技能，具备必要的表达、计算、计算机应用能力；确定树立安全至上、质量第一的理念，坚持安全生产、文明施工。

9.1.2 建筑安全生产管理的有关规定

1. 施工许可证申领条件

由于建设单位是建设项目的投资者，因此《建筑法》规定，建筑工程开工前，建设单位应当按照国家有关规定向工程所在地县级以上人民政府建设行政主管部门申请领取施工许可证；但是，国务院建设行政主管部门确定的限额以下的小型工程除外。

申请领取施工许可证应具备的条件有：

(1) 已经办理该建筑工程用地批准手续；

(2) 在城市规划区的建筑工程，已经取得规划许可证；

(3) 需要拆迁的，其拆迁进度符合施工要求；

(4) 已经确定建筑施工企业；

(5) 有满足施工需要的施工图纸及技术资料；

(6) 有保证工程质量和安全的具体措施；

(7) 建设资金已经落实；

(8) 法律、行政法规规定的其他条件。

建设行政主管部门应当自收到申请之日起十五日内，对符合条件的申请颁发施工许可证。

2. 施工单位安全生产管理

《建筑法》规定，建筑工程安全生产管理必须坚持安全第一、预防为主的方针，建立健全安全生产的责任制度和群防群治制度。

（1）建筑施工企业在编制施工组织设计时，应当根据建筑工程的特点制定相应的安全技术措施；对专业性较强的工程项目，应当编制专项安全施工组织设计，并采取安全技术措施。

（2）建筑施工企业应当在施工现场采取维护安全、防范危险、预防火灾等措施；有条件的，应当对施工现场实行封闭管理；施工现场对毗邻的建筑物、构筑物和特殊作业环境可能造成损害的，应当采取安全防护措施。建筑施工企业应当采取措施保护好与施工现场相关的地下管线资料。建筑施工企业应当遵守有关环境保护和安全生产的法律、法规的规定，采取控制和处理施工现场的各种粉尘、废气、废水、固体废物以及噪声、振动对环境的污染和危害的措施。

（3）建筑施工企业必须依法加强对建筑安全生产的管理，执行安全生产责任制度，采取有效措施，防止伤亡和其他安全生产事故的发生。建筑施工企业的法定代表人对本企业的安全生产负责，施工现场安全由建筑施工企业负责。实行施工总承包的，由总承包单位负责，分包单位向总承包单位负责，服从总承包单位对施工现场的安全生产管理。如果分包单位不服从管理导致生产安全事故，由分包单位承担主要责任。

（4）建筑施工企业应当建立健全劳动安全生产教育培训制度，加强对职工安全生产的教育培训；未经安全生产教育培训的人员，不得上岗作业。建筑施工企业和作业人员在施工过程中，应当遵守有关安全生产的法律、法规和建筑行业安全规章、规程，不得违章指挥或者违章作业。作业人员有权对影响人身健康的作业程序和作业条件提出改进意见，有权获得安全生产所需的防护用品。作业人员对危及生命安全和人身健康的行为有权提出批评、检举和控告。

（5）建筑施工企业应当依法为职工参加工伤保险缴纳工伤保险费。鼓励企业为从事危险作业的职工办理意外伤害保险，支付保险费。

（6）涉及建筑主体和承重结构变动的装修工程，建设单位应当在施工前委托原设计单位或者具有相应资质条件的设计单位提出设计方案；没有设计方案的，不得施工。房屋拆除应当由具备保证安全条件的建筑施工单位承担，由建筑施工单位负责人对安全负责。施工中发生事故时，建筑施工企业应当采取紧急措施减少人员伤亡和事故损失，并按照国家有关规定及时向有关部门报告。

9.1.3 建筑工程质量管理的有关规定

1. 建设、勘察、设计单位建筑工程质量管理规定

《建筑法》规定，建设单位不得以任何理由，要求建筑设计单位或者建筑施工企业在工程设计或者施工作业中，违反法律、行政法规和建筑工程质量、安全标准，降低工程质量。建筑设计单位和建筑施工企业对建设单位违反前款规定提出的降低工程质量的要求，应当予以拒绝。建筑设计单位对设计文件选用的建筑材料、建筑构配件和设备，不得指定生产厂、供应商。

建筑工程的勘察、设计单位必须对其勘察、设计的质量负责。勘察、设计文件应当符合有关法律、行政法规的规定和建筑工程质量、安全标准、建筑工程勘察、设计技术规范以及合同的约定。设计文件选用的建筑材料、建筑构配件和设备,应当注明其规格、型号、性能等技术指标,其质量要求必须符合国家规定的标准。

2. 施工单位建筑工程质量管理规定

《建筑法》规定,建筑施工企业对工程的施工质量负责。建筑工程实行总承包的,工程质量由工程总承包单位负责,总承包单位将建筑工程分包给其他单位的,应当对分包工程的质量与分包单位承担连带责任。分包单位应当接受总承包单位的质量管理。

建筑施工企业必须按照工程设计图纸和施工技术标准施工,不得偷工减料。工程设计的修改由原设计单位负责,建筑施工企业不得擅自修改工程设计。建筑施工企业必须按照工程设计要求、施工技术标准和合同的约定,对建筑材料、建筑构配件和设备进行检验,不合格的不得使用。

建筑物在合理使用寿命内,必须确保地基基础工程和主体结构的质量。建筑工程竣工时,屋顶、墙面不得留有渗漏、开裂等质量缺陷;对已发现的质量缺陷,建筑施工企业应当修复。交付竣工验收的建筑工程,必须符合规定的建筑工程质量标准,有完整的工程技术经济资料和经签署的工程保修书,并具备国家规定的其他竣工条件。建筑工程竣工经验收合格后,方可交付使用;未经验收或者验收不合格的,不得交付使用。

建筑工程实行质量保修制度。建筑工程的保修范围应当包括地基基础工程、主体结构工程、屋面防水工程和其他土建工程,以及电气管线、上下水管线的安装工程,供热、供冷系统工程等项目;保修的期限应当按照保证建筑物合理寿命年限内正常使用,维护使用者合法权益的原则确定。具体的保修范围和最低保修期限由国务院规定。

9.2 安全生产法

9.2.1 生产经营单位安全生产保障的有关规定

1. 施工安全生产管理方针

《中华人民共和国安全生产法》(以下简称《安全生产法》)规定,安全生产工作应当以人为本,坚持安全发展,坚持"安全第一、预防为主、综合治理"的方针,强化和落实生产经营单位的主体责任,建立生产经营单位负责、职工参与、政府监管、行业自律和社会监督的机制。

安全第一,就是在生产过程中把安全放在第一重要的位置上,切实保护劳动者的生命安全和身体健康。坚持安全第一,是贯彻落实以人为本的科学发展观、构建社会主义和谐社会的必然要求。预防为主,就是把安全生产工作的关口前移,超前防范,建立预教、预测、预想、预报、预警、预防的递进式、立体化事故隐患预防体系,改善安全状况,预防安全事故。在新时期,预防为主就是通过建设安全文化、健全安全法制、提高安全科技水平、落实安全责任、加大安全投入,构筑坚固的安全防线。综合治理,是指适应我国安全生产形势的要求,自觉遵循安全生产规律,正视安全生产工作的长期性、艰巨性和复杂性，抓住安全生产工作中的主要矛盾和关键环节，综合运用经济、法律、行政等手段，人管、法治、技防多管齐下，并充分发挥社会、职工、舆论的监督作用，有效解决安全生产领域的问题。

"安全第一、预防为主、综合治理"的安全生产管理方针是一个有机统一的整体。安全第一是预防为主、综合治理的统帅和灵魂，没有安全第一的思想，预防为主就失去了思想支撑，综合治理就失去了整治依据。预防为主是实现安全第一的根本途径。只有把安全生产的重点放在建立事故隐患预防体系上，超前防范，才能有效减少事故损失，实现安全第一。综合治理是落实安全第一、预防为主的手段和方法。

2. 施工单位安全生产规章制度

施工单位必须遵守本法和其他有关安全生产的法律、法规，加强安全生产管理，建立、健全安全生产责任制和安全生产规章制度，改善安全生产条件，推进安全生产标准化建设，提高安全生产水平，确保安全生产。施工单位具体的安全生产规章制度主要有：

（1）安全生产资金保障制度；

（2）安全生产目标管理制度；

（3）安全生产奖惩考核制度；

（4）安全生产教育培训制度；

（5）安全生产事故报告处理制度；

（6）安全生产检查制度；

（7）施工现场消防安全制度；

（8）安全生产值班制度；

（9）施工现场消防安全制度；

（10）施工组织设计（安全）方案审批制度；

（11）安全技术措施学习贯彻（交底）制度；

（12）劳保用品管理制度。

3. 施工单位安全生产保障

《安全生产法》规定，生产经营单位应当具备本法和有关法律、行政法规和国家标准或者行业标准规定的安全生产条件；不具备安全生产条件的，不得从事生产经营活动。

生产经营单位应当具备的安全生产条件所必需的资金投入，由生产经营单位的决策机构、主要负责人或者个人经营的投资人予以保证，并对由于安全生产所必需的资金投入不足导致的后果承担责任。

有关生产经营单位应当按照规定提取和使用安全生产费用，专门用于改善安全生产条件。安全生产费用在成本中据实列支。安全生产费用提取、使用和监督管理的具体办法由国务院财政部门会同国务院安全生产监督管理部门征求国务院有关部门意见后制定。

生产经营单位的主要负责人必须具备与本单位所从事的生产经营活动相应的安全生产知识和管理能力，对本单位安全生产工作负有下列职责：

（1）建立、健全本单位安全生产责任制；

（2）组织制定本单位安全生产规章制度和操作规程；

（3）保证本单位安全生产投入的有效实施；

（4）督促、检查本单位的安全生产工作，及时消除生产安全事故隐患；

（5）组织制定并实施本单位的生产安全事故应急救援预案；

（6）及时、如实报告生产安全事故；

（7）组织制定并实施本单位安全生产教育和培训计划。

生产经营单位的安全生产责任制应当明确各岗位的责任人员、责任范围和考核标准等内容。生产经营单位应当建立相应的机制，加强对安全生产责任制落实情况的监督考核，保证安全生产责任制的落实。

生产经营单位应当对从业人员进行安全生产教育和培训，保证从业人员具备必要的安全生产知识，熟悉有关的安全生产规章制度和安全操作规程，掌握本岗位的安全操作技能，了解事故应急处理措施，知悉自身在安全生产方面的权利和义务。未经安全生产教育和培训合格的从业人员，不得上岗作业。生产经营单位使用被派遣劳动者的，应当将被派遣劳动者纳入本单位从业人员统一管理，对被派遣劳动者进行岗位安全操作规程和安全操作技能的教育和培训。劳务派遣单位应当对被派遣劳动者进行必要的安全生产教育和培训。生产经营单位应当建立安全生产教育和培训档案，如实记录安全生产教育和培训的时间、内容、参加人员以及考核结果等情况。

生产经营单位采用新工艺、新技术、新材料或者使用新设备，必须了解、掌握其安全技术特性，采取有效的安全防护措施，并对从业人员进行专门的安全生产教育和培训。

生产经营单位的特种作业人员必须按照国家有关规定经专门的安全作业培训，取得相应资格，方可上岗作业。

生产经营单位新建、改建、扩建工程项目（以下统称建设项目）的安全设施，必须与主体工程同时设计、同时施工、同时投入生产和使用。安全设施投资应当纳入建设项目概算。

生产经营单位应当在有较大危险因素的生产经营场所和有关设施、设备上，设置明显的安全警示标志。

生产经营单位不得使用应当淘汰的危及生产安全的工艺、设备。

生产经营单位对重大危险源应当登记建档，进行定期检测、评估、监控，并制定应急预案，告知从业人员和相关人员在紧急情况下应当采取的应急措施。

生产经营单位应当按照国家有关规定将本单位重大危险源及有关安全措施、应急措施报有关地方人民政府安全生产监督管理部门和有关部门备案。

生产经营单位应当建立健全生产安全事故隐患排查治理制度，采取技术、管理措施，及时发现并消除事故隐患。事故隐患排查治理情况应当如实记录，并向从业人员通报。

县级以上地方各级人民政府负有安全生产监督管理职责的部门应当建立健全重大事故隐患治理督办制度，督促生产经营单位消除重大事故隐患。

生产经营场所和员工宿舍应当设有符合紧急疏散要求、标志明显、保持畅通的出口。禁止锁闭、封堵生产经营场所或者员工宿舍的出口。

生产经营单位进行爆破、吊装以及国务院安全生产监督管理部门会同国务院有关部门规定的其他危险作业，应当安排专门人员进行现场安全管理，确保操作规程的遵守和安全措施的落实。

生产经营单位应当教育和督促从业人员严格执行本单位的安全生产规章制度和安全操作规程；并向从业人员如实告知作业场所和工作岗位存在的危险因素、防范措施以及事故应急措施。

生产经营单位必须为从业人员提供符合国家标准或者行业标准的劳动防护用品，并监督、教育从业人员按照使用规则佩戴、使用。

生产经营单位发生生产安全事故时，单位的主要负责人应当立即组织抢救，并不得在事故调查处理期间擅离职守。

生产经营单位必须依法参加工伤保险，为从业人员缴纳保险费。国家鼓励生产经营单位投保安全生产责任保险。

建筑施工单位，应当设置安全生产管理机构或者配备专职安全生产管理人员。安全生产管理人员必须具备与本单位所从事的生产经营活动相应的安全生产知识和管理能力。生产经营单位的安全生产管理机构以及安全生产管理人员应当恪尽职守，依法履行职责。生产经营单位作出涉及安全生产的经营决策，应当听取安全生产管理机构以及安全生产管理人员的意见。生产经营单位不得因安全生产管理人员依法履行职责而降低其工资、福利等待遇或者解除与其订立的劳动合同。专职安全生产管理人员配备数量。专职安全生产管理人员配备数量应满足下列要求，并应根据企业经营规模、设备管理和生产需要予以增加：

（1）建筑施工总承包资质序列企业：特级资质不少于6人；一级资质不少于4人；二级和二级以下资质企业不少于3人。

（2）建筑施工专业承包资质序列企业：一级资质不少于3人；二级和二级以下资质企业不少于2人。

（3）建筑施工劳务分包资质序列企业：不少于2人。

（4）建筑施工企业的分公司、区域公司等较大的分支机构（以下简称分支机构）应依据实际生产情况配备不少于2人的专职安全生产管理人员。

专职安全生产管理人员职责。生产经营单位的安全生产管理机构以及安全生产管理人员履行下列职责：

（1）组织或者参与拟订本单位安全生产规章制度、操作规程和生产安全事故应急救援预案；

（2）组织或者参与本单位安全生产教育和培训，如实记录安全生产教育和培训情况；

（3）督促落实本单位重大危险源的安全管理措施；

（4）组织或者参与本单位应急救援演练；

（5）检查本单位的安全生产状况，及时排查生产安全事故隐患，提出改进安全生产管理的建议；

（6）制止和纠正违章指挥、强令冒险作业、违反操作规程的行为；

（7）督促落实本单位安全生产整改措施。

9.2.2 从业人员权利和义务的有关规定

《安全生产法》规定，生产经营单位与从业人员订立的劳动合同，应当载明有关保障从业人员劳动安全、防止职业危害的事项，以及依法为从业人员办理工伤保险的事项。

生产经营单位不得以任何形式与从业人员订立协议，免除或者减轻其对从业人员因生产安全事故伤亡依法应承担的责任。

生产经营单位的从业人员有权了解其作业场所和工作岗位存在的危险因素、防范措施及事故应急措施，有权对本单位的安全生产工作提出建议。

从业人员有权对本单位安全生产工作中存在的问题提出批评、检举、控告；有权拒绝违章指挥和强令冒险作业。

生产经营单位不得因从业人员对本单位安全生产工作提出批评、检举、控告或者拒绝违章指挥、强令冒险作业而降低其工资、福利等待遇或者解除与其订立的劳动合同。

从业人员发现直接危及人身安全的紧急情况时，有权停止作业或者在采取可能的应急措施后撤离作业场所。

生产经营单位不得因从业人员在前款紧急情况下停止作业或者采取紧急撤离措施而降低其工资、福利等待遇或者解除与其订立的劳动合同。

因生产安全事故受到损害的从业人员，除依法享有工伤保险外，依照有关民事法律尚有获得赔偿的权利的，有权向本单位提出赔偿要求。

从业人员在作业过程中，应当严格遵守本单位的安全生产规章制度和操作规程，服从管理，正确佩戴和使用劳动防护用品。

从业人员应当接受安全生产教育和培训，掌握本职工作所需的安全生产知识，提高安全生产技能，增强事故预防和应急处理能力。

从业人员发现事故隐患或者其他不安全因素，应当立即向现场安全生产管理人员或者本单位负责人报告；接到报告的人员应当及时予以处理。

生产经营单位使用被派遣劳动者的，被派遣劳动者享有本法规定的从业人员的权利，并应当履行本法规定的从业人员的义务。

9.2.3 安全生产监督管理有关规定

《安全生产法》规定，县级以上地方各级人民政府应当根据本行政区域内的安全生产状况，组织有关部门按照职责分工，对本行政区域内容易发生重大生产安全事故的生产经营单位进行严格检查。

安全生产监督管理部门应当按照分类分级监督管理的要求，制定安全生产年度监督检查计划，并按照年度监督检查计划进行监督检查，发现事故隐患，应当及时处理。

负有安全生产监督管理职责的部门依照有关法律、法规的规定，对涉及安全生产的事项需要审查批准（包括批准、核准、许可、注册、认证、颁发证照等，下同）或者验收的，必须严格依照有关法律、法规和国家标准或者行业标准规定的安全生产条件和程序进行审查；不符合有关法律、法规和国家标准或者行业标准规定的安全生产条件的，不得批准或者验收通过。对未依法取得批准或者验收合格的单位擅自从事有关活动的，负责行政审批的部门发现或者接到举报后应当立即予以取缔，并依法予以处理。对已经依法取得批准的单位，负责行政审批的部门发现其不再具备安全生产条件的，应当撤销原批准。

负有安全生产监督管理职责的部门对涉及安全生产的事项进行审查、验收，不得收取费用；不得要求接受审查、验收的单位购买其指定品牌或者指定生产、销售单位的安全设备、器材或者其他产品。

安全生产监督管理部门和其他负有安全生产监督管理职责的部门依法开展安全生产行政执法工作，对生产经营单位执行有关安全生产的法律、法规和国家标准或者行业标准的情况进行监督检查，行使以下职权：

（1）进入生产经营单位进行检查，调阅有关资料，向有关单位和人员了解情况；

（2）对检查中发现的安全生产违法行为，当场予以纠正或者要求限期改正；对依法应当给予行政处罚的行为，依照本法和其他有关法律、行政法规的规定作出行政处罚决定；

（3）对检查中发现的事故隐患，应当责令立即排除；重大事故隐患排除前或者排除过程中无法保证安全的，应当责令从危险区域内撤出作业人员，责令暂时停产停业或者停止使用相关设施、设备；重大事故隐患排除后，经审查同意，方可恢复生产经营和使用；

（4）对有根据认为不符合保障安全生产的国家标准或者行业标准的设施、设备、器材以及违法生产、储存、使用、经营、运输的危险物品予以查封或者扣押，对违法生产、储存、使用、经营危险物品的作业场所予以查封，并依法作出处理决定。监督检查不得影响被检查单位的正常生产经营活动。

生产经营单位对负有安全生产监督管理职责的部门的监督检查人员（以下统称安全生产监督检查人员）依法履行监督检查职责，应当予以配合，不得拒绝、阻挠。安全生产监督检查人员应当忠于职守，坚持原则，秉公执法。

安全生产监督检查人员执行监督检查任务时，必须出示有效的监督执法证件；对涉及被检查单位的技术秘密和业务秘密，应当为其保密。

安全生产监督检查人员应当将检查的时间、地点、内容、发现的问题及其处理情况，作出书面记录，并由检查人员和被检查单位的负责人签字；被检查单位的负责人拒绝签字的，检查人员应当将情况记录在案，并向负有安全生产监督管理职责的部门报告。

负有安全生产监督管理职责的部门在监督检查中，应当互相配合，实行联合检查；确需分别进行检查的，应当互通情况，发现存在的安全问题应当由其他有关部门进行处理的，应当及时移送其他有关部门并形成记录备查，接受移送的部门应当及时进行处理。

负有安全生产监督管理职责的部门依法对存在重大事故隐患的生产经营单位作出停产停业、停止施工、停止使用相关设施或者设备的决定，生产经营单位应当依法执行，及时消除事故隐患。生产经营单位拒不执行，有发生生产安全事故的现实危险的，在保证安全的前提下，经本部门主要负责人批准，负有安全生产监督管理职责的部门可以采取通知有关单位停止供电、停止供应民用爆炸物品等措施，强制生产经营单位履行决定。通知应当采用书面形式，有关单位应当予以配合。

负有安全生产监督管理职责的部门依照前款规定采取停止供电措施，除有危及生产安全的紧急情形外，应当提前24h通知生产经营单位。生产经营单位依法履行行政决定、采取相应措施消除事故隐患的，负有安全生产监督管理职责的部门应当及时解除前款规定的措施。

监察机关依照行政监察法的规定，对负有安全生产监督管理职责的部门及其工作人员履行安全生产监督管理职责实施监察。

承担安全评价、认证、检测、检验的机构应当具备国家规定的资质条件，并对其作出的安全评价、认证、检测、检验的结果负责。

负有安全生产监督管理职责的部门应当建立举报制度，公开举报电话、信箱或者电子邮件地址，受理有关安全生产的举报；受理的举报事项经调查核实后，应当形成书面材料；需要落实整改措施的，报经有关负责人签字并督促落实。

任何单位或者个人对事故隐患或者安全生产违法行为，均有权向负有安全生产监督管理职责的部门报告或者举报。

居民委员会、村民委员会发现其所在区域内的生产经营单位存在事故隐患或者安全生产违法行为时，应当向当地人民政府或者有关部门报告。

县级以上各级人民政府及其有关部门对报告重大事故隐患或者举报安全生产违法行为的有功人员，给予奖励。具体奖励办法由国务院安全生产监督管理部门会同国务院财政部门制定。

新闻、出版、广播、电影、电视等单位有进行安全生产公益宣传教育的义务，有对违反安全生产法律、法规的行为进行舆论监督的权利。

负有安全生产监督管理职责的部门应当建立安全生产违法行为信息库，如实记录生产经营单位的安全生产违法行为信息；对违法行为情节严重的生产经营单位，应当向社会公告，并通报行业主管部门、投资主管部门、国土资源主管部门、证券监督管理机构以及有关金融机构。

9.2.4　安全事故应急救援与调查处理的有关规定

《安全生产法》规定，国家加强生产安全事故应急能力建设，在重点行业、领域建立应急救援基地和应急救援队伍，鼓励生产经营单位和其他社会力量建立应急救援队伍，配备相应的应急救援装备和物资，提高应急救援的专业化水平。

国务院安全生产监督管理部门建立全国统一的生产安全事故应急救援信息系统，国务院有关部门建立健全相关行业、领域的生产安全事故应急救援信息系统。

县级以上地方各级人民政府应当组织有关部门制定本行政区域内特大生产安全事故应急救援预案，建立应急救援体系。

生产经营单位应当制定本单位生产安全事故应急救援预案，与所在地县级以上地方人民政府组织制定的生产安全事故应急救援预案相衔接，并定期组织演练。

危险物品的生产、经营、储存单位以及矿山、金属冶炼、城市轨道交通运营、建筑施工单位应当建立应急救援组织；生产经营规模较小的，可以不建立应急救援组织，但应当指定兼职的应急救援人员。

危险物品的生产、经营、储存、运输单位以及矿山、金属冶炼、城市轨道交通运营、建筑施工单位应当配备必要的应急救援器材、设备和物资，并进行经常性维护、保养，保证正常运转。

生产经营单位发生生产安全事故后，事故现场有关人员应当立即报告本单位负责人。

单位负责人接到事故报告后，应当迅速采取有效措施，组织抢救，防止事故扩大，减少人员伤亡和财产损失，并按照国家有关规定立即如实报告当地负有安全生产监督管理职责的部门，不得隐瞒不报、谎报或者迟报，不得故意破坏事故现场、毁灭有关证据。

负有安全生产监督管理职责的部门接到事故报告后，应当立即按照国家有关规定上报事故情况。负有安全生产监督管理职责的部门和有关地方人民政府对事故情况不得隐瞒不报、谎报或者迟报。

有关地方人民政府和负有安全生产监督管理职责的部门的负责人接到生产安全事故报告后，应当按照生产安全事故应急救援预案的要求立即赶到事故现场，组织事故抢救。

参与事故抢救的部门和单位应当服从统一指挥，加强协同联动，采取有效的应急救援措施，并根据事故救援的需要采取警戒、疏散等措施，防止事故扩大和次生灾害的发生，减少人员伤亡和财产损失。

事故抢救过程中应当采取必要措施，避免或者减少对环境造成的危害。

任何单位和个人都应当支持、配合事故抢救，并提供一切便利条件。

事故调查处理应当按照科学严谨、依法依规、实事求是、注重实效的原则，及时、准确地查清事故原因，查明事故性质和责任，总结事故教训，提出整改措施，并对事故责任者提出处理意见。事故调查报告应当依法及时向社会公布。事故调查和处理的具体办法由国务院制定。

事故发生单位应当及时全面落实整改措施，负有安全生产监督管理职责的部门应当加强监督检查。

生产经营单位发生生产安全事故，经调查确定为责任事故的，除了应当查明事故单位的责任并依法予以追究外，还应当查明对安全生产的有关事项负有审查批准和监督职责的行政部门的责任，对有失职、渎职行为的，依照规定追究法律责任。

任何单位和个人不得阻挠和干涉对事故的依法调查处理。

县级以上地方各级人民政府安全生产监督管理部门应当定期统计分析本行政区域内发生生产安全事故的情况，并定期向社会公布。

9.3 建设工程安全管理条例、建设工程质量管理条例

9.3.1 安全责任的有关规定

1. 建设单位安全责任的有关规定

建设单位应当向施工单位提供施工现场及毗邻区域内供水、排水、供电、供气、供热、通信、广播电视等地下管线资料，气象和水文观测资料，相邻建筑物和构筑物、地下工程的有关资料，并保证资料的真实、准确、完整。建设单位因建设工程需要，向有关部门或者单位查询前款规定的资料时，有关部门或者单位应当及时提供。

建设单位不得对勘察、设计、施工、工程监理等单位提出不符合建设工程安全生产法律、法规和强制性标准规定的要求，不得压缩合同约定的工期。

建设单位在编制工程概算时，应当确定建设工程安全作业环境及安全施工措施所需费用。

建设单位不得明示或者暗示施工单位购买、租赁、使用不符合安全施工要求的安全防护用具、机械设备、施工机具及配件、消防设施和器材。

建设单位在申请领取施工许可证时，应当提供建设工程有关安全施工措施的资料。依法批准开工报告的建设工程，建设单位应当自开工报告批准之日起15日内，将保证安全施工的措施报送建设工程所在地的县级以上地方人民政府建设行政主管部门或者其他有关部门备案。

建设单位应当将拆除工程发包给具有相应资质等级的施工单位。建设单位应当在拆除工程施工15日前，将下列资料报送建设工程所在地的县级以上地方人民政府建设行政主管部门或者其他有关部门备案：

1）施工单位资质等级证明；

2）拟拆除建筑物、构筑物及可能危及毗邻建筑的说明；

3）拆除施工组织方案；

4）堆放、清除废弃物的措施。

实施爆破作业的，应当遵守国家有关民用爆炸物品管理的规定。

2. 勘察单位安全责任的有关规定

（1）勘察单位应当按照法律、法规和工程建设强制性标准进行勘察，提供的勘察文件应当真实、准确，满足建设工程安全生产的需要。

（2）勘察单位在勘察作业时，应当严格执行操作规程，采取措施保证各类管线、设施和周边建筑物、构筑物的安全。

3. 设计单位安全责任的有关规定

设计单位应当按照法律、法规和工程建设强制性标准进行设计，防止因设计不合理导致生产安全事故的发生。

设计单位应当考虑施工安全操作和防护的需要，对涉及施工安全的重点部位和环节在设计文件中注明，并对防范生产安全事故提出指导意见。

采用新结构、新材料、新工艺的建设工程和特殊结构的建设工程，设计单位应当在设计中提出保障施工作业人员安全和预防生产安全事故的措施建议。

设计单位和注册建筑师等注册执业人员应当对其设计负责。

4. 工程监理单位安全责任的有关规定

工程监理单位应当审查施工组织设计中的安全技术措施或者专项施工方案是否符合工程建设强制性标准。

工程监理单位在实施监理过程中，发现存在安全事故隐患的，应当要求施工单位整改；情况严重的，应当要求施工单位暂时停止施工，并及时报告建设单位。施工单位拒不整改或者不停止施工的，工程监理单位应当及时向有关主管部门报告。

工程监理单位和监理工程师应当按照法律、法规和工程建设强制性标准实施监理，并对建设工程安全生产承担监理责任。

5. 其他有关安全责任的有关规定

为工程提供机械设备和配件的单位，应当按照安全施工的要求配备齐全有效的保险、限位等安全设施和装置。

机械设备和施工机具及配件，应当具有生产（制造）许可证、产品合格证。出租单位应当对出租的机械设备和施工机具及配件的安全性能进行检测，在签订租赁协议时，应当出具检测合格证明。禁止出租检测不合格的机械设备和施工机具及配件。

施工现场安装、拆卸施工起重机械和整体提升脚手架、模板等自升式架设设施，必须由具有相应资质的单位承担。安装、拆卸施工起重机械和整体提升脚手架、模板等自升式架设设施，应当编制拆装方案、制定安全施工措施，并由专业技术人员现场监督。施工起重机械和整体提升脚手架、模板等自升式架设设施安装完毕后，安装单位应当自检，出具自检合格证明，并向施工单位进行安全使用说明，办理验收手续并签字。

起重机械和整体提升脚手架、模板等自升式架设设施的使用达到国家规定的检验检测期限的，必须经具有专业资质的检验检测机构检测。经检测不合格的，不得继续使用。

检测机构对检测合格的施工起重机械和整体提升脚手架、模板等自升式架设设施,应当出具安全合格证明文件,并对检测结果负责。

6. 施工单位安全责任的有关规定

施工单位从事建设工程的新建、扩建、改建和拆除等活动,应当具备国家规定的注册资本、专业技术人员、技术装备和安全生产等条件,依法取得相应等级的资质证书,并在其资质等级许可的范围内承揽工程。

施工单位主要负责人依法对本单位的安全生产工作全面负责。施工单位应当建立健全安全生产责任制度和安全生产教育培训制度,制定安全生产规章制度和操作规程,保证本单位安全生产条件所需资金的投入,对所承担的建设工程进行定期和专项安全检查,并做好安全检查记录。

施工单位的项目负责人应当由取得相应执业资格的人员担任,对建设工程项目的安全施工负责,落实安全生产责任制度、安全生产规章制度和操作规程,确保安全生产费用的有效使用,并根据工程的特点组织制定安全施工措施,消除安全事故隐患,及时、如实报告生产安全事故。

施工单位对列入建设工程概算的安全作业环境及安全施工措施所需费用,应当用于施工安全防护用具及设施的采购和更新、安全施工措施的落实、安全生产条件的改善,不得挪作他用。

施工单位应当设立安全生产管理机构,配备专职安全生产管理人员。专职安全生产管理人员负责对安全生产进行现场监督检查。发现安全事故隐患,应当及时向项目负责人和安全生产管理机构报告;对违章指挥、违章操作的,应当立即制止。

建设工程实行施工总承包的,由总承包单位对施工现场的安全生产负总责。总承包单位应当自行完成建设工程主体结构的施工。总承包单位依法将建设工程分包给其他单位的,分包合同中应当明确各自的安全生产方面的权利、义务。总承包单位和分包单位对分包工程的安全生产承担连带责任。分包单位应当服从总承包单位的安全生产管理,分包单位不服从管理导致生产安全事故的,由分包单位承担主要责任。

垂直运输机械作业人员、安装拆卸工、爆破作业人员、起重信号工、登高架设作业人员等特种作业人员,必须按照国家有关规定经过专门的安全作业培训,并取得特种作业操作资格证书后,方可上岗作业。

施工单位应当在施工组织设计中编制安全技术措施和施工现场临时用电方案,对下列达到一定规模的危险性较大的分部分项工程编制专项施工方案,并附安全验算结果,经施工单位技术负责人、总监理工程师签字后实施,由专职安全生产管理人员进行现场监督:

1)基坑支护与降水工程;

2)土方开挖工程;

3)模板工程;

4)起重吊装工程;

5)脚手架工程;

6)拆除、爆破工程;

7)国务院建设行政主管部门或者其他有关部门规定的其他危险性较大的工程。

对上述所列工程中涉及深基坑、地下暗挖工程、高大模板工程的专项施工方案，施工单位还应当组织专家进行论证、审查。

　　建设工程施工前，施工单位负责项目管理的技术人员应当对有关安全施工的技术要求向施工作业班组、作业人员作出详细说明，并由双方签字确认。

　　施工单位应当在施工现场入口处、施工起重机械、临时用电设施、脚手架、出入通道口、楼梯口、电梯井口、孔洞口、桥梁口、隧道口、基坑边沿、爆破物及有害危险气体和液体存放处等危险部位，设置明显的安全警示标志。安全警示标志必须符合国家标准。施工单位应当根据不同施工阶段和周围环境及季节、气候的变化，在施工现场采取相应的安全施工措施。施工现场暂时停止施工的，施工单位应当做好现场防护，所需费用由责任方承担，或者按照合同约定执行。

　　施工单位应当将施工现场的办公、生活区与作业区分开设置，并保持安全距离；办公、生活区的选址应当符合安全性要求。职工的膳食、饮水、休息场所等应当符合卫生标准。施工单位不得在尚未竣工的建筑物内设置员工集体宿舍。施工现场临时搭建的建筑物应当符合安全使用要求。施工现场使用的装配式活动房屋应当具有产品合格证。

　　施工单位对因建设工程施工可能造成损害的毗邻建筑物、构筑物和地下管线等，应当采取专项防护措施。施工单位应当遵守有关环境保护法律、法规的规定，在施工现场采取措施，防止或者减少粉尘、废气、废水、固体废物、噪声、振动和施工照明对人和环境的危害和污染。在城市市区内的建设工程，施工单位应当对施工现场实行封闭围挡。

　　施工单位应当在施工现场建立消防安全责任制度，确定消防安全责任人，制定用火、用电、使用易燃易爆材料等各项消防安全管理制度和操作规程，设置消防通道、消防水源，配备消防设施和灭火器材，并在施工现场入口处设置明显标志。

　　施工单位应当向作业人员提供安全防护用具和安全防护服装，并书面告知危险岗位的操作规程和违章操作的危害。作业人员有权对施工现场的作业条件、作业程序和作业方式中存在的安全问题提出批评、检举和控告，有权拒绝违章指挥和强令冒险作业。在施工中发生危及人身安全的紧急情况时，作业人员有权立即停止作业或者在采取必要的应急措施后撤离危险区域。

　　作业人员应当遵守安全施工的强制性标准、规章制度和操作规程，正确使用安全防护用具、机械设备等。施工单位采购、租赁的安全防护用具、机械设备、施工机具及配件，应当具有生产（制造）许可证、产品合格证，并在进入施工现场前进行查验。施工现场的安全防护用具、机械设备、施工机具及配件必须由专人管理，定期进行检查、维修和保养，建立相应的资料档案，并按照国家有关规定及时报废。

　　施工单位在使用施工起重机械和整体提升脚手架、模板等自升式架设设施前，应当组织有关单位进行验收，也可以委托具有相应资质的检验检测机构进行验收；使用承租的机械设备和施工机具及配件的，由施工总承包单位、分包单位、出租单位和安装单位共同进行验收。验收合格的方可使用。《特种设备安全监察条例》规定的施工起重机械，在验收前应当经有相应资质的检验检测机构监督检验合格。施工单位应当自施工起重机械和整体提升脚手架、模板等自升式架设设施验收合格之日起 30 日内，向建设行政主管部门或者其他有关部门登记。登记标志应当置于或者附着于该设备的显著位置。

　　施工单位的主要负责人、项目负责人、专职安全生产管理人员应当经建设行政主管部门或者其他有关部门考核合格后方可任职。施工单位应当对管理人员和作业人员每年至少进行1次安全生产教育培训，其教育培训情况记入个人工作档案。安全生产教育培训考核不合格的人员，不得上岗。作业人员进入新的岗位或者新的施工现场前，应当接受安全生产教育培训。未经教育培训或者教育培训考核不合格的人员，不得上岗作业。施工单位在采用新技术、新工艺、新设备、新材料时，应当对作业人员进行相应的安全生产教育培训。

施工单位应当为施工现场从事危险作业的人员办理意外伤害保险。意外伤害保险费由施工单位支付。实行施工总承包的，由总承包单位支付意外伤害保险费。意外伤害保险期限自建设工程开工之日起至竣工验收合格止。

7. 施工单位违法行为应承担的法律责任

（1）施工单位有下列行为之一的，责令限期改正；逾期未改正的，责令停业整顿，依照《中华人民共和国安全生产法》的有关规定处以罚款；造成重大安全事故，构成犯罪的，对直接责任人员，依照刑法有关规定追究刑事责任：

1）未设立安全生产管理机构、配备专职安全生产管理人员或者分部分项工程施工时无专职安全生产管理人员现场监督的；

2）施工单位的主要负责人、项目负责人、专职安全生产管理人员、作业人员或者特种作业人员，未经安全教育培训或者经考核不合格即从事相关工作的；

3）未在施工现场的危险部位设置明显的安全警示标志，或者未按照国家有关规定在施工现场设置消防通道、消防水源、配备消防设施和灭火器材的；

4）未向作业人员提供安全防护用具和安全防护服装的；

5）未按照规定在施工起重机械和整体提升脚手架、模板等自升式架设设施验收合格后登记的；

6）使用国家明令淘汰、禁止使用的危及施工安全的工艺、设备、材料的。

（2）施工单位有下列行为之一的，责令限期改正；逾期未改正的，责令停业整顿，并处5万元以上10万元以下的罚款；造成重大安全事故，构成犯罪的，对直接责任人员，依照刑法有关规定追究刑事责任：

1）施工前未对有关安全施工的技术要求作出详细说明的；

2）未根据不同施工阶段和周围环境及季节、气候的变化，在施工现场采取相应的安全施工措施，或者在城市市区内的建设工程的施工现场未实行封闭围挡的；

3）在尚未竣工的建筑物内设置员工集体宿舍的；

4）施工现场临时搭建的建筑物不符合安全使用要求的；

5）未对因建设工程施工可能造成损害的毗邻建筑物、构筑物和地下管线等采取专项防护措施的。

（3）施工单位有下列行为之一的，责令限期改正；逾期未改正的，责令停业整顿，并处10万元以上30万元以下的罚款；情节严重的，降低资质等级，直至吊销资质证书；造成重大安全事故，构成犯罪的，对直接责任人员，依照刑法有关规定追究刑事责任；造成损失的，依法承担赔偿责任：

1）安全防护用具、机械设备、施工机具及配件在进入施工现场前未经查验或者查验不合格即投入使用的；

2）使用未经验收或者验收不合格的施工起重机械和整体提升脚手架、模板等自升式架设设施的；

3）委托不具有相应资质的单位承担施工现场安装、拆卸施工起重机械和整体提升脚手架、模板等自升式架设设施的；

4）在施工组织设计中未编制安全技术措施、施工现场临时用电方案或者专项施工方案的。

（4）施工单位的主要负责人、项目负责人未履行安全生产管理职责的，责令限期改正；逾期未改正的，责令施工单位停业整顿；造成重大安全事故、重大伤亡事故或者其他严重后果，构成犯罪的，依照刑法有关规定追究刑事责任。施工单位的主要负责人、项目负责人有上述违法行为，尚不够刑事处罚的，处2万元以上20万元以下的罚款或者按照管理权限给予撤职处分；自刑罚执行完毕或者受处分之日起，5年内不得担任任何施工单位的主要负责人、项目负责人。

9.3.2　施工单位质量责任和义务的有关规定

施工单位应当依法取得相应等级的资质证书，并在其资质等级许可的范围内承揽工程。禁止施工单位超越本单位资质等级许可的业务范围或者以其他施工单位的名义承揽工程。禁止施工单位允许其他单位或者个人以本单位的名义承揽工程。施工单位不得转包或者违法分包工程。施工单位对建设工程的施工质量负责。

施工单位应当建立质量责任制，确定工程项目的项目经理、技术负责人和施工管理负责人。建设工程实行总承包的，总承包单位应当对全部建设工程质量负责；建设工程勘察、设计、施工、设备采购的一项或者多项实行总承包的，总承包单位应当对其承包的建设工程或者采购的设备的质量负责。

总承包单位依法将建设工程分包给其他单位的，分包单位应当按照分包合同的约定对其分包工程的质量向总承包单位负责，总承包单位与分包单位对分包工程的质量承担连带责任。

施工单位必须按照工程设计图纸和施工技术标准施工，不得擅自修改工程设计，不得偷工减料。施工单位在施工过程中发现设计文件和图纸有差错的，应当及时提出意见和建议。

施工单位必须按照工程设计要求、施工技术标准和合同约定，对建筑材料、建筑构配件、设备和商品混凝土进行检验，检验应当有书面记录和专人签字；未经检验或者检验不合格的，不得使用。

施工单位必须建立、健全施工质量的检验制度，严格工序管理，作好隐蔽工程的质量检查和记录。隐蔽工程在隐蔽前，施工单位应当通知建设单位和建设工程质量监督机构。

施工人员对涉及结构安全的试块、试件以及有关材料，应当在建设单位或者工程监理单位监督下现场取样，并送具有相应资质等级的质量检测单位进行检测。

施工单位对施工中出现质量问题的建设工程或者竣工验收不合格的建设工程，应当负责返修。

施工单位应当建立、健全教育培训制度，加强对职工的教育培训；未经教育培训或者考核不合格的人员，不得上岗作业。

9.3.3 施工单位违反规定应承担的法律责任

施工单位在施工中偷工减料的，使用不合格的建筑材料、建筑构配件和设备的，或者有不按照工程设计图纸或者施工技术标准施工的其他行为的，责令改正，处工程合同价款2%以上4%以下的罚款；造成建设工程质量不符合规定的质量标准的，负责返工、修理，并赔偿因此造成的损失；情节严重的，责令停业整顿，降低资质等级或者吊销资质证书。

施工单位未对建筑材料、建筑构配件、设备和商品混凝土进行检验，或者未对涉及结构安全的试块、试件以及有关材料取样检测的，责令改正，处10万元以上20万元以下的罚款；情节严重的，责令停业整顿，降低资质等级或者吊销资质证书；造成损失的，依法承担赔偿责任。

施工单位不履行保修义务或者拖延履行保修义务的，责令改正，处10万元以上20万元以下的罚款，并对在保修期内因质量缺陷造成的损失承担赔偿责任。

9.4 劳动法、劳动合同法

9.4.1 劳动合同和集体合同的有关规定

根据《劳动法》和《劳动合同法》的规定，劳动合同是劳动者与用人单位确立劳动关系、明确双方权利和义务的协议。用人单位自用工之日起即与劳动者建立劳动关系，建立劳动关系应当订立劳动合同。已建立劳动关系，未同时订立书面劳动合同的，应当自用工之日起一个月内订立书面劳动合同。用人单位与劳动者在用工前订立劳动合同的，劳动关系自用工之日起建立。劳动合同依法订立即具有法律约束力，当事人必须履行劳动合同规定的义务。

1. 订立劳动合同应遵守的原则

《劳动法》规定，订立和变更劳动合同，应当遵循平等自愿、协商一致的原则，不得违反法律、行政法规的规定。

《劳动合同法》规定，用人单位招用劳动者，不得扣押劳动者的居民身份证和其他证件，不得要求劳动者提供担保或者以其他名义向劳动者收取财物。

2. 集体合同

企业职工一方与企业可以就劳动报酬、工作时间、休息休假、劳动安全卫生、保险福利等事项，签订集体合同。集体合同草案应当提交职工代表大会或者全体职工讨论通过。集体合同由工会代表职工与企业签订；没有建立工会的企业，由职工推举的代表与企业签订。集体合同签订后应当报送劳动行政部门；劳动行政部门自收到集体合同文本之日起15日内未提出异议的，集体合同即行生效。依法签订的集体合同对企业和企业全体职工具有约束力。职工个人与企业订立的劳动合同中劳动条件和劳动报酬等标准不得低于集体合同的规定。

3. 劳动合同的分类

《劳动法》和《劳动合同法》规定，劳动合同的期限分为有固定期限、无固定期限和以完成一定的工作为期限。

（1）固定期限劳动合同。固定期限劳动合同是指用人单位与劳动者约定合同终止时间的劳动合同。

（2）无固定期限劳动合同。无固定期限劳动合同是指用人单位与劳动者约定无确定终止时间的劳动合同。劳动者在同一用人单位连续工作满10年以上，当事人双方同意续延劳动合同的，如果劳动者提出订立无固定限期的劳动合同，应当订立无固定限期的劳动合同。用人单位自用工之日起满1年不与劳动者订立书面合同的，可视为双方已订立无固定期限劳动合同。

（3）以完成一定工作任务为期限的劳动合同。以完成一定工作任务为期限的劳动合同是指用人单位与劳动者约定以某项工作的完成为合同期限的劳动合同。

4. 劳动合同的基本条款

《劳动合同法》规定，用人单位招用劳动者时，应当如实告知劳动者工作内容、工作条件、工作地点、职业危害、安全生产状况、劳动报酬，以及劳动者要求了解的其他情况；用人单位有权了解劳动者与劳动合同直接相关的基本情况，劳动者应当如实说明。劳动合同应当具备以下条款：

（1）用人单位的名称、住所和法定代表人或者主要负责人；

（2）劳动者的姓名、住址和居民身份证或者其他有效身份证件号码；

（3）劳动合同期限；

（4）工作内容和工作地点；

（5）工作时间和休息休假；

（6）劳动报酬；

（7）社会保险；

（8）劳动保护、劳动条件和职业危害防护；

（9）法律、法规规定应当纳入劳动合同的其他事项。

除此之外，用人单位与劳动者可以约定试用期、培训、保守秘密、补充保险和福利待遇等其他事项。

5. 劳动试用期和报酬

《劳动合同法》规定，劳动合同期限三个月以上不满一年的，试用期不得超过一个月；劳动合同期限一年以上不满三年的，试用期不得超过二个月；三年以上固定期限和无固定期限的劳动合同，试用期不得超过六个月。同一用人单位与同一劳动者只能约定一次试用期。以完成一定工作任务为期限的劳动合同或者劳动合同期限不满三个月的，不得约定试用期。试用期包含在劳动合同期限内。劳动合同仅约定试用期的，试用期不成立，该期限为劳动合同期限。

《劳动合同法》规定，用人单位应当按照劳动合同约定和国家规定，向劳动者及时足额支付劳动报酬。用人单位拖欠或者未足额支付劳动报酬的，劳动者可以依法向当地人民法院申请支付令，人民法院应当依法发出支付令。

用人单位未在用工的同时订立书面劳动合同，与劳动者约定的劳动报酬不明确的，新招用的劳动者的劳动报酬按照集体合同规定的标准执行；没有集体合同或者集体合同未规定的，实行同工同酬。劳动合同对劳动报酬和劳动条件等标准约定不明确，引发争议的，用人单位与劳动者可以重新协商；协商不成的，适用集体合同规定；没有集体合同或者集体合同未规定劳动报酬的，实行同工同酬；没有集体合同或者集体合同未规定劳动条件等标准的，适用国家有关规定。集体合同中劳动报酬和劳动条件等标准不得低于当地人民政府规定的最低标准；用人单位与劳动者订立的劳动合同中劳动报酬和劳动条件等标准不得低于集体合同规定的标准。

劳务派遣单位跨地区派遣劳动者的，被派遣劳动者享有的劳动报酬和劳动条件，按照用工单位所在地的标准执行。被派遣劳动者享有与用工单位的劳动者同工同酬的权利。用工单位无同类岗位劳动者的，参照用工单位所在地相同或者相近岗位劳动者的劳动报酬确定。劳务派遣单位不得克扣用工单位按照劳务派遣协议支付给被派遣劳动者的劳动报酬。

劳动者在试用期的工资不得低于本单位相同岗位最低档工资或者劳动合同约定工资的百分之八十，并不得低于用人单位所在地的最低工资标准。

6. 劳动合同的生效和无效

劳动合同由用人单位与劳动者协商一致，并经用人单位与劳动者在劳动合同文本上签字或者盖章生效。双方当事人签字或者盖章时间不一致，以最后签字或者盖章的时间为准；如果一方没有签写时间，则另一方写明的签字时间就是合同生效时间。

《劳动合同法》规定，下列劳动合同无效或者部分无效：

（1）以欺诈、胁迫的手段或者乘人之危，使对方在违背真实意思的情况下订立或者变更劳动合同的；

（2）用人单位免除自己的法定责任、排除劳动者权利的；

（3）违反法律、行政法规强制性规定的。

无效的劳动合同，从订立的时候起，就没有法律约束力。确认劳动合同部分无效的，如果不影响其余部分的效力，其余部分仍然有效。劳动合同被确认无效，劳动者已付出劳动的，用人单位应当向劳动者支付劳动报酬。劳动报酬的数额，参照本单位相同或者相近岗位劳动者的劳动报酬确定。

对劳动合同的无效或者部分无效有争议的，由劳动争议仲裁机构或者人民法院确认。

7. 劳动合同的变更、解除和终止

（1）劳动合同的变更

《劳动合同法》规定，用人单位与劳动者协商一致，可以变更劳动合同约定的内容。变更劳动合同，应当采用书面形式。变更后的劳动合同文本由用人单位和劳动者各执一份。

（2）用人单位可以单方解除劳动合同的规定

《劳动法》和《劳动合同法》规定，劳动者有下列情形之一的，用人单位可以解除劳动合同：

1）在试用期间被证明不符合录用条件的；

2）严重违反用人单位的规章制度的；

3）严重失职，营私舞弊，给用人单位造成重大损害的；

4）劳动者同时与其他用人单位建立劳动关系，对完成本单位的工作任务造成严重影响，或者经用人单位提出，拒不改正的；

5）欺诈、胁迫的手段或者乘人之危，使对方在违背真实意思的情况下订立或者变更劳动合同，致使劳动合同无效的；

6）被依法追究刑事责任的。

有下列情形之一的，用人单位提前 30 日以书面形式通知劳动者本人或者额外支付劳动者 1 个月工资后，可以解除劳动合同：

1）劳动者患病或者非因工负伤，在规定的医疗期满后不能从事原工作，也不能从事由用人单位另行安排的工作的；

2）劳动者不能胜任工作，经过培训或者调整工作岗位，仍不能胜任工作的；

3）劳动合同订立时所依据的客观情况发生重大变化，致使劳动合同无法履行，经用人单位与劳动者协商，未能就变更劳动合同内容达成协议的。

（3）劳动者可以单方解除劳动合同的规定

《劳动合同法》规定，用人单位有下列情形之一的，劳动者可以解除劳动合同：

1）未按照劳动合同约定提供劳动保护或者劳动条件的；

2）未及时足额支付劳动报酬的；

3）未依法为劳动者缴纳社会保险费的；

4）用人单位的规章制度违反法律、法规的规定，损害劳动者权益的；

5）以欺诈、胁迫的手段或者乘人之危，使对方在违背真实意愿的情况下订立或者变更劳动合同的致使劳动合同无效的；

6）法律、行政法规规定劳动者可以解除劳动合同的其他情形。

劳动者提前三十日以书面形式通知用人单位，可以解除劳动合同。劳动者在试用期内提前三日通知用人单位，可以解除劳动合同。

用人单位以暴力、威胁或者非法限制人身自由的手段强迫劳动者劳动的，或者用人单位违章指挥、强令冒险作业危及劳动者人身安全的，劳动者可以立即解除劳动合同，不需事先告知用人单位。

（4）劳动合同的终止

有下列情形之一的，劳动合同终止：

1）劳动合同期满的；

2）劳动者开始依法享受基本养老保险待遇的；

3）劳动者死亡，或者被人民法院宣告死亡或者宣告失踪的；

4）用人单位被依法宣告破产的；

5）用人单位被吊销营业执照、责令关闭、撤销或者用人单位决定提前解散的；

6）法律、行政法规规定的其他情形。

8. 女职工和未成年工的特殊保护

《劳动法》规定，国家对女职工和未成年工实行特殊劳动保护。

（1）女职工的特殊保护

禁止安排女职工从事矿山井下、国家规定的第 4 级体力劳动强度的劳动和其他禁忌从事的劳动。不得安排女职工在经期从事高处、低温、冷水作业和国家规定的第 3 级体力劳动强度的劳动。不得安排女职工在怀孕期间从事国家规定的第 3 级体力劳动强度的劳动和孕期禁忌从事的劳动。对怀孕 7 个月以上的女职工，不得安排其延长工作时间和夜班劳动。女职工生育享受不少于 90d 的产假。不得安排女职工在哺乳未满 1 周岁的婴儿期间从事国家规定的第 3 级体力劳动强度的劳动和哺乳期禁忌从事的其他劳动，不得安排其延长工作时间和夜班劳动。

《劳动合同法》规定，女职工在孕期、产期、哺乳期的，用人单位不得按照劳动合同法相关规定解除劳动合同。

（2）未成年工的特殊保护

未成年工是指年满 16 周岁未满 18 周岁的劳动者。禁止用人单位招用未满 16 周岁的未成年人。不得安排未成年工从事矿山井下、有毒有害、国家规定的第 4 级体力劳动强度的劳动和其他禁忌从事的劳动。用人单位应当对未成年工定期进行健康检查。

9. 劳动争议的解决

劳动争议，是指劳动关系当事人之间因劳动的权利与义务发生分歧而引起的争议。

《劳动法》规定，用人单位与劳动者发生劳动争议，当事人可以依法申请调解、仲裁、提起诉讼，也可以协商解决。调解原则适用于仲裁和诉讼程序。劳动争议发生后，当事人可以向本单位劳动争议调解委员会申请调解；调解不成，当事人一方要求仲裁的，可以向劳动争议仲裁委员会申请仲裁。当事人一方也可以直接向劳动争议仲裁委员会申请仲裁。对仲裁裁决不服的，可以向人民法院提出诉讼。

在用人单位内，可以设立劳动争议调解委员会。劳动争议调解委员会由职工代表、用人单位代表和工会代表组成。劳动争议调解委员会主任由工会代表担任。劳动争议经调解达成协议的，当事人应当履行。

劳动争议仲裁委员会由劳动行政部门代表、同级工会代表、用人单位代表方面的代表组成。劳动争议仲裁委员会主任由劳动行政部门代表担任。提出仲裁要求的一方应当自劳动争议发生之日起 60 日内向劳动争议仲裁委员会提出书面申请。仲裁裁决一般应在收到仲裁申请的 60 日内作出。对仲裁裁决无异议的，当事人必须履行。

劳动争议当事人对仲裁裁决不服的，可以自收到仲裁裁决书之日起 15 日内向人民法院提起诉讼。一方当事人在法定期限内不起诉又不履行仲裁裁决的，另一方当事人可以申请强制执行。

9.4.2 劳动安全卫生的有关规定

从事特种作业的劳动者必须经过专门培训并取得特种作业资格。劳动者在劳动过程中必须严格遵守安全操作规程。劳动者对用人单位管理人员违章指挥、强令冒险作业，有权拒绝执行；对危害生命安全和身体健康的行为，有权提出批评、检举和控告。

《劳动法》规定，劳动者依法享有职业卫生保护的权利。用人单位必须建立、健全劳动卫生制度，严格执行国家劳动安全卫生规程和标准，对劳动者进行劳动安全卫生教育，防止劳动过程中的事故，减少职业危害。

用人单位必须为劳动者提供符合国家规定的劳动安全卫生条件和必要的劳动防护用品，并书面告知危险岗位的操作规程和违章操作的危害，对从事有职业危害作业的劳动者应当定期进行健康检查。用人单位配备的劳动安全卫生设施必须符合国家规定的标准。新建、改建或扩建的工程项目中的安全设施是否符合要求，是确保安全生产和从业人员人身安全和健康的重要条件。因此必须与主体结构同时设计、同时施工、同时投入生产和使用。

9.5 工程建设其他法律法规相关规定

9.5.1 安全管理相关规定

1. 安全生产许可证

《安全生产许可证条例》规定，建筑施工企业，应向省级建设行政主管部门申请领取安全生产许可证。根据《建筑施工企业安全生产许可证管理规定》的规定，建筑施工企业取得安全生产许可证，应当具备下列安全生产条件：

（1）建立、健全安全生产责任制，制定完备的安全生产规章制度和操作规程；

（2）保证本单位安全生产条件所需资金的投入；

（3）设置安全生产管理机构，按照国家有关规定配备专职安全生产管理人员；

（4）主要负责人、项目负责人、专职安全生产管理人员经建设主管部门或者其他有关部门考核合格；

（5）特种作业人员经有关业务主管部门考核合格，取得特种作业操作资格证书；

（6）管理人员和作业人员每年至少进行 1 次安全生产教育培训并考核合格；

（7）依法参加工伤保险，依法为施工现场从事危险作业的人员办理意外伤害保险，为从业人员交纳保险费；

（8）施工现场的办公、生活区及作业场所和安全防护用具、机械设备、施工机具及配件符合有关安全生产法律、法规、标准和规程的要求；

（9）有职业危害防治措施，并为作业人员配备符合国家标准或者行业标准的安全防护用具和安全防护服装；

（10）有对危险性较大的分部分项工程及施工现场易发生重大事故的部位、环节的预防、监控措施和应急预案；

（11）有生产安全事故应急救援预案、应急救援组织或者应急救援人员，配备必要的应急救援器材、设备；

（12）法律、法规规定的其他条件。

2. 生产安全事故等级

《生产安全事故报告和调查处理条例》规定，根据生产安全事故（以下简称事故）造成的人员伤亡或者直接经济损失，事故一般分为以下等级：

（1）特别重大事故，是指造成 30 人以上死亡，或者 100 人以上重伤（包括急性工业中毒，下同），或者 1 亿元以上直接经济损失的事故；

（2）重大事故，是指造成 10 人以上 30 人以下死亡，或者 50 人以上 100 人以下重伤，或者 5000 万元以上 1 亿元以下直接经济损失的事故；

（3）较大事故，是指造成 3 人以上 10 人以下死亡，或者 10 人以上 50 人以下重伤，或者 1000 万元以上 5000 万元以下直接经济损失的事故；

（4）一般事故，是指造成 3 人以下死亡，或者 10 人以下重伤，或者 1000 万元以下直接经济损失的事故。

在事故等级划分中考虑的因素有社会因素、经济因素和人身因素。

3. 生产安全事故上报

施工单位发生生产安全事故，应当按照国家有关伤亡事故报告和调查处理的规定，及时、如实地向负责安全生产监督管理的部门、建设行政主管部门或者其他有关部门报告；特种设备发生事故的，还应当同时向特种设备安全监督管理部门报告。接到报告的部门应当按照国家有关规定，如实上报。实行施工总承包的建设工程，由总承包单位负责上报事故。

《生产安全事故报告和调查处理条例》规定，事故发生后，事故现场有关人员应当立即向本单位负责人报告；单位负责人接到报告后，应当于 1h 内向事故发生地县级以上人民政府安全生产监督管理部门和负有安全生产监督管理职责的有关部门报告。

情况紧急时，事故现场有关人员可以直接向事故发生地县级以上人民政府安全生产监督管理部门和负有安全生产监督管理职责的有关部门报告。

安全生产监督管理部门和负有安全生产监督管理职责的有关部门接到事故报告后，应当依照下列规定上报事故情况，并通知公安机关、劳动保障行政部门、工会和人民检察院：

（1）特别重大事故、重大事故逐级上报至国务院安全生产监督管理部门和负有安全生产监督管理职责的有关部门；

（2）较大事故逐级上报至省、自治区、直辖市人民政府安全生产监督管理部门和负有安全生产监督管理职责的有关部门；

（3）一般事故上报至设区的市级人民政府安全生产监督管理部门和负有安全生产监督管理职责的有关部门。

安全生产监督管理部门和负有安全生产监督管理职责的有关部门依照前款规定上报事故情况，应当同时报告本级人民政府。国务院安全生产监督管理部门和负有安全生产监督管理职责的有关部门以及省级人民政府接到发生特别重大事故、重大事故的报告后，应当立即报告国务院。

必要时，安全生产监督管理部门和负有安全生产监督管理职责的有关部门可以越级上报事故情况。

安全生产监督管理部门和负有安全生产监督管理职责的有关部门逐级上报事故情况，每级上报的时间不得超过 2h。

4. 生产安全事故报告的内容

生产安全事故报告应当包括下列内容：

（1）事故发生单位概况；

（2）事故发生的时间、地点以及事故现场情况；

（3）事故的简要经过；

（4）事故已经造成或者可能造成的伤亡人数（包括下落不明的人数）和初步估计的直接经济损失；

（5）已经采取的措施；

（6）其他应当报告的情况。

自事故发生之日起 30 日内，事故造成的伤亡人数发生变化的，应当及时补报。道路交通事故、火灾事故自发生之日起 7 日内，事故造成的伤亡人数发生变化的，应当及时补报。

5. 事故调查处理

《关于加强安全工作的紧急通知》指出，事故调查处理应当遵循"四不放过"原则。"四不放过"主要是指对责任不落实，发生重特大事故的，要严格按照事故原因未查清不放过、责任人员未处理不放过、整改措施未落实不放过、有关人员未受到教育不放过的"四不放过"原则。

6. 生产安全事故调查批复

《生产安全事故报告和调查处理条例》规定，重大事故、较大事故、一般事故，负责事故调查的人民政府应当自收到事故调查报告之日起15日内做出批复；特别重大事故，30日内做出批复，特殊情况下，批复时间可以适当延长，但延长的时间最长不超过30日。

7. 生产安全事故责任

事故发生单位主要负责人有下列行为之一的，处上一年年收入40%～80%的罚款；属于国家工作人员的，并依法给予处分；构成犯罪的，依法追究刑事责任：

（1）不立即组织事故抢救的；

（2）迟报或者漏报事故的；

（3）在事故调查处理期间擅离职守的。

8. 生产安全事故应急预案

《生产安全事故应急预案管理办法》规定，生产经营单位的应急预案按照针对情况的不同，分为综合应急预案、专项应急预案和现场处置方案。生产经营单位应当制定本单位的应急预案演练计划，根据本单位的事故预防重点，每年至少组织一次综合应急预案演练或者专项应急预案演练，每半年至少组织一次现场处置方案演练。

9. 生产安全重大隐患排查治理和带班检查制度

《房屋市政工程生产安全重大隐患排查治理挂牌督办暂行办法》规定，建筑施工企业应及时将工程项目重大隐患排查治理的有关情况向建设单位报告。建设单位应积极协调勘察、设计、施工、监理、监测等单位，并在资金、人员等方面积极配合做好重大隐患排查治理工作。

项目负责人每月带班生产时间不得少于本月施工时间的80%。因其他事务需离开施工现场时，应向工程项目的建设单位请假，经批准后方可离开。离开期间应委托项目相关负责人负责其外出时的日常工作。《建筑施工企业负责人及项目负责人施工现场带班暂行办法》规定，建筑施工企业负责人要定期带班检查，每月检查时间不少于其工作日的25%。建筑施工企业负责人带班检查时，应认真做好检查记录，并分别在企业和工程项目存档备查。工程项目进行超过一定规模的危险性较大的分部分项工程施工时，建筑施工企业负责人应到施工现场进行带班检查。工程项目出现险情或发现重大隐患时，建筑施工企业负责人应到施工现场带班检查，督促工程项目进行整改，及时消除险情和隐患。

实施对工程项目质量安全生产状况进行带队检查的建筑施工企业负责人主要包括企业的法定代表人、总经理、主管质量安全和生产工作的副总经理、总工程师和副总工程师。对于有分公司（非独立法人）的企业集团，集团负责人不能到现场的，可书面委托工程所在地的分公司负责人对施工现场进行带班检查。项目负责人在同一时期只能承担一个工程项目的管理工作。

10. 机关、团体、企业、事业等单位应当履行的消防安全职责

《机关、团体、企业、事业单位消防安全管理规定》（公安部令第 61 号）机关、团体、企业、事业等单位应当履行的消防安全职责：

（1）贯彻执行消防法规，保障单位消防安全符合规定，掌握本单位的消防安全情况；

（2）将消防工作与本单位的生产、科研、经营、管理等活动统筹安排，批准实施年度消防工作计划；

（3）为本单位的消防安全提供必要的经费和组织保障；

（4）确定逐级消防安全责任，批准实施消防安全制度和保障消防安全的操作规程；

（5）组织防火检查，督促落实火灾隐患整改，及时处理涉及消防安全的重大问题；

（6）根据消防法规的规定建立专职消防队、义务消防队；

（7）组织制定符合本单位实际的灭火和应急疏散预案，并实施演练。

9.5.2　质量管理相关规定

1. 见证取样和送检

根据《房屋建筑工程和市政基础设施工程实行见证取样和送检的规定》，见证取样和送检是指在建设单位或工程监理单位人员的见证下，由施工单位的现场试验人员对工程中涉及结构安全的试块、试件和材料在现场取样，并送至经过省级以上建设行政主管部门对其资质认可和质量技术监督部门对其计量认证的质量检测单位（以下简称"检测单位"）进行检测。

见证人员应由建设单位或该工程的监理单位具备建筑施工试验知识的专业技术人员担任，并应由建设单位或该工程的监理单位书面通知施工单位、检测单位和负责该项工程的质量监督机构。在施工过程中，见证人员应按照见证取样和送检计划，对施工现场的取样和送检进行见证，取样人员应在试样或其包装上作出标识、封志。标识和封志应标明工程名称、取样部位、取样日期、样品名称和样品数量，并由见证人员和取样人员签字。见证人员应制作见证记录，并将见证记录归入施工技术档案。见证人员和取样人员应对试样的代表性和真实性负责。

涉及结构安全的试块、试件和材料见证取样和送检的比例不得低于有关技术标准中规定应取样数量的 30%；必须实施见证取样和送检的试块、试件和材料包括：

（1）用于承重结构的混凝土试块；

（2）用于承重墙体的砌筑砂浆试块；

（3）用于承重结构的钢筋及连接接头试件；

（4）用于承重墙的砖和混凝土小型砌块；

（5）用于拌制混凝土和砌筑砂浆的水泥；

（6）用于承重结构的混凝土中使用的掺加剂；

（7）地下、屋面、厕浴间使用的防水材料；

（8）国家规定必须实行见证取样和送检的其他试块、试件和材料。

2. 质量检测

根据《建设工程质量检测管理办法》规定，检测机构完成检测业务后，应当及时出具检测报告。检测报告经检测人员签字、检测机构法定代表人或者其授权的签字人签署，并加盖检测机构公章或者检测专用章后方可生效。检测报告经建设单位或者工程监理单位确认后，由施工单位归档。

检测机构应当将检测过程中发现的建设单位、监理单位、施工单位违反有关法律、法规和工程建设强制性标准的情况，以及涉及结构安全检测结果的不合格情况，及时报告工程所在地建设主管部门。

3. 隐蔽工程验收

（1）检查验收。《建设工程施工合同（示范文本）》规定，除专用合同条款另有约定外，工程隐蔽部位经承包人自检确认具备覆盖条件的，承包人应在共同检查前48h书面通知监理人检查，通知中应载明隐蔽检查的内容、时间和地点，并应附有自检记录和必要的检查资料。监理人应按时到场并对隐蔽工程及其施工工艺、材料和工程设备进行检查。经监理人检查确认质量符合隐蔽要求，并在验收记录上签字后，承包人才能进行覆盖。经监理人检查质量不合格的，承包人应在监理人指示的时间内完成修复，并由监理人重新检查，由此增加的费用和（或）延误的工期由承包人承担。

除专用合同条款另有约定外，监理人不能按时进行检查的，应在检查前24h向承包人提交书面延期要求，但延期不能超过48h，由此导致工期延误的，工期应予以顺延。监理人未按时进行检查，也未提出延期要求的，视为隐蔽工程检查合格，承包人可自行完成覆盖工作，并作相应记录报送监理人，监理人应签字确认。监理人事后对检查记录有疑问的，可按重新检查的约定重新检查。

（2）重新检查。承包人覆盖工程隐蔽部位后，发包人或监理人对质量有疑问的，可要求承包人对已覆盖的部位进行钻孔探测或揭开重新检查，承包人应遵照执行，并在检查后重新覆盖恢复原状。经检查证明工程质量符合合同要求的，由发包人承担由此增加的费用和（或）延误的工期，并支付承包人合理的利润；经检查证明工程质量不符合合同要求的，由此增加的费用和（或）延误的工期由承包人承担。

（3）承包人私自覆盖。承包人未通知监理人到场检查，私自将工程隐蔽部位覆盖的，监理人有权指示承包人钻孔探测或揭开检查，无论工程隐蔽部位质量是否合格，由此增加的费用和（或）延误的工期均由承包人承担。

第 10 章　施工项目管理的基本知识

10.1　施工项目管理概述

10.1.1　施工项目管理的概念

1. 施工项目

施工项目是指建筑施工企业对一个建筑产品的施工过程及成果，即生产对象。施工项目是建设项目或其中的单项工程或单位工程的施工任务；它作为一个管理整体，以建筑施工企业为管理主体；施工项目的任务范围由工程承包合同界定。

2. 建设工程项目管理

建设工程项目管理，是指自项目开始至项目完成，通过项目策划和项目控制，以使项目的费用目标、进度目标和质量目标得以实现。

按建设工程生产组织的特点，一个项目往往由许多参与单位承担不同的建设任务，而各参与单位的工作性质、工作任务和利益不同，因此就形成了不同类型的项目管理。由于业主方是建设工程项目生产过程的总集成者，是人力资源、物质资源和知识的集成，业主方也是建设工程项目生产过程的总组织者。因此对于一个建设工程项目而言，虽然有代表不同利益方的项目管理，但是，业主方的项目管理是管理的核心。项目管理的核心任务是项目的目标控制；项目实施期管理的主要任务是通过管理使项目的目标得以实现。

按建设工程项目不同参与方的工作性质和组织特征划分，项目管理包括业主方的项目管理、设计方的项目管理、施工方的项目管理、供货方的项目管理，以及建设项目总承包方的项目管理。投资方、开发方和由咨询公司提供的代表业主方利益的项目管理服务都属于业主方的项目管理。施工总承包方和分包方的项目管理都属于施工方的项目管理，材料和设备供应方的项目管理都属于供货方的项目管理。建设项目总承包有多种形式，如设计和施工任务综合的承包，设计、采购和施工任务综合的承包等，它们的项目管理都属于建设项目总承包方的项目管理。

3. 施工（方）项目管理

所谓施工项目管理是指企业运用系统的观点、理论和科学技术对施工项目进行的计划、组织、监督、控制、协调等企业过程管理，由建筑施工企业对施工项目进行管理。施工项目管理主要包括计划、组织、领导和控制等四个方面的职能。

（1）施工项目管理三要素

施工项目管理的三要素主要是指施工项目管理的主体、客体和内容（任务）。

① 施工项目管理的主体是以施工项目经理为首的项目经理部，即作业管理层。

② 施工项目管理的客体是具体的施工对象、施工活动及相关生产要素。

③ 施工项目管理的内容（任务）：安全管理、成本控制、进度控制、质量控制、合同管理、信息管理、与施工有关的组织与协调，即"三控制、三管理、一协调"。其中安全管理是施工项目管理中的最重要的任务。

（2）施工项目管理的特点

施工项目管理是由建筑施工企业对施工项目进行的管理。其主要特点如下：

① 施工项目的管理者是建筑施工企业。由业主或监理单位进行工程项目管理中涉及的施工阶段管理的仍属建设项目管理范畴，不能算施工项目管理。

② 施工项目管理的对象是施工项目，其主要的特殊性是生产活动和市场交易同时进行；施工项目周期包括工程投标、签订工程项目承包合同、施工准备、施工以及交工验收等。

③ 施工项目管理过程是动态的。施工项目管理的内容在一个长时间进行的有序过程之中按阶段变化。管理者必须做出策划、设计、提出措施和进行有针对性的动态管理，并使资源优化组合，以提高施工效率和效益。

④ 施工项目管理要求强化组织协调工作。施工活动中往往涉及复杂的经济关系、技术关系、法律关系、行政关系和人际关系等。施工项目管理中协调工作最为艰难、复杂、多变，因此必须强化组织协调才能保证施工顺利进行。

10.1.2 施工项目管理的目标

施工方的项目管理工作主要在施工阶段进行，但它也涉及设计准备阶段、设计阶段、动工前准备阶段和保修期。在工程实践中，设计阶段和施工阶段往往是交叉的，因此施工方的项目管理工作也涉及设计阶段。在施工项目的实施全过程中，应对项目的质量、进度、成本和安全目标进行控制，以实现项目的各项约束性目标。

施工方是承担施工任务的单位的总称谓，它可能是施工总承包方、施工总承包管理方、分包施工方、建设项目总承包的施工任务执行方或仅仅提供施工劳务的参与方。如果采用工程施工总承包或工程施工总承包管理模式，施工总承包方或施工总承包管理方必须按工程合同规定的工期目标和质量目标完成建设任务。而施工总承包方或施工总承包管理方的成本目标是由施工单位根据其生产和经营的情况自行确定的。分包方则必须按工程分包合同规定的工期目标和质量目标完成建设任务，分包方的成本目标是该分包企业内部自行确定的。所以，总包与分包单位的成本、进度与质量目标有不同之处。

10.1.3 施工项目管理的任务

1. 施工方项目管理的任务

施工方是承担施工任务的单位的总称谓，其施工项目管理的主要任务包括施工安全管理、施工成本控制、施工进度控制、施工质量控制、施工合同管理、施工信息管理、与施工有关的组织与协调等。

2. 施工总承包方的管理任务

施工总承包方对所承包的建设工程项目的管理任务包括：

（1）负责整个工程的施工安全、施工总进度控制、施工质量控制和施工的组织等。

（2）控制施工的成本（施工总承包方内部的管理任务）。

（3）施工总承包方是工程施工的总执行者和总组织者，它除了完成自己承担的施工任务以外，还负责组织和指挥其自行分包的分包施工单位和业主指定的分包施工单位的施工，并为分包施工单位提供和创造必要的施工条件。

（4）负责施工资源的供应组织。

（5）代表施工方与业主方、设计方、工程监理方等外部单位进行必要的联系和协调等。

3. 施工总承包管理方的主要特征

施工总承包管理方主要特征如下：

（1）一般情况下，施工总承包管理方不承担施工任务，它主要进行施工的总体管理和协调。如果施工总承包管理方通过投标（在平等条件下竞标），获得一部分施工任务，则它也可参与施工。

（2）一般情况下，施工总承包管理方不与分包方和供货方直接签订施工合同，这些合同都由业主方直接签订。但若施工总承包管理方应业主方的要求，协助业主参与施工的招标和发包工作，其参与的工作深度由业主方决定；业主方也可能要求施工总承包管理方负责整个施工的招标和发包工作。

（3）不论是业主方选定的分包方，或经业主方授权由施工总承包管理方选定的分包方，施工总承包管理方都承担对其的组织和管理责任。

（4）施工总承包管理方和施工总承包方承担相同的管理任务和责任，即负责整个工程的施工安全控制、施工总进度控制、施工质量控制和施工的组织等。因此，由业主方选定的分包方应经施工总承包管理方的认可，否则施工总承包管理方难以承担对工程管理的总的责任。

（5）负责组织和指挥分包施工单位施工，并为分包施工单位提供和创造必要的施工条件。

（6）与业主方、设计方、工程监理方等外部单位进行必要的联系和协调等。

4. 分包施工方的管理任务

分包施工方承担合同所规定的分包施工任务，以及相应的项目管理任务。若采用施工总承包或施工总承包管理模式，分包方（包括一般的分包方和由业主指定的分包方）必须接受施工总承包方或施工总承包管理方的工作指令，服从其总体的项目管理。

10.2 施工项目管理的组织

10.2.1 项目组织的相关概念

1. 组织的概念

"组织"一般有两个含义。第一种含义是指组织机构，组织机构是按一定领导体制、部门设置、层次划分、职责分工、规章制度和信息系统等构成的有机整体，是社会人的结合形式，可以完成一定的任务，并为此而处理人和人、人和事、人和物的关系。如项目经理部、工程建设指挥部等。第二种含义是指组织行为（活动），即通过一定的权力和影响力，为达到一定目标对所需资源进行合理配置，处理人和人、人和事、人和物关系的行为（活动）。

2. 组织的职能

项目管理的组织职能包括 5 个方面。

（1）组织设计。包括选定一个合理的组织系统，划分各部门的权限和职责，确立各种基本的规章制度。

（2）组织联系。就是规定组织机构中各部门的相互关系，明确信息流通和信息反馈的渠道以及它们之间的协调原则和方法。

（3）组织运行。就是按分担的责任完成各自的工作，规定各组织体的工作顺序和业务管理活动的运行过程。组织运行要抓好三个关键性问题：一是人员配置；二是业务交往；三是信息反馈。

（4）组织行为。指应用行为科学、社会学及社会心理学原理来研究、理解和影响组织中人们的行为、言语、组织过程、管理风格以及组织变更等。

（5）组织调整。指根据工作的需要，环境的变化，分析原有的项目组织系统的缺陷、适应性和效率性，对原组织系统进行调整和重新组合，包括组织形式的变化、人员的变动、规章制度的修订或废止、责任系统的调整以及信息流通系统的调整等。

3. 组织工具

组织论是一门学科，它主要研究系统的组织结构模式、组织分工，以及工作流程组织。组织工具是组织论的应用手段，用图或表等形式表示各种组织关系，主要包括项目结构图、组织结构图、合同结构图、工作任务分工表、管理职能分工表、工作流程图等。其中，项目结构图、组织结构图和合同结构图是三个最重要的组织工具。如图 10-1～图 10-3 所示。

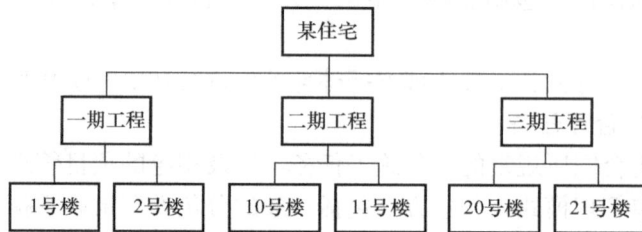

图 10-1　项目结构

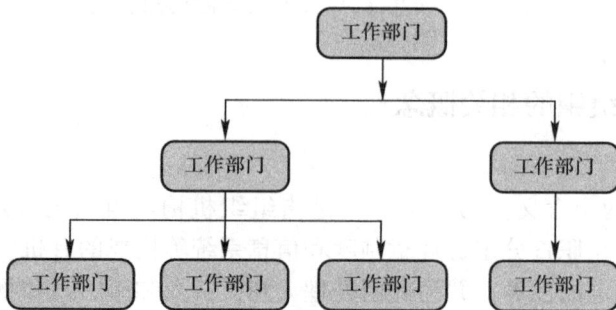

图 10-2　组织结构

（1）组织结构模式反映了一个组织系统中各子系统之间或各元素（各工作部门或各管

382

理人员）之间的指令关系。常用的组织结构模式包括职能组织结构、线性组织结构和矩阵组织结构等。

职能组织结构（图10-4）是一种传统的组织结构模式。在职能组织结构中，每一个工作部门可能有多个矛盾的指令源。

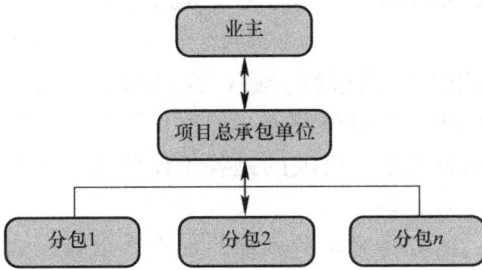

图 10-3　合同结构

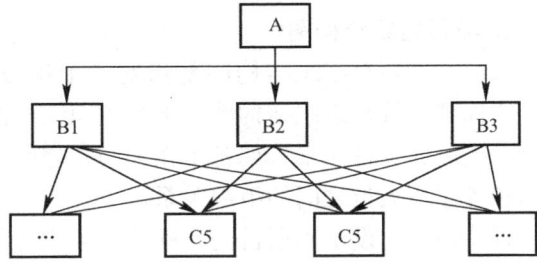

图 10-4　职能组织结构

线性组织结构（图10-5）来自于军事组织系统。在线性组织结构中，每一个工作部门只有一个指令源，避免了由于矛盾的指令而影响组织系统的运行。在一个大的组织系统中，由于线性组织系统的指令路径过长，会造成组织系统运行的困难。

矩阵组织结构（图10-6）是一种较新型的组织结构模式。这种组织结构设纵向和横向两种不同类型的工作部门。在矩阵组织结构中，指令来自于纵向和横向工作部门，因此其指令源有两个。矩阵组织结构适宜用于大的组织系统。

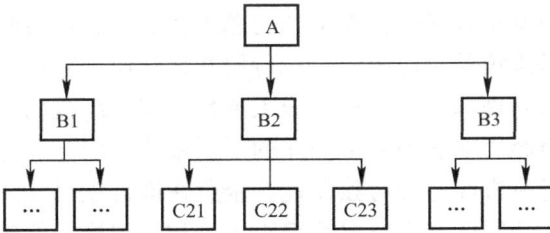

图 10-5　线性组织结构

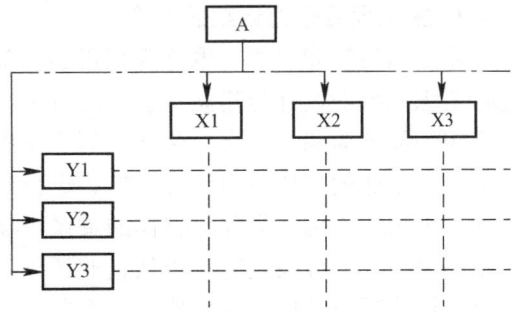

图 10-6　矩阵组织结构

（2）组织分工反映一个组织系统中各子系统或各元素的工作任务分工和管理职能分工。

（3）组织结构模式和组织分工都是一种相对静态的组织关系。而工作流程组织则可反映一个组织系统中各项工作之间的逻辑关系，是一种动态关系。在一个建设工程项目实施过程中，其管理工作的流程、信息处理的流程以及设计工作、物资采购和施工的流程组织都属于工作流程组织的范畴。

（4）工作流程图服务于工作流程组织，它用图的形式反映一个组织系统中各项工作之间的逻辑关系。在项目管理中，可运用工作流程图来描述各项项目管理工作的流程，如投资控制工作流程图、进度控制工作流程图、质量控制工作流程图、合同管理工作流程图、信息管理工作流程图、设计的工作流程图、施工的工作流程图和物资采购的工作流程图等。

（5）每一个建设项目都应编制项目管理任务分工表，在编制项目管理任务分工表前，应结合项目的特点，对项目实施各阶段的费用控制、进度控制、质量控制、合同管理、信息管理和组织与协调等管理任务进行详细分解。在项目管理任务分解的基础上，明确项目经理和上述管理任务主管工作部门或主管人员的工作任务，从而编制工作任务分工表，在表中，应明确各项工作任务由哪个工作部门（或个人）负责，由哪些工作部门（或个人）配合或参与。无疑，在项目的进展过程中，应视必要性对工作任务分工表进行调整。

4. 项目组织结构图

（1）所谓项目组织结构图是指对一个项目的组织结构进行分解，并以图的方式来表示，或称项目管理组织结构图。项目组织结构图反映一个组织系统（如项目管理班子）中各子系统之间和各元素（如各工作部门）之间的组织关系，反映的是各工作单位、各工作部门和各工作人员之间的组织关系。

（2）一个建设工程项目的实施除了业主方外，还有许多单位参加，如设计单位、施工单位、供货单位和监理单位以及有关的政府行政管理部门等，项目组织结构图应表达业主方以及项目的参与单位各工作部门之间的组织关系。

（3）业主方、设计方、施工方、供货方和工程管理咨询方的项目管理的组织结构都可用各自的项目组织结构图予以描述。

（4）项目组织结构图应反映项目经理及费用（投资或成本）控制、进度控制、质量控制、合同管理、信息管理和组织与协调等主管工作部门或主管人员之间的组织关系。

10.2.2 施工项目管理组织结构

1. 施工项目管理组织的概念

施工项目管理组织，也称为项目经理部，是指为进行施工项目管理、实现组织职能而进行组织系统的设计与建立、组织运行和组织调整等三个方面工作的总工程。工程项目管理组织一般分为四个层次，按从上到下顺序是决策层、协调层、执行层和操作层。它由项目经理在企业的支持下组建并领导、进行项目管理的组织机构。施工项目管理组织机构与企业管理组织机构是局部与整体的关系，项目经理部作为施工企业的下属单位，同企业存在隶属关系，一方面是绝对服从企业领导，另一方面是相对独立性。企业在推行项目管理中合理设置项目管理组织机构是一个非常重要的问题，高效率的组织体系和组织机构的建立是施工项目管理成功的组织保证。

2. 施工项目管理组织的主要形式

施工项目管理组织的形式，是指在施工项目管理组织中处理管理层次、管理跨度、部门设置和上下级关系的组织结构的类型。主要的管理组织形式有工作队式、部门控制式、矩阵制式、事业部制式等。

（1）工作队式项目组织

1）特征

① 按照特邀对象原则，由企业各职能部门抽调人员组成项目管理机构（工作队），由项目经理指挥，独立性大。

② 在工程施工期间，项目管理班子成员与原所在部门断绝领导与被领导关系。原单位负责人员负责业务指导及考察，但不能随意干预其工作或调回人员。

③ 项目管理组织与项目施工同寿命。项目结束后机构撤销，所有人员仍回原所在部

门和岗位。

2）适用范围

① 大型施工项目。

② 工期要求紧迫的施工项目。

③ 要求多部门密切配合的施工项目。

3）优点

① 项目经理从职能部门抽调或招聘的是一批专家，他们在项目管理中互相配合，协同工作，可以取长补短，有利于培养一专多能的人才并充分发挥其作用。

② 各专业人才集中在现场办公，减少了扯皮和等待时间，工作效率高，解决问题快。

③ 项目经理权力集中，行政干扰少，决策及时，指挥得力。

④ 由于减少了项目与职能部门的结合部，项目与企业的结合部关系简化，故易于协调关系，减少了行政干预，使项目经理的工作易于开展。

⑤ 不打乱企业的原建制，传统的直线职能制组织仍可保留。

4）缺点

① 组建之初各类人员来自不同部门，具有不同的专业背景，互相不熟悉，难免配合不力。

② 各类人员在同一时期内所担负的管理工作任务可能有很大差别，因此很容易产生忙闲不均，可能导致人员浪费。特别是对稀缺专业人才，不能在更大范围内调剂余缺。

③ 职工长期离开原单位，即离开了自己熟悉的环境和工作配合对象，容易影响其积极性的发挥。而且由于环境变化，容易产生临时观念和不满情绪。

④ 职能部门的优势无法发挥作用。由于同一部门人员分散，交流困难，也难以进行有效的培养、指导，削弱了职能部门的工作。当人才紧缺而同时又有多个项目需要按这一形式组织时，或者对管理效率有很高要求时，不宜采用这种项目组织类型。

（2）部门控制式项目组织

1）特征

这是按职能原则建立的项目组织。不打乱企业现行的建制，即由企业将项目委托给其下属某一专业部门或委托给某一施工队，由被委托的部门（施工队）领导，在本单位选人组合负责实施项目组织，项目终止后恢复原职。

2）适用范围

这种形式的项目组织一般适用于小型的、专业性较强、不涉及众多部门的施工项目。

3）优点

① 人才作用发挥较充分，工作效益高。由熟人组合办熟悉的事，人事关系容易协调。

② 从接受任务到组织运转启动，时间短。

③ 职责明确，职能专一，关系简单。

④ 项目经理无须专门训练便容易进入状态。

4）缺点

① 不能适应大型项目管理的需要。

② 不利于对计划体系下的组织体制（固定建制）进行调整。

③ 不利于精简机构。

（3）矩阵制项目组织

1）特征

① 项目组织机构与职能部门的结合部同职能部门数相同。多个项目与职能部门的结合部呈矩阵状。

② 把职能原则和对象原则结合起来，既能发挥职能部门的纵向优势，又能发挥项目组织的横向优势，多个项目组织的横向系统与职能部门的纵向系统形成矩阵结构。

③ 专业职能部门是永久性的，项目组织是临时性的。职能部门负责人对参与项目组织的人员实行组织调配、业务指导和管理考察。项目经理将参与项目组织的职能人员在横向上有效地组织在一起，为实现项目目标协同工作。

④ 矩阵中的每个成员或部门，接受原部门负责人和项目经理的双重领导，但部门的控制力大于项目的控制力。部门负责人有权根据不同项目的需要和忙闲程度，在项目之间调配本部门人员。一个专业人员可能同时为几个项目服务，特殊人才可充分发挥作用，大大提高人才利用率。

⑤ 项目经理对"借"到本项目经理部来的成员，有权控制和使用。当感到人力不足或某些成员不得力时，他可以向职能部门求援或要求调换，或辞退回原部门。

⑥ 项目经理部的工作有多个职能部门支持，项目经理没有人员包袱。但是，要求在水平方向和垂直方向有良好的信息沟通及良好的协调配合，对整个企业组织和项目组织的管理水平和组织渠道畅通提出了较高的要求。

2）适用范围

① 适用于同时承担多个需要进行工程项目管理的企业。在这种情况下，各项目对专业技术人才和管理人员都有需求。采用矩阵制组织可以充分利用有限的人才对多个项目进行管理，特别有利于发挥稀有人才的作用。

② 适用于大型、复杂的施工项目。因大型复杂的施工项目需要多部门、多技术、多工种配合实施，在不同阶段，对不同人员有不同数量和搭配需求。显然，部门控制式机构难以满足这种项目要求；混合工作队式组织又因人员固定而难以调配。人员使用固定化，不能满足多个项目管理的人才需求。

3）优点

① 兼有部门控制式和工作队式两种组织的优点，将职能原则与对象原则融为一体，而实现企业长期例行性管理和项目一次性管理的一致性。

② 能以尽可能少的人力，实现多个项目管理的高效率。通过职能部门的协调，一些项目上的闲置人才可以及时转移到需要这些人才的项目上去，防止人才短缺，项目组织因此具有弹性和应变能力。

③ 有利于人才的全面培养。可以便于不同知识背景的人在合作中相互取长补短，在实践中拓宽知识面。可以发挥纵向的专业优势，使人才成长有深厚的专业训练基础。

4）缺点

① 由于人员来自职能部门，且仍受职能部门控制，故凝聚在项目上的力量减弱，往往使项目组织的作用发挥受到影响。

② 管理人员如果身兼多职，管理多个项目，便往往难以确定管理项目的优先顺序，有时难免顾此失彼。

386

③ 项目组织中的成员既要接受项目经理的领导，又要接受企业中原职能部门的领导。在这种情况下，如果领导双方意见和目标不一致乃至有矛盾时，当事人便无所适从。

④ 矩阵制组织对企业管理水平、项目管理水平、领导者的素质、组织机构的办事效率和信息沟通渠道的畅通均有较高要求，因此要精干组织，分层授权，疏通渠道，理顺关系。由于矩阵制组织的复杂性和结合部多，易造成信息沟通量膨胀和沟通渠道复杂化，致使信息梗阻和失真。

（4）事业部制项目组织

1）特征

① 企业下设事业部，事业部对企业来说是职能部门，对企业外来说享有相对独立的经营权，可以是一个独立单位。事业部可以按地区设置，也可以按工程类型或经营内容设置。事业部能较迅速适应环境变化，提高企业的应变能力，调动部门的积极性。当企业向大型化、智能化发展并实行作业层和经营管理层分离时，事业部制是一种很受欢迎的选择，既可以加强经营战略管理，又可以加强项目管理。

② 在事业部（一般为其中的工程部或开发部，对外工程公司设海外部）下设项目经理部。项目经理由事业部选派，一般对事业部负责，经特殊授权时，也可直接对业主负责。

2）适用范围

适用大型经营型企业的工程承包，特别是适用于远离公司本部的施工项目。需要注意的是，一个地区只有一个项目，没有后续工程时，不宜设立地区事业部，也即它适用于在一个地区内有长期市场或一个企业有多种专业化施工力量时采用。在此情况下，事业部与地区市场同寿命。地区没有项目时，该事业部应予以撤销。

3）优点

事业部制项目组织有利于延伸企业的经营职能，扩大企业的经营业务，便于开拓企业的业务领域。同时，还有利于迅速适应环境变化，提高公司的应变能力。既可以加强公司的经营战略管理，又可以加强项目管理。

4）缺点

按事业部制建立项目组织，企业对项目经理部的约束力减弱，协调指导的机会减少，以致会造成企业结构松散。必须加强制度约束和规范化管理，加大企业的综合协调能力。

10.2.3 项目经理部及施工员

1. 项目经理部的作用

项目经理部是由项目经理在企业的支持下组建并领导、进行项目管理的组织机构。项目经理部，也就是一个项目经理和一支队伍的组合体。是一次性的具有弹性的现场生产组织机构，随着工程项目的开工而组建，随着工程项目的竣工而解体。项目经理部是施工项目管理工作班子，置于项目经理的领导之下。为了充分发挥项目经理部在项目管理中的主体作用，必须对项目经理部的机构设置加以特别重视，设计好，组建好，运转好，从而发挥其应有功能。

（1）项目经理部在项目经理领导下，作为项目管理的组织机构，负责施工项目从开工到竣工的全过程施工生产经营的管理，是企业在某一工程项目上的管理层，同时对作业层负有管理与服务双重职能。作业层工作的质量取决于项目经理部的工作质量。

（2）项目经理部是项目经理的办事机构，为项目经理决策提供信息依据，当好参谋，同时又要执行项目经理的决策意图，向项目经理全面负责。

（3）项目经理部是一个组织体，其作用包括：完成企业所赋予的基本任务项目管理和专业管理任务等；凝聚管理人员的力量，调动其积极性，促进管理人员的合作，建立为事业的献身精神；协调部门之间，管理人员之间的关系，发挥每个人的岗位作用，为共同目标进行工作；影响和改变管理人员的观念和行为，使个人的思想、行为变为组织文化的积极因素；贯彻组织责任制，搞好管理；沟通部门之间、项目经理部与作业队之间、与公司之间、与环境之间的信息；建立项目团队的规章制度。

（4）项目经理部是代表企业履行工程承包合同的主体，也是对最终建筑产品和业主全面、全过程负责的管理主体；通过履行主体与管理主体地位的体现，使每个工程项目经理部成为企业进行市场竞争的主体成员。

（5）项目经理部一般设经营核算部门、技术管理部门、物资设备供应部门、质量安全监控管理部门和测量计量部门。其中，经营核算部门主要负责工程预结算、合同与索赔、资金收支、成本核算、工资分配等工作。项目经理部解体后，一般由施工企业工程管理部门负责处理工程项目在保修期间出现的问题。

（6）在现代施工企业的项目管理中，施工项目经理是施工项目的最高责任人和组织者，是施工项目中质量安全管理的第一责任人，是决定施工项目盈亏的关键角色。

2. 施工员的地位及职责

（1）施工员的地位

施工员是建筑施工企业各项组织管理工作在基层的具体实践者，是完成建筑安装施工任务的最基层的技术和组织管理人员。

1）施工员是单位工程施工现场的管理中心，是施工现场动态管理的体现者，是单位工程生产要素合理投入和优化组合的组织者，对单位工程项目的施工负有直接责任。负责按工期计划要求向项目经理或劳务管理部门申请劳务人员调整；对劳务进行技术、安全交底并组织分管工序或施工段的质量、安全、文明施工等检查。

2）施工员是协调施工现场基层专业管理人员、劳务人员等各方面关系的纽带，需要指挥和协调好预算员、质量检查员、安全员、材料员等基层专业管理人员相互之间的关系。

3）施工员是其分管工程施工现场对外联系的枢纽。施工员应积极配合现场监理人员在施工安全控制、施工质量控制、施工进度控制、工程投资控制等方面所做的各种工作和检查，全面履行工程承包合同。

4）施工员对分管工程的施工生产和进度等进行控制，是单位施工现场的信息集散中心。

（2）施工员的职责

1）施工员在项目经理或项目生产经理的领导下，对主管的施工区域或分项工程的生产、技术、管理等负有全部责任。

2）在项目经理的直接领导下开展工作，贯彻"安全第一、预防为主"的方针，按规定搞好安全防范措施，把安全工作落到实处，做到讲效益必须讲安全，抓生产首先抓安全。

3）认真熟悉施工图纸，参与编制并熟悉施工组织设计和各项施工安全、质量、技术方案，根据总控计划编制各自负责内容的进度计划及人力、物力计划和机具、用具、设备计划（一般按照月度、周、天安排），并对施工班组进行施工技术、工程质量、安全生产、操作方法、各项计划交底，做到参与施工成员人人心中有数。

4）在工程开工前以及施工过程中认真学习施工图纸、技术规范、工艺标准，进行图纸审查，对设计图存在的问题提出改进性意见和建议。对设计要求、质量要求、具体做法要有清楚的了解和熟记。

5）认真贯彻项目施工组织设计所规定的各项施工要求和组织实现施工平面布置规划。负责工程施工项目的施工现场勘察、测量、施工组织和现场交通安全防护设置等具体工作，对施工中的有关问题及时解决，向上报告并保证施工进度。抓好抓细施工准备工作，为班组创造好的施工条件，搞好与分包单位的协调配合，避免等工、窝工。

6）严守施工操作规程，严抓安全，确保质量，负责对新工人进行岗前培训，教育督促工人不违章作业。对施工现场设置的交通安全设施和机械设备等安全防护装置经组织验收合格后方可进行工程项目的施工。

7）根据施工部位、进度，组织并参与施工过程中的预检、隐检、分项工程检查。督促抓好班组的自检、交接检等工作。及时解决施工中出现的问题，把质量问题消灭在施工过程中。参加分部分项工程的验收、工程竣工交验，负责工程成品保护。提出各部位混凝土浇筑申请，提出各项施工试验委托申请。对于顶板等重要部位拆模必须做好申请手续，经项目总工批准后方可拆模。对于悬挑结构拆模建议施工员旁站监督。

8）坚持上班前、下班后对施工现场进行巡视检查。对危险部位做到跟踪检查，参加班组每日班前安全检查，制止违章操作，并做到不违章指挥，发现问题及时解决。

9）认真做好场容管理，要经常检查、督促各生产班组做好文明生产，做到活完脚下清，工完场地清。

10）坚持填写施工日志，将施工的进展情况，发生的技术、质量、安全消防等问题的处理结果逐一记录下来，做到一日一记、一事一记，不得间断。

11）认真积累和汇集有关技术资料，包括技术、经济洽商，隐蔽工程及预检工程资料，各项交底资料以及其他各项经济技术资料。

12）督促施工材料、设备按时进场，对原材料、设备、成品或半成品、安全防护用品等质量低劣或不符合施工规范规定和设计要求的，有权禁止使用。严格执行限额领料。

13）配合项目合约人员搞好分项工程的成本核算（按单项和分部分项），以便及时改进施工计划及方案，争创更高效益。

10.2.4 施工组织设计

根据施工组织设计编制的广度、深度和作用的不同，可分为施工组织总设计、单位工程施工组织设计、施工方案。分部（分项）工程作业设计不属于施工组织设计。

1. 施工组织设计的基本内容

施工组织设计的内容要结合工程对象的实际特点、施工条件和技术水平进行综合考虑，一般包括以下基本内容。

（1）工程概况

1）本项目的性质、规模、建设地点、结构特点、建设期限、分批交付使用的条件和合同条件。

2）本地区地形、地质、水文和气象情况。

3）施工力量，劳动力、机具、材料和构件等资源供应情况。

4）施工环境及施工条件等。

（2）施工部署及施工方案

1）根据工程情况，结合人力、材料、机械设备、资金和施工方法等条件，全面部署施工任务，合理安排施工顺序，确定主要工程的施工方案。

2）对拟建工程可能采用的几个施工方案进行定性、定量的分析，通过技术经济评价，选择最佳方案。

（3）施工进度计划

1）施工进度计划反映了最佳施工方案在时间上的安排，采用计划的形式，使工期、成本、资源等方面通过计算和调整表达式达到优化配置，符合项目目标的要求。

2）使工序有序地进行，使工期、成本和资源等通过优化调整达到既定目标。在此基础上，编制相应的人力和时间安排计划、资源需求计划和施工准备计划。

（4）施工平面图

施工平面图是施工方案及施工进度计划在空间上的全面安排。它把投入的各种资源、材料、构件、机械、道路、水电供应网络、生产、生活活动场地及各种临时工程设施合理地布置在施工现场，使整个现场能有组织地进行文明施工。

（5）主要技术经济指标

技术经济指标用以衡量组织施工水平，它是对施工组织设计文件的技术经济效益进行全面评价。

2. 施工组织设计的分类及其内容

根据施工组织设计编制的广度、深度和作用的不同，可分为施工组织总设计、单位工程施工组织设计、分部（分项）工程施工组织设计。

（1）施工组织总设计的内容

施工组织总设计是以整个建设工程项目为对象（如一个工厂、一个机场、一个道路工程、一个居住小区等）而编制的。它是整个建设工程项目施工的战略部署，是指导全局性施工的技术和经济纲要。施工组织总设计的主要内容如下：

① 建设项目的工程概况。

② 施工部署及主要建筑物或构筑物的施工方案。

③ 全场性施工准备工作计划。

④ 施工总进度计划。

⑤ 各项资源需要量计划。

⑥ 全场性施工总平面图设计。

⑦ 主要技术经济指标。

（2）单位工程施工组织设计的内容

单位工程施工组织设计是以单位工程（如一栋楼房、一个烟囱、一段道路或一座桥等）为对象编制的，在施工组织总设计的指导下，由直接组织施工的单位根据施工图设计进行编制，用以直接指导单位工程的施工活动，是施工单位编制分部（分项）工程施工组织设计和季、月、旬施工计划的依据。单位工程施工组织设计根据工程规模和技术复杂程度不同，其编制内容的深度和广度也有所不同。对于简单的工程，一般只编制施工方案，并附以施工进度计划和施工平面图。单位工程施工组织设计的主要内容如下：

① 工程概况及其施工特点的分析。

② 施工方案的选择。

③ 单位工程施工准备工作计划。

④ 单位工程施工进度计划。

⑤ 各项资源需要量计划。

⑥ 单位工程施工平面图设计。

⑦ 质量、安全、节约及冬雨期施工的技术组织保证措施。

⑧ 主要技术经济指标（工期、资源消耗的均衡性和机械设备的利用程度等）。

（3）分部（分项）工程施工组织设计的内容

分部（分项）工程施工组织设计是针对某些特别重要的、技术复杂的或采用新工艺、新技术施工的分部（分项）工程，如深基础、无粘结预应力混凝土、特大构件的吊装、大量土石方工程和定向爆破工程等为对象编制的，内容具体、详细，可操作性强，是直接指导分部（分项）工程施工的依据。分部（分项）工程施工组织设计的主要内容如下：

1）工程概况及其施工特点的分析及施工方法的确定。

2）分部（分项）工程施工准备工作计划。

3）分部（分项）工程施工进度计划。

4）劳动力、材料和机具等需要量计划。

5）质量、安全和节约等技术组织保证措施。

6）作业区施工平面布置图设计。

3. 施工组织设计的编制原则

在编制施工组织设计时，宜考虑以下原则：

（1）重视工程的组织对施工的作用。

（2）提高施工的工业化程度。

（3）重视管理创新和技术创新。

（4）重视工程施工的目标创新。

（5）积极采用国内外先进的施工技术。

（6）充分利用时间和空间，合理安排施工顺序，提高施工的连续性和均衡性。

（7）合理部署施工现场，实现文明施工。

4. 施工组织总设计和单位工程施工组织设计的编制依据

（1）施工组织总设计的编制依据

1）计划文件。

2）设计文件。

3）合同文件。

4）建设地区基础资料。

5）有关的标准、规范和法律。

6）类似建设工程项目的资料和经验。

（2）单位工程施工组织设计的编制依据

1）建设单位的意图和要求，如工期、质量和预算要求等。

2）工程的施工图纸及标准图。

3）施工组织总设计对本单位工程的工期、质量和成本的控制要求。

4）资源配置情况。

5）建筑环境、场地条件及地质、气象资料，如工程地质勘测报告、地形图和测量控制等。

6）有关的标准、规范和法律。

7）有关技术新成果和类似建设工程项目的资料和经验。

5. 施工组织总设计的编制程序

施工组织总设计的编制通常采用如下程序。

（1）收集和熟悉编制施工组织总设计所需的有关资料和图纸，进行项目特点和施工条件的调查研究。

（2）计算主要工种工程的工程量。

（3）确定施工的总体部署。

（4）拟定施工方案。

（5）编制施工总进度计划。

（6）编制资源需求量计划。

（7）编制施工准备工作计划。

（8）施工总平面图设计。

（9）计算主要技术经济指标。

应该指出，以上顺序中有些顺序必须这样，不可逆转，如：

① 拟定施工方案后才可编制施工总进度计划（因为进度的安排取决于施工的方案）。

② 编制施工总进度计划后才可编制资源需求量计划（因为资源需求量计划要反映各种资源在时间上的需求）。

但是，在以上顺序中也有些顺序应该根据具体项目而定，如确定施工的总体部署和拟定施工方案，两者有紧密的联系，往往可以交叉进行。

单位工程施工组织设计的编制程序与施工组织总设计的编制程序非常类似，此不赘述。

10.3　施工项目目标控制

10.3.1　施工项目目标控制的任务

施工项目目标控制包括施工项目进度控制、质量控制、安全控制、成本控制等四个方面。

1. 施工项目进度控制的任务

施工项目进度控制是指在既定的工期内，编制出最优的施工进度计划，在执行该计划的施工中，经常检查施工实际进度情况，并将其与计划进度相比较，若出现偏差，便分析产生的原因和对工期的影响程度，找出必要的调整措施，修改原计划，不断地如此循环，直至工程竣工验收。由于施工项目具有规模大、周期长、参与单位多等特点，影响施工项目进度的因素，主要来源于业主及上级机构、设计、监理、施工及供货单位、政府、建设部门、有关协作单位和社会等。施工项目进度控制的总目标是确保施工项目的合同工期的实现，或者在保证施工质量和不因此而增加施工实际成本的条件下，适当缩短工期。施工项目进度控制的具体控制任务是使施工顺序合理，衔接关系适当，连续、均衡、有节奏地施工，实现计划工期，按时或提前完成合同工期。

2. 施工项目质量控制的任务

施工项目质量控制是指对项目的实施情况进行监督、检查和测量，并将项目实施结果与事先制定的质量标准进行比较，判断其是否符合质量标准，找出存在的偏差，分析偏差形成的原因的一系列活动。项目质量控制贯穿于项目实施的全过程。施工项目质量控制的任务是使分部分项工程达到质量检验评定标准的要求，实现施工组织设计中保证施工质量的技术组织措施和质量等级，保证合同质量目标的实现。施工项目的质量总目标要分解到每个部门和岗位。如果存在哪个岗位没有自己的工作目标和质量目标，说明这个岗位是多余的，应予调整。

3. 施工项目成本控制的任务

施工项目的成本控制，是指在成本形成过程中，根据事先制定的成本目标，对企业经常发生的各项生产经营活动按照一定的原则，采用专门的控制方法，进行指导、调节、限制和监督，将各项生产费用控制在原来所规定的标准和预算之内。如果发生偏差或问题，应及时进行分析研究，查明原因，并及时采取有效措施，不断降低成本，以保证实现规定的成本目标。成本控制的具体控制任务是通过实现降低成本措施，降低每个分项工程的直接成本，实现项目经理部盈利目标，实现公司利润目标及合同造价。

4. 施工项目安全控制的任务

施工项目安全控制是指经营管理者对施工生产过程中的安全生产工作进行的策划、组织、指挥、协调、控制和改进的一系列活动，其目的是保证在生产经营活动中的人身安全、资产安全，促进生产的发展，保持社会的稳定。施工项目安全控制，既要控制人的不安全行为，又要控制物的不安全状态。安全管理的对象是生产中一切人、物、环境、管理状态，安全管理是动态管理。

10.3.2 施工项目进度控制

1. 施工项目进度控制的措施

施工项目进度控制的措施，主要有组织措施、技术措施、合同措施、经济措施、信息管理措施等。

（1）组织措施

组织措施主要是指落实各级进度控制的人员及其具体任务和工作责任，建立进度控制的组织系统；按照施工项目的结构、施工阶段或合同结构的层次进行项目分解，确定各分项进度控制的工期目标，建立进度控制的工程目标体系；建立进度控制的工作制度，如定期检查的时间、方法，召开协调会议的时间、参加人员等，并对影响施工实际进度的主要因素进行分析和预测，制订调整施工实际进度的组织措施。组织措施主要包括：

① 建立进度控制小组，将进度控制任务落实到个人。

② 建立进度报告制度和进度信息沟通网络。

③ 建立进度协调会议制度。

④ 建立进度计划审核制度。

⑤ 建立进度控制检查制度和调整制度。

⑥ 建立进度控制分析制度。

⑦ 建立图纸审查、及时办理工程变更和设计变更手续的措施。

（2）技术措施

技术措施主要是指应尽可能采用先进的施工技术、方法和新材料、新工艺、新技术，保证进度目标的实现；落实施工方案，在发生问题时，能实时调整工作之间的逻辑关系，加快施工进度。技术措施主要包括：

① 采用多级网络计划技术和其他先进适用的计划技术。

② 组织流水作业，保证作业连续、均衡、有节奏。

③ 缩短作业时间，减少技术间歇。

④ 采用电子计算机控制进度的措施。

⑤ 采用先进高效的技术和设备。

（3）合同措施

合同措施是指以合同形式保证工期进度的实现，即保持总进度控制目标与合同总工期相一致；分包合同的工期与总包合同的工期相一致；供货、供电、运输、构件加工等合同规定的提供服务时间与有关的进度控制目标相一致。合同措施包括：

① 加强合同管理，加强组织、指挥和协调，以保证合同进度目标的实现。

② 严格控制合同变更，对各方提出的工程变更和设计变更，经监理工程师严格审查后补进合同文件。

③ 加强风险管理，在合同中要充分考虑风险因素及其对进度的影响和处理办法等。

（4）经济措施

经济措施是指要制订切实可行的实现施工计划进度所必需的资金保证措施，包括落实实现进度目标的保证资金；签订并实施关于工期和进度的经济承包责任制；建立并实施关于工期和进度的奖惩制度。经济措施主要包括：

① 对工期缩短给予奖励。

② 对应急赶工给予优厚的赶工费。

③ 对拖延工期给予罚款、收赔偿金。

④ 提供资金、设备、材料和加工订货等供应保证措施。

⑤ 及时办理预付款及工程进度款支付手续。

⑥ 加强索赔管理。

（5）信息管理措施

信息管理措施是指建立完善的工程统计管理体系和统计制度，详细、准确、定时地收集有关工程实际进度情况的资料和信息，并进行整理统计，得出工程施工实际进度完成情况的各项指标，将其与施工计划进度的各项指标进行比较，定期地向建设单位提供施工进度比较报告。工程项目管理的信息资源包括技术类工程信息、管理类工程信息、经济类工程信息。领域类工程信息不是工程项目管理的信息资源。

2. 施工阶段进度控制的目标和内容

（1）施工阶段进度控制目标的确定

施工项目进度控制系统是由进度控制总目标、分目标和阶段目标组成；从进度控制计划上来看，它由项目总进度控制计划、单位工程进度计划和相应的设计、资源供应、资金供应和投产动用等计划组成。保证工程项目按期建成交付是施工阶段进度控制的最终目标。为了有效控制施工进度，完成进度控制总目标，首先要从不同角度对施工进度总目标进行层层分解，形成施工进度控制目标网络体系，并以此作为实施进度控制的依据，展开进度控制计划。确定施工进度控制目标的主要因素有工程建设总进度对工期的要求、工期定额、类似工程项目的进度、工程难易程度和工程条件等。施工总进度计划一般应在总承包企业总工程师领导下进行编制。在进行施工进度分解目标时，还要考虑以下因素：

① 对于大型工程建设项目，应根据工期总目标对项目的要求集中力量分期分批建设，以便尽早投入使用，尽快发挥投资效益。

② 合理安排土建与设备的综合施工。应根据工程和施工特点，合理安排土建施工与设备基础、设备安装的先后顺序及搭接、交叉或平行作业，明确设备工程对土建工程的要求，以及需要土建工程为设备工程提供施工条件的内容及时间。

③ 结合本工程的特点，参考同类工程建设的建设经验确定施工进度目标。避免片面按主观愿望盲目确定进度目标，造成项目实施过程中进度的失控。

④ 做好资金供应、施工力量配备、物资（材料、构配件和设备）供应与施工进度需要的平衡工作，确保工程进度目标的要求不落空。

⑤ 考虑外部协作条件的配合情况。了解施工过程中及项目竣工后所需水、电气、通信、道路及其他社会服务项目的满足程序和满足时间。确保其与有关项目的进度目标相协调。

⑥ 考虑工程项目所在地区地形、地质、水文和气象等方面的限制条件。

（2）施工阶段进度控制的内容

施工项目进度控制是一个不断变化的动态控制的过程，也是一个循环进行的过程。施工项目的进度控制主要包括以下内容。

① 根据合同工期目标，编制施工准备工作计划、施工方案、项目施工总进度计划和单位工程施工进度计划，以确定工作内容、工作顺序、起止时间和衔接关系，为实施进度控制提供相关依据。但因为天气情况不能确定，故不在施工进度计划中表示。

② 编制月（旬）作业计划和施工任务书，作好进度记录以掌握施工实际情况，加强调度工作以促成进度的动态平衡，从而使进度计划的实施取得显著成效。

③ 采用实际进度与计划进度相对比的方法，把定期检查与应急检查相结合，对进度实施跟踪控制。实行进度控制报告制度，在每次检查之后，写出进度控制报告，提供给建设单位、监理单位和企业领导作为进度纠偏依据，为日后更好地进行进度控制提供参考。

④ 监督并协助分包单位实施其承包范围内的进度控制。

⑤ 对项目及阶段进度控制目标的完成情况、进度控制中的经验和问题作出总结分析，积累进度控制信息，促进进度控制水平不断提高。

⑥ 接受监理单位的施工进度控制监理。

⑦ 施工项目进度控制的环节有：编制施工进度计划、编制资源需求计划、组织施工进度计划实施、施工进度计划检查与调整。

⑧ 利用横道图比较法进行施工进度计划实施分析时，完成任务量可以用实物工程量、劳动消耗量、工作量三种量来表示，而施工人数不作为完成任务量的表示方法。

⑨ 用传统的横道图编制的施工进度计划，其不足之处包括不能清楚地反映工作之间的逻辑关系，不利于建设工程进度的动态控制；不能明确地反映出影响工期的关键工作和关键线路，不利于控制；在计划实施过程中，若某项工作提前或拖后完成，不能准确地判定该工作的进度偏差对后续工作及工程的工期的影响程度；横道图的优点包括计划调整方便、实际进度与计划进度比较方便等。

3. 施工进度计划的调整

施工进度计划实施时，对实际进度与计划进度进行比较，分析计划执行的情况，能显示出实际进度与计划进度之间的偏差。当这种偏差影响到工期时，应及时对施工进度进行调整，以实现通过对进度的检查达到对进度控制的目的，保证预定工期目标的实现。施工项目进度控制如只重视进度计划的编制，而不重视进度计划必要的调整，则进度无法得到控制。施工进度计划调整内容包括：施工内容、工程量、起止时间、持续时间、工作关系、资源供应等。承包单位应编制进度控制报告提交给监理工程师，可作为核发进度款的依据，总承包单位应监督并协助分包单位实施其承包范围内的进度控制。在对实施进度计划分析的基础上，确定调整原计划的方法主要有以下两种。

1）改变某些工作的逻辑关系

通过分析比较，如果进度产生的偏差影响了总工期，并且有关工作之间的逻辑关系允许改变，可以改变关键线路和超过计划工期的非关键线路上的有关工作之间的逻辑关系，以达到缩短工期的目的。这种方法不改变工作的持续时间，而只是改变某些工作的开始时间和完成时间。对于大中型建设项目，因其单位工程较多且相互制约比较少，可调整的幅度比较大，所以容易采用平行作业的方法来调整施工进度计划。而对于单位工程项目，由于受工作之间工艺关系的限制，可调整的幅度比较小，所以通常采用搭接作业的方法来调整施工进度计划。

2）改变某些工作的持续时间

不改变工作之间的先后顺序关系，只是通过改变某些工作的持续时间来解决所产生的工期进度偏差，使施工进度加快，从而保证实现计划工期。但应注意，这些被压缩持续时间的工作应是位于因实际施工进度的拖延而引起总工期延长的关键线路和某些非关键线路上的工作，且这些工作又是可压缩持续时间的工作。当计算工期不能满足合同要求时，应首先压缩关键工作的持续时间。具体措施如下：

① 组织措施：增加工作面，组织更多的施工队伍，增加每天的施工时间，增加劳动力和施工机械的数量。

② 技术措施：改进施工工艺和施工技术，缩短工艺技术间歇时间，采用更先进的施

工方法，加快施工进度，用更先进的施工机械。

③ 经济措施：实行包干激励，提高奖励金额。对所采取的技术措施给予相应的经济补偿。

④ 其他配套措施：改善外部配合条件，改善劳动条件，实施强有力的调度等。

一般情况下，不管采取哪种措施，都会增加费用。因此，在调整施工进度计划时，应利用费用优化的原理选择费用增加最少的关键工作作为压缩对象。

10.3.3 施工项目质量控制

1. 施工项目质量的影响因素

施工质量的影响因素主要包括人、材料、机械、方法和环境等五大方面，即 4M1E。

（1）人

人是质量活动的主体，这里泛指与工程有关的单位、组织及个人，包括建设、勘察设计、施工、监理及咨询服务单位，也包括政府主管及工程质量监督、检测单位，单位组织的施工项目的决策者、管理者和作业者等。人员的素质，即人的文化水平、技术水平、决策能力、管理能力、组织能力、作业能力、控制能力、身体素质及职业道德等，都将直接或间接地对施工项目的质量产生影响。

（2）材料

工程材料泛指构成工程实体的各类建筑材料、构配件、成品、半成品和周转材料等，它是工程建设的物质条件，是工程质量的基础。工程材料选用是否合理、产品是否合格、材质是否经过检验、保管使用是否得当等，都将直接影响建设工程的质量。因此正确合理选择材料，控制材料、构配件及工程用品的质量规格、性能特性是否符合设计规定标准，直接关系到工程项目的质量形成。

（3）机械设备

机械设备包括工程设备、施工机械和各类施工工器具。工程设备直接构成工程实体，是工程项目的重要组成部分，其质量的优劣直接影响到工程使用功能的发挥。施工机械设备是指施工过程中使用的各类机具设备，它是所有施工方案和工法得以实施的物质基础，合理选择和正确使用施工机械设备是保证施工质量的重要措施。施工机械设备的选用，必须除了需要考虑施工现场的条件、建筑结构类型、机械设备性能等方面的因素外，还应结合施工工艺和方法、施工组织与管理和建筑技术经济等各种影响因素，进行多方案论证比较，力求获得较好的综合经济效益。机械设备的选用，应着重从机械设备的选型、机械设备的主要性能参数和机械设备的使用操作要求等三方面予以控制。要健全"人机固定"制度（定人、定机、定岗位职责）、"操作证"制度、岗位责任制度、交接班制度、"技术保养"制度、"安全使用"制度和机械设备检查制度等，确保机械设备处于最佳使用状态。

（4）工艺方法

施工项目建设期内所采取的技术方案、工艺流程、组织实施、检测手段和施工组织设计等都属于工艺方法的范畴。从某种意义上说，技术工艺水平的高低，决定了施工质量的优劣。大力推广采用新技术、新工艺、新方法，不断提高工艺技术水平，是保证工程质量稳步提高的重要因素。对工艺方法的控制，尤其是施工方案的正确合理选择，是直接影响施工项目的进度控制、质量控制和投资控制三大目标能否顺利实现的关键。工程项目的施工方案包括施工技术方案和施工组织方案。前者指施工的技术、工艺、方法和机械、设备、模具等施工手段的配置，显然，如果施工技术落后，方法不当，机具有缺陷，都将对工程质量的形成产生影响。后者是指施工程序、工艺顺序、施工流向、劳动组织方面的决定和安排。通常的施工程序是先准备后施工，先场外后场内，先地下后地上，先深后浅，先主体后装修，先土建后安装等等，都应在施工方案中明确，并编制相应的施工组织设计。

（5）环境

影响施工项目质量的环境因素较多，主要有工程技术环境、工程管理环境、劳动环境。环境因素对工程质量的影响一般难以避免，它具有复杂多变的特点，往往前一工序就是最后一工序的环境，前一分项、分部工程也就是最后一分项、分部工程的环境。因此，要消除其对施工质量的不利影响，应根据工程特点和具体条件，主要采取预测预防的控制方法。

1）对地质水文等方面影响因素的控制，应根据设计要求，分析工程岩土地质资料，预测不利因素，并会同设计等方面采取相应的措施，如：基坑降水、排水、加固维护等技术控制。

2）对气象变化方面的不利条件，温度、湿度、大风、暴雨、酷暑、严寒都直接影响工程质量，应在施工方案中制定专项施工方案，如：拟定季节性施工保证质量和安全的有效措施，以免工程质量受到冻害、干裂、冲刷、坍塌的危害。明确施工措施，落实人员、器材等方面各项准备工作以紧急应对从而控制其对施工质量的不利影响。

3）环境因素造成的施工中断，必须通过加强管理、调整计划等措施来加以控制。要不断改善施工现场的环境和作业环境；要加强对自然环境和文物的保护；要尽可能减少施工所产生的危害对环境的污染；要健全施工现场管理制度，合理地布置。即保持材料工件堆放有序，道路畅通，工作场所清洁整齐，施工程序井井有条；对施工组织设计、安全技术交底、重大危险点源的安全技术措施、做到施工现场秩序化、标准化、规范化，最终实现安全、文明施工。

2. 施工项目的三阶段质量控制

构成质量控制系统过程的三阶段控制是指事前控制、事中控制和事后控制。

（1）事前控制。要求预先进行周密的质量计划。尤其是工程项目施工阶段，制订质量、计划或编制施工组织设计或施工项目管理实施规划，都必须建立在切实可行，有效实现预期质量目标的基础上，作为一种行动方案进行施工部署。目前有些施工企业，尤其是一些资质较低的企业在承建中小型的一般工程项目时，往往把施工项目经理责任制曲解成"以包代管"的模式，忽略了技术质量管理的系统控制，失去企业整体技术和管理经验对项目施工计划的指导和支持作用，这将造成质量预控的先天性缺陷。

分析可能导致质量目标偏离的各种因素，并对这些因素制定有效的预防措施，防患于未然属于事前质量控制的控制重点。

（2）事中控制。首先是对质量活动的行为约束，即对质量产生过程各项技术作业活动操作者在相关制度的管理下的自我行为约束的同时，充分发挥其技术能力，去完成预定质量目标的作业任务；其次是对质量活动过程和结果，来自他人的监督控制，这里包括来自企业内部管理者的检查检验和来自企业外部的工程监理和政府质量监督部门等的监控。

事中控制的关键是坚持质量标准，控制的重点是工序质量、工作质量和质量控制点的控制。

（3）事后控制。包括对质量活动结果的评价认定和对质量偏差的纠正。从理论上分析，如果计划预控过程所制订的行动方案考虑得越是周密，事中约束监控的能力越强越严格，实现质量预期目标的可能性就越大，理想的状况就是希望做到各项作业活动，"一次成功"、"一次交验合格率100％"。但客观上相当部分的工程不可能达到，因为在过程中不可避免地会存在一些计划时难以预料的影响因素，包括系统因素和偶然因素。因此当出现质量实际值与目标值之间超出允许偏差时，必须分析原因，采取措施纠正偏差，保持质量受控状态。

事后控制的重点是发现施工质量的缺陷，通过分析提出改进措施，保证质量处于受控状态。

以上三大环节，不是孤立和截然分开的，它们之间构成有机的系统过程，实质上也就是 PDCA 循环（计划 P、执行 D、检查 C、处置 A）具体化，并在每一次滚动循环中不断提高，达到质量管理或质量控制的持续改进。

3. 施工质量控制的过程

施工质量控制的过程包括施工准备质量控制（事前控制）、施工过程质量控制（事中控制）和施工验收质量控制（事后控制）。

（1）施工准备阶段的质量控制

施工准备阶段的质量控制是指项目正式施工活动开始前，对项目施工各项准备工作及影响项目质量的各因素和有关方面进行的质量控制。

1）技术资料、文件准备的质量控制

① 施工项目所在地的自然条件及技术经济条件调查资料

具体收集的资料包括：地形与环境条件、地质条件、地震级别、工程水文地质情况、气象条件以及当地水、电、能源供应条件、交通运输条件和材料供应条件等。

② 施工组织设计

对施工组织设计要进行两方面的控制：一是在选定施工方案后，在制定施工进度时，必须考虑施工顺序、施工流向以及主要分部分项工程的施工方法、特殊项目的施工方法和技术措施；二是在制定施工方案时，必须进行技术经济比较，使施工项目满足符合性、有效性和可靠性要求，不仅使得施工工期短、成本低，还要达到安全生产、效益提高的经济质量效益。

③ 质量控制的依据

国家及政府有关部门颁布的有关质量管理方面的法律、法规性文件及质量验收标准质量管理方面的法律、法规。

④ 工程测量控制资料

施工现场的原始基准点、基准线、参考标高及施工控制网等数据资料，是施工之前进行质量控制的基础，这些数据资料是进行工程测量控制的重要内容。

2）设计交底和图纸审核的质量控制

① 设计交底

工程施工前，由设计单位向施工单位有关技术人员进行设计交底，其主要内容包括自然条件、施工图设计依据、设计意图、施工注意事项等。交底后，由施工单位提出图纸中的问题和疑点，并结合工程特点提出要解决的技术难题，经双方协商研究，拟定出解决办法。

② 图纸审核

图纸审核是设计单位和施工单位进行质量控制的重要手段，也是使施工单位通过审查熟悉了解设计图纸，明确设计意图和关键部位的工程质量要求，发现和减少设计差错，保证工程质量。图纸审核的主要内容包括：对设计者的资质进行认定；设计是否满足抗震、防火、环境卫生等要求；图纸与说明是否齐全；图纸中有无遗漏、差错或相互矛盾之处，图纸表示方法是否清楚，是否符合标准要求；地质及水文地质等资料是否充分、可靠；所需材料来源有无保证，能否替代；施工工艺、方法是否合理，是否切合实际，是否便于施工，能否保证质量要求；施工图及说明书中涉及的各种标准、图册、规范和规程等，施工单位是否具备。

3）材料、构配件的采购质量控制

采购质量控制主要包括对采购产品及其供货方的质量控制。采购物资应符合设计文件、标准、规范、相关法规及承包合同要求，如果项目部另有附加的质量要求，也应予以满足。

4）质量教育与培训

通过教育培训和其他措施提高员工的能力，增强质量和顾客意识，使员工满足所从事的质量工作对员工能力的要求。

（2）施工阶段的质量控制

1）技术交底

按照工程重要程度，单位工程开工前，应由企业或项目技术负责人向承担施工的负责人或分包人进行全面技术交底。各分项工程施工前，应由项目技术负责人向参加该项目施工的所有班组和配合工种进行交底。技术交底的主要内容包括图纸交底、施工组织设计交底、分项工程技术交底和安全交底等。交底的形式有书面、口头、会议、挂牌、样板、示范操作等。

2）测量控制

① 对于有关部门提供的原始基准点、基准线和参考标高等的测量控制点应做好复核工作，经审核批准后，才能进行后续相关工序的施工。

② 施工测量控制网的复测。及时保护好已测定的场地平面控制网和主轴线的桩位，它是待建项目定位的主要依据，是保证整个施工测量精度、保证工程质量及工程项目顺利进行的基础。因此，在复测施工测量控制网时，应抽检建筑方格网、控制高程的水准网点以及标桩埋设位置等。

③ 民用建筑的测量复核。包括建筑定位测量复核、基础施工测量复核、皮数杆检测、楼层轴线检测。

④ 楼层间标高传递检测：多层建筑施工中，标高应由下层楼板向上层逐层传递，以便使楼板、门窗、室内装修等工程的标高符合设计要求。标高经校核合格后，方可施工。

⑤ 工业建筑的测量复核。包括工业厂房控制网测量、柱基施工测量、柱子安装测量、吊车梁安装测量、设备基础与预埋螺栓检测。对于大型设备基础中心线较多时，为防止产

生错误，应在定位前绘制中心线测设图，并将全部中心线及地脚螺栓组中心线统一编号标注于图上。为使地脚螺栓的位置及标高符合设计要求，必须绘制地脚螺栓图，并附地脚螺栓标高表，注明螺栓号码、数量、螺栓标高和混凝土地面标高。以上工序在施工前必须进行复检。

⑥ 高层建筑测量复核。高层建筑的场地控制测量、基础以上的平面与高程控制与一般民用建筑大体相同，对于建筑物垂直度及施工过程中沉降变形的检测是控制的重点，不得超过规定的要求。在高层建筑施工中，需要定期进行沉降变形观测，发现问题及时采取措施，确保建筑物的安全。

3）材料控制

① 对供货方质量保证能力进行评定。对供货方质量保证能力评定原则包括：材料供应的表现状况，如材料质量、交货期等；供货方质量管理体系对于满足如期交货的能力；供货方的顾客满意程度；供货方交付材料之后的服务和支持能力；其他因素，如价格、履约能力等方面的条件。

② 建立材料管理制度，减少材料损失、变质。对材料的采购、加工、运输、贮存通过建立管理制度，优化材料的周转，减少不必要的材料损耗，最大限度降低工程成本。

③ 对原材料、半成品和构配件进行标识。进入施工现场的原材料、半成品、构配件应按型号、品种分区堆放，予以标识；对有防湿、防潮要求的材料，要有防雨防潮措施，并有标识；对容易损坏的材料、设备，要采取必要的保护措施做好防护；对有保质期要求的材料，要定期检查，以防过期，并做好标识。

④ 加强材料检查验收。工程的主要材料，进场时必须配备正确的出厂合格证和材质化验单。凡标志不清或认为质量有问题的材料，要进行重新检验，确保质量。未经检验和检验不合格的原材料、半成品、构配件以及工程设备不能投入使用。

⑤ 发包人提供的原材料、半成品、构配件和设备。

⑥ 材料质量抽样和检验方法。材料质量抽样应按规定的部位、数量及采选的操作要求进行。材料质量的检验项目分为一般试验项目和其他试验项目。材料质量检验方法有书面检验、外观检验、理化检验和无损检验等。

4）机械设备控制

① 机械设备的使用形式。机械设备的使用形式包括自行采购、租赁、承包和调配等。

② 注意机械配套。机械配套有两层含义：其一，是一个工种的全部过程和作业环节的配套；其二，是主导机械与辅助机械在规格、数量和生产能力上的配套。

③ 机械设备的合理使用。合理使用机械设备，按照要求正确操作，是保证项目施工质量的重要环节。应贯彻人机固定原则，实行定机、定人、定岗位责任的"三定"制度。

④ 机械设备的保养与维修。保养分为例行保养和强制保养。例行保养的主要内容：有保持机械的清洁、检查运转情况、防止机械腐蚀和按技术要求润滑等。强制保养是按照一定周期和内容分级进行保养。

5）环境控制

环境管理体系是整个管理体系的一个组成部分，包括为制定、实施、实现、评审和保持环境方针所需的组织结构、计划活动、职责、惯例、程序、过程和资源。在环境管理体系运行中，应根据项目的环境目标和指标，建立对实际环境表现进行测量和监测的系统，其中包括对遵循环境法律和法规的情况进行评价。还应对测量的结果做出分析，必要时进行纠正和改进。管理者应确保这些纠正和预防措施的贯彻，并采取系统的后续措施来确保它们的有效性。

6）计量控制

施工中的计量工作，包括施工生产时的投料计量、施工测算监测计量以及对项目、产品或过程的测试、检验和分析计量等。计量控制的主要任务是统一计量单位制度，组织量值传递，保证量值的统一。这些工作有利于控制施工生产工艺过程，完善施工生产技术水平，提高施工项目的整体效益。因此，计量不仅是保证施工项目质量的重要手段和方法，同时也是施工项目开展质量管理的一项重要基础工作。

7）工序控制

工序亦称"作业"。工序是工程项目建设过程基本环节，也是组织生产过程的基本单位。一道工序，是指一个（或一组）工人在一个工作地对一个（或几个）劳动对象（工程、产品、构配件）所完成的一切连续活动的总和。工序质量是指工序过程的质量，对于现场工人来说，工作质量通常表现为工序质量。一般来说，工序质量是指工序的成果符合设计、工艺（技术标准）要求符合规定的程序。人、材料、机械、方法和环境等五种因素对工序质量有不同程度的直接影响。

8）建筑工程质量控制点的设置

建设工程质量事故具有复杂性、可变性、多发性、严重性的特点。为了减少建筑工程质量事故的发生，在设置质量控制点时，首先应对工程项目施工对象进行全面分析、比较，以明确特殊过程质量控制点，然后进一步分析该控制点在施工中可能出现的质量问题，查明问题原因并相应地提出对策措施予以预防。设置质量控制点，是对工程质量进行预控的有力措施。质量控制点的设置对象包括关键的工程部位、关键的工序、关键工序的关键特性、薄弱环节。

（3）竣工验收阶段的质量控制

验收标准将建筑工程质量验收划分为单位工程、分部工程、分项工程和检验批几个部分。单位工程质量验收也称质量竣工验收，是建筑工程投入使用前的最后一次验收，也是最重要的一次验收。在检验批的验收过程中，验收项目包括主控项目和一般项目，检验批合格应包括主控项目和一般项目的质量经抽样检验合格。验收合格的条件包括五个方面：构成单位工程的各分部工程应该验收合格，质量控制资料应完整，所含分部工程中有关安全、节能、环境保护和主要使用功能的检验资料应查验，主要使用功能的抽查结果符合相关专业验收规范的规定，观感质量应符合要求。

① 技术资料的整理。技术资料，特别是永久性技术资料，是施工项目进行竣工验收的主要依据，也是项目施工情况的重要记录。因此，技术资料的整理必须符合国家有关规定及规范的要求，做到准确、齐全，能够满足建设工程进行维修、改造、扩建时的需要。在工程施工技术资料管理资料中，工程竣工文件应包括竣工报告、竣工验收证明书和工程质量保修书等。监理工程师应对技术资料进行严格审查，并请建设单位及有关人员对技术资料进行检查验证。

② 施工质量缺陷的分析与处理。对于工程质量缺陷，可采用以下处理方案：

修补处理。当工程的某些部分的质量虽未达到规定的规范、标准或设计要求，存在一定的缺陷，但经过修补后还可达到标准的要求，在不影响使用功能或外观要求的情况下，可以做出进行修补处理的决定。

返工处理。当工程质量未达到规定的标准或要求，有十分严重的质量问题，对结构的使用和安全都将产生重大影响，而又无法通过修补办法给予纠正时，可以做出返工处理的决定。

限制使用。当工程质量缺陷按修补方式处理不能达到规定的使用要求和安全，而又无法返工处理的情况下，不得已时可以做出结构卸荷、减荷以及限制使用的决定。

不做处理。某些工程质量缺陷虽不符合规定的要求或标准，但其情况不严重。经过分析、论证和慎重考虑后，可以做出不做处理的决定。具体分为以下几种情况：不影响结构安全和正常使用要求；经过后续工序可以弥补的不严重的质量缺陷；在工程验收过程中，检测单位在检测中发现其不能够达到设计要求，但经原设计单位核算认为能满足结构安全和使用功能的要求，该类质量缺陷也可不做处理，可予验收。

4. 建筑工程质量控制常用的统计方法

建筑工程质量控制应用较多的统计方法是分层法、因果分析法、排列图法、直方图法等。其中，被称为鱼刺图或树枝图的是因果分析法。

10.3.4 施工项目成本控制

1. 施工项目成本控制的概念

施工项目成本控制是指在施工过程中，对影响施工项目成本的各种因素加强管理，并采用各种有效措施，将施工中实际发生的各种消耗和支出严格控制在成本计划范围内，随时揭示并及时反馈，严格审查各项费用是否符合标准，计算实际成本和计划成本（目标成本）之间的差异并进行分析，消除施工中的损失浪费现象，发现和总结先进经验。施工项目成本控制应贯穿于施工项目从投标阶段开始直到项目竣工验收的全过程，它是企业全面成本管理的重要环节。因此，必须明确各级管理组织和各级人员的责任和权限，这是成本控制的基础之一，必须给以足够的重视。施工成本控制可分为事先控制、事中控制（过程控制）和事后控制。

2. 施工项目成本管理的内容

施工成本是指在建设工程项目的施工过程中所发生的全部生产费用的总和，包括所消耗的原材料、辅助材料、构配件等的费用，周转材料的摊销费或租赁费等，施工机械的使用费或租赁费等，支付给生产工人的工资、奖金、工资性质的津贴等，以及进行施工组织与管理所发生的全部费用支出。建设工程项目施工成本由直接成本和间接成本所组成。其中，机械费包括折旧费、大修理费、经常修理费、安拆费和场外运费、人工费、燃料动力费和税费，施工机械的司机（司炉）和其他操作人员的人工费属于机械费。

直接成本是指施工过程中耗费的构成工程实体或有助于工程实体形成的各项费用支出，其是可以直接计入工程对象的费用，包括人工费、材料费、施工机械使用费和施工措施费等。间接成本是指为施工准备、组织和管理施工生产的全部费用的支出，是非直接用于也无法直接计入工程对象，但为进行工程施工所必须发生的费用，包括管理人员工资、办公费、差旅交通费等。根据建筑产品成本运行规律，成本管理责任体系应包括组织管理层和项目经理部。组织管理层的成本管理除生产成本以外，还包括经营管理费用；项目管理层应对生产成本进行管理。组织管理层贯穿于项目投标、实施和结算过程，体现效益中心的管理职能；项目管理层则着眼于执行组织确定的施工成本管理目标，发挥现场生产成本控制中心的管理职能。

3. 施工项目成本管理的任务

施工项目成本管理就是要在保证工期和质量满足要求的情况下，利用组织措施、经济措施、技术措施、合同措施把成本控制在计划范围内，并进一步寻求最大程度的成本节约。施工成本管理的任务主要包括：成本预测、成本计划、成本控制、成本核算、成本分析和成本考核。

（1）施工项目成本预测

施工项目成本预测就是根据成本信息和施工项目的具体情况，运用一定的专门方法，对未来的成本水平及其可能发展趋势做出科学的估计，其实质就是在施工以前对成本进行估算。通过成本预测，可以使项目经理部在满足业主和施工企业要求的前提下，选择成本低、效益好的最佳成本方案，并能够在施工项目成本形成过程中，针对薄弱环节，加强成本控制，克服盲目性，提高预见性。因此，施工项目成本预测是施工项目成本决策与计划的依据。

（2）施工项目成本计划

施工项目成本计划是以货币形式编制施工项目在计划期内的生产费用、成本水平、成本降低率以及为降低成本所采取的主要措施和规划的书面方案，它是建立施工项目成本管理责任制、开展成本控制和核算的基础。一般来说，一个施工项目成本计划应包括从开工到竣工所必需的施工成本，它是该施工项目降低成本的指导文件，是设立目标成本的依据。施工项目成本计划的编制依据包括投标报价书、施工预算、施工组织设计或方案、有关财务成本核算制度和财务历史资料、拟采取的降低施工成本措施等。

4. 施工项目成本管理的措施

（1）组织措施

组织措施是其他各类措施的前提和保障，而且一般不需要增加什么费用，运用得当可以收到良好的效果。组织措施是从施工成本管理的组织方面采取的措施，如实行项目经理责任制，落实施工成本管理的组织机构和人员，明确各级施工成本管理人员的任务和职能分工、权利和责任，编制本阶段施工成本控制工作计划和详细的工作流程图；要做好施工采购规划，通过生产要素的优化配置、合理使用、动态管理，有效控制实际成本；加强施工定额管理和施工任务单管理，控制活劳动和物化劳动的消耗；加强施工调度，避免因施工计划不周和盲目调度造成窝工损失、机械利用率降低、物料积压等而使施工成本增加。

施工成本管理不仅是专业成本管理人员的工作，各级项目管理人员都负有成本控制责任。

（2）技术措施

技术措施不仅对解决施工成本管理过程中的技术问题是不可缺少的，而且对纠正施工成本管理目标偏差也有相当重要的作用。因此，运用技术纠偏措施的关键，一是要能提出多个不同的技术方案，二是要对不同的技术方案进行技术经济分析。在实践中，要避免仅从技术角度选定方案而忽视对其经济效果的分析论证。主要的技术措施有：

1）进行技术经济分析，确定最佳的施工方案。

2）结合施工方法，进行材料使用的比选，在满足功能要求的前提下，通过代用、改变配合比、使用添加剂等方法降低材料消耗的费用。

3）确定最合适的施工机械、设备使用方案。

4）结合项目的施工组织设计及自然地理条件，降低材料的库存成本和运输成本。

5）先进的施工技术的应用，新材料的运用，新开发机械设备的使用。

（3）经济措施

经济措施是最易为人接受和采用的措施。如管理人员应编制资金使用计划，确定、分解施工成本管理目标。对施工成本管理目标进行风险分析，并制定防范性对策。通过偏差原因分析和未完工程施工成本预测，可发现一些潜在的问题将引起未完工程施工成本的增加，对这些问题应以主动控制为出发点，及时采取预防措施。

（4）合同措施

成本管理要以合同为依据，因此合同措施就显得尤为重要。采用合同措施控制施工成本，应贯穿整个合同周期，包括从合同谈判开始到合同终结的全过程。首先是选用合适的合同结构，对各种合同结构模式进行分析、比较，在合同谈判时，要争取选用适合于工程规模、性质和特点的合同结构模式。其次，在合同的条款中应仔细考虑一切影响成本和效益的因素，特别是潜在的风险因素。通过对引起成本变动的风险因素的识别和分析，采取必要的风险对策，如通过合理的方式，增加承担风险的个体数量，降低损失发生的比例，并最终使这些策略反映在合同的具体条款中。在合同执行期间，合同管理的措施既要密切注视对方合同执行的情况，以寻求合同索赔的机会；同时也要密切关注自己履行合同的情况，以防止被对方索赔。

5. 施工项目成本控制与分析

施工项目成本控制的依据：

（1）工程承包合同

施工成本控制要以工程承包合同为依据，围绕降低工程成本这个目标，从预算收入和实际成本两方面，努力挖掘增收节支潜力，以求获得最大的经济效益。

（2）施工成本计划

施工成本计划是根据施工项目的具体情况制定的施工成本控制方案，既包括预定的具体成本控制目标，又包括实现控制目标的措施和规划，是施工成本控制的指导文件。

（3）进度报告

进度报告提供了每一时刻工程实际完成量、工程施工成本实际收到工程款情况等重要信息。施工成本控制工作正是通过实际情况与施工成本计划相比较，找出二者之间的差别，分析偏差产生的原因，从而采取措施改进以后的工作。此外，进度报告还有助于管理者及时发现工程实施中存在的隐患，并在事态还未造成重大损失之前采取有效措施，尽量避免损失。

（4）工程变更

在项目的实施过程中，由于各方面的原因，工程变更是很难避免的。工程变更一般包括设计变更、进度计划变更、施工条件变更、技术规范与标准变更、施工次序变更、工程数量变更等。一旦出现变更，工程量、工期、成本都必将发生变化，从而使得施工成本控制工作变得更为复杂和困难。因此，施工成本管理人员就应当通过对变更要求当中各类数据的计算、分析，随时掌握变更情况，包括已发生工程量、将要发生工程量、工期是否拖延、支付情况等重要信息，判断变更以及变更可能带来的索赔额度等。

除了上述几种施工成本控制工作的主要依据以外，有关施工组织设计、分包合同文本等也都是施工成本控制的依据。

6. 施工项目成本控制的步骤

在确定了项目施工成本计划之后，必须定期地进行施工成本计划值与实际值的比较，当实际值偏离计划值时，分析产生偏差的原因，采取适当的纠偏措施，以确保施工成本控制目标的实现。其步骤如下：

（1）比较

按照某种确定的方式将施工成本计划值与实际值逐项进行比较，以发现施工成本是否已超支。

（2）分析

在比较的基础上，对比较的结果进行分析，以确定偏差的严重性及偏差产生的原因。这一步是施工成本控制工作的核心，其主要目的在于找出产生偏差的原因，从而采取有针对性的措施，减少或避免相同原因的再次发生或减少由此造成的损失。

（3）预测

根据项目实施情况估算整个项目完成时的施工成本。预测的目的在于为决策提供支持。

（4）纠偏

当工程项目的实际施工成本出现了偏差，应当根据工程的具体情况、偏差分析和预测的结果，采取适当的措施，以期达到使施工成本偏差尽可能小的目的。纠偏是施工成本控制中最具实质性的一步。只有通过纠偏，才能最终达到有效控制施工成本的目的。

（5）检查

指对工程的进展进行跟踪和检查，及时了解工程进展状况以及纠偏措施的执行情况和效果，为今后的工作积累经验。

7. 施工项目成本控制的方法

（1）施工成本的过程控制方法

施工阶段是控制建设工程项目成本发生的主要阶段，它通过确定成本目标并按计划成本进行施工资源配置，对施工现场发生的各种成本费用进行有效控制，其具体的控制方法包括人工费、材料费、机械费、施工分包费用等的控制。

（2）赢得值（挣值）法

赢得值法（Earned Value Management，EVM）作为一项先进的项目管理技术，到目前为止国际上先进的工程公司已普遍采用赢得值法进行工程项目的费用、进度综合分析控制。用赢得值法进行费用、进度综合分析控制，基本参数有三项，即已完工作预算费用、计划工作预算费用和已完工作实际费用。赢得值法的三个基本参数如下：

1）已完工作预算费用

已完工作预算费用为 BCWP（Budgeted Cost for Work Performed），是指在某一时间已经完成的工作（或部分工作），以批准认可的预算为标准所需要的资金总额，由于业主正是根据这个值为承包人完成的工作量支付相应的费用，也就是承包人获得（挣得）的金额，故称赢得值或挣值。

$$已完工作预算费用（BCWP）＝已完成工作量×预算单价$$

2）计划工作预算费用

计划工作预算费用，简称 BCWS（Budgeted Cost for Work Scheduled），即根据进度计划，在某一时刻应当完成的工作（或部分工作），以预算为标准所需要的资金总额，一般来说，除非合同有变更，BCWS 在工程实施过程中应保持不变。

$$计划工作预算费用（BCWS）＝计划工作量×预算单价$$

3）已完工作实际费用

已完工作实际费用，简称 ACWP（Actual Cost for work Performed），即到某一时刻为止，已完成的工作（或部分工作）所实际花费的总金额。

$$已完工作实际费用（ACWP）＝已完成工作量×实际单价$$

（3）偏差分析的方法

偏差分析可采用不同的方法，常用的有横道图法、表格法和曲线法。

1）横道图法

用横道图法进行施工成本偏差分析，是用不同的横道标识已完工程计划施工成本、拟完工程计划施工成本和已完工程实际施工成本，横道的长度与其金额成正比例。横道图法具有形象、直观、一目了然等优点，它能够准确表达出施工成本的绝对偏差，而且能一眼感受到偏差的严重性，但这种方法反映的信息量少，一般在项目的较高管理层应用。

2）表格法

表格法是进行偏差分析最常用的一种方法，它将项目编号、名称、各施工成本参数以及施工成本偏差数综合归纳入一张表格中，并且直接在表格中进行比较。由于各偏差参数都在表中列出，使得施工成本管理者能够综合地了解并处理这些数据。用表格法进行偏差分析具有如下优点：

① 灵活、适用性强，可根据实际需要设计表格，进行增减项；

② 信息量大。可以反映偏差分析所需的资料，从而有利于施工成本控制人员及时采取针对性措施，加强控制；

③ 表格处理可借助于计算机，从而节约大量数据处理所需的人力，并大大提高速度。

3）曲线法

曲线法是用施工成本累计曲线（S 形曲线）来进行施工成本偏差分析的一种方法。用曲线法进行偏差分析同样具有形象、直观的特点，但这种方法很难直接用于定量分析，只能对定量分析起一定的指导作用。

8. 竣工成本的综合分析

凡是有几个单位工程而且是单独进行成本核算（即成本核算对象）的施工项目，其竣工成本分析应以各单位工程竣工成本分析资料为基础，再加上项目经理部的经营效益（如资金调度、对外分包等所产生的效益）进行综合分析。若施工项目只有一个成本核算对象（单位工程），就以该成本核算对象的竣工成本资料作为成本分析的依据。单位工程竣工成本分析，应含竣工成本分析、主要资源节超对比分析、主要技术节约措施及经济效果分析等三方面内容。

9. 索赔费用的计算方法

索赔费用的计算方法有实际费用法、总费用法和修正的总费用法。

（1）实际费用法

实际费用法是计算工程索赔时最常用的一种方法。这种方法的计算原则是以承包商为某项索赔工作所支付的实际开支为根据，向业主要求费用补偿。用实际费用法计算时，在直接费的额外费用部分的基础上，再加上应得的间接费和利润，即是承包商应得的索赔金额。由于实际费用法所依据的是实际发生的成本记录或单据，所以，在施工过程中，系统而准确地积累记录资料是非常重要的。

（2）总费用法

总费用法就是当发生多次索赔事件以后，重新计算该工程的实际总费用，实际总费用减去投标报价时的估算总费用，即为索赔金额，即：

$$索赔金额＝实际总费用－投标报价估算总费用$$

不少人对采用该方法计算索赔费用持批评态度，因为实际发生的总费用中可能包括了承包商的原因，如施工组织不善而增加的费用；同时投标报价估算的总费用也可能为了中标而过低。所以这种方法只有在难以采用实际费用法时才应用。

（3）修正的总费用法

修正的总费用法是对总费用法的改进，即在总费用计算的原则上，去掉一些不合理的因素，使其更合理。修正的内容如下：将计算索赔款的时段局限于受到外界影响的时间，而不是整个施工期；只计算受影响时段内的某项工作所受影响的损失，而不是计算该时段内所有施工工作所受的损失；与该项工作无关的费用不列入总费用中；对投标报价费用重新进行核算：按受影响时段内该项工作的实际单价进行核算，乘以实际完成的该项工作的工程量，得出调整后的报价费用。按修正后的总费用计算索赔金额的公式如下：

$$索赔金额＝某项工作调整后的实际总费用－该项工作的报价费用$$

修正的总费用法与总费用法相比，有了实质性的改进，它的准确程度已接近于实际费用法。

10.3.5 施工项目安全控制

施工项目安全管理，就是在施工过程中，项目部组织安全生产的全部管理活动。通过对生产要素的过程控制，使其不安全行为和状态减少或消除，达到减少一般事故，杜绝伤亡事故，从而保证安全管理目标的实现。建筑企业应坚持"安全第一、预防为主"的安全生产方针，强调在施工生产中要做好预防工作，尽可能将事故消灭在萌芽状态之中。企业必须建立的基本安全制度包括：安全生产责任制、安全技术措施、安全生产培训和教育、安全生产定期检查、伤亡事故的调查和处理等制度。此外，随着社会和生产的发展，安全生产管理制度也在不断发展，国家和企业在这些基本制度的基础上又建立和完善了许多新制度，比如，特种设备及特种作业人员管理，机械设备安全检修以及文明生产等制度。

1. 施工安全管理体系

施工安全管理体系是项目管理体系中的一个子系统，它是根据 PDCA 循环模式的运行方式，以逐步提高、持续改进的思想指导企业系统地实现安全管理的既定目标。因此，施工安全管理体系是一个动态的、自我调整和完善的管理系统。主要包括施工安全的组织保证体系、施工安全的制度保证体系、施工安全的技术保证体系、施工安全投入保证体系和施工安全信息保证体系等。

2. 施工安全技术措施

施工安全技术措施是在施工项目生产活动中，根据工程特点、规模、结构复杂程度、工期、施工现场环境、劳动组织、施工方法、施工机械设备、变配电设施、架设工具以及各项安全防护设施等，针对施工中存在的不安全因素进行预测和分析；找出危险点，为消除和控制危险隐患，从技术和管理上采取措施加以防范，消除不安全因素，防止事故发生，确保施工项目安全施工。施工安全技术措施的编制要求如下：

（1）施工安全技术措施在施工前必须编制好，并且经过审批后正式下达施工单位指导施工。设计和施工发生变更时，安全技术措施必须及时变更或作补充。

（2）根据不同分部分项工程的施工方法和施工工艺可能给施工带来的不安全因素，制定相应的施工安全技术措施，真正做到从技术上采取措施保证其安全实施。

① 主要的分部分项工程，如土石方工程、基础工程（含桩基础）、砌筑工程、钢筋混凝土工程、钢门窗工程、结构吊装工程及脚手架工程等都必须编制单独的分部分项工程施工安全技术措施。

② 编制施工组织设计或施工方案时，在使用新技术、新工艺、新设备、新材料的同时，必须考虑相应的施工安全技术措施。

（3）编制各种机械动力设备、用电设备的安全技术措施。

（4）对于有毒、有害、易燃、易爆等项目的施工作业，必须考虑防止可能给施工人员造成危害的安全技术措施。

（5）对于施工现场周围环境中可能给施工人员及周围居民带来的不安全因素，以及由于施工现场狭小导致材料、构件、设备运输的困难和危险因素，制定相应的施工安全技术措施。

（6）针对季节性施工的特点，必须制定相应的安全技术措施。夏季要制定防暑降温措施；雨期施工要制定防触电、防雷、防坍塌措施；冬期施工要制定防风、防火、防滑、防煤气和亚硝酸钠中毒措施。

（7）施工安全技术措施中要有施工总平面图，在图中必须对危险的油库、易燃材料库以及材料、构件的堆放位置、垂直运输设备、变电设备、搅拌站的位置等，按照施工需要和安全规程的要求明确定位，并提出具体要求。

（8）制定的施工安全技术措施必须符合国家颁发的施工安全技术法规、规范及标准。

3. 安全技术交底

安全技术措施交底的基本要求：

（1）项目经理部必须实行逐级安全技术交底制度，纵向延伸到班组全体作业人员。

（2）技术交底必须具体、明确，针对性强。

（3）技术交底的内容应针对分部分项工程施工中给作业人员带来的潜在危害和存在问题。

（4）应优先采用新的安全技术措施。

（5）应将工程概况、施工方法、施工程序、安全技术措施等向工长、班组长进行详细交底。

（6）定期向由两个以上作业队和多工种进行交叉施工的作业队伍进行书面交底。

（7）保持书面安全技术交底签字记录。

4. 施工安全检查

工程项目安全检查的目的是为了消除隐患、防止事故，它是改善劳动条件及提高员工安全生产意识的重要手段，是安全控制工作的一项重要内容。通过安全检查可以发现工程中的危险因素，以便有计划地采取措施，保证安全生产。施工项目的安全检查应由项目经理组织，定期进行。安全检查可分为日常性检查、专业性检查，季节性检查、节假日前后的检查和不定期检查。安全检查的主要内容包括：

（1）查思想：主要检查企业的领导和职工对安全生产工作的认识。

（2）查管理：主要检查工程的安全生产管理是否有效。主要内容包括：安全生产责任制，安全技术措施计划，安全组织机构，安全保证措施，安全技术交底，安全教育，持证上岗，安全设施，安全标识，操作规程，违规行为，安全记录等。

（3）查隐患：主要检查作业现场是否符合安全生产、文明生产的要求。

（4）查整改：主要检查对过去提出问题的整改情况。

（5）查事故处理：对安全事故的处理应达到查找事故原因、明确责任并对责任者作出处理、明确和落实整改措施等要求。同时还应检查对伤亡事故是否及时报告、认真调查、严肃处理。

安全检查的重点是违章指挥和违章作业。安全检查后应编制安全检查报告，说明已达标项目、未达标项目、存在问题、原因分析、纠正和预防措施。

安全检查的方法主要有：

（1）"看"：主要查看管理记录、持证上岗、现场标识、交接验收资料、"三宝"使用情况、"洞口"、"临边"防护情况和设备防护装置等。施工安全管理中，"三宝"是指安全帽、安全带、安全网。"四口"防护是指楼梯口、电梯井口、预留洞口、通道口等部位的防护应符合要求。

（2）"量"：主要是用尺进行实测实量。

（3）"测"：用仪器、仪表实地进行测量。

（4）"现场操作"：由司机对各种限位装置进行实际动作，检验其灵敏程度。能测量的数据或操作试验，不能用估计、步量或"差不多"等来代替，要尽量采用定量方法检查。

（5）挖土方施工时的坑、槽、孔洞及车辆行驶道旁的洞口、沟、坑等，一般以防护盖板为准。同时，应设置明显的安全标志如挂牌警示、栏杆导向等，必须时可专人疏导。

10.4　施工项目资源管理

10.4.1　施工项目资源管理的概念

施工项目资源，也称施工项目生产要素，是指生产力作用于施工项目的有关要素，即投入施工项目的劳动力、材料、机械设备、技术和资金等要素。施工项目生产要素是施工项目管理的基本要素，施工项目管理实际上就是根据施工项目的目标、特点和施工条件，通过对生产要素的有效和有序地组织和管理，实现最终目标。施工项目的计划和控制的各项工作最终都要落实到生产要素管理上。生产要素的管理对施工项目的质量、成本、进度和安全都有重要影响。施工资源管理分为施工企业的资源管理和施工项目的资源管理，两者所属范畴不同；施工企业的施工资源管理的目的是针对企业生产或经营所涉及资源的管理；施工资源管理的目的是通过施工资源的合理配置，为实现项目目标提供资源保证；施工项目的施工资源管理就是在施工全过程中对资源分配和进度计划的确定和编制。在现代施工项目管理中，与施工项目资源管理关联最小的是施工项目档案管理。

10.4.2 施工项目资源管理的内容

1. 劳动力

现在国家规定在建筑业企业中设置劳务分包企业序列，分专业设立 13 类劳务分包企业，并进行分级，确定了等级和作业分包范围，要求大部分技术工人持证上岗率 100%，这就给施工总承包企业和专业承包企业的作业人员有了可靠的来源保证。按合同由劳务分包公司提供作业人员，主要依靠劳务分包公司进行劳动力管理，项目经理部协助管理，这必将大大提高劳动力管理的水平和管理效果。施工项目中的劳动力，关键在使用，使用的关键在提高效率，提高效率的关键是如何调动职工的积极性，调动积极性的最好办法是加强思想政治工作和利用行为科学，从劳动力个人的需要和行为的关系观点出发，进行恰当的激励。以上也是施工项目劳动管理的正确思路。

施工项目劳动力资源管理，以人的身体和劳动为载体，是"活"的资源，具有再生性、时效性，劳动力资源是在经济活动中居于主要位置的资源。劳动力培训按培训时间分为长期培训和短期培训。劳动力配置是动态过程，要考虑人员专业技术和其他素质，也要考虑人员组成。在施工过程中，尽量保持劳动力稳定，防止频繁调整对进度产生影响。劳动力配置时，应掌握劳动力的劳动生产率水平，使劳动力有超额完成的可能性，以获得奖励，进而激发出工人的劳动热情。劳动力劳动生产率水平是配置时主要考虑的因素。劳动力考核劳动绩效时，主要考虑劳动者的工作业绩，同时还需考虑工作过程、行为方式和客观环境条件等。施工项目配置时必须依据节约的原则，如果现有劳动力不能满足要求，可以选择劳务分包。施工项目劳动力资源配置的形式有企业内部劳务人员、企业内部劳务分公司、外部劳务市场的劳务分包企业。企业技术管理人员和社会临时人员不能作为劳动力资源。劳务分包人在施工现场内使用的安全防护用品，应由工程承包人负责供应。劳务分包人的义务之一是做好已完工程部分的成品保护。负责编制施工组织设计，组织编写年、季、月施工计划，负责与监理、设计及有关部门联系等都是由劳务分包单位负责的。

2. 材料

建筑材料按在生产中的作用可分为主要材料、辅助材料和其他材料。其中主要材料指在施工中被直接加工，构成工程实体的各种材料，如钢材、水泥、木材、砂、石等。辅助材料指在施工中有助于产品的形成，但不构成实体的材料，如促凝剂、隔离剂、润滑物等。其他材料指不构成工程实体，但又是施工中必需的材料，如燃料、油料、砂纸、棉纱等。另外，周转材料（如脚手架材、模板材等）、工具、预制构配件、机械零配件等，都因在施工中有独特作用而自成一类，其管理方式与材料基本相同。建筑材料还可以按其自然属性分类，包括：金属材料、硅酸盐材料、电器材料、化工材料、金属材料等。它们的保管、运输各有不同要求，需分别对待。施工项目材料管理的重点在现场，在使用，在节约和核算。就节约来讲，其潜力是最大的。

施工项目经理是现场材料管理全面领导的责任人，施工项目经理部主管材料人员是施工现场材料管理的直接责任人。施工项目材料供应的数量控制方式中，限额领料有利于促进材料合理使用，降低材料消耗和工程成本、是检查节约还是超耗的标准、可以改进材料供应工作，提高材料供应管理水平。限额领料不减少材料管理的工作量，也不会造成材料周转不畅。施工项目材料计划在实施过程中常受到的干扰因素有施工任务的变化、设计变更、采购情况变化、施工进度变化。领导意志不能干扰施工项目材料计划。施工管理过程中，材料限额领料的依据是施工员编制的材料清单，而不是投标清单、仓库库存和班组需求。材料计划编制的程序是计算需要量、按不同渠道分类申请、确定供应量、编制供应计划、编制采购计划等。材料计划编制时首先要计算材料需要量。材料计划在材料种类、数量和时间上的准确性，是降低成本、加速资金周转、节约资金，以及保证工作进度等方面的一个重要因素。施工现场材料供货时间的准确性是材料管理的一个重要内容。

3. 机械设备

施工项目的机械设备，主要是指作为大型工具使用的大、中、小型机械，既是固定资产，又是劳动手段。施工项目机械设备管理的环节，包括选择、使用、保养。维修、改造、更新其关键在使用，利用率的提高靠人，完好率的提高在于保养与维修。机械设备的磨损可分为磨合磨损、正常工作磨损和事故性磨损三个阶段。为充分发挥施工企业机械设备的利用率，可将企业自身闲置的机械设备向社会开放，打破封闭自锁的观念，为企业赢得更高的经济效益。

4. 技术

技术的含义很广，指操作技能、劳动手段、劳动者素质、生产工艺、试验检验、管理程序和方法等。任何物质生产活动都是建立在一定的技术基础上的，也是在一定技术要求和技术标准的控制下进行的。随着生产力的发展，技术水平也在不断提高，技术在生产中的地位和作用也就越来越重要。对施工项目来说，由于其单件性、露天性、宽大而复杂性等特点，就决定了技术的作用更显重要。施工项目技术管理，是对各项技术工作要素和技术活动过程的管理。技术工作要素包括技术人才、技术装备、技术规程、技术资料等；技术活动过程指技术计划、技术运用、技术评价等。技术作用的发挥，除决定于技术本身的水平外，极大程度上还依赖于技术管理水平。没有完善的技术管理，先进的技术是难以发挥作用的。施工项目技术管理的任务有四项：一是正确贯彻国家和行政主管部门的技术政策，贯彻上级对技术工作的指示与决定；二是研究、认识和利用技术规律，科学地组织各项技术工作，充分发挥技术的作用；三是确立正常的生产技术秩序，进行文明施工，以技术保工程质量；四是努力提高技术工作的经济效果，使技术与经济有机地结合。施工项目技术管理主要内容包括施工准备阶段技术管理、施工阶段技术管理、技术开发活动和竣工阶段技术管理等。图纸会审、技术交底、技术核定都是施工阶段技术管理工作，而QC小组选题攻关是技术开发活动。

5. 资金

施工项目的资金，从流动过程来讲，首先是投入，即筹集到的资金投入到施工项目上；其次是使用，也就是支出。资金管理，也就是财务管理，它主要有以下环节：编制资金计划，筹集资金，投入资金（施工项月经理部收入），资金使用（支出），资金核算与分析。施工项目资金管理的重点是收入与支出问题，收支之差涉及核算、筹资、贷款、利息、利润、税收等问题。施工项目资金筹措渠道包括预收工程备料款、已完工程的进度款、银行贷款，推迟支付材料供货款是不诚信行为，不能作为资金筹措的渠道。

关于企业购买设备与租赁设备方案，租赁设备可在资金短缺的情况下，用较少资金获得急需设备；租赁设备不能根据生产需要进行设备改造，也不能随时处置；租赁合同规定严格，毁约要赔偿损失，罚款较多；设备租金可在所得税前扣除，能享受税收上的利益。设备购买费用在设备寿命期内折旧摊销，不是长期负债。

10.4.3 施工项目资源管理的任务

1. 确定资源类型及数量

具体包括：（1）确定项目施工所需的各层次管理人员和各工种工人的数量；（2）确定项目施工所需的各种物资资源的品种、类型、规格和相应的数量；（3）确定项目施工所需的各种施工设施的定量需求；（4）确定项目施工所需的各种来源的资金数量。

2. 确定资源的分配计划

包括编制人员需求分配计划、编制物资需求分配计划、编制施工设备和设施需求分配计划、编制资金需求分配计划。在各项计划中，明确各种施工资源的需求在时间上的分配，以及在相应的子项目或工程部位上的分配。

3. 编制资源进度计划

资源进度计划是资源按时间的供应计划，应视项目对施工资源的需用情况和施工资源的供应条件而确定编制哪种资源进度计划。编制资源进度计划能合理地考虑施工资源的运用，这将有利于提高施工质量，降低施工成本和加快施工进度。

4. 施工资源进度计划的执行和动态调整

施工项目施工资源管理不能仅停留于确定和编制上述计划，在施工开始前和在施工过程中应落实和执行所编的有关资源管理的计划，并视需要对其进行动态的调整。

10.5 施工项目现场管理

10.5.1 施工项目现场管理概述

1. 施工现场管理的概念

施工现场是指从事工程施工活动经批准占用的施工场地，它既包括红线以内占用的建筑用地和施工用地，又包括红线以外现场附近经批准占用的临时施工用地。施工现场管理就是运用科学的思想、组织、方法和手段，对施工现场的人、设备、材料、工艺、资金等生产要素，进行有计划的组织、控制、协调和激励，来保证预定目标的实现。施工现场管理的概念有广义和狭义之分，广义的现场管理主要指项目施工管理。

2. 施工现场管理的内容

（1）平面布置与管理

现场平面管理的经常性工作主要包括：根据不同时间和不同需要，结合实际情况，合理调整场地；做好土石方的平衡工作，规定各单位取弃土石方的地点，数量和运输路线；审批各单位在规定期限内，对清除障碍物，挖掘道路，断绝交通、断绝水电动力线路等申请报告；对运输大宗材料的车辆，作出妥善安排，避免拥挤堵塞交通；做好工地的测量工作，包括测定水平位置、高程和坡度，已完工程量的测量和竣工图的测量等。

（2）建筑材料的计划安排、变更和储存管理

主要内容是：确定供料和用料目标；确定供料、用料方式及措施；组织材料及制品的采购、加工和储备，作好施工现场的进料安排；组织材料进场、保管及合理使用；完工后及时退料及办理结算等。

（3）合同管理工作

承包商与业主之间的合同管理工作的主要内容包括：合同分析；合同实施保证体系的建立；合同控制；施工索赔等。现场合同管理人员应及时填写并保存有关方面签证的文件。包括：业主负责供应的设备、材料进场时间及材料规格、数量和质量情况的备忘录；材料代用议定书；材料及混凝土试块试验单；完成工程记录和合同议事记录；经业主和设计单位签证的设计变更通知单；隐蔽工程检查验收记录；质量事故鉴定书及其采取的处理措施；合理化建议及节约分成协议书；中间交工工程验收文件；合同外工程及费用记录；与业主的来往信件、工程照片、各种进度报告；监理工程师签署的各种文件等。

承包商与分包商之间的合同管理工作主要是监督和协调现场分包商的施工活动，处理分包合同执行过程中所出现的问题。

（4）质量检查和管理

包括两个方面工作：第一，按照工程设计要求和国家有关技术规定，如施工及验收规范、技术操作规程等，对整个施工过程的各个工序环节进行有组织的工程质量检验工作，不合格的建筑材料不能进入施工现场，不合格的分部分项工程不能转入下道工序施工。第二，采用全面质量管理的方法，进行施工质量分析，找出产生各种施工质量缺陷的原因，随时采取预防措施，减少或尽量避免工程质量事故的发生，把质量管理工作贯穿到工程施工全过程，形成一个完整的质量保证体系。

（5）安全管理与文明施工

安全生产是现场施工的重要控制目标之一，也是衡量施工现场管理水平的重要标志。主要内容包括安全教育、建立安全管理制度、安全技术管理、安全检查与安全分析等。文明施工是指在施工现场管理中，按照现代化施工的客观要求，使施工现场保持良好的施工环境和施工秩序。

（6）施工过程中的业务分析

为了达到对施工全过程控制，必须进行许多业务分析，如：施工质量情况分析；材料消耗情况分析；机械使用情况分析；成本费用情况分析；施工进度情况分析；安全施工情况分析等。

10.5.2 施工现场管理业务关系

1. 现场组织与公司的业务关系

在合同关系上，根据公司和项目经理签订的承包合同，公司与现场组织是平等的甲乙双方合同关系，但是在业务管理上，现场组织作为公司内部的一个管理层次，接受公司职

能部门的业务指导。主要指导内容为经济核算、材料供应关系、周转料具供应、预算、技术（质量、安全、测试等）工作、计划统计。

2. 现场组织与业主的业务关系

（1）施工准备阶段。项目经理作为公司在项目上的法定代表人应参与工程承包合同的洽谈和签订，熟悉各种洽谈记录和签订过程。在承包合同中应明确相互的权、责、利，业主要保证落实资金、材料、设计、建设场地和外部水、电、路，而项目经理部负责落实施工必需的劳动力、材料、机械、技术及场地准备等，项目经理部负责编制施工组织设计，并参加业主的施工组织设计审核会。开工条件落实后应及时提出开工报告。

（2）施工阶段。

① 材料、设备的交验。现场管理组织负责提出应由业主供应的材料、设备的供应计划，并根据有关规定对业主供应的材料、设备进行交接验收。供应到现场的各类物资必须在项目经理部调配下统一设库、统一保管、统一发料、统一加工、按规定结算。

② 进度控制。项目经理部应及时向业主提出施工进度计划表、月份施工作业计划、月份施工统计报表等，并接受业主的检查、监督。

③ 质量控制。项目组织应对质量严格要求，注意尊重业主的监督，对重要的隐蔽工程，如地槽及基础的质量检查，应请业主代表参加认证签字，认定合格后方可进入下道工序。对暖、卫、电、空调、电梯及设备安装等专业工程项目的质量验收，也应请业主代表参加。项目组织应及时向业主或业主代表提交材料报检单、进场设备报验单、施工放样报验单、隐蔽工程验收通知、工程质量事故报告等材料，以便业主代表对工程质量进行分析、监督和控制。

④ 合同关系。甲乙双方是平等的合同关系，双方都应真心诚意共同履约，一旦发生合同问题，应分别情况按有关规定处理。施工期间，一般合同问题切忌诉讼，遇到非常棘手的合同问题，不妨暂时回避，等待时机，另谋良策。只有当对方严重违约而使自己的利益受到重大损失时才采用诉讼手段。

⑤ 签证问题。对较大的设计变更和材料代用，应经原设计部门签证，甲乙双方再根据签证文件办理工程增减，调整施工图预算。对于不可抗拒的灾害。国家规定的材料、设备价格的调整等，可商请业主代表签证，据以结算工程款。

⑥ 收付进度款。项目经理部应根据已完工程量及收费标准，计算已完工程价值，编制"工程价款结算单"和"已完工程月报表"，送交业主代表办理签证结算。业主应在合同规定的期限内办理完签证和支付手续。

（3）交工验收阶段。项目组织应按交工资料清单整理有关交工资料，验收后交业主保管。验收中项目组织应依据技术文件、承包合同、中间验收签证及验收规范，对业主提出的问题作出详细解释。对存在的问题，应采取补救措施，尽快达到设计、合同、规范要求。

3. 现场组织与建设监理的业务

监理单位与承包商都属于企业的性质，都是属于平等的主体。在工程项目建设上，他们之间没有合同。监理单位之所以对工程项目建设中的行为具有监理的身份，一是因为业主的授权，二是因为承包商在承包合同中也事先予以承认。项目经理部必须接受监理单位的监理，并为其开展工作提供方便，按照要求提供完整的原始记录、检测记录、技术及经济资料。

10.5.3　施工现场管理的业务内容

1. 施工现场图纸会审

（1）图纸会审的一般程序

1）图纸学习。了解设计意图、设计标准和规定，明确技术标准和施工工艺规程等有关技术问题。图纸学习还应包括设计规定选用的标准图集和标准做法的学习。

2）图纸审查。通过初审、会审、综合会审三级审查，完成相应图纸审查工作。需参加建设工程图纸会审的单位有设计单位、施工单位、建设单位、监理单位，建设行政主管部门图纸审查机构不参加图纸会审。

（2）图纸会审的主要内容

1）图纸学习的主要内容

学习图纸时应掌握的主要内容包括以下几方面：

① 基础及地下室部分：留口留洞位置及标高，并核对建筑、结构、设备图之间的关系；下水及排水的方向；防水工程与管线的关系；变形缝及人防出口的做法、接头的关系；防水体系的包圈、收头要求等。

② 结构部分：各层砂浆、混凝土的强度要求；墙体、柱体的轴线关系；圈梁组合柱或现浇梁柱的节点做法和要求；连结筋和结构加筋的数量和关系，悬挑结构（牛腿、阳台、雨罩、挑檐等）的锚固要求；楼梯间的构造及钢筋的重点要求等。

③ 装修部分：材料、做法；土建与专业的洞口尺寸、位置等关系；结构施工应为装修提供的条件（预埋件、预埋木砖、预留洞等）；防水节点的要求等。

2）图纸审查的主要内容

① 设计图纸是否符合国家建筑方针、政策。

② 是否无证设计或越级设计；图纸是否经设计单位正式签署。

③ 地质勘探资料是否齐全。

④ 设计图纸与说明是否齐全；有无矛盾，规定是否明确。

⑤ 设计是否安全合理。

⑥ 核对设计是否符合施工条件。

⑦ 核对主要轴线、尺寸、位置、标高有无错误和遗漏。

⑧ 核对土建专业图纸与设备安装等专业图纸之间，以及图与表之间的规定和数据是否一致。

⑨ 核对材料品种、规格、数量能否满足要求。

⑩ 地基处理方法是否合理，建筑与结构构造是否存在不能施工、不便施工的技术问题，或容易导致质量、安全、工程费用增加等方面问题。

⑪ 设计地震烈度是否符合当地要求。

⑫ 防火、消防、环境卫生是否满足要求。

图纸会审中提出的技术难题，应同三方研究协商，拟定解决的办法，写出会议纪要。对较大的设计变更和材料代用，应经原设计部门签证，甲乙双方再根据签证文件办理工程增减，调整施工图预算。

（3）施工图纸管理

对施工图纸要统一由公司技术主管部门负责收发、登记、保管、回收。

2. 合同管理与索赔

（1）现场合同管理工作

1）合同分析

包括分析合同的法律基础、词语含义、双方权利和义务、合同价格、合同工期、质量保证、合同实施保证等。以及在工程项目结构分解，施工组织计划、施工方案和工程成本计划的基础上进行合同的详细分析。

2）建立合同实施保证体系

① 组织项目管理人员和各工程小组负责人学习合同条文和合同总体分析结果，使大家熟悉合同中的主要内容、各规定、各种管理程序，了解承包合同的责任和工程范围，各种行为的法律后果等。

② 将各种合同事件的责任分解落实到各工程小组或分包商，并对这些活动实施的技术和法律问题进行解释和说明。

③ 合同责任的完成必须通过经济手段来保证。

④ 建立合同管理工作程序。

⑤ 定期和不定期协商会制度。

⑥ 施工过程中严格的检查验收制度。建立一整套质量检查和验收制度，是为了防止由于现场质量问题造成被监理工程师检查验收不合格，或试生产失败而承担违约责任。

⑦ 建立行文制度。承包商和业主、监理工程师、分包商之间的沟通都应以书面形式进行，或以书面形式作为最终依据。

⑧ 建立必要的特殊工作程序。对一些经常性工作应订立专门工作程序，使合同管理工作有章可循。如图纸审批程序；变更程序；分包商的账单审查程序；分包商的索赔程序；工程问题的请示报告程序等。

⑨ 建立文档管理系统。工程的原始资料在合同实施过程中产生，它必须由各职能人员、工程小组负责人、分包商提供。

（2）施工索赔的处理

1）施工索赔程序

① 意向通知。一般索赔意向通知仅仅是表明意向，应写得简明扼要，涉及索赔内容但不涉及索赔数额，它通常包括以下几个方面的内容：事件发生的时间和情况简单描述；合同依据的条款和理由；有关后续资料的提供；对工程成本和工期产生的不利影响的严重程度，以期引起监理工程师（业主）的注意。

② 资料准备。施工索赔的成功很大程度上取决于承包商对索赔作出的解释和具有强有力的证明材料。

③ 索赔报告的提交。索赔报告是承包商向监理工程师（业主）提交的一份要求业主给予一定经济补偿和（或）延长工期的正式报告。正式报告应在意向通知提交后 28 天内提出。

2）施工索赔应注意的问题

① 要及早发现索赔机会。

② 对口头变更指令要得到确认。

③ 索赔报告要准确无误，条理清楚。

④ 索赔要先易后难，有理有节。

⑤ 坚持采用"清理账目法"。

⑥ 注意同业主、监理工程师搞好关系。

⑦ 力争友好解决，防止对立情绪。

3. 施工任务单的管理

（1）施工任务单内容

1）任务单。是班组进行施工的主要依据，内容有工程项目、工程数量、劳动定额、计划工数、开完工日期、质量及完全要求等。

2）小组记工单。是班组的考勤记录，也是班组分配计件工资或奖金的依据。

3）限额领料卡。是班组完成任务的必需的材料限额，是班组领退材料和节约材料的凭证。

（2）施工任务单的作用

1）是控制劳动力和材料消耗的手段。

2）是检查形象进度的依据。

3）是考核和计酬的依据。

4）是分项、分部、单位工程核算的依据。

5）是班组长指挥生产的依据。

（3）施工任务单的管理

1）计时工必须严格控制。

2）施工任务单的签发、结算、签证、审核、付款规范为：

① 签发：任务单必须由专业工长签发，注明分项名称、工程量、单价、复价、人工定额、工日、质量要求、安全措施、标准化文明施工要求等，力求准确全面。

② 结算：任务单当月结算（未完项目结转下月），先由专业工长（谁签发谁结算）结算，转材料员核实耗用；质量员、安全员评定质量安全状况，月底全面完成。

③ 签证和建立台账：预算员或核算员审核分项工程量、定额、人工数量并建立台账，正确无误后转给项目经理审核签证。

④ 审核：所有任务单由劳资部门审核。

⑤ 付款：前方班组执行内部单价。

4. 施工现场技术与安全交底

（1）技术交底

1）技术交底的程序

① 项目工程师向技术员、专业工长交底，并履行书面签证手续。

② 技术员、专业工长向班组长或班组成员交底。在施工任务单上反映出来，接受人签证。

③ 班组长向操作工人交底，多次数次口头交底。

设计单位向项目经理部进行的交底是设计交底。

2）分项工程技术交底的主要内容

① 图纸要求：如设计要求（包括设计变更）中的重要尺寸，轴心及标高的注意要点，

预留孔洞、预埋件的位置、规格、大小、数量等。

② 材料及配合比要求：如使用材料的品种、规格、质量要求等；配合比要求及操作要求，如水泥、砂、石、水、外加剂等在搅拌过程中入料顺序，计量方法、搅拌时间等的规定。

③ 按照施工组织设计的有关事项，说明施工顺序、施工方法、工序搭接等。

④ 提出质量、安全、节约的具体要求和措施。

⑤ 提出班组责任制的要求，班组工人要做到定员定岗、任务明确、相对稳定。

⑥ 提出克服质量通病的要求等，对本分项工程可能出现的质量通病提出预防的措施。

（2）安全交底

1）施工质量安全交底

隐蔽工程交底主要内容见表 10-1。

隐蔽工程交底主要内容 表 10-1

项目	交底内容
基础工程	土质情况、尺寸、标高、地基处理、打桩记录、桩位、数量
钢筋工程	钢筋品种、规格、数量、形状、位置、接头和材料代用情况
防水工程	防水层数、防水材料和施工质量
水电管线	位置、标高、接头、各种专业试验（如水管试压）、防腐等

2）施工事故预防交底

主要内容有高处作业预防措施交底，脚手架支搭和防护措施交底，预防物体打击交底，各分部工程安全施工交底。

3）施工用电安全交底

施工现场内一般不架裸导线，照明线路要按标准架设；各种电器设备均要采取接零或接地保护；每台电气设备机械应分开关和熔断保险；使用电焊机要特别注意一、二次线的保护；凡移动式设备和手持电动工具均要在配电箱内装设漏电保护装置；现场和工厂中的非电气操作人员均不准乱动电气设备；任何单位、任何人都不准擅自指派无电工资格证的人员进行电气设备的安装和维修等工作，不准强令电工从事违章冒险作业。

4）工地防火安全交底

现场应划分用火作业区、易燃易爆材料区、生活区、按规定保持防火间距；现场应有车辆循环通道，通道宽度不小于 3.5m，严禁占用场内通道堆放材料；现场应设专用消防用水管网，配备消防栓；现场临建设施、仓库、易燃料场和用火处要有足够的灭火工具和设备，对消防器材要有专人管理并定期检查；安装使用电器设备和使用明火时应注意的问题和要求；现场材料堆放的防火交底；现场中用易燃材料搭设工棚在使用时的交底要求；现场不同施工阶段的防火交底。

5）现场治安工作交底

① 安全教育方面

a. 新工人入场必须进行入场教育和岗位安全教育。

b. 特殊工种如起重、电气、焊接、锅炉、潜水、驾驶等工人应进行相应的安全教育和技术训练，经考核合格，方准上岗操作。

c. 采用新施工方法、新结构、新设备前必须向工人进行安全交底。

d. 做好经常性安全教育，特别坚持班前安全教育。

e. 做好暑期、冬期、雨期、夜间等施工时节安全教育。

② 安全检查方面：

a. 针对高处作业、电气线路、机械动力等关键性作业进行检查，以防止高处坠落，机械伤人，触电等人身事故。

b. 根据施工特点进行检查，如吊装、爆破、防毒、防塌等检查。

c. 季节性检查，如防寒、防湿、防毒、防洪、防台风等检查。

d. 防火及其安全生产检查。

③ 现场治安管理方面：

a. 落实消防管理制度。

b. 加强对职工的法规、厂纪教育，减少职工违纪、违法犯罪。

c. 加强施工现场的保卫工作，建立严密的门卫制度，运出工地的材料和物品必须持出门证明，经查验后放行。

d. 落实施工现场的治安管理责任制。

10.5.4 施工现场组织和布置

1. 施工现场调度

(1) 施工现场调度工作的原则

1) 一般工程服从于重点工程和竣工工程。

2) 交用期限迟的工程，服从于交用期限早的工程。

3) 小型或结构简单的工程，服从于大型或结构复杂的工程。

4) 及时性、迅速性、果断性。

(2) 施工现场调度工作的内容

1) 施工准备工作的调度

施工准备工作的调度要坚持：设计与施工结合、室内准备与室外准备结合、土建工程准备与专业工程准备结合、施工现场的准备与预制加工准备的结合、全场性的准备与分项工程的准备结合。

2) 劳动力和物资供应的调度

项目经理及各工长要随时检查施工进度是否满足工期要求，是否出现劳动力、机械和材料需要量有较大的不均衡现象。施工现场由业主采购的材料、设备统计计划由现场项目经理部编制。

3) 现场平面管理的调度

指在施工过程中对施工场地的布置进行合理的调节。

4) 现场技术管理的调度

在施工过程中，对技术管理的各个方面所做的调整和修改。

5) 施工安全及生产中薄弱环节的调度

在施工过程中，对施工安全和生产中薄弱环节的各个方面进行特别的调整和强调，保证工程的质量，保证施工人员的人身安全。

（3）施工现场调度的手段

施工现场调度的手段主要有：书面指示、工地会议、口头指示、文件运转等。

2. 施工现场平面布置

（1）施工现场平面布置的原则

1）在满足施工需要前提下，尽量减少施工用地，不占或少占农田，施工现场布置要紧凑合理。

2）合理布置起重机械和各项施工设施，科学规划施工道路，尽量降低运输费用。

3）科学确定施工区域和场地面积，尽量减少专业工种之间交叉作业。

4）施工现场工人生活性临时性设施的搭设，尽量利用现场内其他永久性建筑、构筑物或现有设施为施工服务、工地外围经批准的地方搭建、工地围墙边缘处搭建，降低施工设施建造费用，尽量采用装配式施工设施，提高其安装速度。施工现场建筑物内不允许搭建临时设施。

5）各项施工设施布置都要满足：有利生产、方便生活、安全防火和环境保护要求。

（2）施工现场平面布置的依据

1）建设项目建筑总平面图、竖向布置图和地下设施布置图。

2）建设项目施工部署和主要建筑物施工方案。

3）建设项目施工总进度计划、施工总质量计划和施工总成本计划。

4）建设项目施工总资源计划和施工设施计划。

5）建设项目施工用地范围和水、电源位置，以及项目安全施工和防火标准。

（3）施工现场平面布置内容

1）建设项目施工用地范围内地形和等高线；全部地上、地下已有和拟建的建筑物、构筑物及其他设施位置和尺寸。

2）全部拟建的建筑物、构筑物和其他基础设施的坐标网。

3）为整个建设项目施工服务的施工设施布置，它包括生产性施工设施和生活性施工设施两类。

4）建设项目施工必备的安全、防火和环境保护设施布置。

（4）施工现场平面布置设计步骤

1）把场外交通引入现场

在设计施工现场平面布置方案时，必须从确定大宗材料、预制品和生产工艺设备运入施工现场的运输方式开始。当大宗施工物资由铁路运来时，必须解决如何引入铁路专用线问题；当大宗施工物资由公路运来时，必须解决好现场大型仓库、加工场与公路之间相互关系；当大宗施工物资由水路运来时，必须解决如何利用原有码头和是否增设新码头，以及大型仓库和加工场同码头关系问题。

2）确定仓库和堆场位置

当采用铁路运输大宗施工物资时，中心仓库尽可能沿铁路专用线布置，并且在仓库前留有足够的装卸前线，否则要在铁路线附近设置转运仓库，而且该仓库要设置在工地同侧。当采用公路运输大宗施工物资时，中心仓库可布置在工地中心区或靠近使用地方，如不可能这样做时，也可将其布置在工地入口处。大宗地方材料的堆场或仓库，可布置在相应的搅拌站、预制场或加工场附近。当采用水路运输大宗施工物资时，要在码头附近设置转运仓库。工业项目的重型工艺设备，尽可运至车间附近的设备组装场停放，普通工艺设备可放在车间外围或其他空地上。建设工程施工现场，对于不适合再利用且不宜直接予以填埋处理的废物，可采取焚烧的处理方法。

3）确定搅拌站和加工场位置

当有混凝土专用运输设备时，可集中设置大型搅拌站，其位置可采用线性规划方法确定，否则就要分散设置小型搅拌站，它们的位置均应靠近使用地点或垂直运输设备。各种加工场的布置均应以方便生产、安全防火、环境保护和运输费用少为原则。通常加工场宜集中布置在工地边缘处，并且将其与相应仓库或堆场布置在同一地区。

4）确定场内运输道路位置

根据施工项目及其与堆场、仓库或加工场相应位置，认真研究它们之间物资转运路径和转运量，区分场内运输道路主次关系，优化确定场内运输道路主次和相互位置；要尽可能利用原有或拟建的永久道路；合理安排施工道路与场内地下管网间的施工顺序，保证场内运输道路时刻畅通；要科学确定场内运输道路宽度，合理选择运输道路的路面结构。

5）确定生活性施工设施位置

全工地性的行政管理用房屋宜设在工地入口处，以便加强对外联系，当然也可以布置在比较中心地带，这样便于加强工地管理。工人居住用房屋宜布置在工地外围或其边缘处。文化福利用房屋最好设置在工人集中地方，或者工人必经之路附近的地方。生活性施工设施尽可能利用建设单位生活基地或其他永久性建筑物，其不足部分再按计划建造。

6）确定水电管网和动力设施位置

根据施工现场具体条件，首先要确定水源和电源类型和供应量，然后确定引入现场后的主干管（线）和支干管（线）供应量和平面布置形式。根据建设项目规模大小，还要设置消防站、消防通道和消火栓。

参 考 文 献

[1] 季敏. 建筑制图与构造基础 [M]. 北京：机械工业出版社，2011
[2] 闫培明. 房屋建筑构造 [M]. 北京：机械工业出版社，2008
[3] 刘凤翰. 混凝土结构及其施工图识读 [M]. 北京：北京理工大学出版社，2012
[4] 鲁伟，余克俭，陈翔. 建筑结构 [M]. 南京：南京大学出版社，2011
[5] 陈晋中. 土力学与地基基础（第2版）[M]. 北京：机械工业出版社，2013
[6] 宋莲琴等. 建筑制图与识图（第3版）[M]. 北京：清华大学出版社，2012
[7] 张正禄等. 工程的变形监测分析与预报 [M]. 北京：测绘出版社，2007
[8] 魏静. 建筑工程测量 [M]. 北京：机械工业出版社，2008
[9] 刘斌，许汉明. 土木工程材料 [M]. 武汉：武汉理工大学出版社，2009
[10] 纪闯，冷超群，谢晓杰. 建筑法规 [M]. 南京：南京大学出版社，2013
[11] 一级建造师执业资格考试用书编写委员会编写. 建设工程法规及相关知识. 北京：中国建筑工业出版社，2015
[12] 二级建造师执业资格考试用书编写委员会编写. 建设工程法规及相关知识. 北京：中国建筑工业出版社，2015
[13] 胡成建主编. 建设工程法规 [M]. 北京：中国建筑工业出版社，2009
[14] 江苏省建设厅. 江苏省建筑与装饰工程计价定额. 北京：知识产权出版社，2014
[15] 中华人民共和国建设部. 建设工程工程量清单计价规范. 北京：中国计划出版社，2013
[16] 全国造价工程师执业资格考试培训教材编审委员会. 建设工程计价（2015年版）. 北京：中国计划出版社，2015
[17] 中华人民共和国行业标准. 建筑石膏 GB/T 9776
[18] 中华人民共和国国家标准. 通用硅酸盐水泥 GB 175
[19] 中华人民共和国行业标准. 混凝土用砂、石质量及检验方法标准 JGJ 52
[20] 中华人民共和国行业标准. 普通混凝土配合比设计规程 JGJ 55
[21] 中华人民共和国国家标准. 混凝土结构设计规范 GB 50010
[22] 中华人民共和国行业标准. 建筑砂浆基本性能试验方法 JGJ 70
[23] 中华人民共和国国家标准. 预拌砂浆标准 GB/T 25181
[24] 中华人民共和国国家标准. 建筑石油沥青 GB/T 494
[25] 中华人民共和国国家标准. 烧结多孔砖和多孔砌块 GB 13544
[26] 单辉祖. 材料力学（第2版）Ⅰ、Ⅱ. 北京：高等教育出版社，2004
[27] 建筑结构荷载规范（GB 50009—2012）. 北京：中国建筑工业出版社，2011
[28] 龙驭求，包世华. 结构力学教程Ⅰ. 北京：高等教育出版社，2000
[29] 周国瑾，施美丽，张景良. 建筑力学. 上海：同济大学出版社，2000
[30] 哈工大理论力学教研室. 理论力学（第六版）Ⅰ、Ⅱ. 北京：高等教育出版社，2002
[31] 孙洪硕，孙丽娟. 建筑材料 [M]. 北京：人民邮电出版社，2015
[32] 王鳌杰，许丽丽. 建筑材料（含试验实训）[M]. 西安：西北工业大学出版社，2012
[33] 程从密. 建筑材料 [M]. 天津：天津科学技术出版社，2013

［34］ 危加阳. 建筑材料［M］. 北京：中国水利水电出版社，2013

［35］ 岑敏仪. 建筑工程测量［M］. 重庆：重庆大学出版社，2011

［36］ 王龙洋，魏仁国. 建筑工程测量与实训［M］. 天津：天津科学技术出版社，2013

［37］ 王梅，徐洪峰. 工程测量技术［M］. 北京：冶金工业出版社，2011

［38］ 郝亚东. 建筑工程测量［M］. 北京：北京邮电大学出版社，2012

［39］ 陈东佐，许丽丽. 建筑工程测量［M］. 西安：西北工业大学出版社，2014

［40］ 中国建设教育协会. 施工员通用与基础知识（土建方向）［M］. 北京：中国建筑工业出版社，2015

［41］ 中华人民共和国国家标准.《通用硅酸盐水泥》GB 175

［42］ 江苏省建设教育协会. 施工员专业管理实务［M］. 北京：中国建筑工业出版社，2014

［43］ 江苏省建设教育协会. 施工员专业基础知识［M］. 北京：中国建筑工业出版社，2014

［44］ 中国建设教育协会. 施工员岗位知识与专业技能（土建方向）［M］. 北京：中国建筑工业出版社，2015